“十三五”普通高等教育本科系列教材

（第二版）

土力学与地基基础

主　编　李相然
副主编　单红仙　时　伟
参　编　范　云　侯哲生　范庆来　孙林娜
　　　　郭　栋　高　丽　王　菲
主　审　龚晓南

中国电力出版社
CHINA ELECTRIC POWER PRESS

内 容 提 要

本书为“十三五”普通高等教育本科系列教材。全书共分三篇十三章。上篇介绍了土力学的基本原理和计算方法，主要内容为土的物理性质与工程分类、土的渗透性与渗流、土中应力分布与计算、土的压缩性与地基沉降计算、土的抗剪强度；中篇介绍了土力学的基本原理在工程中的应用，主要内容为土压力与挡土墙设计、土坡稳定分析和地基承载力；下篇介绍了地基基础设计与施工技术，主要内容为浅基础、桩基础设计及其他深基础、特殊土地基与地震区地基基础问题、地基处理。本书根据最新相关规范修订，并且广泛吸收国内外优秀教材、研究成果，具有体系完整、内容全面、例题丰富、适应面广的特点。

本书可作为高等院校工程管理、土木工程、水利工程、港口工程、道路工程等专业的教材，也可供土建工程设计和科研人员参考。

图书在版编目（CIP）数据

土力学与地基基础/李相然主编. —2 版 . —北京：中国电力出版社，2016.2（2022.7 重印）
“十三五”普通高等教育本科规划教材
ISBN 978 - 7 - 5123 - 8783 - 6

Ⅰ. ①土… Ⅱ. ①李… Ⅲ. ①土力学—高等学校—教材 ②地基—基础（工程）—高等学校—教材 Ⅳ. ①TU4

中国版本图书馆 CIP 数据核字（2016）第 006703 号

中国电力出版社出版、发行
（北京市东城区北京站西街 19 号 100005 http：//jc. cepp. com. cn）
北京天泽润科贸有限公司印刷
各地新华书店经售
*
2009 年 7 月第一版
2016 年 2 月第二版 2022 年 7 月北京第八次印刷
787 毫米×1092 毫米 16 开本 22.5 印张 546 千字
定价 **48.00** 元

前　言

土力学与地基基础是工程管理专业、土木工程专业的一门重要的必修课。本书自出版以来，由于使用面广，应用效果好，得到了广大师生的欢迎与认可。为了更好地满足教学需要，本书是在第一版的基础上，参照新修订的各种相关规范修订而成的。

近年来，我国地基基础工程实践取得了丰硕成果，新版《建筑地基基础设计规范》（GB 50007—2011）、《建筑抗震设计规范》（GB 50011—2010）、《混凝土结构设计规范》（GB 50010—2010）、《建筑地基处理技术规范》（JGJ 79—2012）等技术规范已经进行了更新，陆续开始实施。改编的过程中，本书基本上保留了例题丰富，方便学习，理论与应用相结合，实用性强的特点，同时对书中不合新规范的地方一一做了调整，并梳理了部分章节的逻辑顺序，有些重复内容进行了删减。此外，在教学过程中还发现少量不足之处，也进行了修改，增加了一些新的内容。

本书由烟台大学文经学院李相然教授担任主编，中国海洋大学单红仙教授、青岛理工大学时伟教授为副主编，浙江大学龚晓南教授主审。编写各章的具体分工如下：第一章由烟台大学文经学院李相然编写，第二章由烟台大学文经学院李相然、青岛理工大学琴岛学院王菲编写，第三章由中国海洋大学单红仙编写，第四章由青岛理工大学郭栋编写，第五章由青岛理工大学时伟编写，第六章与第七章由中国海洋大学单红仙编写，第八章由烟台大学侯哲生编写，第九章由鲁东大学范庆来编写，第十章与第十一章由青岛理工大学琴岛学院范云编写，第十二章由烟台大学文经学院李相然、高丽编写，第十三章由青岛理工大学孙琳娜编写。最后由李相然教授统稿。

衷心希望广大读者对本书提出批评意见和改进建议，以便进一步提高本教材的质量。

编　者

2015 年 12 月

第一版前言

为贯彻落实教育部《关于进一步加强高等学校本科教学工作的若干意见》和《教育部关于以就业为导向深化高等职业教育改革的若干意见》的精神，加强教材建设，确保教材质量，中国电力教育协会组织制订了普通高等教育“十一五”教材规划。该规划强调适应不同层次、不同类型院校，满足学科发展和人才培养的需求，坚持专业基础课教材与教学急需的专业教材并重、新编与修订相结合。本书为新编教材。

土力学与地基基础是工程管理专业、土木工程专业的一门重要的技术基础课，它由两个重要的部分组成：一是有关土的物理力学性质以及土的强度理论、渗透理论和变形理论的知识，即解决土力学各种课题的基本理论和试验研究方法；二是关于地基基础设计与施工的知识，即基础工程学的内容。前者为后者提供解决工程问题的试验方法和理论基础；后者具有极强的技术性和应用性。因此，土力学与地基基础是一门实践性和理论性都比较强的技术基础课。

本书共分三篇十三章。上篇介绍了土力学的基本原理和计算方法，主要内容为土的物理性质与工程分类、土的渗透性与渗流、土中应力分布与计算、土的压缩性与地基沉降计算、土的抗剪强度；中篇介绍了土力学的基本原理在工程中的应用，主要内容为土压力与挡土墙设计、土坡稳定分析和地基承载力；下篇介绍了地基基础设计与施工技术，主要内容为浅基础、桩基础设计及其他深基础、特殊土地基与地震区地基基础问题、地基处理。本书可作为高等院校工程管理、土木工程、水利工程、港口工程、道路工程等专业的教材，也可供土建工程设计和科研人员参考。

本书在广泛吸收国内外优秀教材、研究成果的基础上编写而成。具有体系完整、内容全面、例题丰富、适应面广的特点。具体表现在以下方面：

（1）体系完整、内容全面。本书根据工程管理专业的特点，在内容设置上讲究全面系统而又精练，既有土力学内容，又有基础工程和地基处理的内容，以达到工程管理专业学生培养目标的要求。

（2）例题丰富，便于学习。本书针对工程管理专业学生力学基础相对较弱的实际，根据书中各章关键知识点列出许多典型例题，便于学生对基本理论的理解和自学。

（3）理论与应用相结合，适应面广，实用性强。《土力学与地基基础》是理论与应用都比较强的学科，为此，我们在基本理论与方法的选用上以工程应用为主，理论的阐明要求讲清基本假定和概念，简化推导过程，而应用部分要结合现行规范的规定，以便学生能灵活使用不同行业的规范要求，培养学生实际工作的能力。

本书由烟台大学文经学院（独立学院）、中国海洋大学、烟台大学、青岛理工大学、鲁东大学、青岛理工大学琴岛学院（独立学院）等高校长期从事土力学、基础工程及相关课程教学工作的教师共同完成的。全书由烟台大学文经学院李相然教授担任主编，中国海洋大学单红仙教授、青岛理工大学时伟教授为副主编。编写的具体分工如下：第一章由烟台大学文经学院李相然编写，第二章由烟台大学文经学院李相然、青岛理工大学琴岛学院王菲编写，

第三、六、七章由中国海洋大学单红仙编写，第四章由青岛理工大学郭栋编写，第五章由青岛理工大学时伟编写，第八章由烟台大学侯哲生编写，第九章由鲁东大学范庆来编写，第十、十一章由烟台大学范云编写，第十二章由烟台大学文经学院李相然、高丽编写，第十三章由青岛理工大学孙琳娜编写。全书由李相然教授统稿。

浙江大学龚晓南教授审阅了全书，并提出很多宝贵的意见和建议，在本书的编写过程中，参考了国内外众多学者的著作，有的已在参考文献中列出，在此一并表示谢意。

本书虽几经修改，但限于作者水平有限，难免有疏漏、错误之处，恳请各位专家、同行、读者提出宝贵意见。

编　者

2009 年 3 月

目　录

上篇　土力学的基本原理和计算方法

中篇　土力学的基本原理在工程中的应用

下篇　地基基础设计与施工技术

上篇　土力学的基本原理和计算方法

第一章　绪　论

本章提要与学习目标

土力学与地基基础是工程管理专业、土木工程专业的一门重要的技术基础课，它由两个重要的部分组成：①有关土的物理力学性质以及土的强度理论、渗透理论和变形理论的知识，即解决土力学各种课题的基本理论和试验研究方法；②关于地基基础设计与施工的知识，即基础工程学的内容。前者为后者提供解决工程问题的试验方法和理论基础；后者具有极强的技术性和应用性。因此，土力学与地基基础是一门实践性和理论性都比较强的技术基础课。

本章学习土力学、地基及基础的概念，地基工程事故类别及特征，学科发展概况，本课程的特点、内容与学习要求。要求掌握土力学、地基及基础的概念，初步了解地基工程事故类别及特征，了解本课程的特点，熟悉本课程的学习内容与要求。

第一节　土力学、地基及基础的概念

土是由矿物或岩石碎屑构成的松软集合体。由于其形成年代、生成环境及物质成分不同，工程特性亦复杂多变。例如我国沿海及内陆地区的软土，西北、华北和东北等地区的黄土，高寒地区的永冻土以及分布广泛的红黏土、膨胀土和杂填土等，其性质各不相同，因此在建筑物设计前，必须充分了解、研究建筑场地相应土（岩）层的成因、构造、地下水情况、土的工程性质、是否存在不良地质现象等，对场地的工程地质条件作出正确的评价。

土力学是利用力学的一般原理，研究土的物理、化学和力学性质及土体在荷载、水、温度等外界因素作用下工程性状的应用科学。它是力学的一个分支，是本课程的理论基础。土力学研究的“土”是由固体颗粒、孔隙水和气体组成的三相体。土中固体颗粒之间没有连接或连接强度远小于颗粒本身的强度。土中固体颗粒之间有大量孔隙，由水和空气充填。水在孔隙中的渗透显示土的透水性；土孔隙体积的变化显示土的压缩性；土体在荷载等外界因素作用下，土粒的错位显示土内摩擦和黏聚的抗剪强度特性。因此，土具有碎散性、压缩性、固体颗粒之间相对移动性和渗透性等特性。土与钢材、木材等土木工程材料有本质区别。钢材、木材为连续介质的固体材料。理论力学与材料力学研究的对象为连续固体材料。由于存在上述特点，土的工程力学问题更加复杂，需要专门的土工理论和试验技术进行研究。

任何建筑物都建造在一定的地层（土层或岩层）上。通常把直接承受建筑物荷载影响的那一部分地层称为地基。未经人工处理就可以满足设计要求的地基称为天然地基。如果地基软弱，其承载力不能满足设计要求，则需对地基进行加固处理（例如采用换土垫层、深层密实、排水固结、化学加固、加筋土技术等方法进行处理），经过加固处理的地基称为人工地基。在土木工程建设中，天然土层常被用作各种建筑物的地基。例如，在土层上建造房屋、桥梁、涵洞和堤坝等；在土层中修筑地下建筑、地下管道、渠道和隧道等；还可利用土作为土工建筑物的材料，如修筑土堤和土坝。因此，土是土木工程中应用最广泛的工程材料和介质。

基础是将结构所承受的各种作用传递到地基上的结构组成部分（图 1－1），一般应埋入地下一定的深度，进入较好的地层。根据基础的埋置深度不同可分为浅基础和深基础。通常把埋置深度不大（3～5m），只需经过挖槽、排水等普通施工程序就可以建造起来的基础称为浅基础；反之，若浅层土质不良，须把基础埋置于深处的好地层时，就得借助于特殊的施工方法，建造各种类型的深基础（如桩基、墩基、沉井和地下连续墙等）。

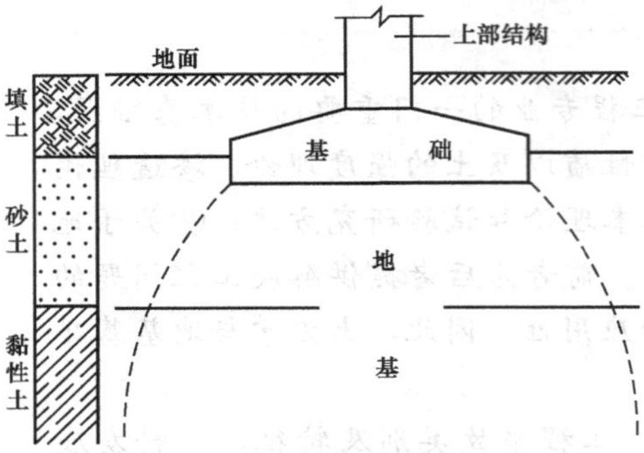

图 1－1　土层、地基及基础示意图

地基与基础设计必须满足两个基本条件：

（1）要求作用于地基的荷载不超过地基的承载能力，保证地基具有足够的防止整体破坏的安全储备。

（2）控制基础沉降使之不超过地基的变形容许值，保证建筑物不因地基变形而损坏或影响其正常使用。

在荷载作用下，建筑物的地基、基础和上部结构三部分彼此联系、相互制约。设计时应根据地质勘察资料，综合考虑地基—基础—上部结构的相互作用与施工条件，通过经济、技术比较，选取安全可靠、经济合理、技术先进和施工简便的地基基础方案。

地基与基础统称为基础工程，是建筑物的根本，其勘察、设计和施工质量的好坏将直接影响到建筑物的安危、经济和正常使用。由于基础工程是在地下或水下进行，施工难度大，在一般高层建筑中，其造价约占总造价的 25％，工期约占总工期的 25％～30％，当需采用深基础或人工地基时，其造价和工期所占比例更大。此外，基础工程为建筑物的隐蔽工程、一旦失事，不仅损失巨大，且补救十分困难，因此在土木工程中具有十分重要的作用。

在现代土木工程建设中，自成体系地形成了一门新学科——岩土工程。岩土工程是根据工程地质学、岩石力学和土力学的理论、观点和方法，为解决土木工程的建筑、水利和交通等系统的固定结构、环境保护与卫生等工程项目中关于岩土体的利用、整治或改造，并为工程建设项目的实现而服务的系统性科学技术。因此，从事岩土工程的技术人员来自各个专业。对于重大工程，需要由总工程师领导或协调各专业工程师的工作。由此可见，本专业所设置的“土力学与地基基础”课程从属于岩土工程。在岩土工程中，土木工程所涉及的内容，大多是与土体的利用和处理有关的地基基础设计与施工问题，而这些问题的解决都是以土力学为理论基础的。

第二节　地基工程事故类别及特征

拟建建筑物场地一旦确定，人们对其地质条件便没有选择的余地，只能尽可能地认识它，并合理地利用或处理它。为了保证工程安全，地基土体必须满足承载力和稳定性要求，还必须满足其变形（沉降和不均匀沉降）不超过建筑物的允许值要求。若不满足上述要求，就可能发生严重的工程事故。

建筑物事故的发生，不少与地基问题有关。地基的过量变形或不均匀变形，使上部结构出现裂缝、倾斜，削弱和破坏了结构的整体性，并影响到建筑物的正常使用，严重者地基失稳导致建筑物倒塌。地基事故可分为天然地基事故和人工地基事故两大类。

无论是天然地基事故还是人工地基事故，按其性质都可概括为地基强度和变形两大问题。地基强度问题引起的地基事故主要表现在地基承载力不足导致地基丧失稳定性和斜坡丧失稳定性两个方面。地基变形问题引起的地基事故发生在软土、湿陷性黄土、膨胀土和季节性冻土等地区。

一、地基失稳事故

在建筑工程中，地基失稳的后果常很严重，有时甚至是灾难性的。例如，1913年建造的加拿大特朗斯康谷仓（图1-2），由65个圆柱形筒仓组成，高31m，宽23.5m，其下为筏板基础，由于事前不了解基础下埋藏有厚达16m的软黏土层，建成后初次储存谷物时，基底压力（320kPa）超过了地基极限承载力。致使谷仓西侧突然陷入土中8.8m，东侧则抬高1.5m，仓身整体倾斜26°53′。这是地基发生整体滑动、建筑物丧失稳定性的典型范例。由于该谷仓整体性很强，筒仓完好无损。事后在筒仓下增设70多个支承于基岩上的混凝土墩，用388个50t的千斤顶，才将筒仓纠正过来，但其标高比原来降低了4m。再如，广东省海康县某7层旅店大楼因地基失稳而倒塌。该大楼地处沿海淤泥质土地区，而设计人员在没有岩土工程勘察资料的情况下，盲目地按100～120kPa的地基承载力进行设计。事故发生后，在建筑现场旁边1.8m的地下取土测定，土的天然含水量为65%～75%，按当时的《建筑地基基础设计规范》规定，这种土的容许承载力只有40～50kPa，仅为设计承载力的40%。又由于少算荷载，实际柱基底压力为189.6kPa，为土容许承载力的4倍左右。由此造成基础的严重不均匀沉降，使上部结构产生较大的附加压力，导致建筑物破坏倒塌，造成了多人伤亡的严重事故。因此，对地基强度破坏的危害性应有足够的重视，特别是在土承载力不高，渗透性低而加荷速度快（如过快的施工速度），或有水平荷载（如风荷载）作用，或在斜坡及丘陵地段进行建筑时，更应慎重处理。

图1-2 加拿大特朗斯康谷仓的地基破坏情况示意图

二、地基变形事故

（一）软弱地基变形特征

软土地基沉降大且不均匀。上海展览中心中央大厅为框架结构，箱形基础两层，埋深7.27m。箱基顶面至中央大厅上面的塔尖，总高96.63m。地基为淤泥质土，压缩性很大。该馆于1954年5月开工，当年年底实测平均沉降量为600mm。到1979年9月，该馆累计沉降量为1600mm，逐渐趋向稳定。建筑物严重下沉使室内外地坪高差大，行走不便，室外散水倒坡，雨水积聚，尤其是上下水通、照明、通信、动力电缆内外连接的管网折断。

软土地基的不均匀沉降，是造成建筑物裂缝损坏或倾斜事故的主要原因。影响不均匀沉降的因素很多，如土质的不均匀性、上部结构的荷载差异、建筑物体形复杂、相邻建筑物间影响、地下水位变化及建筑物周围开挖基坑等。即使在同一荷载及简单平面形式下，其差异沉降也有可能相差很大。例如，世界著名的意大利比萨斜塔，1173 年动工，高约 55m，因地基压缩层不均、排水缓慢，北侧下沉 1m 多，南侧下沉近 3m。1932 年曾灌注 1000t 水泥，也未奏效，每年仍下沉约 1mm，目前正在处理之中。软弱地基变形特征详见第十二章第一节相关内容。

(二) 不均匀沉降对上部结构产生的影响

不均匀沉降对上部结构产生的影响表现在如下方面。

1. 砖墙开裂

由于地基不均匀沉降使砖砌体受弯曲，导致砌体因受主拉应力过大而开裂。

2. 砖柱断裂

砖柱裂缝有水平缝及垂直缝两种类型。前者是由于基础不均匀沉降使中心受压砖柱产生纵向弯曲而拉裂，此种裂缝都出现在砌体下部，沿水平灰缝发展，使砌体受压面积减少，严重时将造成局部压碎而失稳。垂直裂缝一般出现在砖柱上部，例如，某平面为“Ⅱ”字形四层数学楼，因一翼下沉较大，外廊的预制楼板水平移位，使支承楼板的底层中部外廊砖柱柱头拉裂，裂缝上大下小，最宽处达 8mm，延伸 1.3m。

3. 钢筋混凝土柱倾斜或开裂

单层钢筋混凝土柱的排架结构，常因地面上大面积堆料造成柱基倾斜。由于刚性屋盖系统的支撑作用，在柱头产生较大的附加水平力，使柱身矩增大而开裂，裂缝多为水平缝，且集中在柱身变截面处及地面附近。露天跨柱的倾斜虽不致造成柱身裂损，但会影响吊车的正常运行，引起滑车或卡轨现象，例如，上海某厂铸钢车间露天跨，车间内堆载为 100kPa，造成轨顶最大位移值达 85mm，柱基最大相对内倾值达 0.0125，导致吊车卡轨、滑车，工字形柱倾斜、裂缝。曾凿开基础杯口，用钢丝绳纠偏，目前柱子尚有明显倾斜。

4. 高耸构筑物的倾斜

建在软土地基上的烟囱、水塔、立窑、油罐和储气柜等高耸构筑物，若采用天然地基，则产生倾斜的可能性较大。

(三) 地基湿陷变形对上部结构产生的影响

地基湿陷变形对上部结构产生的影响表现在如下方面。

1. 基础及上部结构开裂

黄土地基湿陷性引起房屋下沉量大，墙体裂缝大，并开展迅速。

2. 倾斜

湿陷变形只出现在受水浸湿部位，而没有浸水部位则基本不动，从而形成沉降差，因而整体刚度较大的房屋和构筑物（如烟囱，水塔等）易发生倾斜。

3. 折断

当地基遇到多处湿陷时，基础往往产生较大弯曲变形，引起房屋基础和管道折断，当给排水干管折断对，对周围建筑物还会构成更大的危害。

（四）地基胀缩变形对上部结构产生的影响

地基胀缩变形对上部结构产生的影响表现在如下方面：

(1) 建筑物的开裂破坏一般具有地区性成群出现的特性。建筑物大部分是在建成后三五年，甚至一二十年后才出现开裂，也有少部分在施工期就开裂的，主要是受地基含水量，场地的地形、地貌，工程与水文的地质条件、气候、施工等综合因素的影响。例如，四川成都龙潭区三级阶地上的房屋，大多数在建成五六年后出现了地基干湿变化，造成建筑物开裂、变形，尤其以平房和三层以下的建筑物最为普遍和严重。

(2) 遇水膨胀、失水收缩引起墙体开裂。墙体裂缝有正、倒八字形，X形，还有水平缝及局部斜裂缝，随着胀缩反复交替出现，墙体可能发生挤碎或错位。

(3) 在地质条件相同情况下的房屋开裂破坏。这种破坏以单层、二层房屋较多，三层房屋较少、较轻，单层房屋尤以单层民用房屋的开裂最为普遍，其破坏率占单层建筑物总数的85%。二层房屋破坏率为25%～30%。三层房屋一般略有轻微的变形开裂破坏，其破坏率为5%～10%，由于基础形式的不同，房屋开裂也不同，条形基础的破坏较单独基础破坏更为普遍。

排架、框架结构房屋，其变形开裂破坏的程度和破坏率均低于砖混结构。体形复杂的房屋由于失水和得水的临空面大，受大气的影响也大，故变形开裂破坏较体形简单的严重。地裂通过处的房屋必定开裂。

(4) 外墙与内墙交界处的破坏。

(5) 室内地坪开裂，特别是空旷的房屋或外廊式房屋的地坪易出现纵向裂缝。

（五）地基冻胀、融陷变形对上部结构产生的影响

当基础埋深浅于冻结深度时，在基础侧面作用着切向冻胀力，在基底作用着法向冻胀力。如果基础上荷载F和自重G不足以平衡法向和切向冻胀力，基础就被抬起来，融化时，冻胀力消失，冰变成水，土的强度降低，基础产生融陷，不论上抬还是融陷，一般都是不均匀的，其结果必然造成建筑的开裂破坏。例如，河北省崇礼县某住宅楼，上冻前地下室施工完毕，只进行了外侧回填，地下室内没有采取任何保温措施，第二年开春发现大部分有门洞口的圈梁出现裂缝，最宽达8mm，最后不得不加固补强。建筑物因地基冻融产生的破坏现象，可概括如下。

1. 墙体裂缝

一、二层轻型房屋的墙体裂缝很普遍。从裂缝形状上看，有斜裂缝、水平裂缝、垂直裂缝三种，这些裂缝与膨胀土地基上房屋开裂情况是十分相似的，垂直裂缝多出现在内外墙交接处或外门斗与主体结构连接的地方。

2. 基础拉断

这种情况经常发生在不采暖的轻型结构砖砌基础中，主要因侧向冻切力作用所致。电杆、垮架、桥墩和管架等一般轻型构筑物基础，在侧向冻切力的作用下，有逐年上拔的现象。例如，东北某工程的钢筋混凝土短桩基础，3～4年内上拔600mm之多。

3. 外墙因冻胀抬起、内墙不动，天棚与内墙分离

这种情况常发生在农村单层住宅采暖房屋里，主要原因是内墙与外墙连接薄弱，天棚支承在外墙上，当外墙因冻胀抬起时，天棚便与内墙分离，最大可达20mm。

4. 台阶隆起，门窗歪斜

冬天由于冻胀台阶隆起导致外门不易推开，来年开冻以后台阶又回落，经多年起落，变

形不断增加，就会出现不同程度沉落和倾斜，因为台阶埋深小，与房屋基础埋深相差很多，冻结融化都较敏感，而在构造上它又与房屋不相连接，故台阶变形较为显著且极为普遍，在冻胀性地区较常见。此外，由于纵墙变形不均匀或内外墙变形不一致常使门窗变形，压碎玻璃。

三、斜坡失稳引起地基事故

（一）斜坡失稳的特征

(1) 斜坡失稳常以滑坡形式出现，滑坡规模差异很大，滑坡体积从数百立方米到数百万立方米，对工程危害极大。

(2) 滑坡可以缓慢的、长期的，也可以是突然发生的，以每秒几米甚至几十米的速度下滑。古滑坡可以因外界条件变化而激发新滑坡。例如某工程，扩建于江岸边转角处的一个古滑坡体上，由于江水冲刷坡脚以及工厂投产后排水和堆放荷载的影响，先后在古滑坡上发生了十个新滑坡，严重影响该厂的正常生产。

（二）斜坡上房屋稳定性破坏类型

由于房屋位于斜坡上的位置不同，因此斜坡出现滑动对房屋产生的危害也不同，大致可分为以下三类：

(1) 房屋位于斜坡顶部时，从顶部形成滑坡，土从房屋下挤出，地基土松动，房屋出现不均匀沉降，导致开裂损坏或倾斜。

(2) 房屋位于斜坡上，在滑坡情况下，房屋下的土发生移动，部分土绕过房屋基础移动，在这种情况下，无论是作用在基础上的滑动土的土压力，还是基础在平面上的不同位移，都可能引起房屋所不允许的变形，导致房屋破坏。

(3) 房屋位于斜坡下部，房屋经受滑动土体的侧压力，对房屋造成的危害程度与滑坡规模，与滑动土体有关，事故常常是灾难性的。例如，1972 年 6 月，香港下起了特大暴雨，雨量达 1658.6mm。7 月 18 日 7 时，山坡发生大滑坡，几万立方米土体下滑的巨大冲击力通过一座位于山坡上的高层住宅——宝城大厦。顷刻之间，大厦被冲毁，并砸毁邻近大楼一角。在此居住的银行界人士约 120 人当场死亡，引起西方世界极大震惊。

大量事故充分表明，对基础工程必须慎重对待。只有深入了解地基情况，掌握勘察资料，经过精心设计与施工，才能使基础工程做到既经济合理，又能保证质量。

第三节 本学科发展概况

土力学与地基基础既是一门古老的工程技术，又是一门新兴的应用科学。由于生产的发展和生活上的需要，人类很早就已创造了自己的地基基础工艺。如我国都江堰水利工程、举世闻名的万里长城、隋朝南北大运河、黄河大堤、赵州石拱桥以及许许多多遍及全国各地的宏伟壮丽的宫殿寺院、巍然挺立的高塔等，都是由于奠基牢固，即使经历了无数次强震、强风仍安然无恙。又如秦代在修筑池道时采用的“隐以金椎”（《汉书》）的路基压实方法，以及至今仍采用的灰土垫层、石灰桩、瓦渣垫层和水砂垫层等，都是我国自古已有的传统地基处理方法。再如北宋初著名木工喻皓（公元 989 年）在建造开封开宝寺木塔时，考虑到当地多西北风，将建于饱和土上的塔身稍向西北倾斜，以在风力长期断续作用下渐趋复正，以解决建筑物地基的沉降问题。我国木桩基础的使用更是源远流长。如河姆渡文化遗址中发现的

7000年前钱塘江南岸沼泽地带木构建筑下的木桩为世所罕见，公元前532年在今山西汾水上建成的三十墩柱木柱梁桥（《水经注》），以及秦代所建渭桥（公元前221—公元206年，《三辅黄图》）等也都为木桩基础，再如郑州隋朝超化寺打入淤泥的塔基木桩（《法苑珠林》）、杭州湾五代大海塘工程木桩等都是我国古代桩基础技术应用的典范，雄辩地证明了我国古代劳动人民在工程实践中积累了丰富的土力学与地基基础的知识。只是由于当时生产力发展水平的限制，还未能提炼成为系统的科学理论。直到18世纪中叶，人们对土在工程建设方面的特性，尚停留在感性认识阶段。

18世纪西欧产业革命，推动了工业、铁路和城市建设等事业的迅猛发展，伴随着与土有关问题的解决，涌现了一批土力学研究的先驱者，1773年，法团的库仑根据试验创立了著名的砂土抗剪强度公式，提出了挡土墙的滑楔理论，1857年，英国的朗肯又从另一途径提出了挡土墙土压力计算理论，这对后来土体强度理论的发展起到了很大的作用。此外，1856年，法国工程师达西研究了砂土的透水性，提出了达西定律，用来分析土中渗流问题，1885年法国学者布辛奈斯克（Boussinesq）求导了弹性半空间半无限体表面竖向集中力作用时土中应力、变形的理论解，这些古典理论对土力学的发展起了很大的推动作用。

20世纪20年代，对土力学的研究取得了较快的发展，1915年，瑞典的彼得森（Petterson）首先提出，后由瑞典的费伦纽斯（Fellenius）及美国的泰勒（Taylor）进一步发展了土坡稳定分析的整体圆弧滑动面法；1920年，法国学者普朗特尔（Prandtl）发表了地基剪切破坏时的滑动面形状和极限承载力公式；1925年，奥地利教授太沙基在总结归纳前人及其本人研究成果的基础上，用德文撰写了第一本系统比较完整的《土力学》专著，他是第一个重视土的工程性质和土工试验的人，他所创导的饱和土的有效力原理，将土的应力、应变、强度和时间等因素相互联系起来，并有效地用于解决一系列土力学问题，标志着土力学学科的诞生。之后，世界各国又出现了不少杰出的土力学专家，为本学科的发展作出了巨大贡献。例如，我国学者陈宗基教授对土的流变性和黏土结构的研究；黄文熙院士对土的液化的探讨以及提出考虑土侧向变形的地基沉降计算方法；钱家欢、殷宗泽教授主编的《土工原理与计算》一书，较全面地总结土力学的新发展，在国内有较大影响；沈珠江院士在土体本构模型、土体静动力数值分析、非饱和土理论等方面取得了令人瞩目的成就。

中华人民共和国成立后，我国在建筑工程中成功地处理了许多大型和复杂的基础工程。例如，利用电化学加固处理的中国历史博物馆地基，克服了施工期短、质量要求高的困难；特别是在万里长江上建成的十多座长江大桥（武汉、南京长江大桥等）及其他巨大工程中，采用管柱基础、气筒浮运沉井基础等，成功地解决了水深流急、地质复杂的基础工程问题；再如上海钢铁总厂以及全国许许多多高层建筑的建成，都为土力学与基础工程的理论和实践积累了丰富的经验。我国自1958年以来，先后召开了多届全国土力学与基础工程会议，并建立了许多地基基础研究机构、施工队伍和土工试验室，培养了大批地基基础专业人才。不少学者对土力学与基础工程的理论和实践做出了重大贡献，受到了国际岩土界的重视。

近年来，我国在岩土工程勘察，室内及现场土工试验，地基处理，新设备、新材料、新工艺的研究和应用方面，取得了很大的进展。在地基处理方面，振动碾压、振动水冲、深层搅拌、高压旋喷、粉体喷射、真空预压、强夯以及各种土工聚合物和托换技术等在土建、水利、桥隧、道路、港口、海洋等有关工程中得到了广泛应用，并取得了较好的经济技术效果。随着电子技术及各种数值计算方法对各学科的逐步渗透，土力学与基础工程的各个领域都发生了深刻的变化，许多复杂的工程问题相应得到了解决，试验技术也日益提高。在大量理论研究与实践经验积累的基础上，有关基础工程的各种设计与施工规范或规程等也相应问世或日臻完善。这些为我国基础工程设计与施工做到技术先进、经济合理、安全适用、确保质量提供了充分的理论与实践依据。我们相信，随着我国经济建设的向前发展，对基础工程要求的日益提高，我国土力学与地基基础学科也必将得到新的更大的发展。

第四节 本课程的特点、内容与学习要求

本课程包括土力学（专业基础）和基础工程（专业）两部分，是工程管理专业、土木工程专业的一门主干课程。其涉及工程地质学、土力学、结构设计和施工等几个学科领域，内容广泛，综合性、理论性和实践性很强。从工程管理专业、土木工程专业的要求出发，学习时牢固地掌握土的应力、变形、强度和地基计算等土力学基本原理，并能应用这些基本概念和原理，结合有关结构理论和施工知识，分析和解决地基基础问题。

全书共分为三篇十三章。上篇包括第一章至第六章，介绍了绪论、土力学的基本原理和计算方法，分别为土的物理性质及工程分类、土中应力分布与计算、土的压缩性与地基沉降计算、土的渗透性与渗透变形计算、土的抗剪强度；中篇包括第七章至第九章，介绍了土力学的基本原理在工程中的应用，分别为土压力与挡土墙设计、土坡稳定分析和地基承载力；下篇包括第十章至第十三章，介绍了地基基础设计与施工技术，分别为浅基础设计、桩基础及其他深基础、特殊土地基与地震区地基基础问题。

在本课程的学习中，必须自始至终抓住土的变形、强度和稳定性问题这一重要线索，并特别注意认识土的多样性和易变性等特点。此外，还必须掌握有关的土工试验技术及地基勘察知识，对建筑场地的工程地质条件作出正确的评价，才能运用土力学的基本知识去正确解决基础工程中的疑难问题。

没有土力学基本理论不行，但只有理论有时也难于解决问题。试验资料与实际条件往往有差别，有时差别还很大，这些都需要根据实践经验加以判别和修正，因此，经验也是很重要的。工程技术人员在完成一项工程设计或解决一个工程问题之后，应从现场实测、成果评价与理论计算的比较中取得认识，并从这些认识中改进自己的经验积累。理论、试验和经验的结合才是分析和解决土力学实际问题的正确途径。当然，在解决实际问题时，应当考虑经济这一重要因素，尽量做到既安全又经济。

本课程与材料力学、结构力学、弹性理论、建筑材料、建筑结构及工程地质等有着密切的关系，本书在涉及这些学科的有关内容时仅引述其结论，要求理解其意义及应用条件，而不把注意力放在公式的推导上。此外，基础工程几乎找不到完全相同的实例，在处理基础工程问题时，必须运用本课程的基本原理，深入调查研究，针对不同情况进行具体分析。因此，在学习时必须注意理论联系实际，才能提高分析问题和解决问题的能力。

关键概念

土力学；地基；基础；岩土工程。

思考题

1－1　简述地基工程事故类别及特征。
1－2　简要分析本学科发展概况。
1－3　学习本课程应注意哪些问题？

第二章　土的物理性质与工程分类

本章提要与学习目标

土是各种矿物颗粒的松散集合体。在天然状态下，土为三相系，即土是由固体颗粒、水和空气三相所组成。本章主要学习土的物质组成以及定性、定量描述其物质组成的方法，包括土的组成、土的结构构造、土的三相指标、无黏性土的密实度、黏性土的物理特征、土的工程分类等。这些内容不仅与土的力学性质发生联系，也可以评价土的工程性质，是学习土力学原理和基础工程设计与施工技术，以及解决土的工程技术问题所必需的基本知识。

土的物理性质指标是该课程最基本的内容，也是学习后几章的基础，土的类别和所处的状态是鉴别建筑物地基优劣的主要依据之一，也是选择基础方案和基础类型的主要依据之一。通过本章学习，要求了解土的组成，掌握土的物理性质指标，熟练掌握无黏性土和黏性土的物理性质，掌握土的工程分类原则，土的类别与其工程特性的关系。

第一节　土　的　组　成

土是由固体颗粒、水和气体所组成的三相体系。当土骨架的孔隙完全被水充满时，这种土称为饱和土；有时一部分被水占据，另一部分被气体占据，称为非饱和土；有时可能完全充满气体，就称为干土。这三种组成部分本身的性质和它们之间的比例关系和相互作用决定了土的物理力学性质。

一、土的固体颗粒

土的固相是土的主体，决定着土的性质，是一种土区别于另一种土的依据。根据土颗粒大小和矿物成分把土划分为黏性土和无黏性土两大类，这两类土的变形性质、强度性质和渗透性质有极明显差别。

土中的固体颗粒（土粒）大小、形状、矿物成分及其组成情况是决定土的物理性质的重要因素。

（一）土粒粒组及粒组划分

土颗粒大小不同，其性质也不同。例如粗颗粒的砾石，具有很大的透水性，完全没有黏性和可塑性；而细颗粒的黏土则透水性很小，黏性和可塑性较大。颗粒大小通常以粒径表示。所谓粒组（fraction），就是某一级粒径的变化范围，或者为相邻两分界粒径之间性质相近的土粒。划分粒组的分界尺寸称为界限粒径。

在自然界中，土常是由多种粒组所组成。对粒组的划分，各个国家，甚至一个国家的各个部门都有不同的规定。目前土的粒组划分方法并不完全一致，表 2 - 1 是一种常用的土粒粒组的划分方法，表中根据界限粒径 200、60、2、0.075、0.005 把土粒分为六大粒组：漂石或块石颗粒、卵石或碎石颗粒、圆砾或角砾颗粒、砂粒、粉粒及黏粒。

表 2－1　　土粒粒组的划分

粒组统称	粒组名称		粒组范围（mm）	一般特征
巨粒	漂石（块石）颗粒		＞200	透水性很大，无黏性，无毛细水
	卵石（碎石）颗粒		200～60	
粗粒	圆砾或角砾颗粒	粗	60～20	透水性大，无黏性，毛细水上升高度不超过粒径大小
		中	20～5	
		细	5～2	
	砂粒	粗	2～0.5	易透水，当混入云母等杂质时透水性减小，而压缩性增加；无黏性；遇水不膨胀，干燥时松散；毛细水上升高度不大，随粒径变小增大
		中	0.5～0.25	
		细	0.25～0.1	
		极细	0.1～0.075	
细粒	粉粒	粗	0.075～0.01	透水性小，湿时稍有黏性，遇水膨胀小，干时稍有收缩；毛细水上升高度较大较快，极易出现冻胀现象
		细	0.01～0.005	
	黏粒		＜0.005	透水性很小，湿时有黏性，可塑性，遇水膨胀大，干时收缩显著；毛细水上升高度大，但速度较慢

注　1. 飘石、卵石和圆砾颗粒均呈一定的磨圆形状（圆形或亚圆形）；块石、碎石和角砾颗粒都带有棱角。
2. 粉粒或称粉土粒，粉粒的粒径上限 0.075 相当于 200 号筛的孔径。
3. 黏粒或称黏土粒，黏粒的粒径上限也采用 0.002mm 为准。

（二）粒度成分及表示方法

1. 粒度成分及分析方法

土的粒度成分，是指土中各种不同粒组的相对含量（以干土质量的百分比表示），它可以描述土中不同粒径土粒的分布特征。

工程中实用的粒度成分分析方法有筛分法和水分法两种。

筛分法，适用于粗粒土（颗粒大于 0.1mm 或 0.074mm，按筛的规格而定）。它是利用一套孔径大小不同的筛子，将事先称过重的烘干土样过筛，称留在各筛上的土重，然后计算相应的百分数，这和建筑材料的粒径级配筛分试验是一样的。

水分法，适用于细粒土（粒径小于 0.1mm 或 0.074mm）。该方法是根据斯托克斯（stokes）定理，即球状的细颗粒在水中的下沉速度与颗粒直径的平方成正比，来确定各粒组相对含量的方法。因此可以利用粗颗粒下沉速度快，细颗粒下沉速度慢的原理，把颗粒按下沉速度进行粗细分组。基于这种原理，实验室常用比重计进行颗粒分析，称为比重计法。该法的原理说明和操作方法，可参阅土工试验操作规程或土工实验指示书，本章不予详述。

2. 粒度成分表示方法

常用的粒度成分表示方法有三种，即表格法、累计曲线法和三角坐标法。

表格法：是以列表形式直接表达各粒组的相对含量，是一种十分方便的粒度成分分类方法。

累计曲线法（grain-size accumulation curve）：是一种图示方法，由于混合土中所含粒组的粒径往往相差几千、几万倍甚至更大，且细粒土的含量对土的性质影响很大，必须较为详细表示。因此，粒径的坐标常取为对数坐标。累计曲线的横坐标表示土颗粒的直径，以 mm 表示；纵坐标为小于（或大于）某粒径土的累积含量，用百分比表示，见图 2－1。由累计曲线的坡度可以大致判断土的均匀程度或级配是否良好。如曲线较陡，表示粒径大小相差不多，土粒较均匀，级配不良；反之，曲线平缓，表示粒径大小相差悬殊，土粒不均匀，级配良好。

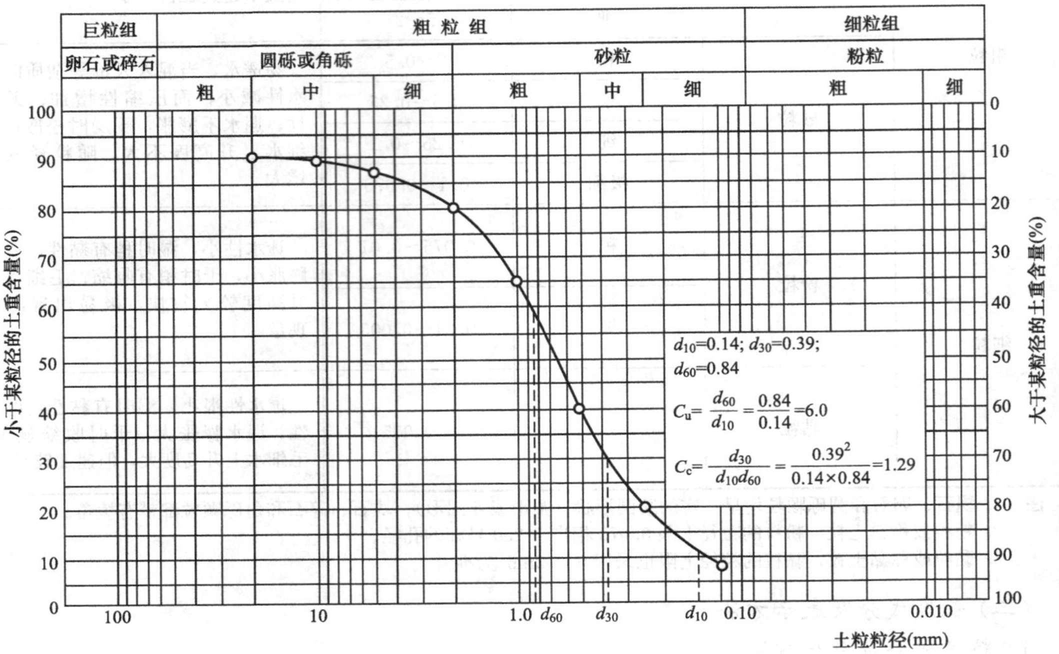

图 2－1　土的粒径级配累计曲线

三角坐标法：也是一种图示法，它利用等边三角形内任意一点至三个边（h_1、h_2、h_3）的垂直距离的总和恒等于三角形之高 H 的原理，用来表示组成土的三个粒组的相对含量，即图中的三个垂直距离可以确定一点的位置。三角坐标法只适用于划分为三个粒组的情况。例如，当把黏性土划分为砂土、粉土和黏土粒组时，就可以用图 2－2 所示的三角坐标图来表示。

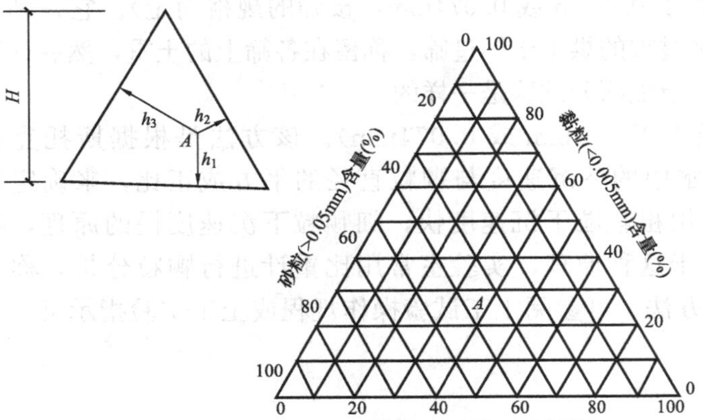

图 2－2　三角坐标图

上述三种方法的特点和适用条件如下：表格法能清楚地用数量说明土样的各粒组含量，但对于大量土样之间的比较就显得过于冗长，且无直观概念，使用比较困难；累计曲线法能用一条曲线表示一种土的粒度成分，而且可以在一张图上同时表示多种土的粒度成分，能直观地比较其级配状况；三角坐标法能用一点表示一种土的粒度成分，在一张图上能同时表示许多种土的粒度成分，便于进行土料的级配设计，同时，由于三角坐标图中不同区域表示土的不同组成，因而还可以用来确定按粒度成分分类的土名。工程上可根据使用要求选用不同的方法，也可以在不同的场合选用不同的方法。

3. 粒径级配曲线的应用

土的粒径级配累计曲线是土工中最常用的曲线，从曲线上可以直接了解土的粗细、粒径分布的均匀程度和级配的优劣。粒径级配曲线的用途具体表现在如下两个方面：

(1) 观察土的组成情况。

从累计曲线中可以查得土的粒组范围及各粒组的相对含量，可用于粗粒土的分类并大致估计土的工程性质。

(2) 研究颗粒分布的均匀程度。

根据累计曲线的陡缓可以研究颗粒分布的均匀程度。土颗粒级配是否良好的判别常用不均匀系数 C_u（uniformity coefficient）和曲率系数 C_c 两个指标来分别描述级配曲线的坡度和形状。

$$C_u = \frac{d_{60}}{d_{10}} \tag{2-1}$$

$$C_c = \frac{d_{30}^2}{d_{60}d_{10}} \tag{2-2}$$

式中　d_{10}——小于此种粒径的土的质量占总土质量的10%，也称有效粒径；

d_{30}——小于此种粒径的土的质量占总土质量的30%，也称中值粒径；

d_{60}——小于此种粒径的土的质量占总土质量的60%，也称为限制粒径。对同一种土显然有 $d_{60}>d_{30}>d_{10}$ 关系存在。

不均匀系数 C_u 反映大小不同粒组的分布情况，即土粒大小或粒度的均匀程度。C_u 越大，表示粒度的分布范围越大，土粒愈不均匀，其级配越良好。一般情况下，工程上把 $C_u<5$ 的土看作是均粒土，属级配不良；$C_u>10$ 的土，属级配良好。

曲率系数 C_c 描写的是累计曲线分布的整体形态，反映了限制粒径 d_{60} 与有效粒径 d_{10} 之间各粒组含量的分布情况。

曲率系数 C_c 作为第二指标与 C_u 共同判定土的级配，则更加合理。一般认为，砾类土或砂类土同时满足 $C_u\geqslant 5$ 及 $C_c=1\sim 3$ 两个条件时，则为良好级配砾或良好级配砂；如不能同时满足，则可判定为级配不良。很显然，在 C_u 相同的条件下，C_c 过大或过小，均表明土中缺少中间粒组，各粒组间孔隙的连锁充填效应降低，级配变差。

粒度成分的分布曲线可以在一定程度上反映土的某些性质。对于级配良好的土，较粗颗粒间的孔隙被较细的颗粒所填充，这一连锁充填效应，使得土的密实度较好。此时，地基土的强度和稳定性较好，透水性和压缩性也较小。而作为填方工程的建筑材料，则比较容易获得较大的密实度，是堤坝或其他土建工程良好的填方用土。此外，对于粗粒土，不均匀系数 C_u 和曲率系数 C_c 也是评价渗透稳定性的重要指标。

(三) 土粒的矿物成分

土粒的矿物成分主要决定于母岩的成分及其所经受的风化作用。土粒的矿物成分有两大类：一类是原生矿物，常见的如石英、长石和云母等，它是由岩石经过物理风化生成的。粗的土颗粒常是由一种或几种原生矿物颗粒所组成，很细的岩粉也仍然属于原生矿物；另一类是次生矿物，它是由原生矿物经过化学风化后所形成的新矿物，其成分与母岩完全不相同。土中的次生矿物主要是黏土矿物。此外还有一些无定形的氧化物胶体（Al_2O_3、Fe_2O_3）和可溶性盐类（$CaCO_3$、$CaSO_4$、NaCl 等）。

不同的矿物成分对土的性质有着不同的影响，其中以细粒组的矿物成分尤为重要。黏土矿物具有与原生矿物很不相同的特性，它对黏性土性质的影响很大。下面对黏土矿物的性质作一些简要介绍。

1. 黏土矿物的晶体结构

黏土矿物的颗粒很微小，在电子显微镜下观察到的形状为鳞片状或片状，经 X 射线分析证明，其内部具有层状晶体构造。黏土矿物基本是由两种原子层（称为晶片）构成的，即由硅片和铝片构成的晶包所组叠而成：一种是硅氧晶片，它的基本单元是硅—氧四面体，它是由 1 个居中的硅离子和 4 个在角点的氧离子所构成，如图 2-3 所示，由 6 个硅—氧四面体组成一个硅片，硅片底面的氧离子被相邻两个硅离子所共有，另一种是铝氢氧晶片，它的基本单元是铝—氢氧八面体，它是由 1 个铝离子和 6 个氢氧离子所构成，如图 2-3 所示。4 个八面体组成一个铝片，每个氢氧离子都被相邻两个铝离子所共有。

2. 黏土矿物的分类及其特性

黏土矿物依硅片和铝片的组叠形式的不同，可以分成蒙脱石、伊利石和高岭石三种类型。

蒙脱石（$Al_2O_3 \cdot 4SiO_2 \cdot nH_2O$）的晶层结构是由两个硅片中间夹一个铝片所构成，如图 2-4（a）所示，称为 2∶1 的三层结构。晶层之间是 O^{2-} 对 O^{2-} 的联结，联结力很弱，水很容易进入晶层之间。每一颗粒能组叠的晶层数较少。颗粒大小为 0.1～1.0μ（1μ＝0.001mm），厚为 0.001～0.01μ。因此，蒙脱石的主要特征是颗粒细微，具有显著的吸水膨胀、失水收缩的特性，或者说亲水能力强。

伊利石（$K_2O \cdot 3Al_2O_3 \cdot 6SiO_2 \cdot 2H_2O$）是云母在碱性介质中风化的产物。它与蒙脱石相似，是由两层硅片夹一层铝片所形成的三层结构，但晶层之间有钾离子联结，如图 2-4（b）所示。联结强度弱于高岭石而高于蒙脱石，其特征也介于两者之间。

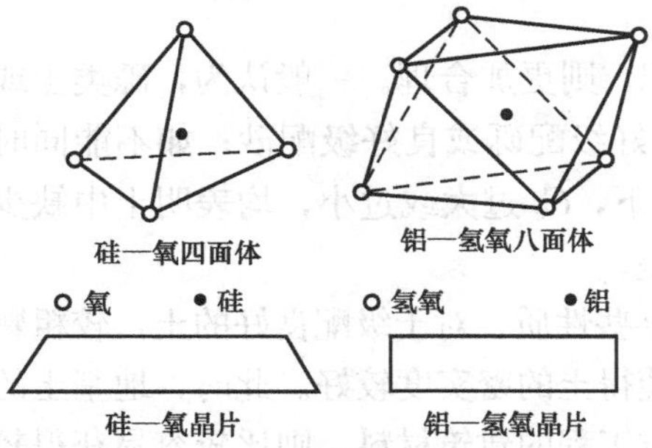

图 2-3　黏土矿物晶片示意图

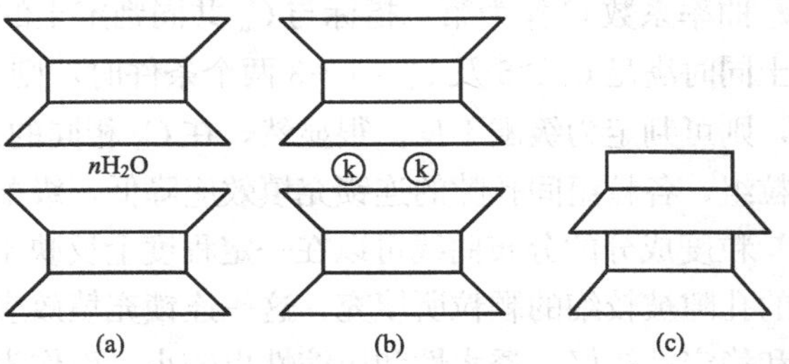

图 2-4　黏土矿物的晶格构造示意图

（a）蒙脱石；（b）伊利石；（c）高岭石

高岭石（$Al_2O_3 \cdot 2SiO_2 \cdot 2H_2O$）的晶层结构是由一个硅片和一个铝片上下组叠而成，见图 2-4（c）。这种晶体结构称为 1∶1 的两层结构。两层结构的最大特点是晶层之间通过

O^{2-}与OH^{1-}相互联结，称为氢键联结。氢键的联结力较强，致使晶格不能自由活动。水难以进入晶格之间，是一种遇水较为稳定的黏土矿物。因为晶层之间的联结力较强，能组叠很多晶层，多达百个以上，成为一个颗粒。颗粒大小为0.3～3μ，厚为0.03～1μ。所以高岭石的主要特征是颗粒较粗，不容易吸水膨胀，失水收缩，或者说亲水能力差。

（四）土粒形状与比表面积

1. 土粒形状及对工程性质的影响

土粒的形状与土的矿物成分有关，也与土的形成条件及地质历史有关。土粒形状是多种多样的，原生矿物一般颗粒粗，呈粒状，即三个方向的尺度基本上同一数量级；次生矿物颗粒细微，多呈片状或针状。

土粒形状对土的密实度和土的强度有显著影响。例如，棱角状的颗粒互相嵌挤咬合形成比较稳定的结构，强度较高；磨圆度好的颗粒之间容易滑动，土体的稳定性比较差。

2. 比表面积

土颗粒越细，形状越扁平，则表面积与质量的比值愈大。单位质量土颗粒所拥有的表面积称为比表面积A_s，即

$$A_s=\frac{\sum A}{m} \tag{2-3}$$

式中　$\sum A$——全部土颗粒的表面积之和，m^2；

m——土的质量，g。

比表面积是代表黏性土特征的一个很重要的指标。并且，黏土颗粒的带电性质都发生在颗粒的表面上，所以，对于黏性土，比表面积的大小直接反应土颗粒与四周介质，特别是水相互作用的强烈程度。

二、土中水

土的液相是指存在于孔隙中的水，是组成土的第二种主要成分。土中水的含量和性质明显地影响土（尤其是黏性土）的性质，例如增加黏性土中的水可使土的状态由坚硬变为可塑，直至流动状态的土浆。

土中水根据水与土相互作用程度的强弱可以分为结合水和自由水两大类（表2-2）。实际上，土中水是成分复杂的电解质水溶液，它与土粒有着复杂的相互作用，土中水在不同作用力之下而处于不同的状态。

表2-2　土中水的分类

水的类型		主要作用力
结合水		物理化学力
自由水	毛细水	表面张力及重力
	重力水	重力

（一）结合水

结合水（bound water），是指附着于土粒表面的水，受颗粒表面电场作用力吸引而包围在颗粒四周，不传递静水压力，不能任意流动，其冰点低于零度。

如前所述，黏土颗粒在水介质中表现出带电的特性，在其四周形成电场。水分子是极性分子，正负电荷分布在分子两端。在电场范围内，水中的阳离子和极性水分子被吸引在颗粒的四周，定向排列，如图2-5所示。最靠近颗粒表面的水分子所受电场的作用力很大，可以达到1000MPa。随着远离颗粒表面，作用力很快衰减，直至电场以外不受电场力作用。结合水因离颗粒表面远近不同，受电场作用力的大小不一样，可以分成强结合水和弱结合水两类。

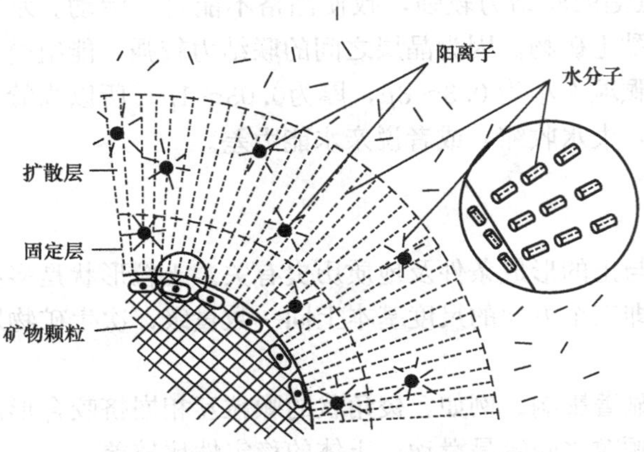

图 2-5 固体颗粒与水分子间电分子力的相互作用

1. 强结合水

紧靠于颗粒表面的水分子，所受电场的作用力很大，几乎完全固定排列，丧失液体的特性而接近于固体，完全不能移动，这层水称为强结合水。其特征是：没有溶解盐类的能力，不能传递静水压力，只有吸热变成蒸汽时才能移动；只含强结合水的土表现为固态；强结合水的冰点低于0℃很多，密度要比自由水大，具有蠕变性。

2. 弱结合水

弱结合水是指强结合水以外，电场作用范围以内的水。弱结合水也受颗粒表面电荷所吸引而定向排列于颗粒四周，但电场作用力随远离颗粒而减弱。这层水不是接近于固态而是一种黏滞水膜。其特征是：不能传递静水压力，受力时能由水膜较厚处缓慢转移到水膜较薄处，也可以因电场引力从一个土粒的周围转移到另一个颗粒的周围；土中含弱结合水时，土是半固态至可塑态。弱结合水的存在是黏性土在某一含水量范围内表现出可塑性的原因。

（二）自由水

自由水（free water），是指不受颗粒电场引力作用的水。其水分子无定向排列现象，与普通水无异，受重力支配，能传递静水压力并具有溶解能力。

自由水按其移动所受作用力的不同又可分为重力水和毛细水两类。

重力水（gravitation water）是存在于地下水位以上，受到水与空气交界面处表面张力作用的自由水。毛细水按其与地下水面是否联系可分为毛细悬挂水（与地下水无直接联系）和毛细上升水（与地下水相连）。在毛细水带内，只有靠近地下水位的一部分土才被认为是饱和的，这一部分就称为毛细水饱和带。毛细水的上升高度与土中孔隙的大小和形状、土粒矿物组成以及水的性质有关。在砂土中，毛细水上升高度取决于土粒粒度，一般不超过2m；在粉土中，由于其粒度较小，毛细水上升高度最大，往往超过2m；黏性土的粒度虽然较粉土更小，但是由于黏土矿物颗粒与水作用，产生了具有黏滞性的结合水，阻碍了毛细通道，因此黏土中的毛细水的上升高度反而较低。

毛细水除存在于毛细水上升带内，也存在于非饱和土的较大孔隙中。在水、气界面上，由于弯液面表面张力（surface tension）的存在，以及水与土粒表面的浸润作用，孔隙水的压力亦将小于孔隙内的大气压力。于是，沿着毛细弯液面的切线方向，将产生迫使相邻土粒挤紧的压力，这种压力称为毛细压力。毛细压力的存在，使水内的压力小于大气压力，即孔隙水压力为负值，增加了粒间错动的阻力，使得湿砂具有一定的可塑性，并称之为“似黏聚力”现象。毛细压力呈倒三角分布，在水气界面处最大，自由水位处为零。因此，在完全浸没或完全干燥条件下，弯液面消失，毛细压力变为零，湿砂也就不具有“似黏聚力”。

在工程中，毛细水的上升高度和速度对于建筑物地下部分的防潮措施和地基土的浸湿、冻胀等有重要影响。此外，在干旱地区，地下水中的可溶盐随毛细水上升后不断蒸发，盐分便积聚于靠近地表处而形成盐渍土。

三、土中气

土的气相是指充填在土中的孔隙中的气体，包括与大气连通和不连通两类。

与大气连通的气体对土的工程性质没有多大影响，它的成分与空气相似，当土受到外力作用时，这种气体很快从孔隙中挤出；密闭的气体对土的工程性质有很大影响，密闭气体的成分可能是空气、水汽或天然气。在压力作用下密闭气体可被压缩或溶解于水中，而当压力减少时，气泡会恢复原状或重新游离出来。

对于淤泥和泥炭等有机质土，由于微生物的分解作用，在土中蓄积了某种可燃气体（如硫化氢、甲烷等），使土层在自重作用下长期得不到压密，而形成高压缩土层。

所以，土中封闭气体的存在对土的性质有一定的影响，可使土的渗透性减小，弹性增大，并能拖延土受压缩后变形随时间的发展过程。含气体的土称为非饱和土，非饱和土的工程性质研究已经成为土力学的一个新的分支。

四、土的结构和构造

（一）土的结构

土的结构是指土粒单元的大小、形状、相互排列及联结关系等因素形成的综合特征。

土的结构是在成土的过程中逐渐形成的，它反映了土的成分、成因及年代对土的工程性质的影响。例如，西北黄土的大孔隙结构是在干旱的气候条件下形成的，而西南的红黏土是在湿热的气候条件下形成的。这两种土虽然都是大孔隙，但成因不同，土粒间的胶结物质不同，工程性质也就截然不同。土的结构对土的工程性质有重要影响，但到目前为止，还没有提出满意的定量方法来描述土的结构。

1. 土的结构类型

土的结构按其颗粒排列和联结，可分为三种基本类型：单粒结构、蜂窝结构和絮状结构（图 2-6）。

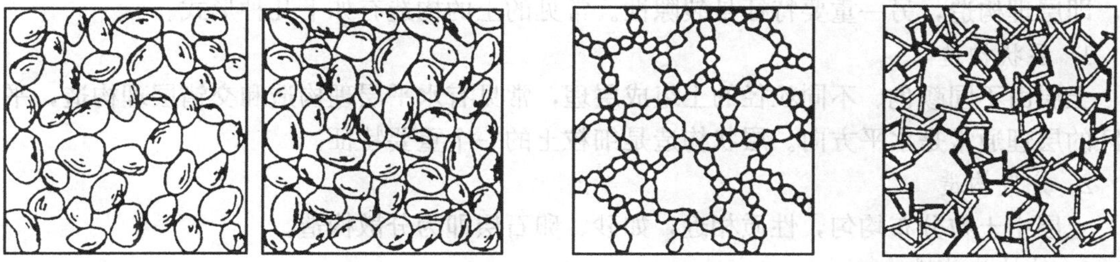

(a)　(b)　(c)

图 2-6　土的结构

(a) 单粒结构；(b) 蜂窝结构；(c) 絮状结构

(1) 单粒结构。单粒结构是碎石土和砂土的结构特征。其特点如下：土粒间没有联结存在或联结非常微弱，可以忽略不计；土粒间存在点与点的接触；随着沉积条件的不同，可形成密实的或疏松的状态；单粒结构的紧密程度取决于矿物成分、颗粒形状、粒度成分及级配的均匀程度。

呈疏松状态单粒结构的土，在荷载作用下特别是在振动荷载作用下会趋向密实，土粒移向更稳定的位置，同时产生较大的变形；呈密实状态单粒结构的土在剪应力作用下会发生剪胀，即体积膨胀、密度变松。

(2) 蜂窝结构。蜂窝结构是以粉粒为主的土的结构特征。据研究，粒径在0.02～0.002mm左右的土粒在水中沉积时，基本上是以单个土粒下沉，当碰上已沉积的土粒时，由于它们之间的相互引力大于其重力，因此土粒就停留在最初的接触点上不再下沉，形成具有很大孔隙的蜂窝状结构。

(3) 絮状结构（絮凝结构）。絮状结构是黏土颗粒特有的结构。悬浮在水中的黏土颗粒当介质发生变化时，土粒互相聚合，以边—边、面—边的接触方式形成絮状物下沉，沉积为大孔隙的絮状结构。

2. 土的结构的次生变化

土的结构形成以后，当外界条件变化时，土的结构会发生变化。引起土的结构发生变化的外界条件通常有如下几个方面：

土层在上覆土层作用下压密固结时，结构会趋于更紧密排列；

卸载时土体的膨胀（如钻探取土时土样的膨胀或基坑开挖时基坑的隆起）会松动土的结构；

当土层失水干缩或介质发生变化时，盐类结晶胶结能增强土粒间的联结；

在外力作用下，如施工时对土的扰动或剪应力的长期作用，会弱化土的结构，破坏土粒原来的排列方式和土粒间的联结，使絮状结构变为平行的重塑结构，降低土的强度，增大压缩性。

因此，在外界条件发生变化时，土的原生结构会发生次生变化，进而影响到土的工程性质。这就要求我们在取土试验或施工过程中，都必须尽量减少对土的扰动，避免破坏土的原状结构。

(二) 土的构造

土的构造是指同一土层中，土颗粒之间相互关系的特征。土的构造最主要的特征是成层性，即层理构造，另一重要特征是裂隙性。常见的土的构造有如下几种形式。

1. 层状构造

土层由不同颜色、不同粒径的土组成层理，常见有水平层理构造和交错层理构造，平原地区的层理通常是水平方向。层状构造是细粒土的一个重要特征。

2. 分散构造

土层中土粒分布均匀，性质相近，如砂、卵石层即为分散构造。

3. 结核状构造

在细粒土中掺有粗颗粒或各种结核，如含礓石的粉质黏土、含砾石的冰碛黏土等均属结核状构造，其工程性质取决于细粒土部分。

4. 裂隙状构造

土体中有很多不连续的小裂隙，如黄土的柱状裂隙。裂隙的存在大大降低土体的强度和稳定性，增大透水性，对工程不利。

第二节 土的物理性质指标

土是三相体系，因而不能用一个单一的指标来说明三相间量的比例。土的三相组成部分的质量和体积之间的比例关系，随着各种条件的变化而改变。例如地下水位的升高或降低，都将改变土中水的含量，经过压实的土，其孔隙体积将减少等。这些变化都可以通过相应指标的具体数字反映出来。

表示土的三相组成比例关系的指标，称为土的三相比例指标。三相比例指标反映了土的干燥与潮湿、疏松与紧密，是评价土的工程性质的最基本的物理性质指标，也是岩土工程勘察报告中不可缺少的基本内容。

一、土的三相草图与三相指标定义

为了使这个问题形象化，以获得清楚的概念，在土力学中，通常用三相草图来表示土的三相组成，如图 2－7 所示。在三相图的左侧，表示三相组成的体积；在三相图的右侧，则表示三相组成的质量。

图 2－7 中符号的意义如下：

V——土的总体积；

V_v——土的孔隙部分体积；

V_s——土的固体颗粒实体的体积；

V_w——水的体积；

V_a——气体体积；

m——土的总质量；

m_w——水的质量；

m_s——固体颗粒质量。

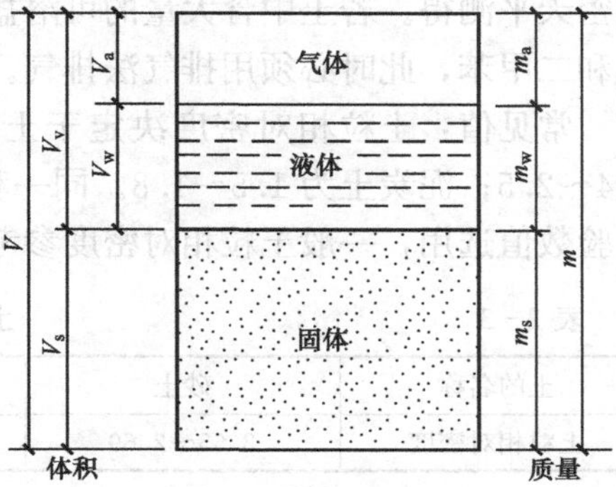

图 2－7 三相草图

在上述的这些量中，独立的有 V_s、V_w、V_a、m_w、m_s 五个量。1cm^3 水的质量等于 1g，故在数值上 $V_w = m_w$。

二、土的三个基本物理试验与指标

为了确定三相草图中各量的大小，通常做三个基本物理性质试验，它们是土的密度试验、土粒相对密度试验和土的含水量试验。

（一）土的密度

定义：土单位体积的质量（单位为 g/cm^3 或 t/m^3）。

表达式为

$$\rho = \frac{m}{V} \tag{2-4}$$

测定方法：一般用"环刀法"测定，用一个圆环刀（刀刃向下）放在削平的原状土样面上，徐徐削去外围的土，边削边压，使保持天然状态的土样压满环刀内，称得环刀内的土样质量，求得它与环刀容积之比值即为密度。

常见值：1.60～2.20g/cm^3。

工程中还常用重度 γ 来表示类似的概念。土的重度定义为单位体积土的重量，是重力的函数，以 kN/m^3 计。它与土的密度有如下的关系

$$\gamma = \rho g = 9.8\rho \tag{2-5}$$

式中 g——重力加速度（g=9.8m/s^2，工程上有时为计算方便，取 g=10m/s^2）。

（二）土粒相对密度

定义：土粒密度（单位体积土粒的质量）与 4℃时纯水密度之比，称为土粒相对密度（过去习惯上称为比重）。

表达式为

$$d_s = \frac{m_s}{V_s} \cdot \frac{1}{\rho_{w1}} = \frac{\rho_s}{\rho_{w1}} \tag{2-6}$$

式中 ρ_s——土粒密度，g/cm^3；

ρ_{w1}——4℃时纯蒸馏水的密度，等于 $1g/cm^3$ 或 $1t/m^3$。故实用上，土粒比重在数值上等于土粒密度，但前者是无量纲数。

测定方法：在实验室内用比重瓶法测定，适用于粒径小于5mm或含少量5mm颗粒的土。原理是将颗粒放入盛有一定水的比重瓶中，排开的水量即为实验的体积，土粒质量可用精密天平测得。若土中含大量的可溶盐类有机质胶粒，则可用中性液体，如煤油、汽油、甲苯和二甲苯，此时必须用排气法排气。

常见值：土粒相对密度决定于土的矿物成分，它的数值一般为2.6～2.8；有机质为2.4～2.5；泥炭土为1.5～1.8。同一种类的土，其土粒相对密度变化幅度很小，通常可按经验数值选用，一般土粒相对密度参考值见表2-3。

表2-3 土粒相对密度参考值

土的名称	砂土	粉土	粉质黏土	黏土
土粒相对密度	2.65～2.69	2.70～2.71	2.72～2.73	2.74～2.76

（三）土的含水量

定义：土中水的质量与土粒质量之比，以百分数计。

表达式为

$$\omega = \frac{m_w}{m_s} \times 100\% \tag{2-7}$$

测定方法：一般用"烘干法"测定。先称小块原状土样的湿土质量，然后置于烘箱内维持100～105℃烘至恒重，再称干土质量，湿、干土质量之差与干土质量的比值，就是土的含水量。

常见值：砂土为0～40%；黏性土为20%～60%。黏性土的含水量越高，其压缩性越大，强度越低。

三、其他物理性质指标

除上述三个基本物理指标外，工程上为了便于表示三相含量的某些特征，还定义如下几种指标。

（一）反映土松密程度的指标

1. 土的孔隙比 e

定义：土中孔隙体积与土粒体积之比。

表达式为

$$e = \frac{V_v}{V_s} \tag{2-8}$$

常见值：砂土为0.5～1.0；黏性土为0.5～1.2。

工程应用：是一个重要的物理性质指标，可以用来评价天然土层的密实程度。一般 $e<0.6$ 的土是密实的低压缩性土，$e>1.0$ 的土是疏松的高压缩性土。

2. 土的孔隙率 n（%）

定义：土中孔隙所占体积与总体积之比，以百分数表示。

表达式为

$$n=\frac{V_v}{V}\times 100\% \tag{2-9}$$

常见值：30%～50%。

孔隙比和孔隙率都是用以表示孔隙体积含量的概念，二者之间可以用下式互换。

$$n=\frac{e}{1+e} \tag{2-10}$$

（二）反映土中含水程度的指标

1. 含水量

含水量（略）。

2. 土的饱和度 S_r

定义：土中被水充满的孔隙体积与孔隙总体积之比，以百分数计。

表达式为

$$S_r=\frac{V_w}{V_v}\times 100\% \tag{2-11}$$

常见值：0～100%。完全干土，$S_r=0$；完全饱和土，$S_r=100\%$。

工程应用：砂土以饱和度作为湿度划分的标准，见表 2-4。

表 2-4　　砂类土湿度状态的划分

砂土湿度状态	稍湿	很湿	饱和
饱和度 S_r（%）	$S_r\leqslant 50$	$50<S_r\leqslant 80$	$S_r>80$

（三）特定条件下土的重度与密度

1. 干重度 γ_d（kN/m^3）与干密度 ρ_d（g/cm^3）

干重度：土粒重力与总体积之比，即

$$\gamma_d=\frac{\omega_s}{V} \tag{2-12}$$

干密度：土粒质量与总体积之比，即

$$\rho_d=\frac{m_s}{V} \tag{2-13}$$

工程应用：干密度反映出单位体积内土粒质量，也就反映出土的松密程度。故在填土过程中（如填筑堤坝）用以评定填土的松密，以控制填土的施工质量。

2. 饱和重度 γ_{sat}（kN/m^3）与饱和密度 ρ_{sat}（g/cm^3）

饱和重度：孔隙中全部充满水的总重力与总体积之比，即饱和度为100%时土的重力密度，表达式为

$$\gamma_{sat}=\frac{\omega_s+V_v\gamma_w}{V} \tag{2-14}$$

饱和密度：土中孔隙完全被水充满时的密度，其表达式为

$$\rho_{sat}=\frac{m_s+V_v\rho_w}{V} \tag{2-15}$$

如果土的天然条件下即为饱和土，则 $\gamma=\gamma_{sat}$。

3. 有效重度 γ'（kN/m^3）与有效密度 ρ'（g/cm^3）

有效重度：又称浮重度，是土体淹没在水下时的有效重力与总体积之比，表达式为

$$\gamma' = \frac{\omega_s - V_s\gamma_w}{V} \tag{2-16}$$

有效密度：又称浮密度，是土粒质量与同体积水的质量之差与总体积之比，即

$$\rho' = \frac{m_s - V_s\rho_w}{V} \tag{2-17}$$

饱和重度与有效重度存在如下关系

$$\gamma' = \gamma_{sat} - \gamma_w \tag{2-18}$$

上述几种重度在数值上有如下关系

$$\gamma_{sat} \geqslant \gamma \geqslant \gamma_d > \gamma'$$

四、指标的换算问题

由上所述，表示三相量的比例关系的指标一共有 9 个，即 n、ρ、d_s、ω、e、S_r、γ_d、γ_{sat}和 γ'。通常由实验室测定 ρ、d_s 和 ω 以后，其余 6 个物理性质指标可以通过三相草图换算而得。当研究这些量的相对比例关系时，总是取某一定数量的土体来分析。例如取 $V=1cm^3$，或 $m=1g$，或 $V_s=1cm^3$ 等，因此又可以消去一个未知量，使计算简便。所以，三相草图是土力学中用以计算三相量比例关系的一种简单而又很有用的工具。

表 2-5 是根据测定的三个基本指标，即密度 ρ、土粒比重 d_s 和含水量 ω 计算其他指标的换算公式，这些公式容易从三相草图推算得到。读者应掌握三相草图的应用而不要死记公式。

表 2-5　　常用的三相比例指标之间的换算公式

换算指标	用试验指标换算的公式	用其他指标计算的公式	换算指标	用试验指标换算的公式	用其他指标计算的公式
孔隙比 e	$e=\frac{\gamma_s(1+\omega)}{\gamma}-1$	$e=\frac{\gamma_s}{\gamma_d}-1$，$e=\frac{\omega d_s}{S_r}$	饱和重度 γ_{sat}	$\gamma_{sat}=\frac{\gamma(\gamma_s-\gamma_w)}{\gamma_s(1+\omega)}+\gamma_w$	$\gamma_{sat}=\frac{d_s+e}{1+e}\gamma_w$
孔隙率 n	$n=1-\frac{\gamma}{\gamma_s(1+\omega)}$	$n=\frac{e}{1+e}$	有效重度 γ'		$\gamma'=\gamma_{sat}-\gamma_w$
干重度 γ_d	$\gamma_d=\frac{\gamma}{1+\omega}$	$\gamma_d=\frac{\gamma_s}{1+e}$	饱和度 S_r	$S_r=\frac{\gamma\gamma_s\omega}{\gamma_w[\gamma_s(1+\omega)-\gamma]}$	$S_r=\frac{\omega d_s}{e}$

注　表中土粒重度 γ_s 为土粒相对密度（比重）与重力加速度的乘积，单位为 kN/m^3。

【例题 2-1】 用体积为 $50cm^3$ 的环刀，取得原状土样的质量为 95g，将此湿样烘干后，质量为 75g，经比重试验得 $d_s=2.68$。试求该土的天然含水量 ω、密度 ρ、孔隙比 e、孔隙率 n 及饱和度 S_r、饱和重度 γ_{sat}、浮重度 γ'和干重度 γ_d。

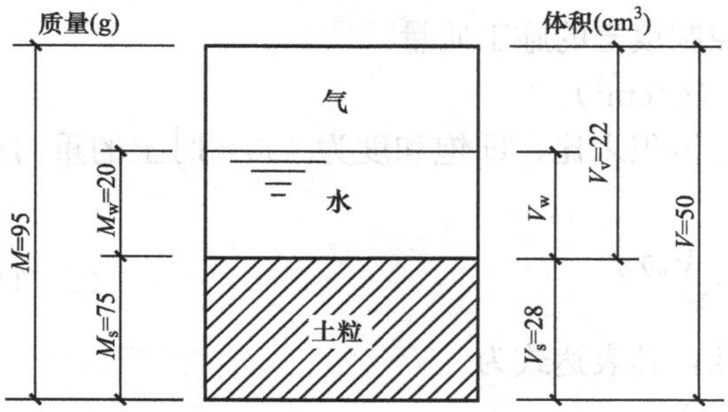

图 2-8　例 2-1 三相草图

【解】 绘三相草图（图 2-8），将已知填入图中，按个指标的定义进行计算。

(1) 已知 $V=50cm^3$，$m=95g$，得

$$\rho = \frac{m}{V} = \frac{95}{50} = 1.90(g/cm^3)$$

(2) 已知 $m_s=75\text{g}$，则 $m_w=95-75=20\text{g}$，故得

$$\omega=\frac{m_w}{m_s}=\frac{20}{75}=26.7\%$$

(3) 由 $V_s=\dfrac{m_s}{d_s\rho_w}=\dfrac{75}{2.68}=28\text{cm}^3$

则
$$V_v=V-V_s=50-28=22(\text{cm}^3)$$

故得
$$e=\frac{V_v}{V_s}=\frac{22}{28}=0.786$$

(4) 由孔隙率的定义得

$$n=\frac{V_v}{V}=\frac{22}{50}=44\%$$

(5) 因
$$V_w=\frac{m_w}{\rho_w}=\frac{20}{1}=20\ (\text{cm}^3)$$

由饱和度的定义得

$$S_r=\frac{V_w}{V_v}=\frac{20}{22}=91\%$$

(6) $\rho_{sat}=\dfrac{m_s+\rho_w\cdot V_v}{V}=\dfrac{75+1\times22}{50}=1.94(\text{g/cm}^3)$

$$\gamma_{sat}=19.4\text{kN/m}^3$$

(7) $\rho'=\dfrac{m_s-\rho_w\cdot V_s}{V}=\dfrac{75-1\times28}{50}=0.94(\text{g/cm}^3)$

$$\gamma'=9.4\text{kN/m}^3$$

或
$$\gamma'=\gamma_{sat}-\gamma_w=19.4-10=9.4\ (\text{kN/m}^3)$$

(8) $\rho_d=\dfrac{m_s}{V}=\dfrac{75}{50}=1.5(\text{g/cm}^3)$

$$\gamma_d=15\text{kN/m}^3$$

【例题 2-2】 某原状土样，经试验测得天然密度 $\rho=1.67\text{g/cm}^3$，含水量 $\omega=12.9\%$，土粒相对密度 $d_s=2.67$，试求孔隙比 e、孔隙率 n 和饱和度 S_r。

【解】 本题可以有两种解法，一种方法是按表 2-5 中的换算公式计算；第二种方法是利用试验指标定义分别求出三相物质的重力和体积，然后按定义计算。下面用第一种方法计算。

(1) $e=\dfrac{d_s(1+\omega)\rho_w}{\rho}-1=\dfrac{2.67(1+0.129)}{1.67}-1=0.805$

(2) $n=\dfrac{e}{1+e}=\dfrac{0.805}{1+0.805}=44.6\%$

(3) $S_r=\dfrac{\omega d_s}{e}=\dfrac{0.129\times2.67}{0.805}=43\%$

【例题 2-3】 某饱和砂土，测得其含水量 $\omega=25\%$，颗粒比重为 2.65。试求其重度 γ，干重度 γ_d 及孔隙比 e。

【解】 直接用表 2-5 换算公式计算

$$e=\frac{\omega d_s}{S_r}=\frac{25\%\times2.65}{1}=0.66$$

$$\gamma_d = \frac{\gamma_s}{1+e} = \frac{d_s \times g}{1+e} = \frac{2.65 \times 10}{1.66} = 16(\text{kN/m}^3)$$

$$\gamma = \frac{\gamma_s(1+\omega)}{1+e} = \frac{2.65 \times 10 \times 1.25}{1.66} = 19.9(\text{kN/m}^3)$$

第三节　无黏性土物理状态指标

无黏性土一般是指砂（类）土和碎石（类）土。两大类土中缺乏黏土矿物，不具有可塑性，呈单粒结构。这两类土的物理状态主要决定于土的密实程度。

所谓物理状态，对于无黏性土是指土的密实程度，对于黏性土则是指土的软硬程度或称为土的稠度。下面首先分析无黏性土的密实度。

一、孔隙比 e 为标准判定

土的密实度通常指单位体积中固体颗粒的含量。土颗粒含量多，土就密实，土颗粒含量少，土就越疏松。从这一角度分析，在上述三相比例指标中，干密度 ρ_d 和孔隙比 e（或孔隙率 n）都是表示土的密实度的指标。

采用天然孔隙比 e 的大小来判断砂土的密实度，是一种较简捷的方法。但有其明显的缺点，没有考虑到粒径级配这一重要因素的影响。例如，两种粒径级配不同的砂土，即使具有相同的孔隙比，但由于颗粒大小不同，颗粒排列不同，所处的密实状态也会不同，颗粒均匀的密砂的孔隙比大于级配良好的松沙的孔隙比，即该密砂的密实度小于该松砂的密实度，与实际不符。因此，工程上常用下述方法表明无黏性土所处的密实状态。

二、相对密实度 D_r 为标准判定

相对密实度（相对密度）是采用将现场土的孔隙比 e 与该种土所能达到最密时的孔隙比 e_{min} 和最松时的孔隙比 e_{max} 相对比的办法，来表示孔隙比为 e 时土的密实度，这一指标用 D_r 表示，即

$$D_r = \frac{e_{max} - e}{e_{max} - e_{min}} \tag{2-19}$$

式中　e——现场土的孔隙比；

e_{max}——土的最大孔隙比，测定方法是将松散的风干土样通过长颈漏斗轻轻地倒入容器，避免重力冲击，求得土的最小干密度再经换算得到（详见“土工试验规程”）；

e_{min}——土的最小孔隙比，测定方法是将松散的风干土装在金属容器内，按规定方法振动和锤击，直至密度不再提高，求得最大干重度后经换算得到（详见“土工试验规程”）。

当 $D_r=0$ 时，$e=e_{max}$，表示土处于最松状态；当 $D_r=1.0$ 时，$e=e_{min}$，表示土处于最紧密状态。根据相对密实度 D_r 判定无黏性土密实度的标准是：

$D_r \leqslant 0.33$ 时，疏松；

$0.33 < D_r \leqslant 0.67$ 时，中密；

$D_r > 0.67$ 时，密实。

三、根据现场标准贯入试验判定

用相对密实度表示砂土密实度时，可综合地反映土粒级配、土粒形状和结构等因素，从理论上讲也是比较合理的。但由于测定砂土的最大孔隙比和最小孔隙比试验方法的缺陷，同

时也由于很难在地下水位以下的砂层中取得原状砂样，天然状态的 e 值不易确定，这就使得相对密实度的应用受到限制。因此，工程实践中通常用标准贯入击数来划分砂土的密实度。

标准贯入试验是一种原位测试方法，是用规定的锤重（63.5kg）和落距（76cm）把标准贯入器（带有刃口的对口管，外径 50mm，内径 35mm）打入土中，记录贯入一定深度（30cm）所需的锤击数 N 值的原位测试方法。标准贯入试验的贯入锤击数反映了土层的松密和软硬程度，是一种简便的测试手段。根据标准贯入锤击数 N 划分砂土的密实度，见表 2-6。

表 2-6　按标准贯入锤击数 N 值确定砂土密实度

N 值	密实度	N 值	密实度
$N \leqslant 10$	松散	$15 < N \leqslant 30$	中密
$10 < N \leqslant 15$	稍密	$N > 30$	密实

第四节　黏性土物理状态指标与物理特征

一、黏性土的稠度状态与界限含水量

黏性土最主要的物理状态特征是它的稠度。稠度是指土的软硬程度或土对外力引起变形或破坏的抵抗能力。

（一）黏性土的稠度状态

含水量变化时，可使黏性土具有不同的稠度状态。含水量很大时，土表现为黏滞流动状态；随着含水量的减少，土浆变稠，逐渐变为可塑状态；含水量再减少，土就进入半固体（半固态）再而成为固体（固态），如图 2-9 所示。

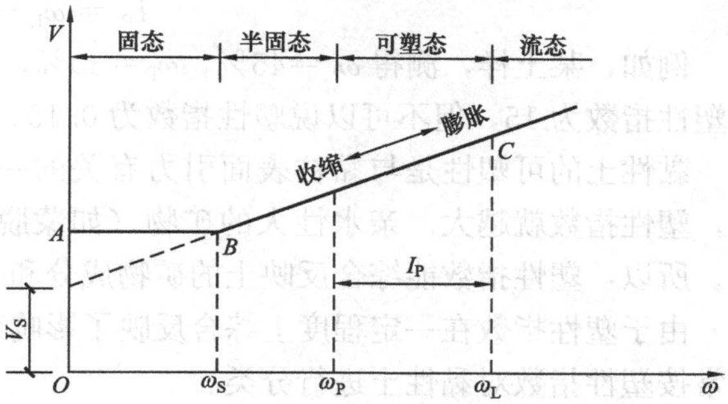

图 2-9　黏性土的稠度状态转变过程

上述状态的变化，反映了土粒与水相互作用的结果。当土中含水量较大，土粒被自由水隔开，土就处于液态；当水分减少到多数土粒为弱结合水隔开时，土粒在外力作用下相互错动时，颗粒间的联结并不丧失，土处于可塑状态。此时土被认为具有可塑性［可塑性是指土体在一定条件（含水量等）下受外力作用时形状可以发生变化，但不产生裂缝，外力移去后，仍能保持既得形状的特性］；当水分再减少，弱结合水水膜变薄，黏滞性增大，土即向半固态转化；当土中主要含强结合水时，则土处于固态，这时，土的体积不再随含水量的减少而压缩。

（二）黏性土的界限含水量

稠度状态之间的转变界限称为稠度界限。最早提出这种界限是瑞典农学家阿太堡（A. Atterberg，1911），故也称阿太堡界限，用含水量表示，故又称界限含水量。

工程上常用的稠度界限有液性界限 ω_L 和塑性界限 ω_P。

液性界限（ω_L）简称液限，相当于土从塑性状态转变为液性状态时的含水量。这时，土中水的形态除结合水外，还有相当数量的自由水。

塑性界限（ω_P）简称塑限，相当于土从半固体状态转变为塑性状态时的含水量。这时土中水的形态大约是强结合水含量达到最大。

在实验室内，液限 ω_L 用液限仪测定，塑限 ω_P 则用搓条法测定。目前也有用联合测定仪一起测定液限和塑限的（详见“土工实验规程”）。但是，所有这些测定方法仍然是根据观察土的某种含水量下是否“流动”或者是否“可塑”，而不是真正根据土中水的形态来划分的。实际上，土中水的形态，定性区分比较容易，定量划分则颇为困难。目前尚不能够定量地以结合水膜的厚度来确定液限或塑限。从这个意义上说，液限和塑限与其说是一种理论标准，不如说是人为确定的一种标准。尽管如此，并不妨碍人们去认识细粒土随着含水量的增加，可以从固态或半固态变为塑态再变为液态，而实测的塑限和液限则是一种近似的定量分界含水量。

图 2-9 中的缩限（ω_S）是半固态与固态的界限含水量，是用已知质量与体积的饱和土样，先晾干，再烘至全干，测定烘干后土的质量与体积。

二、塑性指数与液性指数

（一）塑性指数

塑性是许多物体的一种特性，塑性的基本特征是：物体在外力作用下，可被塑造成任何形态，而整体性不破坏，即不产生裂隙；外力除去后，物体能保持变形后的形态，而不恢复原状。黏性土在含水量处于一定范围内时表现出塑性。可塑性是黏性土区别于砂土的重要特征。

黏性土可塑性的大小用土处在塑性状态的含水量变化范围来衡量，从液限到塑限含水量的变化范围愈大，土的可塑性愈好。把液限与塑限的差值（去掉百分号）称为塑性指数 I_P，即

$$I_P = \omega_L - \omega_P \tag{2-20}$$

例如，某土样，测得 $\omega_L=45\%$，$\omega_P=30\%$，则 $I_P=\omega_L-\omega_P=45-30=15$，习惯上直接称塑性指数为 15，但不可以说塑性指数为 0.15。

黏性土的可塑性是与黏粒表面引力有关的一个现象。黏粒含量越多，土的比表面积越大，塑性指数就越大。亲水性大的矿物（如蒙脱石）的含量增加，塑性指数也就相应地增加。所以，塑性指数能综合反映土的矿物成分和颗粒大小的影响。

由于塑性指数在一定程度上综合反映了影响黏性土特征的各种重要因素，因此，在工程上常按塑性指数对黏性土进行分类。

（二）液性指数

土的天然含水量在一定程度上也说明土的软硬与干湿状况。但是，仅有含水量的绝对数值却不能说明土处在什么状态，例如，有几个含水量相同的土样，若它们的塑限、液限不同，则这些土样所处的状态就可能不同。因此黏性土的稠度状态需要一个表征土的天然含水量与界限含水量之间相对关系的指标，即液性指数 I_L 来加以判定。

液性指数 I_L 是黏性土天然含水量与塑限的差值和塑性指数之比，即

$$I_L = \frac{\omega - \omega_P}{\omega_L - \omega_P} = \frac{\omega - \omega_P}{I_P} \tag{2-21}$$

可塑状态的土的液性指数在 0～1 之间，液性指数越大，表示土越软；液性指数大于 1 的土处于流动状态；小于 0 的土处于固体状态或半固体状态。因此，可以利用液性指数 I_L 作为黏性土的划分指标。I_L 值愈大，土质愈软；反之，土质愈硬。

黏性土根据液性指数 I_L 划分软硬状态，其划分标准见表 2-7。

表 2－7　黏性土软硬状态的划分

状态	坚硬	硬塑	可塑	软塑	流塑
液性指数	$I_L \leqslant 0$	$0 < I_L \leqslant 0.25$	$0.25 < I_L \leqslant 0.75$	$0.75 < I_L \leqslant 1.0$	$I_L > 1.0$

液性指数固然可以反映土所处的状态，但值得注意的是，塑限和液限都是用重塑土膏测定的，没有反映土的原状结构的影响。保持原状结构的土即使天然含水量大于液限，但仍有一定的强度，并不呈流动的性质，可称为潜流状态。这就是说，虽然原状土并不流动，但一旦天然结构被破坏，强度立即丧失而出现流动的性质。因此，用上述标准判断重塑土的软硬状态是合适的，但对原状土就偏于保守。

【例题 2－4】 已知某黏性土的液限为 41%，塑限为 22%，饱和度为 0.98，孔隙比为 1.55，土的相对密度为 2.75。试计算塑性指数、液性指数及确定黏性土的状态。

【解】 (1) 该黏性土的塑性指数 I_P 为

$$I_P = \omega_L - \omega_P = 41 - 22 = 19$$

(2) 土的含水量和液性指数分别为

$$\omega = \frac{eS_r}{d_s} = \frac{1.55 \times 0.98}{2.75} = 55.2\%$$

$$I_L = \frac{\omega - \omega_P}{\omega_L - \omega_P} = \frac{0.552 - 0.22}{0.41 - 0.22} = 1.74$$

$I_L > 1$，故应为流塑状态。

三、反映黏性土结构特性的两种性质

(一) 黏性土的灵敏度

土的结构形成后就获得某种强度，且结构强度随时间而增长。在含水量不变化的条件下，将原状土捏碎，重新按原来的密度制备成重塑土样。由于原状结构彻底破坏，重塑土样的强度较之原状土样将有明显降低。土的结构性对强度的这种影响，一般用灵敏度来衡量。

土的灵敏度是指原状土样的单轴抗压强度（或称无侧限抗压强度）与重塑土样的单轴抗压强度之比，用 S_t 表示，即

$$S_t = q_u / q'_u \tag{2-22}$$

式中　q_u——原状土样的单轴抗压强度；

q'_u——重塑土样的单轴抗压强度。

显然，结构性越强的土，灵敏度 S_t 越大。表 2－8 表示黏性土根据灵敏度的分类。土的灵敏度越高，其结构性越强，受扰动后土的强度降低就越多，所以在基础施工时，应注意保护基槽，尽量减少土结构的扰动。

表 2－8　黏性土按灵敏度分类

黏性土分类	不灵敏	低灵敏	中等灵敏	灵敏	很灵敏	流动
S_t	1	1～2	2～4	4～8	8～16	>16

(二) 黏性土的触变性

与灵敏度密切相关的另一种特性是触变性。当黏性土的结构受到扰动时，土的强度就降低，但静置一段时间，土的强度又逐渐增长，这种性质称为土的触变性。这是由于土粒、离子和水分子体系随时间而趋于新的平衡状态之故。例如，在黏性土中打预制桩，桩周土的结

构受破坏，强度降低，使桩容易打入。当打桩停止后，土的一部分强度恢复，使桩的承载力提高。

四、黏性土的胶体性质及对工程性质的影响

（一）黏性土的胶体性质

黏粒细小，比表面积大，是胶体分散体系的分散相。它与水溶液相互作用后，可使土具有一系列胶体化学特性，这些性质主要表现在如下方面。

1. 黏性土的电动特性

1809年莫斯科大学列伊斯（Reuss）教授完成一项很有趣的试验。他把黏土膏放在一个玻璃器皿中，将两个无底的玻璃筒插入黏土膏中，向筒中注入相同深度的清水，并将两个电极分别放入两个筒内的清水中，然后将直流电源与电极连接。通电后即可发现放阳极的筒中，水面下降，水逐渐变浑；放阴极的筒中水面逐渐上升。这种现象说明在电场中，土中的黏土颗粒泳向阳极，而水则渗向阴极。前者称为电泳，后者称为电渗。这两种现象是同时发生的，称土的电动特性。

实验说明，黏土颗粒是带负电的。其带电的原因通常认为由于次生二氧化硅的水化解离作用、黏土颗粒边缘的破键作用以及晶格内部的同晶替代作用综合作用的结果。

2. 黏粒表面水化膜的特性

黏性土与其他土不同，含有相当数量的结合水，在黏粒周围形成一层水化膜。水化膜中的水与自由水不同，具有一定的黏滞性。越是靠近黏粒表面，水分子排列越紧密，黏滞性越大，弹性和抗压强度也大；远离黏粒的水分子越易分离，水化膜越厚，黏滞性及强度越弱。

水化膜的厚度主要决定于结合水的多寡。弱结合水含量越多，水化膜越厚，黏滞性及强度越小，土颗粒间越易于活动。因此，黏性土的强度与变形，取决于土中水化膜的厚薄。

当土粒表面与水溶液相互作用达到平衡时，在土粒周围形成一定的电场，电场的强度随距离而衰减，衰减的快慢取决于土粒表面的静电引力和布朗运动扩散力相互作用的结果。在最靠近土粒表面的地方静电引力最强，将极性水分子和水化离子紧紧地吸附在土粒表面，形成吸附层，吸附层中的强结合水因处于强大表面引力作用下而失去一般水的特征；在土粒表面处，阳离子的浓度最大，随着离土粒表面距离的加大，阳离子的浓度逐渐降低，直至达到孔隙中水溶液的正常浓度为止，这个范围称为扩散层。扩散层中的离子电荷与土粒表面电荷相反，因此亦称为反离子层。土粒表面的负电荷与反离子层合起来称为双电层。扩散层中结合水具有活动性而造成黏性土可塑性，双电层中水化膜厚度增减引起土的膨胀与收缩。

3. 黏粒的凝聚与胶溶

凝聚与胶溶是十分重要的胶体性质，对黏性土的工程性质有很大的影响。凝聚与胶溶是土粒间引力和斥力相互作用的结果。土颗粒在水溶液中相互结合的作用称凝聚（又称聚沉），土颗粒在水溶液中相互分离的作用成为胶溶（又称稳定）。

引力和斥力同时存在，当互相平衡以后的净作用力为斥力时土粒互相排斥，处于胶溶状态，形成的结构称为平行结构；当净作用力为引力，则土粒互相吸引，产生凝聚，形成絮状结构。当介质的pH值改变时，或者改变了离子成分和浓度时，都会改变胶体的状态，从胶溶向凝聚转化，或者发生相反的变化。例如，增大离子浓度可以使土由原来的分散状态转变为凝聚状态。按照凝聚能力的大小，可以把土中可能存在的阳离子排列成下列顺序：

$$Al^{+3}>Fe^{+3}>H^{+1}>Ca^{+2}>Mg^{+2}>K^{+1}>Na^{+1}$$

可以看出，除了氢离子是例外，一般是离子价数愈高，凝聚能力愈强。一种离子能把其他离子驱出反离子层而自己进入反离子层的现象称为离子交换。凝聚能力强的离子，交换能力也愈强，因此上述顺序也是离子交换能力从强到弱的顺序。

4. 土的触变与陈化

在胶体化学中，某些胶体体系在动力（振动、搅拌、超声波、电流等外力）作用下常产生液化或由凝聚状态过渡到胶溶或悬浮状态；当此外力作用停止后，又重新凝结，这种现象叫触变。如上所述，黏性土也具有触变特性，尤其是含水量高、结构分散的淤泥质软土及淤泥等易于触变，因为这类土的微结构为蜂窝状结构，蜂窝中含有大量的结合水，结构联结弱。在振动力作用下，部分结合水转化为自由水，使土的结构破坏，颗粒间失去连接而液化。当外力停止后，部分自由水又向结合水转化，使颗粒间连接逐渐恢复。因此，当土中黏粒含量高，黏土矿物亲水性大，含水量高时土就易发生触变。

具有触变性的土，经过一定时间后就失去液化能力，失去原有的触变性。这种变化是不可逆的，叫做“陈化”。黏性土的“陈化”不仅限于某些触变性土。例如，有的黏粒，从无定形逐渐变为结晶状态；有的土从分散性很高转变为分散性很低，即使细颗粒变为粗颗粒，这样亲水性也就降低了；有的则由于脱水而体积缩小，这些都是黏性土的胶体体系发生陈化的结果。

（二）黏性土的胶体性质对工程性质的影响

1. 土在形成过程中的胶体物理化学现象

土的结构和构造、土的物理力学性质都与土在形成过程中的胶体物理化学作用有关，而这种作用是土的成分、环境介质相互影响的结果。例如当江河夹带着泥沙进入大海的时候，由于介质中 pH 值改变，产生凝聚反应，悬浮在水中的细土粒互相靠拢，形成絮状物下沉，在河口沉积成具有絮状结构的淤泥或淤泥质土。在盐渍化过程中，由于水分蒸发，盐分聚集，钠离子浓度急剧增大，形成盐渍土。盐渍土不仅危害农业，而且也是工程性质非常差的土。

2. 对黏性土可塑性的影响

可塑性是黏性土区别于砂土的重要特征，亦是黏性土分类的依据。黏土颗粒表面上的物理化学作用越强烈，扩散层的厚度越厚，土的可塑性也越大。因此影响土的表面物理化学作用的因素，如矿物成分、土粒的大小、水溶液的成分与浓度等都对土的可塑性有影响。

3. 对土的触变性的影响

如上所述，黏性土亦有触变性，泥浆或土膏的凝聚和胶溶过程在温度和湿度不变的条件下亦几乎是完全可逆的，但具有原状结构的黏性土则不完全相同。在土的形成过程中生成的原状结构强度在受到扰动时被破坏，在静置一定时间以后强度能部分恢复，但不会完全恢复到原来的强度，这种触变性是不完全可逆的。因此必须在钻探取土、施工开挖过程中注意保护土的结构不受扰动，一旦破坏了土的原状结构，强度降低且不可能恢复到天然强度。

4. 黏性土的胀缩性

黏性土的胀缩性是指黏性土吸水膨胀、失水收缩的性质，胀缩性的大小取决于黏土矿物的成分与含量，也取决于溶液离子的成分与浓度。高岭石的饱和吸水率只有干土质量的90%左右，钙蒙脱石的吸水率约为300%，而钠蒙脱石的吸水率高达700%左右。可见，黏性土的胀缩性与矿物成分及离子成分密切相关。对膨胀和收缩的量危及工程安全的土，必须注意判别和处理。

（三）在工程实践中的应用

在岩土工程界不但把土的胶体性质作为分析、预测及改善黏性土的工程地质性质的理论基础，而且也在生产实践中利用这一特性改善土的性质，解决工程中的一些实际问题。

1. 触变性质的利用

在工程实践中，常利用土的触变现象提高钻探及打桩的施工效率，或利用触变压密，提高桩的承载力。例如在沉井下沉或顶管顶进过程中，为了减小施工时的阻力，在井、管壁和土体之间注入用含蒙脱石为主的膨润土制备的触变泥浆，施工时在动力作用下泥浆呈胶溶状态，阻力很小，但施工结束以后由于强度的触变恢复，使沉井或顶管与土之间的摩阻力又能得到恢复，保证了结构的稳定性。

2. 离子交换性质的利用

在公路工程中，利用土的离子交换规律。采用在土中掺加高价电解质的方法稳定土，以改善黏性土的工程性质。例如，用石灰稳定土就是利用石灰中的钙离子去置换土中的低价钠离子，产生凝聚以提高土的水稳定性。

在土工试验中，为了制备可供粒度成分分析用的悬液，常在悬液中加一些氨水或偏磷酸钠等分散剂，使土粒周围的扩散层增厚以破坏粒团结构，并保持悬液的胶溶状态。

3. 电渗、电泳规律的利用

利用土的电渗规律，通过施加直流电场将黏土里的水分集中到阴极管附近，然后排除以降低黏土层中地下水位的方法称为电渗降水。同时用作阳极的铁棒或铝棒在电场作用下产生电解，提高了溶液中高价的铁离子或铝离子浓度以置换低价离子，产生凝聚以达到提高强度的目的，这种加固土的方法称为电动铁（铝）化法，如在阴极管中注入水玻璃，在阳极管中注入氯化钙溶液。在电场作用下带负电荷的硅酸（水玻璃水解后的产物）离子渗向阳极，带正电荷的钙离子渗向阴极，两种离子在土中相遇，生成新的硅酸盐填充土的孔隙并把土粒胶结起来，同时钙离子也能置换土中的低价离子使黏性土得到加固，这种方法称为电动硅化法。黏性土的电动现象还可用于电渗沉桩，即利用正在下沉的桩作负极，使向负极电渗的水流降低桩的摩擦阻力，以提高施工效率。

4. 路基冻胀的机理分析

北方路基的冻胀和翻浆是道路工程的严重病害。土体发生冻胀主要是由于土层在冻结时周围未冻区土中水分向冻结区迁移和集聚的结果。由于结合水的过冷现象，即使地温在零度以下，结合水仍然处于液体状态，成为水分向冰晶体补充的通道。冰晶体附近的结合水膜因失水而使离子浓度增大，与未冻结区的结合水膜中原来的离子浓度构成浓度差，浓度差形成的渗附压力驱使水化离子从离子浓度低处向高处渗流，源源不断地从未冻结区向冻结区补充水分。只要地下水位比较高且从地下水面至冻结区之间存在毛细通道，便具备了冻胀的地质条件，负温持续的时间愈长，冻胀就愈严重。对冻胀机理的正确分析为预防冻胀病害提供了理论依据和有针对性的处理方法。

第五节 地基土的工程分类

土力学是根据土的工程性质对土进行分类的，所以叫工程分类。土的工程分类是地基基础勘察与设计的前提，一个正确的设计必须建立在对土的正确评价的基础上，而土的工程分类正是工程勘察评价的基本内容。因此土的工程分类是岩土工程界普遍关心的问题之一，也是勘察、设计规范的首要内容，在 20 世纪 80 年代到 90 年代制订的一批规范发展和丰富了土的分类系统，我国的岩土分类学研究达到了一个新的水平。

20 世纪初期，瑞典土壤学家阿太堡（A. Atterberg）提出了土的粒组划分方法和土的液限、塑限的测定方法，为近代土分类系统的形成奠定了基础。到 20 世纪 40 年代末 50 年代初，土的工程分类已逐步成熟，形成了不同的分类体系。当前，我国使用的土名和土的分类法并不统一，各个部门，使用各自制定的规范，各个规范中所做的规定也不完全一样，国际上的情况也是如此，各个国家有自己的一套或几套规定。

制定土的工程分类方法时，应选用最能反映土的工程性质且又便于测定的指标作为分类的依据，分类体系应逻辑严密且又简明实用。但由于各类工程的特点不同，分类依据的侧重面也就不同，因而形成了服务于不同工程类型的分类体系，例如，我国建筑、水利、港工、公路各专业对土都有不同的分类方法（见附录 1、2、3），这样对同样的土，如果采用不同的规范分类，定出的土名可能会有差别，所以在使用规范时必须充分注意这个问题。附录 3 还给出了岩土工程勘察规范的分类法，其中建筑、水利两个分类法最具有代表性，现简介如下。

一、《建筑地基基础设计规范》(GB 50007—2011) 分类法

该规范把建筑物的地基土（包括岩石）分成六大类，即岩石、碎石土、砂土、粉土、黏性土和人工填土。从土力学的学科意义而言，整体岩石不属于土。碎石土和砂土属于粗粒土、粉土和黏性土属于细粒土。粗粒土按粒径级配分类，细粒土按塑性指数 I_P 分类。

碎石土是指粒径大于 2mm 颗粒含量超过全量 50% 的土；砂土是指粒径大于 2mm 的颗粒含量不超过全量的 50%，而粒径大于 0.075mm 的颗粒含量超过全量的 50% 的土；黏性土是指塑性指数 I_P 大于 10 的土，其中黏土 $I_P>17$，粉质黏土 $10<I_P\leqslant 17$；粉土的性质介于砂土与黏性土之间，塑性指数 $I_P\leqslant 10$ 且粒径大于 0.075mm 的颗粒不超过全量的 50% 的土。该规范的分类体系见图 2-10。

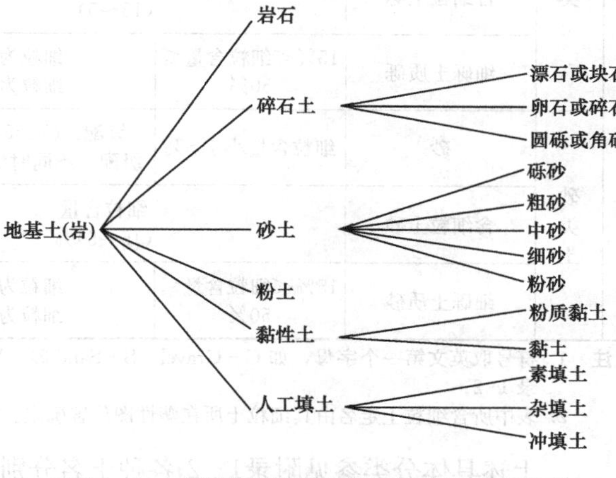

图 2-10 《建筑地基基础设计规范》分类体系

此外，在静水或缓慢流水环境中沉积，经生物化学作用形成的，天然含水量大于液限，天然孔隙比 $e\geqslant 1.5$ 的黏性土，称为淤泥；而当 $\omega>\omega_L$ 且 $1.0\leqslant e<1.5$ 时黏性土或粉土为淤泥质土。

具体的分类界限及详细规定见附录 1-1。

实际工程的勘察报告中使用具体土名，如卵石、粗砂、粉土、黏土、素填土等，较少使用土类名，如碎石土、砂土、黏性土、人工填土等。

二、水利部《土工试验规程》(SL 237—1999) 分类法

该规程中土的分类法（详见附录 1-2），是参照欧美各国称为"统一分类法"的体系，并结合我国的具体试验数据制定的。考虑问题比较全面，被认为是一套较合理的分类体系，该分类方法的要点如下：

(1) 先判定是有机土还是无机土。

(2) 对于无机土按照表 2-1 将土区分为巨粒类土、粗粒类土和细粒土后再进行细粒分类。按表 2-9 先确定是否为巨粒类土；如不属于巨粒类土，按照试样中粗粒组质量大于总质量 50%的土划分为粗粒类土；在粗粒类土中按砾粒组质量大于总质量 50%的土划分为砾类土；砾粒组质量小于或等于总质量 50%的土划分为砂类土。

(3) 对于巨粒类土和粗粒类土的分类见表 2-9。

表 2-9　巨粒类土和粗粒类土的分类表

粒组		土类	粒组含量		土代号	土名称
巨粒类土		巨粒土	巨粒含量 (100～75)%	漂石粒含量>50% 漂石粒含量≤50%	B C_b	漂石 卵石
		混合巨粒土	巨粒含量 (75～50)%	漂石粒含量>50% 漂石粒含量>50%	BSI C_bSI	混合土漂石 混合土卵石
		巨粒混合土	巨粒含量 (50～15)%	漂石粒含量>卵石含量 漂石粒含量≤卵石含量	SIB SIC_b	漂石混合土 卵石混合土
粗粒类土	砾类土	砾	细粒含量小于 5%	级配：$C_u \geqslant 5$，$C_u = 1 \sim 3$ 级配：不同时满足上述要求	GW GP	级配良好砾 级配不良砾
		含细粒土砾	细粒含量 (15～5)%		GF	含细粒土砾
		细砾土质砾	15%<细粒含量≤50%	细粒为黏土 细粒为粉土	GC GM	黏土质砾 粉土质砾
	砂类土	砂	细粒含量小于 5%	级配：$C_u \geqslant 5$，$C_u = 1 \sim 3$ 级配：不同时满足上述要求	SW SP	级配良好砂 级配不良砂
		含细粒土砂	细粒含量 (15～5)%		SF	含细粒土砂
		细砾土质砂	15%<细粒含量≤50%	细粒为黏土 细粒为粉土	SC SM	黏土质砂 粉土质砂

注　1. 符号取英文第一个字母，如 G-Gravel；S-Sand 砂；W-Well 良好；P-Poor 不良。其他代号含义详见附录 1-2；

2. 表中所含细粒土定名由其细粒土所在塑性图位置确定。

上述具体分类参见附录1-2 各种土名分别以相应的代号表示。

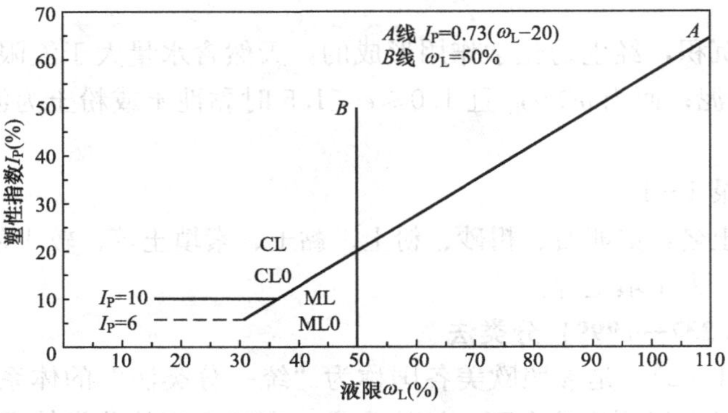

图 2-11　我国采用的塑性图

(4) 细粒土则根据如图 2-11 所示的塑性图分类。塑性图是在以塑性指数 I_P 为纵坐标，以液限 ω_L 为横坐标的坐标平面上，用 A、B 线划分为四个区域，每个区域有两种土类，构成塑性图。图中 A 线是一条折线，其斜线方程为 $I_P = 0.73(\omega_L - 20)$，在 $\omega_L = 30\%$处与 $I_P = 6$ 的水平线相交，即 A 线的折点，B 线为 $\omega_L = 50\%$处的竖直线。细粒土的定名及定名区见表 2-10。

表 2-10　　细 粒 土 的 分 类

土的塑性指标在塑性图中的位置		土代号	土名称
塑性指数 I_P	液限		
$I_P \geqslant 0.73(\omega_L - 20)$ 和 $I_P \geqslant 10$	$\omega_L \geqslant 50\%$ $\omega_L < 50\%$	CH CL	高液限黏土 低液限黏土
$I_P < 0.73(\omega_L - 20)$ 和 $I_P < 10$	$\omega_L \geqslant 50$ $\omega_L < 50$	MH ML	高液限粉土 低液限粉土

【例题 2-5】 某砂土颗粒分析成果见表 2-11，试确定该土样的名称。

表 2-11　　某砂土颗粒分析成果

土的粒径范围（mm）	>2	2～0.5	0.5～0.25	0.25～0.075	<0.075
粒组占干土全重量的百分数（%）	9.4	18.6	21.0	36.5	14.5

【解】 按例表 2-11 颗粒分析成果分析数据。

(1) 大于 2mm 粒径的土粒占全重 9.4%，小于 25%，故该土样不是砾砂。

(2) 大于 0.5mm 粒径的土粒占全重（9.4+18.6)%=28%，未超过全重 50%，故该土样不是粗砂。

(3) 大于 0.25mm 粒径的土粒占全重（9.4+18.6+21)%=49%，仍未超过全重 50%，故该土样不是中砂。

(4) 大于 0.075mm 粒径的土粒占全重（9.4+18.6+21+36.5)%=85.5%，已超过 85%，故该土样定名为细砂。

【例题 2-6】 完全饱和的土样含水量为 30%，液限为 29%，塑限为 17%，试按塑性指数分类法定名，并确定其状态。

【解】 塑性指数 I_P 由下式求得

$$I_P = \omega_L - \omega_P = 29 - 17 = 12$$

液性指数由下式求得

$$I_L = \frac{\omega - \omega_P}{\omega_L - \omega_P} = \frac{30 - 17}{29 - 17} = 1.08$$

所以，该土样为粉质黏土，按表 2-7 确定其状态为流塑状态。

关 键 概 念

土的颗粒级配；粒组；颗粒级配曲线；不均匀系数；孔隙比；孔隙率；含水量；饱和度；密度；干密度；饱和密度；天然重度；干重度；饱和重度；浮重度（有效重度）；相对密度；稠度；缩限；塑限；液限；塑性指数；液性指数；土的灵敏度；黏性土的触变性。

思 考 题

2-1　不均匀系数 C_u 的定义是什么？其意义何在？

2-2　试比较土中各类水的特征，并分析它们对土的工程性质的影响。

2-3　进行土的三相指标计算必须已知几个指标？为什么？

2-4　土的三相比例指标有哪些？哪些可由实验直接测定？如何测定？

2-5　说明土的 γ、γ_{sat}、γ'、γ_d 的物理概念，并比较 γ、γ_{sat}、γ'、γ_d 的数值的大小。

2-6　两种土当其含水量相同时，其饱和度是否也相同？为什么？

2-7　试分析土的矿物成分和环境条件的变化对土的结构和工程性质的影响。

2-8　比较孔隙比和相对密实度这两个指标作为砂土密实度评价指标的优点和缺点。

2-9　既然可用含水量表示土中含水的多少，为什么还要引入液性指数来评价黏性土的软硬程度？

2-10　何为塑性指数？其数值大小与颗粒粗细有何关系？塑性指数大的土，具有哪些特点？何谓液性指数？如何应用液性指数来评价土的工程性质？液性指数大于 1 的黏性土，为什么还有一定的承载能力？

2-11　黏性土的胶体性质有何工程意义。

2-12　试比较塑性指数分类法和塑性图分类法，说明它们的区别和适用条件。

计　算　题

2-1　某土样颗粒分析结果见表 2-12，试绘出颗粒级配曲线，并确定该土的 C_u 和 C_c，以及评价该土的级配情况。

表 2-12　　　　　　　　某土样颗粒分析结果

粒径（mm）	>2	2～0.5	0.5～0.25	0.25～0.1	0.1～0.05	<0.05
粒组含量（%）	9	27	28	19	8	9

2-2　某办公楼岩土工程勘察中取原状土样做试验，用天平称 $50cm^3$ 湿土质量为 95.15g，烘干后质量为 75.05g，土粒相对密度为 2.67。计算该土样的天然密度、干密度、饱和密度、有效密度、土壤含水量、孔隙比、孔隙率和饱和度。

2-3　在某土层中，用体积为 $72cm^3$ 的环刀取样。经测定：土样质量为 129.1g，烘干后重 121.5g，土粒比重 2.70。求此土的含水量 ω、干密度 ρ_d 各是多少？

2-4　一厂房地基表层为杂填土厚 1.2m，第二层为黏性土厚 5m，地下水位深 1.8m。在黏性土中部取土做试验，测得天然密度为 $1.84g/cm^3$，土粒比重为 2.75，求该土样的含水量、有效密度、干密度和孔隙比。

2-5　从甲、乙两地黏性土层中各取出土样进行界限含水量试验，两土样液、塑限相同：$\omega_L=40\%$，$\omega_P=25\%$。但甲地天然含水量 $\omega=45\%$，而乙地天然含水量 $\omega=20\%$，问两地的液性指数 I_L 各为多少？各处何种状态？作为地基哪一处较好？

2-6　某砂土土样的密度为 $1.77g/cm^3$，含水量为 9.8%，土粒比重为 2.67，烘干后测定最小孔隙比为 0.461，最大孔隙比为 0.943，试求孔隙比 e 和相对密实度 D_r，并评定该砂土的密实度。

2-7　试证明：$w=\dfrac{\gamma}{\gamma_d}-1$。

2－8　某天然砂层，密度 ρ 为 1.47g/cm³，含水量 ω 为 13.0%，由试验求得该砂土的最小干密度 ρ_{dmin} 为 1.20g/cm³，最大干密度 ρ_{dmax} 为 1.66g/cm³，问该砂层处于何种状态？

2－9　有 A、B、C、D 四种土颗粒大小分析试验及液限、塑限试验结果见表 2－13。试按《建筑地基基础设计规范》(GB 50007—2002) 予以分类。

表 2－13　　**试验结果**

分　类		A	B	C	D
颗粒大小分析试验	粒径 d (mm)	$<d$ 的含量百分数 (%)			
	20	90			
	10	82			
	5	62.5	100		
	2.0	27	97.5		
	1.0	13	—		
	0.5	8	84	100	
	0.25	4	70	96	
	0.1	0	47	83	100
	0.05		33	67.5	97.5
	0.02		22	47	88
	0.01		15	33	78
	0.005		10	23	68.5
	0.002		4	13	58
液限 ω_L (%)		无塑性	33	35	78
塑限 ω_P (%)			27	26	31
备　注		圆形颗粒			

计算题参考答案

2－1　C_u＝8.04，C_c＝1.59，属良好级配

2－2　1.90，1.50，1.94，0.94g/cm³，26.8%，0.78，43.8%，0.918

2－3　6.26%，1.69g/cm³

2－4　39.4%，0.84g/cm³，1.32g/cm³，1.08

2－5　甲地：I_L＝1.33；乙地：I_L＝－0.33；乙地好

2－6　D_r＝0.595

2－7　略

2－8　D_r＝0.278，松散状态

2－9　A 为圆砾，B 为粉砂，C 为粉土，D 为黏土

第三章　土的渗透性与渗流

本章提要与学习目标

组成土三相中的孔隙具有连续的性质，当土作为水土建筑物的地基或直接把它用作水土建筑物的材料时，水就会在水头差作用下从水位较高的一侧透过土体的孔隙流向水位较低的一侧。本章将主要讨论水在土体中的渗透性及渗透规律，以及渗透力及渗透变形等问题。

通过本章学习，掌握土的渗透性（达西定律），掌握水头、测管水头、水力坡降的概念，熟悉渗透系数的测定方法，特别是层状地基的等效渗透系数的确定。学会应用二维渗流流网确定测管水头、孔隙水压力、水力坡降、渗透速度和渗透流量。渗透力和渗透变形是本章的学习重点，掌握渗透力的计算方法，并能正确确定渗透变形类型。

土是由固体相的颗粒、孔隙中的液体和气体三相组成的，而土中的孔隙具有连续的性质，当土作为水土建筑物的地基或直接把它用作水土建筑物的材料时，水就会在水头差作用下从水位较高的一侧透过土体的孔隙流向水位较低的一侧。渗透是水头差作用下，水透过土体孔隙的现象。土允许水透过的性能称为土的渗透性。

水在土体中渗透，一方面会造成水量损失，影响工程效益；另一方面将引起土体内部应力状态的变化，从而改变水土建筑物或地基的稳定条件，甚者还会酿成破坏事故。土的渗透性的强弱，对土体的固结、强度以及工程施工都有非常重要的影响。

本章将主要讨论水在土体中的渗透性、渗透规律以及渗透力等问题。

第一节　土的渗透定律

一、渗流中的总水头与水力坡降

根据液体流动的连续性原理，见图 3－1，断面积分别为 w_1 和 w_2、流速分别为 v_1 和 v_2 断面处

$$\int_{w1} v_1 \mathrm{d}w = \int_{w2} v_2 \mathrm{d}w$$

得出

$$w_1 v_1 = w_2 v_2 \tag{3-1}$$

或

$$\frac{v_1}{v_2} = \frac{w_2}{w_1} \tag{3-2}$$

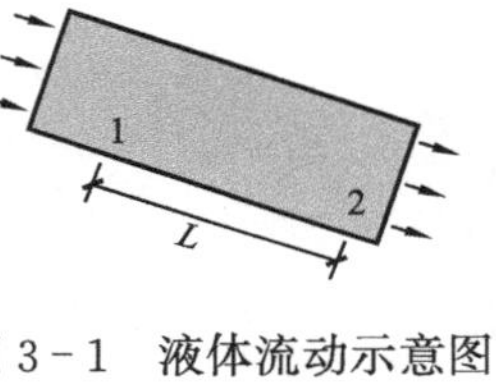

图 3－1　液体流动示意图

上式表明：稳定总流通过任意过水断面的流量相等；或稳定总流过水断面平均流速与过水断面面积成反比。

上式前提：流体是连续介质；流体是不可压缩的；流体是稳定流；且流体不能通过流面流进或流出该元流。

理想重力的能量方程式（伯努利方程式，1738 年瑞士数学家应用动能定理推导出来的。）

$$Z+\frac{p}{\gamma}+\frac{v^2}{2g}=c \tag{3-3}$$

饱和土体空隙中的渗透水流，也遵从伯努利方程，并用水头的概念来研究水体流动中的位能和动能。

水头实际上就是单位重量水体所具有的能量。

按照伯努利方程（3-3），液流中一点的总水头 h，可以用位置水头 Z、压力水头 u/γ_w 和流速水头 $v^2/2g$ 之和表示，即

$$h=Z+\frac{u}{\gamma_w}+\frac{v^2}{2g} \tag{3-4}$$

此方程式中各项的物理意义均代表单位重量液体所具有的各种机械能，而其量纲都是长度。

图 3-2 表示渗流在水中流经 A、B 两点时，各种水头的相互关系。

按照式（3-4），A、B 两点的总水头可分别表示为

$$h_A=Z_A+\frac{u_A}{\gamma_w}+\frac{v_A^2}{2g}$$

$$h_B=Z_B+\frac{u_B}{\gamma_w}+\frac{v_B^2}{2g}$$

$$h_A=h_B+\Delta h$$

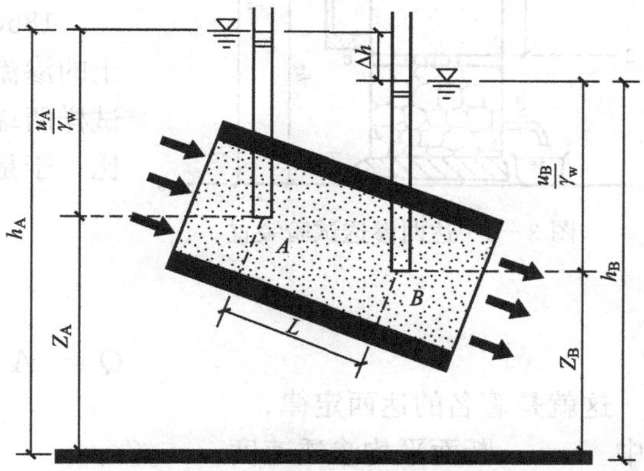

图 3-2 水在土中渗流示意图

式中 Z_A、Z_B——A、B 两点相对于任意选定的基准面的高度，代表单位重量液体所具有的位能（位置高度）故称 Z 为位置水头；

u_A、u_B——A、B 两点的水压力（孔隙水压力），代表单位重量液体所具有的压力势能，而 u_A/γ_w、u_B/γ_w 则代表 A、B 两点孔隙水压力的水柱高度，故称 u/γ_w 为压力水头；

v_A、v_B——A、B 两点的渗流速度；

g——重力加速度；

$v^2/2g$——代表单位重量液体所具有的动能，故称 $v^2/2g$ 为流速水头；

h_A、h_B——A、B 两点的单位重量液体所具有的机械能，故称之为总水头；

Δh——A、B 两点之间的总水头差，代表单位重量液体从 A 点向 B 点流动时，为克服阻力而损失的能量。

此外，$Z+\frac{u}{\gamma_w}$称为测管水头，代表单位重量液体所具有的总势能。

当土中渗流阻力大时，v一般都很小，形成的流速水头 $v^2/2g$ 更小，可不计，这时，总水头 h，可用测管水头来代替，即

$$h=Z+\frac{u}{\gamma_w} \tag{3-5}$$

A、B 两点间的水头损失，可用无量纲的形式来表示，即

$$i=\frac{\Delta h}{L} \tag{3-6}$$

式中　i——水力坡降；

L——A、B 两点间的渗流途径水头损失 h_1 的渗流长度。

二、渗透试验与达西定律

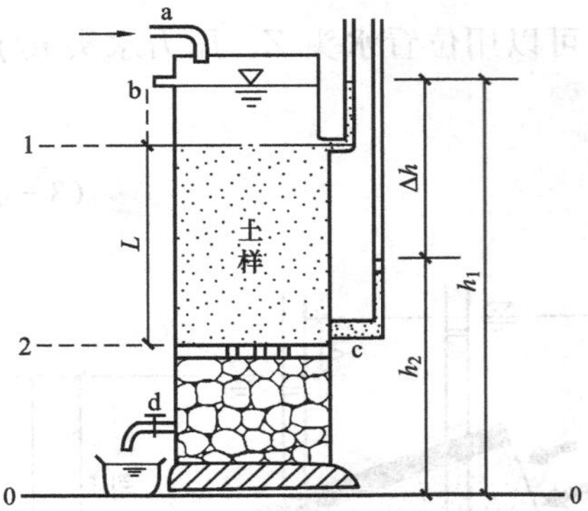

图 3-3　达西渗透试验装置

土体中孔隙的形状和大小是极不规则的，因而水在土体孔隙中的渗透是一种十分复杂的现象，由于土体中的孔隙一般非常微小，水在土体中流动时的黏滞阻力很大，流速缓慢，因此，其流动状态大多属于层流。

1856 年，达西利用图 3-3 所示试验装置，对砂土的渗流性进行了研究，发现水在土中的渗流速度与试样两端面间的水头差成正比，而与渗流长度成反比，于是他把渗流速度表示为

$$v=k\frac{\Delta h}{l}=ki$$

或

$$Q=vA=kiA \tag{3-7}$$

这就是著名的达西定律。

式中　v——断面平均渗透速度，mm/s；

k——渗透系数，mm/s，其物理意义是当水力坡降 $i=1$ 时的渗透速度。

达西定律说明：

(1) 在层流状态的渗流中，渗流速度 v 与水力坡降的一次方成正比，并与土的性质有关，例如砂土的渗透速度与水力坡降呈线性关系，如图 3-4 (a) 所示。

(2) 对于密实的黏土，由于吸着水具有较大的黏滞阻力，因此只有当水力坡降达到某一数值，克服了吸着水的黏滞阻力以后，才能发生渗透。将一开始渗透时的水力坡降称为黏性土的起始水力坡降 i。

试验资料表明，密实的黏土不但存在起始水力坡降，而且当水力坡降超过起始坡降后，渗透速度与水力坡降的规律还偏离达西定律而呈线性关系，如图 3-4 (b) 所示。

$$v=k(i-i_0) \tag{3-8}$$

式中　i_0——密实黏土的起始水力坡降。

此外，试验也表明，在粗颗粒土中（如砾石、卵石），只见在小的水力坡降下，渗透速度与水力坡降才能呈线性关系，而在较大的水力坡降下，水在土中的流动即进入紊流状态，渗透速度与水力坡降呈非线性关系，此时达西定律不能适用，如图 3-4 (c) 所示。

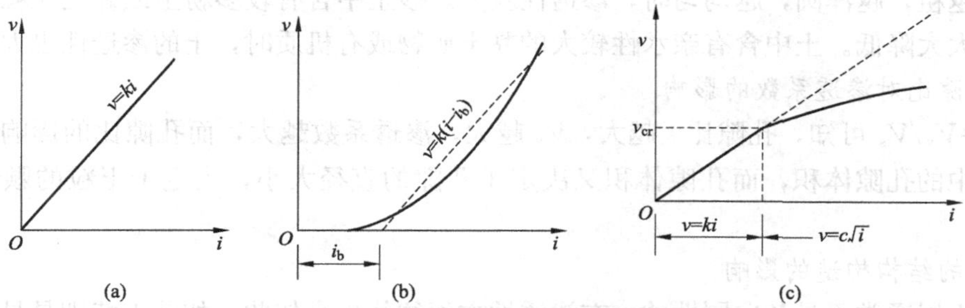

图 3－4　土的渗透速度与水力梯度的关系

(a) 砂土；(b) 密实黏土；(c) 砾土

必须指出，由式（3－7）求出的渗透速度是一种假想的平均流速，因为它假定水在土中的渗透是通过整个土体截面来进行的。而实际上，渗透水仅仅通过土体中的孔隙流动。因此，水在土体中的实际平均流速要比由式（3－7）所求得的数值大得多，它们之间的关系为

$$v=v'n=v'\frac{e}{1+e} \tag{3-9}$$

式中　v——按式（3－1）求得的假想平均流速；

v'——通过土体孔隙的实际平均流速；

n，e——分别为土的孔隙率和孔隙比，这里假定面积孔隙率与体积孔隙率相等。

由于土体中的孔隙形状和大小异常复杂，要直接测定实际的平均流速是困难的。目前，在渗流计算中广泛采用的流速是假想平均流速。因此，下面所述的渗透速度均指这种流速。

第二节　渗透系数及其确定方法

一、渗透系数的测定和影响因素

（一）渗透系数的测定方法

主要分现场试验和室内试验两大类，一般说，现场试验比室内试验所得到的成果要准确可靠。

1. 实验室测定法

(1) 常水头试验法，适用于透水性大的砂性土。

(2) 变水头试验法，适用于透水性小的黏质土和粉质土。

2. 现场测定法

(1) 实测流速法：色素法、电解质法、食盐法。

(2) 注水法。

(3) 抽水法：降低水位法（包括平衡法、不平衡法）；水位恢复法。

（二）影响渗透系数的因素

渗透系数是一个代表土的渗透性强弱的定量指标，也是渗透计算时必须用到的一个基本参数。

影响渗透系数的因素主要有以下几个方面。

1. 土的粒度成分和矿物成分的影响

土的颗粒大小、形状及级配，影响土中孔隙大小及形状，因而影响渗透性。

土粒越粗，越浑圆，越均匀时，渗透性就大。砂土中含有较多粉土或黏土颗粒时，其渗透系数就大大降低。土中含有亲水性较大的黏土矿物或有机质时，土的渗透性也大大降低。

2. 孔隙比对渗透系数的影响

由 $e=V_v/V_s$ 可知，孔隙比 e 越大，V_v 越大，渗透系数越大，而孔隙比的影响，主要决定于土体中的孔隙体积，而孔隙体积又决定于孔隙的直径大小，决定于土粒的颗粒大小和级配。

3. 土的结构构造的影响

天然土层通常不是各向同性的，在渗透性方面往往也是如此。如黄土特别是具湿陷性黄土，竖直方向的渗透系数要比水平方向大得多；层状黏土常夹有薄的粉砂层，它在水平方向的渗透系数要比竖直方向大得多。

4. 结合水膜厚度的影响

黏性土中若土粒的结合水膜较厚，会阻塞土的孔隙，降低土的渗透性。

5. 土中气体的影响

当土孔隙中存在密闭气泡时，会阻塞水的渗流，从而降低渗透性。这种密闭气泡有时是由溶解于水中的气体分离而形成的，故水的含水量也影响土的渗透系数。

影响因素：水温。试验表明，渗透系数 k 与渗透液体的容重 γ_w 及黏滞系数有关，水温不同，γ_w 相差不大，但黏滞系数变化较大，水温升高，黏滞系数降低，k 增大。

此外，渗透水的性质对 k 值也有影响。

二、层状地基的等效渗透系数

天然沉积土往往是由渗透性不同的土层所组成。对于与土层层面平行和垂直的简单渗流情况，当各土层的渗透系数和厚度为已知时，可求出整个土层与层面平行和垂直的平均渗透系数，作为渗流计算的依据。

（一）水平渗流情况

如图 3-5（a）所示，已知地基内各层土的渗透系数分别为 k_1，k_2，k_3，…，k_n，厚度分别为 H_1，H_2，…，H_n，总厚度为 H。

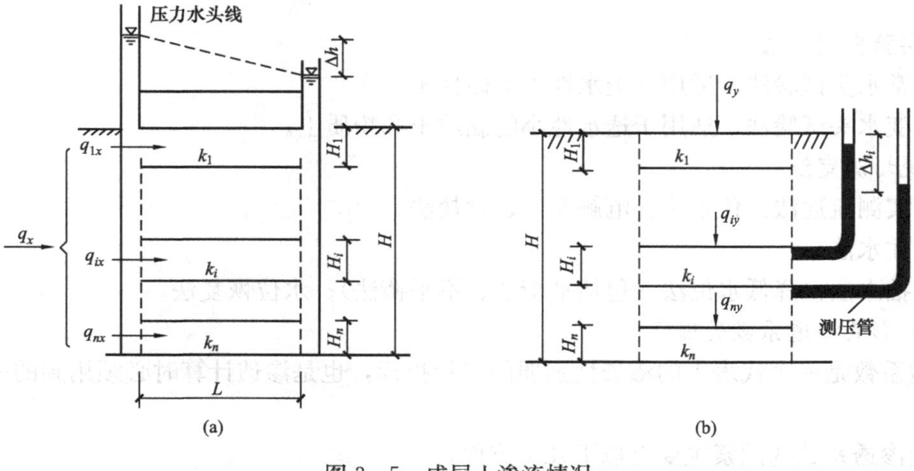

图 3-5　成层土渗流情况

（a）与层面平行的渗流；（b）与层面垂直的渗流

任取两水流断面1—1、2—2，两断面距离为L，水头损失为Δh，这种平行于各层面的水平渗流的特点是：

(1) 各土层的水力坡降$i(=h_1/L)$与等效土层的平均水力坡降相同。

(2) 若通过各土层的渗流量为q_{1x}，q_{2x}，…，q_{nx}，则通过整个土层的总渗流量q_x应为各土层渗流量之总和。即

$$q_x = q_{1x} + q_{2x} + \cdots + q_{nx} = \sum_{i=1}^{n} q_{ix} \tag{3-10}$$

将达西定律式(3-7)代入式(3-10)，可得

$$k_x iH = \sum_{i=1}^{n} k_i \times iH_i = i\sum_{i=1}^{n} k_i H_i \quad (k_x \text{ 等效渗透系数})$$

消去之后，即可得出沿水平方向的等效渗透系数k_x

$$k_x = \frac{1}{H}\sum_{i=1}^{n} k_i H_i \tag{3-11}$$

(二) 竖直渗流情况

对于与层面垂直的渗流的情况，如图3-5(b)所示，可用类似的方法求解。

$$k_y = \frac{H}{\sum_{i=1}^{n}\left(\frac{H_i}{k_i}\right)} \tag{3-12}$$

注意，在实际工程中，选用等效渗透系数时，一定要注意水流的方向，选择正确的等效渗透系数。

第三节 土的二维渗流及流网

上述渗流属简单边界条件下的单向渗流，只要渗透介质的渗透系数和厚度以及两端的水头或水头差为已知，介质内的流动特征均可根据达西定律确定。然而，在工程上遇到的渗流问题，边界条件要复杂得多，水流形态往往是多个方向的，例如常见开挖基坑的渗流(图3-6)，这时，介质内的流动特性逐点不同，并且只能以微分方程的形式表示，然后根据边界条件进行求解。

一、稳定渗流场中的拉普拉斯方程

设从稳定渗流场中任取一微分单元土体，见图3-7，其面积为$dxdy$，如图若单位时间内在x方向流入单元体的水量为q_x，流出的水量为$q_x+\frac{\partial q_x}{\partial x}dx$，在$y$方向流入的水量为$q_y$，流出的水量为$q_y+\frac{\partial q_y}{\partial y}dy$。

假定在渗流作用下单元的体积保持不变，水又是不可压缩的，则单位时间内流入单元体的总水量必等于流出的总水量，即

$$q_x + q_y = \left(q_x + \frac{\partial q_x}{\partial x}dx\right) + \left(q_y + \frac{\partial q_y}{\partial y}dy\right)$$

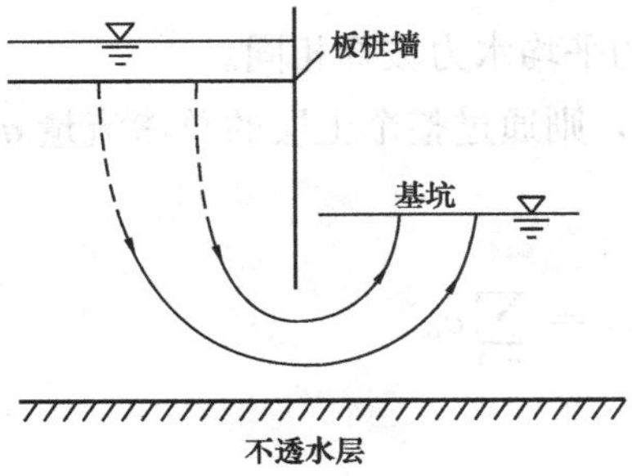

图 3-6　开挖基坑渗流图

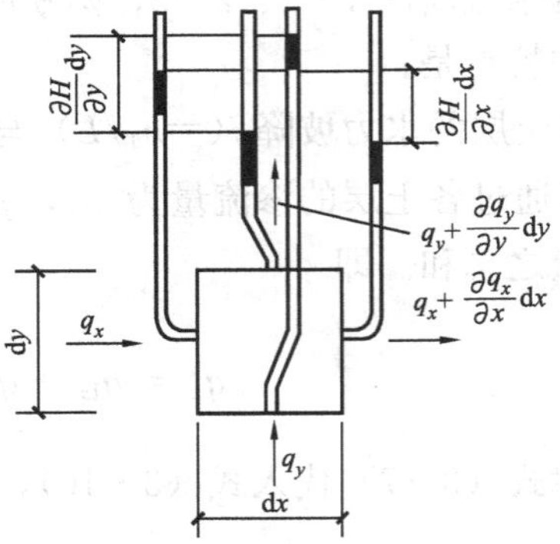

图 3-7　稳定渗流场中的单元体

即
$$\frac{\partial q_x}{\partial x}\mathrm{d}x+\frac{\partial q_y}{\partial y}\mathrm{d}y=0 \tag{3-13}$$

根据达西定律，$q_x=k_x i_x \mathrm{d}y$，$q_y=k_x i_y \mathrm{d}_x$；其中 x 和 y 方向的水力坡降分别为

$$i_x=\frac{\partial H}{\partial x} i_y=\frac{\partial H}{\partial y}$$

将上列关系式代入上式中并经简化后可得

$$k_x\frac{\partial^2 H}{\partial y^2}+k_y\frac{\partial^2 H}{\partial y^2}=0 \tag{3-14}$$

这就是各向异性土在稳定渗流时的连续方程。

式中　k_x、k_y 分别为 x 和 y 方向的渗透系数，H 为总水头或测压管水头。

如果土是各向同性的，即 $k_x=k_y$，则上式可改写成

$$\frac{\partial^2 H}{\partial x^2}+\frac{\partial^2 H}{\partial y^2}=0 \tag{3-15}$$

这就是著名的拉普拉斯方程，它是描述稳定渗流的基本方程式。

二、流网的特征及应用

众所周知，满足拉普拉斯方程的将是两组彼此正交的曲线。就渗流而言，一组曲线称为等势线，在任一条等势线上各点的势能是相等的，或者说，在同一条等势线上的测压水位都是同高的，另一组曲线称为流线，它们代表渗流的方向。

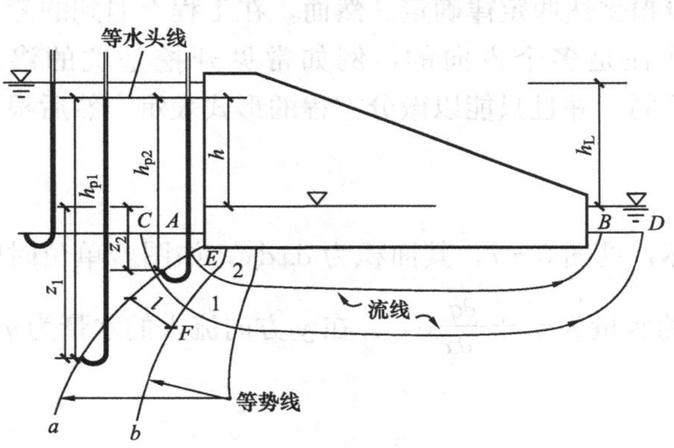

图 3-8　等势线和流线示意图

但必须指出，只有满足边界条件的那一种流线和等势线的组合形式才是方程式（3-15）的正确解答见图 3-8，图中 h_{p1}、h_{p2} 为所在点处测压管高度。

流网即为一族流线和等势线交织而成的网格，根据水力学，具有下列特征：

（1）流线和等势线彼此正交；

（2）每个网格的长宽比值为常数，这时的网格就成为正方形或曲线正方形；

(3) 相邻等势线的水头损失相等；

(4) 各流槽的渗流量相等。

为了求得满足边界条件的解答，常用的方法主要有解析法、数值法、实验法、图解法，在工程上广泛应用的多为图解法。该法具有简便、迅速的优点。

但不论采用哪种方法求解，其最后结果通常均可用流网表示。流网绘出后，即可求得渗流场中各点的测管水头、水力坡降、渗透流速和渗流量。

1. 测管水头

相邻等势线间水头损失为

$$\Delta h=\frac{\Delta H}{N}=\frac{\Delta H}{n-1} \tag{3-16}$$

式中 ΔH——上、下游水位差，水从上游渗流到下游的总水头损失；

N——等势线间隔数；

n——等势线数；

Δh——每一条等势线间隔所消耗的水头。

从而可求流网中任一点的测管水头 $h_{pl}=h_u+z$。

2. 孔隙水压力

渗流场中各点的孔隙水压力，等于该点以上不包含位能水头在内的测压管中的水柱高度 h_u 乘以水的容重 γ_w，即

$$u=h_u\gamma_w \tag{3-17}$$

3. 水力坡降

流网中的任意网格的平均水力坡降

$$i=\frac{\Delta h}{\Delta l} \tag{3-18}$$

式中 Δl——该网格处流线的平均长度，可见 Δl 减小则流网网格越密。

4. 渗透速度

各点的水力坡降已知后，渗透速度的大小可根据达西定律求出，即

$$v=ki$$

其方向为流线在该点的切线方向。

5. 渗透流量

单宽流量为

$$\Delta q=k\frac{\Delta h}{\Delta l}\Delta s \tag{3-19}$$

式中 Δs——流网网格的宽度。

当 $\Delta l=\Delta s$ 时，$\Delta q=k\Delta h$，即相邻流线间的单宽流量相等。

通过坝下渗流区的总单流量为

$$q=\sum\Delta q=M\Delta q=Mk\Delta h \tag{3-20}$$

M 为流网中的流槽数，M=流线数-1。

通过坝底的总渗流量为

$$Q=ql=Mk\Delta hl \tag{3-21}$$

式中 l——坝基长度。

三、各向异性土中的流网

当 $k_x = k_y$ 时，$\dfrac{\partial^2 H}{\partial x^2}+\dfrac{\partial^2 H}{\partial y^2}=0$

但对各向异性土，即 $k_x \neq k_y$ 时

$$k_x \frac{\partial^2 H}{\partial x^2}+k_y \frac{\partial^2 H}{\partial y^2}=0 \tag{3-22}$$

式（3-20）是拉普拉斯方程的普通式，其解不是两组正交曲线而是斜交曲线。

将上式两边同除以 k_y，得

$$\frac{\partial^2 H}{\left(\frac{k_y}{k_x}\right)\partial x^2}+\frac{\partial^2 H}{\partial y^2}=0 \tag{3-23}$$

令

$$x'=\sqrt{k_y/k_x}\,x$$

则

$$\frac{\partial^2 H}{\partial x'^2}+\frac{\partial^2 H}{\partial y^2}=0$$

可见，对于各向异性土，只要把水平坐标 x 乘以比例尺$\sqrt{k_y/k_x}$转换新坐标 x'，同时保持 y 的比例尺不变，就会按各向同性土来处理。由此绘得的流网称变态流网。

利用变态正交流网求渗流量

$$\Delta q = k_e \Delta h \tag{3-24}$$

$$q = M k_e \Delta h \tag{3-25}$$

$$k_e = \sqrt{k_x k_y} \quad \text{（等效渗透系数）} \tag{3-26}$$

第四节 渗透力与渗透变形

渗流所引起的变形（稳定）问题一般可归结为两类。

一类是土体的局部稳定问题。这是由于渗透水流将土体中的细颗粒冲出带走或局部土体产生移动，导致土体变形而引起的渗透变形。

另一类是整体稳定问题。这是在渗流作用下，整个土体发生滑动或坍塌。

一、渗透力

水在土体中流动时，将会引起水头的损失，而这种损失是由于水在土体孔隙中流动时，力图拖曳土粒时而消耗能量的结果。将渗透水流施于单位土体内土粒上的拖曳力称为渗透力。

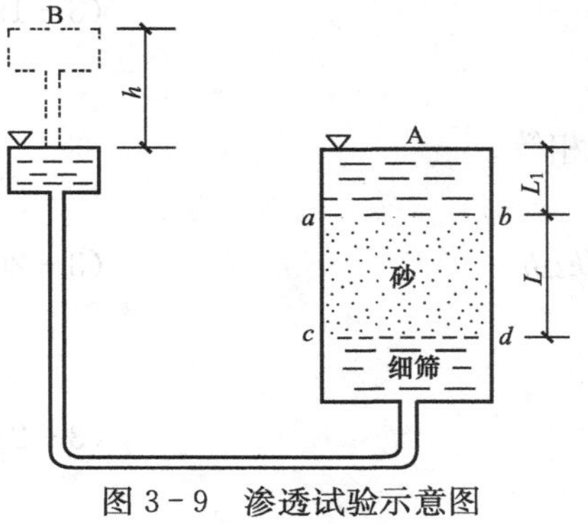

图 3-9 渗透试验示意图

1. 渗透力演示试验

见渗透试验示意图（图 3-9）。

由图 3-9 可知：

(1) 当 A 与 B 水平平齐时，则无渗流发生。

(2) 若将 B 提升，则 B 内的水就透过砂样 A 从溢水口流出，提得越高，水流越快。

(3) 当 B 提升到某一高度时，可看到砂土出现像

沸腾那样的现象（砂沸）。设水下土颗粒有效重力为 W'（土粒重力与水的浮力之差），竖直向上的渗透力为 J，则土粒实际合力 $R=W'-J$。

当 $J\geqslant W'$ 时，$R\leqslant 0$，土粒处于悬浮状态，出现上述现象。

2. 渗流时的受力分析

从渗流场中取一流网格（土体）$ABCD$，见图 3-10。

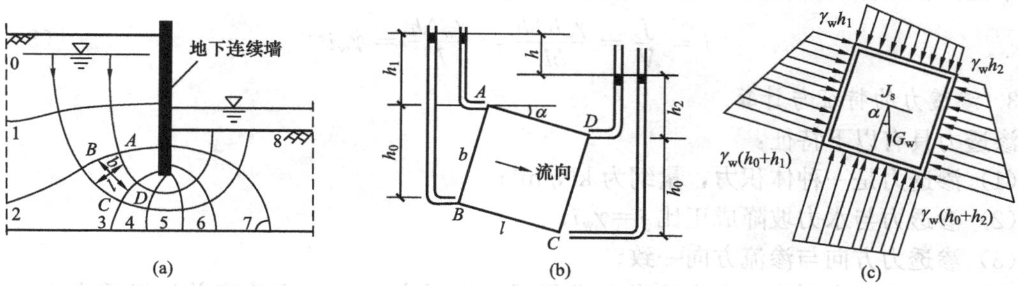

图 3-10 单元体受力分析

(a) 挡土墙平面渗流场；(b) 单元体中的侧压管水头；(c) 单元体孔隙水压力分布图

AB、DC 为等势线，AD、BC 为流线，网格长为 l，宽为 b（两边 h_0 相等，因为相邻两流线），α 为流线 AD 与水平线夹角。

(1) 土体整体受力分析。

以网格 AB、CD 整体作为分析对象，网格土体上作用力有：

$W=\gamma_{sat}\times b\times l\times 1$，$\gamma_{sat}$ 为饱和土体自重（土粒重与孔隙水重之和）；

F_{w1}、F_{w2}、F_{w3}、F_{w4} 为周围土体中孔隙水作用在网格边界上的孔隙水压力；

F_{s1}、F_{s2}、F_{s3}、F_{s4} 为周围土颗粒作用在网格边界上的粒间压力；

T_{s1}、T_{s2}、T_{s3}、T_{s4} 为周围土颗粒作用在网格边界上的粒间剪力。

(2) 孔隙水体的受力分析。

为研究渗透力，取网格范围内的孔隙水为脱离体，其周边上的孔隙水压力分别由图中的测压管水头来确定。

脱离体上作用力有：

$G=\gamma_w\times V=\gamma_w\times l\times b\times 1$ 为孔隙水重力及浮力的反作用之和；

$F_{w1}-F_{w2}=\gamma_w(h_1-h_2)\times b\times 1$ 为 AB、CD 面上孔隙水压力合力，平行水流方向；

$F_{w3}-F_{w4}=\gamma_w\times h_0\times l$ 为 AD、BC 面上孔隙水压力合力，与水流方向垂直。

设土粒对水流的阻力为 J_s，沿水流方向分量为 J_{st}，垂直水流方向分量为 J_{sn}。

取水流方向的力的平衡，可得

$$(F_{w3}-F_{w4})-J_{sn}-G\cos\theta=0$$

因为

$$\cos\alpha=h_0/b$$

所以 $$J_{sn}=(F_{w3}-F_{w4})-G\cos\alpha=\gamma_w h_0 l-\gamma_w l_a(h_0/b)=\gamma_w h_0 l-\gamma_w h_0 l=0$$

即在垂直流向的分量 $J_{sn}=0$，也是水流阻力 $J_s=J_{st}$ 与流线方向重合。

取水流方向力的平衡，可得

$$(F_{w1}-F_{w2})-J_s+G\sin\alpha=0$$

$$\begin{aligned}J_s &= (F_{w1} - F_{w2}) + G\sin\alpha \\ &= \gamma_w(h_1 - h_2)b + \gamma_w l_a(h_2 - h_1 + h)/l \\ &= \gamma_w \times b \times \Delta h\end{aligned}$$

渗流对土粒的渗透力与阻力 J_s 大小相等，方向相反，得

$$J = J_s = \gamma_w \times b \times \Delta h \tag{3-27}$$

单位体积土体内土粒所受到的单位渗透力 j 为

$$j = \frac{J}{V} = \frac{\gamma_w b \Delta h}{bl} = \frac{\gamma_w \Delta h}{l} = \gamma_w i \tag{3-28}$$

3. 渗透力的特征与计算

渗透力具有以下特征：

(1) 渗透力是一种体积力，量纲为 kN/m^3；

(2) 渗透力与水力坡降成正比 $j=\gamma_w i$；

(3) 渗透力方向与渗流方向一致。

当渗流场中各个网格的水力坡降 i_i 求得后，应用式 $j=\gamma_w i$ 可确定单位渗透力 $j_i=\gamma_w i$；网格总的渗透力 $J_i=j_i b_i l_i$；其方向与流向一致。

整个流场的总渗透力矢量 J 即为各网格渗透力的矢量和。

二、渗透变形

土工建筑及地基由于渗透作用而出现变形或破坏称为渗透变形或渗透破坏。

(一) 渗透变形的类型

按照渗透水流所引起的局部破坏的特征，渗透变形可分为流土和管涌两种基本形式。但就土本身性质来说，只有管涌和非管涌之分。

1. 流土

流土是指在向上渗流作用下，局部土体表面隆起，或者颗粒群同时起动而流失的现象。它主要发生在地基或土坝下游渗流溢出处。基坑或渠道开挖时所出现的流砂现象是流土的一种常见形式。

一般说来，任何类型的土，只要坡降达到一定的大小，都会发生流土破坏。

2. 管涌

管涌是渗透变形的另一种形式，它是指在渗流作用下土体中的细颗粒在粗颗粒形成的孔隙道中发生移动并被带走的现象。

管涌的形成主要决定于土本身的性质，对于某些土，即使在很大的水力坡降下也不会出现管涌，而对于另一些土（如缺乏中间粒径的砂砾料）却在不大的水力坡降下就可以发生管涌。

管涌破坏一般有个时间发育过程，是一种渐进性质的破坏，按其发展的过程，可分为两类：一种土，一旦发生渗透变形就不能承受较大的水力坡降，这种土称为危险性管涌土；另一种土，当出现渗透变形后，仍能承受较大的水力坡降，最后土样表面出现许多大泉眼，渗透量不断增大，或者发生流土，这种土称为非危险性管涌土。

一般来说，黏性土只有流土而无管涌。

无黏性土渗透变形的形式主要取决于颗粒级配曲线的形状，其次是土的密度。

(二) 土的临界水力坡降

1. 流土型的临界水力坡降

现从渗流溢出处取一单位土体，则该单位土体上有土体本身的有效重量 γ'

$$\gamma' = \rho' g = \frac{(d_s - 1)\gamma_w}{1+e} \tag{3-29}$$

竖直向上的渗透力为

$$j = \gamma_w i$$

当竖向渗透力等于土体的有效重量时，即 $\gamma' = j$，土体就处于流土的临界状态。若设这时的水力坡降为 i_{cr},则根据上述条件苛求得

$$i_{cr} = (d_s - 1)(1-n) \quad 或 \quad i_{cr} = \frac{d_s - 1}{1+e} \tag{3-30}$$

由此可知，流土临界水力坡降决定于土的物理性质（d_s、n），流土一般发生在渗流的溢出处。因此只要我们将渗流溢出处的水力坡降，即溢出坡降 i_c 求出，就可判别流土的可能性：

$i_c < i_{cr}$，则土体处于稳定状态；

$i_c = i_{cr}$，则土体处于临界状态；

$i_c > i_{cr}$，则土体处于流土状态。

溢出坡降 i_c 实际上不可能求出的，通常是把渗流溢出处的流网网格的平均水力坡降作为溢出坡降。

$$i_c = \frac{\Delta h}{\Delta l} \tag{3-31}$$

在设计时，为保证建筑物安全，通常要求将溢出坡降 i_c 限制在容许坡降 $[i]$ 之内，即

$$i_c \leqslant [i] = \frac{i_{cr}}{F_s}$$

式中　F_s——流土安全系数，常取 1.5～2.5。

2. 管涌型土的临界水力坡降

发生管涌的临界水力坡降目前尚无合适的公式可循，一般通过试验确定。

测定管涌临界水力梯度的试验装置如图 3-11（a）所示。抬高储水容器，水头差 h 增大，渗透速度随之增大。当水头差增大到一定程度后，可观察到试样中细小土粒的移动现象，此时的水力梯度即为发生管涌的临界水力梯度。在试验中可测定出不同水里梯度 i 下对应的渗透速度 v，绘制 v-i 关系曲线，如图 3-11（b）所示，从 v-i 关系曲线上发现：渗透速度随水力梯度的变化率在发生管涌前后明显不同，管涌前后两条直线的交点对应的水力梯度即为发生管涌的临界水里梯度。

根据试验时肉眼观察细颗粒的移动现象和借助于水力坡降 i 与流速 v 之间的变化来判断管涌是否出现。当水力坡降 i 增加到某一数值后，v-i 曲线明显向右偏离，这说明细颗粒已被带出，孔隙增大，根据直线转折点对应的水力坡降和肉眼观察到细颗粒移动时的水力坡降，取两者中的数值较大者作为管涌的临界水力坡降 i_{cr}。

3. 临界水力坡降的试验资料

（1）临界水力坡降与不均匀系数的关系。

伊斯托美娜根据理论分析并结合一定的试验资料，给出了五种黏性土的临界水力坡降与不均匀系数的关系曲线（图 3-12），并按不均匀系数把土划分为流土型、过渡型和管涌型三类。土的不均匀系数越大，临界水力坡降越小。

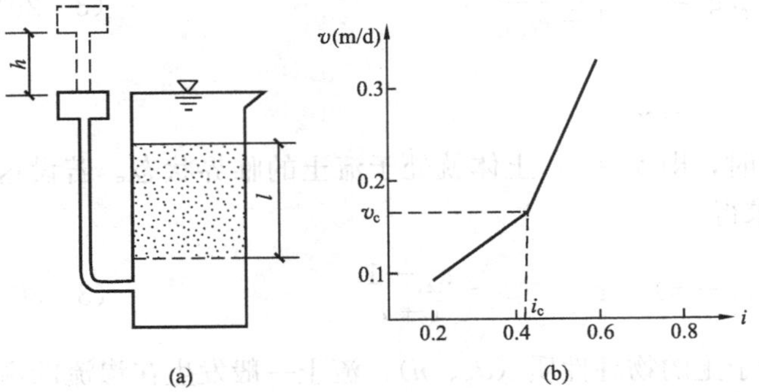

图 3-11 管涌试验

(a) 管涌试验装置图；(b) 管涌试验 $v-i$ 关系曲线

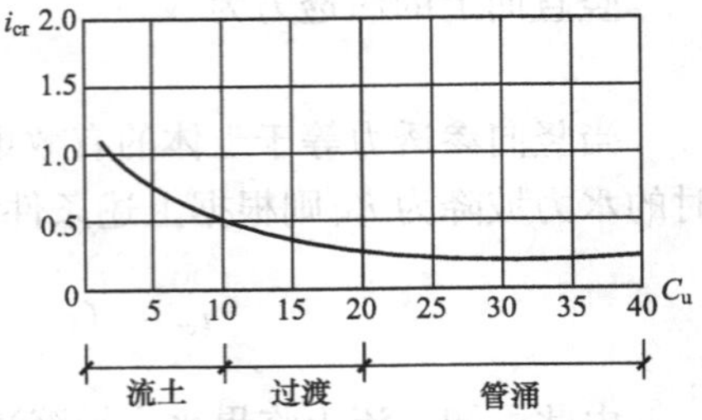

图 3-12 管涌临界水力梯度 i_{cr} 与不均匀系数 C_u 的经验关系

(2) 临界水力坡降与细料含量的关系。

当土的级配不连续时，土的渗透变形性主要取决于细料的含量，或者说取决于细料充填粗料孔隙的程度。

当细料填不满粗料的孔隙时，细料容易被渗透水流带走，这种土属于管涌土。

当细料含量增大并足以填满粗料孔隙时，粗细料组成一整体，共同抵抗渗透变形，其抗渗能力加强，这种土属于流土型土。

(3) 临界水力坡降与渗透系数的关系。

无黏性土的渗透性与渗透变形特性有着直接的关系。

对于不均匀土，如果透水性强，渗透系数就大，抵抗渗透变形的能量差；如果透水性弱，渗透系数就小，抵抗渗透变形的能力则强。

一般说来，渗透系数越大，则临界水力坡降越小。无黏性土的临界水力坡降可归纳为表 3-1。

表 3-1　　无黏性土的临界水力坡降表

水力坡降	土类				
	流土型土		过渡型土	管涌型土	
	$C_u \leqslant 5$	$C_u > 5$		级配连续	级配不连续
临界水力坡降	0.8～1.0	1.0～1.5	0.4～0.8	0.2～0.4	0.10～0.30
容许水力坡降	0.4～0.5	0.5～0.8	0.25～0.40	0.15～0.25	0.10～0.20

表 3-1 中的土类按下列方式进行判别：

天然无黏性土：

较均匀的土：流土型

($C_u \leqslant 5$)

不均匀的土：级配不连续：$P > 35\%$　　流土

($C_u > 5$)　　$P < 25\%$　　管涌

$P = (25 \sim 35)\%$　　过渡

级配连续：$D_0 < d_3$　　流土

$D_0 > d_5$　　管涌

$D_0 = d_3 \sim d_5$　　过渡

其中　P——细料（小于分布曲线中与谷点对应粒径的颗粒）含量；

d_3，d_5——小于该粒径的土粒含量分别为3%和5%；

D_0——土的孔隙的平均直径，可按下式估算

$$D_0 = 0.63 n d_{20} \tag{3-32}$$

式中　n——土的孔隙率；

d_{20}——土的等效粒径，小于该粒径的土粒含量为20%。

三、渗透变形的防治措施

防治流土的关键在于控制逸出处的水力坡降，为了保证实际的逸出坡降不超过允许坡降，水利工程上常采取下列工程措施。

(1) 上游做垂直防渗帷幕，如混凝土防渗墙，板桩或灌浆帷幕等。根据实际需要，帷幕可完全切断地基的透水层，彻底解决地基土的渗透变形问题；也可不完全切断透水层，做成悬挂式，起延长渗流途径、降低下游逸出坡降的作用。

(2) 上游做水平防渗铺盖，以延长渗流途径、降低下游的逸出坡降。

(3) 下游挖减压沟或打减压井，贯穿渗透性小的黏性土层，以降低作用在粘性土层底面的渗透压力。

(4) 下游加透水盖重，以防止土体被渗透力所悬浮。

这几种工程措施往往是联合使用的，具体的设计方法可参阅水工建筑专业的有关书籍。

防止管涌一般可从下列两方面采取措施：

(1) 改变水力条件，降低土层内部和渗流逸出处的渗透坡降。如上游做防渗铺盖或打板桩等。

(2) 改变几何条件，在渗流逸出部位铺设层间关系满足要求的反滤层，是防止管涌破坏的有效措施。反滤层一般是1～3层级配较为均匀的砂子和砾石层，用以保护基土不让细颗粒带出，同时应具有较大的透水性，使渗流可以畅通，具体设计方法可以参阅专业教材。

关键概念

水头；水头损失；流速；水力坡降；渗透力；渗透系数；等效渗透系数及其之间的关系；临界水力坡降。

思考题

3-1　影响土渗透性的因素有哪些？

3-2　举例说明流土发生的现象和原因，并说明工程上如何防止流土的发生。

3-3　什么是管涌土和非管涌土？

3-4　什么是渗透力，其大小和方向如何确定？

3-5　渗透力是怎样引起渗透变形的？渗透变形有哪几种形式？在工程中会有什么危害？防治渗透破坏的工程措施有哪些？

3-6　任何一种土只要渗透坡降足够大，就可以发生流土和管涌，这种说法是否正确？为什么？

3-7　达西定律的基本假定是什么？说明达西定律的应用条件及其适用范围。

3-8　用达西渗透定律计算出的渗透流速是否是土中的真实渗透流速，它们在物理概念上有何区别？

3-9　发生管涌和流土的机理与条件是什么？与土的类别和性质有什么关系？在工程上是如何判断土可能发生渗透破坏并进行分类的。

3-10　试列举几个在工程设计与施工中应用渗透力的例子，说明其应用条件及应注意的问题。

3-11　什么是流网？流网两族曲线必须满足的条件是什么？流网的主要用途是什么？

3-12　边界已定的均质地基中，流网形状与土的渗透系数有关吗？为什么？

计　算　题

3-1　如图 3-13 所示，有 A、B、C 三种土，其渗透系数分别为 $k_A=1\times10^{-2}$ cm/s，$k_B=3\times10^{-3}$ cm/s，$k_C=5\times10^{-4}$ cm/s，装在断面为 10cm×10cm 的方管中，问：

(1) 渗透经过 A 土后的水头降落值 Δh 为多少？

(2) 若要保持上下水头差 $h=35$cm，需要每秒加多少水？

3-2　一种黏性土的比重为 2.70，孔隙比为 0.58，试求该土的临界水力坡降？

3-3　如图 3-14 所示实验中：

(1) 已知水头差 $h=20$cm，土样长度 $L=30$cm，试求土样单位体积所受的渗透力是多少？

(2) 若已知土样的土粒比重为 2.72，孔隙比为 0.63，问该土样是否会发生流土现象？

(3) 求出使该土发生流土时的水头差 h 值。

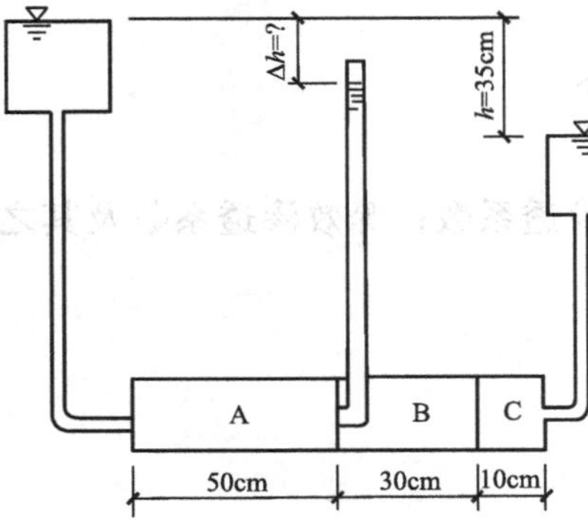

图 3-13　计算题 3-1 图

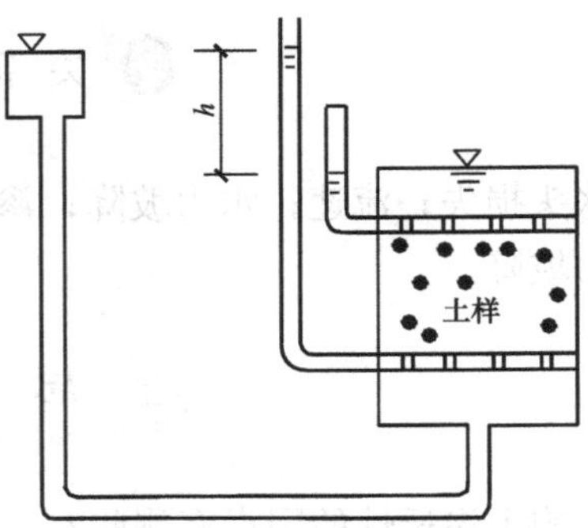

图 3-14　计算题 3-3 图

3-4　在孔隙率为 0.35，土粒比重为 2.65 的土中开挖基坑，已知基坑底部有一层厚 1.25m 的上述土层，受到了 1.85m 以上的渗流水头影响见图 3-15。问：

(1) 土层的临界水力梯度是多少？

(2) 在土层上面至少加多厚的粗砂才能抵抗流土现象发生？（假定粗砂与土具有相同的

孔隙率和比重，而且不计砂土的水头损失)。

3-5　变水头渗透试验中，土样直径为7.5cm，长1.5cm，量管(测压管)直径1.0cm，初始水头 h_0=25cm，经20min后，水头降至12.5cm，求渗透系数 k。

3-6　已知流网如图3-16所示：

(1) 试估算沿板桩墙每米渗入基坑的流量(m^3/min)。设砂的渗透系数 $k=1.8\times10^{-2}$cm/s。

(2) 试估计坑底是否可能发生渗透破坏，有多大安全系数？设砂的饱和重度为18.5kN/m^3。

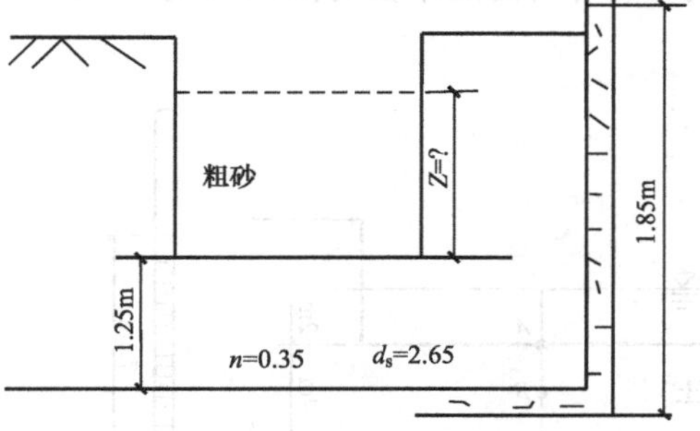

图3-15　计算题3-4图

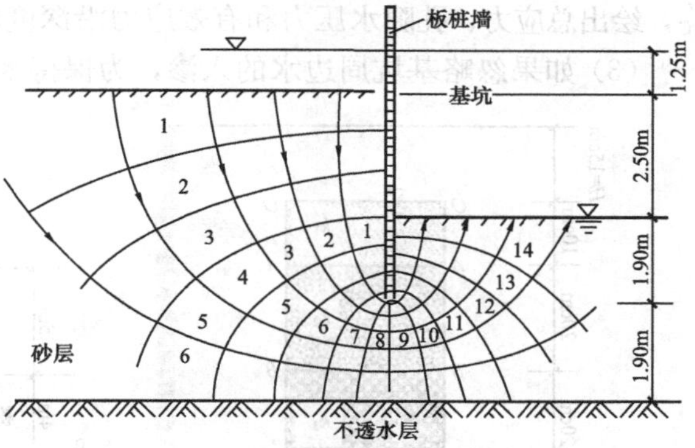

图3-16　计算题3-6图

3-7　如图3-17所示地基，黏土层上下的测管水柱高度分别为1m及5m，在承压力作用下产生自下而上的渗流。

(1) 试计算出 A、B、C 三点的总应力、有效应力、孔隙水压力、水力坡降和渗透力。

(2) A 点处是否产生流土：a. 发生；b. 不发生；c. 临界状态？

3-8　在粗砂地基中打入板桩墙，挡水4m，地基流网如图3-18所示。粗砂渗透系数 $k=1\times10^{-3}$cm/s，孔隙比为0.60，比重为2.65，不均匀系数为8，求：

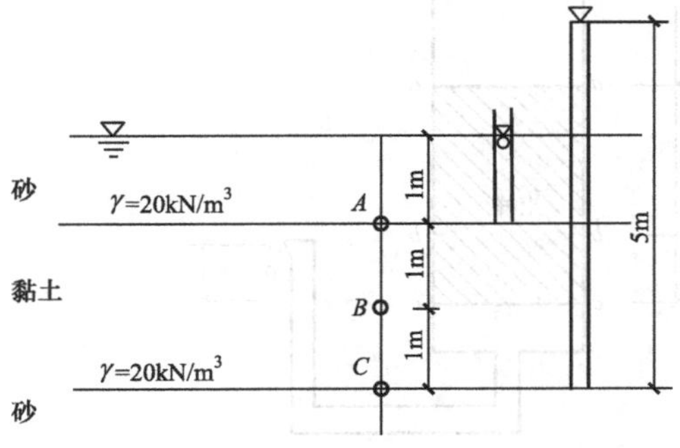

图3-17　计算题3-7图

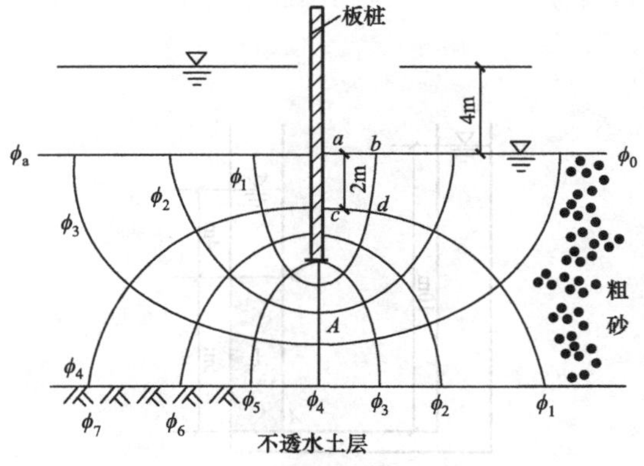

图3-18　计算题3-8图

(1) 每米长度上通过等势线 $\phi 4$ 的流量；

(2) 土体 $abcd$ 可能发生什么形式的渗透破坏，安全系数多大？

(3) A 点所受的垂直渗透力和水平渗透力各为多大？

3-9　图3-19中三层土的饱和容重都是20kN/m^3，其中渗透系数 $k_1=1\times10^{-6}$cm/s，

$k_2=2\times10^{-6}$cm/s，$k_3=1\times10^{-4}$cm/s。求：

(1) 在各界面处的测管水头为多少？（以上层土顶面为基准）

(2) 问水头差 H 增加到多大时会发生流土？在何处发生流土？

3－10　图 3－20 所示的基坑底面积为 $20\times10\text{m}^2$，土层渗透系数 $k=1.5\times10^{-6}$cm/s，$\gamma_{sat}=20.0$kN/m：

(1) 求基坑下土层 A、B、C 三点的测压管水头 h_A、h_B 和 h_C 和单位渗透力 j_A、j_B 和 j_C；

(2) 求 A、B、C 三点的总应力 σ_A、σ_B 和 σ_C、孔隙水压力 u_A、u_B 和 u_C 以及有效应力 σ'_A、σ'_B 和 σ'_C，绘出总应力、孔隙水压力和有效应力沿深度的分布图，并在分布图上注明相应的数值；

(3) 如果忽略基坑周边水的入渗，为保持水深为 0m 时所需的单位时间抽水量 q 为多少？

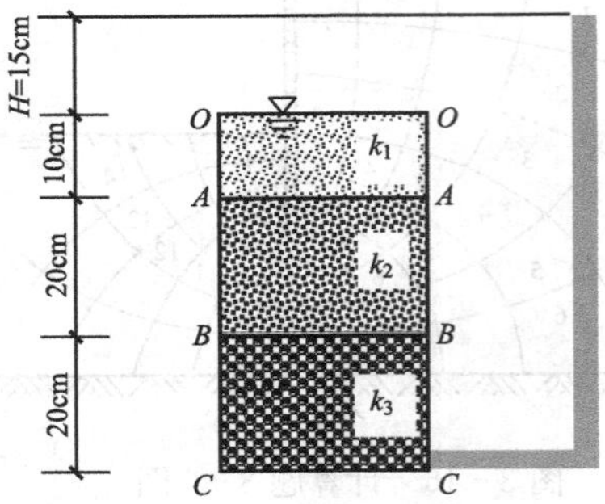

图 3－19　计算题 3－9 图

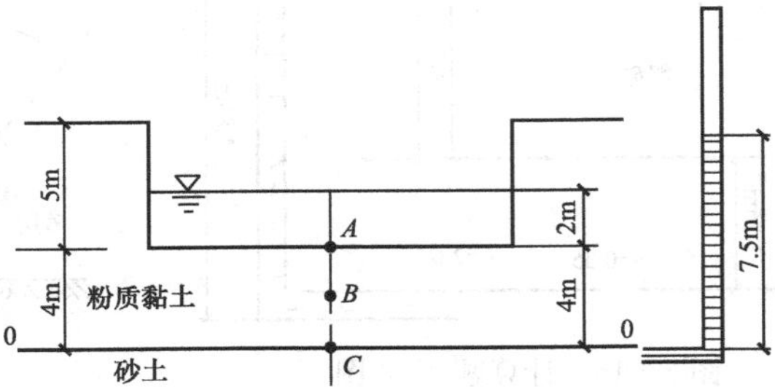

图 3－20　计算题 3－10 图

3－11　画出图 3－21 中土样（A—B 段）的压强水头、位置水头和总水头沿高程的分布。（设 A 点的高程为位置水头的零点高程）

3－12　如图 3－22 所示，水由顶部流经土样后从底部流出，土样的饱和重度为 22kN/m^3。试问 $c-c$ 处的水柱高 h_c 为多少？该截面处的竖向有效应力为多少？（计算时水的重度 γ_w 取为 10kN/m^3）

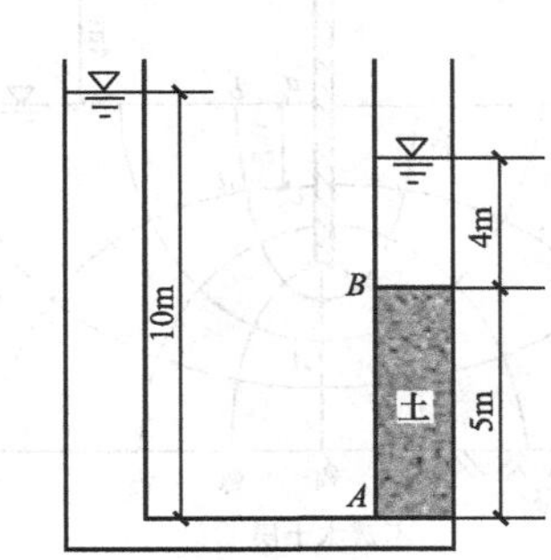

图 3－21　计算题 3－11 图

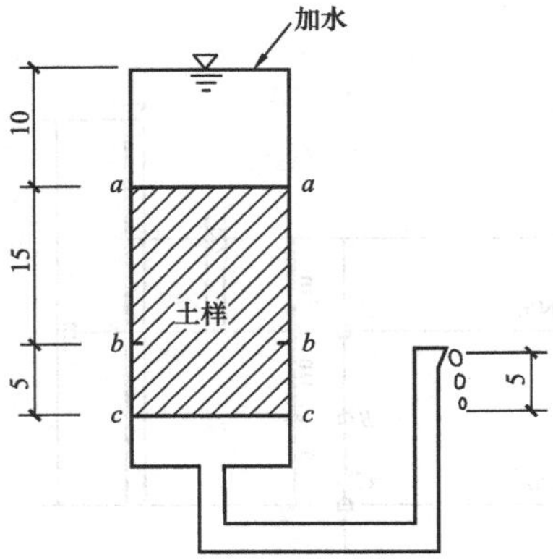

图 3－22　计算题 3－12 图（cm）

计算题参考答案

3－1　(1) 5cm；(2) $0.1\text{cm}^3/\text{s}$

3-2 1.076

3-3 (1) $0.667g/cm^3$;(2) 不会;(3) 31.66cm

3-4 1.0725m,1.41m

3-5 $3.08\times10^{-4}cm/s$

3-6 (1) $0.0174m^3/min$;(2) 不可能;1.3

3-7 (1) A、B、C 三点的总应力分别为 20kPa、40kPa、60kPa;有效应力分别为 10kPa、10kPa、10kPa;孔隙水压力分别为 10kPa、30kPa、50kPa;水力坡降 $i_{AB}=i_{BC}=i_{AC}=2$;渗透力分别为 0kPa、10kPa、20kPa;(2) a

3-8 (1) $q=2\times10^{-5}m^3/s$;(2) 处于悬浮状态,可能发生流土;1.03;(3) $j_{垂}=0kN/m^3$,$j_{水}=9.8kN/m^3$

3-9 (1) $h_O=0cm$、$h_A=3.75cm$、$h_B=7.5cm$、$h_C=15cm$;(2) $H=40cm$;B 和 O 点发生

3-10 (1) 以基坑底面为基准面:$h_A=2m$、$h_B=4.75m$、$h_C=7.5m$ $j_A=j_B=j_C=13.75kN/m^3$

(2) A、B、C 三点的总应力分别为 20kPa、60kPa、100kPa;有效应力分别为 0kPa、12.5kPa、25kPa;孔隙水压力分别为 20kPa、47.5kPa、75kPa;(3) $q=2.625\times10^{-6}m^3/s$

3-11 略

3-12 $h_c=5cm$,该截面处的竖向有效应力为 4.9kPa

第四章　土中应力分布与计算

本章提要与学习目标

土力学的重要任务之一就是要研究土体受力后的应力变化规律，为此常需要先算出土中应力分布。可以说，研究土中应力计算和分布规律是研究地基和建筑物的变形和稳定问题的依据。

通过本章学习，要求了解土体的应力应变关系，理解自重应力、基底压力、基底附加压力与地基附加应力的概念，并熟练掌握其计算方法，了解其分布规律。掌握竖向集中荷载、矩形均布荷载作用下的地基附加应力计算方法和分布规律，了解三角形分布的矩形荷载、条形均布荷载及圆形均布荷载作用附加应力计算方法和分布规律。

第一节　概　　述

建（构）筑物的建造使地基土中原有的应力状态发生了变化，如同其他材料一样，地基土受力后也要产生应力和变形。在地基土层上建造建（构）筑物，基础将建（构）筑物的荷载传递给地基，使地基中原有的应力状态发生变化，从而引起地基变形，使建筑物发生沉降、倾斜和水平位移。如果地基应力变化引起的变形量在建（构）筑物容许范围以内，则不致对建（构）筑物的使用和安全造成危害；但是，当外荷载在地基土中引起过大的应力时，过大的地基变形会使建（构）筑物产生过量的沉降，影响建（构）筑物的正常使用，甚至可以使土体发生整体破坏而失去稳定。因此，研究地基土中应力的分布规律是研究地基和建（构）筑物变形和稳定问题的理论依据，它是地基基础设计中的一个十分重要的问题。

地基土中的应力按其产生的原因不同，可分为自重应力（geostatic stress）和附加应力（additional stress）两种。土中某点的自重应力与附加应力之和为土体受外荷载作用后的总应力。土中自重应力是指土体受到自重作用所产生的应力。对于形成年代比较久远的土，在自重应力的长期作用下，已经完成压缩固结，故自重应力不再引起地基变形。因此，除了新填土外，一般来说，土的自重不再会引起地基土的变形。土中附加应力是指由土体受外荷载（包括建筑物荷载、交通荷载、堤坝荷载等）以及地下渗流、地震等作用下附加产生的应力增量，它是产生地基变形的主要原因，也是导致地基土的强度破坏和失稳的重要原因。土中自重应力和附加应力的产生原因不同，因而两者的计算方法不同，分布规律及对工程的影响也不同。土中的竖向自重应力和竖向附加应力也可称为土中自重压力（geostatic pressure）和附加压力（additional pressure）。

研究土体或地基的应力和变形，必须从土的应力与应变的基本关系出发。根据土样的单轴压缩试验资料，当应力很小时，土的应力—应变关系曲线就不是一根直线（图 4-1），即土的变形具有明显的非线性特征。然而，考虑到一般建筑物荷载作用下地基土中某点应力变化范围（应力增量 $\Delta\sigma$）还不是很大，可以用一条割线来近似地替代相应的曲线段，就可以把土体看成是一个线性变形体，从而简化计算。

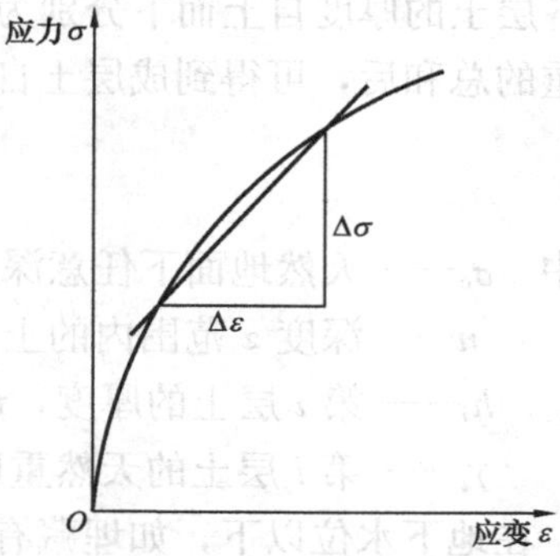

图 4-1 土的应力—应变关系曲线

本章将首先介绍自重应力的计算，其后讨论基底压力的分布规律及其计算方法，并介绍在各种荷载作用下附加应力的计算，最后对影响附加应力分布的因素作简单讨论。

第二节 地基中的自重应力

自重应力是指在未修建建筑之前，地基中由于土体本身的有效重量而产生的应力。所谓有效重量是指土颗粒之间接触点传递的应力，本节所讨论的自重应力都是有效自重应力，以后各章有效自重应力均简称为自重应力。研究地基自重应力的目的是为了确定土体的初始应力状态。

一、土中竖向自重应力

（一）单层土的竖向自重应力

在计算土中自重应力时，假设天然地面是半空间（半无限体）表面一个大的水平面，因而在任意竖直面和水平面上均无剪应力存在。也就是说，土体在自重作用下无侧向变形和剪切变形，只会发生竖向变形。如果天然地面下土质均匀，土的天然重度为 γ (kN/m³)，则在天然地面下任意深度 z (m) 处水平面上任意点的竖向自重应力 σ_{cz} (kPa)，可取作用于该水平任一单位面积上的土柱体自重 $\gamma z\times 1$，计算（图 4-2）如下

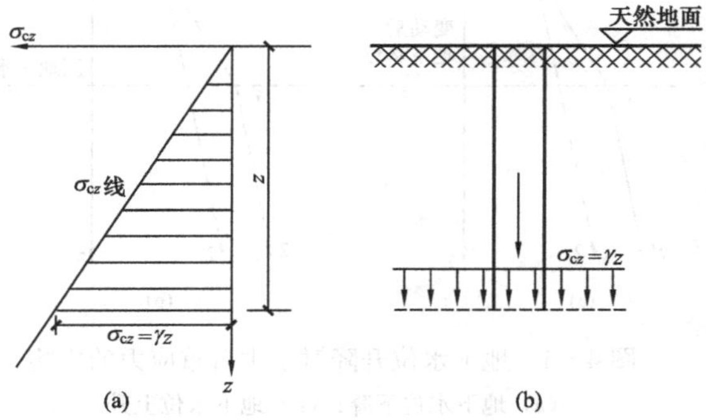

图 4-2 均质土中竖向自重应力

(a) 沿深度的分布；(b) 任意水平面上的分布

$$\sigma_{cz} = \gamma z \tag{4-1}$$

即 σ_{cz} 沿水平面均匀分布，且随深度 z 按直线规律分布。

必须指出，只有通过土粒接触点传递的粒间应力，才能使土粒彼此挤紧，产生土体的体积变形，而且粒间应力又是影响土体强度的一个重要因素，所以粒间应力又称有效应力。对于成土年代长久的土，土体在自重应力作用下已经完成压缩变形，所以土中竖向和侧向的自重应力一般均指有效应力。为了简化方便，将常用的竖向有效自重应力 σ_{cz} 简称为自重应力或自重压力，并改用符号 σ_c 表示。

（二）多层土的竖向自重应力

地基土往往是成层的，因而各层土具有不同的重度。如地下水位位于同一土层中，计算自重应力时，地下水位面也应作为分层的界面。如图 4-3 所示，天然地面任意深度 z 范围

内各层土的厚度自上而下分别为h_1、h_2、…、h_i、…、h_n，计算出高度为z的土柱体中各层土重的总和后，可得到成层土自重应力的计算公式

$$\sigma_c = \sum_{i=1}^{n} \gamma_i h_i \tag{4-2}$$

式中　σ_c——天然地面下任意深度z处的竖向有效自重应力，kPa；

n——深度z范围内的土层总数；

h_i——第i层土的厚度，m；

γ_i——第i层土的天然重度，对地下水位以下的土层取浮重度γ_i'，kN/m^3。

在地下水位以下，如埋藏有不透水层（例如岩层或只含有结合水的坚硬黏土层），由于不透水层中不存在水的浮力，所以不透水层顶面的自重应力值及层面以下的自重应力应按上覆土层的水土总重计算，如图4-3所示。

地下水位升降，使地基土中自重应力也相应发生变化。图4-4（a）为地下水位下降的情况，如在软土地区，因大量抽取地下水，以致地下水位长期大幅度下降，使地基中有效自重应力增加，从而引起地面大面积沉降的严重后果。图4-4（b）为地下水位长期上升的情况，如在人工抬高蓄水水位地区（如筑坝蓄水）或工业废水渗入地下的地区。水位上升会引起地基承载力的减少或湿陷性土的塌陷现象，必须引起注意。

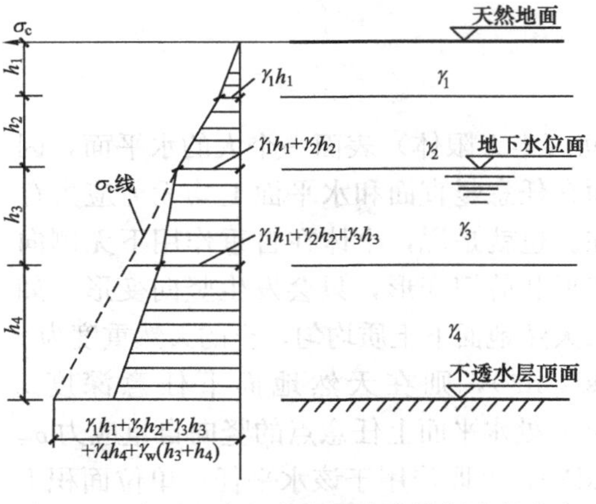

图4-3　成层土中竖向自重应力沿深度的分布

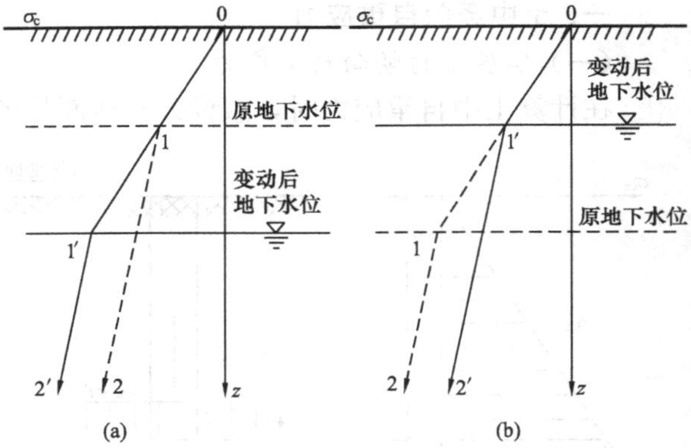

图4-4　地下水位升降对土中自重应力的影响

（a）地下水位下降；（b）地下水位上升

二、土中水平向自重应力

地基土中除有作用于水平面的竖向自重应力σ_{cz}外，还有作用于竖直面的侧向（水平向）自重应力σ_{cx}和σ_{cy}。土中任意点的侧向自重应力与竖向自重应力成正比关系，而剪应力均为零，即

$$\sigma_{cx} = \sigma_{cy} = K_0 \sigma_{cz}$$

$$\tau_{xy} = \tau_{yx} = \tau_{yz} = \tau_{zy} = \tau_{zx} = \tau_{xz} = 0$$

式中，比例系数K_0称为土的侧压力系数（coefficient of lateral pressure），可由试验测定。

若计算点在地下水位以下，由于水对土体有浮力作用，水下部分土柱体自重必须扣去浮力，应采用土的浮重度γ'替代（湿）重度γ计算。

【例题4-1】　某建筑物场地的土层及其物理性质指标如图4-5所示，试计算土中自重

应力，并绘制出分布图。

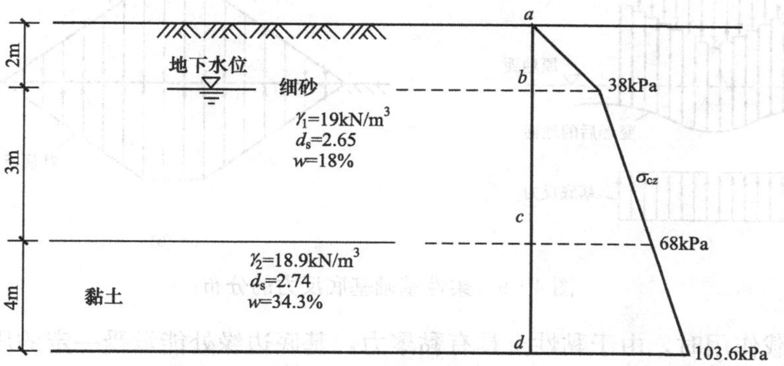

图 4－5　例题 4－1 图

【解】　第一层为细砂，地下水位以下的细砂受到水的浮力作用，其有效重度 γ' 为

$$\gamma'=\frac{(d_s-1)\gamma_w}{1+e}=\frac{(d_s-1)\gamma}{d_s(1+w)}=\frac{(2.65-1)\times 19}{2.65\times(1+0.18)}=10(\text{kN/m}^3)$$

第二层为黏土层，应考虑浮力的影响，浮重度为

$$\gamma'=\frac{(d_s-1)\gamma}{d_s(1+w)}=\frac{(2.74-1)\times 18.9}{2.74\times(1+0.343)}=8.9(\text{kN/m}^3)$$

a 点：$z=0$，$\sigma_{cz}=\gamma z=0$

b 点：$z=2\text{m}$，$\sigma_{cz}=\gamma z=19\times 2=38$（kPa）

c 点：$z=5\text{m}$，$\sigma_{cz}=\sum\gamma_i h_i=19\times 2+10\times 3=68$（kPa）

d 点：$z=9\text{m}$，$\sigma_{cz}=\sum\gamma_i h_i=19\times 2+10\times 3+8.9\times 4=103.6$（kPa）

土层中的自重应力 σ_{cz} 分布如图 4－5 所示。

第三节　基底压力的计算

外加荷载与上部结构和基础所受的全部重力都是通过基础传给地基的，作用于基础底面传至地基的单位面积压力称为基底压力（contact pressure of foundation base）。由于基底压力作用于基础与地基的接触面上，故也称之为接触压力。其反作用力即地基对基础的作用力，称为地基反力（reaction of foundation base）。因此，在计算地基中的附加应力以及确定基础结构时，都必须研究基底压力的计算方法和分布规律。基底压力的大小、分布状况与多种因素有关，如基础的形状、平面尺寸、刚度、埋深、基础上作用荷载的大小及性质等。

试验研究指出，对于刚性很小的基础或柔性基础，由于它能够适应地基土的变形，故基底压力大小和分布状况与作用在基础上的荷载大小和分布状况相同。当基础上的荷载均匀分布时，则基底压力（常以基底反力形式表示）也为均匀分布，如图 4－6（a）所示；当荷载为梯形分布时，其基底压力也为梯形分布，如图 4－6（b）所示。

对于刚性基础，由于其刚度很大，不能适应地基土的变形，其基底压力分布将随上部荷载的大小、基础的埋置深度和土的性质的变化而变化。例如建造在砂土地基表面上的条形基础，当受到中心荷载作用时，由于砂土颗粒之间没有黏聚力，则基底压力中间大、边缘处等于零，类似于抛物线分布，如图 4－7（a）所示；而在黏土层地基表面上的条形刚性基础，

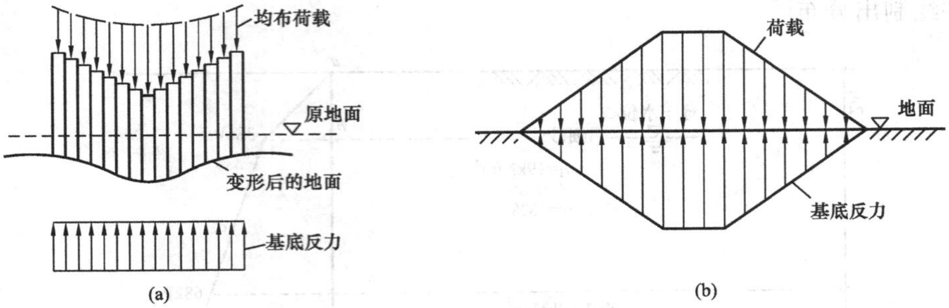

图 4-6 柔性基础基底反力的分布

当受到中心荷载作用时，由于黏性土具有黏聚力，基底边缘处能承受一定的压力，因此在荷载较小时，基底压力边缘大而中间小，类似于马鞍形分布，当荷载逐渐增大并达到破坏时，基底压力分布就变成中间大而边缘小的形状，如图 4-7（b）所示。

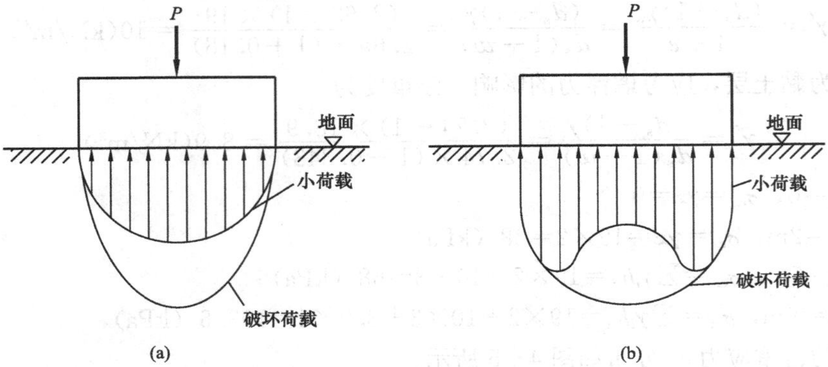

图 4-7 刚性基础基底反力分布示意图

（a）砂土地基；（b）黏土地基

精确地确定基底压力是一个相当复杂的问题。目前在工程实践中，一般将基底压力分布近似按直线变化考虑，根据材料力学公式进行简化计算。

一、基底压力的简化计算

1. 中心荷载作用下的基底压力

当基础受竖向中心荷载作用时，假定基底压力呈均匀分布，按材料力学公式有

$$p=\frac{F+G}{A} \tag{4-3}$$

$$G=\gamma_G A d$$

式中 F——上部结构传至基础顶面的竖向力设计值，kN；

G——基础及其上回填土的总重力，kN；

γ_G——基础及回填土的平均重度，一般取 20kN/m^3，但地下水位以下部分应扣除浮力；

d——基础埋深，必须从设计地面或室内外平均设计地面算起，m；

A——基础底面面积，m^2。

对于荷载沿长度方向均匀分布的条形基础，则截取沿长度方向 1m 的基地面积来计算，此时用基础宽度 b（m）取代式（4－3）中的 A，而 $(F+G)$ 则沿基础延伸方向取 1m 截条的相应值 kN/m。

2. 单向偏心荷载作用下的基底压力

基础受单向偏心荷载作用时，为了抵抗荷载的偏心作用，设计时通常把基础底面的长边放在偏心方向。此时，基底压力按材料力学短柱的偏心受压公式计算，即

$$\left.\begin{matrix}p_{\max}\\p_{\min}\end{matrix}\right\}=\frac{F+G}{A}\pm\frac{M}{W} \tag{4-4}$$

式中　M——作用于基础底面的力矩，kN·m；

W——基础底面的抵抗矩，m^3，对于矩形截面，$W=bl^2/6$；

$p_{\max}$、$p_{\min}$——分别为基础底面边缘的最大、最小压力，kPa。

将图 4－8 中偏心荷载的偏心距 $e=M/(F+G)$ 及 $A=bl$ 和 $W=bl^2/6$ 代入式(4－4)，得

$$\left.\begin{matrix}p_{\max}\\p_{\min}\end{matrix}\right\}=\frac{F+G}{bl}\left(1\pm\frac{6e}{l}\right) \tag{4-5}$$

由式（4－5）可见：

（1）当 $e<l/6$ 时，基底压力呈梯形分布［图 4－8（a）］；

（2）当 $e=l/6$ 时，基底压力呈三角形分布［图 4－8（b）］；

（3）当 $e>l/6$ 时，式（4－5）中 $p_{\min}<0$［图 4－8（c）］，表明按材料力学假定基底将出现拉应力，由于基底与地基之间不能承受拉力，此时基底与地基之间将出现局部脱开，而使基底压力重新分布。根据基底反力与作用在基础面上的荷载的平衡条件可知，偏心竖向荷载 $(F+G)$ 必定作用在基底压力图形的形心处［图 4－8（c）］。因而，基底压力图形底边必为 $3k$，则由

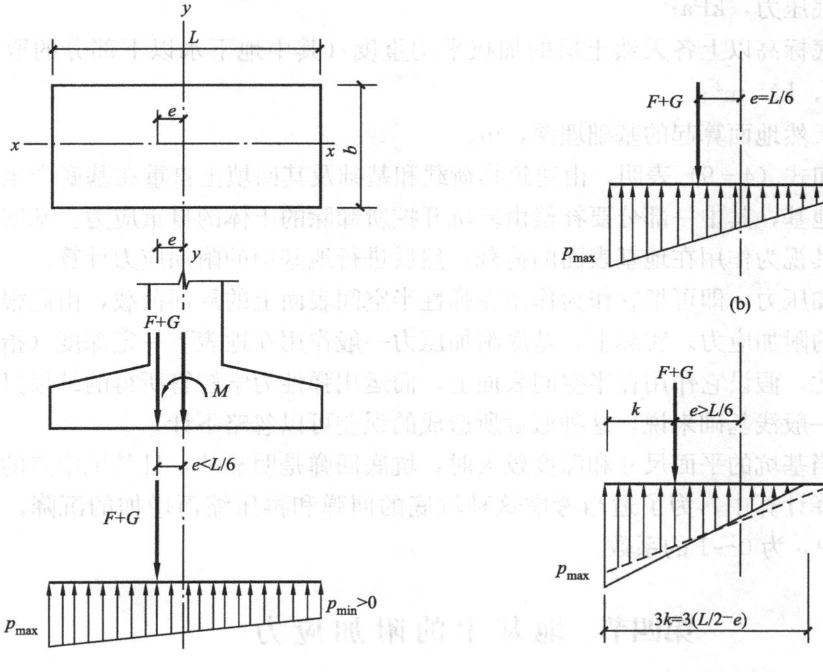

图 4－8　单向偏心荷载下的矩形基底压力分布图

$$F+G=\frac{1}{2}\times 3kp_{\max}b \tag{4-6}$$

可得

$$p_{\max}=\frac{2(F+G)}{3kb} \tag{4-7}$$

式中 k——单向偏心竖向荷载作用点至基底最大压力边缘的距离，$k=l/2-e$，m；

b——基础底面宽度，m。

二、基底附加压力

建筑物建造前，土中早已存在自重应力。基底附加压力是指导致地基中产生附加应力的那部分基底压力，在数值上等于基底压力减去基底标高处原有的土中自重应力，是引起地基附加应力和变形的主要原因。

一般浅基础总是埋置在天然地面下一定深度处，该处原有土中竖向自重应力 σ_c。基坑开挖后，卸除了原有的自重应力，即基底处建造前曾有过自重应力作用。建筑物建造后的基底压力扣除建造前基底处土中自重应力后，才是新增加于地基的基底附加压力。

$$p_0=p-\sigma_c=p-\gamma_m d \tag{4-8}$$

当基底压力为梯形分布时

$$\left.\begin{matrix}p_{0\max}\\p_{0\min}\end{matrix}\right\}=\begin{matrix}p_{\max}\\p_{\min}\end{matrix}-\gamma_m d \tag{4-9}$$

$$\gamma_m=(\gamma_1 h_1+\gamma_2 h_2+\cdots)/(h_1+h_2+\cdots)$$

$$d=h_1+h_2+\cdots$$

式中 p_0——基底附加压力，kPa；

p——基底压力，kPa；

γ_m——基底标高以上各天然土层的加权平均重度（其中地下水以下部分的取有效重度），kN/m^3；

d——从天然地面算起的基础埋深，m。

式（4-8）和式（4-9）表明，由建筑物荷载和基础及其回填土自重在基底产生的压力并不是全部传给地基，其中一部分要补偿由基坑开挖所卸除的土体的自重应力。基底附加压力求得后，可将其视为作用在地基表面的荷载，然后进行地基中的附加应力计算。

有了基底附加压力，即可把它作为作用在弹性半空间表面上的局部荷载，由此根据弹性力学求算地基中的附加应力。实际上，基底附加压力一般作用在地表下一定深度（指浅基础的埋深）处，因此，假设它作用在半空间表面上，而运用弹性力学解答所得的结果只是近似的，不过，对于一般浅基础来说，这种假设所造成的误差可以忽略不计。

必须指出，当基坑的平面尺寸和深度较大时，坑底回弹是明显的，且基坑中点的回弹大于边缘点。在沉降计算中，为了适当考虑这种坑底的回弹和再压缩而增加的沉降，可改取 $p_0=p-\alpha\sigma_c$，其中 α 为 0～1 的系数。

第四节 地基中的附加应力

地基附加应力是指由新增外加荷载在地基中产生的应力，它是引起地基变形与破坏的主要因素。计算地基附加应力时，一般假定地基土是各向同性的、均质的线性变形体，而且在深度和水平方向上都是无限延伸的，即把地基看成是均质的线性变形体半空间（half space），这样就可以直接采用弹性力学中关于弹性半空间的理论解答。当弹性半空间表面作用一个竖向集中力时，地基中任意点处所引起的应力和位移，可用布辛奈斯克（J. Boussinesq，1885）公式求解。计算地基附加应力时，通常将基底压力看成是地基表面作用的柔性荷载，即不考虑基础刚度的影响。按照弹性力学、地基附加应力计算分为空间问题和平面问题两类。本节先介绍属于空间问题的竖向集中力、矩形荷载和圆形荷载作用下的解答，然后介绍属于平面应变问题的线荷载和条形荷载作用下的解答，最后，简要介绍一些均质和各向异性地基附加应力的弹性力学解答。

一、竖向集中力作用时的地基附加应力

在弹性半空间表面上作用一个竖向集中力时，半空间内任意点处所引起的应力和位移的弹性力学解答是由法国人布辛奈斯克（J. Boussinesq，1885）提出的。若以 P 作用点为原点，以 P 的作用线为 Z 轴，建立起三轴坐标系（$OXYZ$），见图 4-9。

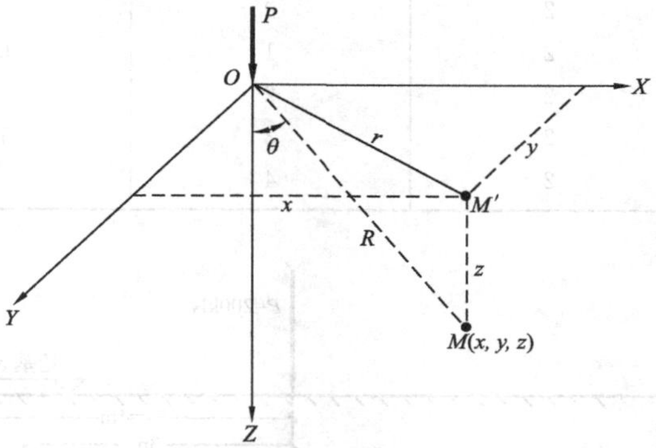

图 4-9　一个竖向集中力作用下半空间中任意点 $M(x, y, z)$ 处的应力

布辛奈斯克得出的 M 点的 σ 与 τ 的 6 个应力分量表达式，其中对沉降计算意义最大的是竖向法向应力分量 σ_z，下面将主要介绍 σ_z 的公式及其含义。

σ_z 的表达式为

$$\sigma_z = \frac{3Pz^3}{2\pi R^5} = \frac{3P}{2\pi R^2}\cos^3\theta \tag{4-10}$$

式中　R——M 点至坐标原点 O 的距离；

P——作用于坐标原点 O 的竖向集中力；

r——M' 点至坐标原点 O 的距离；

θ——R 线与 z 坐标轴的夹角。

为了计算方便，以 $R=\sqrt{r^2+z^2}$ 代入上式，则

$$\sigma_z = \frac{3Pz^3}{2\pi R^5} = \frac{3}{2\pi}\frac{1}{\left[1+\left(\frac{r}{z}\right)^2\right]^{\frac{5}{2}}}\frac{P}{z^2} = K\frac{P}{z^2} \tag{4-11}$$

式中　K——集中力作用下的地基竖向附加应力系数，无量纲，是 r/z 的函数。

$$K=\frac{3}{2\pi}\frac{1}{\left[1+\left(\frac{r}{z}\right)^2\right]^{\frac{5}{2}}}$$

【例题 4-2】　在地基上作用一竖向集中力 $P=200\text{kN}$，要求确定：

(1) 在地基中 $z=2\text{m}$ 的水平面上，水平距离 $r=0$、1、2、3、4m 处各点的附加应力 σ_z 值，并绘出分布图；

(2) 在地基中 $r=0$ 的竖直线上距地基表面 $z=0$、1、2、3、4m 处各点的 σ_z 值，并绘出分布图；

(3) 取 $\sigma_z=10$、5、2、1kPa，反算在地基中 $z=2$m 的水平面上的 r 值和 $r=0$ 的竖直线上的 z 值，并绘出相应于该四个应力值的 σ_z 等值线图。

【解】(1) 各点的竖向附加应力 σ_z 可按式（4-11）计算，计算资料列于表 4-1，σ_z 的分布图如图 4-10 所示。

表 4-1　$z=2$m 处水平面上竖向应力 σ_z 的计算

z (m)	r (m)	r/z	K	$\sigma_z=K\frac{P}{z^2}$ (kPa)
2	0	0	0.4775	23.8
2	1	0.5	0.2733	13.6
2	2	1	0.0844	4.2
2	3	1.5	0.0251	1.2
2	4	2	0.0085	0.4

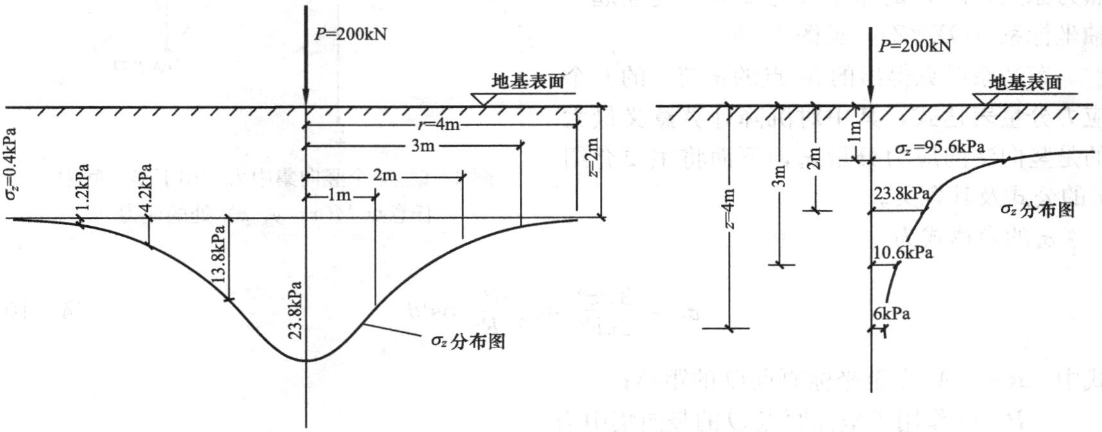

图 4-10　例题 4-2 附加应力计算示意图

(2) σ_z 的计算资料列于表 4-2 中，分布图如图 4-10 所示。

表 4-2　$r=0$ 处水平面上竖向应力 σ_z 的计算

z (m)	r (m)	r/z	K	$\sigma_z=K\frac{P}{z^2}$ (kPa)
0	0	0	0.4775	∞
1	0	0	0.4775	95.6
2	0	0	0.4775	23.8
3	0	0	0.4775	10.6
4	0	0	0.4775	6.0

(3) 反算资料列于表 4-3 中，σ_z 等值线图如图 4-11 所示。

通过对例题 4-2 的计算和式（4-11）分析得知：集中荷载产生的竖向附加应力 σ_z 在地基中的分布存在如下规律（图 4-12）。

表 4-3　　**反　算　资　料**

z (m)	r (m)	$\frac{r}{z}$	K	$\sigma_z=K\frac{P}{z^2}$ (kPa)
2	1.30	0.65	0.2000	10
2	1.90	0.95	0.1000	5
2	2.60	1.30	0.0400	2
2	3.20	1.60	0.0200	1
	0	0	0.4775	10
	0	0	0.4775	5
	0	0	0.4775	2
	0	0	0.4775	1

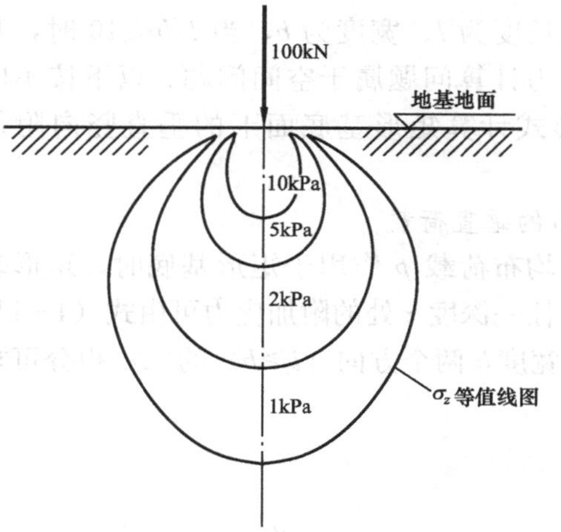

图 4-11　σ_z 等值线图

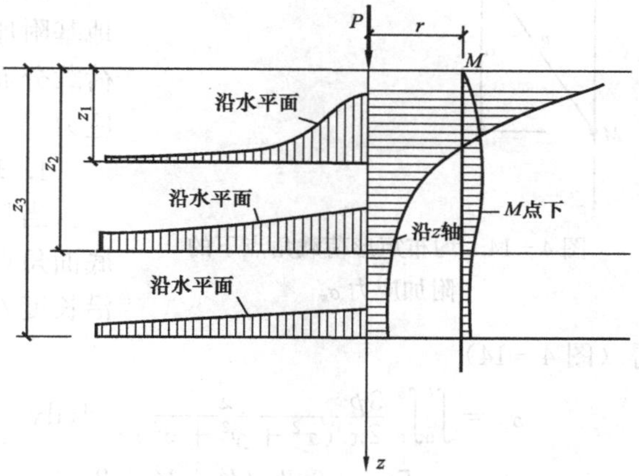

图 4-12　集中力作用下土中的应力 σ_z 分布

(1) 附加应力 σ_z 随深度 z 的增加而减少，值得注意的是，当 $z=0$ 时，$\sigma_z=\infty$。出现这一结果是由于将集中力作用面积看作零所致。它一方面说明该解不适用于集中力作用点处及其附近区域，因此在选择应力计算点时，不应过于接近集中力作用点；另一方面也说明在靠近 P 作用线处应力 σ_z 很大。

(2) 在 $r>0$ 的竖直线上，$z=0$ 时，$\sigma_z=0$；随着 z 的增加，σ_z 从零逐渐增大，至一定深度后又随着 z 的增加逐渐变小。

(3) 在 z 为常数的平面上，σ_z 在集中力作用线上最大，并随着 r 的增加而逐渐减小。随着深度 z 的增加，这一分布趋势保持不变，但 σ_z 随 r 增加而降低的速率变缓。

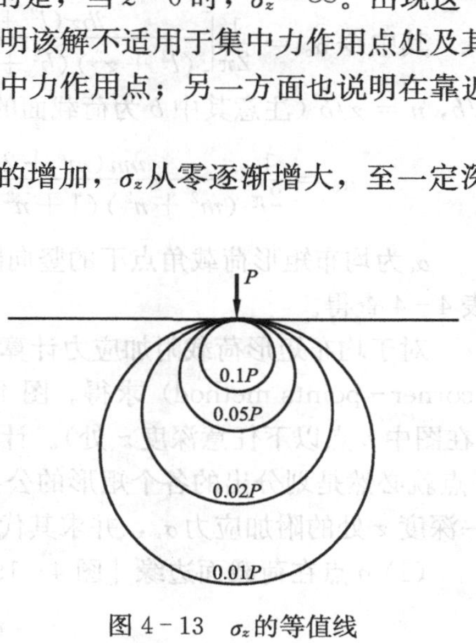

图 4-13　σ_z 的等值线

若在空间将 σ_z 相同的点连接成曲面，可以得到如图 4-13 所示的 σ_z 等值线，其空间曲面的形状如泡状，所以也称为应力泡。通过上述对应力 σ_z 分布特征的讨论，应该建立起土中附加应力分布的正确概念，即集中力 P 在地基中引起的附加应力 σ_z 的分布是向下、向四周无限扩散的。

当地基表面作用有几个集中力时，可分别算出各集中力在地基中引起的附加应力，然后根据应力叠加原理求出附加应力的总和。

在工程实践中，建筑物荷载都是通过一定尺寸的基础传递给地基的。对于不同的基础形状和基础地面的压力分布，均可利用上述集中荷载引起的附加应力的计算方法和应力叠加原理，计算地基中任意点的附加应力。具体求解时，常按应力状态的特性划分为空间问题和平面问题。

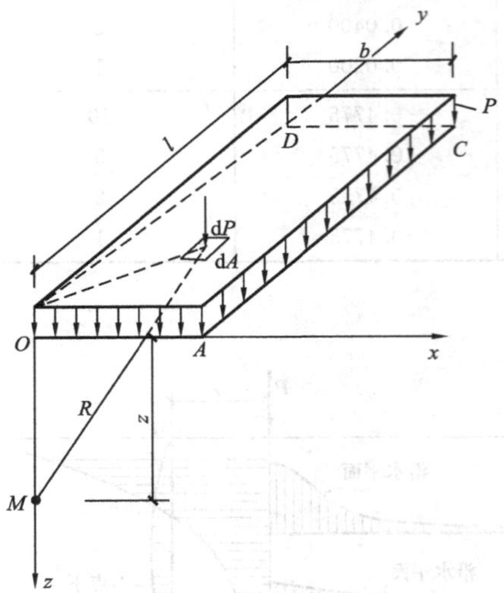

图 4-14 均布矩形荷载角点下的附加应力 σ_z

二、空间问题的附加应力计算

（一）矩形面积上各种分布荷载作用下的附加应力计算

设基础长度为 l、宽度为 b，当 $l/b<10$ 时，其地基附加应力计算问题属于空间问题。以下按不同荷载分布形式计算矩形基底面下的垂直竖向附加应力。

1. 均布的垂直荷载

当竖向均布荷载 p 作用于矩形基底时，矩形基底面角点下任一深度 z 处的附加应力可由式（4-11）沿长度 l 和宽度 b 两个方向（$l\geqslant b$）的二重积分可求得（图 4-14）

$$\begin{aligned}\sigma_z &= \int_0^l\int_0^b \frac{3p}{2\pi}\frac{z^3}{(x^2+y^2+z^2)^{5/2}}\mathrm{d}x\mathrm{d}y \\ &= \frac{p}{2\pi}\left[\frac{lbz(l^2+b^2+2z^2)}{(l^2+z^2)(b^2+z^2)\sqrt{l^2+b^2+z^2}}+\arcsin\frac{lb}{\sqrt{(l^2+z^2)(b^2+z^2)}}\right] \\ &= \alpha_c p \end{aligned} \tag{4-12}$$

其中令 $\alpha_c=\dfrac{1}{2\pi}\left[\dfrac{lbz(l^2+b^2+2z^2)}{(l^2+z^2)(b^2+z^2)\sqrt{l^2+b^2+z^2}}+\arcsin\dfrac{lb}{\sqrt{(l^2+z^2)(b^2+z^2)}}\right]$，$m=l/b$，$n=z/b$（注意其中 b 为荷载面的短边宽度），则

$$\alpha_c=\frac{1}{2\pi}\frac{mn(m^2+2n^2+1)}{(m^2+n^2)(1+n^2)\sqrt{m^2+n^2+1}}+\arcsin\frac{m}{\sqrt{(m^2+n^2)(1+n^2)}}$$

α_c 为均布矩形荷载角点下的竖向附加应力系数，简称角点应力系数，也可按 m 及 n 值由表 4-4 查得。

对于均布矩形荷载附加应力计算点不在角点下的情况，就可利用式（4-12）以角点法（corner-points method）求得。图 4-15 中列出计算点不在矩形荷载面角点下的四种情况（在图中 o 点以下任意深度 z 处）。计算时，通过 o 点把荷载面分成若干个矩形面积，这样，o 点就必然是划分出的各个矩形的公共角点，然后再按式（4-12）计算每个矩形角点下同一深度 z 处的附加应力 σ_z，并求其代数和。四种情况的算式分别如下：

（1）o 点在荷载面边缘［图 4-15（a）］得

$$\sigma_z=(\alpha_{c\mathrm{I}}+\alpha_{c\mathrm{II}})p$$

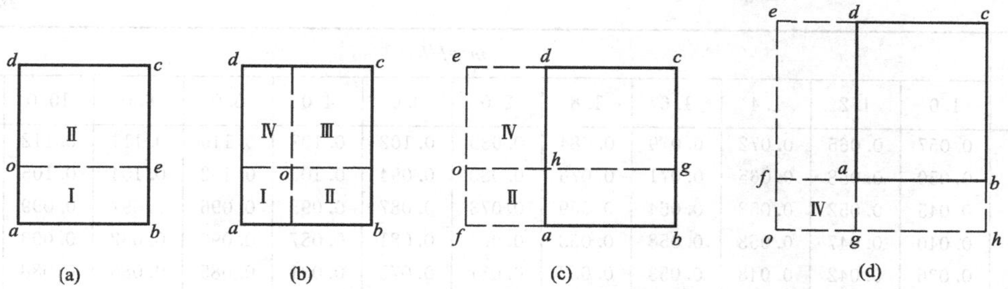

图 4-15　以角点计算均布矩形荷载下的地基附加应力

式中 $\alpha_{c\text{Ⅰ}}$ 和 $\alpha_{c\text{Ⅱ}}$ 分布表示相应于面积Ⅰ和Ⅱ的角点应力系数。

(2) o 点在荷载面内［图 4-15 (b)］得

$$\sigma_z=(\alpha_{c\text{Ⅰ}}+\alpha_{c\text{Ⅱ}}+\alpha_{c\text{Ⅲ}}+\alpha_{c\text{Ⅳ}})p$$

如果 o 点位于荷载面中心，则 $\alpha_{c\text{Ⅰ}}=\alpha_{c\text{Ⅱ}}=\alpha_{c\text{Ⅲ}}=\alpha_{c\text{Ⅳ}}$，得 $\sigma_z=4\sigma_{c\text{Ⅰ}}p$，即利用角点法求均布的矩形荷载面中心点下 σ_z 的解。

(3) o 点在荷载面边缘外侧［图 4-15 (c)］，此时荷载面 $abcd$ 可看成是由于Ⅰ ($ofbg$) 与Ⅱ ($ofah$) 之差和Ⅲ ($oecg$) 与Ⅳ ($oedh$) 之差合成的，所以

$$\sigma_z=(\alpha_{c\text{Ⅰ}}-\alpha_{c\text{Ⅱ}}+\alpha_{c\text{Ⅲ}}-\alpha_{c\text{Ⅳ}})p$$

(4) o 点在荷载面角点外侧［图 4-15 (d)］，把荷载面看成由Ⅰ ($ohce$)、Ⅳ ($ogaf$) 两个面积扣除Ⅱ ($ohbf$) 和Ⅲ ($ogde$) 而成的，所以

$$\sigma_z=(\alpha_{c\text{Ⅰ}}-\alpha_{c\text{Ⅱ}}-\alpha_{c\text{Ⅲ}}+\alpha_{c\text{Ⅳ}})p$$

利用式 (4-12) 也可用角点法求算均布条形荷载面地基中任意点的竖向附加应力 σ_z 值，式中角点应力系数 α_c，以 $l/b=10$ 取值，误差不大于 0.005 (表 4-4)。则有三种情况 (图 4-15)：①o 点在荷载面边缘，可得 $\sigma_z=2\alpha_{c\text{Ⅰ}}p$；②$o$ 点在荷载面内，$\sigma_z=2(\alpha_{c\text{Ⅰ}}+\alpha_{c\text{Ⅱ}})p$；③$o$ 点在荷载面边缘外侧，$\sigma_z=2(\alpha_{c\text{Ⅰ}}-\alpha_{c\text{Ⅱ}})p$。

表 4-4　矩形基底受竖直均布荷载作用时角点下的应力系数 α_c 值

$n=z/b$	$m=l/b$										
	1.0	1.2	1.4	1.6	1.8	2.0	3.0	4.0	5.0	6.0	10.0	条形
0.0	0.250	0.250	0.250	0.250	0.250	0.250	0.250	0.250	0.250	0.250	0.250	0.250
0.2	0.249	0.249	0.249	0.249	0.249	0.249	0.249	0.249	0.249	0.249	0.249	0.249
0.4	0.240	0.242	0.243	0.243	0.244	0.244	0.244	0.244	0.244	0.244	0.244	0.244
0.6	0.223	0.228	0.230	0.232	0.232	0.233	0.234	0.234	0.234	0.234	0.234	0.234
0.8	0.200	0.207	0.212	0215	0.216	0.218	0.220	0.220	0.220	0.220	0.220	0.220
1.0	0.175	0.185	0.191	0.195	0.198	0.200	0.203	0.204	0.204	0.204	0.205	0.205
1.2	0.152	0.163	0.171	0.176	0.179	0.182	0.187	0.188	0.189	0.189	0.189	0.189
1.4	0.131	0.142	0.151	0.157	0.161	0.164	0.171	0.173	0.174	0.174	0.174	0.174
1.6	0.112	0.124	0.133	0.140	0.145	0.148	0.157	0.159	0.160	0.160	0.160	0.160
1.8	0.097	0.108	0.117	0.124	0.129	0.133	0.143	0.146	0.147	0.148	0.148	0.148
2.0	0.084	0.095	0.103	0.110	0.116	0.120	0.131	0.135	0.136	0.137	0.137	0.137
2.2	0.073	0.083	0.092	0.098	0.104	0.108	0.121	0.125	0.126	0.127	0.128	0.128
2.4	0.064	0.073	0.081	0.088	0.093	0.098	0.111	0.116	0.118	0.118	0.119	0.119

续表

$n=z/b$	$m=l/b$											
	1.0	1.2	1.4	1.6	1.8	2.0	3.0	4.0	5.0	6.0	10.0	条形
2.6	0.057	0.065	0.072	0.079	0.084	0.089	0.102	0.107	0.110	0.111	0.112	0.112
2.8	0.050	0.058	0.065	0.071	0.076	0.080	0.094	0.100	0.102	0.104	0.105	0.105
3.0	0.045	0.052	0.058	0.064	0.069	0.073	0.087	0.093	0.096	0.097	0.099	0.099
3.2	0.040	0.047	0.053	0.058	0.063	0.067	0.081	0.087	0.090	0.092	0.093	0.094
3.4	0.036	0.042	0.048	0.053	0.057	0.061	0.075	0.081	0.085	0.086	0.088	0.089
3.6	0.033	0.038	0.043	0.048	0.052	0.056	0.069	0.076	0.080	0.082	0.084	0.084
3.8	0.030	0.035	0.040	0.040	0.048	0.052	0.065	0.072	0.075	0.077	0.080	0.080
4.0	0.027	0.032	0.036	0.040	0.044	0.048	0.060	0.067	0.071	0.073	0.076	0.076
4.2	0.025	0.029	0.033	0.037	0.041	0.044	0.056	0.063	0.067	0.070	0.072	0.073
4.4	0.023	0.027	0.031	0.034	0.038	0.041	0.053	0.060	0.064	0.066	0.069	0.070
4.6	0.021	0.025	0.028	0.032	0.035	0.038	0.049	0.056	0.061	0.063	0.066	0.067
4.8	0.019	0.023	0.026	0.029	0.032	0.035	0.046	0.053	0.058	0.060	0.064	0.064
5.0	0.018	0.021	0.024	0.027	0.030	0.033	0.043	0.050	0.055	0.057	0.061	0.062
6.0	0.013	0.015	0.017	0.020	0.022	0.024	0.033	0.039	0.043	0.046	0.051	0.052
7.0	0.009	0.011	0.013	0.015	0.016	0.018	0.025	0.031	0.035	0.038	0.043	0.045
8.0	0.007	0.009	0.010	0.011	0.013	0.014	0.020	0.025	0.028	0.031	0.037	0.039
9.0	0.006	0.007	0.008	0.009	0.010	0.011	0.016	0.020	0.024	0.026	0.032	0.035
10.0	0.005	0.006	0.007	0.007	0.008	0.009	0.013	0.017	0.020	0.022	0.028	0.032
12.0	0.003	0.004	0.005	0.005	0.006	0.008	0.009	0.012	0.014	0.017	0.022	0.028
14.0	0.002	0.003	0.004	0.004	0.004	0.005	0.007	0.009	0.011	0.013	0.018	0.023
16.0	0.002	0.002	0.003	0.003	0.003	0.004	0.005	0.007	0.009	0.010	0.014	0.020
18.0	0.001	0.002	0.002	0.002	0.003	0.003	0.004	0.006	0.007	0.008	0.012	0.018
20.0	0.001	0.001	0.002	0.002	0.002	0.002	0.004	0.005	0.006	0.007	0.010	0.016
25.0	0.001	0.001	0.001	0.001	0.001	0.002	0.002	0.003	0.004	0.004	0.007	0.013
30.0	0.001	0.001	0.001	0.001	0.001	0.001	0.002	0.002	0.003	0.003	0.005	0.011
36.0	0.000	0.000	0.001	0.001	0.001	0.001	0.001	0.002	0.002	0.002	0.004	0.009
40.0	0.000	0.000	0.000	0.000	0.003	0.001	0.001	0.001	0.001	0.002	0.003	0.008

【例题4-3】 以角点法计算图4-16所示矩形基础甲的基底中心垂线下不同深度处的地基附加应力σ_z的分布，并考虑两相邻基础乙的影响（两相邻柱距为6m，荷载同基础甲）。

【解】 (1) 计算基础甲的基底平均附加压力如下：

基础及其上覆填土的总重 $G=\gamma_G Ad=20\times5\times4\times1.5=600$ (kN)

基底平均压力 $p=\dfrac{F+G}{A}=\dfrac{1940+600}{5\times4}=127$ (kPa)

基底处的土中自重应力 $\sigma_c=\gamma_0 d=18\times1.5=27$ (kPa)

基底平均附加压力 $p_0=p-\sigma_c=127-27=100$ (kPa)

(2) 计算基础甲中心点o以下由本基础荷载引起的σ_z，基底中心点o可看成由四个相等小矩形荷载Ⅰ($oabc$)的公共角点，其长度比$L/B=2.5/2=1.25$，取深度$z=0$、1、2、3、4、5、6、7、8、10m各计算点，相应的$z/B=0$、0.5、1、1.5、2、2.5、3、3.5、4、5，利用表4-4可查得地基附加应力系数α_c。σ_z的计算列于表4-5，根据计算资料绘制出σ_z分布图，见图4-16。

表 4-5　基础甲中心点由本基础荷载引起的 σ_z 计算

点	L/B	z (m)	z/B	α_{c1}	$\sigma_z=4\alpha_{c1}p_0$
0	1.25	0	0	0.250	4×0.250×100=100
1	1.25	1	0.5	0.235	4×0.235×100=94
2	1.25	2	1	0.187	4×0.187×100=75
3	1.25	3	1.5	0.135	54
4	1.25	4	2	0.097	39
5	1.25	5	2.5	0.071	28
6	1.25	6	3	0.054	21
7	1.25	7	3.5	0.042	17
8	1.25	8	4	0.032	13
9	1.25	10	5	0.022	9

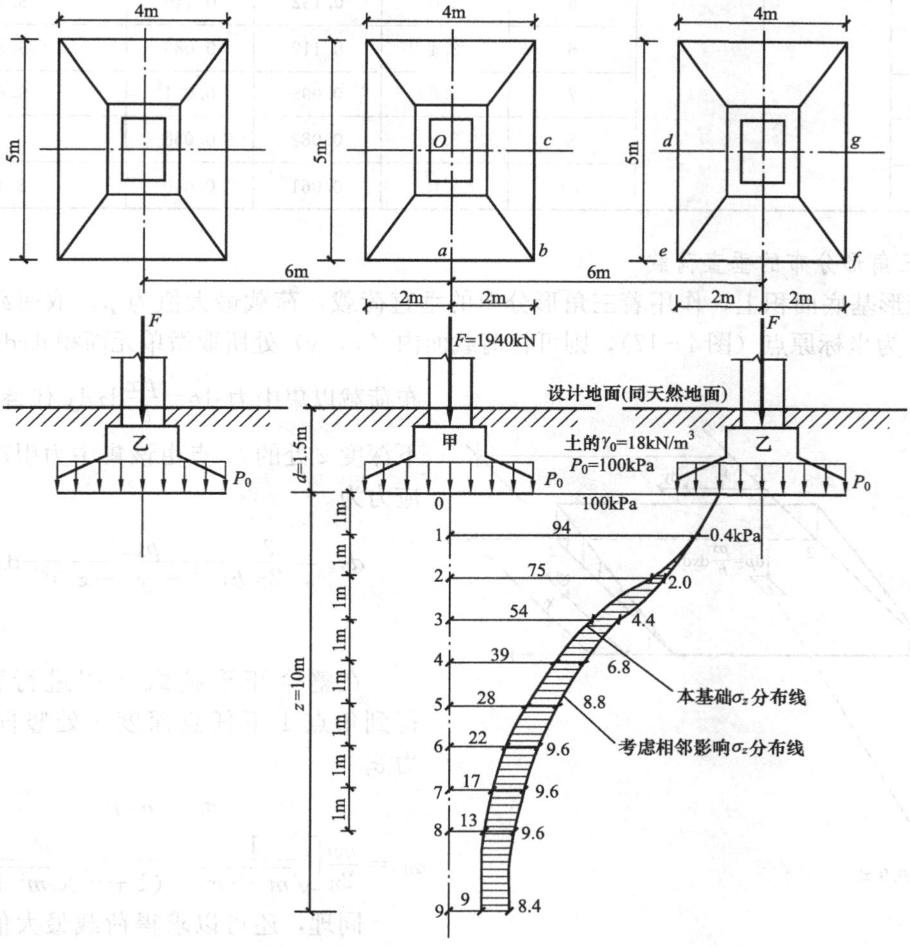

图 4-16　例题 4-3 计算结果示意图

(3) 计算基础甲中心点 o 下由两相邻基础乙的荷载引起的 σ_z，此时中心点 o 可看成是四个与Ⅰ（$oafg$）相同的矩形和另四个与Ⅱ（$oaed$）相同的矩形的公共角点，其长宽比 L/B 分别为 8/2.5=3.2 和 4/2.5=1.6。同样利用表 4-4 可分别查得 $\alpha_{cⅠ}$ 和 $\alpha_{cⅡ}$，σ_z 的计算结果和分布图见表 4-6 和图 4-16。

表 4-6　基础甲中心点由乙基础荷载引起的 σ_z 计算

点	L/B		z (m)	z/B	α_c		$\sigma_z=(\alpha_{cⅠ}-\alpha_{cⅡ})p_0$
	Ⅰ（$oafg$）	Ⅱ（$oaed$）			$\alpha_{cⅠ}$	$\alpha_{cⅡ}$	
0	$\frac{8}{2.5}=3.2$	$\frac{4}{2.5}=1.6$	0	0	0.250	0.250	0.0
1			1	0.4	0.244	0.243	0.4
2			2	0.8	0.220	0.215	2.0
3			3	1.2	0.187	0.176	4.4
4			4	1.6	0.157	0.140	6.8
5			5	2.0	0.132	0.110	8.8
6			6	2.4	0.112	0.088	9.6
7			7	2.8	0.095	0.071	9.6
8			8	3.2	0.082	0.058	9.6
9			10	4.0	0.061	0.040	8.4

2. 三角形分布的垂直荷载

在矩形基底面积上，作用着三角形分布的垂直荷载，荷载最大值为 p，取荷载零值边的角点 1 为坐标原点（图 4-17），则可将荷载面内（x，y）处所取微单元面积 $dxdy$ 上的分布荷载以集中力 $dp=\frac{px}{b}dxdy$ 代替。角点 1 下深度 z 处的 M 点由该集中力引起的附加应力为

$$d\sigma_z=\frac{3}{2\pi}\frac{pxz^3}{b(x^2+y^2+z^2)^{5/2}}dxdy \tag{4-13}$$

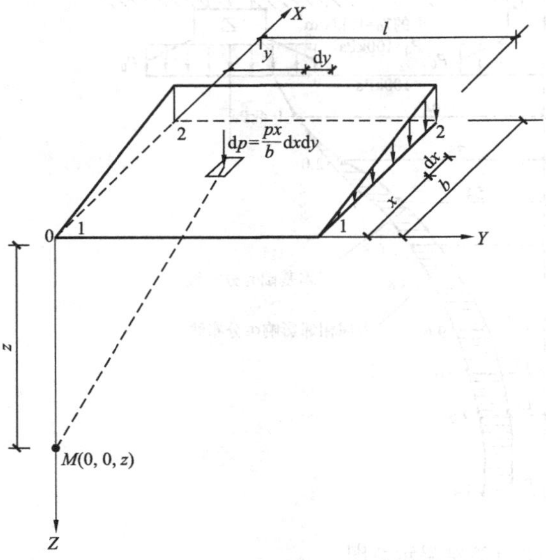

图 4-17　三角形分布矩形荷载角点下的 σ_z

在整个矩形荷载面积进行积分后，得到角点 1 下任意深度 z 处竖向附加应力 σ_z

$$\sigma_z=\alpha_{t1}p \tag{4-14}$$

$$\alpha_{t1}=\frac{mn}{2\pi}\left[\frac{1}{\sqrt{m^2+n^2}}-\frac{n^2}{(1+n^2)\sqrt{m^2+n^2+1}}\right]$$

同理，还可以求得荷载最大值边的角点 2 下任意深度 z 处的竖向附加应力 σ_z 为

$$\sigma_z=\alpha_{t2}=(\alpha_c-\alpha_{t1})p$$

α_{t1}和α_{t2}均为$m=l/b$和$n=z/b$的函数，可由表4-7查用。必须注意b是沿三角形分布荷载方向的边长。

表4-7　　三角形分布的矩形荷载角点下的竖向附加应力系数α_{t1}和α_{t2}

$n=z/b$	$m=l/b$									
	0.2		0.4		0.6		0.8		1.0	
	角点1	角点2	角点1	角点2	角点1	角点2	角点1	角点2	角点1	角点2
0.0	0.0000	0.2500	0.0000	0.2500	0.0000	0.2500	0.0000	0.2500	0.0000	0.2500
0.2	0.0223	0.1822	0.0280	0.2215	0.0296	0.2165	0.0301	0.2178	0.0304	0.2382
0.4	0.0269	0.1094	0.0420	0.1604	0.0487	0.1781	0.0517	0.1844	0.0531	0.1870
0.6	0.0259	0.0700	0.0448	0.1165	0.0560	0.1405	0.0621	0.1520	0.0654	0.1575
0.8	0.0232	0.0480	0.0421	0.0853	0.0553	0.1093	0.0637	0.1232	0.0688	0.1311
1.0	0.0201	0.0346	0.0375	0.0638	0.0508	0.0852	0.0602	0.0996	0.0666	0.1086
1.2	0.0171	0.0260	0.0324	0.0491	0.0450	0.0673	0.0546	0.0807	0.0615	0.0901
1.4	0.0145	0.0202	0.0278	0.0386	0.0392	0.0540	0.0483	0.0661	0.0554	0.0751
1.6	0.0123	0.0160	0.0238	0.0310	0.0339	0.0440	0.0424	0.0547	0.0492	0.0628
1.8	0.0105	0.0130	0.0204	0.0254	0.0294	0.0363	0.0371	0.0457	0.0435	0.0534
2.0	0.0090	0.0108	0.0176	0.0211	0.0255	0.0304	0.0324	0.0387	0.0384	0.0458
2.5	0.0063	0.0072	0.0125	0.0140	0.0183	0.0205	0.0236	0.0265	0.0284	0.0318
3.0	0.0046	0.0051	0.0092	0.0100	0.0135	0.0148	0.0176	0.0192	0.0214	0.0233
5.0	0.0018	0.0019	0.0036	0.0038	0.0054	0.0056	0.0071	0.0074	0.0088	0.0091
7.0	0.0009	0.0010	0.0019	0.0019	0.0028	0.0029	0.0038	0.0038	0.0047	0.0047
10.0	0.0005	0.0004	0.0009	0.0010	0.0014	0.0014	0.0019	0.0019	0.0023	0.0024

$n=z/b$	$m=l/b$									
	1.2		1.4		1.6		1.8		2.0	
	角点1	角点2	角点1	角点2	角点1	角点2	角点1	角点2	角点1	角点2
0.0	0.0000	0.2500	0.0000	0.2500	0.0000	0.2500	0.0000	0.2500	0.0000	0.2506
0.2	0.0305	0.2184	0.0305	0.2185	0.0306	0.2185	0.0306	0.2185	0.0306	0.2185
0.4	0.0539	0.1881	0.0543	0.1886	0.0545	0.1889	0.0546	0.1891	0.0547	0.1892
0.6	0.0673	0.1602	0.0684	0.1616	0.0690	0.1625	0.0694	0.1630	0.0696	0.1633
0.8	0.0720	0.1355	0.0739	0.1382	0.0751	0.1396	0.0759	0.1405	0.0764	0.1412
1.0	0.0708	0.1143	0.0735	0.1176	0.0753	0.1202	0.0766	0.1215	0.0774	0.1225
1.2	0.0664	0.0962	0.0698	0.1007	0.0721	0.1037	0.0738	0.1055	0.0749	0.1069
1.4	0.0606	0.0817	0.0644	0.0864	0.0672	0.0897	0.0692	0.0921	0.0707	0.0937
1.6	0.0545	0.0696	0.0586	0.0743	0.0616	0.0780	0.0639	0.0806	0.0656	0.0826
1.8	0.0487	0.0596	0.0528	0.0644	0.0560	0.0681	0.0585	0.0709	0.0604	0.0730
2.0	0.0434	0.0513	0.0474	0.0560	0.0507	0.0596	0.0533	0.0625	0.0563	0.0649
2.5	0.0326	0.0365	0.0362	0.0405	0.0393	0.0440	0.0419	0.0469	0.0440	0.0491
3.0	0.0249	0.0270	0.0280	0.0303	0.0307	0.0333	0.0331	0.0359	0.0352	0.0380
5.0	0.0104	0.0108	0.0120	0.0123	0.0135	0.0139	0.0148	0.0154	0.0161	0.0167
7.0	0.0056	0.0056	0.0064	0.0066	0.0073	0.0074	0.0081	0.0083	0.0089	0.0091
10.0	0.0028	0.0028	0.0033	0.0032	0.0037	0.0037	0.0041	0.0042	0.0046	0.0046

续表

$n=z/b$	$m=l/b$									
	3.0		4.0		6.0		8.0		10.0	
	角点 1	角点 2	角点 1	角点 2	角点 1	角点 2	角点 1	角点 2	角点 1	角点 2
0.0	0.0000	0.2500	0.0000	0.2500	0.0000	0.2500	0.0000	0.2500	0.0000	0.2500
0.2	0.0306	0.2186	0.0306	0.2186	0.0306	0.2186	0.0306	0.2186	0.0306	0.2186
0.4	0.0548	0.1894	0.0549	0.1894	0.0549	0.1894	0.0549	0.1894	0.0549	0.1894
0.6	0.0701	0.1638	0.0702	0.1639	0.0702	0.1640	0.0702	0.1640	0.0702	0.1640
0.8	0.0773	0.1423	0.0776	0.1424	0.0776	0.1426	0.0776	0.1426	0.0776	0.1426
1.0	0.0790	0.1244	0.0794	0.1248	0.0795	0.1250	0.0796	0.1250	0.0796	0.1250
1.2	0.0774	0.1096	0.0779	0.1102	0.0782	0.1105	0.0783	0.1105	0.0783	0.1105
1.4	0.0739	0.0973	0.0748	0.0982	0.0752	0.0986	0.0752	0.0987	0.0753	0.0987
1.6	0.0697	0.0870	0.0708	0.0882	0.0714	0.0887	0.0715	0.0888	0.0715	0.0889
1.8	0.0652	0.0782	0.0666	0.0797	0.0673	0.0805	0.0675	0.0806	0.0675	0.0808
2.0	0.0607	0.0707	0.0624	0.0726	0.0634	0.0734	0.0636	0.0736	0.0636	0.0738
2.5	0.0504	0.0559	0.0529	0.0585	0.0543	0.0601	0.0547	0.0604	0.0548	0.0605
2.0	0.0419	0.0451	0.0449	0.0482	0.0469	0.0504	0.0474	0.0509	0.0476	0.0511
5.0	0.0214	0.0221	0.0248	0.0256	0.0283	0.0290	0.0296	0.0303	0.0301	0.0309
7.0	0.0124	0.0126	0.0152	0.0154	0.0186	0.0190	0.0204	0.0207	0.0212	0.0216
10.0	0.0066	0.0066	0.0084	0.0083	0.0111	0.0111	0.0128	0.0130	0.0139	0.0141

（二）圆面积上各种分布荷载作用下的附加应力计算

如图 4-18 所示，设圆形基础半径为 r_0，其上作用有均布荷载 p，若以圆心为坐标原点，则用类似于求 α_c、α_t 的推导步骤，得出圆心 o 点下 z 处的附加应力计算公式为

$$\sigma_z = p\left[1-\frac{1}{\left(\frac{1}{z^2/r_0^2}+1\right)^{3/2}}\right]=\alpha_r p \qquad (4-15)$$

式中，α_r 为均布的圆形荷载面中心点下的附加应力系数，它是 $\left(\frac{z}{r_0}\right)$ 的函数，可由表 4-8 查得。

三角形分布的圆形荷载面边点下的附加应力系数值，参见《建筑地基基础设计规范》（GB 50007—2011）。

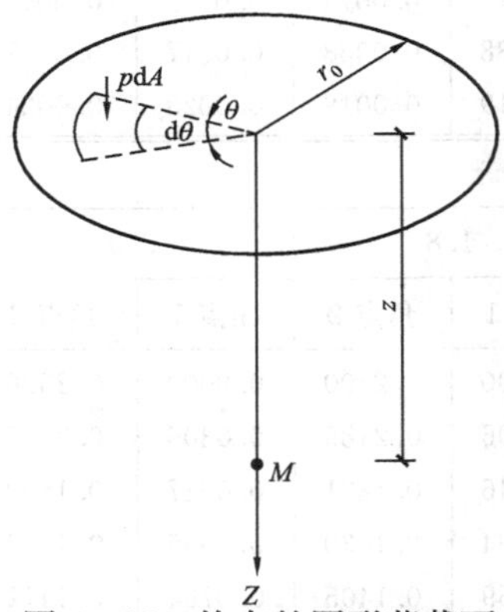

图 4-18　均布的圆形荷载面中心点下的 σ_z

表 4-8　均布的圆形荷载中心点下的竖向附加应力系数 α_r

z/r_0	α_r	z/r_0	α_r	z/r_0	α_r	z/r_0	α_r	z/r_0	α_r	z/r_0	α_r
0.0	1.000	0.8	0.756	1.6	0.390	2.4	0.213	3.2	0.180	4.0	0.087
0.1	0.999	0.9	0.701	1.7	0.360	2.5	0.200	3.8	0.124	4.2	0.079
0.2	0.992	1.0	0.646	1.8	0.332	2.6	0.187	3.4	0.117	4.4	0.073
0.3	0.976	1.1	0.595	1.9	0.307	2.7	0.175	3.5	0.111	4.6	0.067
0.4	0.949	1.2	0.547	2.0	0.285	2.8	0.165	3.6	0.106	4.8	0.062
0.5	0.911	1.3	0.502	2.1	0.264	2.9	0.155	3.7	0.101	5.0	0.057
0.6	0.864	1.4	0.461	2.2	0.246	3.0	0.146	3.8	0.096	6.0	0.040
0.7	0.811	1.5	0.424	2.3	0.229	3.1	0.138	3.9	0.091	10.0	0.015

三、平面问题的附加应力计算

当一定宽度的无限长条面积承受均布荷载时，在土中垂直于长度方向的任一截面上的附加应力分布规律均相同，且在长条延伸方向地基的应变和位移均为零，这类问题称为平面问题。对于此类问题，只要算出任一截面上的附加应力，即可代表其他平行截面。

实际建筑中并没有无限长的荷载面积，研究表明，当基础的长度 $l/b \geqslant 10$ 时，计算的地基附加应力值与按 $l/b=\infty$ 时的解相差甚微。因此墙基、挡土墙基础、路基、坝基等均可按平面问题计算地基中的附加应力。

（一）均布竖向线荷载

线荷载是在弹性半空间表面上一条无限长直线上的均布荷载。如图 4-19 所示，线荷载上取微分长度 $\mathrm{d}y$，作用在上面的荷载 $p\mathrm{d}y$ 可看作集中力，则在地基内 M 点引起的附加应力按式（4-11）计算为 $\mathrm{d}\sigma_z=\dfrac{3pz^3}{2\pi R^5}\mathrm{d}y$，则

$$\sigma_z=\int_{-\infty}^{+\infty}\frac{3pz^3}{2\pi R^5}\mathrm{d}y \tag{4-16}$$

实际意义上的线荷载是不存在的，可以将其看作是条形面积在宽度趋于零时的特殊情况，以该解答为基础，通过积分可以求解各类平面问题地基中的附加应力。

（二）均布竖向线荷载

当地基表面宽度为 b 的条形面积上作用着竖向均布荷载 p_0（kPa）（图 4-20），此时，地基内任意点 M 的附加应力 σ_z 可利用式（4-16）和积分的方法求得。首先在条形荷载的宽度方向上取微分段 $\mathrm{d}\xi$，将其上作用的荷载 $\mathrm{d}\bar{p}=p_0\mathrm{d}\xi$ 视为线荷载，则 $\mathrm{d}\bar{p}$ 在 M 点引起的竖向附加应力 $\mathrm{d}\sigma_z$ 按式（4-17）为

$$\mathrm{d}\sigma_z=\frac{2p_0z^3\mathrm{d}\xi}{\pi[(x-\xi)^2+z^2]^2} \tag{4-17}$$

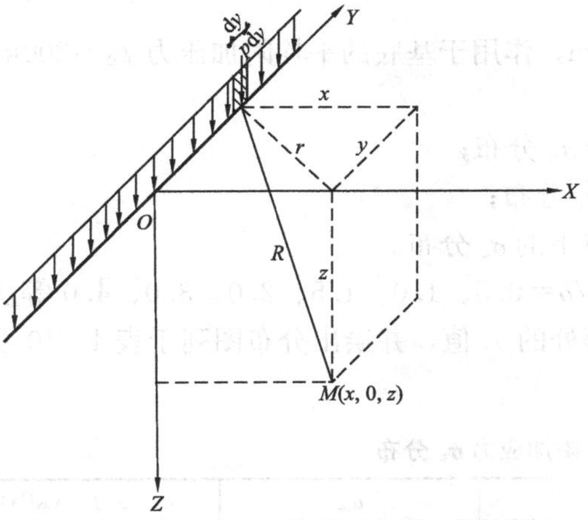

图 4-19　线荷载作用下的 σ_z

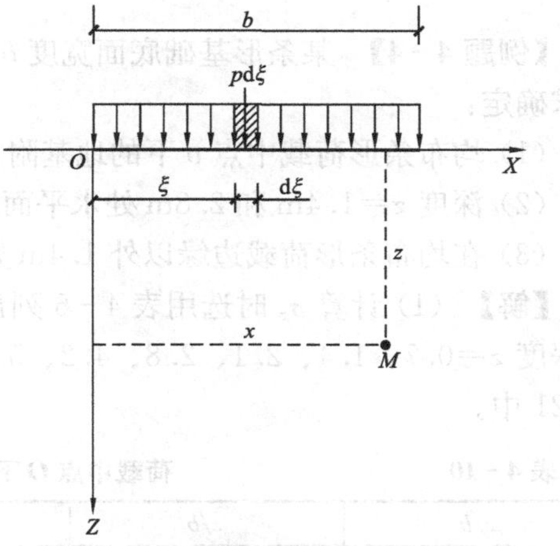

图 4-20　均布的竖向条形荷载作用下的 σ_z

将式（4-17）沿宽度 b 积分，即可得整个条形荷载在 M 点引起的竖向附加应力

$$\sigma_z=\int_0^b\frac{2z^3p_0\mathrm{d}\xi}{\pi[(x-\xi)^2+z^2]^2}=\frac{p_0}{\pi}\left[\arctan\frac{m}{n}-\arctan\frac{m-1}{n}+\frac{mn}{m^2+n^2}-\frac{n(m-1)}{n^2+(m-1)^2}\right] \tag{4-18}$$

写成简化形式为

$$\sigma_z = \alpha_{sz} p_0 \tag{4-19}$$

条形均布荷载在地基内引起的水平向应力 σ_x 和剪应力 τ_{xz} 也可以根据积分求得，并简化为

$$\sigma_x = \alpha_{sx} p_0 \tag{4-20}$$

$$\tau_{xz} = \alpha_{sxz} p_0 \tag{4-21}$$

上列诸式中，α_{sz}、α_{sx}、α_{sxz} 分别为水平附加向应力系数和剪应力附加系数。其值可按 $m=x/b$ 和 $n=z/b$ 的数值由表 4-9 查得。

表 4-9　　均布的竖向条形荷载作用下的附加应力系数 α_{sz}、α_{sx} 和 α_{sxz}

$n=z/b$	$m=x/b$																	
	0.00			0.25			0.50			1.00			1.50			2.00		
	α_{sz}	α_{sx}	α_{sxz}	α_{sz}	α_{sx}	α_{sxz}	α_{sz}	α_{sx}	α_{sxz}	α_{sz}	α_{sx}	α_{sxz}	α_{sz}	α_{sx}	α_{sxz}	α_{sz}	α_{sx}	α_{sxz}
0.00	1.00	1.00	0.00	1.00	1.00	0.00	0.50	0.50	0.32	0.00	0.00	0.00	0.00	0.00	0.00	0.00	0.00	0.00
0.25	0.96	0.45	0.00	0.90	0.39	0.13	0.50	0.35	0.30	0.02	0.17	0.05	0.00	0.07	0.01	0.00	0.04	0.00
0.50	0.82	0.18	0.00	0.74	0.19	0.16	0.48	0.23	0.26	0.08	0.21	0.13	0.02	0.12	0.04	0.00	0.07	0.02
0.75	0.67	0.08	0.00	0.61	0.10	0.13	0.45	0.14	0.20	0.15	0.22	0.16	0.04	0.14	0.07	0.02	0.10	0.04
1.00	0.55	0.04	0.00	0.51	0.05	0.10	0.41	0.09	0.16	0.19	0.15	0.16	0.07	0.14	0.10	0.03	0.13	0.05
1.25	0.46	0.02	0.00	0.44	0.03	0.07	0.37	0.06	0.12	0.20	0.11	0.14	0.10	0.12	0.10	0.04	0.11	0.07
1.50	0.40	0.01	0.00	0.38	0.02	0.06	0.33	0.04	0.10	0.21	0.08	0.13	0.11	0.10	0.10	0.06	0.10	0.07
1.75	0.35	0.00	0.00	0.34	0.01	0.04	0.30	0.03	0.08	0.21	0.06	0.11	0.13	0.09	0.10	0.07	0.09	0.08
2.00	0.31	0.00	0.00	0.31	0.00	0.03	0.28	0.02	0.06	0.20	0.05	0.10	0.14	0.07	0.10	0.08	0.08	0.08
3.00	0.21	0.00	0.00	0.21	0.00	0.02	0.20	0.00	0.03	0.17	0.02	0.06	0.13	0.03	0.07	0.10	0.04	0.07
4.00	0.16	0.00	0.00	0.16	0.00	0.01	0.15	0.00	0.02	0.14	0.01	0.03	0.12	0.02	0.05	0.10	0.03	0.05
5.00	0.13	0.00	0.00	0.13	0.00	0.00	0.12	0.00	0.00	0.12	0.00	0.02	0.11	0.01	0.03	0.09	0.02	0.04
6.00	0.11	0.00	0.00	0.10	0.00	0.00	0.10	0.00	0.00	0.10	0.00	0.01	0.10	0.00	0.02	0.09	0.01	0.03

【例题 4-4】 某条形基础底面宽度 $b=1.4\text{m}$，作用于基底的平均附加压力 $p_0=200\text{kPa}$，要求确定：

(1) 均布条形荷载中点 o 下的地基附加应力 σ_z 分布；

(2) 深度 $z=1.4\text{m}$ 和 2.8m 处水平面上的 σ_z 分布；

(3) 在均布条形荷载边缘以外 1.4m 处 o_1 点下的 σ_z 分布。

【解】 (1) 计算 σ_z 时选用表 4-6 列出的 z/b=0.5、1.0、1.5、2.0、3.0、4.0 等反算出深度 z=0.7、1.4、2.1、2.8、4.2、5.6m 等处的 σ_z 值，并绘出分布图列于表 4-10 及图 4-21 中。

表 4-10　　荷载中点 O 下的地基附加应力 σ_z 分布

x/b	z/b	z (m)	α_{sz}	$\sigma_z=\alpha_{sz}p_0$ (kPa)
0	0	0	1.00	200
0	0.5	0.7	0.82	164
0	1	1.4	0.55	110
0	1.5	2.1	0.40	80
0	2	2.8	0.31	62
0	3	4.2	0.21	42
0	4	5.6	0.16	32

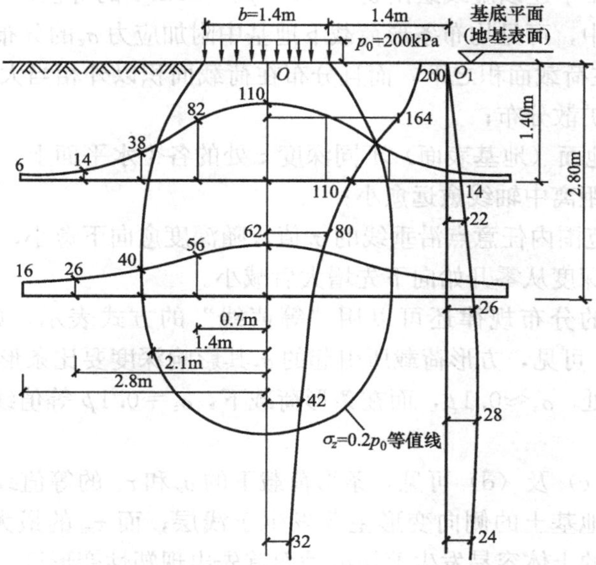

图 4-21　均布条形荷载下地基中附加应力 σ_z 的分布（kPa）

（2）及（3）的 σ_z 计算结果及分布图分别列于表 4-11 及表 4-12 中。

表 4-11　荷载边缘外 o_1 点下的 σ_z 分布

z（m）	z/b	x/b	α_{sz}	$\sigma_z=\alpha_{sz}p_0$（kPa）
0.0	0.0	2.0	0.00	0
0.7	0.5	2.0	0.02	4
1.4	1.0	2.0	0.07	14
2.1	1.5	2.0	0.11	22
2.8	2.0	2.0	0.13	26
4.2	3.0	2.0	0.14	28
5.6	4.0	2.0	0.12	24

表 4-12　深度 z 处水平面上的 σ_z 分布

z（m）	z/b	x/b	α_{sz}	$\sigma_z=\alpha_{sz}p_0$（kPa）
1.4	1.0	0.5	0.55	110
1.4	1.0	1.0	0.41	82
1.4	1.0	1.5	0.19	38
1.4	1.0	2.0	0.07	14
1.4	1.0	2.5	0.03	6
2.8	2.0	0.5	0.31	62
2.8	2.0	1.0	0.28	56
2.8	2.0	1.5	0.20	40
2.8	2.0	2.0	0.13	26
2.8	2.0	2.5	0.08	16

此外，在图 4-21 中还以虚线绘出 $\sigma_z=0.2$，$p_0=40\text{kPa}$ 的等值线图。

从上例计算成果中，可见均布条形荷载下地基中附加应力 σ_z 的分布规律如下：

(1) σ_z 不仅发生在荷载面积之下，而且分布在荷载面积以外相当大的范围之下，这就是所谓地基附加应力的扩散分布；

(2) 在距离基础地面（地基表面）不同深度 z 处的各个水平面上，以基底中心点下轴线处的为 σ_z 最大，随着距离中轴线愈远愈小；

(3) 在荷载分布范围内任意点沿垂线的 σ_z 值，随深度愈向下愈小，在荷载边缘以外任意点沿垂线的 σ_z 值，随深度从零开始向下先增大后减小。

地基中附加应力的分布规律还可以用“等值线”的方式表示，如图 4-22 所示。由图 4-22 (a) 及 (b) 可见，方形荷载所引起的 σ_z 其影响深度要比条形荷载小得多，例如方形荷载中心下 $z=2b$ 处，$\sigma_z\approx0.1p$，而在条形荷载下，$\sigma_z=0.1p$ 等值线则约在中心下 $z\approx6b$ 处通过。

(4) 由图 4-22 (c) 及 (d) 可见，条形荷载下的 σ_x 和 τ_{xz} 的等值线图表明，σ_x 的影响范围较浅，所以基础下地基土的侧向变形主要发生于浅层；而 τ_{xz} 的最大值出现于荷载边缘，所以位于基础边缘下的土体容易发生剪切滑动而首先出现塑性变形区。

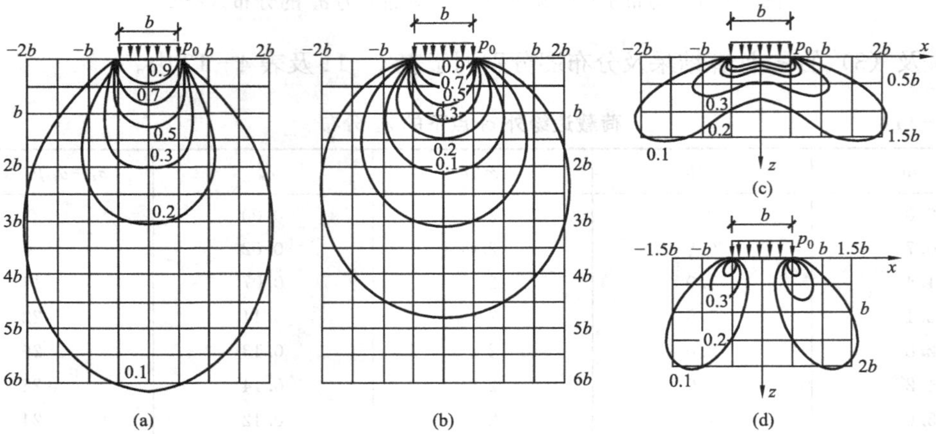

图 4-22　地基附加应力等值线

(a) 等 σ_z 线（条形荷载）；(b) 等 σ_z 线（方形荷载）；(c) 等 σ_x 线（条形荷载）；(d) 等 τ_{xz} 线（条形荷载）

四、非均质地基中的附加应力

前述地基中附加应力计算都是按弹性理论把地基视为均质、各向同性的线弹性。而实际工程中地基条件与计算假定并不完全一样，因而计算出的应力与实际应力将有一定差别，下面主要讨论双层地基中附加应力的分布。

（一）上层软弱下层坚硬的情况

上层为松软的可压缩土层，下层是不可压缩层，即 $E_2>E_1$，E_1、E_2 分别为上层土、下层土的变形模量见图 4-23 (a)。这时，上层土中荷载中轴线附近的附加应力 σ_z 将比均质土体时增大；离开中轴线，应力差逐渐减小，至某一距离后，应力又将小于均匀半无限体时的应力。这种现象称为应力集中现象。应力集中的程度主要与荷载宽度 b 和压缩层厚度 H 有关，随着 H/b 增大，应力集中现象减弱。

（二）上层坚硬而下层软弱的情况

当地基的上层土为坚硬土层，下层为软弱土层，即 $E_1 > E_2$ 时，将出现硬层下面、荷载中轴线附近应力减小的应力扩散现象，如图 4－23（b）所示。应力扩散的结果使应力分布比较均匀，从而使地基沉降也趋于均匀。

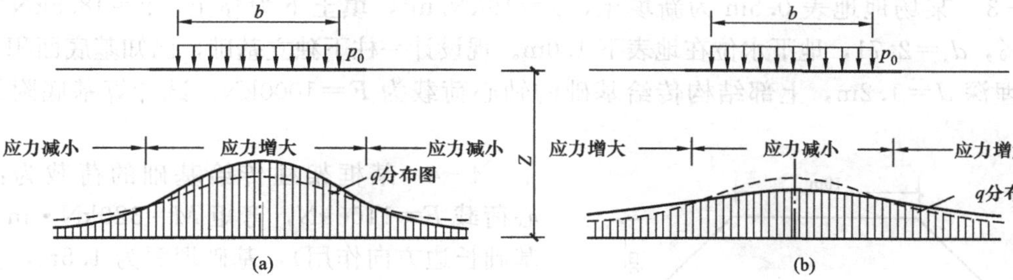

图 4－23　非均质和各向异性地基对附加应力的影响
（虚线表示均质地基中水平面上的附加应力分布）
（a）发生应力集中；（b）发生应力扩散

关 键 概 念

自重应力；附加应力；自重压力；基底附加压力；基底附加应力；土的侧压力系数；基底压力；地基反力；角点应力系数；角点法。

思 考 题

4－1　什么是土的自重应力？如何计算？

4－2　地下水位的升降对图中自重应力有何影响？在工程实践中哪些问题应充分考虑其影响？

4－3　何谓基底压力？影响基底压力分布的因素有哪些？工程中如何计算中心荷载和偏心荷载下的基底压力？

4－4　如何计算基底压力 p 和基底附加应力 p_0？两者概念有何不同？

4－5　在集中荷载作用下地基中附加应力的分布有何规律？

4－6　假设作用于基础底面的总压力不变，若埋置深度增加，对土中附加应力有何影响？

计 算 题

4－1　某建筑场地的地层分布均匀，第一层杂填土厚 1.5m，$\gamma=17\text{kN/m}^3$；第二层粉质黏土厚 4m，$\gamma=19\text{kN/m}^3$，$d_s=2.73$，$\omega=31\%$，地下水位在的地面下 2m 处；第三层淤泥质黏土厚 8m，$\gamma=18.3\text{kN/m}^3$，$d_s=2.74$，$\omega=41\%$；第四层粉土厚 3m，$\gamma=19.5\text{kN/m}^3$，$d_s=2.72$，$\omega=27\%$；第五层砂岩。试计算各层交界面处的竖向自重应力 σ_c，并绘出 σ_c 沿深

度分布图。

4－2 某外墙下条形基础底面宽度 $b=1.5\text{m}$，基础底面标高为－1.50m，室内标高为±0.000，室外地面标高为－0.60m，墙体作用在基础顶面的竖向荷载 $F=230\text{kN/m}$，试求基底压力 p。

4－3 某场地地表 0.5m 为新填土，$\gamma=16\text{kN/m}^3$，填土下为黏土，$\gamma=18.5\text{kN/m}^3$，$\omega=20\%$，$d_s=2.71$，地下水位在地表下 1.0m。现设计一柱下独立基础，已知基底面积 $A=5\text{m}^2$，埋深 $d=1.2\text{m}$，上部结构传给基础的轴心荷载为 $F=1000\text{kN}$。试计算基底附加压力 p_0。

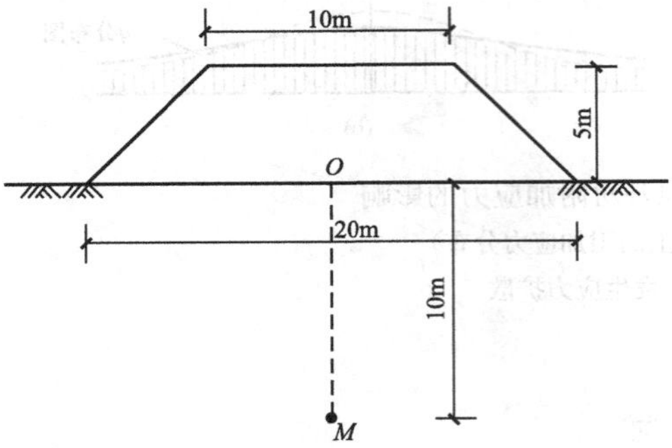

图 4－24 路堤示意图

4－4 某框架柱传给基础的荷载为：轴心荷载 $F=1100\text{kN}$，弯矩 $M=320\text{kN}\cdot\text{m}$（沿基础长边方向作用），基础埋深为 1.5m，基底尺寸为 3m×2m。地基土为粉土，重度为 18kN/m^3。试求基底中心点下 2m 深处的竖向附加应力。

4－5 有一路堤，如图 4－24 所示，已知填土的重度 $\gamma=20\text{kN/m}^3$，求路堤中线下 O 点（$z=0.0\text{m}$）及 M 点（$z=10.0\text{m}$）的竖向附加应力 σ_z。

计算题参考答案

4－1 第一层土底 $\sigma_c=25.5\text{kPa}$；第二层土底 $\sigma_c=67.17\text{kPa}$；第三层土底 $\sigma_c=132.77\text{kPa}$；第四层土底 $\sigma_c=161.9\text{kPa}$；第五层土底 $\sigma_c=306.9\text{kPa}$

4－2 基底压力 $p=177.3\text{kPa}$

4－3 基底附加压力 $p_0=210.8\text{kPa}$

4－4 基底中心点下 2m 深处的竖向附加应力为 79.4kPa

4－5 O 点 $\sigma_z=100\text{kN/m}^2$；$M$ 点 $\sigma_z=65.8\text{kN/m}^2$

第五章　土的压缩性与地基沉降计算

本章提要与学习目标

土的压缩性是土的重要力学特性，研究地基的压缩与变形对于保证建筑物的正常使用、经济和可靠性具有重要意义。本章主要学习土的压缩性的试验方法，以及土的压缩性指标的确定方法，掌握地基最终沉降量的基本计算方法——分层总和法，以及地基沉降与时间的关系。

从现场取得原状土样在室内进行压缩试验时，要注意土样是在完全侧限（无侧向变形）的情况下进行的竖向压缩。着重学习土的压缩性指标的定义、计算方法以及应用。采用分层总和法计算地基最终沉降量时，要着重理解分层总和法的基本假定；计算的主要步骤是土层的划分，自重应力和附加应力的计算，压缩层厚度的确定，各层土的变形指标及沉降经验系数的确定。要求掌握室内压缩试验方法和结果，掌握地基沉降的计算方法。通过饱和土渗透固结理论学习，掌握物理模型、数学模型以及求解方法；掌握固结度的计算，并能解决有关沉降——时间的工程问题。

第一节　土的压缩性及其指标

土的压缩性是指土体在压力作用下体积缩小的特性。一般情况下，在压力作用下土体中的土粒和土中水的自身压缩量与土体的压缩总量之比是很微小的，可以忽略不计，而土体中少量封闭的土中气被压缩，也可忽略不计，因此，土的压缩是指土中孔隙体积的缩小，即土中水和土中气的体积缩小，可以认为土粒的体积是不变的，此时，土粒重新排列，互相挤密。饱和土的压缩，随孔隙的体积减小，土中水排出，相应土中水的体积减小。饱和土体积在压力作用下随土中水体积减小的全过程，称为土的固结。计算地基沉降时，必须取得土的压缩性指标，该指标可采用室内试验或原位测试来测定，应力试验条件与土的天然状态及其在外荷作用下的实际应力条件相适应。

一、室内压缩（固结）试验及压缩性指标

（一）室内压缩（固结）试验

室内固结试验时，用金属环刀切取保持天然结构的原状土样，并置于圆筒形压缩容器的刚性护环内（图 5-1），土样上下各垫一块透水石，受压后可以自由排水。由于金属环刀和刚性护环的限制，土样在压力作用下只能发生竖向压

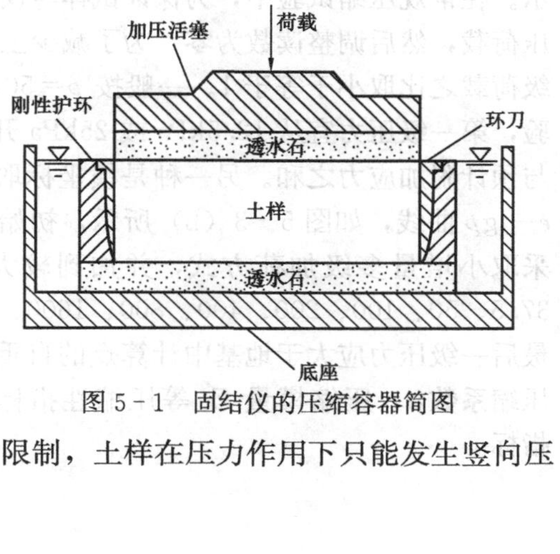

图 5-1　固结仪的压缩容器简图

缩变形，而无侧向变形。土样在天然状态下或经过人工饱和后，进行逐级加压固结，以便测定各级压力 p_i 作用下土样压缩稳定后的孔隙比 e_i。以下推导 e_i 的计算公式。

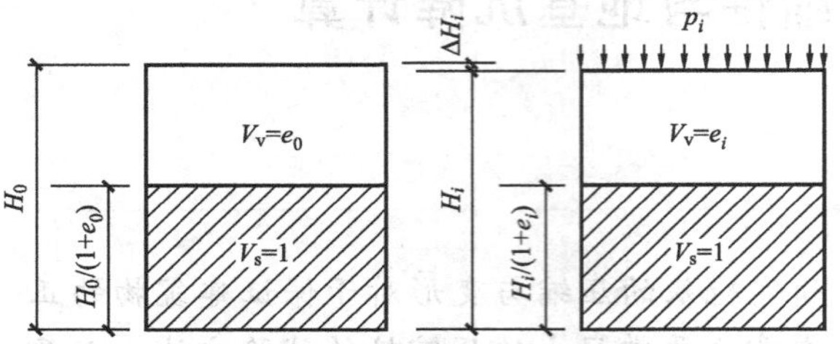

图 5-2　侧限条件下土样原始孔隙比的变化

设土样的初始高度为 H_0，受压后土样高度为 H_i，则 $H_i=H_0-\Delta H_i$，ΔH_i 为外压力 p_i 作用下土样的稳定压缩量。根据土的孔隙比的定义以及土粒体积 V_s 不会变化，又令 $V_s=1$，则土样孔隙体积 V_V 在受压前相应等于初始孔隙比 e_0，在受压后相应等于孔隙比 e_i（图 5-2）。

为求土样稳定后的孔隙比 e_i，利用受压前后土粒体积不变和土样横截面积不变两个条件，得出

$$\frac{H_0}{1+e_0}=\frac{H_0-\Delta H_i}{1+e_i} \tag{5-1}$$

或

$$\frac{\Delta H_i}{H_0}=\frac{e_0-e_i}{1+e_0} \tag{5-2}$$

因此

$$e_i=e_0-\frac{\Delta H_i}{H_0}(1+e_0) \tag{5-3}$$

式中，$e_0=d_s(1+w_0)(\rho_w/\rho_0)-1$，其中 d_s、w_0、ρ_0、ρ_w 分别为土粒比重、初始含水量、初始土的密度和水的密度。通过室内压缩试验测定土样在各级压力 p_i 作用下的稳定压缩量 ΔH_i 后，即可按上式算出相应的孔隙比 e_i，从而绘制土的压缩曲线。

（二）土的压缩曲线

土的压缩曲线是室内土的压缩试验成果，它是土的孔隙比与所受相应压力的关系曲线。压缩曲线可按两种方式绘制。一种是采用普通直角坐标绘制的 e—p 曲线，如图 5-3（a）所示。在常规压缩试验中，为保证试样与仪器上下各部件之间的接触良好，先施加 1kPa 的预压荷载，然后调整读数为零。为了减少土的结构强度被扰动，加荷前后两级荷载之差与前一级荷载之比取小于等于 1。一般按 $p=50$、100、200、300、400kPa 五级加荷，对于软土试验，第一级压力宜从 12.5kPa 或 25kPa 开始，最后一级压力应大于土中计算点的自重应力与预计附加应力之和。另一种是横坐标取 p 的常用对数值，即采用半对数直角坐标绘制成 e—$\lg p$ 曲线，如图 5-3（b）所示，初始阶段加荷率应取 0.5，试验时以较小的压力开始，采取小增量多级加荷方式，并加到较大的荷载为止，压力等级宜为 12.5、18.75、25、37.5、50、100、200、400、800、1600、3200kPa，第一级压力软土必须从 12.5kPa 开始，最后一级压力应大于地基中计算点的自重应力与预计附加应力之和。e—p 曲线可确定土的压缩系数 a、压缩模量 E_s 等压缩性指标；e—$\lg p$ 曲线可确定土的压缩指数 C_c 等压缩性指标。

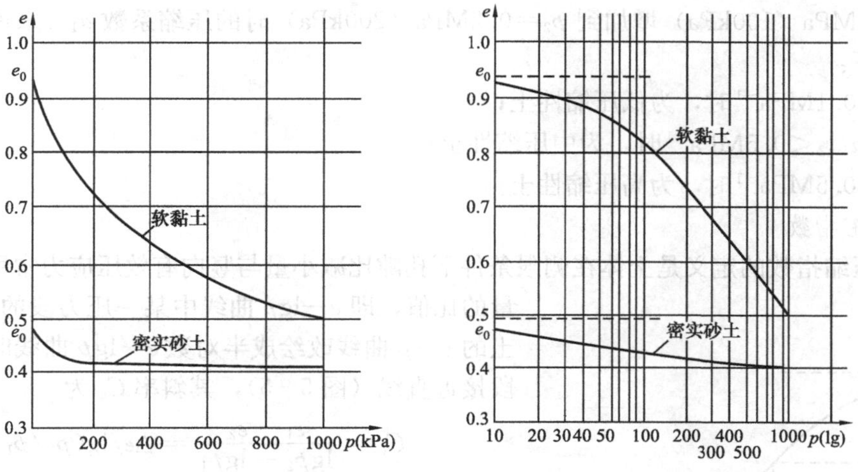

(a)　　　　　(b)

图 5-3　土的压缩曲线

(a) e—p 曲线；(b) e—$\lg p$ 曲线

（三）土的压缩性指标

1. 压缩系数

土的压缩系数的定义是土体在侧限条件下孔隙比减小量与竖向有效压应力增量的比值，即 e—p 曲线中某一压力段的割线斜率。地基中计算点的压力段应取土中自重应力至自重应力与附加应力之和范围。曲线愈陡，说明随着压力的增加，土孔隙比的减小愈显著，因而土的压缩性愈高。曲线上任一点的切线斜率 a 就表示相应于压力 p 作用下土的压缩性

$$a = -\mathrm{d}e/\mathrm{d}p \tag{5-4}$$

式中负号表示随着压力 p 的增加，孔隙比 e 逐渐减小。实用上，一般研究土中某点由原来的自重应力 p_1 增加到外荷作用后的土中应力 p_2（自重应力与附加应力之和）这一压力段所表征的压缩性。如图 5-4 所示，设压力由 p_1 增加到 p_2，相应的孔隙比由 e_1 减小到 e_2，则与压力增量为 $\Delta p = p_2 - p_1$ 对应的孔隙比变化为 $\Delta e = e_1 - e_2$。此时，土的压缩性可用图中割线 M_1M_2 的斜率表示。设割线与横坐标轴的夹角为 β，则

$$a = \tan\beta = \frac{\Delta e}{\Delta p} = \frac{e_1 - e_2}{p_2 - p_1} \tag{5-5}$$

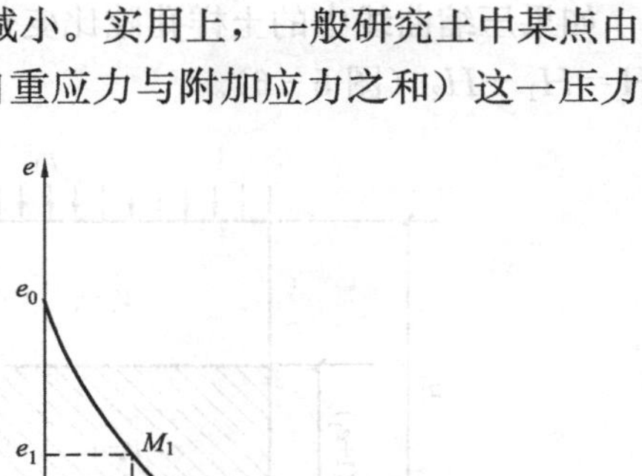

图 5-4　e—p 曲线中确定 a

式中　a——土的压缩系数，MPa^{-1}；

p_1——地基某深度处土中（竖向）自重应力，MPa；

p_2——地基某深度处土中（竖向）自重应力与附加应力之和，MPa；

e_1、e_2——相应于 p_1、p_2 作用下压缩稳定后的孔隙比。

为了便于比较，《建筑地基基础设计规范》（GB 50007—2011）规定，通常采用压力段

由 $p_1=0.1\text{MPa}$（100kPa）增加到 $p_2=0.2\text{MPa}$（200kPa）时的压缩系数 a_{1-2} 来评定土的压缩性，如下：

$a_{1-2}<0.1\text{MPa}^{-1}$ 时，为低压缩性土；

$0.1\leqslant a_{1-2}<0.5\text{MPa}^{-1}$ 时，为中压缩性土；

$a_{1-2}\geqslant 0.5\text{MPa}^{-1}$ 时，为高压缩性土。

2. 压缩指数

土的压缩指数的定义是土体在侧限条件下孔隙比减小量与竖向有效压应力常用对数值增量的比值，即 e—lg$p$ 曲线中某一压力段的直线斜率。土的 e—p 曲线改绘成半对数 e—lg$p$ 曲线时，它的后段接近直线（图 5-5），其斜率 C_c 为

$$C_c=\frac{e_1-e_2}{\lg p_2-\lg p_1}=\Delta e/\lg(p_2/p_1) \quad (5-6)$$

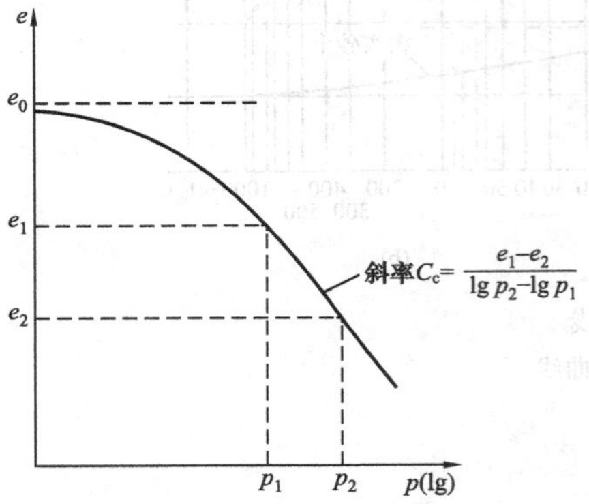

图 5-5 e—lg$p$ 曲线中确定 C_c

式中，C_c 称为土的压缩指数，以便与土的压缩系数 a 相区别，其他符号意义同式（5-5）。

同压缩系数 a 一样，压缩指数 C_c 值越大，土的压缩性越高。国内外广泛采用 e—lg$p$ 曲线来分析应力历史对黏性土、粉性土压缩性的影响，这对重要建筑物的沉降计算具有现实的意义（见本章第四节）。

3. 土的压缩模量

根据 e—p 曲线，可以求算另一个压缩性指标——压缩模量 E_s。它的定义是土体在侧限条件下竖向附加压应力与竖向应变的比值，或称侧限模量。土的压缩模量 E_s 可根据下式计算

$$E_s=(1+e_1)/a \quad (5-7)$$

如果压缩曲线中的土样孔隙比变化 $\Delta e=e_1-e_2$ 为已知，则可反算相应的土样高度变化 $\Delta H=H_1-H_2$（图 5-6）。

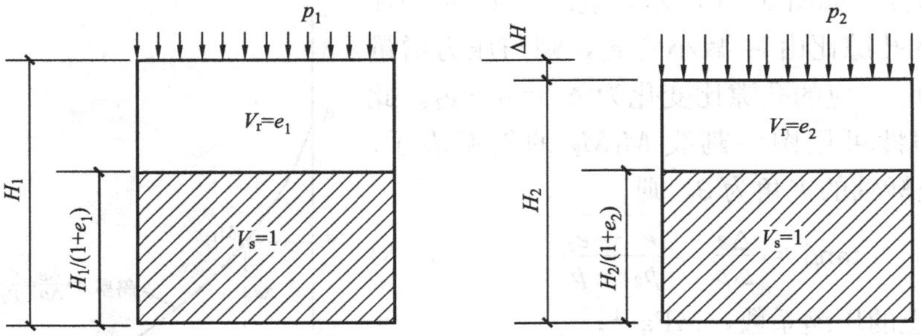

图 5-6 侧限条件下土样高度变化与孔隙比变化的关系

于是 $H_2=H_1-\Delta H$，即可将式（5-3）变换为

$$\frac{H_1}{1+e_1}=\frac{H_1-\Delta H}{1+e_2} \quad (5-8)$$

或

$$\frac{\Delta H}{H_1}=\frac{e_1-e_2}{1+e_1} \quad (5-9)$$

或

$$\Delta H=\frac{e_1-e_2}{1+e_1}H_1 \tag{5-10}$$

式中，$\Delta H/H_1$ 和 $(e_1-e_2)/(1+e_1)$ 均表示为在侧限条件下由于压力增量 Δp 的作用所引起的土体单位体积的体积变化。由于 $\Delta e=a\Delta p$ [式 (5-4)]，则

$$\Delta H=\frac{a\Delta p}{1+e_1}H_1 \tag{5-11}$$

由此得出侧限条件下的应力应变模量

$$E_s=\frac{\Delta p}{\Delta H/H_1}=\frac{1+e_1}{a} \tag{5-12}$$

上式表示土样在侧限条件下，当土中应力变化不大时，土的压应力增量 Δp 与压应变增量 $\Delta H/H_1$ 成正比，其比例系数 E_s，即土的压缩模量，应区别于一般材料在无侧限条件下简单拉伸或压缩时的弹性模量 E。土的压缩模量 E_s 值越小，土的压缩性越高。

4. 土的体积压缩系数

另一个压缩性指标为体积压缩系数 m_v，它的定义是土体在侧限条件下体积应变与竖向压应力增量之比，即在单位压力增量作用下土体单位体积的体积变化，得

$$m_v=\frac{e_1-e_2}{(1+e_1)\Delta p}=\frac{\Delta H/H_1}{\Delta p} \tag{5-13}$$

或

$$m_v=\frac{1}{E_s}=\frac{a}{1+e_1} \tag{5-14}$$

同压缩系数和压缩指数一样，体积压缩系数 m_v 值越大，土的压缩性越高。

（四）土的回弹再压缩曲线

当考虑深基坑开挖卸荷后再加荷的影响时，应进行土的回弹再压缩试验，其压力的施加应与实际的加卸荷状况一致。在室内压缩试验过程中，如加压到某值 p_i 后不再加压 [图 5-7 (a)]，相反，逐级进行卸载，可观察到土样的回弹。回弹稳定后的孔隙比与压力的关系曲线，称为回弹曲线。由于土样已在压力 p_i 作用下压缩变形，卸压完毕后，土样并不能完全恢复到初始孔隙比 e_0 处，这说明土的压缩变形是由弹性变形和残余变形两部分组成。如重新逐级加压，可测得土样在各级荷载下再压缩稳定后的孔隙比，从而绘制再压缩曲线，如图 5-7 所示。

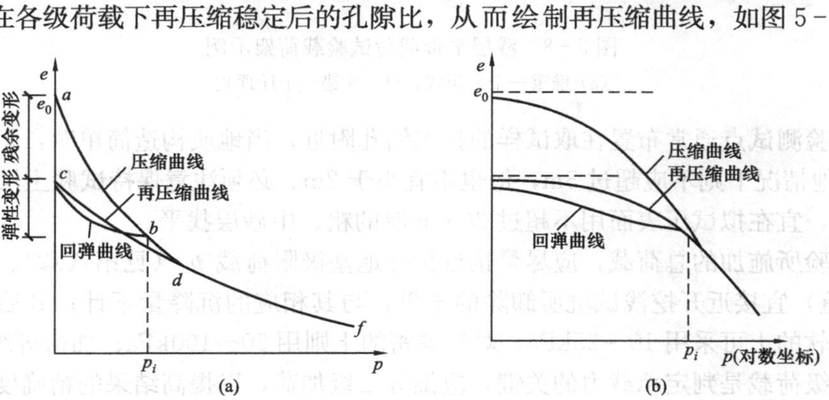

图 5-7　土的回弹曲线和再压缩曲线

(a) e—p 曲线；(b) e—$\lg p$ 曲线

如图 ab 段的延续正如其间没有经过卸压和再压缩过程一样。在半对数曲线上［图 5－7 (b)］也同样说明这种现象。

工程中当基础底面积和埋深都较大时，开挖深基坑后地基受到较大的减压作用，因而发生土的膨胀，造成坑底回弹。因此，在预估基础沉降时，应适当考虑这种影响。另外，利用压缩、回弹、再压缩的 e—$\lg p$ 曲线，可以分析应力历史对土的压缩性的影响。

二、现场荷载试验及变形模量

土的压缩性指标，除从室内试验测定外，还可以通过现场原位测试取得。如可以通过荷载试验或旁压试验所测得地基沉降与压力之间近似的比例关系，从而利用地基沉降的弹性力学公式来反算土的变形模量。

（一）浅层平板荷载试验及变形模量

地基土的浅层平板荷载试验是工程地质勘察工作中一项基本的原位测试。试验前先在现场试坑中竖立荷载架，使施加的荷载通过承压板传到地层中，以便测试浅部地基应力主要影响范围内的土的力学性质，包括测定土的变形模量、地基承载力以及研究土的湿陷性质等。

图 5－8 所示两种千斤顶型式的载荷架，其构造一般由加荷稳压装置、反力装置及观测装置三部分组成。加荷稳压装置包括承压板、立柱、加荷千斤顶及稳压器；反力装置包括地锚系统或堆重系统等；观测装置包括百分表及固定支架等。为积累资料，国标《建筑地基基础设计规范》（GB 50007—2011）规定承压板的面积不应小于 0.25m^2，对软土不应小于 0.5m^2（正方形边长 0.707m×0.707m 或圆形直径 0.798m）。为模拟半空间地基表面的局部荷载，基坑宽度不应小于承压板宽度或直径的三倍。

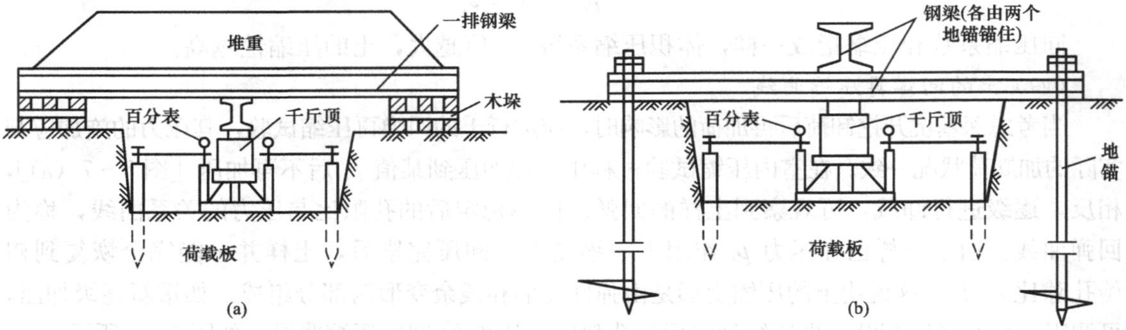

图 5－8 浅层平板载荷试验载荷架示例

(a) 堆重—千斤顶式；(b) 地锚—千斤顶式

荷载试验测试点通常布置在取试样的技术钻孔附近，当地质构造简单时，距离不应超过 10m，在其他情况下则不应超过 5m，但也不宜小于 2m。必须注意保持试验土层的原状结构和天然湿度，宜在拟试压表面用不超过 20mm 厚的粗、中砂层找平。

荷载试验所施加的总荷载，应尽量接近预计地基极限荷载 p_u（见第八章）。第一级荷载（包括设备重）宜接近开挖浅试坑所卸除的土重，与其相应的沉降量不计；其后每级荷载增量，对较松软的土可采用 10～25kPa，对较硬密的土则用 50～100kPa；加荷等级不应少于 8 级。最后一级荷载是判定承载力的关键，应细分二级加荷，以提高结果的精确度，最大加载量不应少于荷载设计值的两倍。

荷载试验的观测标准：

(1) 每级加载后，按间隔 10、10、10、15、15min，以后为每隔半小时读一次沉降量，当连续两小时内，每小时的沉降量小于 0.1mm 时，则认为已趋稳定，可加下一级荷载；

(2) 当出现下列情况之一时，即可终止加载：①承压板周围的土有明显的侧向挤出（砂土）或发生裂纹（黏性土和粉土）；②沉降 s 急骤增大，荷载—沉降（p—s）曲线出现陡降段；③在某一级荷载下，24 小时内沉降速率不能达到稳定标准；④$s/b \geqslant 0.06$（b 为承压板的宽度或直径）。

满足终止加载的前三种情况之一时，其对应的前一级荷载定为极限荷载。

根据各级荷载及其相应的相对稳定沉降的观测数值，即可采用适当的比例尺绘制荷载 p 与稳定沉降 s 的关系曲线，p—s 曲线，必要时还可绘制各级荷载下的沉降与时间的关系曲线，s—t 曲线。图 5－9 为一些代表性土类的 p—s 曲线，其中曲线的开始部分往往接近于直线，与直线段终点 1 对应的荷载 p_1 或 p_{cr} 称为地基的比例界限荷载。一般地基容许承载力或地基承载力特征值取接近于此比例界限荷载，所以地基的变形处于直线变形阶段（详见第八章）。因而可以利用地基沉降的弹性力学公式［式 (5－23)］$s=\omega(1-\mu^2)bp_0/E_0$（式中 p_0 为基底或地基表面的附加压力）来反求地基土的变形模量，其计算公式如下

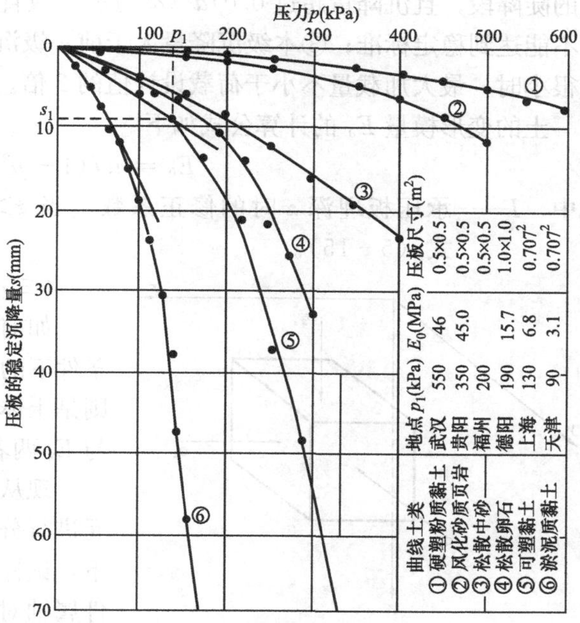

图 5－9　不同土的 p—s 曲线

$$E_0=\omega(1-\mu^2)bp_1/s_1 \tag{5-15}$$

式中　E_0——土的变形模量，其定义是指土体在侧向自由变形条件下竖向压应力与竖向总应变的比值；

ω——对刚性承压板应取 w_r，$w_r=0.88$（方形压板）或 0.79（圆形压板）；

b——承压板的边长或直径；

p_1——所取定的比例界限荷载；

s_1——与所取定的比例界限荷载 p_1 相对应的沉降，有时 p—s 曲线不出现起始的直线段，可取 $s_1=(0.010\sim0.015)b$（低压缩性土取低值，高压缩性取高值）及其对应的荷载为 p_1 代入式中。

荷载试验一般适合于在浅土层进行。其优点是压力的影响深度可达 1.5～2b（b 为压板边长），因而试验成果能反映较大一部分土体的压缩性；比钻孔取样在室内测试所受到的扰动要小得多；土中应力状态在承压板较大时与实际地基情况比较接近。其缺点是试验工作量大，费时久，所规定的沉降稳定标准也带有较大的近似性，据有些地区的经验，它所反映的土的固结程度仅相当于实际建筑施工完毕时的早期沉降量。对于成层土，尚须进行深层土的荷载试验。

（二）深层平板荷载试验及变形模量

深层平板荷载试验可用于测试地基深部土层及大直径桩桩端土层，在承压板下应力主要影响范围内的承载力及变形模量。承压板采用直径为 0.8m 的刚性板，紧靠承压板周围外侧的土层高度应不少于 80cm；加荷等级可按预估极限荷载的（1/10）～（1/15）分级施加，最大荷载宜达到破坏，不应少于荷载设计值的两倍。每级加荷测读时间间隔及稳定标准与浅层平板荷载试验一样。至于终止加载标准：①沉降 s 急骤增大，p—s 曲线上有可判定极限荷载的陡降段，且沉降量超过 $0.04d$（d 为承压板直径）；②在某级荷载下，24 小时内沉降速率不能达到稳定标准；③本级沉降量大于前一级沉降量的 5 倍；④当持力层土质坚硬，沉降量很小时，最大加载量不小于荷载设计值的 2 倍。

土的变形模量 E_0 的计算公式如下

$$E_0 = wI(1-\mu^2)dp_1/s_1 \tag{5-16}$$

式中　I——承压板埋深 z 时的修正系数，当 $z>d$ 时，$I=0.5+0.23d/z$，其余符号同式（5－15）。

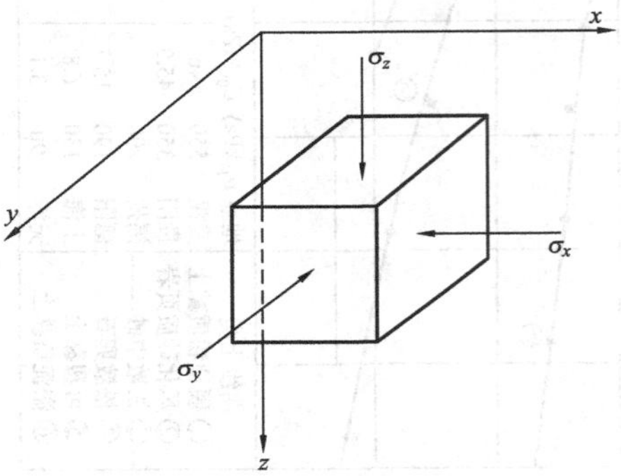

图 5－10　微单元土体

（三）变形模量与压缩模量的关系

如前所述，土的变形模量 E_0 是土体在无侧限条件下的应力与应变的比值；而土的压缩模量 E_s 则是土体在侧限条件下的应力与应变的比值。E_0 与 E_s 两者在理论上是完全可以互相换算的。

现从侧向不允许膨胀的压缩试验土样中取一单元进行分析（图 5－10）。在 z 轴方向的压力作用下，试样中的竖向正应力为 σ_z，由于试样的受力条件属轴对称问题，所以相应的水平向正应力 $\sigma_x=\sigma_y$，按式（4－2）为

$$\sigma_x = \sigma_y = K_0\sigma_z \tag{5-17}$$

式中　K_0——土的静止侧压力系数，通过侧限条件下的试验测定，通常采用单向固结仪中的试样进行测定；也可在特定的三轴压缩仪中进行 K_0 固结试验测定。当无试验条件时可采用经验值，其值一般小于 1。

应用虎克定律，分析沿 x 轴方向的应变 ε_x，由 σ_x、σ_y、σ_z 分别引起的应变 σ_x/E_0、$-\mu\sigma_y/E_0$、$-\mu\sigma_z/E_0$ 三部分组成（负号表示伸长，μ 为土的泊松比）。由于土样是在不允许侧向膨胀条件下进行试验的，所以，$\varepsilon_x=\varepsilon_y=0$，于是

$$\varepsilon_x = \frac{\sigma_x}{E_0} - \mu\frac{\sigma_y}{E_0} - \mu\frac{\sigma_z}{E_0} = 0 \tag{5-18}$$

将式（5－17）代入上式得出土的静止侧压力系数 K_0 与泊松比 μ 的关系如下

$$K_0 = \mu/(1-\mu) \tag{5-19}$$

或

$$\mu = K_0/(1+K_0) \tag{5-20}$$

又分析沿 z 轴向应变 ε_z，可得

$$\varepsilon_z = \frac{\sigma_z}{E_0} - \mu\frac{\sigma_y}{E_0} - \mu\frac{\sigma_x}{E_0} = \frac{\sigma_z}{E_0}(1-2\mu K_0) \tag{5-21}$$

根据侧限条件 $\varepsilon_z=\sigma_z/E_s$，得

$$E_0 = \beta E_s \tag{5-22}$$

式中 $\beta=1-2\mu K_0=(1+\mu)(1-2\mu)/(1-\mu)$。

以上是 E_0 与 E_s 之间的理论关系推导。实际上由于现场荷载试验测定 E_0 和室内压缩试验测定 E_s 时，各有无法考虑到的因素，使得上式不能准确反映 E_0 与 E_s 之间的实际关系。例如，压缩试验的土样容易受到扰动；荷载试验与压缩试验的加荷速率、压缩稳定的标准差异；μ 值不易精确确定等。根据统计资料，E_0 值可能是 βE_s 值的几倍，一般说来，土愈坚硬则倍数愈大，而软土的 E_0 值与 βE_s 值比较接近。

第二节 地基沉降随时间的变化规律

建筑物和土工建筑物修建前，地基中早已存在着土体自身重力的自重应力。建筑物和土工建筑物荷载通过基础或路堤的底面传递给地基，使天然土层原有的应力状态发生变化，在附加的三向应力分量作用下，地基中产生了竖向、侧向和剪切变形，导致各点的竖向和侧向位移。地基表面的竖向变形称为地基沉降，或基础沉降。

一、饱和土中的有效应力原理

土中有效应力是指土中固体颗粒（土粒）接触点传递的粒间应力。土中任意截面上都包括有土粒截面积和土中孔隙截面积，如图 5－11（a）所示的饱和土中某单位面积的 a—a 截面，通过土中孔隙传递的压应力称为孔隙压力（应力），孔隙压力包括孔隙水压力和孔隙气压力。饱和土中的孔隙水压力（应力）有静水压力和超静孔隙水压力之分。必须指出，通常在文献中所用的孔隙水压力，指的就是超静孔隙水压力，它不包括静水压力，是由外荷载引起的孔隙水压力。为了研究有效应力，并不切断任何一个土粒，而只是通过上下土粒之间的那些接触点、面的一个水平截面，如图 5－11（b）中所示的 b—b 截面。图中横截面面积为 A，外荷作用应力 σ 为总应力。在研究土中应力时将土体简化成连续体，都只考虑土中某单位面积上平均的应力。而存在于土体中某点的总应力有三种情况，即自重应力、附加应力、自重应力与附加应力之和三种。三种情况总应力均可能存在有效应力和孔隙应力。在图 5－11（b）中 b—b 截面上，作用在孔隙面积上的孔隙水压力 u（注意已知总应力为附加应力时，孔隙水压力通常是指超孔隙水压力，不包括原来存在于土中的静水压力）以及作用在土粒接触面上的各力 F_1、F_2、F_3…，相应的接触面面积为 a_1、a_2、a_3…，而各力的竖向分量之和应等于横截面积上的有效应力 σ' 的合力，即 $\sigma' A=F_{1v}+F_{2v}+F_{3v}+\cdots=\sum F_{iv}$，于是得出平衡方程式

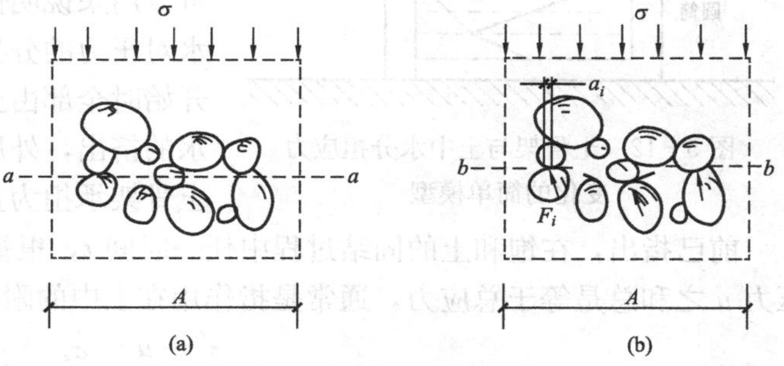

图 5－11 土中单位面积上的平均总应力和有效应力

$$\sum F_{iV}+u(A-\sum a_i)=\sigma A \tag{5-23}$$

式中 $\sum a_i$——单位面积内土粒接触面积总量，它不会大于土的横截面积的百分之二～三，因此，可将式（5－23）换成下式

$$\sigma' + u = \sigma \tag{5-24}$$

或

$$\sigma' = \sigma - u \tag{5-25}$$

因此得出结论：饱和土中任意点的总应力 σ 总是等于有效应力加上孔隙水压力，或有效应力 σ' 总是等于总应力减去孔隙水压力。在非饱和土的孔隙中，既有水，又有气。在这种情况下，由于水、气界面上的表面张力和弯液面的存在，孔隙气压力 u_a 往往大于孔隙水压力 u_w。当土的饱和度较大时，可不考虑表面张力的影响，则 u_a 大致上等于 u_w，为简化起见，孔隙水压力以 u 表示，也用于非饱和土。由于有效应力 σ' 作用在土骨架的颗粒之间，很难直接测定，通常都是在已知总应力 σ 和测定孔隙水压力 u 之后，利用式（5-25）求得。

二、土的一维固结理论

（一）饱和土的渗透固结

一般认为当土中孔隙体积的 80%以上被水充满时，土中虽有少量气体存在，但大都是封闭气体，就可视为饱和土。

饱和土的固结包括渗透固结（主固结）和次固结两部分，前者由土孔隙中自由水的排出速度所决定；后者由土骨架的蠕变速度所决定。饱和土在附加压力作用下，孔隙中相应的一些自由水将随时间而逐渐被排出，同时孔隙体积也随着缩小，这个过程称为饱和土的渗透固结。

饱和土的渗透固结，可借助弹簧活塞模型来说明。如图 5-12 所示，在一个盛满水的圆筒中装着一个带有弹簧的活塞，弹簧上下端连接活塞和筒底，活塞上有许多透水的小孔。当在活塞上施加外压力的一瞬间，弹簧没有受压而全部压力由圆筒内的水所承担。水受到孔隙水压力后开始经活塞小孔逐渐排出，受压活塞随之下降，才使得弹簧受压而且承担的压力逐渐增加，直到外压力全部由弹簧承担时为止。设想以弹簧来模拟土骨架，圆筒内的水就相当于土孔隙中的水，则此模拟可以用来说明饱和土在渗透固结中，土骨架和孔隙水对压力的分担作用，即施加在饱和土上的外压力开始时全部由土中水承担，随着土孔隙中一些自由水的挤出，外压力逐渐转嫁给土骨架，直到全部由土骨架承担为止。

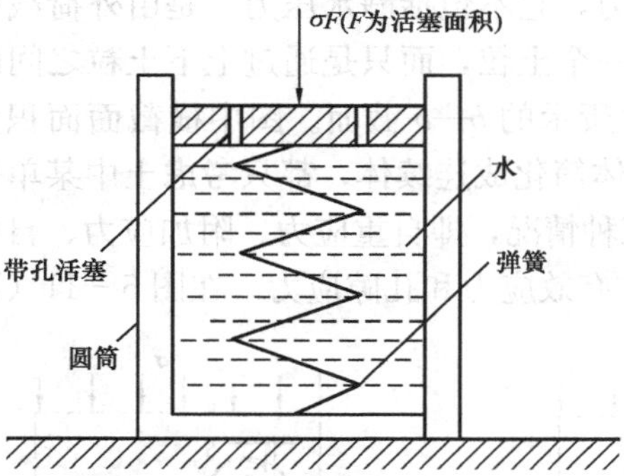

图 5-12 土骨架与土中水分担应力变化的简单模型

前已指出，在饱和土的固结过程中任一时间 t，根据平衡条件，有效应力 σ' 与超孔隙水压力 u 之和总是等于总应力，通常是指作用在土中的附加应力 σ_z，即

$$\sigma' + u = \sigma_z \tag{5-26}$$

由上式可知，当在加压的那一瞬间，由于 $u=\sigma_z$，所以 $\sigma'=0$；而当固结变形完全稳定时，则 $\sigma'=\sigma_z$，$u=0$。因此，只要土中孔隙水压力还存在，就意味着土的渗透固结变形尚未完成。换而言之，饱和土的固结就是孔隙水压力的消散和有效应力相应增长的过程。

（二）太沙基一维固结理论

为求饱和土层在渗透固结过程中任意时间的变形，通常采用太沙基（Terzaghi，1925）

提出的一维固结理论进行计算。其适用条件为荷载面积远大于压缩土层的厚度，地基中孔隙水主要沿竖向渗流。对于堤坝及其地基，孔隙水主要沿两个方向渗流，属于二维固结问题；对于高层房屋地基，则应考虑三维固结问题。

1．基本假设（一维课题）

如图 5-13（a）所示的是一维固结的情况之一，其中厚度为 H 的饱和黏性土层的顶面是透水的，而其底面则不透水。假设该土层在自重作用下的固结已经完成，只是由于透水面上一次施加的连续均布荷载 p_0，才引起土层的固结。一维固结理论的基本假设如下：

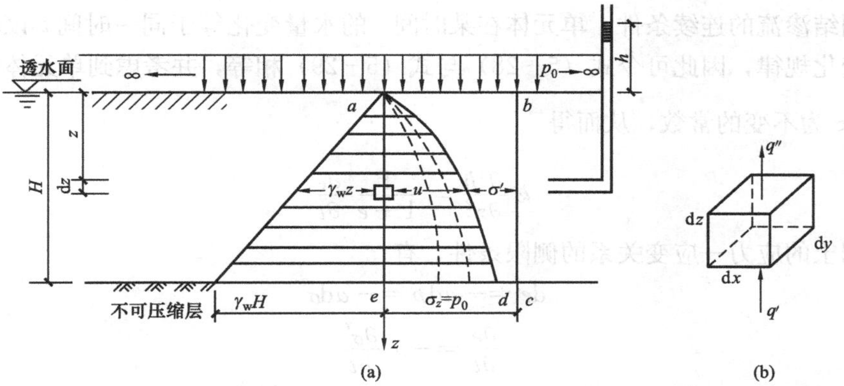

图 5-13　可压缩土中孔隙水压力（或有效应力）的分布随时间而变化

（a）一维固结情况之一；（b）微单元体

（1）土是均质、各向同性和完全饱和的；

（2）土粒和土中水都是不可压缩的；

（3）土中附加应力沿水平面是无限均匀分布的，因此土层的压缩和渗流都是竖向的；

（4）土中水的渗流服从于达西定律；

（5）在渗透固结中，土的渗透系数 k 和压缩系数 a 都是不变的常数；

（6）外荷是一次骤然施加的，在固结过程中保持不变；

（7）土体变形完全是孔隙水压力消散引起的。

2．微分方程的建立（竖向固结）

在饱和土层顶面下 z 深度处的一个微单元体［图 5-13（b）］，由于固结时渗流只能是自下向上的，在外荷载一次施加后某时间 t(s) 流入和流出单元体的水量 q 和 q''($\mathrm{cm^3/s}$) 分别为

$$\left.\begin{aligned} q' &= kiA = k\left(-\frac{\partial h}{\partial z}\right)\mathrm{d}x\mathrm{d}y \\ q'' &= k\left(-\frac{\partial h}{\partial z}-\frac{\partial^2 h}{\partial z^2}\mathrm{d}z\right)\mathrm{d}x\mathrm{d}y \end{aligned}\right\} \tag{5-27}$$

式中　k——z 方向的渗透系数，cm/s（$1\mathrm{cm/s}\approx 3\times10^7\mathrm{cm/年}$）；

i——水头梯度；

h——透水面下 z 深度处的超静水头，cm；

A——微单元体的过水面积，$\mathrm{cm^2}$，$A=\mathrm{d}x\mathrm{d}y$。

于是，单元体的水量变化为

$$q'-q''=k\frac{\partial^2 h}{\partial z^2}\mathrm{d}x\mathrm{d}y\mathrm{d}z \tag{5-28}$$

已知单元体中孔隙体积 V_w（cm^3）的变化率（减少）为

$$\frac{\partial V_w}{\partial t}=-\frac{\partial}{\partial t}\left(\frac{e}{1+e}\mathrm{d}x\mathrm{d}y\mathrm{d}z\right) \tag{5-29}$$

式中 e——土的天然孔隙比。

根据固结渗流的连续条件，单元体在某时间 t 的水量变化等于同一时间 t 该单元体中孔隙体积的变化规律，因此可令式（5-28）与式（5-29）相等，并考虑到单元体中土粒体积 $\frac{1}{1+e}\mathrm{d}x\mathrm{d}y\mathrm{d}z$ 为不变的常数，从而得

$$k\frac{\partial^2 h}{\partial z^2}=\frac{1}{1+e}\frac{\partial e}{\partial t} \tag{5-30}$$

再根据土的应力—应变关系的侧限条件，有

$$\mathrm{d}e=-a\mathrm{d}p=-a\mathrm{d}\sigma'$$

或

$$\frac{\partial e}{\partial t}=-a\frac{\partial \sigma'}{\partial t} \tag{5-31}$$

式中 a——土的压缩系数，(MPa^{-1})，$a=\Delta e/\Delta p$；

$\mathrm{d}\sigma'$——有效应力增量。

将上式代入式（5-30），得

$$\frac{k(1+e)}{a}\frac{\partial^2 h}{\partial z^2}=-\frac{\partial \sigma'}{\partial t} \tag{5-32}$$

或

$$k\frac{\partial^2 h}{\partial z^2}=-m_v\frac{\partial \sigma'}{\partial t} \tag{5-33}$$

根据土骨架和孔隙水共同分担外压的平衡条件［式（5-26）］

$$\sigma'+u=\sigma_z$$

式中 σ_z——单元体中的附加应力，如在连续均布荷载作用下则 $\sigma_z=p_0$；

u——单元体中的孔隙水压力，$u=h\gamma_w$(γ_w 为水的重度)。

以 $\frac{\partial^2 h}{\partial z^2}=\frac{1}{\gamma_w}\frac{\partial^2 u}{\partial z^2}$ 和 $\frac{\partial \sigma'}{\partial t}=-\frac{\partial u}{\partial t}$ 代入式（5-33）得

$$\frac{k(1+e)}{\gamma_w a}\frac{\partial^2 u}{\partial z^2}=-\frac{\partial u}{\partial t} \tag{5-34}$$

或

$$\frac{k}{\gamma_w}\frac{\partial^2 u}{\partial z^2}=-m_v\frac{\partial u}{\partial t} \tag{5-35}$$

或

$$c_v\frac{\partial^2 u}{\partial z^2}=-\frac{\partial u}{\partial t} \tag{5-36}$$

式中 c_v——土的竖向固结系数，$c_v=k/m_v\gamma_w$，它是渗透系数 k、压缩系数 a、天然孔隙比 e 的函数，但一般通过固结试验直接测定。

上式即饱和土的一维固结微分方程。

3. 微分方程的解析解

如图 5-13（a）所示的初始条件（开始固结时的附加应力分布情况）和边界条件（可压缩土层顶底面的排水条件）如下：

当 $t=0$ 和 $0\leqslant z\leqslant H$ 时，$u=\sigma_z$；

$0<t<\infty$ 和 $z=0$ 时，$u=0$；

$0<t<\infty$ 和 $z=H$ 时，$\partial u/\partial z=0$；

$t=\infty$ 和 $0\leqslant z\leqslant H$ 时，$u=0$。

根据以上的初始条件和边界条件，采用分离变量法可求得式（5-25）的特解如下

$$u_{z,t}=\frac{4}{\pi}\sigma_z\sum_{m=1}^{m=\infty}\frac{1}{m}\sin\frac{m\pi z}{2H}\exp\left(-\frac{m^2\pi^2}{4}T_{\mathrm{v}}\right) \tag{5-37}$$

式中　m——正奇数（1、3、5…）；

exp——指数函数；

H——压缩土层最远的排水距离，当土层为单向（上面或下面）排水时，H 取土层厚度；双面排水时，由土层中心分别向上下两方向排水，H 应取土层厚度之半；

T_{v}——竖向固结时间因数，无量纲，按下式计算

$$T_{\mathrm{v}}=c_{\mathrm{v}}t/H^2 \tag{5-38}$$

式中　c_{v}——竖向固结系数；

t——固结历时。

三、地基沉降与时间的关系

1. 土的固结度

土的固结度是指地基土在某一压力作用下，经历时间 t 所产生的固结变形（沉降）量与最终固结变形（沉降）量之比，亦称固结（压密）百分数，或土层中超孔隙水压力的消散程度，即

$$U=s_{ct}/s_{\mathrm{c}} \tag{5-39}$$

或

$$U=(u_0-u)/u_0 \tag{5-40}$$

式中　s_{ct}——地基在某一时刻 t 的固结沉降；

s_{c}——地基最终的固结沉降，简化取分层总和法单向压缩基本公式计算的最终沉降量；

u_0——初始孔隙水压力（应力）；

u——t 时刻的孔隙水压力（应力）。

土层中某点的固结度对于解决实际工程问题并不重要，为此，引入土层的平均固结度的概念是必要的。对于竖向排水情况，由于固结沉降与有效应力成正比，所以某一时刻有效应力图面积和最终有效应力图面积之比值，称为竖向排水的平均固结度 U_z

$$U_z=\frac{\text{应力面积}\,abcd}{\text{应力面积}\,abce}=\frac{\text{应力面积}\,abce-\text{应力面积}\,ade}{\text{应力面积}\,abce}=1-\left(\int_0^H u_{z,t}\mathrm{d}z\right)\Big/\left(\int_0^H \sigma_z\mathrm{d}z\right) \tag{5-41}$$

式中　$u_{z,t}$——深度 z 处某一时刻 t 的超孔隙水压力；

σ_z——深度 z 处的竖向附加应力（即 $t=0$ 时刻的起始超孔隙水压力），在连续均布荷载 p_0 作用下，$\int_0^H \sigma_z \mathrm{d}z = \sigma_z H = p_0 H$。

将式（5-37）代入上式得

$$U_z = 1 - \frac{8}{\pi^2}\sum_{m=1,3}^{m=\infty}\frac{1}{m^2}\exp\left(-\frac{m^2\pi^2}{4}T_v\right) \tag{5-42}$$

或

$$U_z = 1 - \frac{8}{\pi^2}\left[\exp\left(-\frac{\pi^2}{4}T_v\right) + \frac{1}{9}\exp\left(-\frac{9\pi^2}{4}T_v\right) + \cdots\right]$$

上式括号内的级数收敛很快，当 $U>30\%$时可近似地取其中第一项如下

$$U_z = 1 - \frac{8}{\pi^2}\exp\left(-\frac{\pi^2}{4}T_v\right) \tag{5-43}$$

式中 m——正奇数（1、2、5…）；

exp——指数函数；

T_v——竖向固结时间因数，$T_v = c_v t/H^2$，其中 c_v 为竖向固结系数，t 为时间，H 为压缩土层最远的排水距离，当土层为单向（上面或下面）排水时，H 取土层厚度；双面排水时，由土层中心分别向上下两方向排水，H 应取土层厚度之半。

为了便于应用，按式（5-43）绘制出如图 5-14 所示的 $U_z - T_v$ 关系曲线（1）。对于图 5-15（a）中所示的三种双面排水情况，均可利用图 5-14 中的曲线（1）计算，此时，只需将土层的厚度改为 $2H$，即 H 取土层厚度之半。另外，对于图 5-15（b）中单面排水的两种三角形分布起始孔隙水压力图，则用对应于图 5-14 中的 $U_z - T_v$ 关系曲线（2）和（3）计算（U_z 的表达式从略）。

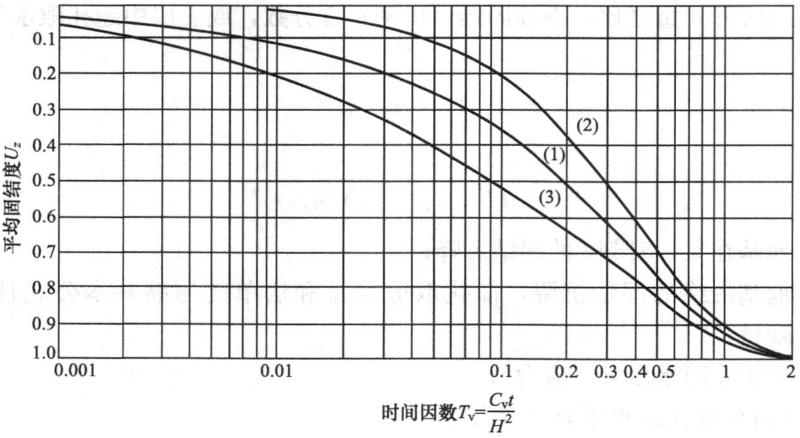

图 5-14 平均固结度 U_z 与时间因数 T_v 的关系曲线

有了 $U_z - T_v$ 关系曲线（1）、（2）、（3），还可求得梯形分布起始孔隙水压力图的解答。对于图 5-16（a）中所示双面排水情况，仍可利用图 5-14 中曲线（1）计算，H 应取压缩土层厚度之半；对于图 5-16（b）中所示单面排水情况，可运用叠加原理求解如下。

设梯形分布起始孔隙水压力在排水面处和不排水面处分别为 σ_z' 和 σ_z''，当 $\sigma_z' < \sigma_z''$时，可利用曲线（1）和（2）求解，按式（5-2）和式（5-44）列出某时间 t 的沉降量为

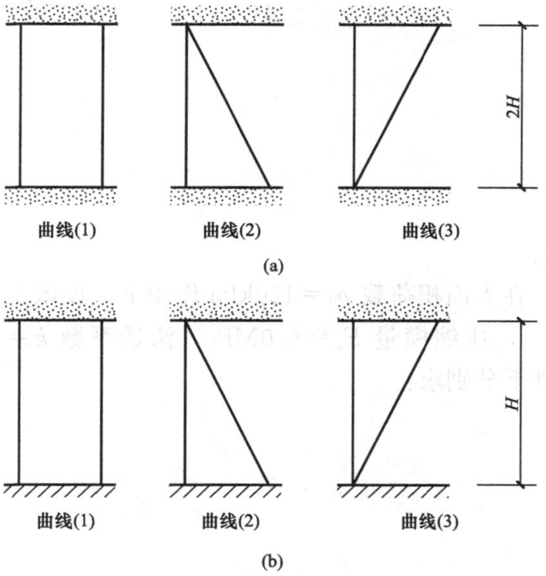

图 5-15　一维固结的三种起始孔隙水压力分布图
（a）双面排水；（b）单面排水

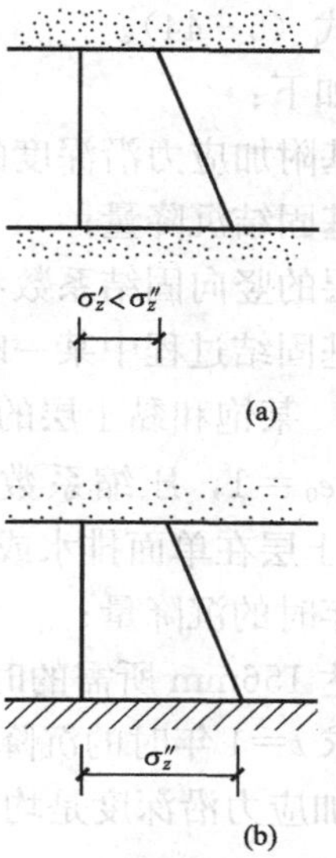

图 5-16　两种起始孔隙水压力的梯形分布图
（a）双面排水；（b）单面排水

$$s_t = U_z s = \frac{U_z}{E_s}\frac{\sigma_z' + \sigma_z''}{2}H \tag{5-44}$$

令

$$s_{t1} = U_{z1} s_1 = \frac{U_{z1}}{E_s}\sigma_z' H \tag{5-45}$$

和

$$s_{t2} = U_{z2} s_2 = \frac{U_{z2}}{E_s}\frac{\sigma_z'' - \sigma_z'}{2}H \tag{5-46}$$

则

$$s_t = s_{t1} + s_{t2} \tag{5-47}$$

所以

$$U_z = \frac{2\sigma_z' U_{z1} + (\sigma_z'' - \sigma_z')U_{z2}}{\sigma_z' + \sigma_z''} \tag{5-48}$$

当 $\sigma_z' > \sigma_z''$ 时，可利用曲线（1）和（3）求解，同理得出

$$U_z = \frac{2\sigma_z'' U_{z1} + (\sigma_z' - \sigma_z'')U_{z3}}{\sigma_z' + \sigma_z''} \tag{5-49}$$

式（5-48）和式（5-49）中 U_{z1}、U_{z2}、U_{z3} 可根据相同的时间因数 T_v 从图 5-14 中分别用曲线（1）、（2）、（3）求取。

2. 地基固结过程中任意时刻的沉降量

根据土的固结度的定义［式（5-44）］，可得地基固结过程中任意时刻的沉降量的计算表达式为

$$s_{ct} = Us_{c} \tag{5-50}$$

式中符号意义同式（5-44）。

其计算步骤如下：

（1）计算地基附加应力沿深度的分布；

（2）计算地基固结沉降量；

（3）计算土层的竖向固结系数和时间因数；

（4）求解地基固结过程中某一时刻的沉降量。

【例题 5-1】 某饱和黏土层的厚度为 10m，在大面积荷载 $p_0=120$kPa 作用下，设该土层的初始孔隙比 $e_0=1$，压缩系数 $a=0.3\text{MPa}^{-1}$，压缩模量 $E_s=6.0$MPa，渗透系数 $k=1.8$cm/年。对黏土层在单面排水或双面排水条件下分别求：

（1）加荷一年时的沉降量；

（2）沉降量达 156mm 所需的时间。

【解】（1）求 $t=1$ 年时的沉降量。

黏土层中附加应力沿深度是均布的：

$$\sigma_z = p_0 = 120\text{kPa}$$

黏土层的最终沉降量为

$$s = \frac{\sigma_z}{E_s}H = \frac{120}{6000} \times 10^4 = 200(\text{mm})$$

黏土层的竖向固结系数为

$$c_v = \frac{k(1+e_0)}{\gamma_w a} = \frac{1.8(1+1)}{0.1 \times 0.0003} = 1.2 \times 10^{-5}(\text{cm}^2/\text{年})$$

对于单面排水条件下：

竖向固结时间因数 $T_v=\frac{c_v t}{H^2}=\frac{1.2\times 10^{-5}\times 1}{1000^2}=0.12$

由图 5-14 中的 U_z-T_v 曲线（1）查得相应的固结度 $U_z=0.39$，则得 $t=1$ 年时的沉降量 $s_t=U_zS=0.39\times 200=78$（mm）；

在双面排水条件下［仍用曲线（1），但压缩土层厚度取半数］：

时间因数 $T_v=\frac{1.2\times 10^5\times 1}{500^2}=0.48$；

由图 5-14 中的曲线（1）查得固结度 $U_z=0.75$，$t=1$ 年时的沉降量 $s_t=0.75\times 200=150$mm。

（2）求沉降量达 156mm 所需的时间。

平均固结度将为 $U_z=\frac{s_t}{s}=\frac{156}{200}=0.78$；

由图 5-14 中的曲线（1）查得固结度 $U_z=0.78$ 对应 $T_v=0.53$，单向排水条件下

$$t = \frac{T_v H^2}{c_v} = \frac{0.53 \times 1000^2}{1.2 \times 10^5} = 4.4\text{ 年}$$

双向排水条件下

$$t = \frac{0.53 \times 500^2}{1.2 \times 10^5} = 1.1\text{ 年}$$

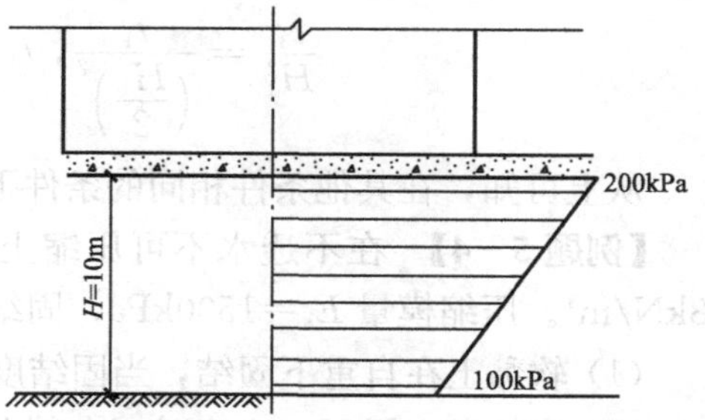

图 5-17　例题 5-2 图

【例题 5-2】 某饱和黏性土层，厚 10m，在外荷作用下产生的附加应力沿土层深度分布简化为梯形（图 5-17），下为不透水层。已知初始孔隙比 $e_1=0.85$，压缩系数 $a=2.5\times10^{-4}\text{m}^2/\text{kN}$，渗透系数 $K=2.5\text{cm}/$年。求：

(1) 加荷 1 年后的沉降量；

(2) 土层沉降 15.0cm 所需时间。

【解】 (1) $s_t=u_t s$

固结应力　$\sigma_z=\dfrac{1}{2}(100+200)=150\text{kPa}$

$$s=\frac{a}{1+e_1}\sigma_z H$$

最终沉降量$=\dfrac{2.5\times10^{-4}}{1+0.85}\times150\times1000=20.27$（cm）

固结系数 $C_v=K(1+e_1)/ar_w=19\text{m}^2/$年$=1.9\times10^5\text{cm}^2/$年

时间因数 $T_v=\dfrac{C_v}{H^2}t=\dfrac{1.9\times10^5}{1000^2}\times1=0.19$

α＝透水面上固结应力/不透水面上固结应力＝200/100＝2

$$U_t=1-\frac{\alpha(\pi-2)+2}{1+\alpha}\frac{16}{\pi^3}e^{-\frac{\pi^2}{4}T_v}$$

$$U_t=1-\frac{2(\pi-2)+2}{1+2}\frac{16}{\pi^3}e^{-\frac{\pi^2}{4}\times0.19}=0.538$$

$$s_t=U_t s=0.538\times20.27=10.91(\text{cm})$$

(2) $s_t=15.0\text{cm}$

$$u_t=s_t/s=15.0/20.27=0.740$$

$$T_v=-\frac{4}{\pi^2}\ln\left[\frac{\pi^3(1+\alpha)}{16(\alpha\pi-2\alpha+2)}(1-vt)\right]$$

$$=0.422$$

所以　$t=\dfrac{T_v H^2}{C_v}=\dfrac{0.422\times1000^2}{1.9\times10^5}\approx2.22$（年）

【例题 5-3】 若有一黏性层，厚为 10m，上、下两面均可排水。现从黏土层中心取样后切取一厚 2cm 的试样，放入固结仪做试验（上、下均有透水面），在某一级固结压力作用下，测得其固结度达到 80%时所需的时间为 10 分钟，问该黏土层在同样固结压力作用下达到同一固结度所需的时间为多少？若黏性土改为单面排水，所需时间又为多少？

【解】 已知 $H_1=10\text{m}$，$H_2=20\text{m}$，$t_2=10$ 分钟，$V_t=80\%$

由于土的性质和固结度均相同，因而由 $Cv_1=Cv_2$ 及 $Tv_1=Tv_2$ 的条件可得

$$\frac{t_1Cv_1}{\left(\dfrac{H_1}{2}\right)^2}=\frac{t_2Cv_2}{\left(\dfrac{H_2}{2}\right)^2},\ t_1=\frac{H_1^2}{H_2^2}t_2=\frac{1000^2}{2^2}\times10=4.76(\text{年})$$

当黏土层改为单面排水时，其所需时间为 t_3，则由相同的条件可得

$$\frac{t_3}{H_1^2}=\frac{t_1}{\left(\frac{H_1}{2}\right)^2},\ t_3=4t_1=4\times4.76\approx19(\text{年})$$

从上可知，在其他条件相同的条件下，单面排水所需的时间为双面排水的四倍。

【例题 5-4】 在不透水不可压缩土层上，填 5m 厚的饱和软黏土，已知软黏土层 $\gamma=18\text{kN/m}^3$。压缩模量 $E_s=1500\text{kPa}$，固结系数 $C_v=19.1\text{m}^2/\text{年}$，试求：

(1) 软黏土在自重下固结，当固结度 $U_t=0.6$ 时，产生的沉降量；

(2) 当软黏土层 $U_t=0.6$ 时，在其上填筑路堤，路堤引起的附加应力 $\delta=120\text{kPa}$，为矩形分布，路堤填筑后 0.74 年，软黏土又增加了多少沉降量。(计算中假设路堤土是透水的，路提填筑时间很快，不考虑施工固结影响)

【解】 已知 $H=5\text{m}$，$\gamma=18\text{kN/m}^3$，$E_s=1500\text{kPa}$，$C_v=19.1\text{m}^2/\text{年}$。

(1) 当 $U_t=0.6$，$s_t=u_ts$，分析 s_t 与 s，所以先求软黏土的最终沉降量

$$s=\frac{\sigma_{cz}}{E_s}H=\frac{\gamma H^2}{2E_s}=18\times5^2/(2\times1500)=15(\text{cm})$$

则固结度 $U_t=0.6$ 时的沉降量为

$$s_t=u_ts=0.6\times15=9(\text{cm})$$

(2) 黏土层顶部压力为 $p_{上}=120\text{kPa}$，底部为 $120+\gamma H'$，所以

$$P_{下}=120+18(5-0.09)=208.38\ (\text{kPa})$$

故固结应力为梯形分布

$$a=P_{上}/P_{下}=120/208.38=0.5759$$

又因为 $T_v=19.1$，$t=0.74$，$H=(5-0.09)$，所以

$$T_v=tC_v/H^2=(19.1\times0.74)/(5-0.09)^2=0.5863$$

又由 $a=0.5759$，$T_v=0.5863$，由公式

$$U_t=1-\frac{a(\pi-2)+2}{1+a}\frac{16}{\pi^3}e^{-\frac{\pi^2}{4}T_v}$$

计算得 $U_t\approx0.8$

此时最终沉降量 s 为

$$s=\frac{p}{E_s}H'=\frac{(120+208.38)\div2}{1500}\times(5-0.09)=53.74(\text{cm})$$

所以如此增加了

$$s_t=v_ts=0.8\times53.74=42.99(\text{cm})$$

第三节 地基最终沉降量计算

由于建筑物荷载差异和地基不均匀等原因，基础或路堤各部分的沉降或多或少总是不均匀的，使得上部结构或路面结构之中相应地产生额外的应力和变形。地基不均匀沉降超过了一定的限度，将导致建筑物的开裂、歪斜甚至破坏。因此，研究地基变形，对于保证建筑物的正常使用、经济和牢固，都具有很大的意义。地基土的非均质性是很显著的。通常在计算

地基变形的方法上，先把地基看成是均质的线性变形体，从而直接引用弹性力学来计算地基中的附加应力，然后利用某些简化假设来解决成层土地基的沉降计算问题。地基最终沉降量是指，地基变形完全稳定时地基表面的最大竖向变形。本节将介绍地基最终沉降量的计算方法。分层总和法是计算地基最终沉降量最常用的方法。

一、按分层总和法计算最终沉降量

（一）计算原理

分层总和法的基本假定：

（1）土受压时，只产生土的压缩变形，无侧向位移（即按有侧限压缩公式计算）；

（2）地基土中的附加应力按基础中心点的最大值考虑；

（3）地基最终沉降量只考虑土受压层范围内各土层的压缩量之和。

分层总和法计算地基的最终沉降量，即在地基沉降计算深度范围内划分为若干分层，计算各分层的压缩量，然后求其总和。所谓地基沉降计算深度，是指自基础底面向下需要计算压缩变形所达到的深度，亦称地基压缩层深度。该深度以下土层的压缩变形值小到可以忽略不计。计算时应先按基础荷载、基底形状和尺寸以及土的有关指标求得土中应力的分布（包括基底附加压力、地基中的自重应力和附加应力）。分层总和法单向压缩基本公式，通常假定地基土压缩时不考虑侧向变形，采用侧限条件下的压缩性指标，适用于可压缩土层位于两层坚硬密度土之间或在大面积荷载作用时的沉降计算。

对于薄压缩层地基，下卧不可压缩层的埋藏较浅，其上覆可压缩土层的厚度 H 小于基底宽度 b 的 1/2 时，由于基础底面和不可压缩层顶面的摩阻力对可压缩土层的限制作用，土层压缩时只出现很少的侧向变形，因而认为它与固结仪中土样的受力和变形条件很相近。地基的最终沉降量 s 可用下式计算

$$s=\frac{e_1-e_2}{1+e_1}H \tag{5-51}$$

式中　H——薄压缩土层的厚度；

e_1——根据薄土层顶、底面处自重应力平均值 σ_c，即原始压应力 $p_1=\sigma_c$，从土的压缩曲线上查得的相应的孔隙比；

e_2——根据薄土层顶、底面处自重应力平均值 σ_c 与附加应力平均值 σ_z（本情况近似等于基底平均附加压力 p_0）之和，即总压应力 $p_2=\sigma_c+\sigma_z$，从土的压缩曲线上得到的相应的孔隙比。

实际上，大多数地基的可压缩土层较厚而且是成层的（图 5－18）。计算时必须确定地基沉降计算深度，且在此深度范围内进行分层，然后计算各分层的顶、底面处自重应力平均值和附加应力平均值。地基沉降计算深度的下限，取地基附加应力等于

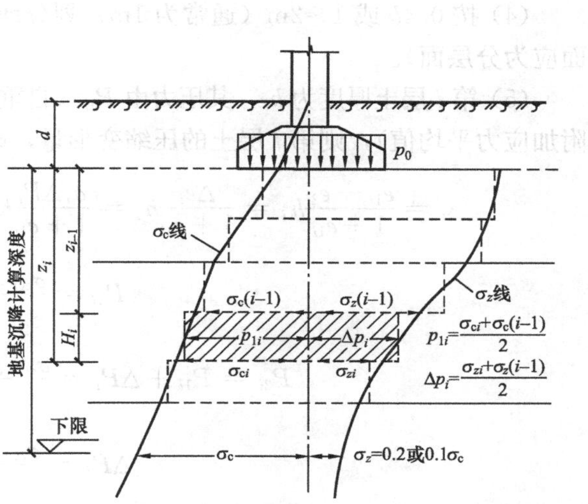

图 5－18　厚土层的分层总和法沉降计算

自重应力的20%处，即$\sigma_z=0.2\sigma_c$处；在该深度以下如有高压缩性土，则应继续向下计算至$\sigma_z=0.1\sigma_c$处；核算精度均为±5kPa。沉降计算深度范围内的分层厚度可取1～2m，成层土的层面和地下水位面是当然的分层面。

计算地基最终沉降量s的分层总和法单向压缩基本公式如下

$$s=\sum_{i=1}^{n}\Delta s_i=\sum_{i=1}^{n}\varepsilon_i H_i \tag{5-52}$$

式中 Δs_i——第i分层土的压缩量；

ε_i——第i分层土的压缩应变；

H_i——第i分层土的厚度。

因为

$$\varepsilon_i=\frac{e_{1i}-e_{2i}}{1+e_{1i}}=\frac{a_i(p_{2i}-p_{1i})}{1+e_{1i}}=\frac{\Delta p_i}{E_{si}}=m_{Vi}\Delta p_i \tag{5-53}$$

所以

$$s=\sum_{i-1}^{n}\frac{e_{1i}-e_{2i}}{1+e_{1i}}H_i=\sum_{i-1}^{n}\frac{a_i(p_{2i}-p_{1i})}{1+e_{1i}}H_i=\sum_{i-1}^{n}\frac{\Delta p_i}{E_{si}}H_i=\sum_{i-1}^{n}m_{Vi}\Delta p_i H_i \tag{5-54}$$

式中 e_{1i}——根据第i层的自重应力平均值$[\sigma_{ci}+\sigma_{c(i-1)}]/2$，即$p_{1i}$，从压缩曲线上得到相应的孔隙比；

e_{2i}——根据第i层的自重应力平均值$[\sigma_{ci}+\sigma_{c(i-1)}]/2$与附加应力平均值$[\sigma_{zi}+\sigma_{z(i-1)}]/2$之和，即$p_{2i}=p_{1i}+\Delta p_i$，相应的孔隙比；

a_i、E_{si}、m_{Vi}——第i分层土的压缩系数、压缩模量和体积压缩系数。

（二）计算步骤

(1) 计算基础地面的附加压力。

$$p_0=P-\gamma_m d$$

(2) 计算地基土的自重应力、附加应力并绘出σ_c、σ_z分布曲线。

(3) 按$\dfrac{\sigma_z}{\sigma_c}\leqslant 0.2$（软土取0.1）确定压缩层厚度（从基底算起）。

(4) 按$0.4b$或1～2m（通常为1m）划分地基土为若干层（对于成层土的层面和地下水面应为分层面）。

(5) 第i层土厚度为h_i，其压力由P_{1i}（自重应力平均值）增加到P_{2i}（自重应力平均值+附加应力平均值），则第i层土的压缩变形量，即沉降量为

$$s_i=\frac{e_{1i}-e_{2i}}{1+e_{1i}}h_i=\frac{\Delta e_i}{1+e_{1i}}h_i=\frac{a_i\Delta P_i}{1+e_{1i}}h_i=\frac{a_i}{1+e_{1i}}(P_{1i}-P_{2i})h_i=\frac{\Delta P_i}{E_{si}}h_i$$

$$P_{1i}=\frac{\sigma_{c(i-1)}+\sigma_{ci}}{2}$$

$$P_{2i}=P_{1i}+\Delta P_i=\frac{\sigma_{c(i-1)}+\sigma_{ci}}{2}+\frac{\sigma_{z(i-1)}+\sigma_{zi}}{2}$$

$$\Delta P_i=\frac{\sigma_{z(i-1)}+\sigma_{zi}}{2}$$

式中 e_{1i}、e_{2i}分别为相应于荷载P_{1i}，P_{2i}从$e\sim P$曲线上得到的相应孔隙比。

地基最终沉降量（稳定沉降）

$$s = \sum_{i=1}^{n} s_i$$

二、按规范修正公式计算地基最终沉降量

现行国标《建筑地基基础设计规范》（GB 50007—2011）推荐的地基最终沉降量计算方法是修正的分层总和法。该方法亦采用侧限条件的压缩性指标，但引入了地基平均附加应力系数 $\bar{\alpha}$ 计算，规定了地基沉降计算深度 z_n 的新标准以及提出了地基沉降计算经验系数 φ_s，使得计算成果接近于实测值。

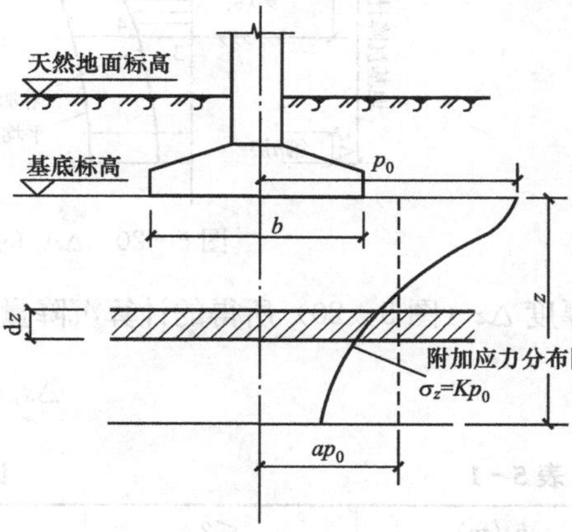

图 5-19　平均附加应力系数的示意图

地基平均附加应力系数 $\bar{\alpha}$ 的定义是：从基底至地基任意深度 z 范围内的附加应力分布图面积 A 对基底附加压力与地基深度的乘积 $p_0 z$ 之比值，$\bar{\alpha}=A/p_0 z$，亦即此附加应力分布图面积 A 以基底附加压力、地基深度及地基平均附加应力系数 $\bar{\alpha}$ 三者乘积 $p_0 z\bar{\alpha}$ 来等代。假设地基土是均质的，在侧限条件下的压缩模量 E_s 不随深度而变，则从基底至地基任意深度 z 范围内的压缩量为（图 5-19）

$$s' = \int_0^z \varepsilon \mathrm{d}z = \frac{1}{E_s}\int_0^z \sigma_z \mathrm{d}z = \frac{p_0}{E_s}\int_0^z \alpha \mathrm{d}z = \frac{A}{E_s} \qquad (5-55)$$

式中　ε——土的压缩应变，$\varepsilon=\sigma_z/E_s$，$\sigma_z=\alpha p_0$（p_0 为基底附加压力，α 为基底下任意深度 z 处的地基竖向附加应力系数）；

A——深度 z 范围内的附加应力分布图面积，$A=\int_0^z \sigma_z \mathrm{d}z = p_0\int_0^z \alpha \mathrm{d}z$。

为了便于计算，引入一个系数 $\bar{\alpha}=A/p_0 z$，则式（5-55）改为

$$s' = p_0 z\bar{\alpha}/E_s \qquad (5-56)$$

式中　$p_0 z\bar{\alpha}$——深度 z 范围内 A 的等代值；

$\bar{\alpha}$——深度 z 范围内的竖向平均附加应力系数。

此式就是以附加应力面积 A 的等代值（引出平均附加应力系数）表达的计算式子。由此可得成层地基中第 i 分层沉降量的计算公式如下（图 5-20）

$$\Delta s_i' = s_i' - s_{i-1}' = \frac{A_i - A_{i-1}}{E_{si}} = \frac{\Delta A_i}{E_{si}} = \frac{p_0}{E_{si}}(z_i\bar{\alpha}_i - z_{i-1}\bar{\alpha}_{i-1}) \qquad (5-57)$$

则按分层总和法计算地基沉降量的公式为

$$s' = \sum_1^n \Delta s_i' = \sum_1^n \frac{p_0}{E_{si}}(z_i\bar{\alpha}_i - z_{i-1}\bar{\alpha}_{i-1}) \qquad (5-58)$$

式中　s_i'、s_{i-1}'——z_i 和 z_{i-1} 范围内的沉降量；

$\bar{\alpha}_i$、$\bar{\alpha}_{i-1}$——z_i 和 z_{i-1} 范围内竖向平均附加应力系数；

$p_0 z_i\bar{\alpha}_i$、$p_0 z_{i-1}\bar{\alpha}_{i-1}$——$z_i$ 和 z_{i-1} 范围内竖向附加应力面积 A_i 和 A_{i-1}（图中面积 1234 和 1256）的等代值。

地基沉降量计算深度 z_n 的新标准应满足下列条件：由该深度处向上取按表 5-1 规定的计

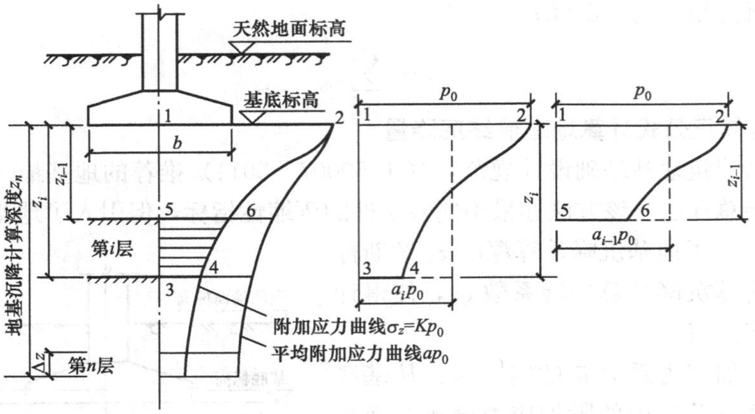

图 5-20　ΔA_i 的等代值计算分层沉降量示意图

算厚度 Δz（图 5-20）所得的计算沉降量 $\Delta s_n'$应满足下式要求（包括考虑相邻荷载的影响）

$$\Delta s_n' \leqslant 0.025 \sum_{i=1}^{n} \Delta s_i' \tag{5-59}$$

表 5-1　　计算厚度 Δz 值

b（m）	≤2	2<b≤4	4<b≤8	b>8
Δz（m）	0.3	0.6	0.8	1.0

按上式所确定的沉降计算深度下如有较软弱土层时，尚应向下继续计算，直至软弱土层中所取规定厚度 Δz 的计算沉降量满足上式为止。在沉降计算深度范围内存在基岩时，z_n 可取至基岩表面为止。

当无相邻荷载影响，基础宽度在 1～30m 范围内时，基础中点的地基沉降计算深度，也可按下列简化公式计算

$$z_n = b(2.5 - 0.4\ln b) \tag{5-60}$$

式中　b——基础宽度，$\ln b$ 为 b 的自然对数值。

为了提高计算准确度，地基沉降计算深度范围内的计算沉降量 $s' = \sum_{i=1}^{n} \Delta s_i'$，尚需乘以一个沉降计算经验系数 φ_s。其定义为

$$\varphi_s = s_\infty / s' \tag{5-61}$$

式中　s_∞——利用地基沉降观测资料推算的最终沉降量。

综上所述，计算地基最终沉降量的分层总和法规范修正公式如下

$$s = \varphi_s s' = \varphi_s \sum_{i=1}^{n} \frac{p_0}{E_{si}} (z_i \bar{\alpha}_i - z_{i-1} \bar{\alpha}_{i-1}) \tag{5-62}$$

式中　s——地基最终沉降量，mm；

s'——按分层总和法计算的地基沉降量，mm；

φ_s——沉降计算经验系数，根据地区沉降观测资料及经验确定，也可采用表 5-2 数值（表中 f_{ak} 为地基承载力特征值）；

n——地基沉降计算深度范围内所划分的土层数，层面和地下水位面是当然的分层面，为提高 E_{si} 取值的精确度，分层厚度不宜大于 2m；

p_0——对应于荷载效应准永久组合时的基础底面处的附加压力，kPa；

E_{si}——基础底面下第 i 层土的压缩模量，按实际应力段范围取值，MPa；

z_i、z_{i-1}——基础底面至第 i 层土、第 $i-1$ 层土底面的距离，m；

$\bar{\alpha}_i$、$\bar{\alpha}_{i-1}$——基础底面的计算点至第 i 层土、第 $i-1$ 层土底面范围内平均附加应力系数，可按表 5-3、表 5-4 查用。

$\bar{E}_s$ 为沉降计算深度范围内压缩模量的当量值，应按下式计算

$$\bar{E}_s=\sum\Delta A_i/\sum(\Delta A_i/E_{si}) \tag{5-63}$$

式中　ΔA_i——第 i 层土附加应力系数沿土层厚度的积分值，$\Delta A_i=A_i-A_{i-1}=p_0(z_i\bar{\alpha}_i-z_{i-1}\bar{\alpha}_{i-1})$。

表 5-2　沉降计算经验系数 φ_s

$\bar{E}_s$（MPa） 地基附加应力	2.5	4.0	7.0	15.0	20.0
$p_0\geqslant f_{ak}$	1.4	1.3	1.0	0.4	0.2
$p_0\leqslant 0.75f_{ak}$	1.1	1.0	0.7	0.4	0.2

表 5-3　均布的矩形荷载角点下的竖向平均附加应力系数 $\bar{\alpha}$

z/b \ l/b	1.0	1.2	1.4	1.6	1.8	2.0	2.4	2.8	3.2	3.6	4.0	5.0	10.0
0.0	0.2500	0.2500	0.2500	0.2500	0.2500	0.2500	0.2500	0.2500	0.2500	0.2500	0.2500	0.2500	0.2500
0.2	0.2496	0.2497	0.2497	0.2498	0.2498	0.2498	0.2498	0.2498	0.2498	0.2498	0.2498	0.2498	0.2498
0.4	0.2474	0.2479	0.2481	0.2483	0.2483	0.2484	0.2485	0.2485	0.2485	0.2485	0.2485	0.2485	0.2485
0.6	0.2423	0.2437	0.2444	0.2448	0.2451	0.2452	0.2454	0.2455	0.2455	0.2455	0.2455	0.2455	0.2456
0.8	0.2346	0.2372	0.2387	0.2395	0.2400	0.2403	0.2407	0.2408	0.2409	0.2409	0.2410	0.2410	0.2410
1.0	0.2252	0.2291	0.2313	0.2326	0.2335	0.2340	0.2346	0.2349	0.2351	0.2352	0.2352	0.2353	0.2353
1.2	0.2149	0.2199	0.2229	0.2248	0.2260	0.2268	0.2278	0.2282	0.2285	0.2286	0.2287	0.2288	0.2289
1.4	0.2043	0.2102	0.2140	0.2164	0.2180	0.2191	0.2204	0.2211	0.2215	0.2217	0.2218	0.2220	0.2221
1.6	0.1939	0.2006	0.2049	0.2079	0.2099	0.2113	0.2130	0.2138	0.2143	0.2146	0.2148	0.2150	0.2152
1.8	0.1840	0.1912	0.1960	0.1994	0.2018	0.2034	0.2055	0.2066	0.2073	0.2077	0.2079	0.2082	0.2084
2.0	0.1746	0.1822	0.1875	0.1912	0.1938	0.1958	0.1982	0.1996	0.2004	0.2009	0.2012	0.2015	0.2018
2.2	0.1659	0.1737	0.1793	0.1833	0.1862	0.1883	0.1911	0.1927	0.1937	0.1943	0.1947	0.1952	0.1955
2.4	0.1578	0.1657	0.1715	0.1757	0.1789	0.1812	0.1843	0.1862	0.1873	0.1880	0.1885	0.1890	0.1895
2.6	0.1503	0.1583	0.1642	0.1686	0.1719	0.1745	0.1779	0.1799	0.1812	0.1820	0.1825	0.1832	0.1838
2.8	0.1433	0.1514	0.1574	0.1619	0.1654	0.1680	0.1717	0.1739	0.1753	0.1763	0.1769	0.1777	0.1784
3.0	0.1369	0.1449	0.1510	0.1556	0.1592	0.1619	0.1658	0.1682	0.1698	0.1708	0.1715	0.1725	0.1733
3.2	0.1310	0.1390	0.1450	0.1497	0.1533	0.1562	0.1602	0.1628	0.1645	0.1657	0.1664	0.1675	0.1685
3.4	0.1256	0.1334	0.1394	0.1441	0.1478	0.1508	0.1550	0.1577	0.1595	0.1607	0.1616	0.1628	0.1639
3.6	0.1205	0.1282	0.1342	0.1389	0.1427	0.1456	0.1500	0.1528	0.1548	0.1561	0.1570	0.1583	0.1595
3.8	0.1158	0.1234	0.1293	0.1340	0.1378	0.1408	0.1452	0.1482	0.1502	0.1516	0.1526	0.1541	0.1554
4.0	0.1114	0.1189	0.1248	0.1294	0.1332	0.1362	0.1408	0.1438	0.1459	0.1474	0.1485	0.1500	0.1516
4.2	0.1073	0.1147	0.1205	0.1251	0.1289	0.1319	0.1365	0.1396	0.1418	0.1434	0.1445	0.1462	0.1479
4.4	0.1035	0.1107	0.1164	0.1210	0.21248	0.1279	0.1325	0.1357	0.1379	0.1396	0.1407	0.1425	0.1444

续表

z/b \ l/b	1.0	1.2	1.4	1.6	1.8	2.0	2.4	2.8	3.2	3.6	4.0	5.0	10.0
4.6	0.1000	0.1070	0.1127	0.1172	0.1209	0.1240	0.1287	0.1319	0.1342	0.1359	0.1371	0.1390	0.1410
4.8	0.0967	0.1036	0.1091	0.1136	0.1173	0.1204	0.1250	0.1283	0.1307	0.1324	0.1337	0.1357	0.1379
5.0	0.0935	0.1003	0.1057	0.1102	0.1139	0.1169	0.1216	0.1249	0.1273	0.1291	0.1304	0.1325	0.1348
5.2	0.0906	0.0972	0.1026	0.1070	0.1106	0.1136	0.1183	0.1217	0.1241	0.1259	0.1273	0.1295	0.1320
5.4	0.0879	0.0943	0.0996	0.1039	0.1075	0.1105	0.1152	0.1186	0.1211	0.1229	0.1243	0.1265	0.1292
5.6	0.0852	0.0916	0.0968	0.1010	0.1046	0.1076	0.1122	0.1156	0.1181	0.1200	0.1215	0.1238	0.1266
5.8	0.0828	0.0890	0.0941	0.0983	0.1018	0.1047	0.1094	0.1128	0.1153	0.1172	0.1187	0.1211	0.1240
6.0	0.0805	0.0866	0.0916	0.0957	0.0991	0.1021	0.1067	0.1101	0.1126	0.1146	0.1161	0.1185	0.1216
6.2	0.0783	0.0842	0.0891	0.0932	0.0966	0.0995	0.1041	0.1075	0.1101	0.1120	0.1136	0.1161	0.1193
6.4	0.0762	0.0820	0.0869	0.0909	0.0942	0.0971	0.1016	0.1050	0.1076	0.1096	0.1111	0.1137	0.1171
6.6	0.0742	0.0799	0.0847	0.0886	0.0919	0.0948	0.0993	0.1027	0.1053	0.1073	0.1088	0.1114	0.1149
6.8	0.0723	0.0779	0.0826	0.0865	0.0898	0.0926	0.0970	0.1004	0.1030	0.1050	0.1066	0.1092	0.1129
7.0	0.0705	0.0761	0.0806	0.0844	0.0877	0.0904	0.0949	0.0982	0.1008	0.1028	0.1044	0.1071	0.1109
7.2	0.0688	0.0742	0.0787	0.0825	0.0857	0.0884	0.0928	0.0962	0.0987	0.1008	0.1023	0.1051	0.1090
7.4	0.0672	0.0725	0.0769	0.0806	0.0838	0.0865	0.0908	0.0942	0.0967	0.0988	0.1004	0.1031	0.1071
7.6	0.0656	0.0709	0.0752	0.0789	0.0820	0.0846	0.0889	0.0922	0.0948	0.0968	0.0984	0.1012	0.1054
7.8	0.0642	0.0693	0.0736	0.0771	0.0802	0.0828	0.0871	0.0904	0.0929	0.0950	0.0966	0.0994	0.1036
8.0	0.0627	0.0678	0.0720	0.0755	0.0785	0.0811	0.0853	0.0886	0.0912	0.0932	0.0948	0.0976	0.1020
8.2	0.0614	0.0663	0.0705	0.0739	0.0769	0.0795	0.0837	0.0869	0.0894	0.0914	0.0931	0.0959	0.1004
8.4	0.0601	0.0649	0.0690	0.0724	0.0754	0.0779	0.0820	0.0852	0.0878	0.0898	0.0914	0.0943	0.0988
8.6	0.0588	0.0636	0.0676	0.0710	0.0739	0.0764	0.0805	0.0836	0.0862	0.0882	0.0898	0.0927	0.0973
8.8	0.0576	0.0623	0.0663	0.0696	0.0724	0.0749	0.0790	0.0821	0.0846	0.0866	0.0882	0.0912	0.0959
9.2	0.0554	0.0599	0.0637	0.0670	0.0697	0.0721	0.0761	0.0792	0.0817	0.0837	0.0853	0.0882	0.0931
9.6	0.0533	0.0577	0.0614	0.0645	0.0672	0.0696	0.0734	0.0765	0.0789	0.0809	0.0825	0.0855	0.0905
10.0	0.0514	0.0556	0.0592	0.0622	0.0649	0.0672	0.0710	0.0739	0.0763	0.0783	0.0799	0.0829	0.0880
10.4	0.0496	0.0537	0.0572	0.0601	0.0627	0.0649	0.0686	0.0716	0.0739	0.0759	0.0775	0.0804	0.0857
10.8	0.0479	0.0519	0.0553	0.0581	0.0606	0.0628	0.0664	0.0693	0.0717	0.0736	0.0751	0.0781	0.0834
11.2	0.0463	0.0502	0.0535	0.0563	0.0587	0.0609	0.0644	0.0672	0.0695	0.0714	0.0730	0.0759	0.0813
11.6	0.0448	0.0486	0.0518	0.0545	0.0569	0.0590	0.0625	0.0652	0.0675	0.0694	0.0709	0.0738	0.0793
12.0	0.0435	0.0471	0.0502	0.0529	0.0552	0.0573	0.0606	0.0634	0.0656	0.0674	0.0690	0.0719	0.0774
12.8	0.0409	0.0444	0.0474	0.0499	0.0521	0.0541	0.0573	0.0599	0.0621	0.0639	0.0654	0.0682	0.0739
13.6	0.0387	0.0420	0.0448	0.0472	0.0493	0.0512	0.0543	0.0568	0.0589	0.0607	0.0621	0.0649	0.0707
14.4	0.0367	0.0398	0.0425	0.0448	0.0468	0.0486	0.0516	0.0540	0.0561	0.0577	0.0592	0.0619	0.0677
15.2	0.0349	0.0379	0.0404	0.0426	0.0446	0.0463	0.0492	0.0515	0.0535	0.0551	0.0565	0.0592	0.0650
16.0	0.0332	0.0361	0.0385	0.0407	0.0425	0.0442	0.0469	0.0492	0.0511	0.0527	0.0540	0.0567	0.0625
18.0	0.0297	0.0323	0.0345	0.0364	0.0381	0.0396	0.0422	0.0442	0.0460	0.0475	0.0487	0.0512	0.0570
20.0	0.0269	0.0292	0.0312	0.0330	0.0345	0.0359	0.0383	0.0402	0.0418	0.0432	0.0444	0.0468	0.0524

表 5-4　　三角形分布的矩形荷载角点下的竖向平均附加应力系数 $\bar{\alpha}_{t1}$、$\bar{\alpha}_{t2}$

z/b \ l/b	0.2		0.4		0.6		0.8		1.0	
点	1	2	1	2	1	2	1	2	1	2
0.0	0.0000	0.2500	0.0000	0.2500	0.0000	0.2500	0.0000	0.2500	0.0000	0.2500
0.2	0.0112	0.2161	0.0140	0.2308	0.0148	0.2333	0.0151	0.2339	0.0152	0.2341
0.4	0.0179	0.1810	0.0245	0.2084	0.0270	0.2153	0.0280	0.2175	0.0285	0.2184
0.6	0.0207	0.1505	0.0308	0.1851	0.0355	0.1966	0.0376	0.2011	0.0388	0.2030
0.8	0.0217	0.1277	0.0340	0.1640	0.0405	0.1787	0.0440	0.1852	0.0459	0.1883
1.0	0.0217	0.1104	0.0351	0.1461	0.0430	0.1624	0.0476	0.1704	0.0502	0.1746
1.2	0.0212	0.0970	0.0351	0.1312	0.0439	0.1480	0.0492	0.1571	0.0525	0.1621
1.4	0.0204	0.0865	0.0344	0.01187	0.0436	0.1356	0.0495	0.1451	0.0534	0.0507
1.6	0.0195	0.0779	0.0333	0.1082	0.0427	0.1247	0.0490	0.1345	0.0533	0.1405
1.8	0.0186	0.0709	0.0321	0.0993	0.0415	0.1153	0.0480	0.1252	0.0525	0.1313
2.0	0.0178	0.0650	0.0308	0.0917	0.0401	0.1071	0.0467	0.1169	0.0513	0.1232
2.5	0.0157	0.0538	0.0276	0.0769	0.0365	0.0908	0.0429	0.1000	0.0478	0.1063
3.0	0.0140	0.0458	0.0248	0.0661	0.0330	0.0786	0.0392	0.0871	0.0439	0.0931
5.0	0.0097	0.0289	0.0175	0.0424	0.0236	0.0476	0.0285	0.0576	0.0324	0.0624
7.0	0.0073	0.0211	0.0133	0.0311	0.0180	0.0352	0.0219	0.0427	0.0251	0.0465
10.0	0.0053	0.0150	0.0097	0.0222	0.0133	0.0253	0.0162	0.0308	0.0186	0.0336

z/b \ l/b	1.2		1.4		1.6		1.8		2.0	
点	1	2	1	2	1	2	1	2	1	2
0.0	0.0000	0.2500	0.0000	0.2500	0.0000	0.2500	0.0000	0.2500	0.0000	0.2500
0.2	0.0153	0.2342	0.0153	0.2343	0.0153	0.2343	0.0153	0.2343	0.0153	0.2343
0.4	0.0288	0.2187	0.0289	0.2189	0.0290	0.2190	0.0290	0.2190	0.0290	0.2191
0.6	0.0394	0.2039	0.0397	0.2043	0.0399	0.2046	0.0400	0.2047	0.0401	0.2048
0.8	0.0470	0.1899	0.0476	0.1907	0.0480	0.1912	0.0482	0.1915	0.0483	0.1917
1.0	0.0518	0.1769	0.0528	0.1781	0.0534	0.1789	0.0538	0.1794	0.0540	0.1797
1.2	0.0546	0.1649	0.0560	0.1666	0.0568	0.1678	0.0574	0.1684	0.0577	0.1689
1.4	0.0559	0.1541	0.0575	0.1562	0.0586	0.1576	0.0594	0.1585	0.0599	0.1591
1.6	0.0561	0.1443	0.0580	0.1467	0.0594	0.1484	0.0603	0.1494	0.0609	0.1502
1.8	0.0556	0.1354	0.0578	0.1381	0.0593	0.1400	0.0604	0.1413	0.0611	0.1422
2.0	0.0547	0.1274	0.0570	0.1303	0.0587	0.1324	0.0599	0.1338	0.0608	0.1348
2.5	0.0513	0.1107	0.0540	0.1139	0.0560	0.1163	0.0575	0.1180	0.0586	0.1193
3.0	0.0476	0.0976	0.0503	0.1008	0.0525	0.1033	0.0541	0.1052	0.0554	0.1067
5.0	0.0356	0.0661	0.0382	0.0690	0.0403	0.0714	0.0421	0.0734	0.0435	0.0749
7.0	0.0277	0.0496	0.0299	0.0520	0.0318	0.0541	0.0333	0.0558	0.0347	0.0572
10.0	0.0207	0.0359	0.0224	0.0379	0.0239	0.0395	0.0252	0.0409	0.0263	0.0403

z/b \ l/b	3.0		4.0		6.0		8.0		10.0	
点	1	2	1	2	1	2	1	2	1	2
0.0	0.0000	0.2500	0.0000	0.2500	0.0000	0.2500	0.0000	0.2500	0.0000	0.2500
0.2	0.0153	0.2343	0.0153	0.2343	0.0153	0.2343	0.0153	0.2343	0.0153	0.2343
0.4	0.0290	0.2192	0.0291	0.2192	0.0291	0.2192	0.0291	0.2192	0.0291	0.2192

续表

z/b \ l/b 点	3.0		4.0		6.0		8.0		10.0	
	1	2	1	2	1	2	1	2	1	2
0.6	0.0402	0.2050	0.0402	0.2050	0.0402	0.2050	0.0402	0.2050	0.0402	0.2050
0.8	0.0486	0.1920	0.0487	0.1920	0.0487	0.1921	0.0487	0.1921	0.0487	0.1921
1.0	0.0545	0.1803	0.0546	0.1803	0.0546	0.1804	0.0546	0.1804	0.0546	0.1804
1.2	0.0584	0.1697	0.0586	0.1699	0.0587	0.1700	0.0587	0.1700	0.0587	0.1700
1.4	0.0609	0.1603	0.0612	0.1605	0.0613	0.1606	0.0613	0.1606	0.0613	0.1606
1.6	0.0623	0.1517	0.0626	0.1521	0.0628	0.1523	0.0628	0.1523	0.0628	0.1523
1.8	0.0628	0.1441	0.0633	0.1445	0.0635	0.1447	0.0635	0.1448	0.0635	0.1448
2.0	0.0629	0.1371	0.0634	0.1377	0.0637	0.1380	0.0638	0.1380	0.0638	0.1380
2.5	0.0614	0.1223	0.0623	0.1233	0.0627	0.1237	0.0628	0.1238	0.0628	0.1239
3.0	0.0589	0.1104	0.0600	0.1116	0.0607	0.1123	0.0609	0.1124	0.0609	0.1125
5.0	0.0480	0.0797	0.0500	0.0817	0.0515	0.0833	0.0519	0.0837	0.0521	0.0839
7.0	0.0391	0.0619	0.0414	0.0642	0.0435	0.0663	0.0442	0.0671	0.0445	0.0674
10.0	0.0302	0.0462	0.0325	0.0485	0.0340	0.0509	0.0359	0.0520	0.0364	0.0526

表5-3和表5-4分别为均布的矩形荷载角点下（b为荷载面宽度）和三角形分布的矩形荷载角点下（b为三角形分布方向荷载面的边长）的地基竖向平均附加应力系数，表5-4中$\bar{\alpha}_{t1}$和$\bar{\alpha}_{t2}$分别为角点1（荷载零值）和角点2（荷载最大值p_0）下任意深度z处的竖向平均附加应力系数。借助于该两表可以运用角点法求算基底附加压力为均布、三角形分布或梯形分布时地基中任意点的竖向平均附加应力系数$\bar{\alpha}$值。现行国标《建筑地基基础设计规范》（GB 50007—2011）还附有均布的圆形荷载中点下和三角形分布的圆形荷载边点下地基竖向平均附加应力系数表，本教材从略。

综上地基最终沉降量各种计算方法中，以分层总和法较为方便实用，采用侧限条件下的压缩性指标，以有限压缩层（沉降计算深度）范围的分层（地基附加应力分布是非线性的）计算加以总和。三种分层总和法中以单向压缩基本公式最为简单方便，对于中小型基础，通常取基底中心轴线下的地基附加应力进行计算，以弥补所采用的压缩性指标偏小的不足。对于基底形状简单，尺寸不大的民用建筑基础，根据经验给以一个合适的地基变形允许值（如12cm）也能解决地基变形问题。随着社会生产力的发展，作用荷载、基础尺寸不断加大，基础形式复杂多变，只计算基底中心点的沉降是不够的。规范修正公式运用了简化的平均附加应力系数（按实际应力分布图面积计算），规定了合理的沉降计算深度，提出了关键的沉降计算经验系数，还有配套的各种建筑物基础变形特征的地基变形允许值。

【例题5-5】　正方形柱基B=4m，基础埋深D=1.0m，上部结构传至基础顶面荷重P=1440kN，地基土的重度γ=16kN/m^3，饱和重度γ_s=17.2kN/m^3，土的天然孔隙比e=0.97，地下水位深3.4m，地下水位以上的压缩系数为α_1=0.0003kPa^{-1}，地下水位以下为α_2=0.000 25kPa^{-1}，如图5-21所示。求柱基中点的沉降。

【解】（1）自重应力计算：

基础底面（点0）

$\sigma_{c0} = 16 \times 1.0 = 16(\text{kPa})$

基底以下 1.2m 处（点 1）

$\sigma_{c1} = 16 + 16 \times 1.2 = 35.2(\text{kPa})$

地下水水面（点 2）

$\sigma_{c2} = 16 \times 3.4 = 54.4(\text{kPa})$

基底以下 4.0m 处（点 3）

$\sigma_{c3} = 54.4 + (17.2 - 10) \times 1.6 = 65.92(\text{kPa})$

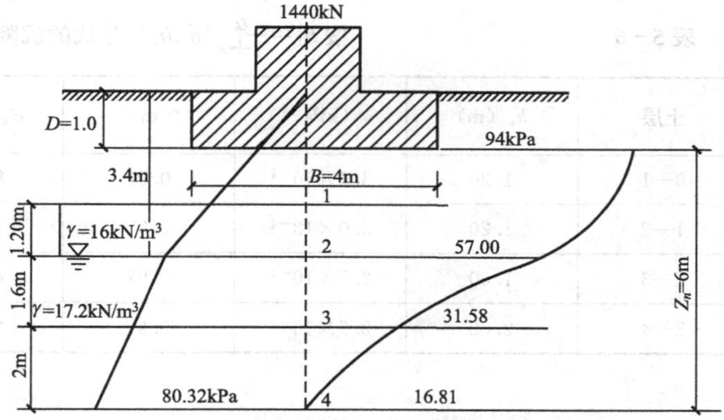

图 5-21　柱基下压缩层自重应力及附加应力分布

基底以下 6.0m 处（点 4）

$$\sigma_{c4} = 65.92 + (17.20 - 10) \times 2.0 = 80.32(\text{kPa})$$

（2）基地附加压力（基础及其以上土重取 20kN/m³）：

$$P_0 = \frac{P}{B^2} + 20D - \gamma D = \frac{1440}{16} + 20 \times 1.0 - 16 \times 1.0 = 90 + 20 - 16 = 94(\text{kPa})$$

（3）地基中附加应力：

矩形基地面积用角点法计算，降基地分成四小块，边长 $L=2\text{m}$，$B=2\text{m}$，附加应力计算按 $\sigma_z = 4\alpha_c \times P_0$ 公式，查应力系数表，$\frac{L}{B} = \frac{2}{2} = 1$，计算结果见表 5-5。

表 5-5　　附加应力计算

z（m）	$\frac{z}{B}$	α_c	$4\alpha_c$	α_s（kPa）
0.0	0.0	0.2500	1.000	94.00
1.2	0.6	0.2229	0.8916	83.81
2.4	1.2	0.1516	0.6064	57.00
4.0	2.0	0.0840	0.3360	31.58
6.0	3.0	0.0447	0.1788	16.81

（4）受压层深度：

当深度 $z=6\text{m}$ 时

$$\sigma_z = 16.81\text{kPa}$$

$$\sigma_{cz} = 80.32\text{kPa}$$

$\sigma_z \approx 0.2\sigma_{cz}$，故受压深度按 6m 考虑。

（5）沉降计算：

土层厚度按 $h_i < 0.4B = 0.4 \times 0.4 = 1.6$（m），地下水位分两层 $2 \times 1.2 = 2.4$（m），第三层取 1.6m，下余 2.0m 可按一层考虑。

因此，基础中点总沉降为 0.0441m（4.41cm）。

表 5-6　　按 $S_1=\frac{\alpha}{1+e}(\bar{\sigma}_{zi}h_i)$ 公式的沉降计算

土层	h_i (m)	α (kPa^{-1})	e_0	$\bar{\sigma}_z$ (kPa)	S_i (m)	$\sum_{i=1}^{4} S_i$ (m)
0—1	1.20	3.0×10^{-4}	0.97	88.91	0.0162	0.0162
1—2	1.20	3.0×10^{-4}	0.97	70.41	0.0129	0.0291
2—3	1.60	2.5×10^{-4}	0.97	44.29	0.0089	0.0380
3—4	2.00	2.5×10^{-4}	0.97	24.29	0.0061	0.0441

【例题 5-6】 地基及基础条件同例 4-2，勘察资料仅提供 e—P 曲线（图 5-22），试计算柱基中点的沉降。

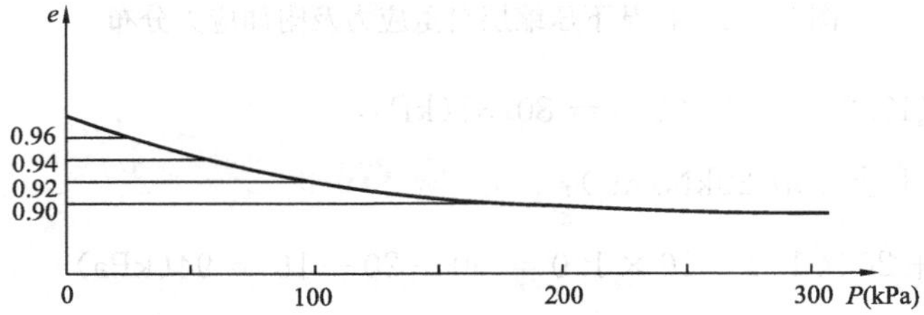

图 5-22　柱基下压缩层 e—P 曲线

【解】 根据条件，沉降计算时应当用式（5-54），计算步骤中的（1）～（5）步，包括沉降计算中的分层，均与例题 5-5 相同，计算见表 5-7。

表 5-7　　按 $s_i=\frac{e_0-e_1}{1+e_0}h_1$ 公式的沉降计算

土层	h_i (m)	$\bar{\sigma}_{czi}$	$\bar{\sigma}_{zi}$	$\bar{\sigma}_{czi}+\bar{\sigma}_{zi}$ (kPa)	e_0	e_1	$\frac{e_0-e_1}{1+e_0}$	s_i
0—1	1.20	25.60	88.91	114.51	0.970	0.937	0.0168	0.0202
1—2	1.20	44.80	70.41	115.21	0.960	0.936	0.0122	0.0146
2—3	1.60	60.16	44.29	104.45	0.954	0.940	0.0072	0.0115
3—4	2.00	73.12	24.20	97.32	0.949	0.942	0.0036	0.0722

柱基中点之沉降 $s=0.0202+0.0146+0.0115+0.0722=0.0535$（m）$=5.3$cm。

【例题 5-7】 用规范的沉降计算公式解例题 5-5。

【解】 基础底面处土的自重应力 $\sigma_{cz}=16\times1.0=16$（kPa）

设基础自重为 20kN/m³，基础底面处的附加应力为

$$P_0=\frac{P}{A}-\sigma_{cz}+20\times D=90-16+20=94(\text{kPa})$$

按表 5-2 查得，$\Delta z=0.6$m（$b=4$m），基础的沉降计算见表 5-8。其中，$\frac{L}{B}=\frac{2}{2}=1$。

求地基沉降的计算深度：

$$\frac{\Delta'_{si}}{\sum_{i=1}^{2}\Delta'_{si}}=\frac{1.34}{56.74}=0.024<0.025$$

表 5-8　　基础的沉降计算

z_i (m)	$\frac{z_i}{b}$	$C_i=\frac{\overline{\sigma}_{zi}}{P_0}$
0	0	0
1.2	$\frac{1.2}{2}=0.6$	$4\times0.2423=0.9692$
2.4	$\frac{2.4}{2}=1.2$	$4\times0.2149=0.8596$
4.0	$\frac{4.0}{2}=2.0$	$4\times0.1746=0.6984$
6.0	$\frac{6.0}{2}=3.0$	$4\times0.1369=0.5476$
5.4	$\frac{5.4}{2}=2.7$	$4\times0.1468=0.5872$

土层 (m)	C_i	z_iC_i (m)	$A_i=z_iC_i-z_{i-1}C_{i-1}$ (m)	E_{si} (MPa)	$\Delta'_{si}=\frac{P_0}{E_s}(z_iC-z_{i-1}C_{i-1})$ (mm)	$\sum_{i=1}^{2}\Delta'_{si}$ (mm)	$\frac{\Delta'_{si}}{\sum_{i=1}^{2}\Delta'_{si}}$ (mm)
0.0—1.2	0.9692	0.163	0.900	6.6	12.82	12.82	
1.2—2.4	0.8596	2.0630	2.0630	6.6	29.38	42.2	
2.4—4.0	0.6984	2.7936	0.7306	7.9	0.69	50.89	
4.0—6.0	0.5476	3.2856	0.4920	7.9	5.85	56.74	
6.0—5.4	0.5872	3.1709	0.1147	7.9	1.34		0.024

符合规范要求，故受压土层深度可按 6m 考虑。

地基沉降深度范围内土层压缩模量，按附加应力面积加权平均值公式计算，则

$$\frac{\sum_{i=1}^{4}A_i}{\sum_{i=1}^{2}\frac{A_i}{E_{si}}}=\frac{0.9+2.063+0.7306+0.4920}{\frac{0.9+2.063}{6.6}+\frac{0.7306+0.4920}{7.9}}=6.93$$

查表取沉降计算经验系数$\varphi_s=0.7007$，基础的最终沉降量为

$$s=\varphi_s\sum_{i=1}^{n}s'_i=0.7007\times56.74$$
$$=39.76(\text{mm})$$
$$=3.976(\text{cm})$$

【例题 5-8】 基础底面处的平均压力 $P=180$kPa，基础埋深 1.5m，基础平面和各层土的压缩模量如图 5-23 所示，求基础 Ⅰ 的最终沉降量。

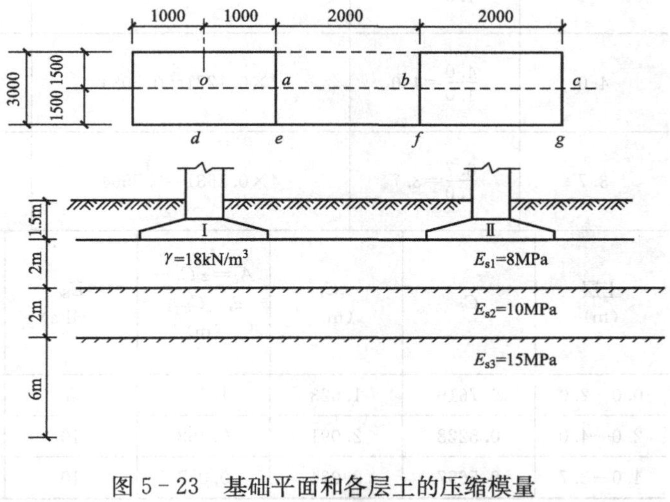

图 5-23　基础平面和各层土的压缩模量

【解】 基础底面处土的自重应力　$\sigma_{cz}=1.5\times18=27$ (kPa)

基础底面处的附加应力 $P_0=\sigma-\sigma_{cz}=180-27=153$（kPa）

从图 5-23 知，基础Ⅰ底面中点至第 i 层底面范围内的平均附加应力系数 C_{li} 由两部分组成，即

$$C_{li}=C_{\text{I}li}+C_{\text{II}li}$$

$$C_{\text{I}li}=4C_{oaed}$$

$$C_{\text{II}li}=2(C_{ocgd}-C_{obfd})$$

式中 $C_{\text{I}i}$——基础Ⅰ底面中点至第 i 层底面范围内，由基础Ⅰ荷载作用产生的平均附加应力系数；

$C_{\text{II}i}$——基础Ⅱ底面中点至第 i 层底面范围内，由基础Ⅱ荷载作用产生的平均附加应力系数；

C_{oaed}——基础Ⅰ底面中点至第 i 层底面范围内，由于作用在矩形 $oaed$ 面积上的荷载所产生的平均附加应力系数，可查表得；

C_{ocgd}——基础Ⅰ底面中点至第 i 层底面范围内，由于作用在矩形 $ocgd$ 面积上的荷载所产生的附加应力系数，可查表得；

C_{obfd}——基础Ⅰ底面中点至第 i 层底面范围内，由于作用在矩形 $obfd$ 面积上的荷载所产生的平均附加应力系数，可查表得。

按表 5-2 查得，$\Delta z=0.3$m（$b=2$m），基础Ⅰ的沉降计算见表 5-9。

表 5-9　　基础Ⅰ的沉降计算

z_i（m）	基础Ⅰ $\frac{a}{b}=\frac{1.5}{1.0}=1.5$		基础Ⅱ对基础Ⅰ的影响 $\frac{a}{b}=\frac{5.0}{1.5}=3.3$，$\frac{3.0}{1.5}=2.0$	
	$\frac{z_i}{b}$	$C_{\text{I}i}$	$\frac{z_i}{b}$	$C_{\text{II}i}$
0	0	0	0	0
2.0	$\frac{2.0}{1.0}=2.0$	$4\times0.1894=0.7576$	$\frac{2.0}{1.5}=1.3$	$2\times(0.2250-0.2230)=0.004$
4.0	$\frac{4.0}{1.0}=4.0$	$4\times0.1271=0.5084$	$\frac{4.0}{1.5}=2.7$	$2\times(0.1785-0.1713)=0.0144$
3.7	$\frac{3.7}{1.0}=3.7$	$4\times0.1531=0.5564$	$\frac{3.7}{1.5}=2.5$	$2\times(0.1845-0.1779)=0.0133$

土层（m）	C_i	z_iC_i（m）	$A_i=z_iC_i-z_{i-1}C_{i-1}$（m）	E_{Si}（MPa）	$\Delta'_{si}=\frac{P_0}{E_S}(z_iC-z_{i-1}C_{i-1})$（mm）	$\sum_{i=1}^{2}\Delta'_{si}$（mm）	$\frac{\Delta'_{si}}{\sum_{i=1}^{2}\Delta'_{si}}$
0.0—2.0	0.7616	1.523	1.523	8	29.1	29.1	
2.0—4.0	0.5228	2.091	0.568	10	8.7	37.80	
4.0—3.7	0.5697	2.034	0.057	10	0.88		0.023

求地基沉降的计算深度：

$$\frac{\Delta'_{si}}{\sum_{i=1}^{2}\Delta'_{si}}=\frac{0.88}{37.80}=0.023<0.025$$

符合规范要求，故受压土层深度可按 4m 考虑。

地基沉降深度范围内土层压缩模量按附加应力面积加权平均值公式计算得

$$\frac{\sum_{i=1}^{2}A_i}{\sum_{i=1}^{2}\frac{A_i}{E_{si}}}=\frac{1.523+0.568}{0.19+0.057}=8.46$$

取沉降计算经验系数 $\varphi_s=0.9$，因此，基础Ⅰ的最终沉降量

$$s=\varphi_s\sum_{i=1}^{n}s'_i=0.9\times37.8=34.02(\text{mm})=3.40(\text{cm})$$

第四节　应力历史对地基沉降的影响

一、应力历史的概念

（一）根据先期固结压力划分的三类沉积土层

天然土层在历史上受过最大的固结压力（指土体在固结过程中所受的最大有效压力），称为先（前）期固结压力。按照它与现有压力相对比的状况，可将土（主要为黏性土和粉土）分为正常固结土、超固结土（超压密土）和欠固结土三类。正常固结土层在历史上所经受的先期固结压力等于现有覆盖土重；超固结土层历史上曾经受过大于现有覆盖土重的先期固结压力；而欠固结土层的先期固结压力则小于现有覆盖土重。在研究沉积土层的应力历史时，通常把土层历史上所经受过的先期固结压力 p_c 与现有覆盖土重 p_1 进行对比，两者的比值定义为超固结比（或超压密比）（OCR）。正常固结土、超固结土和欠固结土的超固结比值分别为 $OCR=1$、$OCR>1$ 和 $OCR<1$。

如图 5-24 所示，A 类覆盖土层是逐渐沉积到现在地面上，由于经历了漫长的地质年代，在土的自重作用下已经达到固结稳定状态［图 5-24（a）］，其先期固结压力 p_c 等于现有覆盖土自重力 $p_1=\gamma h$（γ 为均质土的天然重度，h 为现在地面下的计算点深度），所以 A 类土是正常固结土。B 类覆盖土层在历史上本是相当厚的覆盖沉积层，在土的自重作用下也已达到稳定状态，图 5-24（b）中虚线表示当时沉积层的地表，后来由于流水或冰川等的剥蚀作用而形成现在的地表，因此先期固结压为 $p_c=\gamma h_c$（h_c 为剥蚀前地面下的计算点深度），超过了现有的土自重应力 p_1，所以 B 类土是超固结的，OCR 值越大就表示超固结作用越大。C 类土层也和 A 类土层一样是逐渐沉积到现在地面的，但不同的是没有达到固结稳定状态，如新近沉积黏性土、人工填土等，由于沉积后经历年代时间不久，其自重固结作用尚未完成，图 5-24（c）中虚线表示将来固结完毕后的地表，因此 p_c（这里 $p_c=\gamma h_c$，h_c 代表固结完毕后地面下的计算点深度）还小于现有的土自重应力 p_1，所以 C 类土是欠固结的。

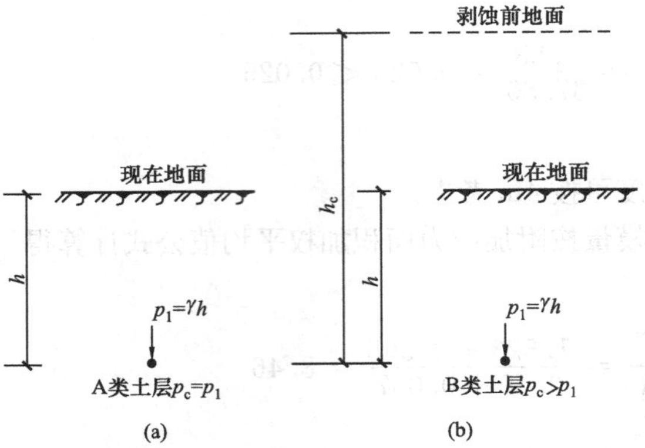

图 5－24　沉积土层按先期固结压力 p_c 分类

（二）确定先期固结压力

当考虑土的应力历史进行沉降计算时，应进行高压固结试验，确定先期固结压力、压缩指数等，试验成果用 e—lg$p$ 曲线表示。确定先期固结压力 p_c 最常用的方法是 A. 卡萨格兰德（Cassagrande，1936）建议的经验作图法，作图步骤如下（图 5－25）：

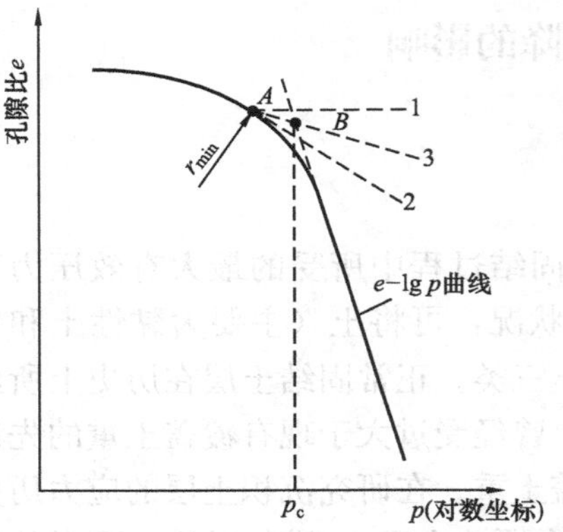

图 5－25　确定先期固结压力 p_c 卡萨格兰德法

（1）从 e—lg$p$ 曲线上找出曲率半径最小的一点 A，过 A 点作水平线 $A1$ 和切线 $A2$；

（2）作∠$1A2$ 的平分线 $A3$，与 e—lg$p$ 曲线中直线段的延长线相交于 B 点；

（3）B 点所对应的有效应力就是先期固结压力 p_c。

必须指出，采用这种简易的经验作图法，对取土质量要求较高，绘制 e—lg$p$ 曲线时要选用适当的比例尺，否则，有时很难找到一个突变的 A 点，因此，不一定都能得出可靠的结果。确定先期固结压力，还应结合场地地形、地貌等形成历史的调查资料加以判断，例如历史上由于自然力（流水、冰川等地质作用的剥蚀）和人工开挖等剥去原始地表土层，或在现场堆载预压作用等，都可能使土层成为超固结土；而新近沉积的黏性土和粉土、海滨淤泥以及年代不久的人工填土等则属于欠固结土。此外，当地下水位发生前所未有的下降后，也会使土层处于欠固结状态。

（三）由原始压缩曲线确定土的压缩性指标

原始压缩曲线是指室内压缩试验 e—lg$p$ 曲线经修正后得出的符合现场原始土体孔隙比与有效应力的关系曲线。在计算地基的固结沉降时，必须首先弄清楚土层所经受的应力历史，从而对不同固结状况由原始压缩曲线确定不同的压缩性指标值。

对于正常固结土，如图 5－26 所示的 e—lg$p$ 曲线中的 ab 段表示在现场成土的历史过程中已经达到固结稳定状态。b 点压力是土样在应力历史上所经受的先期固结压力 p_c，它等于现有的覆盖土自重应力 p_1。在现场应力增量的作用下，孔隙比 e 的变化将沿着 ab 段的延伸线发展（图中虚线 bc 段）。但是，原始压缩曲线 ab 段不能由室内试验直接测得，只有将一般室内压缩曲线加以修正后才能求得。这是由于扰动的影响，取到实验室的试样即使十分小心地保持其天然初始孔隙比不变，仍然会引起试样中有效应力的降低（图中的水平线 bd 所示）。当试样在室内加压时，孔隙比变化将沿着室内压缩曲线发展。

正常固结土的原始压缩曲线，可根据施默特曼（Schmertmann，1955）的方法，按下列步骤将室内压缩曲线加以修正后求得（图 5－27）。

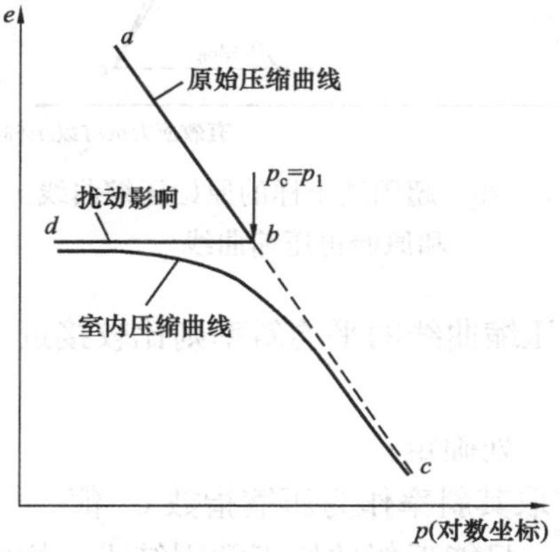

图 5－26　正常固结土的扰动对压缩性的影响

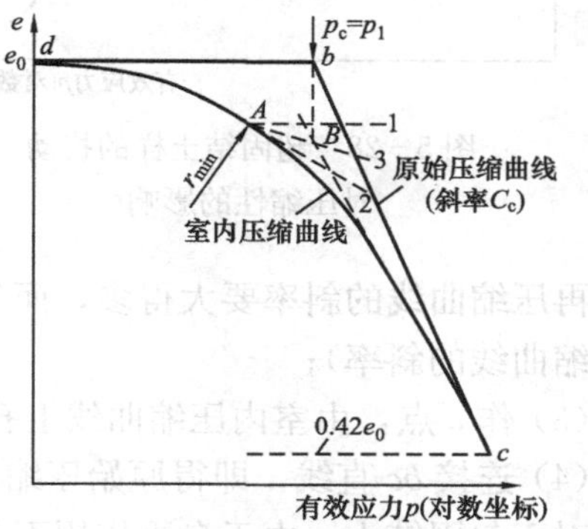

图 5－27　正常固结土的原始压缩曲线

(1) 先作 b 点，其横坐标为试样的现场自重压力 p_1，由 e—$\lg p$ 曲线资料分析 p_1 等于 B 点所对应的先期固结压力 p_c，其纵坐标为现场孔隙比 e_0；

(2) 再作 c 点，由室内压缩曲线上孔隙比等于 $0.42e_0$ 处确定，这是根据许多室内压缩试验发现的，若将土试样加以不同程度的扰动，所得出的不同室内压缩曲线直线段，都大致交于孔隙比 $e=0.42e_0$ 这一点，由此推想原始压缩曲线也大致交于该点；

(3) 然后作 bc 直线，这线段就是原始压缩曲线的直线段，于是可按该线段的斜率定出正常固结土的压缩指数 C_c 值。

对于超固结上，如图 5－28 所示。相应于原始压缩曲线 abc 中 b 点压力是土样的应力历史上曾经受到最大压力，就是先期固结压力 p_c（$>p_1$），后来，有效应力减少到现有土自重应力 p_1（相当于原始回弹曲线 bb_1 上 b_1 点的压力）。在现场应力增量的作用下，孔隙比将沿着原始再压缩曲线 b_1c 变化。当压力超过先期固结压力后，曲线将与原始压缩曲线的延伸线（图中虚线 bc 段）重新连接。同样，由于土样扰动的影响，在孔隙比保持不变情况下仍然引起了有效应力的降低（图中水平线 b_1d 所示）。当试样在室内加压时，孔隙比变化将沿着室内压缩曲线发展。

超固结土的原始压缩曲线，可按下列步骤求得（图 5－29）：

(1) 先作 b_1 点，其横、纵坐标分别为试样的现场自重压力 p_1 和现场孔隙比 e_0；

(2) 过 b_1 点作一直线，其斜率等于室内回弹曲线与再压缩曲线的平均斜率，该直线与通过 B 点垂线（其横坐标相应于先期固结压力值）交于 b 点，b_1b 就作为原始再压缩曲线，其斜率为回弹指数 C_e（根据经验得知，因为试样受到扰动，使初次室内压缩曲线的斜率比

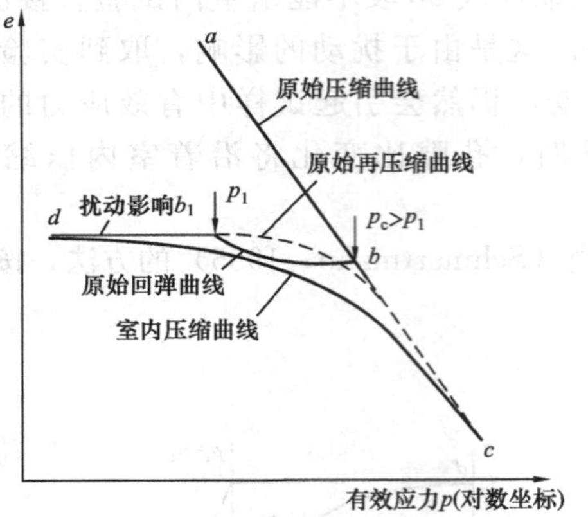

图 5-28 超固结土样的扰动对压缩性的影响

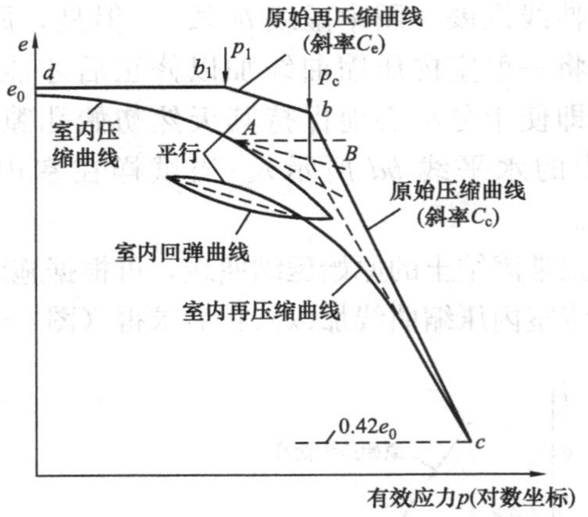

图 5-29 超固结土样的原始压缩曲线和原始再压缩曲线

原始再压缩曲线的斜率要大得多，而从室内回弹和再压缩曲线的平均斜率则比较接近于原始再压缩曲线的斜率)；

(3) 作 c 点，由室内压缩曲线上孔隙比等于 $0.42e_0$ 处确定；

(4) 连接 bc 直线，即得原始压缩曲线的直线段，取其斜率作为压缩指数 C_c 值。

对于欠固结土，由于自重作用下的压缩尚未稳定，只能近似地按正常固结土一样的方法求得原始压缩曲线，从而定出压缩指数 C_c 值。

二、考虑应力历史计算地基沉降量

考虑应力历史计算地基沉降量通常采用单向压缩分层总和法，采用与单向压缩基本公式相同的分层标准和沉降计算深度确定原则，但土的压缩性指标必须从 $e—\lg p$ 曲线表达的现场原始压缩曲线中确定，从而考虑应力历史对地基沉降的影响。正常固结土其压缩性指标与单向压缩基本公式从 $e—p$ 曲线中所确定的压缩性指标虽然不同，但对计算结果的影响不大。另外，在分层总和法公式中的计算参数原始孔隙比也有差异，但对计算结果的影响也很小。因此，通常认为考虑应力历史计算的三种固结土层的固结沉降量都是单向压缩的最终沉降量。

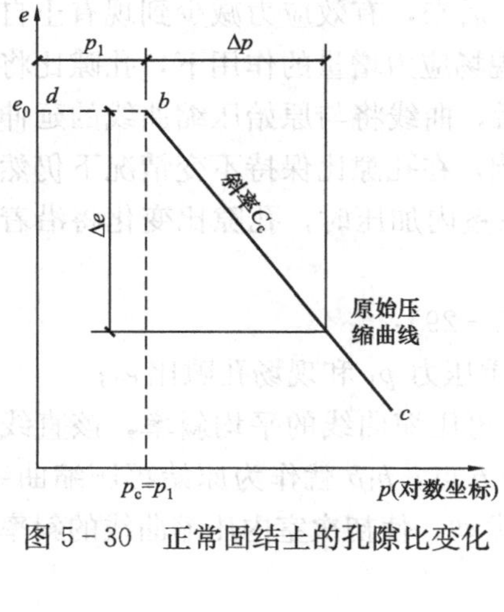

图 5-30 正常固结土的孔隙比变化

(一) 正常固结土的沉降计算

计算正常固结土的沉降时，由原始压缩曲线确定的压缩指数 C_c，按下列公式计算固结沉降 s_c (图 5-30)

$$s_c = \sum_{i=1}^{n} \varepsilon_i H_i \tag{5-64}$$

式中 ε_i——第 i 分层的压缩应变；

H_i——第 i 分层的厚度。

因为

$$\varepsilon_i = \frac{\Delta e_i}{1+e_{0i}} = \frac{1}{1+e_{0i}} C_{ci} \lg\left(\frac{p_{1i}+\Delta p_i}{p_{1i}}\right) \tag{5-65}$$

所以

$$s_c = \sum_{i=1}^{n} \frac{H_i}{1+e_{0i}} C_{ci} \lg\left(\frac{p_{1i}+\Delta p_i}{p_{1i}}\right) \tag{5-66}$$

式中　Δe_i——从原始压缩曲线确定的第 i 层土孔隙比变化；

C_{ci}——从原始压缩曲线确定的第 i 层土的压缩指数；

p_{1i}——第 i 层土自重应力的平均值，$p_{1i}=[\sigma_{ci}+\sigma_{c(i-1)}]/2$；

Δp_i——第 i 层土附加应力的平均值（有效应力增量），$\Delta p_i=[\sigma_{zi}+\sigma_{z(i-1)}]/2$；

e_{0i}——第 i 层土的初始孔隙比。

（二）超固结土的沉降计算

计算超固结土的沉降时，由原始压缩曲线和原始再压缩曲线分别确定土的压缩指数 C_c 和回弹指数 C_e（图 5-31）。应按下列两种情况计算。

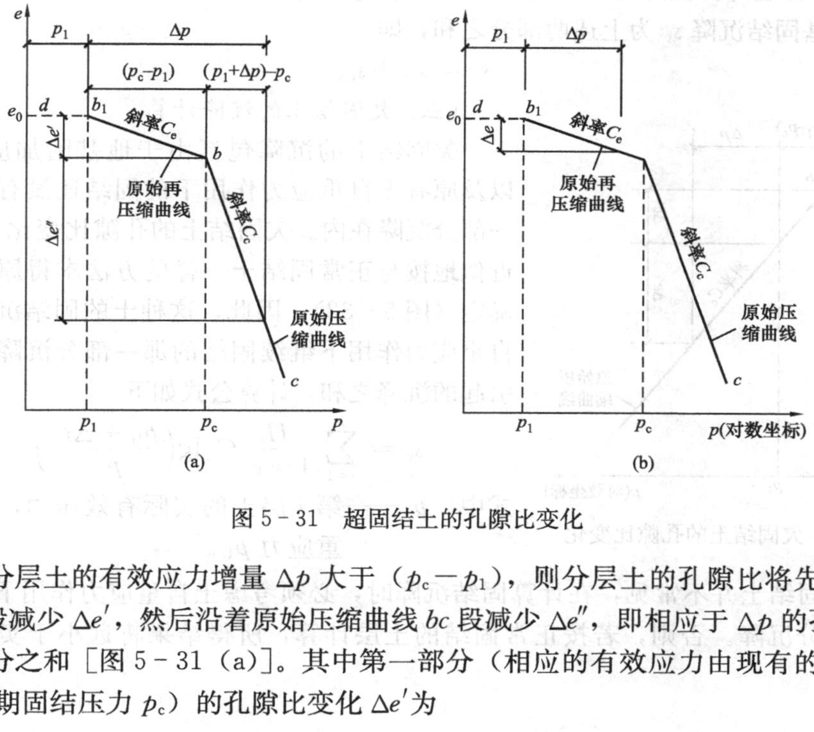

图 5-31　超固结土的孔隙比变化

如果某分层土的有效应力增量 Δp 大于（p_c-p_1），则分层土的孔隙比将先沿着原始压缩曲线 b_1b 段减少 $\Delta e'$，然后沿着原始压缩曲线 bc 段减少 $\Delta e''$，即相应于 Δp 的孔隙比 Δe 应等于这两部分之和［图 5-31（a）］。其中第一部分（相应的有效应力由现有的土自重压力 p_1 增大到先期固结压力 p_c）的孔隙比变化 $\Delta e'$ 为

$$\Delta e' = C_e \lg(p_c/p_1) \tag{5-67}$$

式中　C_e——回弹指数，其值等于原始再压缩曲线的斜率。

第二部分［相应的有效应力由 p_c 增大到（$p_1+\Delta p$）］的孔隙比变化为 $\Delta e''$，则

$$\Delta e'' = C_c \lg[(p_1+\Delta p)/p_c] \tag{5-68}$$

式中　C_c——压缩指数，等于原始压缩曲线的斜率。

总的孔隙比变化 Δe 为

$$\Delta e = \Delta e' + \Delta e'' = C_e \lg(p_c/p_1) + C_c \lg[(p_1+\Delta p)/p_c] \tag{5-69}$$

因此，对于 $\Delta p>(p_c-p_1)$ 的各分层总和的固结沉降量 s_{cn} 为

$$s_{cn}=\sum_{i=1}^{n}\frac{H_i}{1+e_{0i}}\left[C_{ei}\lg\left(\frac{p_{ci}}{p_{1i}}\right)+C_{ci}\lg\left(\frac{p_{1i}+\Delta p_i}{p_{ci}}\right)\right] \tag{5-70}$$

式中 n——分层计算沉降时，压缩土层中有效应力增量 $\Delta p>(p_c-p_1)$ 的分层数；

C_{ei}、C_{ci}——第 i 层土的回弹指数和压缩指数；

p_{ci}——第 i 层土的先期固结压力；其余符号意义同式（5-66）。

如果某分层土的有效应力增量 Δp 不大于（p_c-p_1），则分层土的孔隙比变化 Δe 只沿着再压缩曲线 b_1b 发生［图 5-31（b）］，其大小为

$$\Delta e=C_e\lg[(p_1+\Delta p)/p_1] \tag{5-71}$$

因此，对于 $\Delta p\leqslant(p_c-p_1)$ 的各分层总和固结沉降量 s_{cm} 为

$$s_{cm}=\sum_{i=1}^{m}\frac{H_i}{1+e_{0i}}\left[C_{ei}\lg\left(\frac{p_{1i}+\Delta p_i}{p_{1i}}\right)\right] \tag{5-72}$$

式中 m——分层计算沉降时，压缩土层中具有 $\Delta p\leqslant(p_c-p_1)$ 的分层数。

总的地基固结沉降 s_c 为上述两部分之和，即

$$s_c=s_{cn}+s_{cm} \tag{5-73}$$

（三）欠固结土的沉降计算

欠固结土的沉降包括由于地基附加应力所引起，以及原有土自重应力作用下的固结还没有达到稳定那一部分沉降在内。欠固结土的孔隙比变化（减量），可近似地按与正常固结土一样的方法求得原始压缩曲线确定（图 5-32）。因此，这种土的固结沉降等于在土自重应力作用下继续固结的那一部分沉降与附加应力引起的沉降之和，计算公式如下

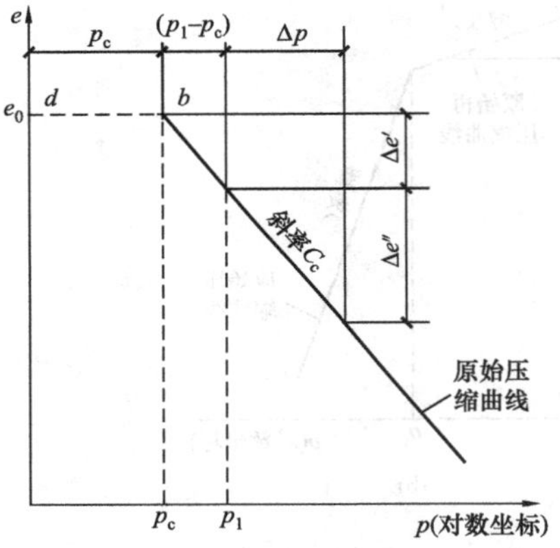

图 5-32 欠固结土的孔隙比变化

$$s_c=\sum_{i=1}^{n}\frac{H_i}{1+e_{0i}}C_{ci}\lg\left(\frac{p_{1i}+\Delta p_i}{p_{ci}}\right) \tag{5-74}$$

式中 p_{ci}——第 i 层土的实际有效压力，小于土的自重应力 p_{1i}。

尽管欠固结土并不常见，在计算固结沉降时，必须考虑土自重应力作用下继续固结所引起的一部分沉降。否则，若按正常固结的土层计算，所得结果将远小于实际观测的沉降量。

关键概念

角点沉降系数；地基沉降计算深度；压缩性；固结；压缩曲线；压缩系数；压缩指数；压缩模量；变形模量；地基最终沉降量；平均附加应力系数；有效压力；固结度；前期固结压力；正常固结土；超固结土；欠固结土；超固结比；原始压缩曲线。

思考题

5-1 简述地基沉降计算的必要性及影响沉降大小的因素。

5-2　侧限压缩实验测得每级压应力作用下达到稳定时试件的竖向变形量，推证说明据此如何得到压缩曲线。

5-3　简述根据荷载试验确定土变形模量的基本原理及优缺点。

5-4　简述变形模量与压缩模量的关系及其影响因素。

5-5　简述单向压缩分层总和法计算地基沉降的基本原理和计算步骤。

5-6　简述相邻荷载对基础沉降的影响。

5-7　分层总和法以均质弹性半空间的理论解答求得非均质地基中的附加应力，通过分层计算地基变形，简述这一做法的用意。

5-8　简述传统的和规范的两种单向压缩分层总和法的区别。

5-9　对某饱和黏性土土样施加各向等压力，分析说明施加压力及以后土样孔隙水压力和有效应力的变化过程。

5-10　简述太沙基一维固结理论的基本假设及其适用条件。

计　算　题

5-1　某矩形基础宽度 b=4m，基底附加压力 p_0=100kPa，基础埋深 2m，地表以下 12m 深度范围内存在两层土，上层土厚度 6m，土天然重度 γ=18kN/m³，孔隙比 e 与压力 p(MPa) 关系取为 $e=0.85-2p/3$，下层土厚度 6m，土天然重度 γ=20kN/m³，孔隙比 e 与压力 p(MPa) 关系取为 $e=1.0-p$。地下水位埋深 6m，基底中心点以下不同深度处的附加应力系数和该深度范围平均附加应力系数见表 5-10。试采用单向压缩分层总和法和规范推荐分层总和法分别计算该基础沉降量（沉降计算经验系数取 1.05）。

表 5-10　附加应力系数与平均附加应力系数

深　度	0	1	2	3	4	5	6	7	8	9	10
附加应力系数	1.0	0.94	0.75	0.54	0.39	0.28	0.21	0.17	0.13	0.11	0.09
平均附加应力系数	1.0	0.98	0.92	0.83	0.73	0.68	0.59	0.53	0.48	0.44	0.41

5-2　某场地地表以下为 4m 厚的均质黏性土，该土层下卧坚硬岩层。已知黏性土的重度 γ=18kN/m³，天然孔隙比 e_0=0.85，回弹再压缩指数 C_e=0.05，压缩指数 C_c=0.3，前期固结压力 p_c 比自重应力大 50kPa。在该场地大面积均匀堆载，荷载大小为 p=100kPa，求因堆载引起地表的最终沉降量。

5-3　某饱和黏性土层的厚度为 8m，在土层表面大面积均布荷载 p_0=160kPa 作用下固结，设该土层的初始孔隙比 e=1.0，压缩系数 a=0.3MPa⁻¹。已知单面排水条件下加荷历时 t=1 年时的固结度 U_{z1}=0.43。求：

(1) 该黏土层的最终固结沉降量；

(2) 单面排水条件下加荷历时一年的沉降量；

(3) 双面排水条件下达到单面排水加荷历时一年的沉降量所需要的时间。

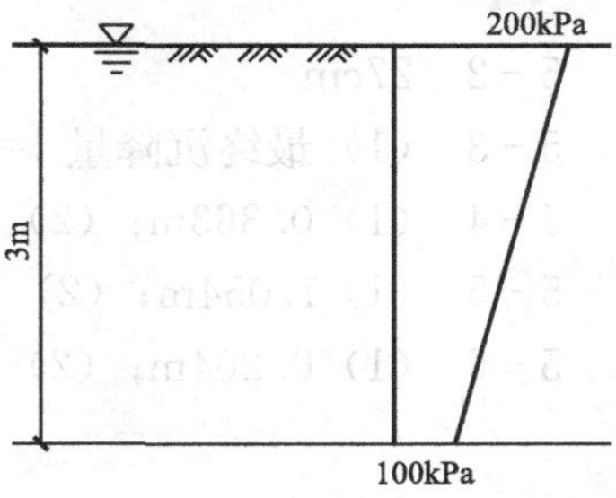

图 5-33　计算题 5-4 图

5-4　已知：某正常固结黏土层附加应力分布如图 5-33

所示，双面排水土层的 $C_c=0.1$，$C_v=0.0009cm^2/s$，$\gamma_{sat}=20kN/m^3$，$e_0=0.8$。求：

(1) 按一层土计算地表的最终沉降量；

(2) 8 天后土的孔隙比为多少？

5-5 如图 5-34 所示，在中砂层内地下水位由距地面 2m，下降到距地面 20m 的黏土顶面，从而引起软黏土层的压缩（原中砂层内的水下密度值变成水上密度值）。在黏土层的中点 A 取土样，试样厚 2cm，试验得到压缩指数 $C_c=0.2$，初始孔隙比 $e_0=1.0$，土颗粒比重为 2.7。对试样进行双面排水固结试验表明，在 10 分钟时达到稳定压缩量的一半。

(1) 按一层计算软黏土层的最终压缩量；

(2) 计算水位下降 1 年（365 天）后软黏土层的平均固结度及压缩量。

5-6 如图 5-35 所示，已知某土层受无限大均布荷载 $p=60kPa$，土层厚 2m，在其中点取样得到先期固结压力为 $p_c=10kPa$，土层的压缩指数 $C_c=0.108$，固结系数 $C_v=3.4\times10^{-4}cm^2/s$，饱和容重为 $20kN/m^3$，$e_0=0.8$。求：

(1) 按一层计算土层固结的最终沉降量 S_∞；

(2) 土层固结度 $U=0.7$ 时所需的时间和沉降量。

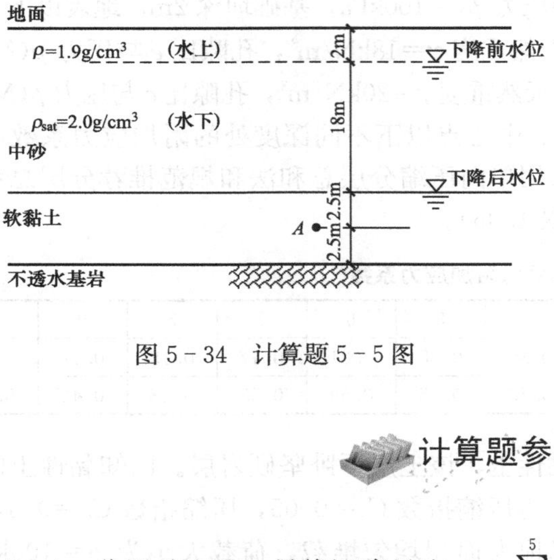

图 5-34 计算题 5-5 图

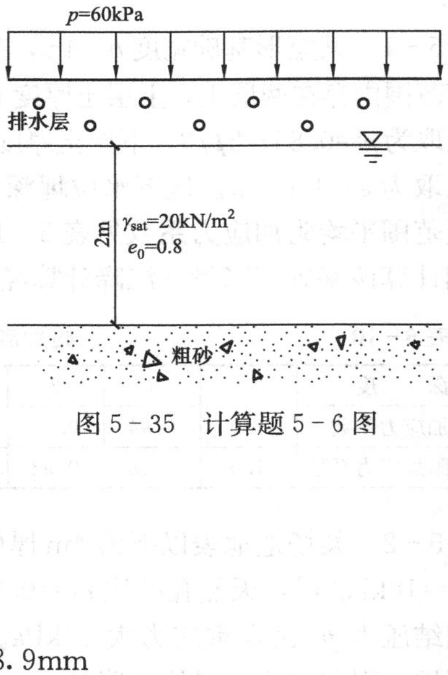

图 5-35 计算题 5-6 图

计算题参考答案

5-1 分层总和法：最终沉降量为 $s=\sum_{i=1}^{5}s_i=138.9mm$

规范法：基础的最终沉降量：$s=\varphi\sum_{c=1}^{3}\Delta'_{si}=1.05\times129=135(mm)$

5-2 27cm

5-3 (1) 最终沉降量 $s=19.2cm$；(2) 8.26cm；(3) 0.25 年

5-4 (1) 0.363m；(2) 8 天后孔隙比为 0.7564

5-5 (1) 1.054m；(2) 平均固结度 $U_t=0.25$，压缩量 $s_t=0.264m$

5-6 (1) 0.204m；(2) 所需时间 40.84 天，沉降量为 0.1428m

第六章　土的抗剪强度

本章提要与学习目标

土的抗剪强度是土的重要力学性质之一，也是土力学的基本问题之一，它是土的工程性质中最主要的组成部分，与工程建筑物的稳定和正常使用关系极为密切，其指标被工程设计直接采用，是地基设计及改良不可缺少的资料。

本章重点掌握库仑定律、土的极限平衡条件、用直接剪切仪和三轴剪切仪测定抗剪强度指标的方法及三轴试验成果的整理、解决实际工程中遇到的强度稳定性问题。

第一节　概　　述

由于土的原因引起的建筑物的事故中，一部分是地基沉降过大，或是差异沉降过大造成的，另一部分是由土体的强度破坏引起的。对于土工建筑物（如路堤、土坝等），见图 6－1，主要是后一个原因。从事故的灾害性来说，强度问题比沉降问题要严重得多。而土体的破坏通常都是剪切破坏，研究土的强度特性，就是研究土的抗剪强度特性。

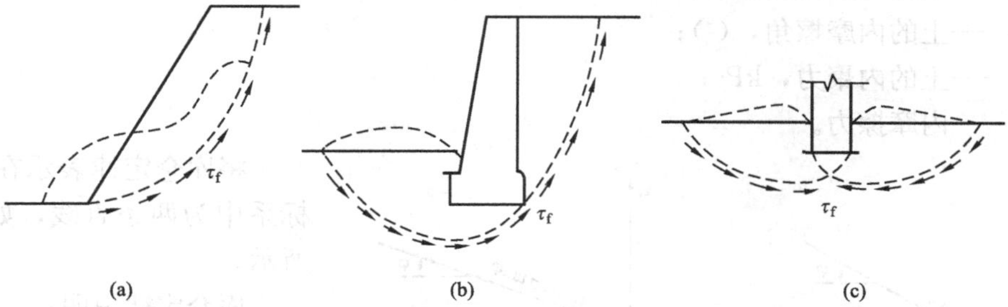

图 6－1　土体强度破坏有关的工程问题（滑动面上 τ_f 为抗剪强度）

(a) 土坡稳定性；(b) 挡土墙地基稳定性；(c) 建筑物地基失稳

1. 土的抗剪强度（τ_f）

指土体抵抗剪切破坏的极限能力，其数值等于剪切破坏时滑动面受的剪应力。

2. 剪切面（剪切带）

土体剪切破坏是沿某一面发生与剪切方向一致的相对位移，这个面通常称为剪切面。

3. 物理意义

可以认为是由颗粒间的内摩阻力以及由胶结物和束缚水膜的分子引力所造成的黏聚力所组成。

无黏性土一般无连结，抗剪强度主要是由颗粒间的摩擦力组成，这与粒度、密实度和含水情况有关。

黏性土颗粒间的连接比较复杂，连接强度起主要作用，黏性土的抗剪强度主要与连接有关。

决定土的抗剪强度因素很多，主要为：土体本身的性质，土的组成、状态和结构；而这些性质又与它形成环境和应力历史等因素有关；此外，还决定于它当前所受的应力状态。

土的抗剪强度主要依靠室内经验和原位测试确定，试验中，仪器的种类和试验方法以及模拟土剪切破坏时的应力和工作条件好坏，对确定强度值有很大的影响。

第二节　土的抗剪强度理论和极限平衡条件

一、库仑定律（剪切定律）

1773 年法国学者库仑（C A Coulomb）提出在法向应力变化范围不大时，抗剪强度与法向应力的关系近似为一条直线，这就是抗剪强度的库仑定律。

无黏性土

$$\tau_f = \sigma \tan\varphi \tag{6-1}$$

黏性土

$$\tau_f = \sigma \tan\varphi + c \tag{6-2}$$

式中　τ_f——土的抗剪强度，kPa；

σ——剪切面的法向压力，kPa；

$\tan\varphi$——土的内摩擦系数；

φ——土的内摩擦角，(°)；

c——土的内聚力，kPa；

$\sigma\tan\varphi$——内摩擦力。

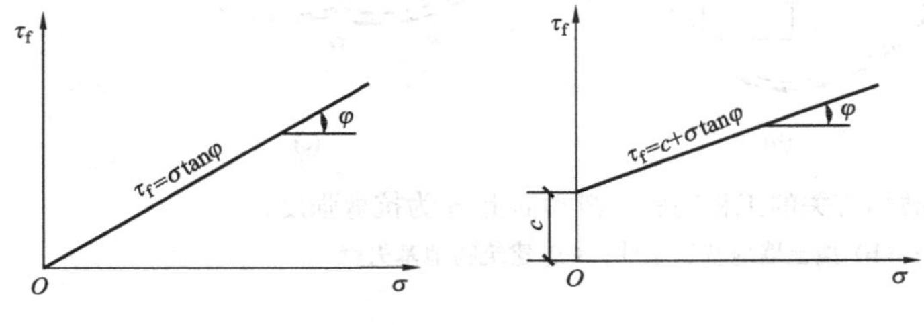

图 6-2　抗剪强度与法向应力之间的关系

(a) 无黏性土；(b) 黏性土

将库仑定律表示在 τ_f—σ 坐标系中为两条直线，如图 6-2 所示。

库仑定律说明：

(1) 土的抗剪强度由土的内摩擦力 $\sigma\tan\varphi$ 和内聚力 c 两部分组成。

(2) 内摩擦力与剪切面上的法向应力成正比，其比值为土的内摩擦系数 $\tan\varphi$。

(3) 表征抗剪强度指标：土的内摩擦角 φ 和内聚力 c。

无黏性土的 $c=0$，内摩擦角 φ 主要取决于土粒表面的粗糙程度和土粒交错排列的情况；土粒表面越粗糙，棱角越多，密实度越大，则土的内摩擦系数大。

黏性土的内聚力 c 取决于土粒间的连接程度；内摩擦力（$\sigma\tan\varphi$）较小。

二、总应力法和有效应力法

总应力法是用剪切面上的总应力来表示土的抗剪强度，即

$$\tau_f = \sigma\tan\varphi + c$$

有效应力法是用剪切面上的有效应力来表示土的抗剪强度，即

$$\tau_f = \sigma'\tan\varphi' + c' \tag{6-3}$$

式中 φ'，c'——有效内摩擦角和有效内聚力。

饱和土的抗剪强度与土受剪前在法向应力作用下的固结度有关。而土只有在有效应力作用下才能固结。有效应力逐渐增加的过程，就是土的抗剪强度逐渐增加的过程。

剪切面上的法向应力与有效应力之间有如下关系：

$$\sigma = \sigma' + u \tag{6-4}$$

土的强度主要取决于有效应力大小，故抗剪强度的关系式中应反映有效应力 σ' 更为合适。即

$$\tau_f = \sigma'\tan\varphi' + c' = (\sigma - u)\tan\varphi' + c'$$

总应力法与有效应力法的优缺点如下。

1. 总应力法

优点：操作简单，运用方便（一般用直剪仪测定）。

缺点：不能反映地基土在实际固结情况下的抗剪强度。

2. 有效应力法

优点：理论上比较严格，能较好地反映抗剪强度的实质，能检验土体处于不同固结情况下的稳定性。

缺点：孔隙水压力的正确测定比较困难。

三、莫尔—库仑破坏标准

（一）莫尔—库仑破坏理论

以库仑公式 $\tau_f = \sigma\tan\varphi + c$ 作为抗剪强度公式。根据剪应力是否达到抗剪强度（$\tau = \tau_f$）作为剪切破坏标准的理论就称为莫尔—库仑破坏理论。

（二）莫尔—库仑破坏准则（标准）

研究莫尔—库仑破坏理论如何直接用主应力表示，这就是莫尔—库仑破坏准则，也称土的极限平衡条件。

1. 单元体上的应力和应力圆

在均布条形荷载作用下土中一点的应力状态，可以按平面问题考虑。已知图 6-3 中，土中 M 点应力，按材料力学公式，可得该点的大小主应力值

$$\sigma_{1,3} = \frac{\sigma_x + \sigma_z}{2} \pm \sqrt{\left(\frac{\sigma_x - \sigma_z}{2}\right)^2 + \tau_{xz}^2}$$

当土中某点主应力的方向及大小已知时，则与大主应力成 α 角的任一平面上的法向应力和剪应力可由力的平衡条件求得。图 6-4（a）表示受到大、小主应力作用的微单元体，大主应力作用面与某一斜截面的夹角为 α，取微棱柱体为脱离体［图 6-4（b）］，将各力分别在水平和竖直方向的投影，根据静力平衡条件，取水平与竖向合力为零。

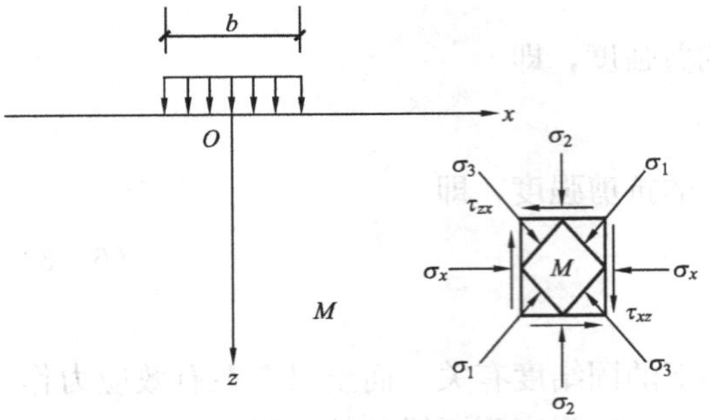

图 6-3 土中一点的应力状态

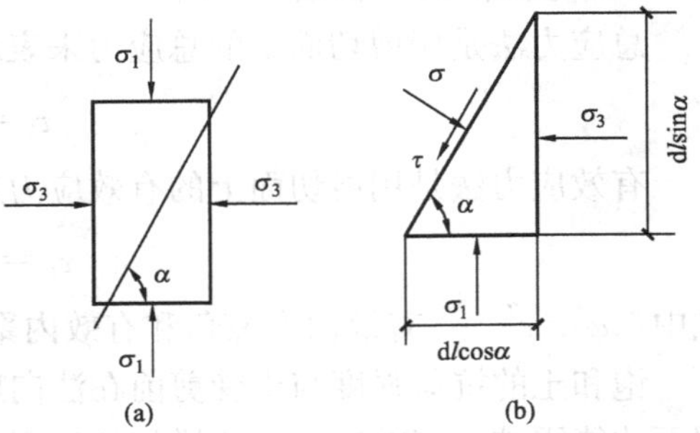

图 6-4 土体中任意点的应力

(a) 微单元体上的应力；(b) 隔离体上的应力

$$\sum x=0: \sigma \cdot dl \cdot \sin\alpha - \sigma_3 \cdot dl \cdot \sin\alpha - \tau \cdot dl \cdot \cos\alpha = 0 \quad (a)$$

$$\sum y=0: \sigma \cdot dl \cdot \cos\alpha - \sigma_1 \cdot dl \cdot \cos\alpha + \tau \cdot dl \cdot \sin\alpha = 0 \quad (b)$$

解联立方程式（a）和式（b），可求得任意截面 α 上的法向应力 σ 与剪应力 τ，得公式

$$\left.\begin{aligned}\sigma &= \frac{1}{2}(\sigma_1+\sigma_3)+\frac{1}{2}(\sigma_1-\sigma_3)\cos2\alpha \\ \tau &= \frac{1}{2}(\sigma_1-\sigma_3)\sin2\alpha\end{aligned}\right\} \quad (6-5)$$

式中 σ——任一与大主应力成 α 截面上的法向应力，kPa；

τ——任一 α 截面上的剪应力，kPa；

σ_1——最大主应力；

σ_3——最小主应力；

α——与最大主应力作用面方向的夹角。

斜截面上的应力 σ 和 τ 仅与 α 有关，将上两式变为

$$\begin{cases}\sigma = \frac{1}{2}(\sigma_1+\sigma_3) = \frac{1}{2}(\sigma_1-\sigma_3)\cos2\alpha \\ \tau = \frac{1}{2}(\sigma_1-\sigma_3)\sin2\alpha\end{cases}$$

上式两边平方并相加，消去含 α 的项，得应力圆（莫尔圆图 6-5）和应力圆公式

$$\left(\sigma-\frac{\sigma_1+\sigma_3}{2}\right)^2+\tau^2=\left(\frac{\sigma_1-\sigma_3}{2}\right)^2 \quad (6-6)$$

表示为纵、横坐标分别为 τ 及 σ 的圆，圆心为 $\left(\frac{\sigma_1+\sigma_3}{2}, 0\right)$，圆半径等于$\frac{\sigma_1-\sigma_3}{2}$。莫尔圆上任一点代表与 σ_1 作用面成 α 角的斜面，其纵坐标代表该面上的剪应力，横坐标代表该面上的法向应力。当已知土体中某点的大、小主应力时，可以很方便地用莫尔圆求该点各个不同倾斜面上的法向应力和剪应力。因此，莫尔圆可以表示一点的应力状态。

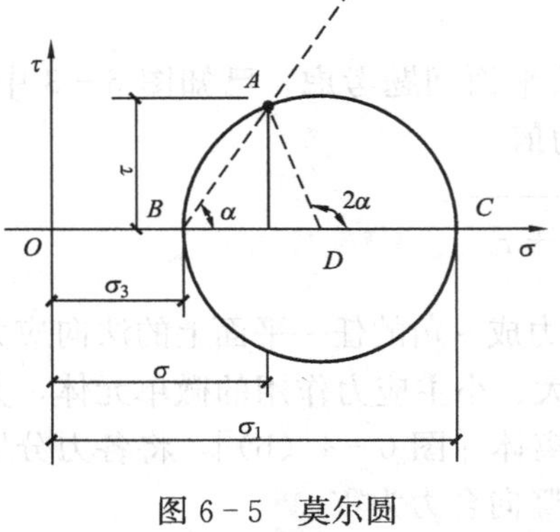

图 6-5 莫尔圆

2. 土体极限平衡条件

如果土体的抗剪强度曲线和土中某点的应力圆已知，可根据两者在同一坐标图上的关系，确定该点所处的应力状态，见图 6-6，以判断土体是否达到破坏。

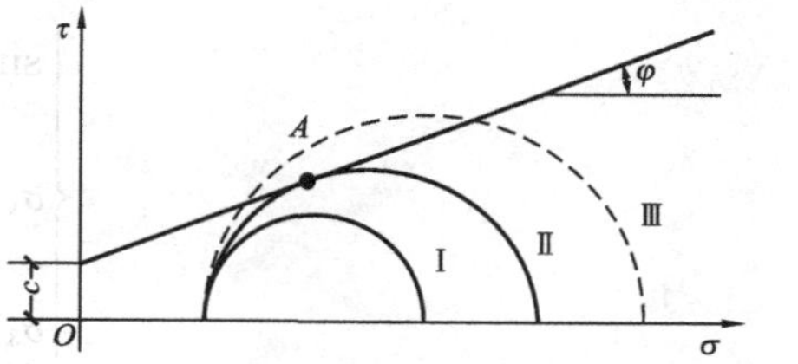

图 6-6　莫尔圆与抗剪强度之间的关系

(1) 莫尔圆Ⅰ位于抗剪强度曲线以下，表示该点任一平面上的剪应力都小于所能发挥的抗剪强度，即 $\tau<\tau_f$，因此不会发生剪切破坏。

(2) 莫尔圆Ⅱ与抗剪强度曲线相切，表示切点 A 所代表的平面上的剪应力达到土体的抗剪强度，即 $\tau=\tau_f$，该点处于极限平衡状态，此时的莫尔圆称为极限应力圆。

(3) 莫尔圆Ⅲ与抗剪强度曲线相割，表示该点某些平面上的剪应力已大于土体的抗剪强度，即 $\tau>\tau_f$，土体已被剪坏破。实际上这种应力状态不可能存在，因为在此之前，该点早已沿某一平面剪破，剪应力不可能超过土体的抗剪强度。

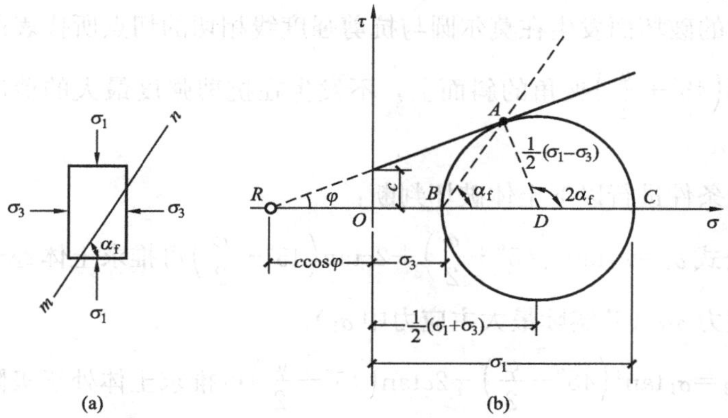

图 6-7　土体中一点达极限平衡状态时的莫尔圆
(a) 微单元体；(b) 极限平衡状态时的莫尔圆

根据极限应力圆与抗剪强度线相切与一点的几何关系，可建立黏性土和无黏性土的极限平衡条件。土中一点的极限平衡条件，是指该点处于极限平衡状态时应力与抗剪强度的关系。对于黏性土，由图 6-7 几何关系可得

$$\sin\varphi=\frac{AD}{RD}=\frac{AD}{RO+OD}$$

而

$$RO=\cot\varphi c$$

$$AD=\frac{\sigma_1-\sigma_3}{2}$$

$$OD=\frac{\sigma_1+\sigma_3}{2}$$

代入上式得

$$\sin\varphi=\frac{\frac{1}{2}(\sigma_1-\sigma_3)}{c\cot\varphi+\frac{1}{2}(\sigma_1+\sigma_3)}=\frac{\sigma_1-\sigma_3}{\sigma_1+\sigma_3+2c\cot\varphi}$$

进一步整理可得

$$\begin{cases}\dfrac{\sigma_1-\sigma_3}{2}=c\cos\varphi+\dfrac{\sigma_1+\sigma_3}{2}\sin\varphi & (6-7)\\ \sigma_1=\sigma_3\tan^2\left(45^\circ+\dfrac{\varphi}{2}\right)+2c\tan\left(45^\circ+\dfrac{\varphi}{2}\right) & (6-8)\\ \sigma_3=\sigma_1\tan^2\left(45^\circ-\dfrac{\varphi}{2}\right)-2c\tan\left(45^\circ-\dfrac{\varphi}{2}\right) & (6-9)\end{cases}$$

对于无黏性土，因 $C=0$，代入上式，可得

$$\begin{cases}\sin\varphi = \dfrac{\sigma_1 - \sigma_3}{\sigma_1 + \sigma_3} & (6-10)\\ \sigma_1 = \sigma_3 \tan^2\left(45° + \dfrac{\varphi}{2}\right) & (6-11)\\ \sigma_3 = \sigma_1 \tan^2\left(45° - \dfrac{\varphi}{2}\right) & (6-12)\end{cases}$$

当土中一点应力达极限平衡状态时，由图 6-7 可得破裂面与大主应力面关系 α_f 为 $\alpha_f = 45° + \dfrac{\varphi}{2}$。

由此得出，土的极限平衡条件是土体强度理论的基础。运用极限平衡条件可以判断土体中任一点是否会剪坏。土体剪坏时的破坏面发生在莫尔圆与抗剪强度线相切的切点所代表的斜面上，即与大主应力面成 $\alpha_f = \pm\left(45° + \dfrac{\varphi}{2}\right)$ 夹角的斜面上，不发生在抗剪强度最大的剪应力作用面（$\alpha = 45°$）上。

利用土中应力圆和极限平衡的条件进行以下土体破坏判断：

(1) 由实测最小主应力 σ_3 及公式 $\sigma_1 = \sigma_3 \tan^2\left(45° + \dfrac{\varphi}{2}\right) + 2c\tan\left(45° + \dfrac{\varphi}{2}\right)$ 可推求土体处于极限状态时，所能承受的最大主应力 σ_{1f}（若实际最大主应力中 σ_1）。

(2) 同理，由实测 σ_1 及公式 $\sigma_3 = \sigma_1 \tan^2\left(45° - \dfrac{\varphi}{2}\right) - 2c\tan\left(45° - \dfrac{\varphi}{2}\right)$ 可推求土体处于极限平衡状态时所能承受的最小主应力 σ_{3f}（若实测最小主应力为 σ_3）。

(3) 判断：

当 $\sigma_{1f} > \sigma_1$ 或 $\sigma_{3f} < \sigma_3$ 时，土体处于稳定平衡；

当 $\sigma_{1f} = \sigma_1$ 或 $\sigma_{3f} = \sigma_3$ 时，土体处于极限平衡；

当 $\sigma_{1f} < \sigma_1$ 或 $\sigma_{3f} > \sigma_3$ 时，土体处于失稳状态。

第三节　测定土抗剪强度指标的试验

土抗剪强度的测定，根据试验中排水方法和试验仪器及控制方法不同，适用范围和优缺点也不同，下面分别叙述。

一、测定土抗剪强度试验分类

（一）按试验仪器分

1. 直接剪切试验

优点：仪器构造简单，操作方便。

缺点：(1) 剪切面不一定是试样抗剪能力最弱的面；

(2) 剪切面上的应力分布不均匀，而且受剪切面面积愈来愈小；

(3) 不能严格控制排水条件，测不出剪切过程中孔隙水压力的变化。

2. 三轴剪切试验

优点：(1) 试验中能严格控制试样排水条件及测定孔隙水压力的变化；

(2) 剪切面不固定；

(3) 应力状态比较明确；

(4) 除抗剪强度外，尚能测定其他指标。

缺点：(1) 操作复杂；

(2) 所需试样较多；

(3) 主应力方向固定不变，而且是令 $\sigma_2=\sigma_3$ 的轴对称情况下进行的，与实际情况尚不能完全符合。

(二) 按控制方法分

剪切试验控制方法分为应变控制式和应力控制式两种。

二、抗剪强度测试方法

(一) 直接剪切试验

1. 取样要求

用环刀取，环刀面积不小于 30cm^2，环刀高度不小于 2cm，同一土样至少切取 4 个试样。

2. 试验方法

根据试验过程中排水情况的不同，分为：

(1) 快剪 (q)：试样在垂直压力施加后立即进行快速剪切，试验全过程都不许有排水现象产生。

适用范围：加荷速率快，排水条件差，如斜坡的稳定性、厚度很大的饱和黏土地基等。

(2) 固结快剪 (cq)：试样在垂直压力下经过一定程度的排水固结后，再进行快速剪切。

试用范围：一般建筑物地基的稳定性，施工期间具有一定的固结作用。

(3) 慢剪 (s)：试样在垂直压力排水固结后慢慢进行剪切，剪切过程中孔隙水可自由排出。

适用范围：加荷速率慢，排水条件好，施工期长，如透水性较好的低塑性土以及软弱饱和土层上的高填土分层控制填筑等等。

试验结果：一般情况下，快剪所得的 φ 值最小，慢剪所得的 φ 值最大，固结快剪居中。

3. 指标计算

直接剪切试验的结果用总应力法按库仑公式 $\tau_f=c+\sigma\tan\varphi$，计算抗剪强度指标。

用同一土试样切取不少于四个试样进行不同垂直压力作用下的剪切试验后，用相同的比例尺在坐标纸上绘制抗剪强度 τ_f 与垂直压力 P 的相关直线，直线交 τ_f 轴的截距即为土的内聚力 c，直线倾斜角即为土的内摩擦角 φ，相关直线可用图解法或最小二乘法确定。

4. 残余抗剪强度

(1) 物理意义：土的剪应力—剪应变关系（图 6-8）可分为两种类型，一种是曲线平缓上升，没有中间峰值，如松砂；另一种剪应力—剪应变曲线有明显的中间峰值，在超越峰值后，剪应变不断增大，但抗剪强度却下降，如密砂。在黏性土中，坚硬的、超压密的黏土的剪应力—剪应变曲线常呈现较大峰值，正常压密土或软黏土则不出

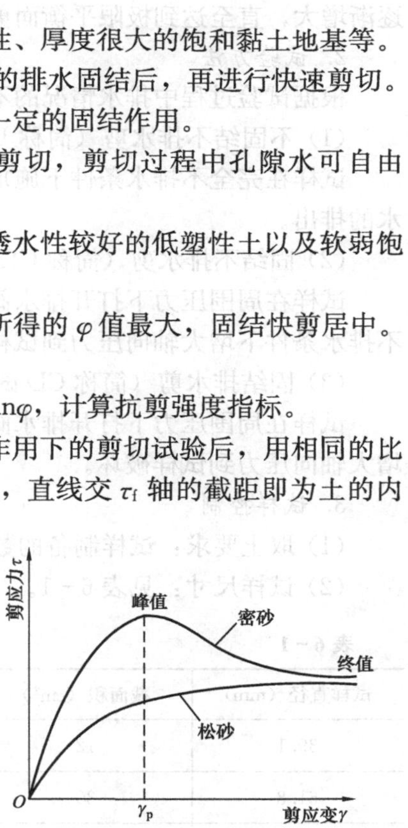

图 6-8　砂土受剪时应力—应变关系

现峰值，或有很小的峰值。

如果土样达到峰值强度后，继续测量主力、应变，则测量得的应力值随应变发展逐渐降低，最后趋于一个稳定值，此时强度称为土的残余抗剪强度；而峰值剪应变则称为峰值强度。

残余抗剪强度以下式表达：

$$\tau_{fr} = c_r + \sigma \tan\varphi_r \tag{6-13}$$

式中　τ_{fr}——土的残余抗剪强度，kPa；

c_r——残余内聚力（一般 $c_r \approx 0$），kPa；

φ_r——残余内摩擦角，(°)；

σ——垂直应压力，kPa。

在进行滑坡的稳定性计算或抗滑计算时，土抗剪强度的取值，一般需要考虑土的残余抗剪强度。

(2) 试验方法。

一般采用排水反复直接剪切试验，剪切速率应低于 0.02mm/min，取土要求同上。

（二）三轴剪切试验

1. 试验原理

三轴剪切试验的原理是在圆柱形试样上施加最大主应力（轴向压力）σ_1 和最小主应力（周围压力）σ_3。保持其中之一（一般是 σ_3）不变，改变另一个主应力，使试样中的剪应力逐渐增大，直至达到极限平衡而剪坏，由此求出土的抗剪强度。

2. 试验方法

根据试验过程中排水情况的不同，分为：

(1) 不固结不排水剪（简称 UU 试验）。

试样在完全不排水条件下施加周围压力后，增大轴向压力到试样破坏。试验过程中没有水的排出。

(2) 固结不排水剪（简称 CU 试验）。

试样在周围压力下打开排水阀，使压力室中土样排水固结，然后关闭排水阀，使土样在不排水条件下增大轴向压力到试样破坏。

(3) 固结排水剪（简称 CD 试验）。

试样在周围压力下打开排水阀，使压力室中土样排水固结，然后继续在排水条件下缓慢增大轴向压力到试样破坏。

3. 试样控制

(1) 取土要求：试样制备的数量一般不少于 4 件。

(2) 试样尺寸：见表 6-1。

表 6-1　　三轴试样尺寸表

试样直径（mm）	截面积（cm^2）	允许最大粒径（mm）	附　注
39.1	12	2	(1) 允许个别超径颗粒存在，不应超过试件直径的 1/5； (2) 对于有裂隙、软弱面或结构面的土样，宜用直径 61.8mm 或 101mm 的试样； (3) 试件高度与直径的比值应为 2.0～2.5
61.8	30	5	
101	80	10	

4. 指标计算

将同一土样在不同应力条件下所测得的不少于4次的三轴剪切试样结果，分别绘制应力圆，作应力圆包络线，从应力圆包络线即可求出抗剪强度指标。

5. 试验结果

根据不同试验方法，采用不同强度指标分析，得出土的抗剪强度。具体见表6-2。

表6-2　不同三轴试验强度分析结果表

试验方法	分析方法	应力圆		包线	
		圆心横坐标	半径	在纵轴上的截距	倾角
不固结不排水剪	总应力法	$\frac{1}{2}(\sigma_{1f}+\sigma_{3f})$	$\frac{1}{2}(\sigma_{1f}-\sigma_{3f})$	C_u	φ_u
固结不排水剪	总应力法	$\frac{1}{2}(\sigma_{1f}+\sigma_{3f})$	$\frac{1}{2}(\sigma_{1f}-\sigma_{3f})$	C_{cu}	φ_{cu}
	有效应力法	$\frac{1}{2}(\sigma'_{1f}+\sigma'_{3f})$	$\frac{1}{2}(\sigma'_{1f}-\sigma'_{3f})$	C'	φ'
固结排水剪	有效应力法 $u=0$，$\sigma=\sigma'$	$\frac{1}{2}(\sigma_{1f}+\sigma_{3f})$	$\frac{1}{2}(\sigma_{1f}-\sigma_{3f})$	C_d	φ_d

注　脚注 f 表示剪切破坏时的主应力值。

（三）无侧限抗压强度试验

无侧限抗压强度试验实际上是三轴压缩试验的一种特殊情况，即周围压力 $\sigma_3=0$ 的三轴试验，所以又称单轴试验。无侧限抗压强度试验所使用的无侧限压力仪如图6-9（a）所示，现在常利用三轴仪作该种试验，试验时，在不加任何侧向压力的情况下，对圆柱体试样施加轴向压力。直至试样剪切破坏为止。试样破坏时的轴向压力以 q_u 表示，称为无侧限抗压强度。由于周围压力为0，根据试验结果，只有一个极限应力圆，难以得到破坏包络线，见图6-9（b）。

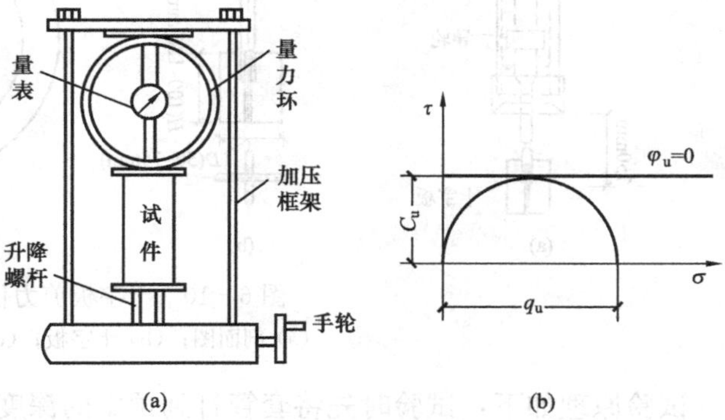

图6-9　无侧限抗压强度试验

（a）无侧限抗压强度试验仪；（b）无侧限抗压强度试验结果

饱和黏性土的三轴不固结不排水试验结果表明，其破坏包络线为一水平线，即 $\varphi_u=0$，因此可以利用无侧限抗压强度 q_u 来得到饱和黏性土的无侧限抗压强度，即

$$\tau_f = C_u = q_u/2$$

式中　τ_f——土的不排水抗剪强度，kPa；

C_u——土不排水黏聚力，kPa；

q_u——无侧限抗压强度，kPa。

利用无侧限抗压强度试验可以测定饱和黏性土的灵敏度 S_t。土的灵敏度是以原状土的强度与同一土经重塑后（完全扰动，但含水量不变）的强度之比来表示，具体可参考第二章相关内容。

土的灵敏度愈高，其结构性愈强，受扰动后土的强度降低就愈多。黏性土受扰动后强度降低的性质，不利于工程建设，如在基坑开挖过程中，施工造成土的扰动使地基强度降低。

（四）十字板剪切试验

上述三种抗剪强度测试方法都是室内测定土抗剪强度的方法，这些试验方法都要求先取得原状土样，但试样在采取、运送、保存和制备过程中受到扰动，难以保持土天然状态含水量，特别对于高灵敏度的黏性土，利用室内试验结果难以精确反映土的实际情况。十字板剪切试验是土抗剪强度的原位测试方法，该方法适合于在现场测定饱和黏性土的原位不排水强度，特别适用于均匀的饱和软黏土。它的优点是构造简单，操作方便，试验时对土的结构扰动也较小，故在实际中广泛得到应用。

十字板剪切试验不需取原状土样，试验时的排水条件、受力状态与土所处的天然状态比较接近，对于很难取样的土，如软黏土，也可以进行测试。十字板剪力仪构造见图 6-10。

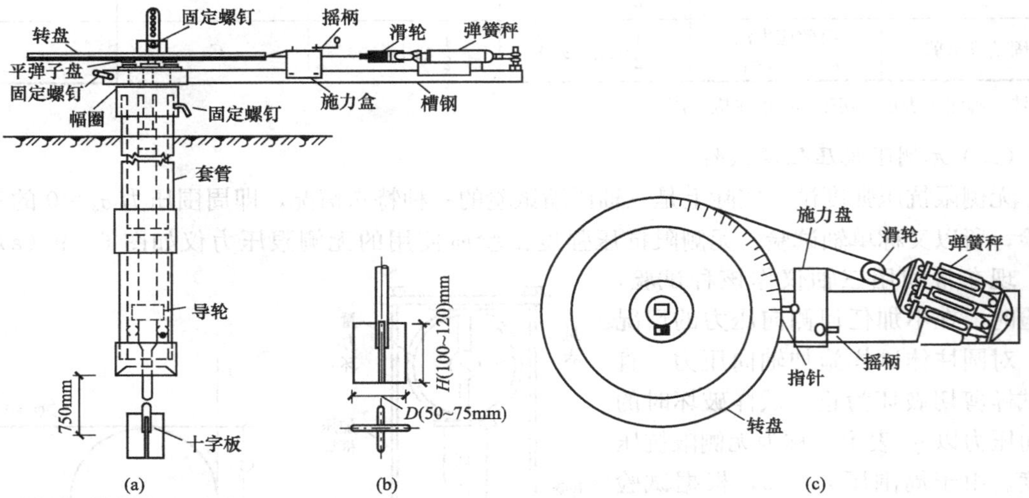

图 6-10 十字板剪力仪构造图

(a) 剖面图；(b) 十字板；(c) 扭力设备

试验原理如下：试验时先将套管打到预定的深度，并将套管内的土清除。将十字板装在钻杆的下端后，通过套管压入土中，压入深度约为 750mm。然后由地面上的扭力设备对钻杆施加扭矩，使埋在土中的十字板扭转，直至土剪切破坏。破坏面为十字板旋转所形成的圆柱面。设剪切破坏时所施加的扭矩为 M，则它应该与剪切破坏圆柱面（包括侧面和上下面）上土的抗剪强度所产生的抵抗力矩相等，即

$$M = \pi DH \cdot \frac{D}{2}\tau_v + 2 \cdot \frac{\pi D^2}{4} \cdot \frac{D}{3} \cdot \tau_H$$

$$= \frac{1}{2}\pi D^2 H\tau_v + \frac{1}{6}\pi D^3 \tau_H \tag{6-14}$$

式中 M——剪切破坏时的扭力矩，kN·m；

τ_v、τ_H——剪切破坏时的圆柱体侧面和上下面土的抗剪强度，kPa；

H——十字板的高度，m；

D——十字板的直径，m。

严格地讲，τ_v 和 τ_H 是不同的。爱斯（Aas）曾利用不同的 D/H 的十字剪力仪测定饱和黏性土的抗剪强度。试验结果表明：对于所试验的正常固结饱和黏性土，$\tau_H/\tau_v=1.5\sim2.0$，对于稍超固结的饱和软黏土，$\tau_H/\tau_v=1.1$。实用上为了简化计算，目前在常规的十字板试验中仍假设 $\tau_H=\tau_v$，将这一假设代入式（3-15）中，得

$$\tau_f=\frac{2M}{\pi D^2\left(H+\frac{D}{3}\right)} \tag{6-15}$$

式中　τ_f——在现场由十字板测定的土的抗剪强度，kPa；其余符号同前。

由十字板在现场测定的土的抗剪强度，属于固结不排水剪切的试验条件，因此其结果应与无侧限抗压强度试验结果接近，即

$$\tau_f\approx\frac{q_u}{2} \tag{6-16}$$

第四节　影响土抗剪强度的因素

影响土抗剪强度的因素，主要是土的性质（如土的颗粒组成、原始密度、黏性土的触变等）和应力状态（如前期固结压力等）两个方面，具体叙述如下。

一、土的矿物成分、颗粒形状和级配的影响

对黏性土来说，主要是矿物成分的影响。不同的黏土矿物具有不同的晶格构造，它们的稳定性、亲水性和胶体特性各不相同，显著影响黏土的抗剪强度（主要对黏聚力）。一般情况下，黏性土的抗剪强度随黏粒和黏土矿物含量的增加而增大，随胶体活动性的增强而增大。

对砂性土来说，主要是颗粒的形状、大小及级配的影响。一般情况下，在土的颗粒级配中，粗颗粒越多、形状越不规则、表面越粗糙，土内摩擦角越大，抗剪强度也越高。

二、含水量的影响

随含水量的增高土抗剪强度降低。这种影响主要表现在两方面：一是水分在较粗颗粒之间起着润滑作用，使摩阻力降低；一是黏土颗粒表面结合水膜的增厚使原始黏聚力减小。试验研究表明，含水量对砂土抗剪强度的影响很小，对黏性土抗剪强度影响较大。砂土在干燥状态时的内摩擦角 φ 值与饱和状态时的内摩擦角 φ 值差别很小（仅1°～2°），图6-11表示黏土在相同的法向应力作用下的不排水抗剪强度随含水量的增高急剧下降的情况。

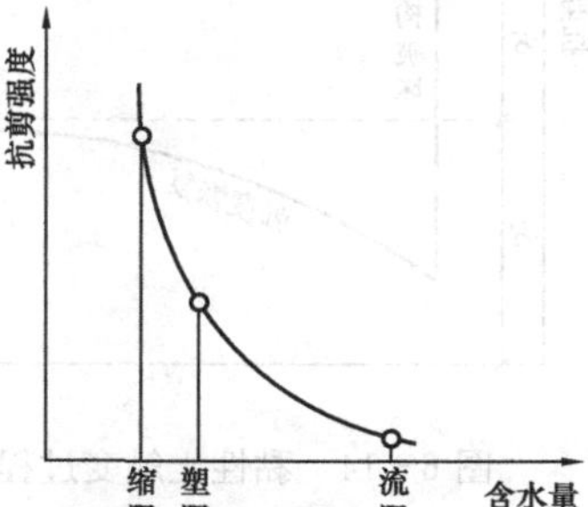

图6-11　含水量对黏土抗剪强度的影响

三、原始密度的影响

一般情况下，土原始密度越大，其抗剪强度越高。对于粗颗粒土（例如砂性土），密度越大颗粒之间的咬合作用越强，摩阻力越大；对于细颗粒土（黏性土），密度越大意味颗粒之间的距离越小，水膜越薄，原始黏聚力越大。试验结果表明：当其他条件相同时，黏性土的抗剪强度随着密度的增大而增大见图6-12；同一种不同密实程度的砂土在相同周围压力

下受剪时应力—应变关系和体积变化关系图 6－13 看出，密砂的剪应力随剪应变的增加很快增大到峰值后逐渐减小，最后趋于一稳定的终值，其体积变化开始时稍有减小，随后不断增加（呈剪胀性）；松砂的剪应力随着剪应变的增加则缓慢地逐渐增大并趋于某一最大值，其体积在受剪时相应减小（呈剪缩性）。由此看出，在实际允许较小剪应变条件下，密砂的抗剪强度明显大于松砂。

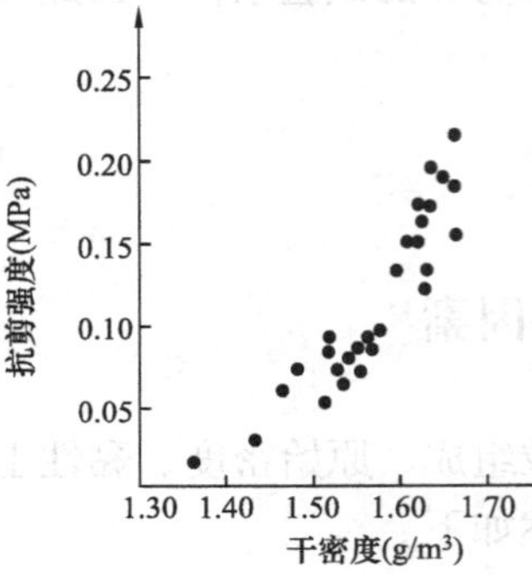

图 6－12　粉质黏土抗剪强度与干密度关系图

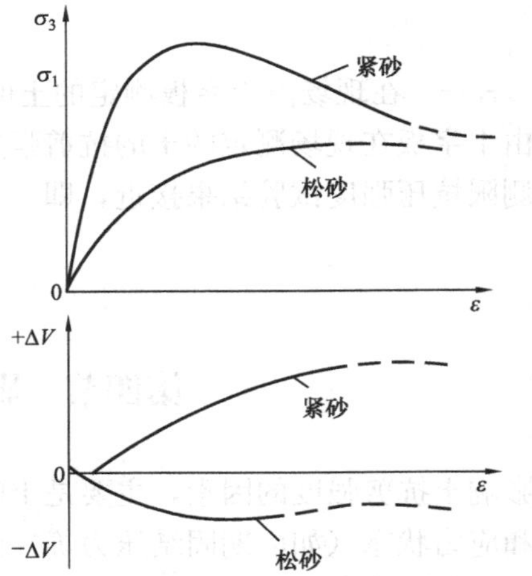

图 6－13　砂土受剪时应力—应变—体变关系图

四、黏性土触变性的影响

黏性土的强度因受扰动而削弱，但经过静置可得到一定程度的恢复，称黏性土的这一特性为触变性，见图 6－14。在黏性土地基中进行钻探取样时，土样受到明显扰动，由于黏性土的触变性，试样不能反映其天然强度，土灵敏度愈大，影响愈显著。若在灵敏度较高的黏性土地基中开挖基坑，地基土因施工扰动发生强度削弱，应注意黏性土的触变性对强度的影响。另一方面，当扰动停止后，黏性土的强度会随时间逐渐增长。如在黏性土中打桩时，桩侧土因受到扰动导致强度降低，但在停止打桩后，黏性土的强度逐渐恢复，桩承载力随之逐渐增加，这种现象就是受黏性土触变性影响的结果。

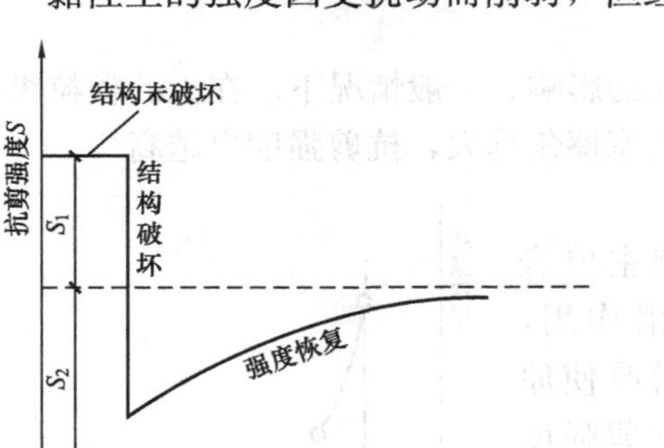

图 6－14　黏性土触变过程中抗剪强度与时间关系图

五、土的应力历史的影响

土体受力历史不同，影响土体强度的试验结果。图 6－15 表示不同压缩曲线与相应的强度包线。曲线 A、B、C 分别为初始压缩曲线、卸荷曲线和再压缩曲线，相应 A_s 表示正常固结土的强度包线，B_s、C_s 均为超固结土的强度包线。对于卸荷点 a' 来说，B 和 C 两曲线上的各点 b、c 均处于超固结状态，它们的强度值分别在 B_s 和 C_s 曲线上找到对应的位置。图中看出，a、b、c 三点的垂直压力 p 相同，因应力历史不同，b 点的强度大于 c 点的强度，更大于 a 点的强度，A_s、B_s、C_s 三曲线的强度参数 C、φ 值明显不同。在实用上把 B_s、C_s

统一用直线 $a'b'$ 代表卸荷—再压缩过程的强度包线［图 6－15（b）］。对于正常固结土，其自重压力 p_0 等于前期固结压力 p_c，在室内试验时，当所加压力 $p>p_c$ 时，强度包线就是 A_s，其延长线可能通过坐标原点；当 $p<p_c$ 时，土体处于超固结状态，强度包线属于卸荷—再压缩曲线对应的直线包络线 $a'b'$，可能是一条不通过坐标原点的直线。考虑应力历史影响的强度包线实际上是两条直线组成的折线所构成，其间有一个转折点，如图 6－16 中的虚线①、②及 c 点所示，c 点对应的压力是前期固结压力。总之，考虑土应力历史的影响，在测定土抗剪强度指标时，对试样施加的固结压力宜大于前期固结压力 p_c，特别对深层土进行试验时，应特别注意施加的固结压力。

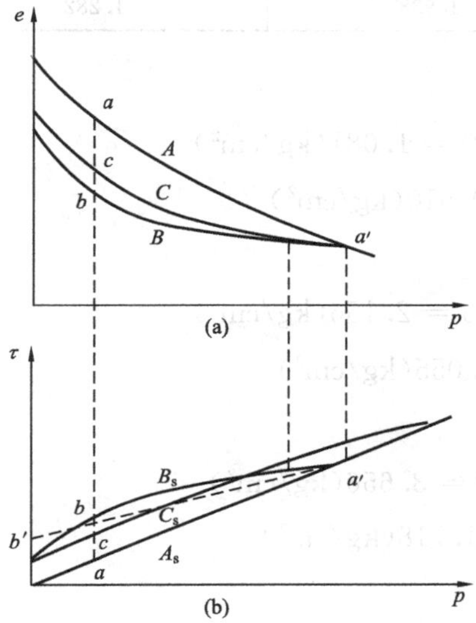

图 6－15 应力历史对土体强度的影响图

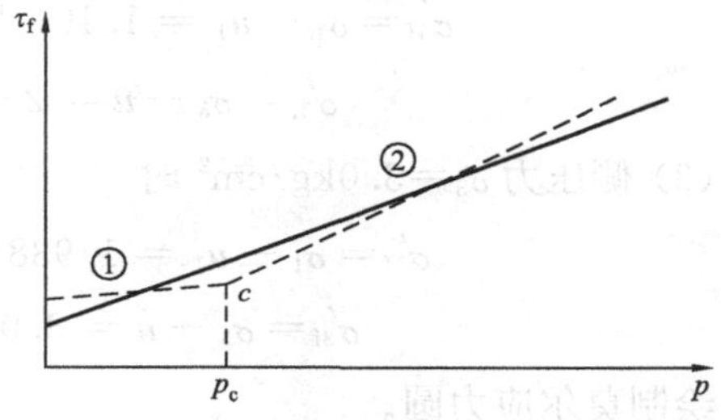

图 6－16 实际强度包线与简化强度包线图

【例题 6－1】 设黏性土地基中某点的主应力 $\sigma_1=300\text{kPa}$，$\sigma_3=100\text{kPa}$，土的抗剪强度指标 $c=20\text{kPa}$，$\varphi=26°$，试问该点处于什么状态？

【解】 由式

$$\sigma_3=\sigma_1\tan^2\left(45°-\frac{\varphi}{2}\right)-2c\tan\left(45°-\frac{\varphi}{2}\right)$$

土体处于极限平衡状态而最大主应力为 σ 时，所对应的最小主应力为

$$\sigma_{3f}=\sigma_1\tan^2\left(45°-\frac{\varphi}{2}\right)-2c\tan\left(45°-\frac{\varphi}{2}\right)=90(\text{kPa})$$

因为 $\sigma_{3f}<\sigma_3$，故可判定该点处于稳定状态。

或由
$$\sigma_1=\sigma_3\tan^2\left(45°+\frac{\varphi}{2}\right)+2c\tan\left(45°+\frac{\varphi}{2}\right)$$

得 $\sigma_{1f}=320\text{kPa}$。

因为 $\sigma_{1f}>\sigma_1$，所以可判定该点处于稳定状态。

【例题 6－2】 进行土三轴固结不排水试剪切试验，得到下表关系，求与这个土样有效应力相关得黏着力 c'，内摩擦角 ϕ'。

表 6-3　土三轴固结不排水试剪切试验表

固结压力 (kg/cm²)	侧压力 (kg/cm²)	最大应力差 (kg/cm²)	最大应力差时的孔隙水压力 (kg/cm²)
1.0	1.0	0.571	0.490
2.0	2.0	1.101	0.945
3.0	3.0	1.938	1.282

【解】 (1) 侧压力 $\sigma_3=1.0\text{kg/cm}^2$ 时

$$\sigma'_{1f}=\sigma_1-u_1=0.571+1.0-0.490=1.081(\text{kg/cm}^2)$$

$$\sigma'_{3f}=\sigma_3-u=1.0-0.49=0.510(\text{kg/cm}^2)$$

(2) 侧压力 $\sigma_3=2.0\text{kg/cm}^2$ 时

$$\sigma'_{1f}=\sigma_1-u_1=1.101+2.0-0.945=2.156(\text{kg/cm}^2)$$

$$\sigma'_{3f}=\sigma_3-u=2-0.945=1.055(\text{kg/cm}^2)$$

(3) 侧压力 $\sigma_3=3.0\text{kg/cm}^2$ 时

$$\sigma'_{1f}=\sigma_1-u_1=1.938+3-1.282=3.656(\text{kg/cm}^2)$$

$$\sigma'_{3f}=\sigma_3-u=3.0-1.282=1.718(\text{kg/cm}^2)$$

绘制莫尔应力圆。

求得：$c'=0\text{kg/cm}^2$，$\phi'=20°$。

【例题 6-3】 在饱和状态正常固结黏土上进行固结不排水的三轴压缩试验，得到如下值，当侧压力 $\sigma_3=2.0\text{kg/cm}^2$ 时，破坏时的应力差 $\sigma_1-\sigma_3=3.5\text{kg/cm}^2$，孔隙水压力 $u_w=2.2\text{kg/cm}^2$，滑移面的方向和水平面成 60°。求这时滑移面上的法向应力 σ_n 和剪应力 τ 和 σ'_n，另外，试验中的最大剪应力及其方向怎样呢？

【解】 根据在破坏时

$$\sigma_3=2.0\text{kg/cm}^2$$

$$\sigma_1=\Delta\sigma+\sigma_3=3.5+2.0=5.5(\text{kg/cm}^2)$$

因为 $\alpha=60°$，所以求关于总应力的法向应力和剪应力 τ。

则
$$\sigma_n=\frac{\sigma_1+\sigma_3}{2}+\frac{\sigma_1-\sigma_3}{2}\cos 2\alpha$$

$$\sigma_n=\frac{5.5+2.0}{2}+\frac{5.5-2.0}{2}\cos 120°=2.875(\text{kg/cm}^2)$$

$$\tau=\frac{\sigma_1-\sigma_3}{2}\sin 2\alpha=\frac{5.5-2.0}{2}\sin 120°=1.516(\text{kg/cm}^2)$$

有效应力如下

$$\sigma'_n=\sigma_n-u_w=2.875-2.2=0.675(\text{kg/cm}^2)$$

另外，最大剪应力发生在和水平面成 45°的方向。

其大小为

$$\tau_{max}=\frac{\sigma_1-\sigma_3}{2}=\frac{5.5-2.0}{2}=1.75(\text{kg/cm}^2)$$

关键概念

土的抗剪强度概念；土抗剪强度理论；极限平衡条件表达式；土中一点最容易破坏的面与最大剪应力面关系；土抗剪强度的测定；实际土体抗剪强度指标的选定。

思考题

6-1　各类建筑工程设计中，为了建筑物的安全可靠，要求建筑地基必须同时满足哪些技术条件？

6-2　何谓抗剪强度？何谓极限平衡条件？

6-3　解释土的内摩擦角和黏聚力的含义。

6-4　直剪试验和三轴试验的优缺点有哪些？

6-5　简述影响土抗剪强度的主要因素。

6-6　简述室内确定土抗剪强度指标的基本方法及这些方法的特点。

6-7　土体中发生剪切破坏的平面为什么不是剪应力值最大的平面？

计算题

6-1　一饱和黏性土试样在三轴仪中进行固结不排水试验，施加周围压力 $\Delta\sigma_3=200\text{kPa}$，试件破坏时的主应力差 $\sigma_1-\sigma_3=280\text{kPa}$，测得孔隙水压力 $u_f=180\text{kPa}$，如果破坏面与水平面的夹角为 57°，试求破坏面上的法向应力和剪应力以及试件中的最大剪应力？

6-2　已知地基土中某点的最大主应力为 $\sigma_1=600\text{kPa}$，最小主应力 $\sigma_3=200\text{kPa}$。绘制该点应力状态的莫尔应力圆。求与大主应面成夹角 $\alpha=15°$ 的斜面上的正应力和剪应力？

6-3　以某饱和黏性土做三轴固结不排水剪试验，测得 4 个土样的最大主应力、最小主应力和孔隙水压力见表 6-4。试用总应力法确定该土体的 φ_{cu} 和 C_{cu}，并用有效应力法确定其 φ' 和 C'。

表 6-4　　某饱和土三轴固结不排水试剪切试验表

σ_1 (kPa)	145	228	310	401
σ_3 (kPa)	60	100	150	200
u_f (kPa)	31	55	92	126

6-4　某饱和黏土的有效内摩擦角为 30°，有效内聚力为 12kPa，取该土样做固结不排水剪切试验，测得土样破坏时 $\sigma_3=260\text{kPa}$，$\sigma_1-\sigma_3=135\text{kPa}$。求该土样破坏时的孔隙水压力。

6-5　对砂土进行直剪试验，当施加竖向载荷为 250kPa 时，测得的抗剪强度为 100kPa，试用应力圆求出土样剪切面处大、小主应力面的方向。

6-6　一组 3 个饱和黏性土的三轴固结不排水剪试验，土样分别在围压 100kPa、

200kPa、300kPa下固结，而剪破坏时的大主应力分别为205kPa、385kPa、570kPa，同时测得剪破时孔隙水压力依次为63kPa、110kPa、150kPa，试求该饱和粘性土的总应力强度指标c_{cu}，φ_{cu}和有效强度指标c'，φ'。

6-7 已知土中某点的应力处于极限平衡状态，最小主应力为200kPa，作用面的法线为水平方向，土的抗剪强度指标$c=50$kPa，$\varphi=24°$。试求：

(1) 该点最大主应力的大小和方向；

(2) 该点最大剪应力值与作用面方向；

(3) 该点剪切破坏面上的正应力与剪应力，作用面的方向；

(4) 说明最大剪应力面不是剪破坏面。

6-8 以正常固结饱和黏土试样，在三轴压力室保持300kPa围压条件下做排水剪试验，测得排水抗剪强度指标$c_d=0$，$\varphi_d=30°$，试问：

(1) 排水剪裂面的正应力、剪应力及方向；

(2) 若保持300kPa围压条件下进行固结不排水剪试验，破坏时轴向压力差$\sigma_1-\sigma_3=300$kPa，求固结不排水剪总应力与有效应力抗剪强度指标；剪切破坏时试样中的孔隙水压力及相应的孔压系数；剪切破坏面的正应力、剪应力及方位。

(3) 若使试样先在200kPa围压下固结，然后再施加300kPa围压进行不排水剪试验，求抗剪强度指标及剪裂面的应力与方位。

(4) 试比较排水剪、固结不排水剪的抗剪强度指标。

6-9 已知地基中饱和黏土层中某点的竖直应力为200kPa，水平应力为150kPa，孔隙水压力$u=50$kPa。假设土的孔隙水压力系数A、B在应力变化过程中维持不变。

(1) 从该点取出土样，保持含水量不变，加工成三轴剪切试样，当放入压力室时测得试样有应力135kPa，求土的孔隙水压力系数A、B及试样的有效应力状态。

(2) 用该试样做不排水试验，围压100kPa维持不变，当通过活塞杆施加$\sigma_1-\sigma_3$达160kPa时土样剪坏，求这时土试样上的有效应力状态及土的不排水抗剪强度c_u。

6-10 从饱和黏土性中一点取出一简土样，切取多个试样，进行直剪固结快剪试验，测得正常固结部分$C_{cq}=0$，$\varphi_{cq}=20°$，超固结部分$C_{cq}=30$kPa，$\varphi_{cq}=7°$。问

(1) 该土的先期固结压力P_c是多少？

(2) 如该土样在地基中的自重应力为80kPa，问其天然状态不排水强度是多少？

(3) 如在地面施加大面积均布荷载$P=120$kPa，固结稳定后，该取土点的不排水强度应是多少？

6-11 某饱和黏土，已知其有效应力强度指标$C'=0$，$\varphi=28°$，孔隙水压力系数$A=0.8$，如将该土试样在各向等压力$\sigma_3=50$kPa下固结稳定，然后在不排水条件施加偏应力$\sigma_1-\sigma_3=46$kPa，问该土样是否被剪坏？

6-12 对一饱和原状土样进行固结不排水试验，破坏时测得$\sigma_3=200$kPa，$\sigma_1-\sigma_3=400$kPa，孔隙水压力$u=100$kPa，试样的破裂面与水平面的夹角58°，求：孔压系数A；有效应力强度指标C'、φ。

6-13 为测定某黏性土的抗剪强度指标，先取一土样作固结排水条件下的直剪试验，当$\sigma_n=50$kPa时，测得破坏时剪应力$\tau_f=57.74$kPa；另取一相同条件的土样，作固结排水三轴压缩试验，当围压$\sigma_3=50$kPa时，破坏时作用在土样上的大主应力$\sigma_1=250$kPa。试利用以

上试验数据，求该黏性土的抗剪强度指标 C、φ。

6-14 饱和黏性土样试验在三轴仪中进行固结不排水剪切试验，施加的围压 σ_3 是 196kPa，试样破坏时的主应力差为 274kPa，测得孔隙水压力 176kPa，如果破坏面与水平面成 58°角，试求破坏面上的正应力、剪应力、有效应力及试样中的最大剪应力。

6-15 某饱和黏土的有效内摩擦角为 30°，有效内聚力为 12kPa，取该土样作固结不排水剪切试验，测得土样破坏时 $\sigma_3=260$kPa，$\sigma_1-\sigma_3=135$kPa，求该土样破坏时的孔隙水压力。

计算题参考答案

6-1 破坏面上的法向应力为 283kPa；剪应力为 127kPa；试件中的最大剪应力 140kPa

6-2 大主应面成夹角 $\alpha=15°$的斜面上的正应力 573kPa 和剪应力 100kPa

6-3 用总应力法确定该土体的 $\varphi_{cu}=18°$，$C_{cu}=15$kPa，并用有效应力法确定其 $\varphi'=28°$ 和 $C'=8$kPa

6-4 土样破坏时的孔隙水压力为 213.28kPa

6-5 大主应力面与水平方向夹角是 56.8°，小主应力面与水平面方向夹角是 33.2°

6-6 $C_{cu}=20.68$kPa、$\varphi_{cu}=16°$、$c'=25$kPa、$\varphi'=23°$

6-7 (1) 最大主应力 628.2kPa 方向是竖直方向；

(2) 最大剪切应力 114.1kPa 作用面与水平面夹角 45°；

(3) 破坏面上的正应力 327kPa，剪应力 195.6kPa。作用面与水平面夹角 57°；

(4) 在最大剪应力面上正应力为 114.1kPa 时对应的临界剪应力 234.4kPa<234.4kPa

6-8 (1) 排水剪裂面的正应力 560kPa、剪应力 259.81kPa、与大主应力作用面成 60°角的方向；

(2) 固结不排水剪总应力抗剪强度指标：内聚力 0kPa、内摩擦角 19.47°：有效应力抗剪强度指标内聚力 0kPa、内摩擦角 30°；剪切破坏时试样中的孔隙水压力为 150kPa，相应的孔压系数 $A=0.5$、$B=1$；剪切破坏面的正应力 225kPa、剪应力 130kPa、与大主应力作用面成 60°角的方向；

(3) 有效应力抗剪强度指标内聚力 0kPa、内摩擦角 30°，剪裂面正应力 150kPa、剪应力 86.6kPa、与大主应力作用面成 60°角的方向；

(4) 固结不排水剪总应力抗剪强度指标：内聚力 0kPa、内摩擦角 19.47°：有效应力抗剪强度指标内聚力 0kPa、内摩擦角 30°；排水剪总应力抗剪强度指标与有效应力相同：内聚力 0kPa、内摩擦角 30°

6-9 (1) $A=0.33$、$B=3$、有效应力状态为：大主应力 90kPa、小主应力 15kPa、孔隙水压力 45kPa；

(2) 有效应力状态为：大主应力 260kPa、小主应力 100kPa、孔隙水压力 160kPa、$C_u=22.02$kPa

6-10 (1) 先期固结压力 $P_c=124.48$kPa；(2) 天然状态不排水强度是 20.12kPa；(3) 不排水强度应是 44.73kPa

6-11 土样被剪坏

6-12 $u=0.25$；$C=76.25\mathrm{kPa}$、$\varphi=26°$

6-13 $C=28.87\mathrm{kPa}$，$\varphi=30°$

6-14 正应力 273kPa，剪应力 123kPa，有效应力 97kPa，最大剪应力 137kPa（$\alpha=45°$时）

6-15 破坏时孔压为 213.3kPa

中篇　土力学的基本原理在工程中的应用

第七章　土压力与挡土墙设计

本章提要与学习目标

土压力是与土的抗剪强度有关的问题，也是土力学重要问题之一。学习本章时，要熟悉土压力的类型及它们产生的条件和适用范围，熟练掌握土压力计算方法。朗肯（Rankine W J M，1857）土压力理论是本章重要内容，学习朗肯假设条件、主动土压力、被动土压力。要求掌握朗肯假设条件，熟练掌握其计算方法。库仑（Coulomb C A，1776）土压力理论是本章另一重要内容，学习库仑假设条件、数值解法与库尔曼图解法，要求掌握其假设条件及数值解法，从分析方法与计算误差上比较两个理论的不同。

本章学习中要求掌握几种常见情况的主动土压力计算。

第一节　土压力概述

第四章计算出土体由于建筑物荷载引起的附加应力，本章将介绍土体作用在挡土结构物上的土压力（图 7－1），讨论土压力性质及计算，包括土压力的大小、方向、分布和合力作用点，而土压力的大小及分布规律主要与土的性质及结构物位移的方向、大小和结构物的刚度、高度及形状等有关。

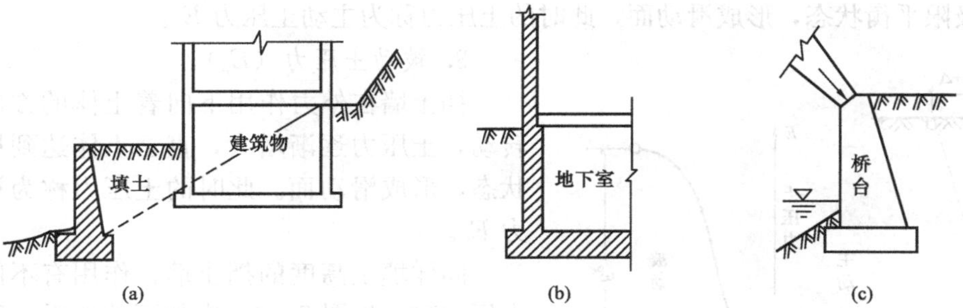

图 7－1　挡土墙上的土压力

(a) 边坡挡土墙上的土压力；(b) 地下室墙体上的土压力；(c) 桥台上的土压力

一、挡土结构类型对土压力分布的影响

挡土结构是一种常见的岩土工程建筑物，它是为了防止边坡坍塌失稳，保护边坡稳定，

而人工完成的构筑物。常用的支挡结构有重力式、悬臂式、扶臂式、锚杆式和加筋土式等。挡土墙按其刚度和位移方式分为刚性挡土墙、柔性挡土墙和临时支撑三类。

1. 刚性挡土墙

用砖、石或混凝土所筑成的断面较大的挡土墙。由于刚度大，墙体在侧向土压力作用下，仅能发生整体平移或转动，挠曲变形可忽略。墙背受到的土压力呈三角形分布，最大压力强度发生在底部，类似静水压力分布。

2. 柔性挡土墙

当墙身受土压力作用时发生挠曲变形的挡土墙。

3. 临时支撑

边施工边支撑的临时性支挡结构。

二、墙体位移与土压力类型

墙体位移是影响土压力诸多因素中最主要的。墙体位移的方向和位移量决定所产生的土压力性质和大小，见图 7-2。

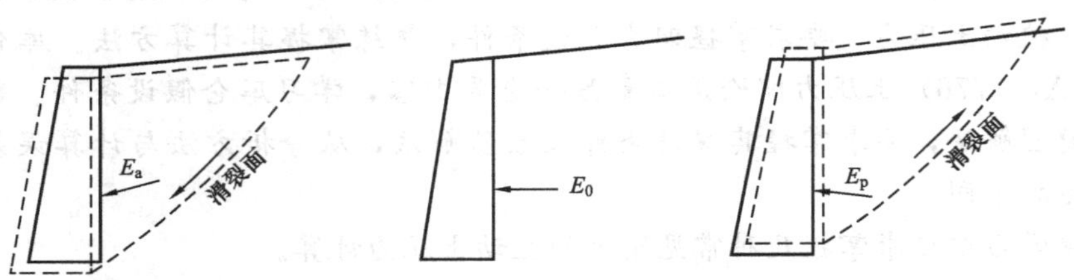

图 7-2　挡土墙土压力类型

(a) 主动土压力；(b) 静止土压力；(c) 被动土压力

1. 静止土压力（E_0）

墙受侧向土压力后，墙身变形或位移很小，可认为墙不发生转动或平移，墙后土体没有破坏，处于弹性平衡状态，此时墙上承受土压力称为静止土压力 E_0。

2. 主动土压力（E_a）

挡土墙在填土压力作用下，背离填土方向移动或沿墙根转动，土压力逐渐减小，直至土体达到极限平衡状态，形成滑动面，此时的土压力称为主动土压力 E_a。

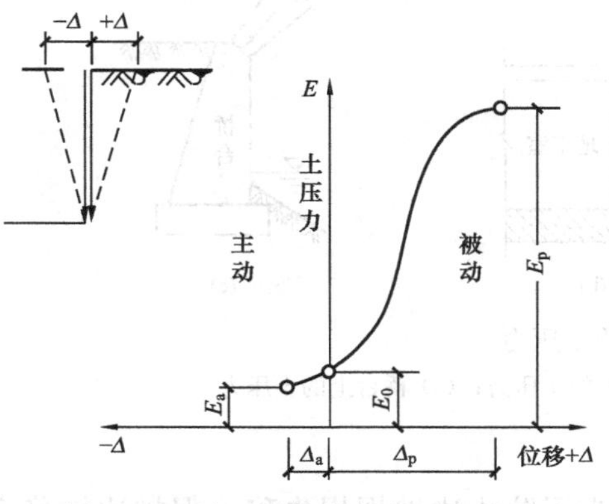

图 7-3　挡土墙位移与土压力关系

3. 被动土压力（E_p）

挡土墙在外力作用下向着土体的方向移动或转动，土压力逐渐增大，直至土体达到极限平衡状态，形成滑动面。此时的土压力称为被动土压力 E_p。

同样填土高度的挡土墙，作用有不同性质的土压力时，见图 7-3，有如下的关系：$E_p>E_0>E_a$。在工程中需定量地确定这些土压力值。

Terzaghi（1934）曾用砂土作为填土进行了挡土墙的模型试验，后来一些学者用不同土作为墙后填土进行了类似的试验。结果表明：当墙体离开填土移动时，位移量很小，即发生主动土压力。该位移量对砂土约 0.001h（h 为墙高），对黏性土约 0.004h。

当墙体从静止位置被外力推向土体时，只有当位移量大到相当值后，才达到稳定的被动土压力值 E_p，该位移量对砂土约需 0.05h，黏性土约需 0.1h，而这样的位移量实际上在工程中常是不容许的。本章主要介绍曲线上的三个特定点的土压力计算，即 E_0、E_a 和 E_p。

三、影响土压力的因素

理论分析与挡土墙的模型试验均证明：对同一挡土墙，在填土的物理力学性质相同的条件下，主动土压力小于静止土压力，而静止土压力小于被动土压力。由此可见挡土墙土压力不是一个常数，其土压力的性质、大小及沿墙高的分布规律与很多因素有关，归纳起来主要有：

(1) 挡土墙的位移方向和位移量；

(2) 挡土墙的形状、墙背的光滑程度和结构形式；

(3) 墙后填土的性质，包括填土的重度、含水量、内摩擦角和黏聚力的大小及填土面的倾斜程度。

四、研究土压力的目的

研究土压力的目的主要在于：

(1) 设计挡土构筑物，如挡土墙、地下室侧墙、桥台和贮仓等；

(2) 地下构筑物和基础的施工、地基处理方面；

(3) 地基承载力的计算，岩石力学和埋管工程等领域。

第二节　静止土压力计算

设一土层，表面是水平的，土的容重为 γ，设此土体为弹性状态，见图 7-4，在半无限土体内任取出竖直平面 $A'B'$，此面在几何面上及应力分布上都是对称的平面。对称平面上不应有剪应力存在，所以，竖直平面和水平平面都是主应力平面。

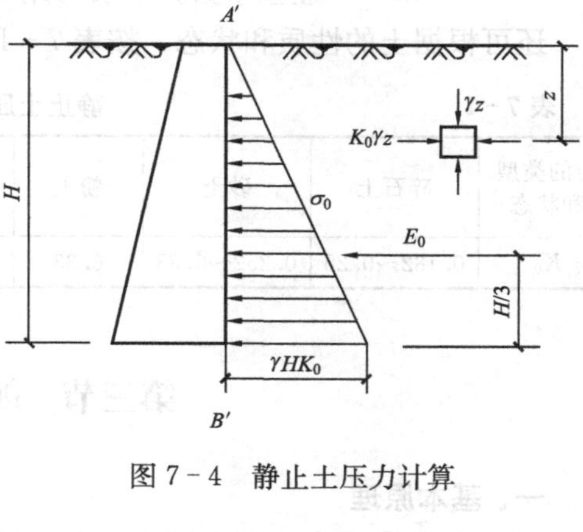

图 7-4　静止土压力计算

在深度 z 处，作用在水平面上的主应力为

$$\sigma_v = \gamma z$$

作用在竖直面的主应力为

$$\sigma_h = K_0 \gamma z$$

式中　K_0——土的静止侧压力系数；

γ——土的容重；

σ_h——作用在竖直墙背 AB 上的静止土压力，与深度 z 呈直线线性分布。

可见，静止土压力与 z 成正比，沿墙高呈三角形分布。

单位长度挡土墙上的静压力合力 E_0 为

$$E_0 = \frac{1}{2}\gamma H^2 K_0 \tag{7-1}$$

式中 H——挡土墙的高度。

由图 7-4 可见，总的静止土压力为三角形分布图的面积。E_0 的作用点位于墙底面以上 $H/3$ 处。

静止侧压力系数 K_0 的数值可通过室内或原位的静止侧压力试验测定。其物理意义：在不允许有侧向变形的情况下，土样受到轴向压力增量 $\Delta\sigma_1$ 将会引起侧向压力的相应增量 $\Delta\sigma_3$，比值 $\Delta\sigma_3/\Delta\sigma_1$ 称为土的侧压力系数 ζ 或静止土压力系数 K_0。

$$\xi = K_0 = \frac{\Delta\sigma_3}{\Delta\sigma_1} = \frac{\mu}{1-\mu} \tag{7-2}$$

式中 μ——土的泊松比。

室内测定方法：

(1) 压缩仪法：在有侧限压缩仪中装有测量侧向压力的传感器。

(2) 三轴压缩仪法：在施加轴向压力时，同时增加侧向压力，使试样不产生侧向变形。

上述两种方法都可得出轴向压力与侧向压力的关系曲线，其平均斜率即为土的侧压力系数。

对于无黏性土及正常固结黏土也可用下式近似计算

$$K_0 = 1 - \sin\varphi' \tag{7-3}$$

式中 φ'——填土的有效摩擦角。

对于超固结黏性土

$$(K_0)_{OC} = (K_0)_{NC} + (OCR)^m \tag{7-4}$$

式中 $(K_0)_{OC}$——超固结土的 K_0 值；

$(K_0)_{NC}$——正常固结土的 K_0 值；

OCR——超固结比；

m——经验系数，一般可用 $m=0.41$。

还可根据土的性质和状态，按表 7-1 确定静止土压力系数参考值。

表 7-1 静止土压力系数 K_0 参考值

土的类型和状态	碎石土	砂土	粉土	粉质黏土			黏土		
				硬塑	可塑	软塑或流塑	硬塑	可塑	软塑或流塑
K_0	0.182～0.25	0.252～0.33	0.33	0.33	0.43	0.53	0.33	0.53	0.72

第三节 朗肯土压力理论

一、基本原理

1857 年朗肯提出土压力理论，主要研究自重应力作用下，半无限土体内各点的应力由弹性平衡状态发展为极限平衡状态的情况，提出计算挡土墙土压力的理论。

(一) 假设条件

(1) 挡土墙背垂直；

(2) 墙后填土表面水平；

（3）挡墙背面光滑即不考虑墙与土之间的摩擦力。

（二）分析方法

（1）当土体静止不动时，深度 Z 处土单元体的应力为 $\sigma_v=\gamma z$，$\sigma_h=K_0\gamma z$，见图 7－5（a）；

（2）当代表土墙墙背的竖直光滑面 AB 面向外平移时，右侧土体制的水平应力 σ_h 逐渐减小，而 σ_v 保持不变。当 AB 位移至 $A'B'$ 时，应力圆与土体的抗剪强度包线相交，土体达到主动极限平衡状态，见图 7－5（b）和图 7－5（c）。此时，作用在墙上的土压力 σ_h 达到最小值，即为主动土压力，P_a；

（3）当代表土墙墙背的竖直光滑面 AB 面在外力作用下向填土方向移动，挤压土体时，σ_h 将逐渐增大，直至剪应力增加到土的抗剪强度时，应力圆又与强度包线相切，达到被动极限平衡状态，见图 7－5（c）和图 7－5（e）。此时作用在 $A'B'$ 面上的土压力达到最大值，即为被动土压力，P_p。

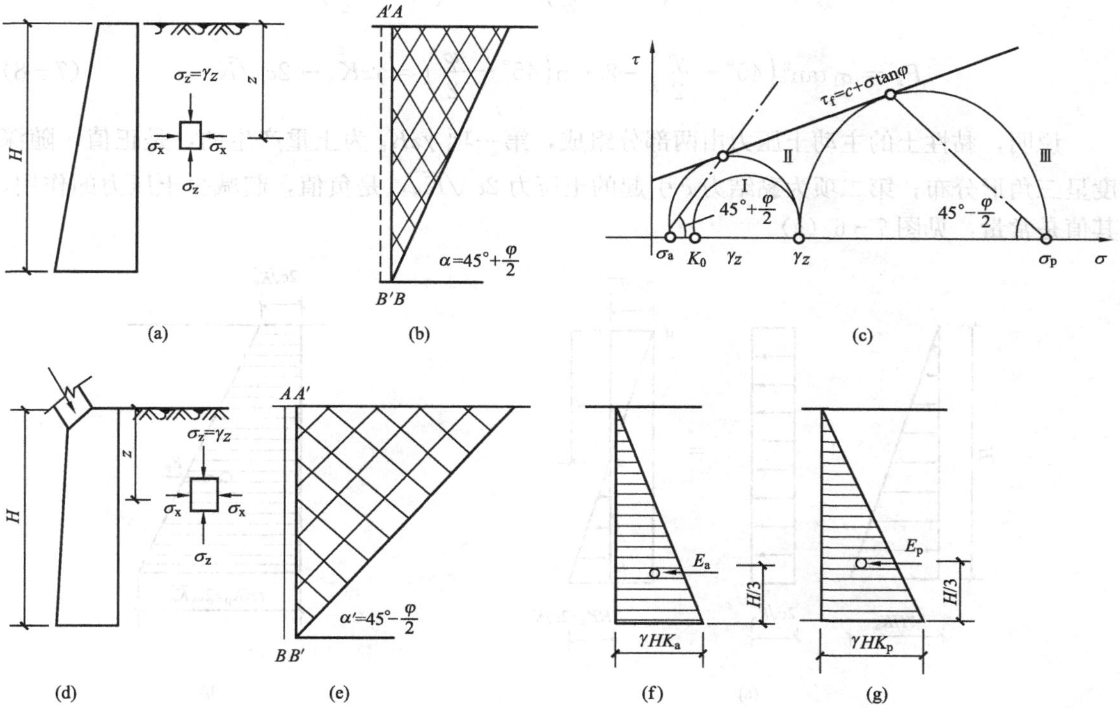

图 7－5　朗肯土压力

（a）、（d）土中一点应力状态；（b）主动朗肯状态；（c）莫尔圆表示半空间土体极限平衡；（e）被动朗肯状态；（f）无黏性土主动土压力分布；（g）无黏性土被动土压力分布

二、水平填土面的朗肯土压力计算

（一）主动土压力

当墙后填土达主动极限平衡状态时，作用于任意 z 处土单元上的 $\sigma_v=\gamma z=\sigma_1$，$\sigma_h=P_a=\sigma_3$，即 $\sigma_v>\sigma_h$。

1．无黏性土

将 $\sigma_1=\sigma_v=\gamma z$，$\sigma_3=P_a$ 代入无黏性土极限平衡条件，则

$$\sigma_3 = \sigma_1 \tan^2\left(45° - \frac{\varphi}{2}\right) = \gamma z K_a \tag{7-5}$$

$$K_a = \tan^2\left(45° - \frac{\varphi}{2}\right) \tag{7-6}$$

式中　K_a——朗肯主动土压力系数。

P_a 的作用方向垂直于墙背，沿墙高呈三角形分布，当墙高为 H（$z=H$），则作用于单位墙高度上的总土压力 $E_a=\frac{\gamma H^2}{2}K_a$，$E_a$ 垂直于墙背，作用点在距墙底$\frac{H}{3}$处，见图 7-5（f）。

2. 黏性土

将 $\sigma_1=\sigma_v=\gamma z$，$\sigma_3=P_a$，代入黏性土极限平衡条件，则

$$\sigma_3 = \sigma_1 \tan^2\left(45° - \frac{\varphi}{2}\right) - 2c\tan\left(45° - \frac{\varphi}{2}\right) \tag{7-7}$$

$$P_a = \sigma_1 \tan^2\left(45° - \frac{\varphi}{2}\right) - 2c\tan\left(45° - \frac{\varphi}{2}\right) = \gamma z K_a - 2c\sqrt{K_a} \tag{7-8}$$

说明，黏性土的主动土压力由两部分组成，第一项 $\gamma z K_a$ 为土重产生的，是正值，随深度呈三角形分布；第二项为黏结力 c 引起的土压力 $2c\sqrt{K_a}$，是负值，起减少土压力的作用，其值是常量，见图 7-6（a）。

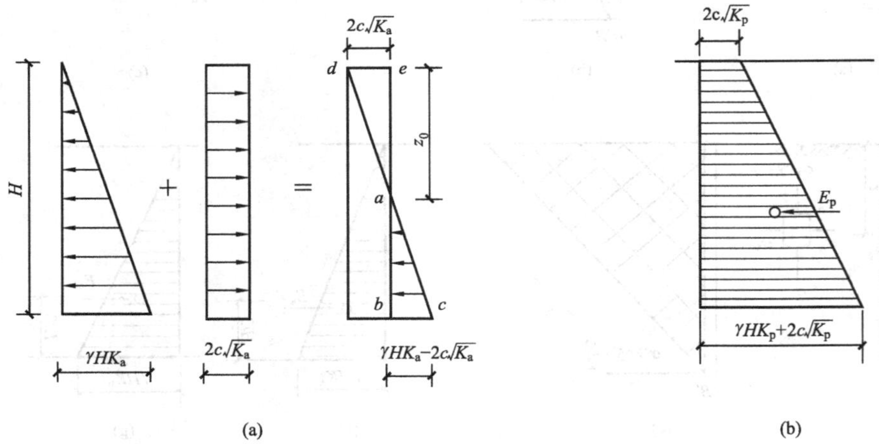

图 7-6　黏性土土压力计算图

（a）主动土压力；（b）被动土压力

总主动土压力 E_a 应为△abc 之面积，即

$$E_a = \frac{1}{2}\left[(\gamma H K_a - 2c\sqrt{K_a})\left(H - \frac{2c}{\gamma\sqrt{K_a}}\right)\right] = \frac{1}{2}\gamma H^2 K_a - 2cH\sqrt{K_a} + \frac{2c^2}{\gamma} \tag{7-9}$$

E_a 作用点则位于墙底以上$\frac{1}{3}(H-z_0)$ 处。

（二）被动土压力

当墙后土体达到被动极限平衡状态时，$\sigma_h>\sigma_v$，则 $\sigma_1=\sigma_h=P_p$，$\sigma_3=\sigma_v=\gamma z$。

1. 无黏性土

将 $\sigma_1=P_p$、$\sigma_3=\gamma z$ 代入无黏性土极限平衡条件式 $\sigma_1=\sigma_3\tan^2\left(45°+\frac{\varphi}{2}\right)$ 中，可得

$$P_p=\gamma z\tan^2\left(45°+\frac{\varphi}{2}\right)=\gamma zK_p \tag{7-10}$$

$$K_p=\tan^2\left(45°+\frac{\varphi}{2}\right) \tag{7-11}$$

式中　K_p——朗肯被动土压力系数。

P_p 沿墙高分布及单位长度墙体上土压力合力 E_p 作用点的位置均与主动土压力相同，见图 7-5（g）。

$$E_p=\frac{1}{2}\gamma H^2K_p$$

墙后土体破坏，滑动面与小主应力作用面之间的夹角 $\alpha=45°-\frac{\varphi}{2}$，两组破裂面之间的夹角则为 $90°+\varphi$。

2. 黏性土

将 $P_p=\sigma_1$、$\gamma z=\sigma_3$ 代入黏性土极限平衡条件 $\sigma_1=\sigma_3\tan^2\left(45°+\frac{\varphi}{2}\right)+2c\tan\left(45°+\frac{\varphi}{2}\right)$，可得

$$P_p=\gamma z\tan^2\left(45°+\frac{\varphi}{2}\right)+2c\tan\left(45°+\frac{\varphi}{2}\right)=\gamma zK_p+2c\sqrt{K_p} \tag{7-12}$$

黏性填土的被动压力也由两部分组成，都是正值，墙背与填土之间不出现裂缝，叠加后，其压力强度 P_p 沿墙高呈梯形分布，见图 7-6（b），总被动土压力为

$$E_p=\frac{1}{2}rH^2K_p+2cH\sqrt{K_p} \tag{7-13}$$

E_p 的作用方向垂直于墙背，作用点位于梯形面积重心上。

朗肯理论是从研究土中一点的极限平衡应力状态出发，首先求出的是 P_a 或 P_p 及其分布形式，然后计算 E_a 或 E_p 的极限应力法。

朗肯理论在理论上比较严密，但应用不广，只能得到简单边界条件的解答。

朗肯假定墙背与土无摩擦，墙背和土的摩擦角 δ 等于 0，因此计算所得的主动压力系数 K_a 偏大，而被动土压力系数 K_p 偏小。

第四节　库仑土压力理论

1776 法国库仑提出土压力理论，下面进行具体论述。

一、库仑土压力方法要点

（一）假设条件

（1）墙背倾斜，具有倾角 θ。

（2）墙后填土为砂土，表面倾角为 β 角。

(3) 墙背粗糙有摩擦力，墙与土间的摩擦角为 δ，且 ($\delta \ll \varphi$)。

(4) 平面滑裂面假设。

当墙面向前或向后移动，使墙后填土达到破坏时，填土将沿两个平面同时下滑或上滑；一个是墙背 AB 面，另一个是土体内某一滑动面 BC。设 BC 面与水平面成 θ 角。

(5) 刚体滑动假设。

将破坏土楔 ABC 视为刚体，不考虑滑动楔体内部的应力和变形条件。

(6) 楔体 ABC 整体处于极限平衡条件，见图 7-7。

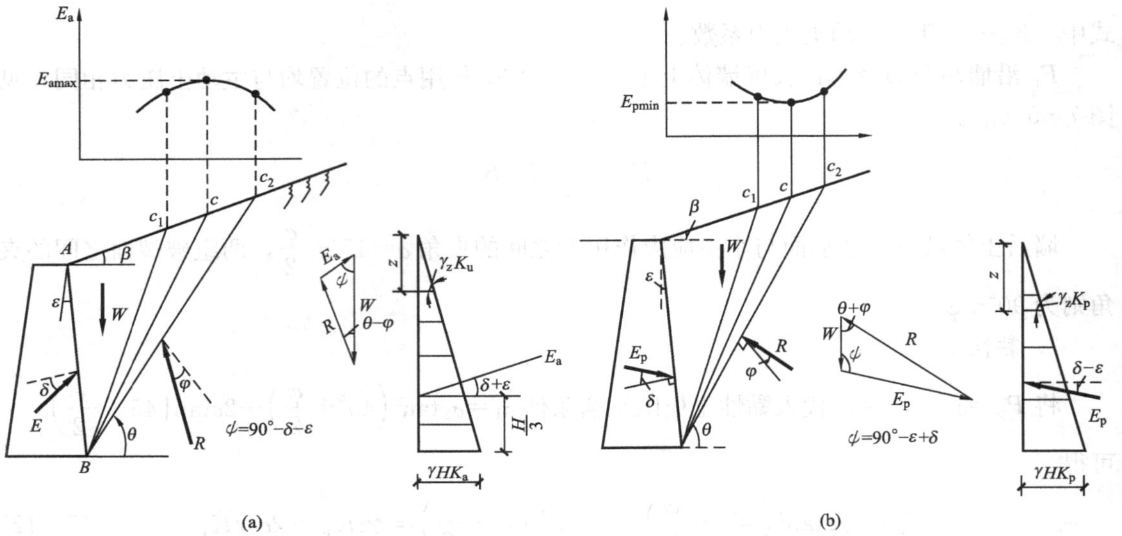

图 7-7　无黏性土库仑土压力计算图

(a) 库仑主动土压力；(b) 库仑被动土压力

(二) 取滑动楔体 ABC 为隔离体进行受力分析

分析可知，作用于楔体 ABC 上的力有：①土体 ABC 的重量 W；②下滑时受到墙面 AB 给予的支撑反力 E (其反方向就是土压力)；③BC 面上土体支撑反力 R。

(1) 根据楔体整体处于极限平衡状态的条件，可得知 E、R 的方向，见图 7-7。

(2) 根据楔体应满足静力平衡力三角形闭合的条件，可知 E、R 的大小。

(3) 求极值，找出真正滑裂面，从而得出作用在墙背上的总主动压力 E_a 和被动压力 E_p。

库仑理论是根据墙背和滑裂面之间的土楔，整体处于极限平衡状态，用静力平衡条件，首先求出 E_a 或 E_p，需要时再计算出 P_a 或 P_p 及其分布形式，即滑动楔体法。库仑理论是一种简化理论，但能广泛应用于较为复杂的各种实际边界条件。库仑理论考虑了墙背与填土的摩擦作用，且边界条件式正确，但却把土体中的滑动面假定为平面，理论与实际情况不符合。一般来说计算的主动压力稍偏小，被动土压力偏高。

总之，对于计算主动土压力，各种理论的差别都不大。当 δ 和 φ 较小时，在工程中均可应用，而当 δ 和 φ 较大时，其误差增大。

二、数解法

(一) 无黏性土的主动压力

设挡土墙如图 7-7 所示，墙后为无黏性填土。

取土楔 ABC 为隔离体，根据静力平衡条件，作用于隔离体 ABC 上的力 W、E、R 组成力的闭合三角形。

根据几何关系可知：

W 与 E 之间的夹角　$\psi=90°-\delta-\theta$

W 与 R 之间的交角　$\theta-\varphi$

利用正弦定律可得

$$\frac{E}{\sin(\theta-\varphi)}=\frac{W}{\sin[180°-(\theta-\varphi+\psi)]}$$

$$E=\frac{W\sin(\theta-\varphi)}{\sin(\theta-\varphi+\psi)} \tag{7-14}$$

式中，$W=\gamma\triangle ABC=\frac{\gamma H^2}{2}\frac{\cos(\theta-\beta)\cos(\theta-\varepsilon)}{\cos^2\theta\sin(\theta-\beta)}$。

由此式可知：

(1) 若改变 θ 角，即假定有不同的滑体面 BC，则有不同的 W、E 值，即 $E=f(\theta)$；

(2) 当 $\theta=90°+\alpha$ 时，即 BC 与 AB 重合，$W=0$，$E=0$；

(3) 当 $\theta=\varphi$ 时，R 与 W 方向相反，$E_a=0$。

因此，当 θ 在 $90°+\alpha$ 和 φ 之间变化时，E_a 将有一个极大值，令 $\frac{dE_a}{d\theta}=0$，将求得的 θ 值代入 $E_a=\frac{W\sin(\theta-\phi)}{\sin(\theta-\phi-\varphi)}$，化简得

$$E_a=\frac{1}{2}\gamma H^2K_a \tag{7-15}$$

其中

$$K_a=\frac{\cos^2(\varphi-\varepsilon)}{\cos^2\varepsilon\cos(\varepsilon+\delta)\left[1+\sqrt{\frac{\sin(\varphi+\delta)\sin(\varphi-\beta)}{\cos(\varepsilon+\delta)\cos(\varepsilon-\beta)}}\right]^2} \tag{7-16}$$

式中　K_a——库仑主动土压力系数。

当 $\theta=0$，$\delta=0$，$\beta=0$ 时，由 $E_a=\frac{1}{2}\gamma H^2K_a$ 得

$$E_a=\frac{1}{2}\gamma H^2\tan^2\left(45°-\frac{\varphi}{2}\right)$$

可见，与朗肯总主动土压力公式完全相同，说明在 $\theta=0$，$\delta=0$，$\beta=0$ 这种条件下，库仑与朗肯理论的结果是一致的。

关于土压力强度沿墙高的分步形式，$P_{az}=\frac{dE_a}{dz}$，即

$$P_{az}=\frac{dE_a}{dz}=\frac{d}{dz}\left(\frac{1}{2}\gamma z^2K_a\right)=\gamma zK_a$$

可见，P_{az} 沿墙高为三角形分布，E_a 作用点在距墙底 $H/3$ 处，见图 7-7 (a)。

但这种分步形式只表示土压力大小，并不代表实际作用墙背上的土压力方向。而沿墙背面的压强则为 $\gamma zK_a\cos\theta$。

(二) 无黏性土的被动土压力

用同样的方法可得出总被动土压力 E_p 值为

$$E_p = \frac{1}{2}\gamma H^2 K_p \tag{7-17}$$

$$K_p = \frac{\cos^2(\varphi+\varepsilon)}{\cos^2\varepsilon\cos(\varepsilon-\delta)\left[1-\sqrt{\frac{\sin(\varphi+\delta)\sin(\varphi+\beta)}{\cos(\varepsilon-\delta)\cos(\varepsilon-\beta)}}\right]^2} \tag{7-18}$$

式中　K_p——库仑被动土压力系。

被动土压力强度 P_{pz} 沿墙也为三角形分布，见图 7-7（b）。

三、图解法

当填土为 $C\neq0$ 的黏土或填土面不是平面，而是任意折线或曲线形状时，前述库仑公式就不能应用，而用图解法。

（一）基本方法

设挡土墙及其填土条件如图 7-8（a）所示。

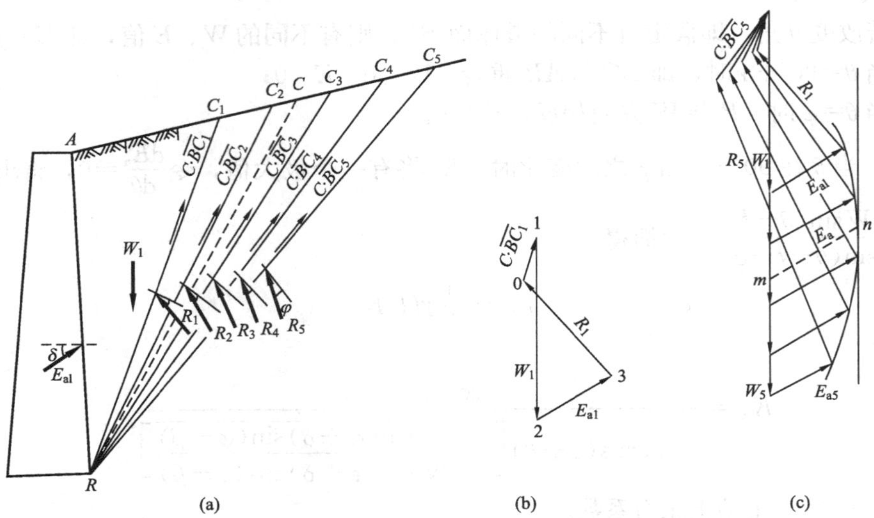

图 7-8　楔体试算法

在墙后填土中任选一与水平面夹角为 θ_1 的滑裂面 AC_1，则可求出土楔 ABC_1 重量 W_1 的大小和方向，以及反力 E_{a1} 及 R_1 的方向，从而绘制闭合的力三角形［图 7-8（b）］，并进而求出 E_{a1} 的大小。然后再任选多个不同的滑裂面 AC_2、AC_3、AC_4、…、A_{cn}，同理绘出各个闭合的力三角形，并得出相应的 E_{a2}、E_{a3}、…、E_{an} 值。

将这些力三角形的顶点连成曲线 m_1m_2，作 m_1m_2 的竖起切线（平行 W 方向），得到切点 m，自 m 点作 E_a 方向的平等线交 OW 线于 n 点，则 mn 所代表的 E_a 值为诸多 E_a 值中的最大值，即为 E_a 值。

关于 E_a 作用点的位置，上述图解法不能确定。为此，太沙基（1943）建议，在得出滑裂面 AC_a 后，再找出滑裂体 ABC_a 的重心 O，过 O 点作 AC_a 的平行线交墙背于 O' 点，则 O' 点即为 E_a 作用点，见图 7-8（c）。

（二）库尔曼图解法

库尔曼图解法是对上述基本方法的一种改进与简化。他把上述闭合三角形的顶点直接放

在墙根 A 处，并使入逆时针方向旋转 $90°+\varphi$ 角度，使得矢量 R 的方向与所假定的滑裂面相一致，见图 7-9。

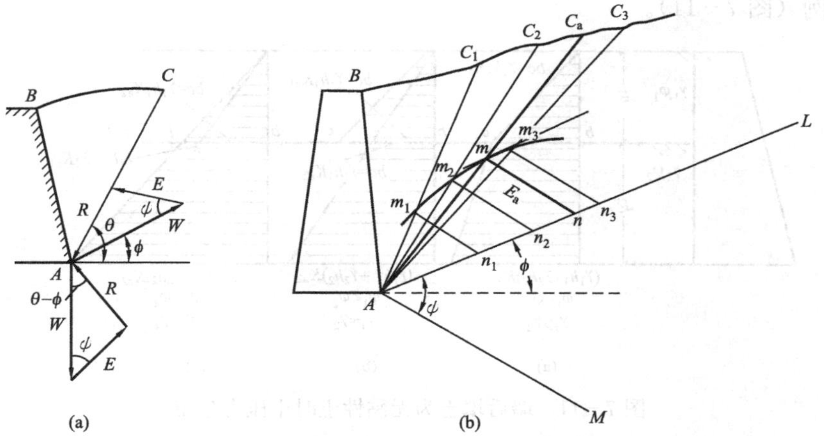

图 7-9　库尔曼图解法示意图

（三）黏性填土的土压力

库仑土压力理论原来只适用于无黏性土，对黏性土可用图解法求解，但要考虑土体破坏面上及墙背与填土之间的黏聚力。在填土上部 z_0 深度范围内可能产生受拉裂缝，z_0 值可由朗肯公式确定$\left(z_0=\dfrac{2c}{\gamma\sqrt{K_a}}\right)$，在 z_0 范围内的破坏面和墙背上的 δ、$\theta=0$，如图 7-10 所示。

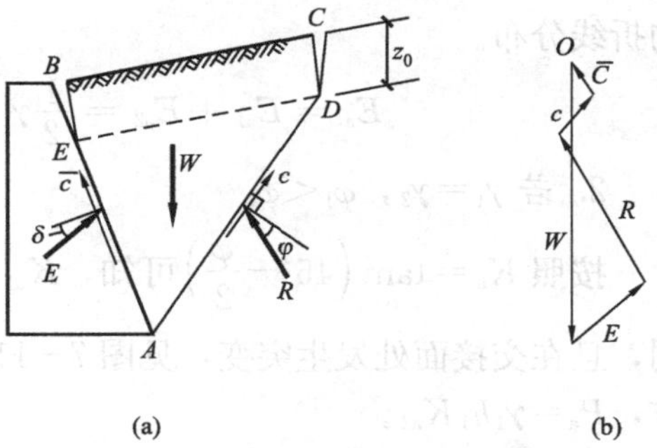

图 7-10　黏性土库仑土压力计算
(a) 黏性土库仑土压力；(b) 力多边形

假定破裂面为 ADC 时，作用在滑动楔体上的力有：

(1) 土体重 W；

(2) 沿墙背面上的凝聚力 $\bar{c}=c_w\overline{AE}$，其中 c_w 为墙背与填土间的单位凝聚力其值小于或等于填土的黏聚力；

(3) 破裂面上的反力 R；

(4) 破裂面上的黏聚力 $c=c\,\overline{AD}$，c 为填土的单位凝聚力；

(5) 墙背上的反力 E。

以上诸力的方向是已知的，其中 W、$\bar{c}$ 和 c 的大小也已知，由平衡矢量多边形可得 E 的值，见图 7-10 (b)。

重复试算一系列破裂面，得到 E 的最大值，即为待求的主动土压力 E_a。

第五节　几种常见情况的土压力

由于工程上所遇到的土压力计算较复杂，有时不能用前述的理论求解，需用一些近似的简化方法。

一、成层土层的压力

墙后填土由性质不同的土层组成时，土压力将受到不同填土体性质的影响。现以双层无粘性填土为例（图 7－11）。

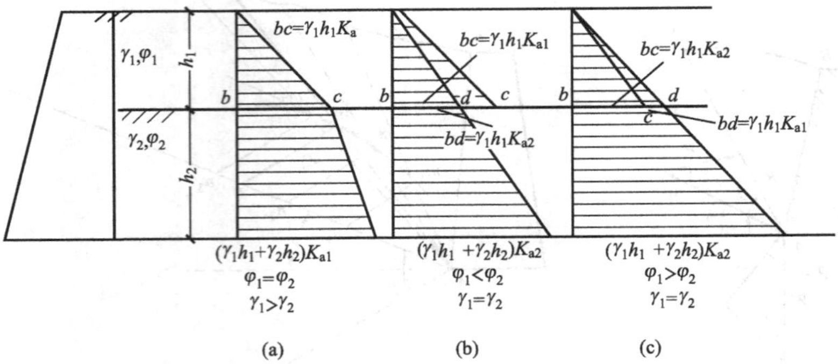

图 7－11　墙后填土为无黏性土时土压力分布

1. 若 $\varphi_1=\varphi_2$，$\gamma_1>\gamma_2$

在这种情况，由 $K_a=\tan^2\left(45°-\dfrac{\varphi}{2}\right)$可知，见图 7－11（a），$K_{a1}=K_{a2}$。

按照 $P_a=\gamma z K_a$ 可知，两层填土的土压力分布线将表现为在土层分界面处斜率发生变化的折线分布。

$$E_a=E_{a1}+E_{a2}=\frac{1}{2}\gamma_1 h_1^2 K_a+\frac{1}{2}(2\gamma_1 h_1 K_a+\gamma_2 h_2 K_a)H_2$$

2. 若 $\gamma_1=\gamma_2$，$\varphi_1<\varphi_2$

按照 $K_a=\tan^2\left(45°-\dfrac{\varphi}{2}\right)$可知，$K_{a1}\neq K_{a2}$，且 $K_{a1}>K_{a2}$。两层土的土压力分布斜率不同，且在交接面处发生突变，见图 7－11（b）；在界面处上方，$P_a=\gamma_1 H_1 K_{a1}$；在界面处下方，$P_a=\gamma_1 h_1 K_{a2}$。

$$E_a=\frac{1}{2}\gamma h_1^2 K_{a1}+\frac{1}{2}[\gamma h_1 K_{a2}+\gamma(h_1+h_2)K_{a2}]h_2$$

3. 若 $\gamma_1=\gamma_2$，$\varphi_1>\varphi_2$

按照 $K_a=\tan^2\left(45°-\dfrac{\varphi}{2}\right)$可知，$K_{a1}\neq K_{a2}$，且 $K_{a1}<K_{a2}$。两层土的土压力分布斜率不同，且在交接面处发生突变，见图 7－11（c）；在界面处上方，$P_a=\gamma_1 h_1 K_{a1}$；在界面处下方，$P_a=\gamma_1 h_1 K_{a2}$。

$$E_a=\frac{1}{2}\gamma h_1^2 K_{a1}+\frac{1}{2}[\gamma h_1 K_{a2}+\gamma(h_1+h_2)K_{a2}]h_2$$

4. 多层填土

对于多层填土，当填土面水平时，且 $c\neq 0$ 可用 Rankine（朗肯）理论来分析主动土压力，任取深度 z 处的单元土体，则 $\delta_1=\sum\gamma_i h_i$，$\delta_3=P_a$，即

$$P_a=\sum_{i=1}^{n}\gamma_i h_i K_a-2C\sqrt{K_a},\ K_a=\tan^2\left(45°-\frac{\varphi}{2}\right)$$

式中的 φ、C 由所计算点决定，在性质不同的分层填土的界面上下可分别算得两个不同

的 P_a 值（$P_{a上}$和 $P_{a下}$），P_a 由 K_{a1}和 K_{a2}（和 C_1、C_2）来确定，在界面处的土压力强度发生突变。各层土的 γ_i 值不同，土压力强度分布图不同。

二、墙后填土中有地下水位

当墙后填土中有地下水位时，计算土压力时，在地下水位以下的 γ 应用 γ'。同时地下水对土压力产生影响，主要表现为：

（1）地下水位以下，填土重量将因受到水的浮力而减少；

（2）地下水对填土的强度指标 C 的影响，一般认为对砂性土的影响可以忽略；但对黏性填土，地下水使 C、φ 值减小，从而使土压力增大；

（3）地下水对墙背产生静水压力作用。

以均质无黏性土为例，见图 7－12。

a 点土压力　$(P_a)_a=0$

b 点土压力　$(P_a)_b=\gamma h_1 K_a$

c 点土压力　$(P_a)_c=\gamma h_1 K_a+\gamma' h_2 K_a$

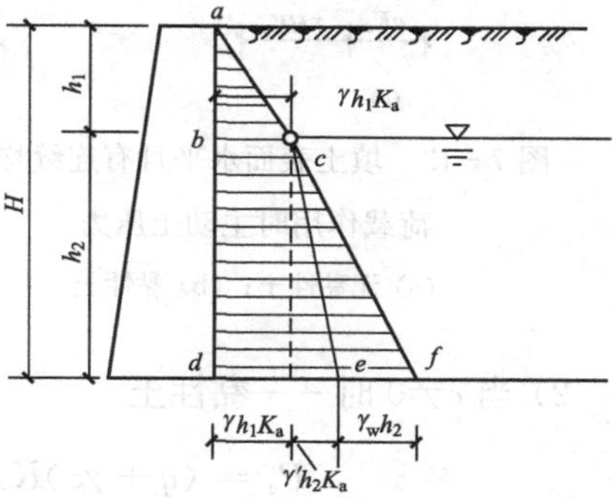

图 7－12　填土内有地下水的情况

总的主动土压力由图中 $abdec$ 压力分布图的面积求得，即

$$E_a=\frac{1}{2}\gamma h_1^2 K_a+\gamma h_1 h_2 K_a+\frac{1}{2}\gamma' h_2^2 K_a$$

作用方向为垂直墙背，作用点位置为距离墙底 $z_土$ 处，可由下式求得。

$$z_土=\frac{\left(h_2+\frac{1}{3}h_1\right)\frac{1}{2}\gamma h_1^2 K_a+\frac{h_2}{2}\gamma h_1 h_2 K_a+\frac{h_2}{3}\frac{1}{2}\gamma' h_2^2 K_a}{E_a}$$

作用在墙背面的水压力 ecf 分布图面积为　$E_w=\frac{1}{2}\gamma_w h_2^2$

作用在挡土墙上的总压力应为总土压力与水压力之和。

$$E=E_a+E_w=\frac{1}{2}\gamma h_1^2 K_a+\gamma h_1 h_2 K_a+\frac{1}{2}\gamma' h_2^2 K_a+\frac{1}{2}\gamma_w h_2^2$$

作用方向垂直墙背，作用点位置为距离墙底 $z_总$ 处，由下式求得。

$$z_总=\frac{\left(h_2+\frac{1}{3}h_1\right)\frac{1}{2}\gamma h_1^2 K_a+\frac{h_2}{2}\gamma h_1 h_2 K_a+\frac{h_2}{3}\frac{1}{2}\gamma' h_2^2 K_a+\frac{h^2}{3}\frac{1}{2}\gamma_w h_2^2}{E}$$

三、填土表面有荷载作用

（一）连续均匀荷载

（1）当挡土墙墙背垂直，在水平面上有连续均布荷载 q 作用时，填土层下，z 深度处，土单元所受应力为

$$\sigma_1=q+\gamma z$$

$$\sigma_3=P_a=\sigma_1 K_a-2C\sqrt{K_a}$$

1）当 $C=0$ 时——无黏性土

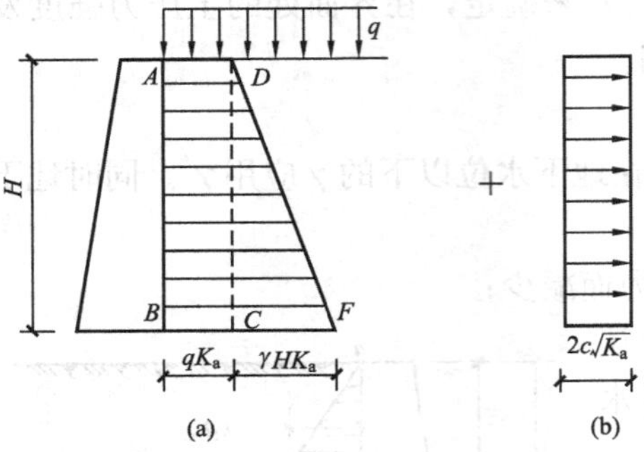

图 7-13　填土表面水平且有连续均布荷载作用时主动土压力
(a) 无黏性土；(b) 黏性土

$$K_a = \tan^2\left(45° - \frac{\varphi}{2}\right)$$

$$P_a = qK_a + \gamma zK_a$$

可见，作用在墙背面的土压力 P_a 由两部分组成：

一部分由均匀荷载 q 引起，是常数，其分布与深度 Z 无关；

另一部分由土重引起，与深度 z 成正比。总土压力 E_a 即为上图所述梯形的面积，见图 7-13（a）。

$$E_a = qHK_a + \frac{1}{2}\gamma H^2 K_a$$

2）当 $c \neq 0$ 时——黏性土

$$P_a = (q + \gamma z)K_a - 2c\sqrt{K_a} = qK_a + \gamma zK_a - 2c\sqrt{K_a}$$

当 $z=0$ 时，$P_a = qK_a - 2c\sqrt{K_a}$，若小于 0 为负值时，出现拉力区；

当 $z=H$ 时，$P_a = qK_a + \gamma HK_a - 2c\sqrt{K_a}$。

令 $P_a = 0$，则 $qK_a + \gamma z_0 K_a - 2c\sqrt{K_a} = 0$，得

$$z_0 = \frac{2c\sqrt{K_a} - qK_a}{\gamma K_a} = \frac{2c}{r\sqrt{K_a}} - \frac{q}{r}$$

作用在墙背面的土压力 P_a 由三部分组成：

1）是由均布荷载 q 引起，常数，与 z 无关；

2）是由土重引起，与 z 成正比；

3）是由内聚力引起。

总土压力 E_a 为图 7-13（a）和 7-13（b）图形面积差。

$$E_a = \frac{1}{2}(qK_a + \gamma HK_a - 2c\sqrt{K_a})(H - z_0)$$

（2）当挡土墙墙背及填土面均为倾斜平面，如图 7-14 所示（设为无黏性土）。欲求作用在墙背上的 E_a，可采用库仑图解法。

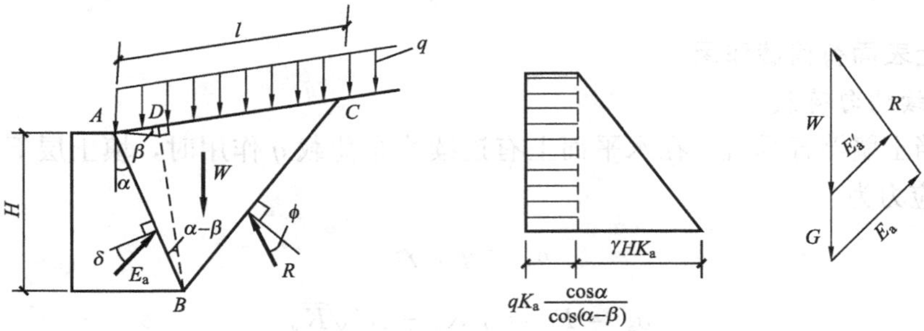

图 7-14　库仑土压力

计算时，应将滑动楔体范围内的总荷载重 $G=q\times l$ 考虑在内。

根据三角形相似原理，应有

$$\frac{E_a}{E'_a}=\frac{W+G}{W}$$

$$E_a=\left(1+\frac{G}{W}\right)E'_a$$

若令

$$\Delta E_a=E'_a\frac{G}{W}$$

则

$$E_a=E'_a+\Delta E_a$$

由此可知，等号右式第一项 E'_a 为土重引起的总土压力，$E'_a=\frac{1}{2}\gamma H^2K_a$；等号右式第二项即为填土表面上均布荷载 q 引起的土压力增量 ΔE_a

由图所示的几何关系可知

$$W=\text{三角形面积}\times\text{土容重}=\frac{l\overline{BD}}{2}\gamma$$

而

$$\overline{BD}=\overline{AB}\cos(\alpha-\beta)$$

$$\overline{AB}=\frac{H}{\cos\alpha}$$

$$\overline{BD}=\frac{H}{\cos\alpha}\cos(\alpha-\beta)$$

将

$$\begin{cases}E'_a=\dfrac{1}{2}\gamma H^2K_a\\ W=\dfrac{l\overline{BD}}{2}\gamma\\ \overline{BD}=\dfrac{H}{\cos\alpha}\cos(\alpha-\beta)\end{cases}$$

代入 $\Delta E_a=E'_a\frac{G}{W}$，可得

$$\Delta E_a=qHK_a\frac{\cos\alpha}{\cos(\alpha-\beta)}$$

于是，作用在挡土墙上的总土压力 E_a 的计算公式为

$$E_a=E'_a+\Delta E_a=\frac{1}{2}\gamma H^2K_a+qHK_a\frac{\cos\alpha}{\cos(\alpha-\beta)}$$

（二）局部荷载作用

若填土表面有局部荷载 q 作用时，如图 7-15（a）和（b）所示，有两种情况，主动土压力可以按下述方法计算。

工程中常采用近似方法计算。即认为，地面局部荷载产生的土压力是沿平行于破裂面的方向传递至墙背上的。

若填土表面的荷载是从墙后某一距离开始，见图 7-15（a），可自均布荷载起点 O 引两条直线 OD 和 OE，OD 与水平面夹角为 φ，OE 与填土的破坏面平行，与水平夹角为 θ。OD

和 OE 分别交墙背于 D 点和 E 点。当墙背垂直、光滑时，$\theta=45°+\varphi/2$；当墙背倾斜与粗糙时，θ 则按库仑土压力计算，可参看有关公式。D 点以上土压力不受均布荷载影响，只是由填土的自重引起。E 点以下土压力则完全考虑受均布荷载影响。D、E 两点间的土压力以直线连接。沿墙背 AB 上的土压力如图 7-15（a）中阴影所示，阴影面积为总土压力 E_a，其作用点在阴影形心处。

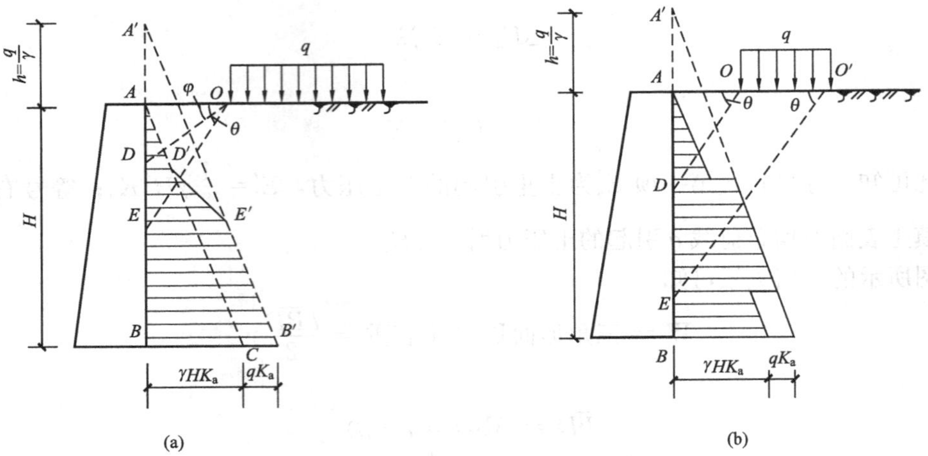

图 7-15 填土面有局部均布荷载作用的主动土压力

若填土表面的均布荷载在一定范围内，如图 7-15（b）所示，则从荷载的两个端点 O、O' 引两条与破坏面平行的直线 OD 和 $O'E$，交墙背于 D 和 E 点。认为 D 点以上和 E 点以下的土压力都不受均布荷载的影响，D、E 点之间的土压力则受均布荷载影响的土压力计算，作用于墙面的总土压力 E_a 分布如图 7-15（b）中的阴影所示，其作用点在阴影形心处。

第六节 挡土墙设计

挡土墙的设计包括墙型选择、稳定性验算、地基承载力验算、墙身材料强度验算以及一些设计中的构造要求和措施等。

常用的挡土墙结构型式有重力式、悬臂式、扶壁式、锚杆及锚定板式和加筋土挡墙等。一般根据工程需要、土质情况、材料供应、施工技术以及造价等因素合理地选择。

一、挡土墙类型

挡土墙就其结构型式可分为以下五种主要类型。

（一）重力式挡土墙

这种型式的挡土墙如图 7-16（a）所示，墙面暴露于外，墙背可以做成倾斜和垂直的。

墙基的前缘称为墙趾，而后缘称为墙踵。重力式挡土墙通常由块石或素混凝土砌筑而成，因而墙体抗拉强度较小，作用于墙背的土压力所引起的倾覆力矩全靠墙身自重产生的抗倾覆力矩来平衡，因此，墙身必须做成厚而重的实体才能保证其稳定，这样，墙身的断面也就比较大。重力式挡土墙具有结构简单、施工方便、能够就地取材等优点，是工程中应用较广的一种型式。

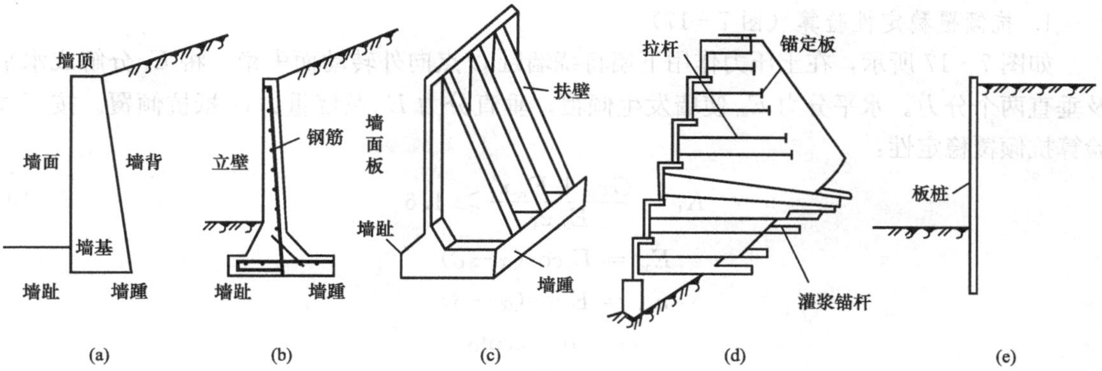

图 7-16　挡土墙主要类型图

(a) 重力式挡土墙；(b) 悬臂式挡土墙；(c) 扶壁式挡土墙；
(d) 锚杆、锚定板式挡土墙；(e) 板桩墙

（二）悬臂式挡土墙

悬臂式挡土墙一般用钢筋混凝土建造，它由三个悬臂板组成，即立臂、墙趾悬臂和墙踵悬臂，如图 7-16（b）所示。墙的稳定主要靠墙踵底板上的土重，而墙体内的拉应力则由钢筋承担。因此，这类挡土墙的优点是能充分利用钢筋混凝土的受力特性，墙体截面较小。在市政工程以及厂矿贮库中广泛应用这种挡墙。

（三）扶壁式挡土墙

当墙后填土比较高时，为了增强悬臂式挡土墙中立臂的抗弯性能，常沿墙的纵向每隔一定距离设一道扶壁，故称为扶壁式挡土墙，如图 7-16（c）所示。

（四）锚定板与锚杆式挡土墙

锚定板挡土墙由预制的钢筋混凝土立柱、墙面、钢拉杆和埋在填土中的锚定板在现场拼装而成。这种结构依靠填土与结构的相互作用力而维持其自身稳定。与重力式挡土墙相比，其结构轻、柔性大、工程量少、造价低、施工方便，特别适用于地基承载力不大的地区。设计时，为了维持锚定板挡土结构内力平衡和整体稳定，必须保证锚定板的抗拔力大于墙面上的土压力，并满足土的摩擦阻力大于由土自重和超载引起的土压力。锚杆式挡土墙是利用嵌入坚实岩层的灌浆锚杆作拉杆的一种挡土结构［图 7-16（d）］。这两种结构有时联合使用。

（五）其他类型挡土墙

混合式挡土墙、构架式挡土墙、板桩挡土墙、土工合成材料挡土墙、土钉、内撑挡土墙等。板桩墙是深基坑开挖的一种临时性支护结构，由统长的钢板桩或预制钢筋混凝土板桩组成。也可在板桩上加设支撑，以改善其受力性能［图 7-16（e）］。

二、挡土墙的计算

挡土墙的截面一般按试算法确定，即先根据挡土墙所处的条件（工程地质、填土性质以及墙体材料和施工条件等）凭经验初步拟定截面尺寸，然后进行挡土墙的验算，如不满足要求，则应改变截面尺寸或采用其他措施。

挡土墙的计算通常包括下列内容：稳定性验算；地基的承载力验算；墙身强度验算。

（一）稳定性验算

挡土墙的稳定性破坏通常有两种形式，一种是在主动土压力作用下外倾，对此应进行抗倾覆稳定性验算；另一种是在土压力作用下沿基底外移，需进行抗滑移稳定性验算。

1. 抗倾覆稳定性验算（图 7－17）

如图 7－17 所示，在土压力作用下墙将绕墙趾 O 点向外转动而失稳。将 E_a 分解成水平及垂直两个分力。水平分力 E_{ax} 使墙发生倾覆；垂直分力 E_{az} 及墙重力 G 抵抗倾覆。按下式验算抗倾覆稳定性：

$$K_t = \frac{Gx_0 + E_{az}x_f}{E_{ax}z_f} \geqslant 1.6 \tag{7-19}$$

$$E_{az} = E_a\cos(\alpha - \delta)$$

$$E_{ax} = E_a\sin(\alpha - \delta)$$

$$x_f = b - z\cot\alpha$$

$$z_f = z - b\tan\alpha_0$$

式中 G——挡土墙每延米自重，kN；

α_0——挡土墙基底的倾角，(°)；

α——挡土墙墙背的倾角，(°)；

z——土压力作用点离墙趾的高度，m；

x_0——挡土墙重心离墙趾的水平距离，m；

b——基底的水平投影宽度，m；

δ——土对挡土墙墙背的摩擦角，(°)。

2. 抗滑动稳定性验算（图 7－18）

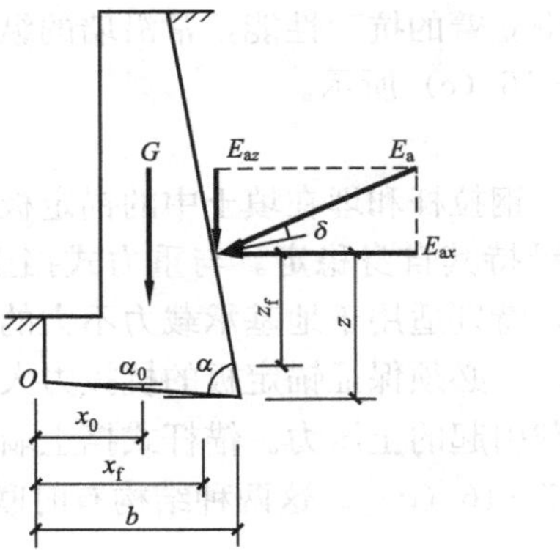

图 7－17 挡土墙抗倾覆稳定性验算示意图

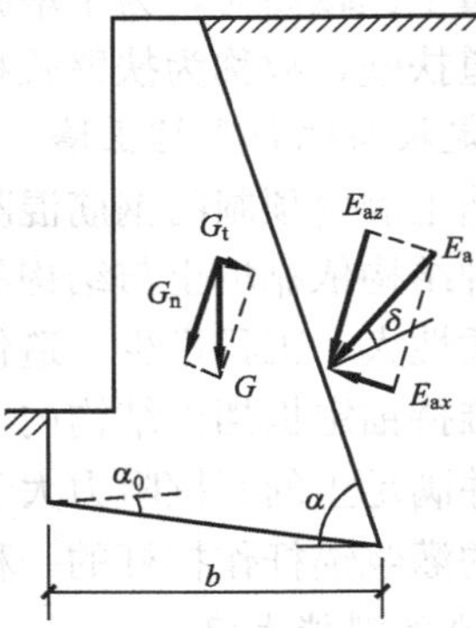

图 7－18 挡土墙抗滑移稳定性验算示意图

如图 7－18 所示，将土压力 E_a 及墙重力 G 各分解成平行及垂直于基底的两个分力（E_{at}、E_{an}及 G_t、G_n）。分力 E_{an}使墙沿基底平面滑移，E_{an}及 G_n 产生摩擦力抵抗滑移，抗滑移稳定性应按下式计算

$$K_s = \frac{(G_n + E_{an})\mu}{E_{at} - G_t} \geqslant 1.3 \tag{7-20}$$

$$G_n = G\cos\alpha_0$$

$$G_t = G\sin\alpha_0$$

$$E_{an} = E_a\cos(\alpha - \alpha_0 - \delta)$$

$$E_{at} = E_a\sin(\alpha - \alpha_0 - \delta)$$

式中 G——挡土墙每延米自重，kN；

α_0——挡土墙基底的倾角，(°)；

μ——土对挡土墙基底的摩擦系数，由试验确定，也可按表 7－2 选用；

α——挡土墙墙背的倾角，(°)；

δ——土对挡土墙墙背的摩擦角，(°)。

表 7－2　　土对挡土墙基底的摩擦系数

土的类别		摩擦系数 μ
黏土	可塑	0.25～0.3
	硬塑	0.3～0.35
	坚硬	0.35～0.45
粉土		0.3～0.4
中砂、粗砂、砾砂		0.4～0.5
碎石土		0.4～0.6
软质岩		0.4～0.6
表面粗糙的硬质岩石		0.65～0.75

注　1. 对易风化的软质岩和塑性指数大于 22 的黏性土，基底摩擦系数 μ 应通过实验确定；
　　2. 对碎石土，可根据其密实程度、填充物状况、风化程度等确定。

为增加挡土墙的抗滑移稳定性，可将基底做成逆坡。

(二) 地基的承载力验算

地基的承载力验算，一般偏心荷载作用下基础的计算方法相同，即要求同时满足基底平均应力 $P \leqslant f$ 和基底最大压应力 $P_{max} \leqslant 1.2f$（f 为持力层地基承载力设计值）。

(三) 墙身强度验算

墙身强度验算应根据墙身材料分别按砌体结构、素混凝土结构或钢筋混凝土结构的有关计算方法进行。

三、重力式挡土墙的体型选择和构造措施

合理地选择墙型，对安全和经济地设计挡土墙具有重要意义。

(一) 墙背倾斜的型式

重力式挡土墙按墙背倾斜方向可分为仰斜（$\alpha<90°$）、直立（$\alpha=90°$）和俯斜（$\alpha>90°$）三种型式，如图 7－19 所示。对于墙背不同倾斜方向的挡土墙，如用相同的计算方法和计算指标进行计算，其主动土压力以仰斜为最小，直立居中，俯斜最大。因此，就墙背所受的主动土压力而言，仰斜墙背较为合理。

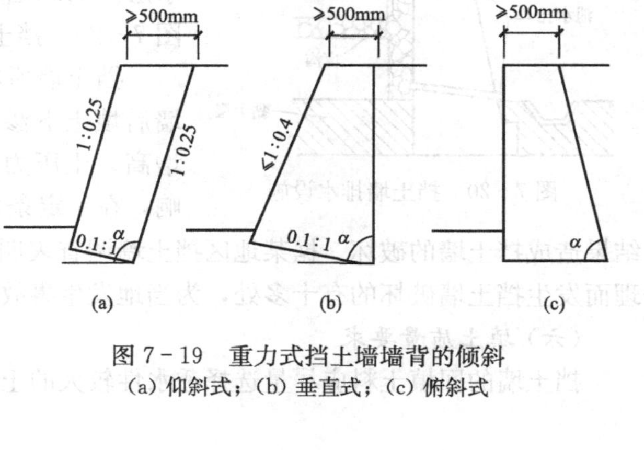

图 7－19　重力式挡土墙墙背的倾斜
(a) 仰斜式；(b) 垂直式；(c) 俯斜式

如在开挖临时边坡以后筑墙，采用仰斜墙背可与边坡紧密贴合，而俯斜墙则须在墙背回填土，因此仰斜墙比较合理。反之，如果在填方地段筑墙，仰斜

墙背填土的夯实比俯斜墙或直立墙困难，见图 7－19（a），此时，俯斜墙和直立墙比较合理。

从墙前地形的陡缓看，当较为平坦时，用仰斜墙背较为合理。如墙前地形较陡，则宜用直立墙，因为俯斜墙的土压力较大，而用仰斜墙时，为了保证墙趾与墙前土坡面之间保持一定距离，就要加高墙身，见图 7－19（c），使砌筑工程量增加。

因此，墙背的倾斜形式应根据使用要求、地形和施工等情况综合考虑确定。

（二）墙面坡度的选择

当墙前地面较陡时，墙面坡可取 1∶0.2～1∶0.05，亦可采用直立的截面。在墙前地形较为平坦时，对于中、高挡土墙，墙面坡度可较缓，但不宜缓于 1∶0.4，以免增高墙身或增加开挖宽度。仰斜墙背坡度愈缓，主动土压力愈小，但为了避免施工困难，仰斜墙背坡度一般不宜缓于 1∶0.25，墙面坡应尽量与墙背坡平行。

（三）基底逆坡坡度

在墙体稳定性验算中，滑动稳定常比倾覆稳定不易满足要求，为了增加墙身的抗滑稳定性，将基底做成逆坡是一种有效方法［图 7－19（a）］。但是基底逆坡过大，可能使墙身连同基底下的一块三角形土体一起滑动，因此，一般土质地基的基底逆坡不宜大于 1∶10，对岩石地基一般不宜大于 1∶5。

（四）墙趾台阶和墙顶底宽度

当墙高较大时，基底压力常常是控制截面的重要因素。为了使基底压力不超过地基承载力设计值，可加墙趾台阶，以便扩大基底宽度，这对墙的倾覆稳定也是有利的。墙趾台阶的高宽比可取 $h:\alpha=2:1$，α 不得小于 20cm，此外，基底法向反力的偏心距应满足 $e\leqslant b_1/4$ 的条件（b_1 为无台阶时的基底宽度）。

挡土墙的顶宽如无特殊要求，对于一般块石挡土墙不应小于 0.5m，对于混凝土挡土墙最小可为 0.2～0.4m，混凝土墙不宜小于 0.2m；砌石挡土墙顶宽不宜小于 0.4m。基底宽约为墙高的 1/2～1/3。

（五）排水措施

挡土墙必须有良好的排水设施，以免墙后填土因积水而造成地基松软，从而导致承载力不足。若填土冻胀，则会使挡土墙开裂或倒塌。故常沿墙长设置间距为 2～3m，直径不小于 100mm 的泄水孔。墙后做好滤水层和必要的排水盲沟，在墙顶地面铺设防水层。当墙后有山坡时，还应在坡下设置截水沟，见图 7－20。挡土墙应每隔 10～20m 设置伸缩缝。

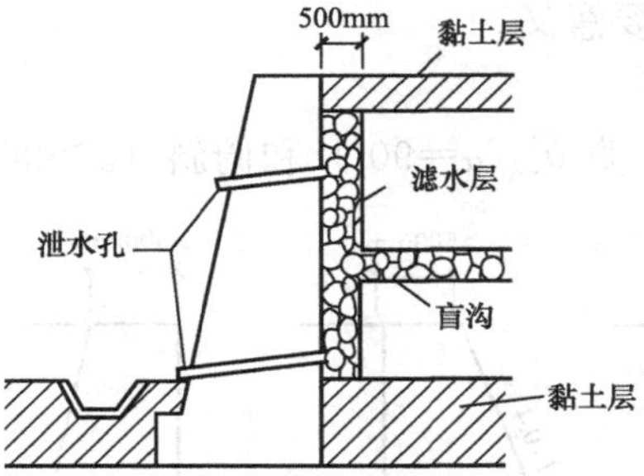

图 7－20　挡土墙排水设施

挡土墙所在地段往往由于排水不良，大量雨水经墙后填土下渗，结果使墙后土的抗剪强度降低，重度增高，土压力增大，有的还受水的渗流或静水压力影响，在一定条件下，或因土压力过大，或因地基软化，结果造成挡土墙的破坏。据某地区挡土墙调查表明，仅 1966 年由于排水不良或未作排水处理而发生挡土墙破坏的有十多处，为当地发生事故的 70％～80％。

（六）填土质量要求

挡土墙的回填土料应尽量选择透水性较大的土，例如砂土、砾石、碎石等，因为这类土的抗剪强度较稳定，易于排水。不应采用淤泥、耕植土、膨胀性黏土等作为填料，填土料中还不应杂有大的冻结土块、木块或其他杂物。

实际上所遇到的大多数回填土都多少含有一定的黏性土，这时应适当混以块石。对于重要的、高度较大的挡土墙，用黏土作回填土料是不合适的，因为黏性土的性能不稳定，在干燥时体积收缩，而在雨季时膨胀，由于回填土的交错收缩与膨胀可在挡土墙上产生较大的侧压力。这种侧压力在设计中往往无法考虑，其数值还可能比计算压力大许多倍，它可使挡土墙外移，甚至使挡土墙失去作用。在工程中曾有因黏性土作为填料而引起的事故。

填土压实质量是挡土墙施工中的一个关键问题，填土时应分层夯实。

【例题 7-1】 已知某混凝土挡土墙，墙高为 $H=6.0\text{m}$，墙背竖直，墙后填土表面水平，填土的重度 $\gamma=18.5\text{kN/m}^3$，$\varphi=20°$，$c=19\text{kPa}$。试计算作用在此挡土墙上的静止土压力，主动土压力和被动土压力，并绘出土压力分布图。

【解】 (1) 静止土压力，取 $K_0=0.5$，$P_0=\gamma z K_0$

$$E_0=\frac{1}{2}\gamma H^2 K_0=\frac{1}{2}\times 18.5\times 6^2\times 0.5=166.5(\text{kN/m})$$

E_0 作用点位于距墙底 $\frac{H}{3}=2.0\text{m}$ 处，如图 7-21 (a) 所示。

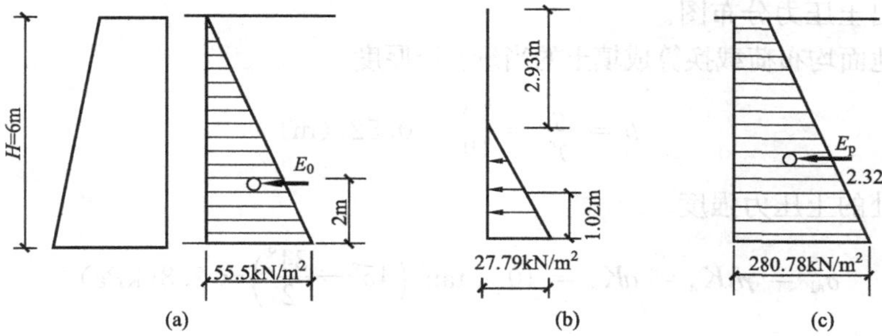

图 7-21 [例题 7-1] 计算结果图

(a) 静止土压力；(b) 主动土压力；(c) 被动土压力

(2) 主动土压力：

根据朗肯主压力公式 $P_a=\gamma z K_a-2c\sqrt{K_a}$，$K_a=\tan\left(45°-\frac{\varphi}{2}\right)$

$$E_a=\frac{1}{2}\gamma H^2 K_a-2cH\sqrt{K_a}+\frac{2c^2}{\gamma}$$

$$=0.5\times 18.5\times 6^2\times \tan^2(45°-20°/2)-2\times 19\times 6\times \tan(45°-20°/2)+2\times 19^2/18.5$$

$$=42.6\ (\text{kN/m})$$

临界深度　$z_0=\frac{2c}{\gamma\sqrt{K_a}}=\frac{2\times 19}{18.5\times \tan\left(45°-\frac{20°}{2}\right)}=2.93(\text{m})$

E_a 作用点距墙底

$\frac{1}{3}(H-Z_0)=\frac{1}{3}(6.0-2.93)=1.02$ (m) 处，如图 7-21 (b) 所示。

(3) 被动土压力为

$$E_p = \frac{1}{2}\gamma H^2 K_p + 2cH\sqrt{K_p} = \frac{1}{2}\times 18.5\times 6^2\times \tan^2\left(45^\circ + \frac{20^\circ}{2}\right) + 2\times 19\times 6\tan\left(45^\circ + \frac{20^\circ}{2}\right)$$

$$= 1005\ (\mathrm{kN/m})$$

墙顶处土压力　　$P_{p1} = 2c\sqrt{K_p} = 54.34\ (\mathrm{kPa})$

墙底处土压力　　$P_{p2} = \gamma HK_p + 2c\sqrt{K_p} = 280.78\ (\mathrm{kPa})$

总被动土压力作用点位于梯形底重心，距墙底 2.32m 处，如图 7-21 (c) 所示。

讨论：(1) 由此例可知，挡土墙底形式、尺寸和填土性质完全相同，但 $E_0 = 166.5\mathrm{kN/m}$，$E_a = 42.6\mathrm{kN/m}$，即 $E_0 \approx 4E_a$ 或 $E_a = 0.25E_0$。

因此，在挡土墙设计时，尽可能使填土产生主动土压力，以节省挡土墙的尺寸、材料、工程量与投资。

(2) $E_a = 42.6\mathrm{kN/m}$，$E_p = 1005\mathrm{kN/m}$，$E_p > 23E_a$。因产生被动土压力时挡土墙位移过大为工程所不许可，通常只利用被动土压力的一部分，其数值已很大。

【例题 7-2】 挡土墙高 6m，填土的物理力学性质指标如下：$\varphi = 34^\circ$，$c = 0$，$\gamma = 19\mathrm{kN/m^3}$，墙背直立、光滑，填土面水平并有均布荷载 $q = 10\mathrm{kPa}$，试求挡土墙的主动土压力 E_a 及作用点位置，并绘出土压力分布图。

【解】 将地面均布荷载换算成填土的当量土层厚度

$$h = \frac{q}{\gamma} = \frac{10}{19} = 0.526(\mathrm{m})$$

在填土面处的土压力强度

$$\sigma_{a1} = \gamma hK_a = qK_a = 10\times \tan^2\left(45^\circ - \frac{34^\circ}{2}\right) = 2.8(\mathrm{kPa})$$

在墙底处的土压力强度

$$\sigma_{a2} = \gamma(h+H)K_a = (q+\gamma H)K_a = (10+19\times 6)\tan^2\left(45^\circ - \frac{34^\circ}{2}\right) = 35.1(\mathrm{kPa})$$

总主动土压力

$$E_a = \frac{1}{2}(\sigma_{a1}+\sigma_{a2})H = \frac{1}{2}(2.8+35.1)\times 6 = 113.8(\mathrm{kN/m})$$

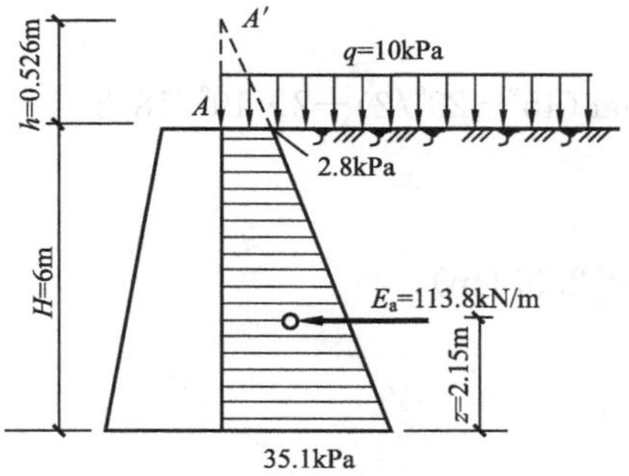

图 7-22 [例题 7-2] 计算结果图

土压力作用点位置

$$z = \frac{H}{3}\times\frac{2\sigma_{a1}+\sigma_{a2}}{\sigma_{a1}+\sigma_{a2}} = \frac{6}{3}\times\frac{2\times 2.8+35.1}{2.8+35.1} = 2.15(\mathrm{m})$$

土压力分布图如图 7-22 所示。

【例题 7-3】 挡土墙高 5m，墙背直立、光滑，墙后填土面水平，共分两层。各层上的物理力学性指标如图所示，试求主动土压力 E_a，并绘出土压力的分布图。

【解】 计算第一层填土的土压力强度

$$\sigma_{a0} = \gamma_1 z \tan^2\left(45° - \frac{\varphi_1}{2}\right) = 0$$

$$\sigma_{a1} = \gamma_1 h_1 \tan^2\left(45° - \frac{\varphi_1}{2}\right) = 17 \times 2 \times \tan^2\left(45° - \frac{32°}{2}\right)$$

$$= 17 \times 2 \times 0.307 = 10.4\ (\text{kPa})$$

第二层填土顶面和底面的土压力强度分别为

$$\sigma_{a1} = \gamma_1 h_1 \tan^2\left(45° - \frac{\varphi_2}{2}\right) - 2c_2 \tan\left(45° - \frac{\varphi_2}{2}\right)$$

$$= 17 \times 2 \times \tan^2\left(45° - \frac{16°}{2}\right) - 2 \times 10 \times \tan\left(45° - \frac{16°}{2}\right)$$

$$= 17 \times 2 \times 0.568 - 2 \times 10 \times 0.754 = 4.2\ (\text{kPa})$$

$$\sigma_{a2} = (\gamma_1 h_1 + \gamma_2 h_2)\tan^2\left(45° - \frac{\varphi}{2}\right) - 2c_2 \tan\left(45° - \frac{\varphi}{2}\right)$$

$$= (17 \times 2 + 19 \times 3)\tan^2\left(45° - \frac{16°}{2}\right) - 2 \times 10 \times \tan\left(45° - \frac{16°}{2}\right)$$

$$= 91 \times 0.568 - 20 \times 0.754 = 36.6\ (\text{kPa})$$

主动土压力 E_a 为

$$E_a = \frac{1}{2} \times 10.4 \times 2 + \frac{1}{2}(4.2 + 36.6) \times 3$$

$$= 71.6\ (\text{kN} \cdot \text{m})$$

主动土压力分布如图 7－23 所示。

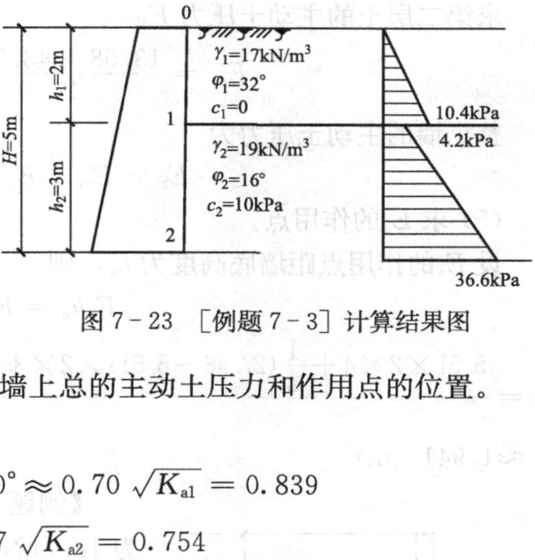

图 7－23　［例题 7－3］计算结果图

【例题 7－4】　某挡土墙，高 5m，墙后填土由两层组成。第一层土厚 2m，$\gamma_1 = 15.68\text{kN/m}^3$，$\varphi_1 = 10°$，$c_1 = 9.8\text{kN/m}^2$；第二层土厚 3m，$\gamma_2 = 17.64\text{kN/m}^3$，$\varphi_1 = 16°$，$c_1 = 14.7\text{kN/m}^2$。填土表面有 31.36kN/m^2 的均布荷载，试计算作用在墙上总的主动土压力和作用点的位置。

【解】　(1) 先求二层土的主动压力系数 K_a。

$$K_{a1} = \tan^2(45° - 5°) = \tan^2 40° \approx 0.70\quad \sqrt{K_{a1}} = 0.839$$

$$K_{a2} = \tan^2 37° \approx 0.57\quad \sqrt{K_{a2}} = 0.754$$

(2) $c_1 = 9.8 > 0$ 为黏性土

求 $P_{a1} = 0$ 的点 z_{01}

$$z_{01} = \frac{2c_1}{\gamma_1 \sqrt{K_{a1}}} - \frac{q}{\gamma_1} = \frac{2 \times 9.8}{15.68\tan 40°} - \frac{31.36}{15.68} = -0.52(\text{m})$$

$$z_{01} < 0$$

所以在第一层土中没有拉力区。

同理可求出，第二层中土压力强度 $P_{a2} = 0$ 的点 z_{02} 为

$$z_{02} = \frac{2c_2}{r_2 \sqrt{K_{a2}}} - \frac{q + r_1 H_1}{r_2} = -1.35(\text{m})$$

可见，第二层土中也没有拉力区。

(3) 求A、B、C三个的P_a。

当$z=0$时，由$P_a=qK_a+\gamma zK_a-2c\sqrt{K_a}$可知

$$(P_a)_{z=0}=31.36\times0.7+0-2\times9.8\times0.839=5.51(\text{kN/m}^2)$$

当$z=2$m时，$(P_a)_{z=2上}=\gamma_1H_1K_{a1}+qK_{a1}-2c_1\sqrt{K_{a1}}=27.46\ (\text{kN/m}^2)$

$$\begin{aligned}(P_a)_{z=2下}&=\gamma_1H_1K_{a2}+qK_{a2}-2c_2\sqrt{K_{a2}}\\&=15.68\times2\tan^2 37°+31.36\tan^2 37°-2\times14.7\tan37°\\&=13.58\ (\text{kN/m}^2)\end{aligned}$$

$$\begin{aligned}(P_a)_{z=5}&=(\gamma_1H_1+\gamma_2H_2)K_{a2}+qK_{a2}-2c_2\sqrt{K_{a2}}\\&=(15.68\times2+17.64\times3)\tan^2 37°+31.36\tan^2 37°-2\times14.7\times\tan37°\\&=43.74\ (\text{kN/m}^2)\end{aligned}$$

可见第一层及第二层土土压力强度分布均为梯形。

(4) 求E_a。

求第一层土的主动土压力E_{a1}

$$E_{a1}=\frac{5.51+27.46}{2}\times2=32.97(\text{kN/m})$$

求第二层土的主动土压力E_{a2}

$$E_{a2}=\frac{13.58+43.74}{2}\times3=85.98(\text{kN/m})$$

整个墙的主动土压力为

$$E_a=E_{a1}+E_{a2}=118.95(\text{kN/m})$$

(5) 求E_a的作用点。

设E_a的作用点距墙底高度为h_c，则

$$E_ah_c=E_{a1}h_{c1}+E_{a2}h_{c2}$$

$$h_c=\frac{5.51\times2\times4+\frac{1}{2}(27.46-5.51)\times2\times3.667+13.58\times3\times1.5+\frac{1}{2}(43.74-13.58)\times3\times\frac{3}{3}}{118.95}$$

≈1.941 (m)

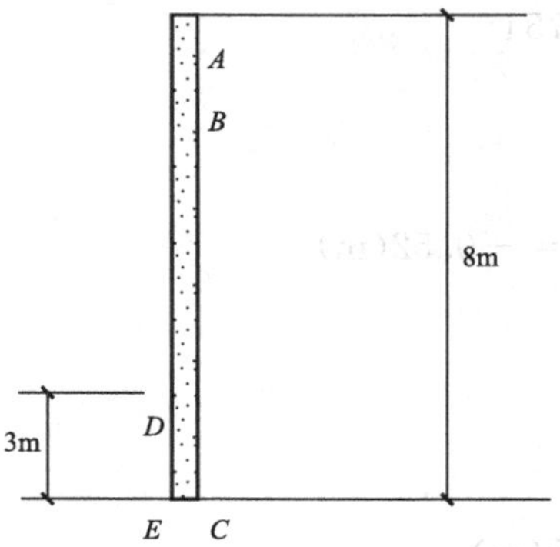

图 7-24 板桩墙图

【例题 7-5】 板桩墙如图 7-24 所示，图中土的重度为 18.5kN/m^3，$\varphi_1=28°$，$c_1=10\text{kN/m}^2$ 时，求板桩前后土压力性质、大小、方向、分布图形和作用点位置。

【解】 (1) $K_a=\tan^2\left(45°-\frac{\varphi}{2}\right)=\tan^2(45°-14°)=0.36$

$$K_p=\tan^2\left(45°+\frac{\varphi}{2}\right)=\tan^2(45°+14°)=2.77$$

$$h_0=\frac{2c}{\gamma\sqrt{K_a}}=\frac{2\times10}{18.5\times\sqrt{0.36}}=1.8(\text{m})$$

(2) 板桩后为主动土压力，三角形分布，方向向左，垂直板桩。

A 点，$\sigma_A=-2c\sqrt{K_a}=-2\times10\times\sqrt{0.36}=-12$ (kPa)

B 点，$\sigma_B=0$

C 点，$\sigma_C=\gamma zK_a-2c\sqrt{K_a}=18.5\times8\times0.36-2\times10\times\sqrt{0.36}=41.28$ (kPa)

$$P_a=\frac{1}{2}\times41.28\times(8-1.8)=128.37(\text{kN/m})$$

作用点　　$y=\frac{1}{3}\times(8-1.8)=2.07$

(3) 板桩前为被动土压力，梯形分布，方向向右，垂直板桩。

D 点，$\sigma_D=\gamma zK_p+2c\sqrt{K_p}=2\times10\times\sqrt{2.77}$
$=33.29$ (kPa)

E 点，$\sigma_E=\gamma zK_p+2c\sqrt{K_p}=18.5\times3\times2.77+2\times10\times\sqrt{2.77}=187.02$ (kPa)

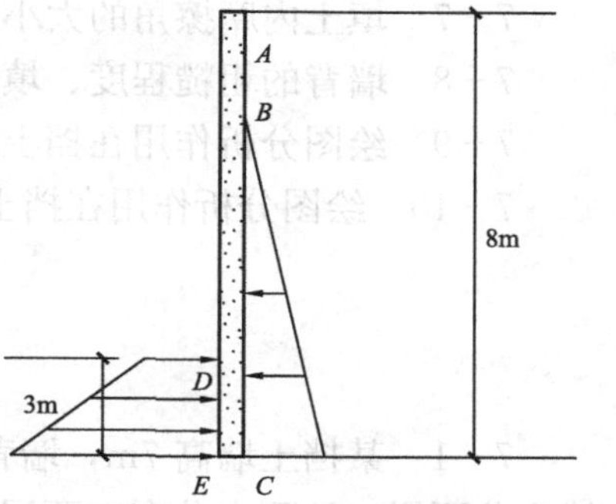

图 7-25 ［例题 7-5］计算结果示意图

$$P_P=\frac{1}{2}(33.28+187.02)\times3=330.45(\text{kN/m}^2)$$

作用点　$y=\dfrac{33.28\times3\times1.5+(187.02-33.28)\times3\times0.5\times1}{330.45}$

$=1.15$ (m)

【例题 7-6】 挡土墙高 4m，墙背倾角 $\alpha=10°$（俯斜），$\beta=30°$，重度 $\gamma=18\text{kN/m}^3$，$\varphi_1=30°$，$c=0$，填土与墙背的摩擦角 $\delta=0.67\varphi_1$，试按库伦理论求主动土压力 E_a 及其作用点。

【解】 根据 $\delta=0.67$、$\varphi_1=20°$、$\alpha=10°$、$\beta=30°$、$\varphi_1=30°$，得

库仑土压力系数式计算得主动土压力系数：$K_a=1.051$

由库仑土压力计算式计算主动土压力：

$$E_a=\frac{1}{2}\gamma H^2K_a=\frac{1}{2}\times18\times4^2\times1.051=151.3(\text{kN/m})$$

土压力垂直与挡土墙作用，作用点距离墙底 $H/3=1.33\text{m}$ 处。

关 键 概 念

土压力类型；朗肯土压力和常见情况下土压力大小、方向、作用点的计算。

思 考 题

7-1　影响挡土墙土压力的因素有哪些？

7-2　何谓主动土压力、静止土压力和被动土压力？三者之间有何关系？

7-3　朗肯土压力理论和库仑土压力理论的假定条件是什么？

7-4　挡土墙上的土压力有哪几种？分别叙述其定义。

7-5　挡土墙的墙背垂直光滑，墙后填土面水平，试定性绘出下列情况的墙背主动土压力分布：

(1) 填土为均质砂或均质黏土；

(2) 填土为黏土，地下水在 1/2 墙高处；

(3) 填土上半层为砂土，填土下半层有均匀黏土；

(4) 填土为均质砂土，填土面有均匀连续荷载；

(5) 填土为均质黏土，填土面有均匀连续荷载。

7-6 试分析刚性挡土墙产生位移时，墙后土体中应力状态的变化。

7-7 填土内摩擦角的大小对土压力的大小有何影响？

7-8 墙背的粗糙程度、填土排水条件的好坏对主动土压力的大小有什么影响？

7-9 绘图分析作用在挡土墙背上主动土压力的方向和作用点位置。

7-10 绘图分析作用在挡土墙背上被动土压力的方向和作用点位置。

计 算 题

7-1 某挡土墙高 7m，墙背竖直光滑，墙后填土面水平，并作用均布荷载 $q=20$kPa，填土分两层，地下水分布在两层土界面上；上层土厚 3m，$\gamma_1=18.0$kN/m³，$\varphi_1=20°$，$C_1=12.0$kPa；下层位于水位以下，厚 4m，$\gamma_{sat}=19.2$kN/m³，$\varphi_2=26°$，$C_2=6.0$kPa。试求墙背总侧压力 E 及作用点位置，并绘侧压力分布图。

7-2 一挡土墙墙背垂直光滑，墙高 $H=6$m，填土面水平，且作用一条形均布荷载 $q=40$kPa（见图 7-26），$AO=1$m，$AC=3$m，墙后填土 $\gamma=18$kN/m，$\varphi=20°$，$C=0$。试计算作用在墙背的主动土压力 E_a。

7-3 某挡土墙如图 7-27 所示，墙高 $H=4$m，填土面水平，且作用一条形均布荷载 $q=20$kPa，已实测到挡土墙墙后的土压力合力值为 64kN/m。墙后填土 $\gamma=20$kN/m，$\varphi=30°$，$C=5$kPa。试计算作用在墙背的主动土压力 E_a，并与实测值进行比较。

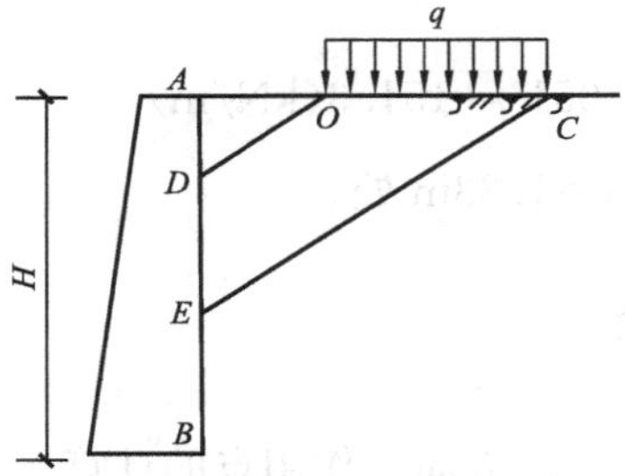

图 7-26 计算题 7-2 题图

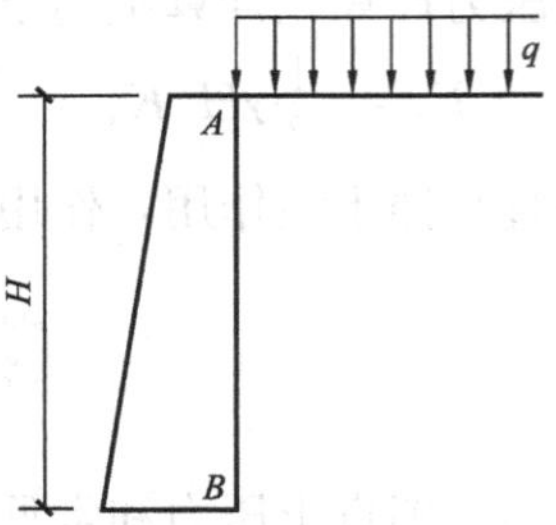

图 7-27 计算题 7-3 题图

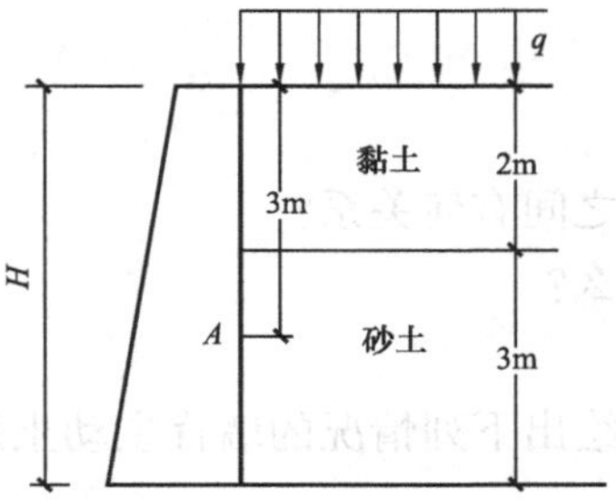

图 7-28 计算题 7-4 题图

7-4 如图 7-28 所示挡土墙，墙背垂直光滑，墙后填土面水平，且作用一条形均布荷载 $q=20$kPa，填土指标黏土 $\gamma_1=18.5$kN/m，$\varphi_1=20°$，$C_1=10$kPa，砂土 $\gamma_2=18$kN/m，$\varphi_2=30°$，见图 7-28，已测得墙体移动，使墙后填土达到朗肯土压力极限平衡状态，A 点的水平压力为 25kPa，求：

(1) 绘出整个墙背上的压力分布图，并求出作用在墙背上的总土压力；

(2) 画出土体中过 A 点的剪切破坏面，并标明其与水平面的夹角是多少；

(3) 求土中过 A 点剪应力破坏面上的法向应力和剪应力。

7-5 已知挡土墙高 10m，墙后填土为中砂，$\gamma=18\text{kN/m}^3$，$\gamma_{sat}=20\text{kN/m}^3$，$\varphi=30°$，墙背垂直、光滑，填土面水平。计算总静止土压力 E_0，总主动土压力 E_a；当地下水位上升至离墙顶 6m 时。试计算挡土墙所受的 E_a 与水压力 E_w。

7-6 有一挡土墙（图 7-29），墙背垂直、光滑、填土面水平，计算作用在墙背的主动土压力，并绘出分布图形。

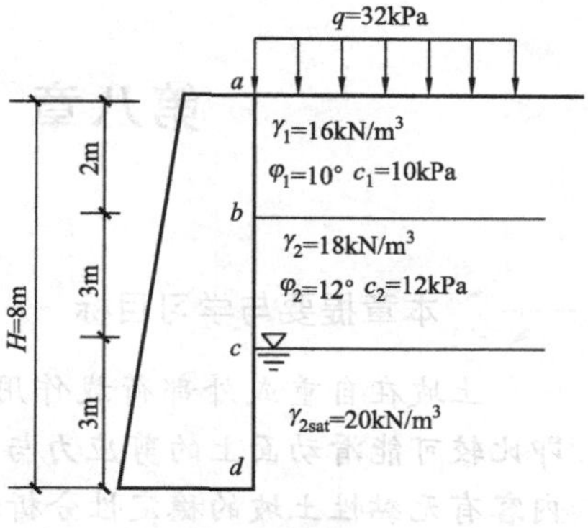

图 7-29 计算题 7-6 题图

计算题参考答案

7-1 作用在挡土墙上的总侧压力 $E=E_a+E_w=215.96\text{kN/m}$；作用点距墙脚的距离为 1.7m、分布图形略

7-2 作用在墙背的主动土压力 $E_a=214.74\text{kN/m}$，如图 7-30 所示

7-3 作用在墙背的主动土压力 $E_a=160.08\text{kN/m}$；大于实测值 64kN/m

7-4 (1) 作用在墙背上的总土压力 $E_a=94.71\text{kN/m}$；

(2) A 点大主应力 74.98kPa、小主应力 39.93kPa，与水平面的夹角是 53.9°；

(3) 土中过 A 点剪应力破坏面上的法向应力 52.11kPa 和剪应力 16.69kPa。

7-5 总静止土压力 $E_0=450\text{kN/m}$，总主动土压力 $E_a=600.3\text{kN/m}$；当地下水位上升至离墙顶 6m 时，挡土墙受的 $E_a=504.25\text{kN/m}$ 与水压力 $E_w=180\text{kN/m}$

7-6 作用在墙背的总主动土压力 $E_a=358.23\text{kN/m}$，水压力 $E_w=45\text{kN/m}$，如图 7-31 所示

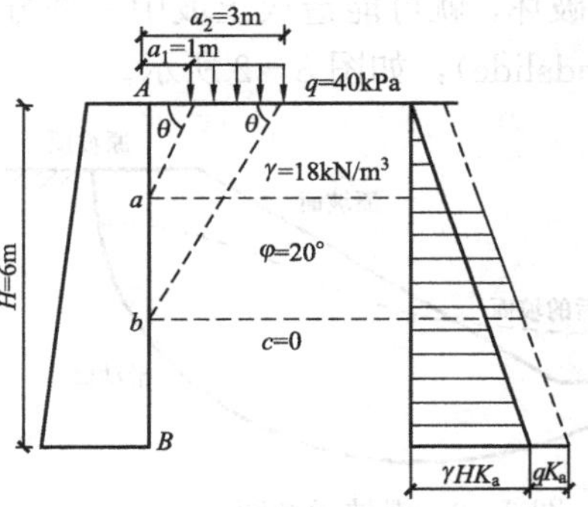

图 7-30 计算题 7-2 结果图

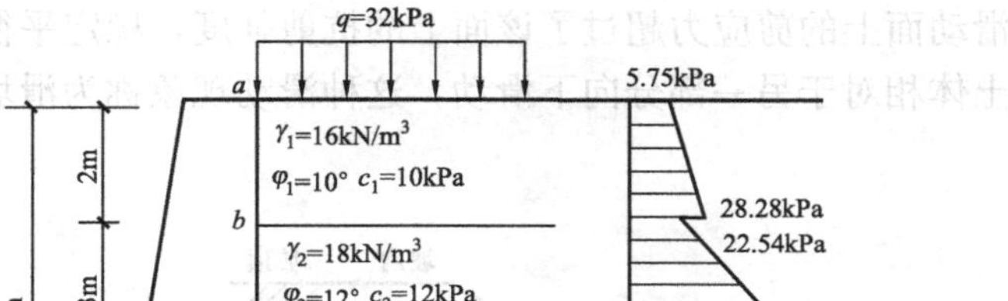

图 7-31 计算题 7-6 结果图

第八章　土 坡 稳 定 分 析

本章提要与学习目标

土坡在自重或外部荷载作用下，存在着向下移动的趋势。分析土坡的稳定性，即比较可能滑动面上的剪应力与抗剪强度，是土力学中的重要问题之一。本章主要内容有无黏性土坡的稳定性分析和黏性土坡的稳定性分析。后者是本章的重点内容，包括整体圆弧滑动法、瑞典条分法、毕肖普条分法和简布条分法等。

掌握土坡稳定性分析方法是土力学的基本学习目标之一，是工程实际当中判断天然土坡和由岩土填筑与开挖形成的人工土坡安全性的重要技能。所以通过本章的学习，应掌握无黏性土坡的稳定性分析方法，以及诸如整体圆弧滑动法、瑞典条分法、毕肖普条分法和简布条分法等针对黏性土坡的稳定性分析方法。

第一节　概　　述

具有倾斜表面的土体称为土坡（soil slope）。土坡根据其成因可分为两种：

（1）是由于地质作用而自然形成的，称为天然土坡，如山坡、江河的岸边。

（2）是人们在修建各种工程时，在天然土体中开挖或填筑而形成的，称为人工土坡。

当均质土的土坡坡顶与坡底平行，坡面为同一坡度时，称为简单土坡。简单土坡外形和各部位名称见图 8-1。

土坡由于其表面倾斜，在自重或外部荷载的作用下，存在着向下移动的趋势，一旦潜在滑动面上的剪应力超过了该面上的抗剪强度，稳定平衡遭到破坏，就可能造成土坡中一部分土体相对于另一部分向下滑动，这种滑动现象称为滑坡（landslide），如图 8-2 所示。

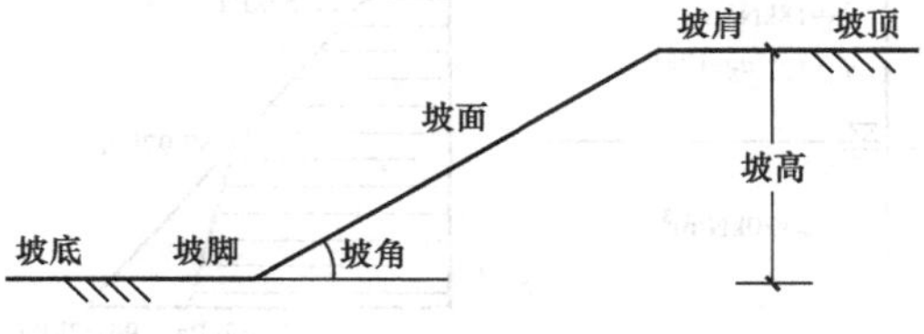

图 8-1　简单土坡的断面形状

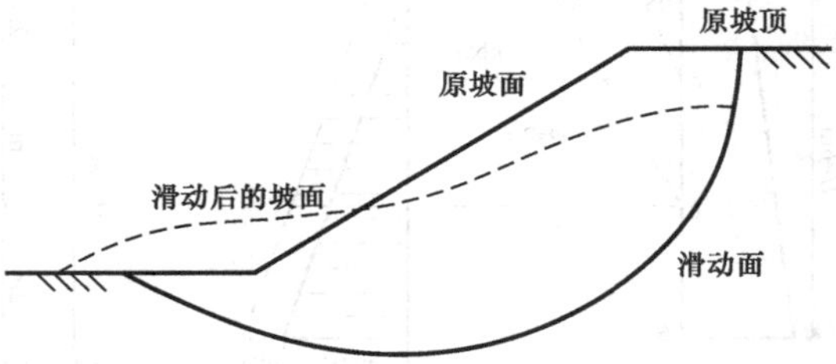

图 8-2　滑坡示意图

影响土坡稳定性的主要因素有：①土坡坡度。土坡坡度越大，或者说坡角越大，土坡越不稳定。②土坡高度。对于黏性土坡，在其他条件相同的前提下，坡高越小，土坡越稳定。③土的性质。土的性质越好，土坡越稳定，如抗剪强度指标 c、φ 值大的土坡比 c、φ 值小的更稳定。④气象条件。降水对土坡的稳定性影响很大，若天气晴朗无降水，土坡处于干燥状态，土的强度高，土坡稳定性好，而若逢雨季，尤其是连续大暴雨天气，大量雨水入渗土坡之内，使土的强度降低，从而造成土坡稳定性的急剧下降。⑤地下水的渗透。当土坡中存在水位高于滑动面的地下水渗流且渗透力与滑动方向一致时，土坡的稳定性下降。⑥地震。发生地震时，会产生附加的地震荷载，降低土坡的稳定性，同时地震荷载还可能使土体中的孔压升高，降低土体的抗剪强度。⑦人为因素。人类开挖坡脚，在坡顶堆放弃土、重物或建房，都会使土坡稳定性下降。

天然的斜坡、填筑的堤坝以及基坑放坡开挖等问题，都要验算土坡的稳定性。亦即比较可能滑动面上的剪应力与抗剪强度，这种工作称为稳定性分析。土坡稳定性分析是土力学中重要问题之一。土坡失稳的类型比较复杂，大多是土体的塑性破坏。而土体塑性破坏的分析方法有极限平衡法（limit equilibrium method）、极限分析法（limit analysis method）和有限元法（finite element method）等。在土坡稳定性分析中，极限分析法和有限元法都还不够成熟，因此目前工程实践中基本上都采用极限平衡法。极限平衡法分析土坡稳定性的一般步骤是：假定土坡破坏是沿着土体内某一确定的滑裂面滑动，根据滑裂土体的静力平衡条件和摩尔—库伦强度理论，可以计算出沿滑裂面滑动的可能性，即土坡稳定安全系数（safety factor）的大小或破坏概率的高低。然后，再系统地选取多个可能的滑动面，用同样的方法计算其稳定安全系数或破坏概率。稳定安全系数最低或者破坏概率最高的滑动面就是滑动可能性最大的滑动面。

一般土坡的长度远超过其宽度，故对土坡进行稳定性分析时，常沿长度方向取单位长度按平面问题计算。不同类别的土坡，其滑动形式和分析方法都不同。下面分别介绍无黏性土坡和黏性土坡的稳定分析方法。

第二节　无黏性土土坡稳定分析

无黏性土坡（slope of non-cohesion soil）即是由粗颗粒土所堆筑的土坡。相对而言，无黏性土坡的稳定性分析比较简单。在无黏性土坡表面取一小块土体进行分析，如图 8-3（a）所示。设该小块土体的重量为 G，其法向分力为 $N=G\cos\beta$，切向分力为 $T=G\sin\beta$。法向分力产生摩擦阻力，阻止土体下滑，称为抗滑力，其值为 $R=N\tan\varphi=G\cos\beta\tan\varphi$。切向分力 T 是促使土体下滑的滑动力。则土体的稳定安全系数为

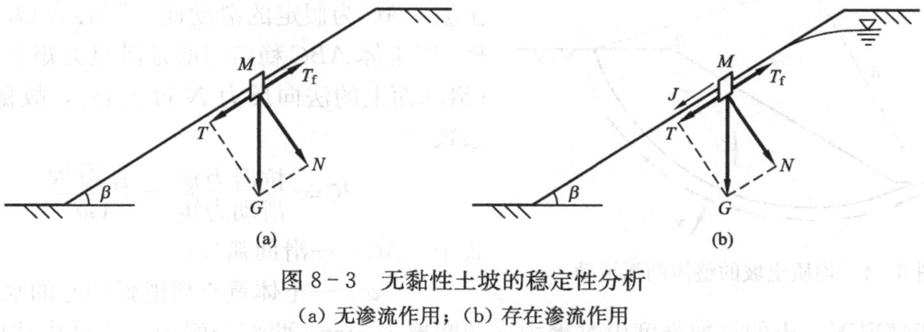

图 8-3　无黏性土坡的稳定性分析

（a）无渗流作用；（b）存在渗流作用

$$K=\frac{抗滑力}{滑动力}=\frac{R}{T}=\frac{\tan\varphi}{\tan\beta} \tag{8-1}$$

式中 φ——土体内摩擦角；

β——土坡坡角。

由上式可见，当$\beta=\varphi$时，$K=1$，即抗滑力等于滑动力，土坡处于极限平衡状态，此时的β称为天然休止角（angle of natural repose）。当$\beta<\varphi$时，土坡就是稳定的。为了使土坡具有足够的安全储备，一般取$K=1.1\sim1.5$。

当无黏性土坡受到一定的渗流力作用时，坡面上渗流溢出的单元土体，除了本身重量外，还受到渗流力$J=\gamma_w i$（i为水头梯度，顺坡流出$i=\sin\beta$）的作用，如图 8-3（b）所示。若渗流为顺坡出流，则溢出处渗流及渗流力方向与坡面平行，此时土单元体下滑的剪切力为$T+J=G\sin\beta+\gamma_w i$，且此时对单位土体来说，土体自重$G$就等于浮重度，故土坡的稳定安全系数为

$$K=\frac{抗滑力}{下滑力}=\frac{\gamma'\cos\beta\tan\varphi}{(\gamma'+\gamma_w)\sin\beta}=\frac{\gamma'\tan\varphi}{\gamma_{sat}\tan\beta} \tag{8-2}$$

可见，与式（8-1）相比，相差γ'/γ_{sat}倍，此值约为 0.5。因此，当坡面有顺坡渗流作用时，无黏性土坡的稳定安全系数比起无渗流作用时降低约一半。

第三节 黏性土土坡稳定分析

黏性土坡（slope of cohesion soil）发生剪切破坏的滑动面大多为一曲面。破坏前，一般在坡顶首先出现张拉裂缝，然后沿某一曲面产生整体滑动。黏性土坡常用的稳定分析方法有整体圆弧滑动法、瑞典条分法、毕肖普条分法和简布条分法等。

一、整体圆弧滑动法（arc slipping method）

对于均质简单土坡，假定土坡失稳破坏时滑动面为一圆柱面，将滑动面以上土体视为刚体，并以其为脱离体，分析在极限平衡条件下其上作用的各种力，而以整个滑动面上的平均抗剪强度τ_f与平均剪应力τ之比来定义土坡的稳定安全系数，即

$$K=\frac{\tau_f}{\tau} \tag{8-3}$$

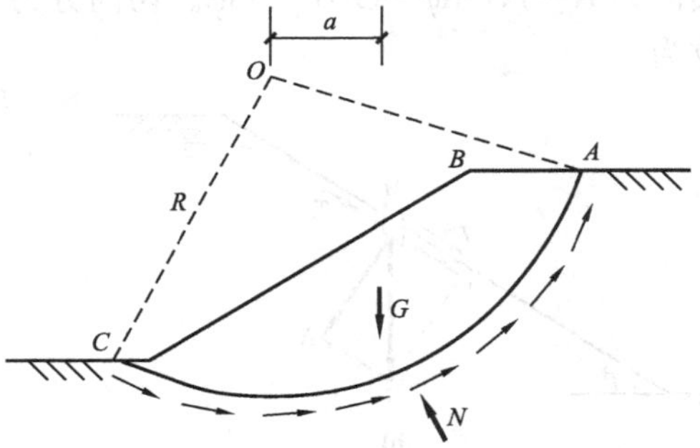

图 8-4 均质土坡的整体圆弧滑动

若以滑动面上的最大抗滑力矩与滑动力矩之比来定义，其结果完全一致。如图 8-4 所示土坡，AC为假定的滑动面，圆心为O，半径为R，当土体ABC稳定时必须满足力矩平衡条件，(滑动面上的法向反力N过圆心)，故稳定安全系数为

$$K=\frac{抗滑力矩}{滑动力矩}=\frac{\tau_f\overline{AC}R}{Ga} \tag{8-4}$$

式中 $\overline{AC}$——滑面弧长；

a——土体重心离滑弧圆心的水平距离。

一般情况下，土的抗剪强度由黏聚力c和摩擦力$\sigma\tan\varphi$两部分组成，土体中法向应力σ沿滑动面并非常数，因此土的抗剪强度在滑动面的不同位置处有不同的数值。但对于饱和黏土来说，在不排水条件下，$\varphi_u=0$，故$\tau_f=c_u$，因此上式可以写成

$$K=\frac{抗滑力矩}{滑动力矩}=\frac{c_u\overline{AC}R}{Ga} \tag{8-5}$$

此分析方法通常称为 $\varphi_u=0$ 分析法。

由于计算上述安全系数时，滑动面为任意假定，并不是最危险的滑动面，因此所求结果并非最小的安全系数。通常在计算时需要假定一系列滑动面，进行多次试算，计算工作量很大。为此，费伦纽斯（Fellenius，1927）通过大量计算分析，提出了以下所介绍的确定最危险滑动面圆心的经验方法。

对于均质黏性土坡，当土的内摩擦角 $\varphi=0$ 时，其最危险滑动面常通过坡脚。其圆心位置可由图 8-5（a）中 BO 与 CO 两线的交点确定，图中 β_1 及 β_2 的值可以根据坡角由表 8-1查出。当 $\varphi>0$ 时，最危险滑动面的圆心位置可能在图 8-5（b）中 EO 的延长线上。自 O 点向外取圆心 O_1、O_2…，分别作滑弧，并求出相应的稳定安全系数 K_1、K_2…，然后绘制曲线找出最小值，即为所求的最危险滑动面的圆心 O_m 和土坡的稳定安全系数 K_{min}。当土坡非均质，或坡面形状及荷载情况比较复杂时，还需自 O_m 作 OE 的垂线，并在垂线上再取若干点作为圆心进行计算比较，才能找出最危险滑动面的圆心和土坡稳定安全系数。

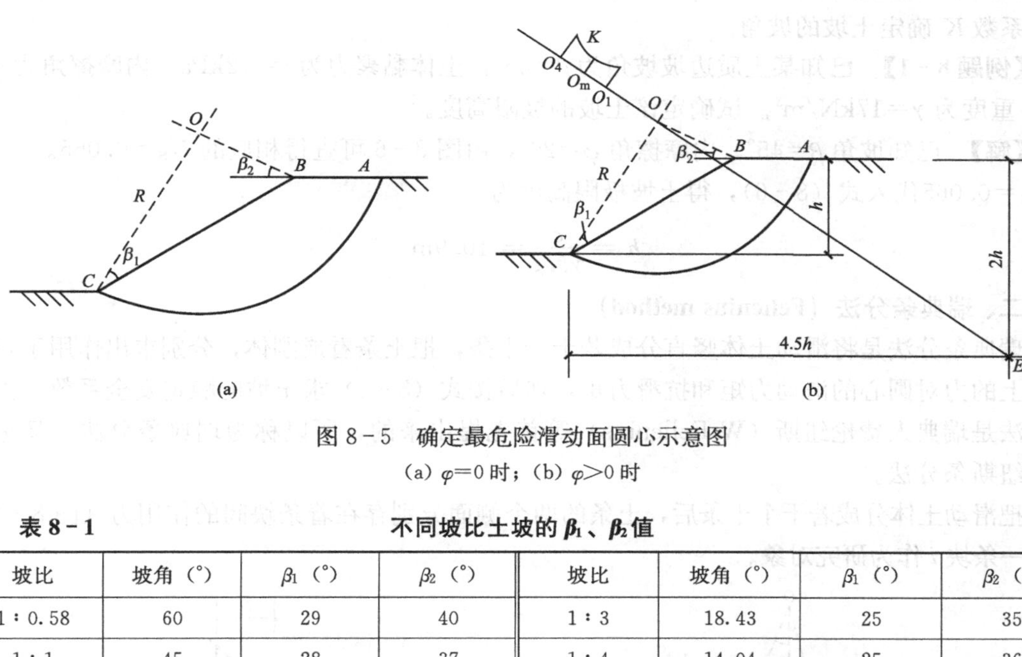

图 8-5　确定最危险滑动面圆心示意图

（a）$\varphi=0$ 时；（b）$\varphi>0$ 时

表 8-1　不同坡比土坡的 β_1、β_2 值

坡比	坡角（°）	β_1（°）	β_2（°）	坡比	坡角（°）	β_1（°）	β_2（°）
1∶0.58	60	29	40	1∶3	18.43	25	35
1∶1	45	28	37	1∶4	14.04	25	36
1∶1.5	33.79	26	35	1∶5	11.32	25	37
1∶2	26.57	25	35				

当土坡外形和土层分布都比较复杂时，最危险滑动面不一定通过坡脚，此时费伦纽斯法不一定可靠。电算分析表明，无论多么复杂的土坡，其最危险滑弧圆心的轨迹都是一根类似于双曲线的曲线，位于土坡坡线中心的竖直线与法线之间。若采用电算，可在此范围内有规律地选取若干圆心坐标，结合不同的滑弧半径，求出相应滑弧的安全系数，再通过比较求得

最小值 $K_{\min}$。但需注意，对于成层土坡，其低值区不止一个，可能存在多个 $K_{\min}$ 值。

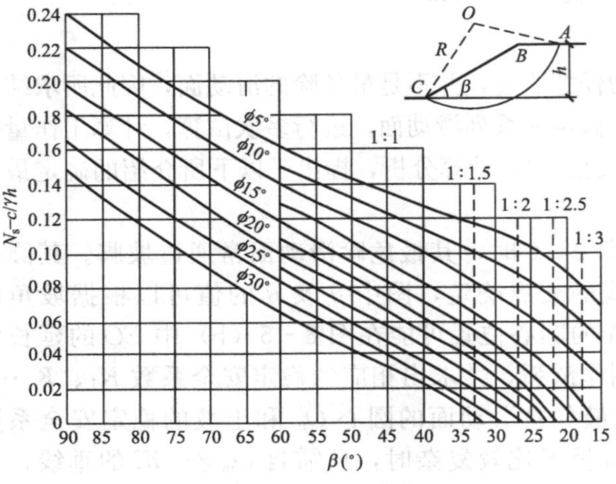

图 8-6　稳定数 N_S 计算图

如上所述，土坡的稳定分析大都需要经过试算，计算工作量非常大，因此，不少学者提出简化的图表计算法。图 8-6 给出根据计算资料整理得到的极限状态时均质土坡内摩擦角 φ，坡角 β 与稳定数 N_S（stability number）（数值范围 0～0.25）之间的关系曲线，其中

$$N_S = \frac{c}{\gamma h} \tag{8-6}$$

式中　c——土体黏聚力；

γ——土体重度；

h——土坡高度。

从图中可直接由已知的 c，φ、γ、β 确定土坡极限高度 h，也可由已知的 c、φ、γ、h 及安全系数 K 确定土坡的坡角。

【例题 8-1】　已知某土质边坡坡角为 $\beta=45°$，土体黏聚力为 $c=12\text{kPa}$，内摩擦角为 $\varphi=20°$，重度为 $\gamma=17\text{kN/m}^3$。试确定该土坡的极限高度。

【解】　已知坡角 $\beta=45°$，内摩擦角 $\varphi=20°$，由图 8-6 可查得相应的 $N_S=0.065$。将 $N_S=0.065$ 代入式（8-6），得土坡极限高度为

$$h = \frac{c}{\gamma N_S} = 10.9\text{m}$$

二、瑞典条分法（Fellenius method）

瑞典条分法是将滑动土体竖直分成若干个土条，把土条看成刚体，分别求出作用于各个土条上的力对圆心的滑动力矩和抗滑力矩，然后按式（8-4）求土坡的稳定安全系数。由于该方法是瑞典人费伦纽斯（W Fellenius）等首先提出来的，所以称为瑞典条分法，又称为费伦纽斯条分法。

把滑动土体分成若干个土条后，土条的两个侧面分别存在着条块间的作用力（图 8-7）。任取一条块 i 作为研究对象。

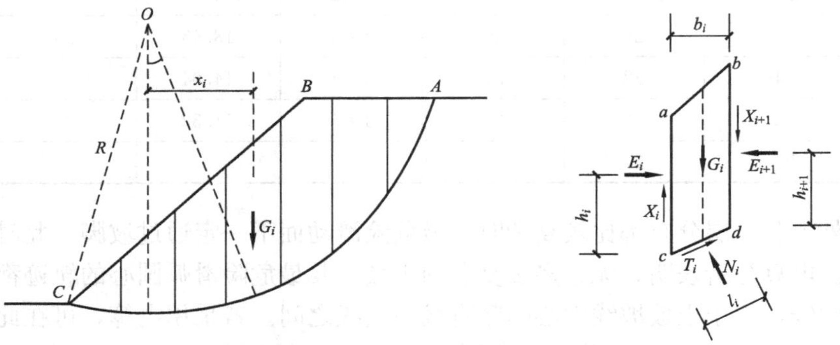

图 8-7　条块的作用力

作用在条块 i 上的力，除了重力 G_i 外，条块侧面 ac 与 bd 上作用有法向力 E_i、E_{i+1}，切向力 X_i、X_{i+1}。法向力的作用点至滑动弧面的距离为 h_i、h_{i+1}。滑弧段 cd 的长度为 l_i，其上作用着法向力 N_i和切向力 T_i，T_i包括黏聚力 $c_i l_i$ 和摩擦阻力 $N_i \tan\varphi_i$。考虑到条块的宽度不大，G_i和 N_i的作用位置可以看成是滑弧段 cd 的中点。在所有的作用力中，E_i和 X_i在分析前一土条时已经出现，可视为已知量。因此，待定的未知量有条块分界面上的 E_{i+1}、X_{i+1} 与 h_{i+1} 以及条块底部的 N_i与 T_i共五个。每个土条可以建立三个静力平衡方程，即径向力平衡方程 $\sum F_{ri}=0$、切向力平衡方程 $\sum F_{\theta i}=0$ 和对滑弧圆心的力矩平衡方程 $\sum M_i=0$ 及一个极限平衡方程 $T_i=(N_i \tan\varphi_i+c_i l_i)/K$。

若把滑动土体分成 n 个条块，则条块之间的分界面就有 $n-1$ 个。分界面上的未知量有 $3(n-1)$ 个，滑动面上的未知量有 $2n$ 个，还有待求的安全系数 1 个，未知量总个数为 $5n-2$ 个。由前述知可以建立的平衡方程和极限平衡方程共有 $4n$ 个，待求未知量与方程个数之差为 $n-2$，因此这是一个高次的超静定问题。为使问题能够求解，必须进行简化计算。

瑞典条分法假定滑动面是圆弧面，并认为条块间的作用力对土坡的整体稳定性影响不大，故对其忽略不计。或者说，假定条块间的作用力大小相等，方向相反且作用在同一直线上。图 8-7 中取条块 i 进行分析，由于不考虑条块间的作用力，根据径向力的平衡条件，得

$$N_i = G_i \cos\alpha_i \tag{8-7}$$

式中 α_i——条块底面与水平面之间的夹角。

根据滑动弧面上的极限平衡条件，得

$$T_i = T_{fi}/K = (c_i l_i + N_i \tan\varphi_i)/K \tag{8-8}$$

式中 T_{fi}——条块 i 在滑动面上的抗剪强度；

K——滑弧段稳定安全系数。

另外，按照滑动土体的力矩平衡条件，外力对圆心力矩之和为零。在条块的三个作用力中，法向力 N_i 通过圆心不产生力矩。重力 G_i 产生的滑动力矩为

$$\sum G_i x_i = \sum G_i R \sin\alpha_i \tag{8-9}$$

式中 x_i——条块 i 对 O 点的力臂长度。

滑动面上的抗滑力产生的抗滑力矩为

$$\sum T_i R = \sum \frac{(c_i l_i + N_i \tan\varphi_i)R}{K} \tag{8-10}$$

滑动土体的整体力矩平衡，即 $\sum M=0$，得

$$\sum G_i x_i = \sum T_i R \tag{8-11}$$

将式（8-9）和式（8-10）代入式（8-11）中，并进行简化，得安全系数的计算公式为

$$K = \frac{\sum(c_i l_i + G_i \cos\alpha_i \tan\varphi_i)}{\sum G_i \sin\alpha_i} \tag{8-12}$$

从瑞典条分法的分析过程可以看出，该法忽略了土条之间力的相互影响，只满足于滑动土体整体的力矩平衡条件，却不满足土条块之间的静力平衡条件，是一种简化的计算方法。

这是它区别于后面将要介绍的其他条分法的主要特点。由于该方法应用的时间很长，积累了丰富的工程经验，一般得到的安全系数偏低，即误差偏于安全，所以目前仍然是工程上常用的方法。

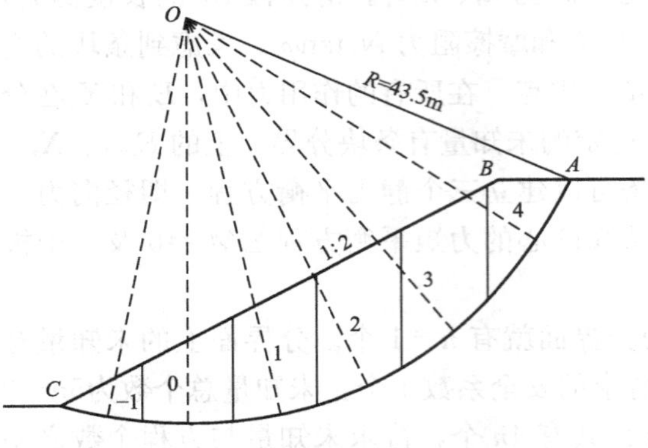

图 8-8 ［例题 8-2］图

【例题 8-2】 一简单黏性土坡，高 25m，坡比 1∶2，重度 $\gamma=20kN/m^3$，内摩擦角 $\varphi=26.6°$，黏聚力 $c=10kN/m^2$，滑弧圆心 O 点如图 8-8 所示，试用瑞典条分法求该滑动圆弧的稳定安全系数。

【解】 可将滑动土体分成 6 个土条，分别计算各土条的重量 G_i，滑动面长度 l_i，滑动面与水平面的夹角 α_i，各项计算值见表 8-2。

表 8-2 各项计算值

土条编号	α_i	G_i	$\sin\alpha_i$	$\cos\alpha_i$	$G_i\sin\alpha_i$	$G_i\cos\alpha_i$	$G_i\cos\alpha_i\tan\varphi_i$	l_i	c_il_i
−1	−9.93	412.5	−0.172	0.985	−71.0	406.3	203	8.0	80
0	0	1600	0	1.0	0	1600	800	10.0	100
1	13.29	2375	0.230	0.973	546	2311	1156	10.5	105
2	27.37	2625	0.460	0.888	1207	2331	1166	11.5	115
3	43.60	2150	0.690	0.724	1484	1557	779	14.0	140
4	59.55	487.5	0.862	0.507	420	247	124	11.0	110

$$\sum G_i\sin\alpha_i=3584kN$$

$$\sum G_i\cos\alpha_i\tan\varphi_i=4228kN$$

$$\sum c_il_i=650kN$$

边坡稳定安全系数为

$$K=\frac{\sum(c_il_i+G_i\cos\alpha_i\tan\varphi_i)}{\sum G_i\sin\alpha_i}=\frac{4228+650}{3584}\approx1.36$$

三、毕肖普条分法（Bishop method）

毕肖普（A W Bishop，1955）假定各土条底部滑动面上的抗滑安全系数均相同，即等于整个滑动面的平均安全系数。取单位长度土坡按平面应变问题计算，如图 8-9 所示。设可能滑动面为一圆弧 AC，圆心为 O，半径为 R。

将滑动土体 ABC 划分成若干个土条，取其中任一土条 i 进行分析。作用在该土条上的力有：

(1) 土条自重 $G_i=\gamma b_ih_i$，其中 b_i、h_i 为该土条的宽度和平均高度。

(2) 作用于土条底面的切向力 T_i，有效法向反力 N_i'及孔隙水压力 u_il_i，其中 u_i、l_i 分别为该土条底面中点处孔隙水压力强度和滑弧弧长。

(3) 作用于该土条两侧的法向力 E_i 和 E_{i+1}及切向力 X_i 和 X_{i+1}，$\Delta X=X_{i+1}-X_i$。且认为 G_i、T_i、N_i'、u_il_i 的作用点均在土条底面中点。

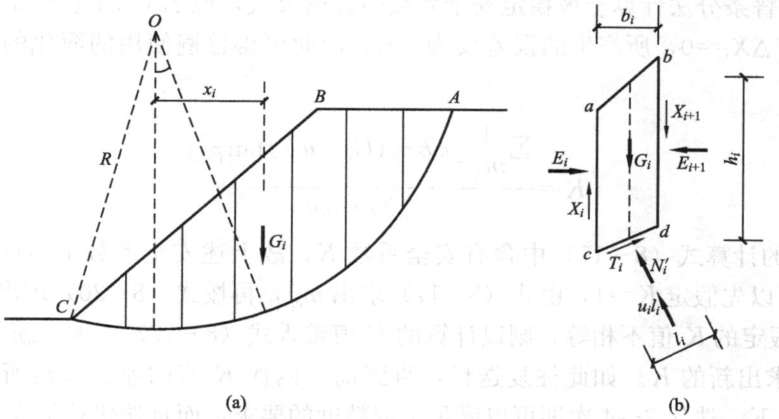

图 8-9　毕肖普条分法计算简图

对 i 土条在竖向列力的平衡方程，得

$$G_i+\Delta X_i-T_i\sin\alpha_i-N'_i\cos\alpha_i-u_il_i\cos\alpha_i=0 \tag{8-13}$$

式中，α_i 为条块底面与水平面之间的夹角。由上式得

$$N'_i\cos\alpha_i=G_i+\Delta X_i-T_i\sin\alpha_i-u_ib_i \tag{8-14}$$

当土坡尚未破坏时，土条滑动面上的抗剪强度只发挥了一部分，若以有效应力表示，则根据安全系数的定义得土条滑动面上的切向力为

$$T_i=\frac{\tau_{fi}l_i}{K}=\frac{c'l_i}{K}+N'_i\frac{\tan\varphi'}{K} \tag{8-15}$$

式中　c'——土体有效黏聚力；

φ'——土体有效内摩擦角；

τ_{fi}——土体的抗剪强度；

K——稳定安全系数。

将式（8-15）代入式（8-14），解得 N'_i 为

$$N'_i=\frac{1}{m_{\alpha_i}}\left(G_i+\Delta X_i-u_ib_i-\frac{c'l_i}{K}\sin\alpha_i\right) \tag{8-16}$$

$$m_{\alpha_i}=\cos\alpha_i\left(1+\frac{\tan\varphi'\tan\alpha_i}{K}\right) \tag{8-17}$$

然后就整个滑动土体对滑动面圆心 O 求力矩平衡，此时相邻土条侧面作用力的力矩相互抵消，而各土条的 N'_i 与 u_il_i 的作用线均通过圆心，于是有

$$\sum G_ix_i-\sum T_iR=0 \tag{8-18}$$

将式（8-16）代入式（8-15），又知 $x_i=R\sin\alpha_i$，$b=b_i=l_i\cos\alpha_i$，则根据式（8-18）可得

$$K=\frac{\sum\frac{1}{m_{\alpha_i}}[c'b+(G_i-u_ib+\Delta X_i)\tan\varphi']}{\sum G_i\sin\alpha_i} \tag{8-19}$$

此为毕肖普条分法计算土坡稳定安全系数的普遍公式，但 ΔX_i 仍为未知。毕肖普证明，若令各土条的 $\Delta X_i=0$，所产生的误差仅为 1%，由此可得普遍使用的简化的毕肖普计算公式为

$$K=\frac{\sum\frac{1}{m_{\alpha_i}}[c'b+(G_i-u_ib)\tan\varphi']}{\sum G_i\sin\alpha_i} \tag{8-20}$$

由于 m_{α_i} 的计算式（8-17）中含有安全系数 K，故上述安全系数 K 的计算需要迭代。通常迭代时可以先假定 $K=1$，由式（8-17）求出 m_{α_i}，再按式（8-20）求出 K。若计算出来的 K 值与假定的 K 值不相等，则以计算的 K 值带入式（8-17）再求出新的 m_{α_i}，然后按式（8-20）求出新的 K。如此往复迭代，直到前后两次 K 值的差值满足所要求的精度为止。通常情况下，迭代 3～4 次即可以满足工程精度的要求，而且迭代总是收敛的。

需要注意到是，当 α_i 为负值时，m_{α_i} 有可能趋近于零，此时 N_i' 将趋于无穷大，显然不合理，故在这种情况下毕肖普法不能应用。有学者建议，当任一土条的 $m_{\alpha_i}\leqslant 0.2$ 时，简化毕肖普法计算的 K 值误差较大，最好采用其他方法。此外，当坡顶土条的 α_i 很大时，N_i' 可能出现负值，此时可取 $N_i'=0$。

为了求得最小的安全系数 K，同样必须假定若干个滑动面，其最危险的滑动面圆心位置的确定，仍可以采用前述的费伦纽斯经验法。

毕肖普条分法考虑了土条两侧的作用力，计算结果比较合理。分析时先后利用每一土条竖向力的平衡及整个滑动土体的力矩平衡条件，避开了 E_i 及其作用点的位置，并假定所有的 ΔX_i 均等于零，使分析过程得到了简化。但该方法同样不能满足所有的平衡条件，还不是一个严格的方法，由此产生的误差约为 2%～7%。另外，毕肖普条分法也可以用于总应力分析，即在上述公式中采用总应力强度指标 c、φ 计算即可。

【例题 8-3】 如图 8-10 所示，某均质黏性土坡，高 10m，坡比 1∶1，黏聚力 $c=15$kPa，内摩擦角 $\varphi=20°$，重度 $\gamma=18$kN/m³，坡内无地下水影响，试用毕肖普条分法（总应力法）计算土坡的稳定安全系数。

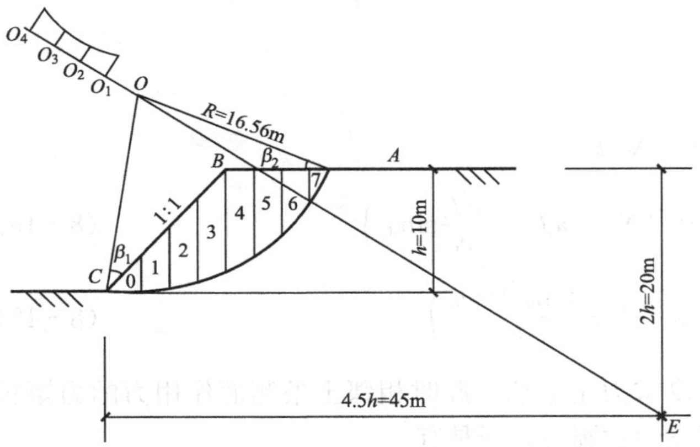

图 8-10 ［例题 8-3］图

【解】（1）选择滑弧圆心，作出相应的滑动圆弧。按一定比例画出土坡剖面，如图 8-10 所示。由于是均质土坡，可按表 8-1 查得 $\beta_1=28°$，$\beta_2=37°$，作 BO 线与 CO 线的交点 O。再如图 8-10 求得 E 点，作 EO 的延长线，在 EO 延长线上取一点 O_1 作为第一次试算的滑弧圆心，过坡脚作相应的滑动圆弧，可量得半径 $R=16.56$m。

（2）将滑动土体分成若干土条，并对土条编号。取土条宽度 $b=2$m。土条编号从滑弧圆心的垂线开始作为 0，其余土条在逆滑动方向依次编号为 1、2、3、…、7。

（3）量出各土条平均高度 h_i，并列表计算 $\sin\alpha_i$、$\cos\alpha_i$、G_i、$G_i\sin\alpha_i$、$G_i\tan\varphi$ 以及 cb。

(4) 稳定安全系数的总应力法计算公式为

$$K=\frac{\sum\frac{1}{m_{\alpha_i}}[cb+G_i\tan\varphi]}{\sum G_i\sin\alpha_i}$$

(5) 计算的具体过程及数据见如表 8-3。

表 8-3　　各 项 计 算 数 据

土条编号		0	1	2	3	4	5	6	7	$\sum$
h_i	(1)	0.970	2.786	4.351	5.640	6.612	6.188	4.202	1.520	
b	(2)	2.0	2.0	2.0	2.0	2.0	2.0	2.0	1.709	
G_i	(3)	34.92	100.30	156.64	203.04	238.03	222.77	151.27	46.76	
$\sin\alpha_i$	(4)	0.030	0.151	0.272	0.393	0.514	0.636	0.758	0.950	
$\cos\alpha_i$	(5)	1.000	0.988	0.962	0.919	0.857	0.772	0.652	0.313	
$G_i\sin\alpha_i$	(6)	1.05	15.15	42.61	79.79	122.35	141.68	114.66	44.42	561.71
$G_i\tan\varphi$	(7)	12.71	36.51	57.01	73.90	86.64	81.08	55.06	17.02	
cb	(8)	30.0	30.0	30.0	30.0	30.0	30.0	30.0	30.0	
$m_{\alpha_i}(K=1)$	(9)	1.011	1.043	1.061	1.062	1.044	1.003	0.928	0.659	
[(7)+(8)]/[9]	(10)	42.25	63.77	82.01	97.83	111.72	110.75	91.66	64.73	
$m_{\alpha_i}(K=1.1834)$	(11)	1.009	1.034	1.046	1.040	1.015	0.968	0.885	0.605	
[(7)+(8)]/[11]	(12)	42.33	64.32	83.18	99.90	114.92	114.75	96.11	70.51	686.02
$m_{\alpha_i}(K=1.2213)$	(13)	1.009	1.033	1.043	1.036	1.010	0.962	0.878	0.596	
[(7)+(8)]/[13]	(14)	42.33	64.39	83.42	100.29	115.49	115.47	96.88	71.58	689.85
$m_{\alpha_i}(K=1.2281)$	(15)	1.009	1.033	1.043	1.035	1.009	0.961	0.877	0.595	
[(7)+(8)]/[15]	(16)	42.33	64.39	83.42	100.39	115.60	115.59	96.99	71.70	690.41

第一次迭代时，假定初始 $K=1$，求得

$$K=\frac{664.72}{561.71}=1.1834$$

第二次迭代时，假定 $K=1.1834$，求得

$$K=\frac{686.02}{561.71}=1.2213$$

第三次迭代时，假定 $K=1.2213$，求得

$$K=\frac{689.85}{561.71}=1.2281$$

第四次迭代时，假定 $K=1.2281$，求得

$$K=\frac{690.41}{561.71}=1.2291$$

此时已经满足精度要求，故取 $K=1.23$。需要注意的是，这仅是一个滑弧的计算结果，为了求出最小的 K 值，需要假定若干个滑动面，按前法进行迭代计算。

四、简布条分法 (Janbu method)

在实际工程中，常常会遇到非圆弧滑动面的土坡稳定分析，如土坡下部有软弱夹层，或

土坡位于倾斜岩层面上，滑动面形状受到夹层或下覆岩层层面的影响而成非圆弧形状。此时前述圆弧滑动面法就不再适用。下面介绍 N. 简布（Janbu，1954，1972）提出的非圆弧普遍条分法。

如图 8-11（a）所示土坡，滑动面任意，划分土条后，假定：

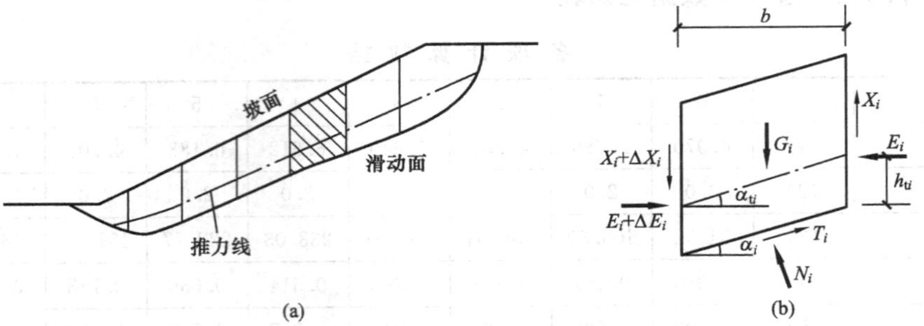

图 8-11 简布普遍条分法

（1）滑动面上的切向力由滑动面上的土所发挥的抗剪强度 τ_{fi} 来提供，即 $T_i=\tau_{fi}l_i/K=(N_i\tan\varphi_i+c_il_i)/K$。

（2）土条两侧法向力 E 的作用点的位置已知，且一般假定作用于土条底面以上 1/3 土条高度处。已有研究表明，土条间力作用点的位置对土坡稳定安全系数的影响不大。

任取一土条 i 如图 8-11（b）所示，h_{ti} 为条间力作用点的位置高度，α_{ti} 为条间推力线与水平线的夹角。需求的未知量有：土条底部法向反力 N_i（n 个）；法向条间力之差 ΔE_i（n 个）；切向条间力 X_i（$n-1$ 个）及安全系数。可以通过对每一土条力和力矩平衡建立 $3n$ 个方程求解。

对第 i 个土条取竖向力的平衡，得

$$N_i\cos\alpha_i=G_i+\Delta X_i-T_i\sin\alpha_i$$

或

$$N_i=(G_i+\Delta X_i)\sec\alpha_i-T_i\tan\alpha_i \tag{8-21}$$

再对该土条在水平方向取力的平衡，得

$$\Delta E_i=N_i\sin\alpha_i-T_i\cos\alpha_i=(G_i+\Delta X_i)\tan\alpha_i-T_i\sec\alpha_i \tag{8-22}$$

对该土条中点取力矩平衡，并略去高阶微量，得

$$X_ib=-E_ib\tan\alpha_{ti}+h_{ti}\Delta E_i$$

或

$$X_i=-E_i\tan\alpha_{ti}+h_{ti}\Delta E_i/b \tag{8-23}$$

再由整个土坡 $\sum\Delta E_i=0$ 可得

$$\sum(G_i+\Delta X_i)\tan\alpha_i-\sum T_i\sec\alpha_i=0 \tag{8-24}$$

根据安全系数的定义与摩尔—库仑破坏准则

$$T_i=\frac{\tau_{fi}l_i}{K}=\frac{cb\sec\alpha_i+N_i\tan\varphi}{K} \tag{8-25}$$

联合求解式（8-21）及式（8-25），得

$$T_i=\frac{1}{K}[cb+(G_i+\Delta X_i)\tan\varphi]\frac{1}{m_{\alpha_i}} \tag{8-26}$$

式中
$$m_{\alpha_i}=\cos\alpha_i\left(1+\frac{\tan\varphi\tan\alpha_i}{K}\right) \tag{8-27}$$

将式（8-26）带入式（8-24），得

$$K=\frac{\sum\frac{1}{m_{\alpha_i}}[cb+(G_i+\Delta X_i)\tan\varphi]}{\sum(G_i+\Delta X_i)\sin\alpha_i} \tag{8-28}$$

可见上述公式的求解仍需要迭代，可按以下步骤进行：

(1) 先设 $\Delta X_i=0$（相当于简化的毕肖普总应力法），并假定 $K=1$，代入式（8-27）算出 m_{α_i}，将 m_{α_i} 代入式（8-28）求得 K。若计算 K 值与假定 K 值相差较大，则由新的 K 值再求出 m_{α_i} 和 K，反复逼近直至满足精度要求，从而求出 K 的第一次近似值。

(2) 由式（8-26）、式（8-22）及式（8-23）分别求出每一土条的 T_i、ΔE_i 及 X_i，并计算出 ΔX_i。

(3) 用新求出的 ΔX_i 重复步骤（1），求出 K 的第二次近似值，并以此值重复上述步骤计算每一土条的 T_i、ΔE_i、ΔX_i，直到前后两次计算的 K 值之差满足精度要求为止。

简布条分法可以满足所有静力平衡条件，目前应用较广，但推力线的假定必须符合条间力的合理性要求（即满足土条间不产生拉力和剪切破坏）。

关键概念

土坡；滑坡；土坡稳定安全系数。

思考题

8-1 什么是土坡？土坡根据其成因如何分类？简单土坡各部位的名称是什么？

8-2 什么是滑坡？滑坡产生的根本原因是什么？

8-3 影响土坡稳定性的主要因素有哪些？分别是如何影响的？

8-4 土坡稳定安全系数的意义是什么？

8-5 对无黏性土坡，当坡面有顺坡渗流时，其稳定安全系数如何表达？与全干状态相比有何差别？

8-6 如何确定最危险滑动面的圆心位置？

8-7 对土坡进行分条后任一土条上的作用力有哪些？为什么说用条分法分析土坡稳定问题是一个超静定问题？

8-8 瑞典条分法、毕肖普条分法和简布条分法在计算边坡稳定安全系数时引入的假定有何异同？

8-9 毕肖普条分法和简布条分法在计算边坡稳定安全系数时为什么需要迭代？

计算题

8-1 已知某工程基坑开挖深度 $h=5\text{m}$，土体黏聚力 $c=12\text{kPa}$，内摩擦角 $\varphi=15°$，重

度 $\gamma=19\mathrm{kN/m^3}$。试根据图 8-6 确定基坑开挖的稳定坡角。

8-2 一均质土坡，坡高 $h=5\mathrm{m}$，坡比 1∶2，土体黏聚力 $c=10\mathrm{kPa}$，内摩擦角 $\varphi=15°$，重度 $\gamma=18\mathrm{kN/m^3}$。设滑弧半径根据费伦纽斯经验法取为 10.4m。试用瑞典条分法计算土坡该滑弧的稳定安全系数。

8-3 一均质土坡，坡高 $h=5\mathrm{m}$，坡比 1∶2，土体黏聚力 $c=10\mathrm{kPa}$，内摩擦角 $\varphi=15°$，重度 $\gamma=18\mathrm{kN/m^3}$。设滑弧半径根据费伦纽斯经验法取为 10.4m。试用毕肖普条分法计算土坡该滑弧的稳定安全系数。

计算题参考答案

8-1 稳定坡脚 $\beta\approx64°$

8-2 稳定安全系数 $K\approx1.52$

8-3 稳定安全系数 $K\approx1.64$

第九章 地 基 承 载 力

本章提要与学习目标

地基承载力是指地基土单位面积上承受荷载的能力。地基承载力理论与计算是土力学的主要课题之一，也是一个非常复杂的问题，影响因素比较多。地基基础设计时，必须满足上部结构荷载通过基础传到地基土的压力不得大于地基承载力的要求，以确保地基土不丧失稳定性。本章主要学习地基的破坏模式、浅基础的临塑荷载和临界荷载、极限承载力、容许承载力以及地基承载力特征值的选取等方面的知识。这些内容不仅是土的强度理论的实际应用，也是学习基础工程设计所必备的基本知识。

通过本章学习，要求理解各种地基承载力的理论方法与基本假设，明确各种方法的应用前提，能够结合具体的实际工程情况，确定合理的符合实际的地基承载力特征值。

第一节 地基的破坏模式

根据大量的现场观察、模型试验，认为不同性质的土层在荷载作用下，破坏模式是不同的。因此，所对应的地基承载力的计算方法也应该有所不同。

一、地基剪切破坏的三种模式

为了了解地基承载力的概念以及地基土受荷后剪切破坏的过程和性状，很多学者通过现场荷载试验对于地基土的破坏模式进行了研究。现场荷载试验实际上是一种基础加载的模拟实验，用一块刚性荷载板模拟基础作用于地基，尺寸一般约为0.25～1.0m²。在载荷板上逐级施加荷载，同时测定各级荷载作用下载荷板的沉降量以及周围土的位移情况，直到地基土破坏失稳为止。由载荷试验得到的各级压力 p 与相应的稳定沉降量 s 之间的关系，可以绘出 p—s 曲线，如图 9-1 所示。

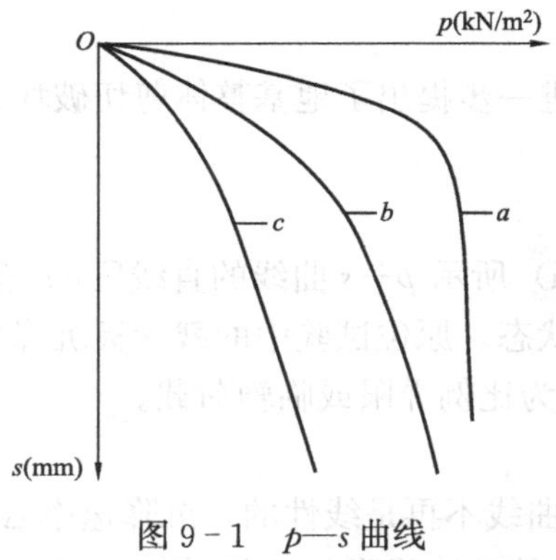

图 9-1 p—s 曲线

a—整体剪切破坏；b—局部剪切破坏；c—刺入剪切破坏

从图 9-1 所示的 p—s 曲线的特征，可以得到不同性质土体在荷载作用下的地基破坏失稳机理。曲线 a 在荷载较小的时候呈直线关系，但当荷载增大到某个极限值以后，沉降量 s 急剧增大，整个地基发生失稳破坏。曲线 b 在开始阶段也呈现直线关系，在到达某个极限值以后，随着荷载增大，沉降量增加速率增大，但是没有出现类似曲线 a 那样的急剧增大的特征。曲线 c 在整个沉降发展过程中，沉降对压力的变化率没有明显变化，整个曲线没有出现明显的拐点。这三条曲线代表了三种不同的典型地基破坏模式。

太沙基（K. Terzaghi，1943）和魏锡克（A. S. Vesic，1963）等对此做了深入的研究分析。太沙基根据上述实验研究提出了两种典型的地基破坏模式，分别称为整体剪切破坏和局部剪切破坏。图 9-2（a）给出了整体剪切破坏的特征，当基础上荷载较小时，基础下形成一个三角形压密区Ⅰ，这时 p—s 曲线呈现直线关系。随着荷载增加，压密区Ⅰ向两侧挤压，土中出现塑性区，从基础边缘处逐步扩展为Ⅱ、Ⅲ塑性区，这时 p—s 曲线呈现曲线性状。当荷载达到极限值以后，土中形成连续滑裂面，并延伸到地基土表面，土从基础两侧挤出并隆起，地基沉降量急剧增加，导致地基失稳破坏，其 p—s 曲线如图 9-1 曲线 a 所示，有一个明显的转折点。整体剪切破坏一般出现在浅埋基础下的密砂或者硬黏土等坚实地基中。

图 9-2（b）给出了局部剪切破坏的特征，随着荷载的增加，地基中也出现压密区Ⅰ和塑性区Ⅱ，但是塑性区的发展被限制在地基中的某一范围内，地基中的滑裂面并不延伸到地基表面，仅在基础两侧地面微微隆起，不出现明显的裂缝。其 p—s 曲线如图 9-1 曲线 b 所示，曲线 b 也有一个拐点，但不像整体剪切破坏那样显著，拐点以后的沉降也没有出现类似整体破坏那样的急剧增加。这种局部剪切破坏模式一般发生于中等密砂中。

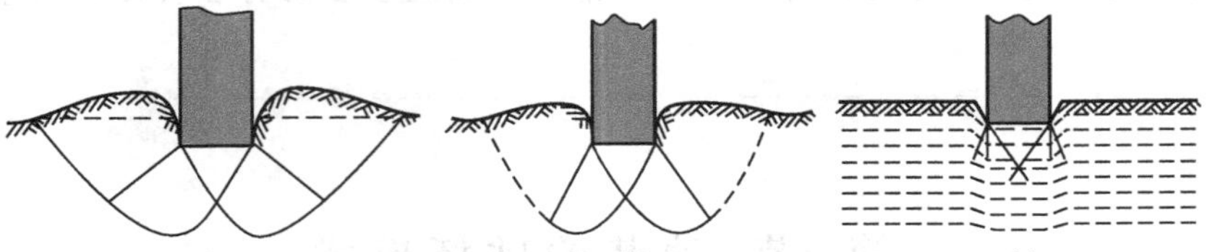

图 9-2　地基破坏模式

(a) 整体剪切破坏；(b) 局部剪切破坏；(c) 刺入剪切破坏

魏锡克在上述两种破坏模式以外，提出了第三种地基破坏模式——冲剪破坏模式，也称为刺入剪切破坏模式，如图 9-2（c）所示。这种破坏模式通常发生在松砂及软土地基中，其破坏特征为随着荷载增加，基础下土层发生压缩变形，基础随之下沉，当荷载继续增加，基础周围附近土体发生竖向剪切变形，使基础刺入土中。地基的侧向变形较小，基础两侧的土体也没有明显移动以及隆起现象。冲剪破坏的 p—s 曲线如图 9-1 曲线 c 所示，沉降随着荷载的增大而增加，曲线上没有明显的拐点，没有比例极限和极限荷载。

二、地基整体剪切破坏的三个阶段

苏联学者格尔谢万诺夫（1948）根据载荷试验结果，进一步提出了地基整体剪切破坏过程可以分为 3 个阶段，见图 9-3。

1. 压密阶段

压密阶段也可以称为直线变形阶段，相当于图 9-3（a）所示 p—s 曲线的直线段 oa 段，土中各点的剪应力都小于其抗剪强度，土体处于弹性平衡状态。原位试验中的载荷板沉降主要是因为土体的压密引起的，点 a 所对应的荷载强度 p_{cr} 称为比例界限或临塑荷载。

2. 剪切阶段

剪切阶段对应于 p—s 曲线的 ab 段，这一阶段的 p—s 曲线不再是线性的，沉降速率 $\Delta s/\Delta p$ 随着荷载的增加而增大。地基土中局部范围内，首先在基础边缘发生剪切破坏，产生塑性区。随着荷载的增加，土中塑性区的范围不断扩展，如图 9-3（c）所示，直到在土中形

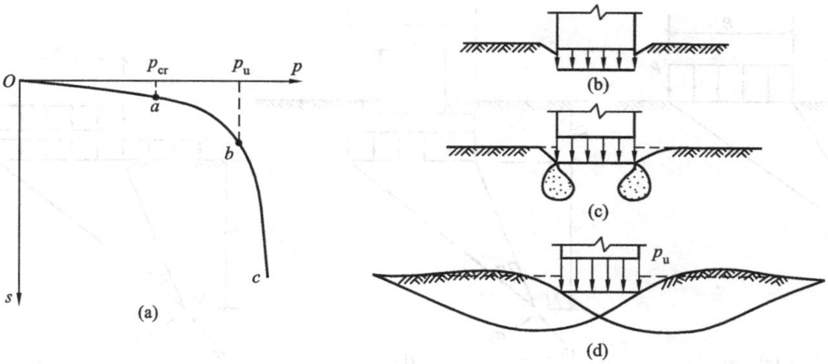

图 9-3　地基破坏过程中的三个阶段

(a) p—s 曲线；(b) 压密阶段；(c) 剪切阶段；(d) 破坏阶段

成连续的滑裂面，从载荷板周围挤出而使地基发生破坏。剪切阶段是地基土中塑性区的发生与发展的阶段，点 b 对应的荷载 p_u 称为地基的极限荷载。

3. 破坏阶段

该阶段对应于 p—s 曲线上的 bc 段。当荷载超过极限荷载后，载荷板急剧下沉，在不增加荷载的情况下，沉降也不能稳定，p—s 曲线急剧下降。在这个阶段，由于地基中的塑性区的不断发展，最后在土中形成连续的滑动面，地基土体从载荷板周围挤出隆起而发生失稳破坏，见图 9-3 (d)。

第二节　浅基础的临塑荷载和临界荷载

由于工程设计中必须确保地基有足够的稳定性，必须限制建筑物基底压力，使其不得超过地基的容许承载力。地基容许承载力（allowable bearing capacity）是指考虑一定安全储备后的地基承载力，一般记作 p_a。

工程实践中，根据建筑物的不同要求，可以用临塑荷载或临界荷载作为地基的容许承载力，也可以将极限承载力除以一定的安全系数作为地基容许承载力。本节主要介绍浅基础临塑荷载和临界荷载的确定方法。

从上节内容我们知道，地基破坏过程中的剪切阶段是土中塑性区范围随着荷载的增加而不断发展的阶段，把土中塑性区开展到不同深度时所对应的荷载称为临界荷载，而地基土中将要出现但是尚未出现塑性区，即塑性区开展深度为 0 时的浅基础基底压力称作临塑荷载。其计算公式可以根据土中应力计算的弹性理论和土体极限平衡条件进行推导得出。

如图 9-4 (a) 所示，在地基表面作用一均匀条形荷载 p，地表下任一深度 z 处的点 M 的附加应力可以表示为

$$\left.\begin{matrix}\sigma_1\\ \sigma_3\end{matrix}\right\}=\frac{p}{\pi}(2\alpha\pm\sin 2\alpha) \tag{9-1}$$

若条形浅基础的埋深为 D 时，如图 9-4 (b) 所示，计算基底下深度 z 处点 M 的主应力时，可以把基底水平面上的荷载 p 分解为图 9-4 (c) 所示的两部分，即无限均布荷载 γD 以及基底范围内的均布荷载 p—γD。严格来讲，点 M 的自重应力在各个方向是不等的，

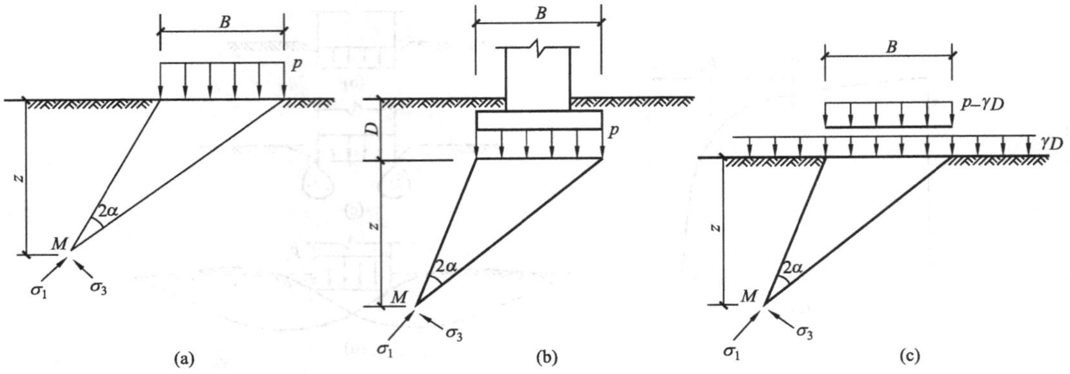

图 9-4 塑性区边界方程的推导

因此导致自重应力和附加应力的求和在数学上非常繁琐。所以为了简化计算，假定土的侧压力系数 $K_0=1$，即土的自重应力在各个方向是相等的，均为 $\gamma(D+z)$。这样，土体中任一点 M 的主应力为

$$\left.\begin{matrix}\sigma_1\\ \sigma_3\end{matrix}\right\}=\frac{p-\gamma D}{\pi}(2\alpha\pm\sin 2\alpha)+\gamma(D+z) \tag{9-2}$$

若点 M 处于塑性区的边界上，该点处于极限平衡状态。根据极限平衡理论，该点的大、小主应力应满足极限平衡条件

$$\sin\varphi=\frac{\sigma_1-\sigma_3}{\sigma_1+\sigma_3+2c\cot\varphi}$$

将式（9-2）代入上式，整理可得塑性区的边界方程为

$$z=\frac{p-\gamma D}{\pi\gamma}\left(\frac{\sin 2\alpha}{\sin\varphi}-2\alpha\right)-\frac{c}{\gamma}\cot\varphi-D \tag{9-3}$$

式（9-3）表示在荷载 p 作用下，地基土的塑性区边界上任一点的 z 与视角 2α 之间的关系。若已知荷载 p、浅基础的宽度 B 和埋深 D、地基土的强度指标 γ、c、φ，根据式（9-3）可以绘出塑性区的边界线。采用弹性理论进行计算，条形浅基础两个边点的主应力最大，因此塑性区首先从基础两边点开始向深处逐渐开展。

根据函数极值条件$\frac{dz}{d\alpha}=0$，可得

$$2\alpha=\frac{\pi}{2}-\varphi \tag{9-4}$$

将式（9-4）代入式（9-3），得到条形均布荷载 p 作用下，地基中塑性区开展最大深度的表达式为

$$z_{max}=\frac{p-\gamma D}{\gamma\pi}\left[\cot\varphi-\left(\frac{\pi}{2}-\varphi\right)\right]-c\frac{\cot\varphi}{\gamma}-D \tag{9-5}$$

由式（9-5）可见，当其他条件不变时，塑性区开展最大深度随着均布荷载 p 的增大而增大，因此我们可以规定塑性区开展深度 z_{max}，而求解得到该深度所对应的基底压力大小，即临塑荷载或临界荷载。

若令 $z_{max}=0$，则表示地基土中将要出现但是尚未出现塑性区，其所对应的荷载大小即

为临塑荷载 p_{cr}。

$$p_{cr} = N_q\gamma D + N_c c \tag{9-6}$$

$$N_q = \frac{\cot\varphi + \varphi + \frac{\pi}{2}}{\cot\varphi + \varphi - \frac{\pi}{2}}$$

$$N_c = \frac{\pi\cot\varphi}{\cot\varphi + \varphi - \frac{\pi}{2}}$$

大量工程实践表明，即使地基中产生塑性区，只要塑性区开展深度不超过某一个限值，就不会影响建筑物的正常使用，因此以临塑荷载 p_{cr} 作为地基的容许承载力偏于保守。地基塑性区容许开展深度与建筑物类型、荷载性质以及土的性质等因素有关，目前工程界和学术界都没有定论。

一般认为，在中心垂直荷载作用下，z_{max} 可控制在基础宽度 B 的 1/4，相应的临界荷载用 $p_{1/4}$ 表示。因此在式（9-5）中令 $z_{max}=B/4$，可得到 $p_{1/4}$ 的表达式为

$$p_{1/4} = \gamma BN_{1/4} + N_9\gamma D + cN_c \tag{9-7}$$

$$N_{1/4} = \frac{\pi}{4(\cot\varphi + \varphi - \pi/2)}$$

式中 $N_{1/4}$、N_c——承载力系数。

N_q、N_c 符号意义同前。

对于偏心荷载作用下的基础，可取 $z_{max}=B/3$，即取 z_{max} 等于基础宽度 B 的 1/3 所对应的临界荷载 $p_{1/3}$ 作为地基的容许承载力。根据相同的方法得到 $p_{1/3}$ 的表达式为

$$p_{1/3} = \gamma BN_{1/3} + N_9\gamma D + cN_c \tag{9-8}$$

$$N_{1/3} = \frac{\pi}{3(\cot\varphi + \varphi - \pi/2)}$$

式中，其他符号意义与式（9-7）完全一致。

通过式（9-6）～式（9-8），可以看到承载力系数 N_r、$N_{\frac{1}{3}}$、N_c 只与地基土的内摩擦角 φ 有关，可以根据相关表格查取或者直接进行计算。直接计算时，需要注意内摩角 φ 须取弧度值。

【例题 9-1】 某条形浅基础宽 5m，基础埋深 1m，地基土重度 $\gamma=18\text{kN/m}^3$，内摩擦角 $\varphi=15°$，黏聚力 $c=15\text{kPa}$，计算该地基的临塑荷载及临界荷载 $p_{1/4}$。

【解】 （1）根据式（9-6）可求得临塑荷载 p_{cr}。

$$N_q = \frac{\cot\varphi + \varphi + \frac{\pi}{2}}{\cot\varphi + \varphi - \frac{\pi}{2}} = \frac{\cot 15° + 15\times\pi/180 + \pi/2}{\cot 15° + 15\times\pi/180 - \pi/2} = 2.296$$

$$N_c = \frac{\pi\cot\varphi}{\cot\varphi + \varphi - \frac{\pi}{2}} = \frac{\pi\times\cot 15°}{\cot 15° + 15\times\pi/180 - \pi/2} = 4.839$$

$$p_{cr} = N_q\gamma D + N_c c = 2.296\times 18\times 1 + 4.839\times 15 = 113.91(\text{kPa})$$

（2）根据式（9-7）可求得临塑荷载 $p_{1/4}$。

$$N_r = \frac{\pi}{4(\cot\varphi + \varphi - \pi/2)} = \frac{\pi}{4(\cot 15° + 15\times\pi/180 - \pi/2)} = 0.324$$

$$p_{1/4}=\gamma BN_r+N_q\gamma D+cN_c=18\times5\times0.324+2.296\times18\times1+4.839\times15=143.07(\text{kPa})$$

第三节　地基极限承载力理论

地基的极限承载力（ultimate bearing capacity）是地基不致失稳时地基土单位面积上所能承受的最大荷载，一般记作 p_u。其确定方法一般有两种：

(1) 通过荷载板试验。

(2) 根据土的极限平衡条件和已知的边界条件，建立一些半经验半理论性的计算公式。

由于推导时的假定条件不同，所得到的极限承载力计算公式也不同，下面介绍常用的几个极限承载力计算公式。

一、普朗特尔承载力公式

(一) 普朗特尔基本解

普朗特尔（L Prandtl，1920）根据极限平衡理论，对于无重土地基、条形基础直接置于地基表面、基础底面光滑无摩擦情况下，地基的极限承载力进行了研究。普朗特尔认为当基底荷载达到极限值时，地基中形成了连续的塑性区且处于极限平衡状态，此时地基土中的滑裂面形状如图 9-5 所示。地基的极限平衡区分成 3 个区：在基底下的Ⅰ区，由于基础底面光滑无摩擦，因此基底平面是最大主应力面，两组滑裂面与基础底面间成 $\left(45°+\dfrac{\varphi}{2}\right)$ 角，即Ⅰ区是朗肯主动区；随着基础下沉，Ⅰ区土楔向两侧挤压，因此Ⅲ区为朗肯被动区，其水平向应力成为大主应力，该区的滑裂面也是由两组平面组成，且与地基表面，即小主应力作用平面成 $\left(45°-\dfrac{\varphi}{2}\right)$ 角；Ⅰ区与Ⅲ区之间是过渡区Ⅱ区，第Ⅱ区的滑裂面一组是辐射线，另一组是对数螺旋线，如图 9-5 中的 CD 与 CE 所示，其方程为

$$r=r_0e^{\theta\tan\varphi}\tag{9-9}$$

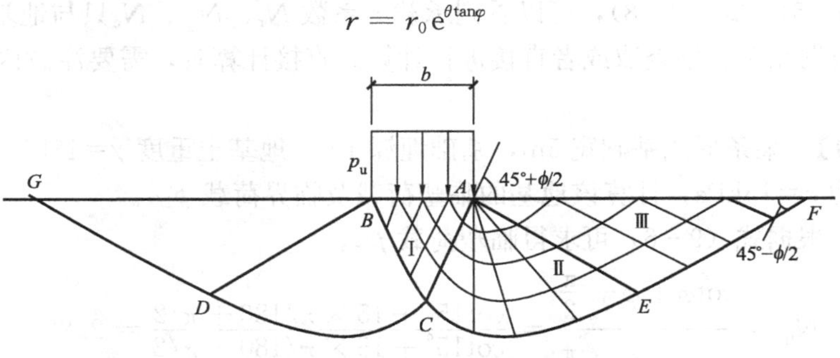

图 9-5　普朗特尔假设的滑裂面形状

对于以上情形，普朗特尔得到的地基极限承载力公式为

$$p_u=c\left[e^{\pi\tan\varphi}\tan^2\left(\frac{\pi}{4}+\frac{\varphi}{2}\right)-1\right]\cot\varphi=cN_c\tag{9-10}$$

$$N_c=\left[e^{\pi\tan\varphi}\tan^2\left(\frac{\pi}{4}+\frac{\varphi}{2}\right)-1\right]\cot\varphi$$

式中　N_c——承载力系数。

（二）雷斯诺对普朗特尔公式的改进

一般浅基础都有一定的埋深 d，若埋深较浅时，可以忽略基础底面以上两侧土的抗剪强度，而将这部分土作为分布在基础两侧的均布荷载 $q=\gamma_0 d$ 作用在 GF 面上，如图 9-6 所示。这部分超载限制了塑性区的滑动隆起，有助于地基极限承载力的提高。雷斯诺（H Reissner，1924）在普朗特尔公式假定基础上，导出了由这部分超载 q 而增加的承载力

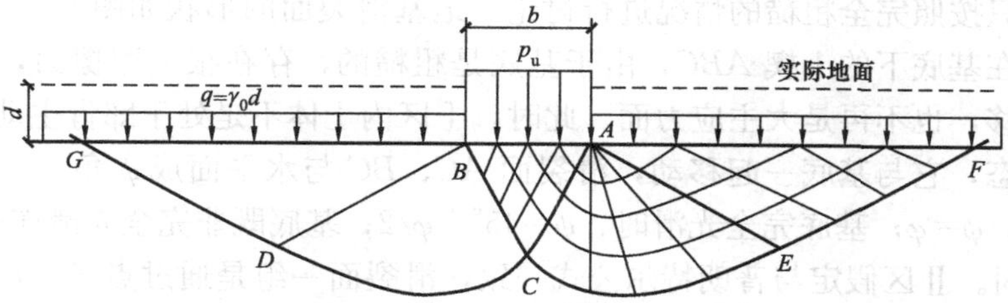

图 9-6 基础有埋深时的雷诺斯解

$$p_u = qe^{\pi\tan\varphi}\tan^2\left(\frac{\pi}{4}+\frac{\varphi}{2}\right) = qN_q \tag{9-11}$$

$$N_q = e^{\pi\tan\varphi}\tan^2\left(\frac{\pi}{4}+\frac{\varphi}{2}\right)$$

式中 N_q——承载力系数。

将式（9-10）和式（9-11）合并，得到了不考虑土重时，埋深为 d 的条形浅基础极限承载力公式为

$$p_u = qN_q + cN_c \tag{9-12}$$

上述普朗特尔及雷斯诺推导的公式，均是在假定土的重度 $\gamma=0$ 的情况下得到的。从式（9-12）可以看到，当基础放置在砂土地基（$c=0$）表面上（$d=0$），地基承载力将为零，这显然是不合理的。导致这种不合理现象出现的主要原因是假定地基土的重度为零。但若考虑土的重力时，普朗特尔导出的滑裂面Ⅱ区中的 CD、CE，就不再是对数螺旋线了，其滑裂面形状非常复杂，目前尚无法按照极限平衡理论求得解析解。

（三）泰勒对普朗特尔公式的改进

虽然考虑土体重力时，根据普朗特尔地基破坏模式无法按照极限平衡理论得到解析解，但是很多学者在此基础上作了一些近似计算。其中，泰勒的方法得到了最多的应用。

泰勒（Taylor，1948）提出，若考虑土体重力时，仍然假定其滑裂面与普朗特尔公式一致，那么如图 9-6 所示的滑动土体 $ABGDCEF$ 的重力，将使滑裂面 $GDCEF$ 上的抗剪强度提高。泰勒假定其增加值可用一个换算黏聚力 $c'=\gamma t$ 表示，其中 γ 为土的重度，t 为滑动土体的换算高度，$t=\frac{b}{2}\tan\left(\frac{\pi}{4}+\frac{\varphi}{2}\right)$。这样可以用（$c+c'$）代替式（9-12）中的 c，即得考虑土体重度的地基承载力计算公式

$$p_u = qN_q + (c+c')N_c = \frac{1}{2}\gamma bN_r + qN_q + cN_c \tag{9-13}$$

式中 N_r——承载力系数，$N_r=\tan\left(\frac{\pi}{4}+\frac{\varphi}{2}\right)\left[e^{\pi\tan\varphi}\tan^2\left(\frac{\pi}{4}+\frac{\varphi}{2}\right)-1\right]=(N_q-1)\tan\left(\frac{\pi}{4}+\frac{\varphi}{2}\right)$。

二、太沙基承载力公式

太沙基（Terzaghi，1943）从实用角度建议，当基础的长宽比 $l/b \geqslant 5$ 并且基础的埋深与宽度之比 $d/b \leqslant 1$ 时，可以作为条形浅基础。基底以上的土体看作是作用在基础两侧的均布荷载 $q=\gamma d$。在此基础上，太沙基提出了其确定条形浅基础的极限荷载计算公式。

太沙基假定基础底面有完全光滑、完全粗糙和既非完全光滑亦非完全粗糙三种情况，本节进行推导时只按照完全粗糙的情况进行讨论，地基滑裂面的形状如图 9-7 所示，也分成三个区：Ⅰ区在基底下的土楔 ABC，由于基底是粗糙的，存在很大摩擦力，因此 AB 面不会产生剪切位移，也不再是大主应力面。此时，Ⅰ区内土体不是处于郎肯主动状态，而是处于弹性压密状态，它与基底一起移动，滑裂面 AC、BC 与水平面成 ψ 角。一般情况下，基底完全粗糙时，$\psi=\varphi$；基底完全光滑时，$\psi=45°+\varphi/2$；基底既非完全光滑亦非完全粗糙时，ψ 角在两者之间。Ⅱ区假定与普朗特尔公式一致，滑裂面一组是通过点 A、B 的辐射线，另一组是对数螺旋线 CD、CE。前面已经指出，如果考虑土重时，滑裂面的形状不再是对数螺旋线，太沙基忽略了土重对滑裂面形状的影响，所以也是一种近似解。由于滑裂面 AC 与 CD 之间的夹角等于 $\left(\frac{\pi}{2}+\varphi\right)$，所以对数螺旋线在点 C 的切线是竖直的。Ⅲ区是郎肯被动区，滑裂面 AD、DF 与水平面成 $\left(\frac{\pi}{4}-\frac{\varphi}{2}\right)$ 角。

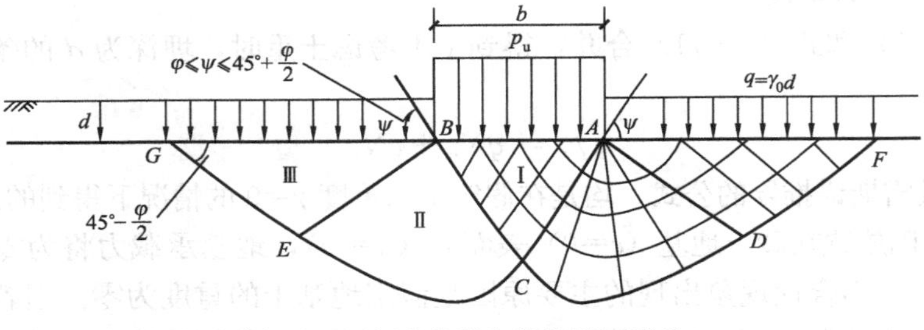

图 9-7 太沙基假定的滑裂面形状

若作用在基底的极限荷载是 p_u 时，假设地基此时发生整体剪切破坏，那么基底下的弹性压密区（Ⅰ区）ABC 将贯入土中，向两侧挤压土体 $ACDF$ 和 $BCEG$ 达到被动破坏。因此，在面 AC 及 BC 上将作用被动力 p_p，且与作用面法线方向成角 φ，故被动力 p_p 是竖直向的，见图 9-8。

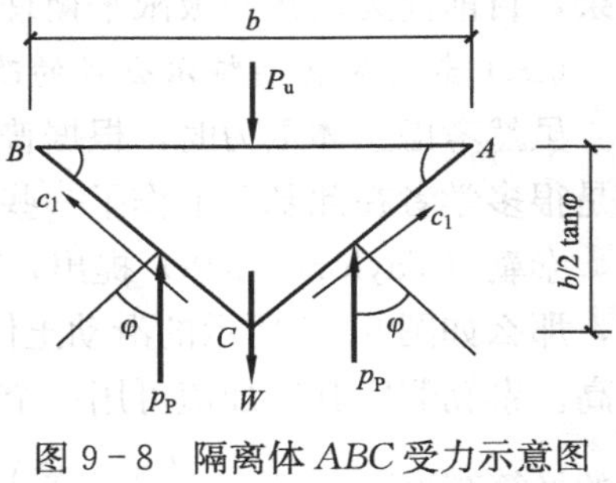

图 9-8 隔离体 ABC 受力示意图

取隔离体 ABC，考虑单位长基础，根据平衡条件，有

$$p_u b = 2c_1 \sin\varphi + 2p_p - W \tag{9-14}$$

式中 c_1——滑裂面 AC 及 BC 上黏聚力的合力，$c_1=c\,\overline{AC}=c\,\overline{BC}=\dfrac{cb}{2\cos\varphi}$；

W——土楔 ABC 的重力，$W=\dfrac{1}{2}\gamma Hb=\dfrac{1}{4}\gamma b^2\tan\varphi$。

由此，公式（9-14）可以写成

$$p_u = c\tan\varphi + \frac{2p_p}{b} - \frac{1}{4}\gamma b\tan\varphi \tag{9-15}$$

式中，被动力 p_p 是由土的重度 γ、黏聚力 c 和超载 q 三种因素引起的总值，目前尚不能精确求解。太沙基从实际工程要求的精度出发作了适当简化，认为浅基础的地基极限承载力可以近似假设为由如下三种情况近似结果的总和：

(1) 土无重度、有黏聚力和内摩擦角、无超载，即 $\gamma=0$，$c\neq0$，$\varphi\neq0$，$q=0$；

(2) 土无重度、无黏聚力、有内摩擦角、有超载，即 $\gamma=0$，$c=0$，$\varphi\neq0$，$q\neq0$；

(3) 土有重度、无黏聚力、有内摩擦角、无超载，即 $\gamma\neq0$，$c=0$，$\varphi\neq0$，$q=0$。

最后，从式（9-15）可得太沙基的极限承载力公式

$$p_u = \frac{1}{2}\gamma bN_r + qN_q + cN_c \tag{9-16}$$

式中 N_r、N_q、N_c——太沙基承载力系数，它们都是无量纲系数，且仅与土的内摩擦角 φ 有关，可查表 9-1。

表 9-1　　太沙基承载力系数表

φ/(°)	0	5	10	15	20	25	30	35	40	45
N_r	0	0.51	1.20	1.80	4.00	11.0	21.8	45.4	125	326
N_q	1.00	1.64	2.69	4.45	7.42	12.7	22.5	41.4	81.3	173.3
N_c	5.71	7.32	9.58	12.9	17.6	25.1	37.2	57.7	95.7	172.2

应该指出，式（9-16）只适用于条形浅基础。对于圆形和方形基础，其地基土的失稳破坏模式属于三维空间问题，在数学上求解比较复杂，目前尚没有合理的理论解。太沙基对此建议了半经验的计算公式。

圆形基础

$$p_u = 0.6\gamma RN_r + qN_q + 1.2cN_c \tag{9-17}$$

式中 R——圆形基础的半径。

方形基础

$$p_u = 0.4\gamma bN_r + qN_q + 1.2cN_c \tag{9-18}$$

式（9-16）和式（9-17）只适用于地基土发生整体剪切破坏的情况，即地基土比较密实、p—s 曲线有明显拐点、破坏前沉降不大等情况。而对于松软地基土，地基发生局部剪切破坏，沉降较大的情况，其极限承载力一般较小。太沙基对此建议，采用较小的 φ'、c' 代入以上公式进行计算，即令

$$\tan\varphi' = \frac{2}{3}\tan\varphi,\ c' = \frac{2}{3}c \tag{9-19}$$

根据 φ' 值从表 9-1 查得承载力系数 N_r、N_q、N_c，并以 c' 代入以上公式进行计算。

三、考虑其他因素影响的承载力计算公式

前面所介绍的普朗特尔与太沙基承载力公式，都是针对中心竖向荷载作用下的条形基础，并且忽略基础底面以上土的抗剪强度的作用。因此，若基础上荷载是倾斜的或者偏心的，基底形状是矩形的或圆形的，基础埋深比较深，计算时需要考虑基底以上土的抗剪强度的作用，或土中含有地下水时，就不能直接应用上述承载力计算公式。很多学者在这个领域进行了大量研究，下面介绍汉森（Hanson，1961）提出的中心倾斜荷载作用下，不同基础

形状及不同埋深的极限承载力计算公式

$$p_u = \frac{1}{2}\gamma b N_r i_r s_r d_r + q N_q i_q s_q d_q + c N_c i_c s_c d_c \tag{9-20}$$

式中　N_r、N_q、N_c——汉森承载力系数。N_q、N_c值与普朗特尔—雷诺斯公式相同，见式（9-11）和式（9-10）；N_r值汉森建议按照 $N_r=1.5(N_q-1)\tan\varphi$ 计算；

i_r、i_q、i_c——荷载倾斜系数；

s_r、s_q、s_c——基础形状系数；

d_r、d_q、d_c——基础埋置深度系数，其表达式可以参见表 9-2。其余符号意义同前。

从式（9-20）可见，汉森计算公式考虑的承载力影响因素比较全面，在北欧等国外许多设计规范中得到广泛采用，例如丹麦《基础工程实用规范》（DS 415—1965）等。下面对于汉森公式的使用作一简要的说明。

（一）荷载偏心及倾斜的影响

若作用在基础底面的荷载是竖直偏心荷载，则计算极限承载力时，可引入假想的基础有效宽度 $b'=b-2e_b$ 来代替基础的实际宽度 b，其中 e_b 为荷载在宽度 b 方向的偏心距。若在两个方向上都存在偏心，则用基础的有效长度 $l'=l-2e_l$ 来代替基础的实际长度 l。

若作用荷载是倾斜的，汉森建议可以将中心竖向荷载作用时的承载力公式中的各项分别乘以荷载倾斜系数 i_r、i_q、i_c，作为考虑荷载倾斜的影响。

（二）基础底面形状及埋置深度的影响

矩形或圆形基础的极限荷载在数学上求解比较困难，目前都是根据各种形状基础所做的对比荷载试验，提出了将条形基础极限荷载公式逐项修正的公式。在表 9-2 中给出了基础形状修正系数 s_r、s_q、s_c 的表达式。

前述的普朗特尔或太沙基公式都忽略了基底以上土的强度的影响，也就是假定滑裂面发展到基底水平面为止。这对于基础埋深较浅，或基础底面以上土层较弱时是适用的，但是当基础埋深较大，或基底以上土层的抗剪强度较大时，就应该考虑这一范围土的强度影响。汉森建议采用表 9-2 中的深度系数 d_r、d_q、d_c 进行修正。

表 9-2　　汉森公式的承载力修正系数表

系数	公　式	说　明
荷载倾斜系数	$i_r=\left(1-\frac{0.7H}{N+cA\cot\varphi}\right)^5>0$ $i_q=\left(1-\frac{0.5H}{N+cA\cot\varphi}\right)^5>0$ $i_c=\begin{cases}0.5-0.5\sqrt{1-\frac{H}{cA}},\ \varphi=0\\ i_q-\frac{1-i_q}{N_q-1},\ \varphi>0\end{cases}$	N、H——作用在基础底面的竖向荷载与水平荷载； A——基础底面积，$A=b\times l$（偏心荷载时为有效面积 $A=b'\times l'$）
基础形状系数	$s_r=1-0.4i_rK$ $s_q=1+i_qK\sin\varphi$ $s_c=1+0.2i_cK$	对于矩形基础，$K=\frac{b}{l}$； 对于方形或圆形基础，$K=1$

续表

系数	公 式	说 明
深度系数	$d_r=1$ $d_q=\begin{cases}1+2\tan\varphi(1-\sin\varphi)^2\dfrac{d}{b}, & \dfrac{d}{b}\leqslant 1\\ 1+2\tan\varphi(1-\sin\varphi)^2\arctan\dfrac{d}{b}, & \dfrac{d}{b}>1\end{cases}$ $d_c=\begin{cases}d_q-\dfrac{1-d_q}{N_q-1}, & \varphi>0\\ \begin{cases}1+0.4\dfrac{d}{b}, & \dfrac{d}{b}\leqslant 1\\ 1+0.4\arctan\dfrac{d}{b}, & \dfrac{d}{b}>1\end{cases} & \varphi=0\end{cases}$	偏心荷载作用下，b、l 均为有效宽度或长度 b'、l'

（三）地下水的影响

式（9-20）中的第一项 γ 是基底以下最大滑动深度范围内地基土的重度，第二项（$q=\gamma d$）中的 γ 是基底以上地基土的重度，在进行承载力计算时，水下的土均取有效重度。如果在各自范围内的地基由重度不同的多层土组成，应按照层厚加权平均取值。

【例题 9-2】 某条形浅基础宽 5m，基础埋深 1m，地基土为黏性土，其重度 $\gamma=18\text{kN/m}^3$，内摩擦角 $\varphi=15°$，黏聚力 $c=15\text{kPa}$，若该基础上作用竖直均布荷载，破坏时属于整体剪切破坏，分别采用太沙基公式及汉森公式确定其承载力。

【解】 (1) 采用太沙基公式确定承载力。

由于地基属于整体剪切破坏，所以根据 $\varphi=15°$，查表 9-1 可得太沙基承载力系数为

$$N_r=1.8,\ N_q=4.45,\ N_c=12.9$$

则根据式（9-16）可得

$$p_u=\frac{1}{2}\gamma bN_r+qN_q+cN_c=0.5\times18\times5\times1.8+18\times1\times4.45+15\times12.9=354.6\ (\text{kPa})$$

(2) 采用汉森公式确定承载力。

汉森承载力系数 N_q、N_c 根据式（9-10）、式（9-11）可得

$$N_q=e^{\pi\tan\varphi}\tan^2\left(\frac{\pi}{4}+\frac{\varphi}{2}\right)=2.320\times1.698=3.94$$

$$N_c=\left[e^{\pi\tan\varphi}\tan^2\left(\frac{\pi}{4}+\frac{\varphi}{2}\right)-1\right]\cot\varphi=(3.94-1)\times3.732=11.0$$

$$N_r=1.5(N_q-1)\tan\varphi=1.18$$

由于基础作用竖直荷载，根据表 9-2 中相应公式可得汉森荷载倾斜系数

$$i_r=i_q=i_c=1$$

条形基础的形状系数 $s_r=s_q=s_c=1$

基础埋深系数根据表 9-2 中相应公式可得

$$d_r=1$$

$$d_q=1+2\tan\varphi(1-\sin\varphi)^2\frac{d}{b}=1+2\times\tan15°\times(1-\sin15°)^2\times0.2=1.06$$

$$d_c=1+0.35\frac{d}{b}=1.07$$

则根据式（9-20）可得

$$p_u=\frac{1}{2}\gamma bN_r i_r s_r d_r+qN_q i_q s_q d_q+cN_c i_c s_c d_c$$
$$=9\times5\times1.18+18\times3.94\times1.06+15\times11\times1.07$$
$$=304.8\ (\text{kPa})$$

第四节　地基容许承载力和地基承载力特征值

从前面的学习可以得知，地基承载力设计值除了与土的抗剪强度参数有关之外，还与基础形状、埋深有关，而且还涉及设计安全度的概念。

一、地基承载力的设计理论

为了满足地基的强度与稳定性的要求，设计时必须控制基底压力不得大于某一界限值。地基承载力设计可以按照三种理论进行，即容许承载力设计理论、单一安全系数法和分项安全系数法。

（一）容许承载力设计原则

容许承载力设计原则是我国最常用的方法。《公路桥涵地基与基础设计规范》（JTG D63—2007）就采用了容许承载力设计原则。

容许承载力是指不仅满足强度和稳定性的要求，同时还必须满足建筑物容许变形的要求，即同时满足强度和变形的要求。此时要求地基土的 $p—s$ 曲线的线性变形段相应于不超过比例界限点的地基压力值，其设计表达式为

$$p\leqslant[f_{a0}] \tag{9-21}$$

式中　p——基础底面的平均压力；

$[f_{a0}]$——地基容许承载力。

地基容许承载力可以由荷载试验求得，也可以根据理论公式计算。可以根据土层的特点和设计需要，采用不同的取值标准，用理论公式时也可根据需要，采用临塑荷载公式或者临界荷载计算公式。

（二）单一安全系数设计方法

实际上，容许承载力已经隐含了保证安全度的安全系数，在设计表达式中不再出现安全系数。将安全系数作为控制设计的标准，在设计表达式中出现的极限承载力设计方法，称为单一安全系数法，其设计表达式为

$$p\leqslant\frac{p_u}{K} \tag{9-22}$$

式中　p_u——地基极限承载力；

K——安全系数。

与确定地基容许承载力类似，地基极限承载力也可以由载荷试验求得或用理论公式（如普朗特尔公式、太沙基公式或汉森公式等）计算。我国某些规范采用极限承载力公式，但是积累的工程经验不是很多。国外普遍采用极限承载力公式，其安全系数一般采用 2～3。

（三）分项安全系数法

国际标准《结构可靠性总原则》（ISO 2394）对土木工程领域的设计采用了以概率理论为基础的极限状态设计方法。我国从 20 世纪 80 年代开始在建筑工程领域内采用概率极限状

态设计原则。现行的中华人民共和国国家标准《建筑地基基础设计规范》(GB 50007—2011)就是根据这一原则制定的。不过该规范虽然采用概率极限状态设计原则确定地基承载力，但是由于地基基础设计中，有些参数因为统计的困难和统计资料的不足，在很大程度上还要凭借经验确定。

在本节，着重介绍《公路桥涵地基与基础设计规范》(JTG D63—2007)中的地基容许承载力与《建筑地基基础设计规范》(GB 50007—2011)中的地基承载力特征值的确定。

二、地基容许承载力的确定

桥涵地基的容许承载力，可以根据地质勘察、原位测试、野外载荷试验、邻近旧桥涵调查对比，以及既有的工程经验和理论公式的计算综合分析确定。另外，在我国《公路桥涵地基与基础设计规范》(JTG D63—2007)中给出了各类土的地基容许承载力值表及计算公式，以供公路桥涵设计时使用。

(一)根据载荷板试验的 p—s 曲线确定容许承载力

以荷载试验曲线确定地基容许承载力时，一般有三种确定方法：①用极限荷载 p_u 除以安全系数 K 可得到容许承载力，一般安全系数取 2～3；②取曲线上的比例界限荷载 p_{cr} 作为容许承载力；③对于拐点不明显的试验曲线，可以用相对变形来确定地基容许承载力。对于软塑或可塑黏性土，取相对沉降 $s=0.02b$（b 为载荷板宽度或直径）对应的压力为地基容许承载力；对砂土或坚硬黏性土取 $s=(0.01\sim0.015)b$ 对应的压力为地基容许承载力。

(二)根据规范确定地基容许承载力

规范中给出了当设计的基础宽度 $b\leqslant 2$m，埋深 $h\leqslant 3$m 时的地基容许承载力，用 $[f_{a0}]$ 表示。若设计的基础宽度和埋深符合上述规定，地基容许承载力值就可以根据土的物理力学性质指标，直接从规范给出的地基容许承载力表中选用。本节从规范中摘录了部分表格（表 9-3～表 9-6），以供学习参考。详细内容需参阅规范中有关条文。

表 9-3　一般黏性土地基承载力基本容许值

$[f_{a0}]$ (kPa) I_L / e	0	0.1	0.2	0.3	0.4	0.5	0.6	0.7	0.8	0.9	1.0	1.1	1.2
0.5	450	440	430	420	400	380	350	310	270	240	220	—	—
0.6	420	410	400	380	360	340	310	280	250	220	200	180	—
0.7	400	370	350	330	310	290	270	240	220	190	170	160	150
0.8	380	330	300	280	260	240	230	210	180	160	150	140	130
0.9	320	280	260	240	220	210	190	180	160	140	130	120	100
1.0	250	230	220	210	190	170	160	150	140	120	110	—	—
1.1	—	—	160	150	140	130	120	110	100	90	—	—	—

注 1. 一般黏性土是指第四纪全新世（Q_4）（文化期以前）沉积的黏性土，一般为正常沉积的黏性土；

2. 土中含有粒径大于 2mm 的颗粒重量超过全部重量 30%以上的，$[f_{a0}]$ 可以酌量提高；

3. 当 $e<0.5$ 时，取 $e=0.5$；$I_L<0$ 时，取 $I_L=0$。此外，超过表列范围的一般黏性土，$[f_{a0}]$ 可以按照下式计算：

$$[f_{a0}]=57.22E_s^{0.57}$$

式中 E_s——土的压缩模量，MPa；

$[f_{a0}]$——一般黏性土的容许承载力，kPa。

表 9-4　　老黏性土地基承载力基本容许值

E_s (MPa)	10	15	20	25	30	35	40
$[f_{a0}]$ (kPa)	380	430	470	510	550	580	620

注　当老黏性土 $E_s<10$MPa 时，承载力基本容许值 $[f_{a0}]$ 按一般黏性土确定。

表 9-5　　新近沉积黏性土地基承载力基本容许值

$[f_{a0}]$ (kPa)　I_L / e	≤0.25	0.75	1.25
≤0.8	140	120	100
0.9	130	110	90
1.0	120	100	80
1.1	110	90	—

表 9-6　　砂土地基承载力基本容许值

土　名	$[f_{a0}]$ (kPa)　密实度 / 湿度	密　实	中　密	稍密	松　散
砾砂、粗砂	与湿度无关	550	430	370	200
中　砂	与湿度无关	450	370	330	150
细　砂	水　上	350	270	230	100
细　砂	水　下	300	210	190	—
粉　砂	水　上	300	210	190	—
粉　砂	水　下	200	110	190	—

注　1. 砂土的密实度按照相对密度 D_r 或标准贯入试验锤击数 N 确定；
2. 在地下水位以上的地基土的湿度称为“水上”；
3. 在地下水位以下的地基土的湿度称为“水下”。

(三) 地基容许承载力的修正和提高

当设计的基础宽度 $b>2$m，埋深 $h>3$m，且 $\frac{h}{b}\leqslant 4$ 时，地基容许承载力 $[f_a]$ 可在 $[f_{a0}]$ 基础上修正提高，规范给出了下述公式

$$[f_a]=[f_{a0}]+k_1\gamma_1(b-2)+k_2\gamma_2(h-3) \qquad (9-23)$$

式中　$[f_a]$——修正后地基承载力容许值，kPa。

$[f_{a0}]$——按照规范相应表格查得的地基承载力容许值，kPa。

b——基础验算剖面的底面最小边宽（或直径），m，当 $b<2$m 时，取 $b=2$m；$b>10$m 时，按照 $b=10$m 计算。

h——基础的埋置深度，m，对于受水流冲刷的基础，由一般冲刷线算起，对于不受水流冲刷的基础，由天然地面算起，位于挖方内的基础，由挖方后的地面算起。当 $h<3$m 时，取 $h=3$m 计算；当 $h/b>4$ 时，取 $h=4b$。

γ_1——基础底面下持力层土的天然重度，kN/m³，若持力层在水下且为透水性土时，应采用浮重度。

γ_2——基底以上土的重度（多层土时采用各层土重度的加权平均值），kN/m³，若持力层在水下且是不透水的，则不论基底以上土的透水性如何，一律采用饱和重度；若持力层为透水的，则应采用浮重度。

k_1、k_2——地基土的容许承载力随基础宽度和埋深的修正系数，按持力层土的类别和性质由表 9－7 查取。

表 9－7　　地基土承载力宽度、深度修正系数

系数 \ 土类	黏性土				粉土	砂土								碎石土			
	老黏性土	一般黏性土		新近沉积黏性土	—	粉砂		细砂		中砂		砾砂、粗砂		碎石、圆砾、角砾		卵石	
		$I_L\geqslant0.5$	$I_L<0.5$		—	中密	密实	中密	密实	中密	密实	中密	密实	中密	密实	中密	密实
k_1	0	0	0	0	0	1.0	1.2	1.5	2.0	2.0	3.0	3.0	4.0	3.0	4.0	3.0	4.0
k_2	2.5	1.5	2.5	1.0	1.5	2.0	2.5	3.0	4.0	4.0	5.5	5.0	6.0	5.0	6.0	6.0	10.0

注　1. 对于稍密和松散状态的砂、碎石土，k_1、k_2 值可采用表列中密值的 50%。
2. 强风化和全风化的岩石，可参照所风化成的相应土类取值；其他状态下的岩石不修正。

三、地基承载力特征值的确定

我国现行的《建筑地基基础设计规范》（GB 50007—2011）采用特征值，用以表示正常使用极限状态计算时采用的地基承载力和单桩承载力的值，其含义为在发挥正常使用功能时所允许采用的抗力设计值。地基承载力特征值是指由荷载试验测定的地基土压力变形曲线线性变形段内规定的变形所对应的压力值，其最大值为比例界限值。地基承载力特征值可由荷载试验或其他原位测试确定、按土的抗剪强度指标以理论公式计算、按有关规范提供的承载力或当地工程实践经验确定等方法综合确定。

（一）按照载荷试验确定地基土承载力特征值

在现场通过一定尺寸的荷载板对扰动较小的地基土体直接施加荷载，所测得的成果一般相当 1～2 倍荷载板宽度的深度以内土体的平均力学性质。荷载板试验比较可靠，能够比较真实地反映原位地基土体的承载力，但是一般费用较高，耗时较长，规范只要求对地基基础设计等级为甲级的建筑物采用荷载板试验、理论公式计算及其他原位试验等方法综合确定。除了荷载试验外，静力触探、动力触探、标准贯入试验等原位测试，在我国也积累了丰富经验，《建筑地基基础设计规范》（GB 50007—2011）允许将其应用于确定地基承载力特征值。但是强调必须有地区经验，即当地的对比资料，还应对承载力特征值进行基础宽度和埋置深度修正。该规范规定，当基础宽度大于 3m 或埋深大于 0.5m 时，从荷载试验或其他原位测试、经验值等方法确定的承载力特征值需要按照式（9－24）修正。

$$f_a = f_{ak} + \eta_b\gamma(b-3) + \eta_d\gamma_m(d-0.5) \tag{9-24}$$

式中　f_a——修正后的地基承载力特征值，kPa。

f_{ak}——根据荷载试验或其他原位测试、经验值等方法确定的地基承载力特征值，kPa。

γ——基础底面以下土的重度，地下水位以下取浮重度。

b——基础底面宽度，m，当基础宽度小于 3m 按 3m 取值，大于 6m 按照 6m 取值。

γ_m——基础底面以上土的加权平均重度，地下水位以下取浮重度。

d——基础埋置深度，m，当 $d<0.5m$ 时按 0.5m 取值，一般自室外地面标高算起。在填方整平地区，可自填土地面标高算起，但填土在上部结构施工后完成时，应从天然地面标高算起。对于地下室，若采用箱形基础或筏基时，基础埋深自室外地面标高算起；当采用独立基础或条形基础时，应从室内地面标高算起。

η_b、η_d——地基承载力特征值的宽度、深度修正系数，其值可查表 9-8。

表 9-8　　地基承载力修正系数

土的类别		η_b	η_d
淤泥和淤泥质土		0	1.0
人工填土，e 或 I_L 大于等于 0.85 的黏性土		0	1.0
红黏土	含水比 $a_w>0.8$	0	1.2
	含水比 $a_w\leqslant 0.8$	0.15	1.4
大面积压实填土	压实系数大于 0.95、黏粒含量 $\rho_c\geqslant 10\%$ 的粉土	0	1.5
	最大干密度大于 2.1t/m³ 的级配砂石	0	2.0
粉土	黏粒含量 $\rho_c\geqslant 10\%$ 的粉土	0.3	1.5
	黏粒含量 $\rho_c<10\%$ 的粉土	0.5	2.0
e 和 I_L 都小于 0.85 的黏性土		0.3	1.6
粉砂、细砂（不包括很湿与饱和时的稍密状态）		2.0	3.0
中砂、粗砂、砾砂和碎石土		3.0	4.4

注　1. 强风化和全风化的岩石，可参照所风化的相应土类取值，其他状态下的岩石不修正；

2. 地基承载力特征值按《建筑地基基础设计规范》(GB 50007—2011) 附录 D 深层平板荷载试验确定时，深度修正系数 $\eta_d=0$；

3. $a_w=\dfrac{w}{w_L}$，w 为天然含水量，w_L 为液限；

4. 大面积压实填土是指填土范围大于两倍基础宽的填土。

同时还应注意，当地基基础设计等级为甲级和乙级时，应结合室内试验结果综合分析，不宜单独使用。

（二）按《建筑地基基础设计规范》(GB 50007—2011) 推荐的理论公式确定承载力特征值

对于荷载偏心距 $e\leqslant 0.033b$（b 为偏心方向的基础底面宽度）时，根据土的抗剪强度指标确定地基承载力特征值可按式 (9-25) 计算，并应满足变形要求

$$f_a = M_b\gamma b + M_d\gamma_m d + M_c c_k \tag{9-25}$$

式中　f_a——由土的抗剪强度指标确定的地基承载力特征值，kPa；

b——基础底面宽度，m，大于 6m 按照 6m 取值，对于砂土，小于 3m 时按 3m 取值；

c_k——基底下一倍短边宽度的深度范围内土的黏聚力标准值，kPa；

M_b、M_d、M_c——承载力系数，根据 φ_k 值查表 9-9 可得；

φ_k——基底下一倍短边宽度的深度范围内土的内摩擦角标准值。

表 9-9 承载力系数 M_b、M_d、M_c

土的内摩擦角标准值 φ_k	M_b	M_d	M_c
0	0	1.00	3.14
2	0.03	1.12	3.32
4	0.06	1.25	3.51
6	0.10	1.39	3.71
8	0.14	1.55	3.93
10	0.18	1.73	4.17
12	0.23	1.94	4.42
14	0.29	2.17	4.69
16	0.36	2.43	5.00
18	0.43	2.72	5.31
20	0.51	3.06	5.66
22	0.61	3.44	6.04
24	0.80	3.87	6.45
26	1.10	4.37	6.90
28	1.40	4.93	7.40
30	1.90	5.59	7.95
32	2.60	6.35	8.55
34	3.40	7.21	9.22
36	4.20	8.25	9.97
38	5.00	9.44	10.80
40	5.80	10.84	11.73

其余符号意义同式（9-24）。

【例题 9-3】 某桥墩基础底面宽度 $b=5\text{m}$，长度 $l=10\text{m}$，埋置深度（一般冲刷下）$h=4\text{m}$，作用在基础底面中心的竖直荷载 $N=10\ 000\text{kN}$，地基土为一般黏性土，天然孔隙比 $e=0.85$，液性指数 $I_L=0.7$，地基土在水面以下的重度为 $\gamma_{sat}=26\text{kN/m}^3$，试根据《公路桥涵地基与基础设计规范》（JTG D63—2007）验算地基承载力是否满足。

【解】 (1) 根据地基土的天然孔隙比 $e=0.85$，液性指数 $I_L=0.7$，查表 9-3，并由内插法可得

$$[f_{a0}]=\frac{210+180}{2}=195(\text{kPa})$$

(2) 根据地基土的液性指数 $I_L=0.7>0.5$，查表 9-7 可得 $k_1=0$，$k_2=2.5$。

由于基础持力层是水面以下的不透水层，所以不论基底以上土的透水性如何，一律采用饱和重度 $\gamma_2=\gamma_{sat}=26\text{kN/m}^3$。则经过深宽修正后的地基容许承载力为

$$[f_a]=[f_{a0}]+k_1\gamma_1(b-2)+k_2\gamma_2(h-3)=195+2.5\times26\times(4-3)=260(\text{kPa})$$

(3) 基底压力 $p=\dfrac{N}{b\times l}=\dfrac{10\ 000}{5\times10}=200\text{kPa}<[f_a]$，所以地基承载力满足要求。

【例题9-4】 某工民建场地地质条件为，第一层：杂填土，层厚1m，$\gamma=18\text{kN/m}^3$；第二层：粉质黏土，层厚6m，$\gamma=19\text{kN/m}^3$，$e=0.9$，液性指数 $I_L=0.91$，地基承载力特征值 $f_{ak}=135\text{kPa}$。基础采用箱形基础，底面尺寸为8.5m×32m，埋深为4m，试根据《建筑地基基础设计规范》（GB 50007—2011）求地基承载力特征值。

【解】 箱形基础宽度 $b=8.5\text{m}>6\text{m}$，按照6m计算；

持力层为粉质黏土，且 $e=0.9>0.85$，故查表9-8可得 $\eta_b=0$，$\eta_d=1.0$

基础底面以上土的加权平均重度为

$$\gamma_m=\frac{18\times1+19\times3}{4}=18.75(\text{kN/m}^3)$$

地基承载力特征值为

$$\begin{aligned}f_a&=f_{ak}+\eta_b\gamma(b-3)+\eta_d\gamma_m(d-0.5)\\&=135+0\times19\times(6-3)+1\times18.75\times(4-0.5)=200.6\ (\text{kPa})\end{aligned}$$

【例题9-5】 某建筑物承受竖向中心荷载的柱下独立基础底面尺寸为3.5m×1.8m，埋深1.8m，地下水位线与基础底面持平，地基土为粉土，其饱和重度为 $\gamma_{sat}=17.8\text{kN/m}^3$，黏聚力和内摩擦角的标准值分别为 $c_k=2.5\text{kPa}$，$\varphi_k=30°$，试根据《建筑地基基础设计规范》（GB 50007—2002）确定该地基承载力特征值。

【解】 根据地基土内摩擦角的标准值 $\varphi_k=30°$，查表9-9可得

$$M_b=1.9,M_d=5.59,M_c=7.95$$

基础底面以下为透水的粉土，故采用浮重度 $\gamma=17.8-10=7.8\ (\text{kN/m}^3)$

则根据式（9-25）可得地基承载力特征值为

$$\begin{aligned}f_a&=M_b\gamma b+M_d\gamma_m d+M_c c_k\\&=1.9\times7.8\times1.8+5.59\times17.8\times1.8+7.95\times2.5=146.0\ (\text{kPa})\end{aligned}$$

关键概念

地基容许承载力；地基承载力特征值。

思考题

9-1　地基破坏的形式有哪几种，与土的性质有什么关系？

9-2　怎样根据地基塑性区开展深度来确定临界荷载？基本假定是什么？导出的公式存在什么缺点？

9-3　比较所介绍的几个极限承载力公式的特点。

9-4　地下水位的升降，对地基承载力有什么影响？

9-5　地基容许承载力与地基承载力特征值在概念上有何区别？

9-6　按照式（9-23）对容许承载力进行深宽修正时，为何必须限定 $h/b\leqslant4$？

9-7　试说明所介绍的几个极限承载力公式共有的局限性。

9-8　将条形基础的极限荷载公式计算结果用于方形基础，是偏于安全还是不安全？

9-9　将平板荷载试验结果直接用于实际基础的承载力确定是否合适？

计 算 题

9-1 某条形浅基础宽 3m，埋深 2m，作用在基础底面的均布荷载 $p=180\text{kPa}$，地基土的内摩擦角 $\varphi=15°$，黏聚力 $c=15\text{kPa}$，重度 $\gamma=18\text{kN/m}^3$，试求地基中塑性区范围。

9-2 条形基础宽 3m，埋深 2m，地基土为一般黏性土，内摩擦角 $\varphi=15°$，黏聚力 $c=15\text{kPa}$，重度 $\gamma=18\text{kN/m}^3$，试求该基础的临塑荷载和临界荷载 $p_{1/4}$、$p_{1/3}$。

9-3 某方形基础受中心竖直荷载作用，基础底面尺寸为 5m×5m，埋深为 2m，地基为坚硬黏土，重度 $\gamma=18.2\text{kN/m}^3$，内摩擦角 $\varphi=20°$，黏聚力 $c=15\text{kPa}$，若地基发生整体剪切破坏，试分别根据太沙基公式及汉森公式确定地基极限承载力。

9-4 某建筑物承受中心竖向荷载的柱下独立基础尺寸为 2.5m×1.5m，埋深 1.6m，地基土为粉土，内摩擦角标准值 $\varphi=22°$，黏聚力标准值 $c=1.2\text{kPa}$，重度 $\gamma=17.8\text{kN/m}^3$，确定地基承载力特征值。

9-5 试用《公路桥涵地基与基础设计规范》（JTG D63—2007）方法以及太沙基极限荷载公式确定地基容许承载力，对两种方法的计算结果进行比较。已知地基土为一般黏性土，$\gamma=19.1\text{kN/m}^3$，$e=0.9$，$I_L=0.56$，$c=45.1\text{kPa}$，$\varphi=15°$。方形基础的宽度为 2m，埋深 3m，荷载试验的比例界限 $p_{cr}=127.5\text{kPa}$。

计算题参考答案

9-1 $z=9.84\sin2\alpha-5.09\alpha-5.11$

9-2 155.6kPa；173.4kPa；179.3kPa

9-3 964.2kPa；847.8kPa

9-4 121.5kPa

9-5 198kPa；288.1kPa；规范方法与荷载试验的比例界限更接近一些，而太沙基公式计算结果偏大

下篇 地基基础设计与施工技术

第十章 浅 基 础

本章提要与学习目标

基础设计是建筑结构设计的重要内容之一，与建筑物的安全和正常使用有着密切的关系。本章介绍了不同建筑物安全等级条件下的设计原则，重点讨论了天然地基上浅基础的类型、基础埋置深度的选择、地基承载力特征值的确定、基础底面尺寸的确定、无筋扩展基础与扩展基础的设计，以及柱下条形基础的设计，简要介绍了筏形基础与箱形基础的构造及设计原则和减轻不均匀沉降的建筑措施、结构措施和施工措施。

要求熟悉地基基础设计的基本步骤和方法；熟悉基础选型、基础埋置深度的确定；掌握地基承载力特征值的确定，基础底面积的确定，地基持力层和软弱下卧层的承载力验算；掌握钢筋混凝土墙下条形基础、独立基础的设计和柱下条形基础的设计；了解筏板基础和箱形基础的设计方法；熟悉减轻基础不均匀沉降的建筑、结构和施工措施。

第一节 概 述

任何建筑物都建造在一定的地层上，建筑物的全部荷载都由它下面的地层来承担。受建筑物影响的那一部分地层称为地基，建筑物与地基接触的部分称为基础。建筑物的地基与基础设计是建筑结构设计的重要内容之一。

地基与基础在各种荷载作用下将产生附加应力和变形。为了保证建筑物的正常使用与安全，地基与基础必须具有足够的强度和稳定性，变形也应在允许范围之内。根据地层变化情况、上部结构的要求、荷载特点和施工技术水平，可采用不同类型的地基与基础。

地基可分为天然地基与人工地基。未经人工处理就可以满足设计要求的地基称为天然地基。如果天然地层土质过于软弱或存在不良工程地质问题，需要经过人工加固或处理后才能修筑基础，这种地基称为人工地基。

基础根据埋置深度分为浅基础和深基础。通常将埋置深度较浅（一般在 5m 以内），且施工简单的基础称为浅基础；若浅层土质不良，需将基础置于较深的良好土层上，且施工较复杂时称为深基础。房屋建筑、小型桥涵及各种人工构造物常采用天然地基上的浅基础。天然地基上的浅基础具有施工方便、施工技术简单、工程造价低廉等优点，因此，设计时应优先选择。

工程实践表明，建筑物地基与基础的设计和施工质量的优劣，对整个建筑物的质量和正常使用起着根本的作用。基础工程是隐蔽工程，如有缺陷，较难发现，也较难弥补和修复，而这些缺陷往往直接影响整个建筑物的正常使用及质量安全。基础工程的进度，经常控制整个建筑物的施工进度。基础工程的造价，通常在整个建筑物造价中占有相当大的比例，尤其是在复杂的地质条件下或深水中修建基础更是如此。因此，对基础工程必须做到精心设计、精心施工。

地基与基础的设计需要根据当地的地质条件、水文条件、上部结构形式、荷载特性、材料情况及施工要求等因素全面考虑。除应全面掌握包括上部结构形式、跨径、荷载特性以及国家颁发的结构设计和施工技术规范外，还应特别注意地质、水文资料的搜集和分析，重视土质和建筑材料的调查与试验。

由于地基基础是隐蔽工程，一旦出现问题轻者将影响建筑物的正常使用，重者将导致建筑物的破坏甚至酿成灾害。地基及基础设计的目的就是设计一个安全、经济和可行的地基及基础，以保证结构物的安全和正常使用。因此，地基基础设计计算的基本原则是：

(1) 基础底面的压力小于地基的容许承载能力。

(2) 地基及基础的变形值小于建筑物要求的沉降值。

(3) 地基及基础的整体稳定性必须具有足够的保证。

(4) 基础本身的强度满足要求。

我国现行《建筑地基基础设计规范》(GB 50007—2011) 中根据地基的复杂程度、建筑物规模和功能以及由于地基问题可能造成建筑物破坏或影响正常使用的程度，将地基基础设计分为三个设计等级（表 10-1）。为了保证建筑物的安全与正常使用，根据建筑物地基基础设计等级和长期荷载作用下地基变形对上部结构的影响程度地基基础的设计应符合如下规定：

(1) 所有建筑物的地基计算均应满足地基承载力计算的有关规定。

(2) 设计等级为甲级、乙级的建筑物均应按地基变形设计。

(3) 设计等级为丙级的建筑物有下列情况之一时应作变形验算：

表 10-1 地基基础设计等级

设计等级	建筑和地基类型
甲 级	重要的工业与民用建筑物； 30 层以上的高层建筑； 体型复杂，层数相差超过 10 层的高低层连成一体建筑物； 大面积的多层地下建筑物（如地下车库、商场、运动场等）； 对地基变形有特殊要求的建筑物； 复杂地质条件下的坡上建筑物（包括高边坡）； 对原有工程影响较大的新建建筑物； 场地和地基条件复杂的一般建筑物； 位于复杂地质条件及软土地区的二层及二层以上地下室的基坑工程； 开挖深度大于 15m 的基坑工程； 周边环境条件复杂、环境保护要求高的基坑工程
乙 级	除甲级、丙级以外的工业与民用建筑物； 除甲级、丙级以外的基坑工程
丙 级	场地和地基条件简单、荷载分布均匀的七层及七层以下民用建筑及一般工业建筑；次要的轻型建筑物； 非软土地区且场地地质条件简单、基坑周边环境条件简单、环境保护要求不高且开挖深度小于 5.0m的基坑工程

1）地基承载力特征值小于130kPa，且体形复杂的建筑物；

2）在地基上及其附近的地面上有堆载或相邻基础荷载差异较大，可能引起地基产生过大的不均匀沉降时；

3）软弱地基上的建筑物存在偏心荷载时；

4）相邻建筑距离近，可能发生倾斜时；

5）地基内有厚度较大或厚薄不均的填土，其自重固结未完成时。

（4）对经常受水平荷载作用的高层建筑、高耸结构和挡土墙等，尚应验算其稳定性。

（5）基坑工程应进行稳定性验算。

（6）建筑地下室或地下构筑物存在上浮问题时，尚应进行抗浮验算。

建筑物是一个整体，地基、基础和上部结构是共同工作且相互影响的，地基的任何变形都必定引起基础、上部结构的变形；不同类型的基础会影响上部结构的受力和工作；上部结构的力学特征也必然对基础的类型与地基的强度、变形和稳定条件提出相应的要求，地基和基础的不均匀沉降对于超静定的上部结构影响较大，因为较小的基础沉降差就能引起上部结构产生较大的内力。同时恰当的上部结构形式也具有调整地基基础受力条件，改善位移情况的能力。因此，地基基础设计工作应紧密结合上部结构特性和要求进行，上部结构的设计也应充分考虑地基与基础的特点，把整个结构物作为一个整体，考虑其整体作用和各个组成部分的共同作用。全面分析建筑物整体和各组成部分的设计可行性、安全性和经济性，把强度、变形和稳定紧密地与现场条件、施工条件结合起来，全面分析，综合考虑。

第二节　浅基础的类型

基础的作用就是在承受建筑物荷载的同时，把建筑物的荷载安全可靠地传递给地基，保证地基不发生强度破坏或产生过大的变形，并充分发挥地基的承载能力。所以基础的类型必须根据建筑物的特点和工程地质条件等情况进行选择。常用浅基础的主要类型有无筋扩展基础、扩展基础、柱下条形基础、十字交叉条形基础、筏板基础、箱形基础等。

一、无筋扩展基础

无筋扩展基础通常是指由砖、毛石、混凝土或毛石混凝土、三合土和灰土等材料组成的，且不需配置钢筋的墙下条形基础或柱下独立基础，这些材料虽有较好的抗压性能，但抗拉、抗剪强度却不高，所以设计时要求基础的外伸宽度和基础高度的比值（宽高比）在一定限度内，以避免发生在基础内的拉应力和剪应力超过其材料强度设计值。在这样的限制下，基础的相对高度一般都比较大，几乎不会发生弯曲变形，所以此类基础习惯上也称为刚性基础。无筋扩展基础是桥梁、涵洞、六层及六层以下的民用建筑、砌体承重的厂房等建筑物的常用基础类型。其形式有墙下无筋扩展基础和柱下无筋扩展基础等，

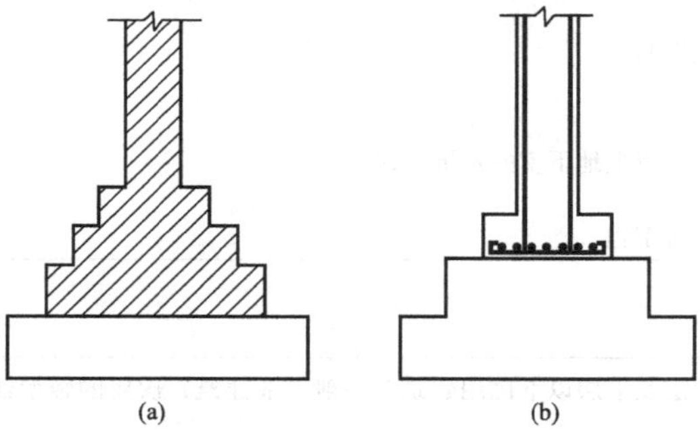

图10-1　无筋扩展基础

（a）墙下无筋扩展基础；（b）柱下无筋扩展基础

如图 10－1 所示。无筋扩展基础具有构造简单、造价低、易于就地取材等优点，但为了满足宽高比的要求，相应的基础埋深较大，往往给施工带来不便，此外，无筋扩展基础还存在用料多、自重大等缺点。

二、扩展基础

扩展基础一般系指柱下钢筋混凝土独立基础和墙下钢筋混凝土条形基础。当无筋扩展基础的尺寸不能满足地基承载力和基础埋深的要求时，可以通过在基础内布置一定数量的钢筋来提高基础的抗弯拉能力和抗剪切能力，配置足够数量钢筋的钢筋混凝土基础即称为扩展基础。扩展基础的抗弯和抗剪性能良好，可在竖向荷载较大、地基承载力不高以及承受水平力和力矩荷载等情况下使用，因此扩展基础也称为柔性基础。

柱下钢筋混凝土独立基础通常有现浇台阶形基础、现浇锥形基础和预制柱的杯口形基础，如图 10－2 所示。

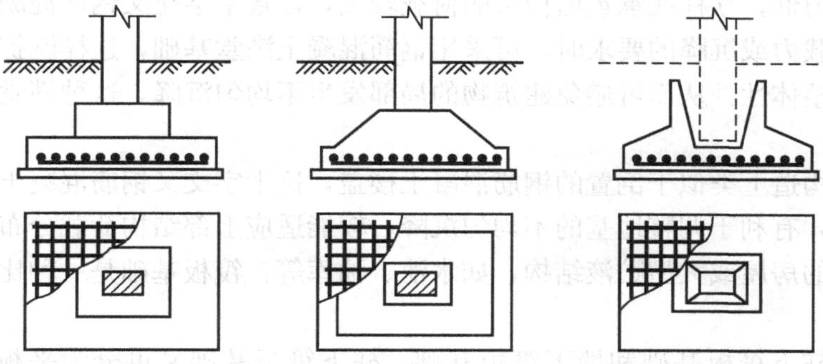

图 10－2 柱下钢筋混凝土独立基础

(a) 台阶形；(b) 锥形；(c) 杯口形

墙下钢筋混凝土条形基础，其横截面根据受力条件可分为带肋和不带肋两种（图 10－3）。带肋的墙基础在肋部配置纵向钢筋和箍筋，用于提高基础的整体性和抗弯能力。

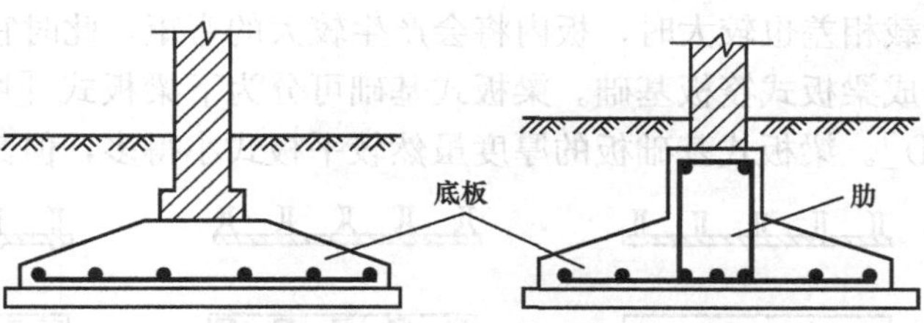

图 10－3 墙下钢筋混凝土条形基础

(a) 无肋条形；(b) 带肋条形

三、柱下钢筋混凝土条形基础和十字交叉钢筋混凝土条形基础

当地基承载力较低且柱下钢筋混凝土独立基础的底面积不能承受上部结构荷载的作用时，常把若干柱子的基础连成一条，从而构成柱下钢筋混凝土条形基础。柱下钢筋混凝土条形基础设置的目的是将承受的集中荷载均匀地分布到条形基础的底面积上，以减少地基反力，并通过形成的基础整体刚度来调整可能产生的不均匀沉降。把一个方向的单列柱基连在一起便成为单向条形基础，其截面形式一般为倒 T 字形，由肋梁和翼板组成，如图 10－4 所示。

当单向条形基础的底面积仍不能承受上部结构荷载的作用时，可把纵横柱的基础均连在一起，从而成为十字交叉钢筋混凝土条形基础，如图 10－5 所示。十字交叉钢筋混凝土条形基础具有较大的整体刚度，在多层厂房、荷载较大的多层及高层框架结构基础中常被采用。

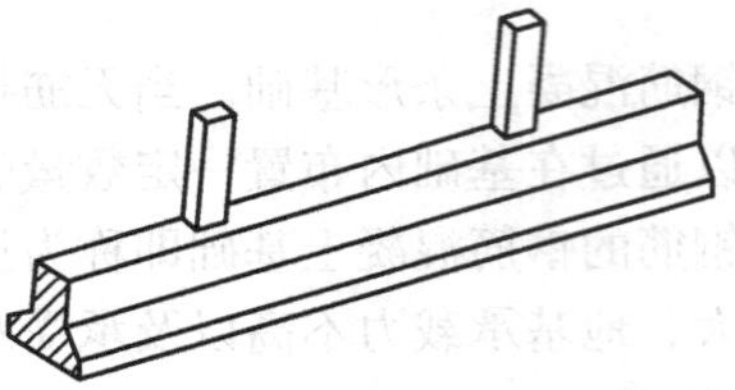

图 10-4 柱下单向条形基础

图 10-5 十字交叉条形基础

四、筏板基础

当地基承载力低，立柱或承重墙传来的荷载较大，以致十字交叉钢筋混凝土条形基础仍不能满足地基承载力或沉降的要求时，可采用钢筋混凝土满堂基础，这样既扩大了基底面积又增加了基础的整体性，从而可避免建筑物的局部发生不均匀沉降，这种满堂基础即称为筏板基础。

筏板基础在构造上类似于倒置的钢筋混凝土楼盖，比十字交叉钢筋混凝土条形基础具有更大的整体刚度，有利于调整地基的不均匀沉降，较能适应上部结构荷载分布的变化，特别对于存在地下室的房屋或大型贮液结构，如水池、油库等，筏板基础是一种比较理想的基础类型。

筏板基础有柱下筏板基础和墙下筏板基础，柱下筏板基础又可分为平板式［图 10-6 (a)、(b)］和梁板式［图 10-6 (c)、(d)］两种类型。平板式筏板基础是一块等厚度的钢筋混凝土平板，常用于柱荷载较小而且柱子排列较均匀和柱间距较小的情况。当柱荷载较大时可按图 10-6 (b) 局部加大柱下板厚或设墩基以防止筏板的冲剪破坏。若柱距较大，柱荷载相差也较大时，板内将会产生较大的弯矩，此时宜在板上沿柱轴纵横向设置基础梁，即形成梁板式筏板基础。梁板式基础可分为下梁板式［图 10-6 (c)］和上梁板式［图 10-6 (d)］。梁板式基础板的厚度虽然较平板式小得多，但其刚度较大，能承受更大的弯矩。

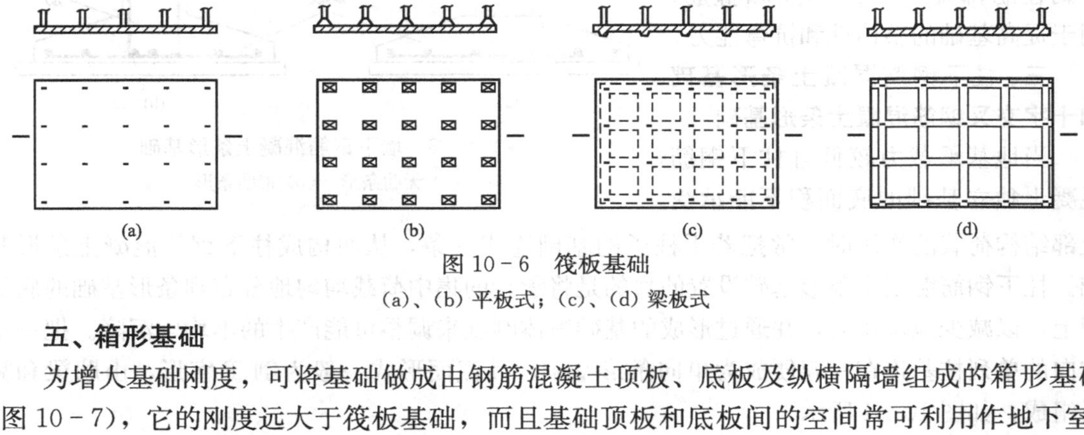

图 10-6 筏板基础

(a)、(b) 平板式；(c)、(d) 梁板式

五、箱形基础

为增大基础刚度，可将基础做成由钢筋混凝土顶板、底板及纵横隔墙组成的箱形基础（图 10-7），它的刚度远大于筏板基础，而且基础顶板和底板间的空间常可利用作地下室。它适用于地基较软弱、土层厚、建筑物对不均匀沉降较敏感或荷载较大而基础建筑面积不太大的高层建筑。

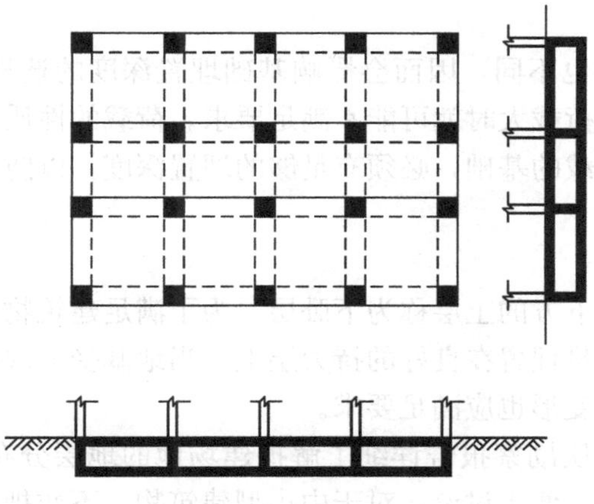

图 10－7　箱形基础

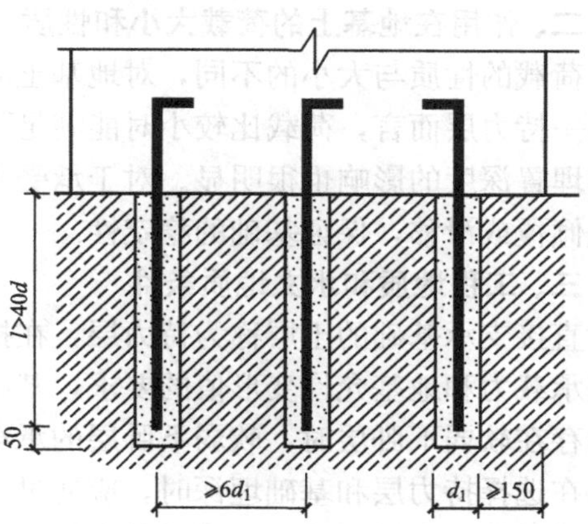

图 10－8　岩石锚杆基础

d_1—锚杆孔的直径；l—锚杆的有效锚固长度；d—锚杆直径

六、岩石锚杆基础

岩石锚杆基础是以细石混凝土和锚杆灌注于钻凿成型的岩孔内的基础。适用于直接建在基岩上的柱基，以及承受拉力（或上浮力）或水平力较大的建筑物基础。锚杆基础应与基岩连成整体，并应符合以下要求：

(1) 锚杆孔直径，宜取三倍锚杆直径，但不应小于一倍锚杆直径加 250mm，锚杆基础的构造要求，可按图 10－8 采用；

(2) 锚杆插入上部结构的长度，必须符合钢筋的锚固长度要求；

(3) 锚杆宜采用热轧带肋钢筋，水泥砂浆强度不宜低于 30MPa，细石混凝土强度不宜低于 C30。灌浆前应将锚杆孔清理干净。

第三节　基础埋置深度的选择

基础埋置深度一般是指基础底面至设计地面的垂直距离。基础埋深的选择关系到地基基础方案的优劣、施工的难易和造价的高低。因此，在确定基础埋置深度时，必须考虑把基础设置在变形较小，而强度又比较大的持力层上，以保证地基强度满足要求，而且不致产生过大的沉降或沉降差。此外还要使基础有足够的埋置深度，以保证基础的稳定性，确保基础的安全。

基础的埋置深度，应按下列条件确定：建筑物的用途，有无地下室、设备基础和地下设施，基础的形式和构造；作用在地基上的荷载大小和性质；工程地质和水文地质条件；相邻建筑物的基础埋深；地基土冻胀和融陷的影响。

一、建筑物的用途，有无地下室、设备基础和地下设施，基础的形式和构造

某些建筑物的使用功能和用途，常成为基础埋深选择的先决条件，例如设置地下室或设备层的建筑物、半埋式结构物、使用箱形基础的高层建筑等都需要较大的基础埋深，在抗震设防区，除岩石地基外，天然地基上的箱形基础和筏板基础其埋置深度不宜小于建筑物高度的 1/15，桩箱或桩筏基础的埋置深度（不计桩长）不宜小于建筑物高度的 1/18，位于岩石上的高层建筑，其基础埋深应满足抗滑稳定性要求。

二、作用在地基上的荷载大小和性质

荷载的性质与大小的不同，对地基土的要求也不同，因而会影响基础埋置深度的选择。对某一持力层而言，荷载比较小时能满足要求，荷载大时就可能不满足要求。荷载的性质对基础埋置深度的影响也很明显。对于承受水平荷载的基础，必须有足够的埋置深度，以防止发生倾覆或滑移，保证基础的稳定性。

三、工程地质和水文地质条件

直接支承基础的土层称为持力层，在持力层下方的土层称为下卧层，为了满足建筑物对地基承载力和地基允许变形值的要求，基础应尽量埋置在良好的持力层上。当地基受力层范围内存在软弱下卧层时，软弱下卧层的承载力和变形也应满足要求。

在选择持力层和基础埋深时，应通过工程地质勘察报告详细了解拟建场地的地层分布、各土层的物理力学性质和地基承载力等资料。为了便于讨论，对于中小型建筑物，不妨把处于坚硬、硬塑或可塑状态的黏性土层，密实或中密状态的砂土层和碎石土层，以及属于低、中压缩性的其他土层视为良好土层；而把处于流塑、软塑状态的黏性土层，处于松散状态的砂土层、未经处理的填土和其他高压缩性土层视为软弱土层。

覆盖土层较薄（包括风化岩层）的岩石地基，一般应清除覆盖土和风化层后，将基础直接修建在新鲜岩面上；如岩石的风化层很厚，难以全部清除时，基础放在风化层中的埋置深度应根据其风化程度及相应的容许承载力来确定。如岩层表面倾斜时，不得将基础的一部分置于岩层上，而另一部分则置于土层上，以防基础因不均匀沉降而发生倾斜甚至断裂。在陡峭山坡上修建建筑物时，还应注意岩体的稳定性。在满足地基稳定和变形要求的前提下，当上层地基的承载力大于下层土时，宜利用上层土作持力层。除岩石地基外，基础埋深不宜小于0.5m。

当基础埋置在非岩石地基上，如受压层范围内为均质土，基础埋置深度除满足冲刷、冻胀等要求外，可根据荷载大小，由地基土的承载能力和沉降特性来确定（同时考虑基础需要的最小埋深）。

在有水流的河床上修建基础时，要考虑洪水对基础下地基土的冲刷作用，洪水水流越急，流量越大，洪水的冲刷越大，整个河床面被洪水冲刷后要下降称为一般冲刷，被冲下去的深度称为一般冲刷深度。同时由于桥墩的阻水作用，使洪水在桥墩四周冲出一个深坑称为局部冲刷。因此，在有冲刷的河流中，为了防止桥梁等建筑物的墩、台基础四周和基底下土层被水流掏空冲走以致倒塌，基础必须埋置在设计洪水的最大冲刷线以下不小于1m。特别是在山区和丘陵地区的河流，更应注意考虑季节性洪水的冲刷作用。

四、相邻建筑物的基础埋深

当存在相邻建筑物时，新建建筑物的基础埋深不宜大于原有建筑基础。当埋深大于原有建筑物基础时，两基础间应保持一定净距，其数值应根据建筑荷载大小、基础形式和土质情况确定。

五、地基土冻胀和融陷的影响

在寒冷地区，应该考虑由于季节性的冰冻和融化对地基土引起的冻胀影响。对于冻胀性土，如土温在较长时间内保持在冻结温度以下，水分能从未冻结土层不断地向冻结区迁移，引起地基的冻胀和隆起，这些都可能使基础遭受损坏。为了保证建筑物不受地基土季节性冻胀的影响，除地基为非冻胀性土外，基础底面应埋置在天然最大冻结线以下一定深度。

季节性冻土地基的场地冻结深度应按下式进行计算

$$z_d = z_0 \psi_{zs} \psi_{zw} \psi_{ze} \tag{10-1}$$

式中　z_d——场地冻结深度，m，当有实测资料时按 $z_d = h' - \Delta z$ 计算；

h'——最大冻深出现时场地最大冻土层厚度，m；

Δz——最大冻深出现时场地地表冻胀量，m；

z_0——标准冻结深度，m；当无实测资料时，按《建筑地基基础设计规范》(GB 50007—2011)附录F采用；

ψ_{zs}——土的类别对冻结深度的影响系数，按表10-2采用；

ψ_{zw}——土的冻胀性对冻结深度的影响系数，按表10-3采用；

ψ_{ze}——环境对冻结深度的影响系数，按表10-4采用。

表10-2　土的类别对冻结深度影响系数

土的类别	影响系数 ψ_{zs}
黏性土	1.00
细砂、粉砂、粉土	1.20
中、粗、砾砂	1.30
大块碎石土	1.40

表10-3　土的冻胀性对冻结深度的影响系数

冻胀性	影响系数 ψ_{zw}
不冻性	1.00
弱冻性	0.95
冻胀	0.90
强冻胀	0.85
特强冻性	0.80

表10-4　环境对冻结深度的影响系数

周围环境	影响系数 ψ_{ze}
村、镇、旷野	1.00
城市近郊	0.95
城市市区	0.90

注　环境影响系数一项，当城市市区人口为20万～50万时，按城市近郊取值；当城市市区人口大于50万小于或等于100万时，只计入市区影响；当城市市区人口超过100万时，除计入市区影响外，尚应考虑5km以内的郊区近郊影响系数。

季节性冻土地区基础埋置深度宜大于场地冻结深度。对于深厚季节冻土地区，当建筑基础底面土层为不冻胀、弱冻胀、冻胀土时，基础埋置深度可以小于场地冻结深度，基础底面下允许冻土层最大厚度应根据当地经验确定。没有地区经验时可按《建筑地基基础设计规范》(GB 50007—2011）附录G查取。此时，基础最小埋置深度 d_{min} 可按下式计算

$$d_{min} = z_d - h_{max} \tag{10-2}$$

式中　h_{max}——基础底面下允许冻土层最大厚度，m。

地基土的冻胀类别分为不冻胀、弱冻胀、冻胀、强冻胀和特强冻胀，可按《建筑地基基

础设计规范》（GB 50007—2011）附录G查取。在冻胀、强冻胀和特强冻胀地基上采用防冻害措施时应符合下列规定：

（1）对在地下水位以上的基础，基础侧表面应回填不冻胀的中、粗砂，其厚度不应小于200mm；对在地下水位以下的基础，可采用桩基础、保温性基础、自锚式基础（冻土层下有扩大板或扩底短桩），也可将独立基础或条形基础做成正梯形的斜面基础。

（2）宜选择地势高、地下水位低、地表排水条件好的建筑场地。对低洼场地，建筑物的室外地坪标高应至少高出自然地面300～500mm，其范围不宜小于建筑四周向外各一倍冻结深度距离的范围。

（3）应做好排水设施，施工和使用期间防止水浸入建筑地基。在山区应设截水沟或建筑物下设置暗沟，以排走地表水和潜水。

（4）在强冻胀性和特强冻胀性地基上，其基础结构应设置钢筋混凝土圈梁和基础梁，并控制建筑的长高比。

（5）当独立基础连系梁下或桩基础承台下有冻土时，应在梁或承台下留有相当于该土层冻胀量的空隙。

（6）外门斗、室外台阶和散水坡等部位宜与主体结构断开，散水坡分段不宜超过1.5m，坡度不宜小于3%，其下宜填入非冻胀性材料。

（7）对跨年度施工的建筑，入冬前应对地基采取相应的防护措施；按采暖设计的建筑物，当冬季不能正常采暖时，也应对地基采取保温措施。

上述影响基础埋深的因素不仅适用于天然地基上的浅基础，也适用于其他类型的基础。

第四节　基础底面尺寸的确定

在进行基础设计时，一般在确定基础埋深后确定基础底面尺寸。选择底面尺寸首先应满足地基承载力要求，包括持力层（直接与基底相接触的土层）和软弱下卧层的承载力验算；另外，对部分建（构）筑物，还需要考虑地基变形的影响，验算建（构）筑物的变形特征值，并对基础底面尺寸作必要的调整。

一、按地基持力层的承载力计算基底尺寸

1. 轴心荷载作用下的基础

基础上仅作用竖向荷载，且荷载通过基础底面形心时，基础在轴心荷载作用下，假定基底反力均匀分布，如图10－9所示。设计要求基底的平均压力不超过持力层土的承载力特征值，即

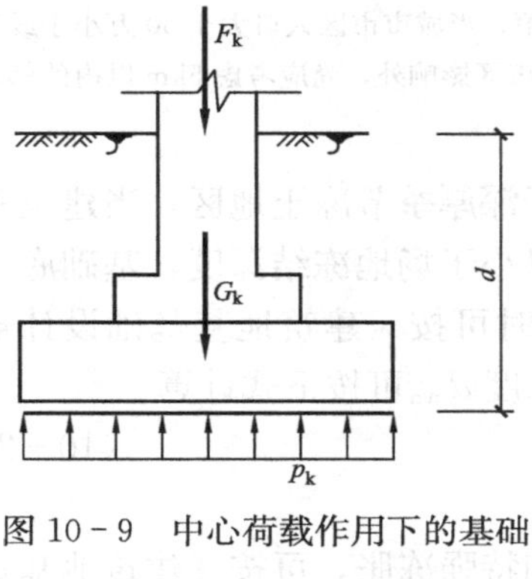

图10－9　中心荷载作用下的基础

$$p_k = \frac{F_k + G_k}{A} \leqslant f_a \qquad (10-3)$$

式中　p_k——相应于作用标准组合时，基础底面处的平均压力值；

f_a——修正后的地基承载力特征值；

F_k——相应于作用标准组合时，上部结构传至基础顶面的竖向力值；

G_k——基础自重和基础上的土重。

中心荷载作用下的基础底面积 A 的计算公式

$$A \geqslant \frac{F_k}{f_a - \gamma_G d} \tag{10-4}$$

式中 γ_G——基础及回填土的平均重度，一般取 $20kN/m^3$；

d——基础平均埋深，m。

对于单独基础，按上式计算出 A 后，先选定 b 或 l，确定出 l 和 b 的比值，再计算另一边长，使 $A=l\times b$，一般取 $l/b=1.0\sim2.0$。

对于条形基础，F_k 为沿长度方向 1m 范围内上部结构传至基础顶面标高处的竖向力值（kN/m），则条形基础的宽度为

$$b \geqslant \frac{F_k}{f_a - \gamma_G d} \tag{10-5}$$

在按以上两式计算 A 或 b 时，需要先确定地基承载力特征值 f_a，但 f_a 值又与基础底面尺寸 A 有关，因此，可能要通过反复试算才能确定。计算时，由于基础埋深已经确定，可先对地基承载力进行深度修正，然后按计算所得的 $A=l\times b$，考虑是否需要进行宽度修正。

2. 偏心荷载作用下的基础

当传至基础顶面的荷载除了轴心荷载外，还有弯矩 M 或水平力 V 作用时，例如建筑物框架柱可能承受单向弯矩及剪力，也可能承受双向弯矩和剪力；河流中的漂流物（如木筏、大的冰块等），对桥墩横桥向产生的弯矩及剪力；曲线上修筑的弯桥，除顺桥向引起力矩外，尚有离心力（横桥向水平力）在横桥向产生力矩。此时，基础的基底反力将呈梯形或三角形分布，如图 10-10 所示。此时，除应满足式（10-3）要求外，尚应符合式（10-2）要求，其中

$$p_{kmax} = \frac{F_k + G_k}{A} + \frac{M_k}{W} \tag{10-6}$$

$$p_{kmin} = \frac{F_k + G_k}{A} - \frac{M_k}{W} \tag{10-7}$$

$$p_k = \frac{p_{kmax} + p_{kmin}}{2} \tag{10-8}$$

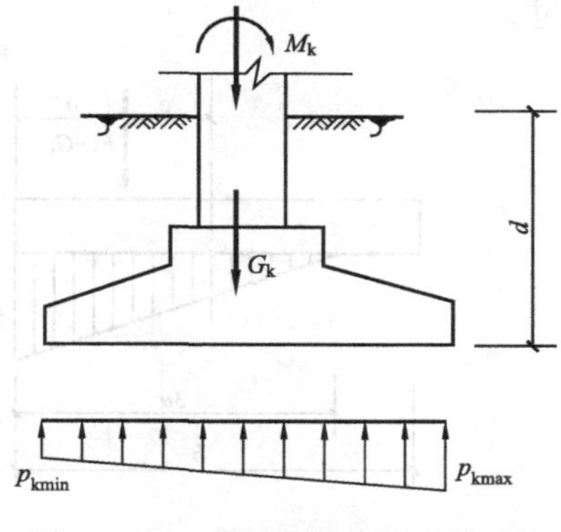

图 10-10 偏心荷载作用下的基础

式中 M_k——相应与作用标准组合时，作用于基础底面的力矩值；

p_{kmax}——相应与作用标准组合时，基础底面边缘的最大压力值；

p_{kmin}——相应与作用标准组合时，基础底面边缘的最小压力值；

W——基础底面的截面抵抗矩。

根据上述按承载力计算的要求，在计算偏心荷载作用下的基础底面尺寸时，通常可按下述试算法进行：

（1）先按轴心荷载作用下的公式，计算基础底面积 A_0；

（2）考虑偏心影响，加大 A_0。一般可根据偏心距的大小增大，使 $A=(1.1\sim1.4)A_0$。对矩形底面的基础，按 A 初步选择相应的基础底面长度 l 和宽度 b，一般 $l/b=1.2\sim2.0$。

（3）计算偏心荷载作用下的 p_{kmax}、p_{kmin}，验算是否满足要求。如不满足要求，可调整基

底尺寸再验算，如此反复，直至底面尺寸合适为止。

对于常用的矩形或条形基础，式（10－6）可改写为

$$p_{kmax}=p_k\left(1+\frac{6e}{b}\right)\leqslant 1.2f_a \tag{10-9}$$

为了保证基础不至于过分倾斜，通常要求偏心距 e 应满足下列条件

$$e=\frac{M_k}{F_k+G_k}\leqslant\frac{b}{6} \tag{10-10}$$

一般认为，在中、高压缩性土地基上的基础，或有吊车的厂房柱基础，e 不宜大于 $b/6$，对于低压缩性地基上的基础，当考虑短暂作用的偏心荷载时，e 应控制在 $b/4$ 以内。

当偏心距 $e>b/6$ 时，如图 10－11 所示，基础底面边缘的最大压力值应按下式计算

$$p_{kmax}=\frac{2(F_k+G_k)}{3la} \tag{10-11}$$

式中　l——垂直于力矩作用方向的基础底面边长；

　　a——合力作用点至基础底面最大压力边缘的距离。

【例题 10－1】　一工业厂房柱截面 350mm×400mm，作用在柱底的荷载为：F_k＝700kN，M_k＝80kN·m，V_k＝15kN。土层为黏性土，其中：γ＝17.5kN/m³，e＝0.7，I_L＝0.78，f_{ak}＝226kPa，其他参数如图 10－12 所示，试根据持力层地基承载力确定基础底面尺寸。

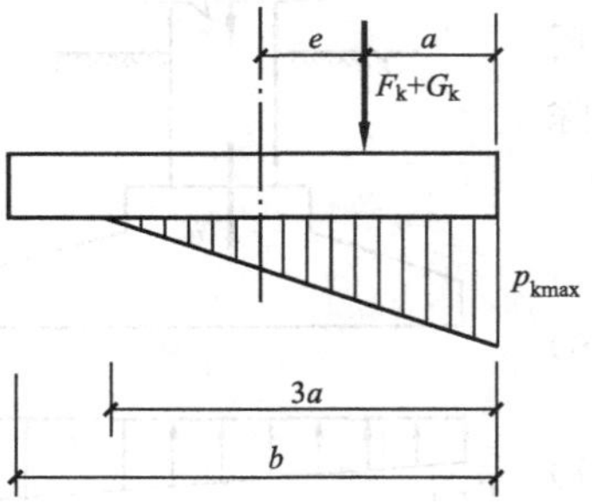

图 10－11　$e>b/6$ 时基底压力计算

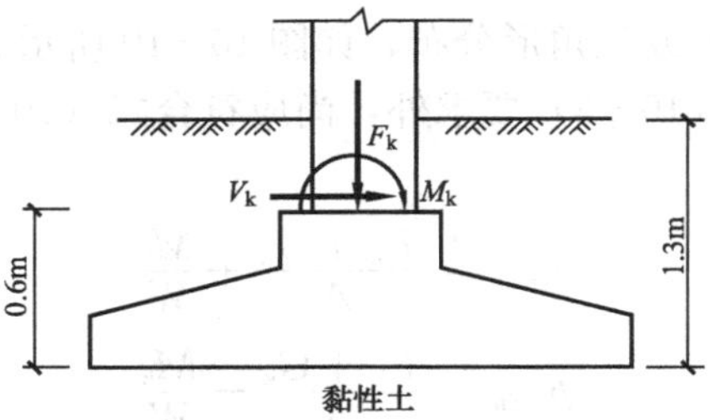

图 10－12　例题 10－1 图

【解】（1）求地基承载力特征值 f_a。

根据黏性土 e＝0.7、I_L＝0.78 查表 9－8 得：η_b＝0.3，η_d＝1.6。持力层修正后的承载力特征值 f_a（先不考虑对基础宽度的修正）

$$f_a=f_{ak}+\eta_d\gamma_m(d-0.5)=226+1.6\times17.5(1.3-0.5)=248(\text{kPa})$$

（2）初步选择基底尺寸

由式（10－4）得　　$A_0=\dfrac{700}{248-20\times1.3}=3.15(\text{m}^2)$

由于偏心不大，基础底面积按 20%增大，即 $A=1.2A_0=1.2\times3.15=3.78$（m²）

初步选择基础底面积 $A=lb=2.5\times1.6=4\text{m}^2$，由于 $b<3\text{m}$ 不需再对 f_a 进行修正。

（3）验算持力层地基承载力

基础与回填土重　　$G_k=\gamma_G dA=20\times1.3\times4=104(\text{kN})$

偏心距 $e=\dfrac{M_k}{F_k+G_k}=\dfrac{80+15\times0.6}{700+104}=0.11\text{m}<\dfrac{b}{6}=0.27(\text{m})$

基底压力 $p_k=\dfrac{F_k+G_k}{A}=\dfrac{700+104}{4}=201(\text{kPa})<f_a$

$$p_{k\max}=p_k\left(1+\frac{6e}{b}\right)=201\times\left(1+\frac{6\times0.11}{2.5}\right)=254(\text{kPa})\leqslant1.2f_a=288\text{kPa}$$

最后，确定该柱基础底面 $b=1.6\text{m}$，$l=2.5\text{m}$。

二、软弱下卧层承载力验算

建筑场地土大多数是成层的，一般土层的强度随深度而增加，而外荷载引起的附加应力则随深度而减小，因此，只要基础底面持力层承载力满足设计要求即可。但是，也有不少情况，持力层不厚，在持力层以下受力层范围内存在软弱土层，其承载力很低，如我国沿海地区表层土较硬，在其下有很厚一层较软的淤泥、淤泥质土，此时仅满足持力层的要求是不够的，还需验算软弱下卧层的强度，要求传递到软弱下卧层顶面处土体的附加应力与自重应力之和不超过软弱下卧层的承载力，即

$$p_z+p_{cz}\leqslant f_{az} \tag{10-12}$$

式中 p_z——相应于荷载效应标准组合时，软弱下卧层顶面处的附加应力值；

p_{cz}——软弱下卧层顶面处土的自重压力值；

f_{az}——软弱下卧层顶面处经深度修正后的地基承载力特征值。

根据弹性半空间体理论，下卧层顶面土体的附加应力，在基础中轴线处最大，向四周扩散呈非线性分布，如果考虑上下层土的性质不同，应力分布规律就更为复杂。《建筑地基基础设计规范》（GB 50007—2011）通过试验研究并参照双层地基中附加应力分布的理论解答，提出了以下简化方法：当持力层与下卧软弱土层的压缩模量比值 $E_{s1}/E_{s2}\geqslant3$ 时，对矩形和条形基础，式（10-12）中 p_z 可按压力扩散角的概念计算。如图 10-13 所示，假设基底处的附加压力（$p_0=p_k-p_c$）在持力层内往下传递时按某一角度 θ 向外扩散，且均匀分布于较大面积上，根据扩散前作用于基底平面处附加压力合力与扩散后作用于下卧层顶面处附加压力合力相等的条件，得到 p_z 的表达式如下：

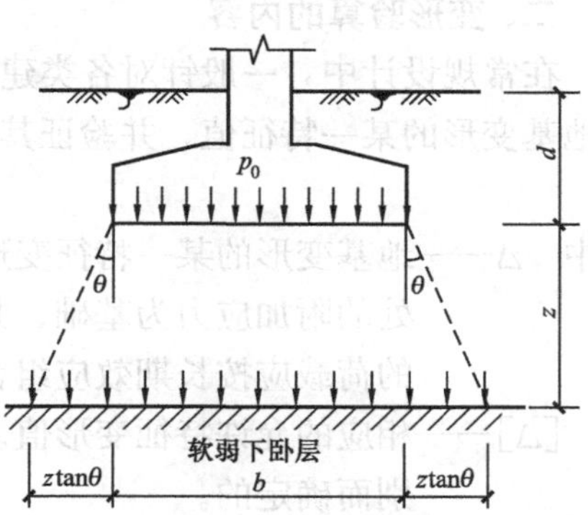

图 10-13 软弱下卧层顶面附加应力计算

对于矩形基础

$$p_z=\frac{(p_k-p_c)lb}{(l+2z\tan\theta)(b+2z\tan\theta)} \tag{10-13}$$

对于条形基础

$$p_z=\frac{(p_k-p_c)b}{b+2z\tan\theta} \tag{10-14}$$

式中 l、b——分别为基础的长度和宽度；

p_c——基础底面处土的自重应力；

z——基础底面到软弱下卧层顶面的距离；

θ——压力扩散角，可按表 10-5 采用。

表 10-5 地基压力扩散角 θ

E_{s1}/E_{s2}	z/b	
	0.25	0.50
3	6°	23°
5	10°	25°
10	20°	30°

注 1. E_{s1}为上层土压缩模量；E_{s2}为下层土压缩模量；

2. $z/b<0.25$ 时取 $\theta=0°$，必要时，宜由试验确定；$z/b>0.50$ 时 θ 值不变。

按双层地基中应力分布的概念，当上层土较硬、下层土软弱时，应力分布将向四周更为扩散，也就是说持力层与下卧层的模量比 E_{s1}/E_{s2} 越大，应力扩散越快，故 θ 值越大。另外按均质弹性体应力扩散的规律，荷载的扩散程度，随深度的增加而增加，表 10-5 中的压力扩散角 θ 的大小就是根据这种规律确定的。

第五节 地基的变形验算

一、基本概念

地基基础设计中，除了保证地基的强度、稳定要求外，还需保证地基的变形控制在允许的范围内，以保证上部结构不因地基变形过大而丧失其使用功能。调查研究表明，很多工程事故是因为地基基础的不恰当设计、施工以及不合理的使用而导致的，在这些工程事故中，又以地基变形过大而超过了相应允许值引起的事故居多。因此地基变形验算是地基基础设计中一项十分重要的内容。

对于一般多层建筑，地基土质较均匀且较好时，按地基承载力控制设计基础，可以满足地基变形要求，不需要进行地基变形验算。但对于甲、乙级建筑物和荷载较大、土质不坚实的丙级建筑物，为了保证工程安全，除满足地基承载力要求外，还需进行地基变形验算。

二、变形验算的内容

在常规设计中，一般针对各类建筑物的结构特点、整体刚度和使用要求的不同，分别计算地基变形的某一特征值，并验证其是否超过相应的允许值 [Δ]，即要求满足下列条件：

$$\Delta \leqslant [\Delta] \tag{10-15}$$

式中 Δ——地基变形的某一特征变形值，其值的预估应以对应于荷载标准值时的基础底面处的附加应力为基础、并按土力学中的方法计算沉降量后求得，传至基础底面的荷载应按长期效应组合，不应计入风荷载和地震作用；

[Δ]——相应的允许特征变形值。它是根据建筑物的结构特点、使用条件和地基土的类别而确定的。

地基变形特征可分为沉降量、沉降差、倾斜和局部倾斜四种，见图 10-14。

(1) 沉降量：独立基础或刚性特别大的基础中心的沉降量；

(2) 沉降差：两相邻独立基础中心点沉降量之差；

(3) 倾斜：独立基础在倾斜方向两端点的沉降差与其距离的比值；

(4) 局部倾斜：砌体承重结构沿纵向 6～10m 内基础两点的沉降差与其距离的比值。

规范中给出了建筑物的地基变形允许值（表 10-6）。从表 10-6 可见，地基的变形允许值对于不同类型的建筑物、不同的建筑结构特点和使用要求、不同上部结构对不均匀沉降的敏感程度以及不同结构的安全储备要求等有所不同。

地基变形指标	图 例	计算方法
沉降量	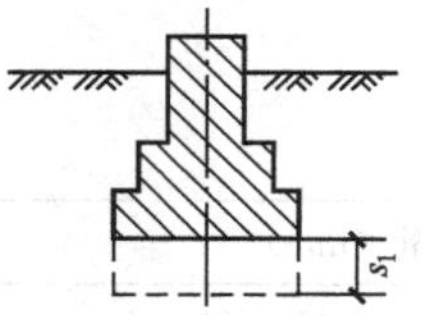	S_1 基础中点沉降值
沉降差	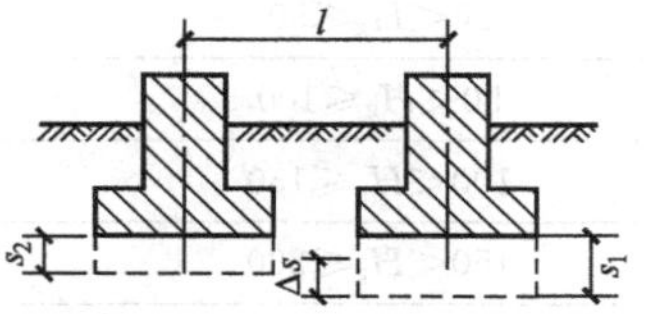	两相邻独立基础沉降值之差 $\Delta s=s_1-s_2$
倾斜	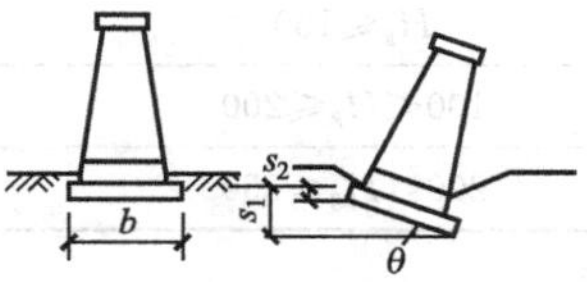	$\tan\theta=\frac{s_1-s_2}{b}$
局部倾斜	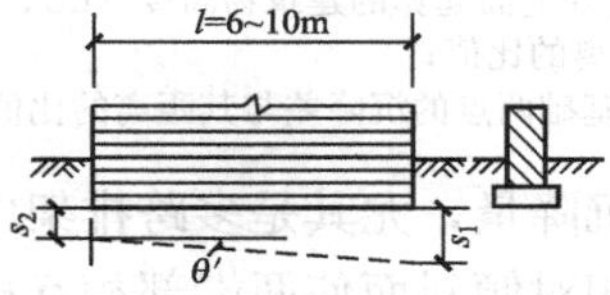	$\tan\theta'=\frac{s_1-s_2}{l}$

图 10-14 基础沉降分类

表 10-6 **建筑物的地基变形允许值**

变形特征		地基土类别 中、低压缩性土	地基土类别 高压缩性土
砌体承重结构基础的局部倾斜		0.002	0.003
工业与民用建筑相邻柱基的沉降差	框架结构	$0.002l$	$0.003l$
	砌体墙填充的边排柱	$0.0007l$	$0.001l$
	当基础不均匀沉降时不产生附加应力的结构	$0.005l$	$0.005l$
单层排架结构（柱距为 6m）柱基的沉降量（mm）		(120)	200
桥式吊车轨面的倾斜（按不调整轨道考虑）	纵向	0.004	
	横向	0.003	
多层和高层建筑的整体倾斜	$H_g \leqslant 24$	0.004	
	$24<H_g \leqslant 60$	0.003	
	$60<H_g \leqslant 100$	0.0025	
	$H_g>100$	0.002	

续表

变形特征		地基土类别	
		中、低压缩性土	高压缩性土
体型简单的高层建筑基础的平均沉降量（mm）		200	
高耸结构基础的倾斜	$H_g \leqslant 20$	0.008	
	$20 < H_g \leqslant 50$	0.006	
	$50 < H_g \leqslant 100$	0.005	
	$100 < H_g \leqslant 150$	0.004	
	$150 < H_g \leqslant 200$	0.003	
	$200 < H_g \leqslant 250$	0.002	
高耸结构基础的沉降量（mm）	$H_g \leqslant 100$	400	
	$100 < H_g \leqslant 200$	300	
	$200 < H_g \leqslant 250$	200	

注 1. 本表数值为建筑物地基实际最终变形允许值；
2. 有括号者仅适用于中压缩性土；
3. l 为相邻柱基的中心距离（mm）；H_g 为自室外地面起算的建筑物高度（m）；
4. 倾斜指基础倾斜方向两端点的沉降差与其距离的比值；
5. 局部倾斜指砌体承重结构沿纵向 6～10m 内基础两点的沉降差与其距离的比值。

对于单层排架结构的柱基，应限制其沉降量，尤其是多跨排架中受荷较大的中排柱基的沉降量，以免支承于其上的相邻屋架发生相对倾斜而使两端部相互碰撞。另外，柱基沉降量过大，也易引起水、气管道折断、雨水倒灌等不良现象，影响建筑物的使用功能。

对于框架结构和单层排架结构、砌体墙填充的边排架，设计计算应由沉降差来控制，并要求沉降量不宜过大。如果框架结构相邻两基础的沉降差过大，将引起结构中梁、柱产生较大的次应力，而在常规设计中，梁、柱的截面确定及配筋是没有考虑这种应力影响的。对于有桥式吊车的厂房，如果沉降差过大，将使吊车梁倾斜（厂房纵向）或吊车桥倾斜（厂房横向），严重者吊车卡轨，基至不能正常使用。

对于高耸结构物、高层建筑物，控制地基特征变形的主要是整体倾斜。这类结构物的重心高，基础倾斜使重心移动引起附加偏心矩，不仅使地基边缘压力增加而影响其倾覆稳定性，而且还会导致结构物本身的附加弯矩。另一方面，高层建筑物、高耸结构物的整体倾斜将引起人们视觉上的注意，造成心里恐慌，甚至心里压抑。意大利的比萨斜塔和我国的苏州虎丘塔就是因为过大的倾斜而不得不进行地基加固。如果地基土质均匀，且无相邻荷载的影响，对高耸结构，只要基础中心沉降量不超过允许值，便可不作倾斜验算。

对于砌体承重结构，房屋的损坏主要是由于墙体挠曲引起的局部弯曲，而引起房屋外墙由拉应变形成的裂缝，故地基变形主要由局部倾斜控制。砌体承重结构对地基的不均匀沉降是很敏感的，其墙体极易产生呈 45°左右的斜裂缝，如果中部沉降大，墙体正向挠曲，裂缝呈正八字形开展；反之，两端沉降大，墙体反向挠曲，裂缝呈反八字形开展。墙体在门窗洞口处刚度削弱，角隅应力集中，故裂缝首先在此处产生。

三、关于允许变形值

由于各类建筑物的结构特点和使用要求不同，对地基变形的反应敏感程度不同，因而验算的变形特征也各异，相应的允许值也不同。至于允许变形值，涉及的因素很多，诸如建筑物的结构类型特点、使用要求、对不均匀沉降的敏感性及结构的安全储备等，很难用理论分析方法确定，所以确定建筑物的地基变形控制指标，应紧密结合实际，参照当地的建筑经验，查阅有关资料，综合考虑各种因素的影响，才能得到比较合理的结果。

框架结构主要因柱基的不均匀沉降使构件受剪扭曲而损坏，通常认为填充墙框架结构的相邻柱基沉降差不超过 $0.002L$（L 为柱距）时，是安全的。斯肯普顿曾得出敞开式框架结构柱基能经受大至 1/150（约 $0.007L$）的沉降差而不损坏的结论。

砌体承重结构的裂缝主要是由局部倾斜过大而引起的，根据一些实测资料，砖墙可见裂缝的临界拉应变约为 0.05%，墙体的相对挠曲（弯曲段的矢高与其长度之比）不易计算，一般不作为需要验算的地基变形特征。

有关文献指出，高层建筑横向倾斜允许值主要取决于人们视觉的敏感程度，倾斜值到达明显可见的程度时大致为 1/250，而结构损坏则大致当倾斜值达到 1/150 时开始。考虑到倾斜允许值应随建筑物的高度增加而递减，《建筑地基基础设计规范》（GB 50007—2011）根据基础倾斜引起建筑物重心偏移使基底边缘压力增量不超过平均压力的 1/40 这一条件，制定允许倾斜值 $[\alpha]$ 的控制标准。

由于沉降计算方法误差较大，理论计算结果常和实际发生的沉降有出入，因此，对于重要的、新型的、体型复杂的房屋和结构物，或使用上对不均匀沉降有严格要求的结构，应在施工期间及使用期间进行系统的沉降变形观测。沉降观测结果也可用于验证设计计算的正确性，并借以总结经验，完善设计理论。

在必要的情况下，需要分别预估建筑物在施工期间和使用期间的地基变形值，以便预留建筑物有关部分之间的净空，考虑连接方法和施工顺序，一般浅基础的建筑物在施工期间完成的沉降量，对于砂土可认为其最终沉降量已完成 80%以上，对于其他低压缩性土可认为已完成 50%～80%，对于高压缩性土可认为已完成 5%～20%。

第六节 浅基础设计

一、无筋扩展基础

工程实践中，常采用素混凝土、砖、毛石等材料修筑基础，这些材料的共同特点是具有较大的抗压强度，而抗弯、抗剪强度较低。基础在外力作用下，基础底面将承受地基的反力，工作条件下像个倒置的两边外伸的悬臂，这种结构受力后，在靠近柱、墙边或断面高度突变的台阶边缘处容易产生弯曲破坏或剪切破坏。因此，设计时必须保证发生在基础内的拉应力和剪应力不超过相应材料的强度设计值。这种保证通常是通过对基础的构造加以限制来实现的，这种限制通常就是保证基础的台阶宽度与其高度之比不超过相应的允许值。每个台阶的宽度与其高度的比值为图 10-15 中所示 α 角的正切值，台阶宽度与其高度比值的允许值所对应的角度 α 称之为刚性角。不同材料基础台阶的允许宽高比见表 10-7，其值与基础材料及基底反力大小有关。在这样的限制下，基础的高度相对都比较大，几乎不发生挠曲变形，这种由素混凝土、砖、毛石等材料砌筑，其高度由刚性角控制的基础称之为刚性基础，或称无筋扩展基础。

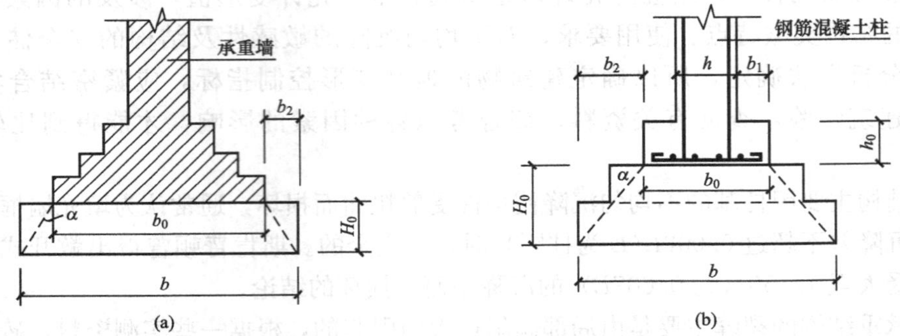

图 10-15 无筋扩展基础构造示意

表 10-7 无筋扩展基础台阶宽高比的允许值

基础材料	质量要求	台阶宽高比的允许值		
		$p_k \leqslant 100$	$100 < p_k \leqslant 200$	$200 < p_k \leqslant 300$
混凝土基础	C15 混凝土	1∶1.00	1∶1.00	1∶1.25
毛石混凝土基础	C15 混凝土	1∶1.00	1∶1.25	1∶1.50
砖基础	砖不低于 MU10、M5 砂浆	1∶1.50	1∶1.50	1∶1.50
毛石基础	M5 砂浆	1∶1.25	1∶1.50	—
灰土基础	体积比为 3∶7 或 2∶8 的灰土，其最小干密度：粉土 1.55t/m³；粉质黏土 1.50t/m³；黏土 1.45t/m³	1∶1.25	1∶1.50	—
三合土基础	体积比 1∶2∶4～1∶3∶6（石灰∶砂∶骨料），每层约虚铺 220m，夯至 150mm	1∶1.50	1∶2.00	—

注 1. p_k 为荷载效应标准组合时基础底面处的平均压力值（kPa）；

2. 阶梯形毛石基础的每阶伸出宽度，不宜大于 200mm；

3. 当基础由不同材料叠合组成时，应对接触部分作抗压验算；

4. 对混凝土基础，当基础底面处的平均压力值超过 300kPa 时，应进行抗剪验算。

（一）无筋扩展基础的材料要求

刚性基础除了有以上所述刚性角的限制之外，在砌筑材料方面也有一定要求。

1. 砖和砂浆

砌筑基础所用的砖和砂浆的强度等级，根据地基土的潮湿程度和地区的严寒程度而有所不同。地面以下或防潮层以下的砖砌体，所用材料强度等级不得低于表 10-8 所规定的数值。

表 10-8 基础用砖、石材及砂浆最低强度等级

地基的潮湿程度	黏土砖		石材	白灰、水泥混合砂浆	水泥砂浆
	严寒地区	一般地区			
稍潮湿的	MU10	MU7.5	MU20	M2.5	M2.5
很潮湿的	MU15	MU15	MU20	M5	M5
含水饱和的	MU20	MU20	MU30	—	M5

2. 石料

料石（经过加工，形状规则的块石）、毛石和大漂石都有相当高的抗压强度和抗冻性，是砌筑基础的良好材料。特别在山区，石料可以就地取材，应该充分利用。做基础的石料要选用质地坚硬、不易风化的岩石，石块的最小厚度不宜小于150mm。石料的强度等级要求见表10-8。

3. 混凝土

混凝土的抗压强度、耐久性、抗冻性都较砖好，且便于机械化施工，但水泥耗量较大，造价稍高，且一般需要支模板，较多用于地下水位以下的基础。强度等级一般常采用C10～C15。为了节约水泥用量，可以在混凝土中掺入不超过基础体积20%～30%的毛石，称为毛石混凝土基础。

4. 灰土

我国华北和西北地区，环境比较干燥，且冻胀性较小，常采用灰土做基础。灰土是经过消解后的石灰粉和黏性土按一定比例加适量的水拌和夯击而成，其配合比为3∶7或2∶8，一般采用3∶7，即3份石灰粉7份黏性土（体积比），通常称“三七灰土”。

灰土在水中硬化慢，早期强度低，抗水性差，此外，灰土早期的抗冻性也较差。所以，灰土作为基础材料，一般只用于地下水位以上，若在灰土中加入适量的水泥做成三合土，可以有更高的强度和抗水性。

刚性基础的特点是稳定性好，施工简便，因此只要地基强度能够满足要求，它是房屋、桥梁、涵洞等结构物首先考虑的基础形式。它的主要缺点是用料多，自重大。当基础承受荷载较大，按地基承载力确定的基础底面宽度也较大时，为了满足刚性角的要求，则需要较大的基础高度，导致基础埋深增大。所以刚性基础一般适于六层和六层以下（三合土基础不宜超过四层）的民用建筑和砌体承重的厂房以及荷载较小的桥梁基础。

（二）无筋扩展基础的设计步骤

1. 初步选定基础高度 H

混凝土基础的高度 H 不宜小于200mm。对于石灰三合土基础和灰土基础，基础高度 H 应为150mm的倍数。砖基础的高度应符合砖的模数，标准砖为240mm×115mm×53mm，在布置基础剖面时，大放脚的每皮宽度和高度均应满足要求。

2. 基础宽度 b 的确定

根据地基承载力要求初步确定基础宽度，再按下列公式进一步验算基础的宽度

$$b \leqslant b_0 + 2H\tan\alpha \tag{10-16}$$

式中 b——基础的底面宽度；

b_0——基础顶面的墙体宽度或柱脚宽度；

H——基础高度；

α——基础的刚性角（图10-15）。

【例题10-2】 某承重砖墙混凝土基础的埋深为1.5m，上部结构传来的压力 $F_k=200\text{kN/m}$，持力层为粉质黏土，其天然重度 $\gamma=17.5\text{kN/m}^3$，孔隙比 $e=0.843$，液性指数 $I_L=0.76$，承载力特征值 $f_{ak}=150\text{kPa}$，地下水位在基础底面以下，试计算此基础。

【解】 （1）修正后的地基承载力特征值 f_a 的确定。

按基础宽度 b 小于3m考虑，先不考虑对基础宽度的修正，根据 $e=0.843$、$I_L=0.76$ 查

表 9-8 得 $\eta_d=1.6$，则

$$f_a = f_{ak} + \eta_d\gamma_m(d-0.5) = 150 + 1.6 \times 17.5(1.5-0.5) = 178\ (\text{kPa})$$

(2) 确定基础宽度

由式 (10-5) 得

$$b \geqslant \frac{F_k}{f_a - \gamma_G d} = \frac{200}{178 - 20 \times 1.5} = 1.35\ (\text{m})$$

初步选定基础宽度为 1.4m。

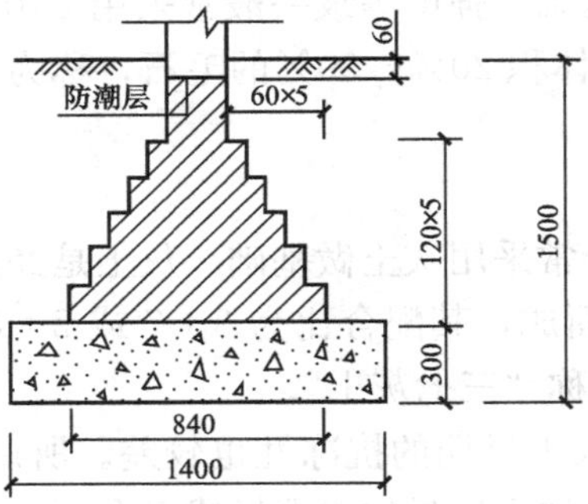

图 10-16 砖墙混凝土基础剖面

(3) 基础剖面设计

选定基础高度 $H=300\text{mm}$，大放脚采用标准砖砌筑，每皮宽度 $b_1=60\text{mm}$，$h_1=120\text{mm}$，共砌五皮，大放脚的底面宽度 $b_0=240+2\times5\times60=840$ (mm)，如图 10-16 所示。

(4) 按台阶的宽高比要求验算基础的宽度

基础采用 C15 混凝土砌筑，基底的平均压力为

$$p_k = \frac{F_k + G_k}{A} = \frac{200 + 20 \times 1.4 \times 1.5}{1.4 \times 1.0} = 172.8\ (\text{kPa}) < f_a$$

查表 10-7 得到台阶的允许宽高比 $\tan\alpha=1.0$，则

$$b \leqslant b_0 + 2H\tan\alpha = 0.84 + 2 \times 0.3 \times 1.0 = 1.44\ (\text{m})$$

取基础宽度为 1.44m 满足要求。

二、扩展基础

当不便于采用刚性基础或采用刚性基础不经济时，可以做成钢筋混凝土基础。柱下钢筋混凝土独立基础和墙下钢筋混凝土条形基础，统称为钢筋混凝土扩展基础。钢筋混凝土扩展基础的抗弯和抗剪性能良好，可在竖向荷载较大、地基承载力不高等情况下使用。该类基础的高度不受台阶宽高比的限制，其高度比刚性基础小，适宜于需要“宽基浅埋”的情况。例如，有些建筑场地浅层土承载力较高，即表层具有一定厚度的所谓“硬壳层”，而在该硬壳层下土层的承载力较低，并拟利用该硬壳层作为持力层时，更可考虑采用此类基础形式。

(一) 墙下钢筋混凝土条形扩展基础

墙下钢筋混凝土条形扩展基础是砌体承重结构墙体及挡土墙、涵管下常用的基础形式，截面形式可采用阶梯形、矩形或锥形，其构造如图 10-17 所示。如果地基不均匀或承受荷载有差异时，为了增强基础的整体性和抗弯能力，可以采用有肋的条形扩展基础 [图 10-17 (b)]，肋部配置足够的纵向钢筋和箍筋。锥形基础的边缘高度不宜小于 200mm；阶梯形基础的每阶高度，宜为 300～500mm。垫层的厚度不宜小于 70mm，工程上常为 100mm，垫层混凝土强度等级不宜低于 C10。扩展基础底板受力钢筋的最小直径不应小于 10mm，间距不应大于 200mm，也不应小于 100mm。墙下钢筋混凝土条形基础纵向分布钢筋的直径不应小于 8mm，间距不应大于 300mm，每延米分布钢筋的面积不应小于受力钢筋面积的 15%，当有垫层时，钢筋保护层的厚度不应小于 40mm，无垫层时不应小于 70mm。混凝土强度等级不应低于 C20，且应满足耐久性要求。

墙下钢筋混凝土条形基础的内力计算一般可按平面应变问题处理，在长度方向可取单位

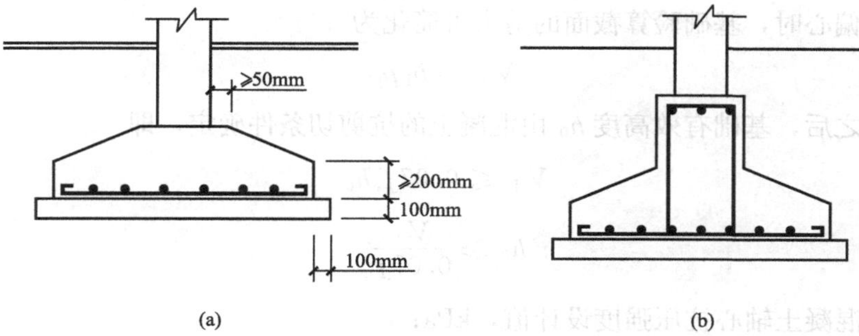

图 10-17 墙下钢筋混凝土扩展基础
(a) 无肋的；(b) 有肋的

长度计算。截面设计验算的内容主要包括基底宽度 b 和基础的高度 h 及基础底板配筋等。关于基底宽度的确定已在第五节中讨论过，在此仅讨论基础高度及基础底板配筋的确定。

1. 地基净反力的概念

如前所述，基底反力为作用于基底上的总竖向荷载（包括墙或柱体下的荷载及基础自重）除以基底面积。通常认为仅由基础顶面标高以上部分传下的荷载所产生的地基反力为地基净反力，并以 p_j 表示。在进行基础的结构设计中，常需用到净反力，因为基础自重及其周围土重所引起的基底反力恰好与其自重相抵，对基础本身不产生内力。

2. 基础高度的验算

锥形基础的边缘高度不宜小于 200mm。由于基础底板内不配箍筋和弯筋，所以基础底板任一截面的厚度是由底板的抗剪切条件所决定。

如图 10-18 所示，基础验算截面Ⅰ—Ⅰ处的剪力 V_{I} (kN/m) 为

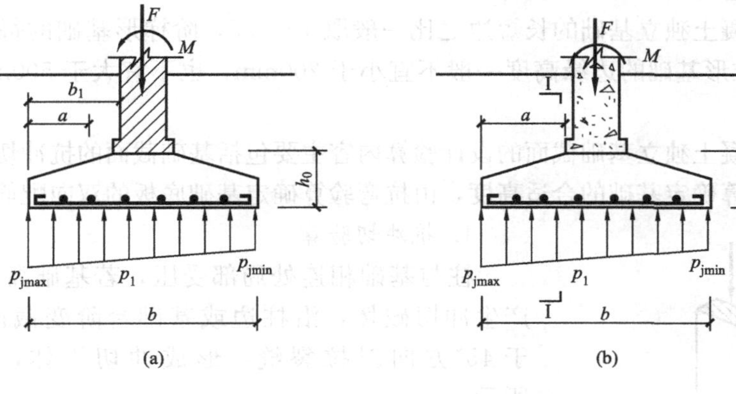

图 10-18 墙下条形基础的验算截面
(a) 砖墙情况；(b) 混凝土墙情况

$$V_{\mathrm{I}}=\frac{b_1}{2b}[(2b-b_1)p_{\mathrm{jmax}}+bp_{\mathrm{jmin}}] \tag{10-17}$$

这里，b_{I} 为验算截面Ⅰ—Ⅰ距基础边缘的距离。当墙体材料为混凝土时，验算截面Ⅰ—Ⅰ在墙脚处，b_{I} 等于基础边缘至墙脚的距离 a；当墙体材料为砖墙、且墙脚伸出不大于1/4 砖长时，验算截面Ⅰ—Ⅰ在墙面处，$b_{\mathrm{I}}=a+0.06\mathrm{m}$。

当荷载无偏心时，基础验算截面的剪力可简化为

$$V_{\mathrm{I}} = b_1 p_{\mathrm{j}} \tag{10-18}$$

剪力确定之后，基础有效高度 h_0 由混凝土的抗剪切条件确定，即

$$V_{\mathrm{I}} \leqslant 0.07 f_c h_0 \tag{10-19}$$

或

$$h_0 \geqslant \frac{V_{\mathrm{I}}}{0.07 f_c} \tag{10-20}$$

式中　f_c——混凝土轴心抗压强度设计值，kPa；

h_0——基础底板有效高度，m。

3. 基础底板的配筋

基础底板的配筋由验算截面的弯矩值决定，验算截面的弯矩计算式为

$$M_{\mathrm{I}} = \frac{b_{\mathrm{I}}^2}{2} p_{\mathrm{I}} + \frac{b_{\mathrm{I}}^2}{3}(p_{\mathrm{jmax}} - p_{\mathrm{jmin}}) \tag{10-21}$$

弯矩确定后，可按下式计算沿基础长度方向每延米基础底板的配筋面积。

$$A_s = \frac{M_{\mathrm{I}}}{0.9 h_0 f_y} \tag{10-22}$$

式中　A_s——每 m 长基础底板受力钢筋截面积；

f_y——钢筋抗拉强度设计值。

墙下钢筋混凝土条形基础纵向分布钢筋的直径不小于 8mm，间距不大于 300mm，每延米分布钢筋的面积不宜小于受力钢筋面积的 1/10。

（二）柱下钢筋混凝土独立基础

与墙下条形基础一样，在进行柱下独立基础设计时，一般先由地基承载力确定基础的底面尺寸，然后再进行基础截面的设计验算。

柱下钢筋混凝土独立基础的长短边之比一般取 1～1.5，阶梯形基础的每阶高度一般为 300～500mm，锥形基础的边缘高度一般不宜小于 200mm，也不宜大于 500mm，锥形坡度角一般取 25°。

柱下钢筋混凝土独立基础截面的设计验算内容主要包括基础截面的抗冲切验算和抗弯验算，由抗冲切验算确定基础的合适高度，由抗弯验算确定基础底板的双向配筋。

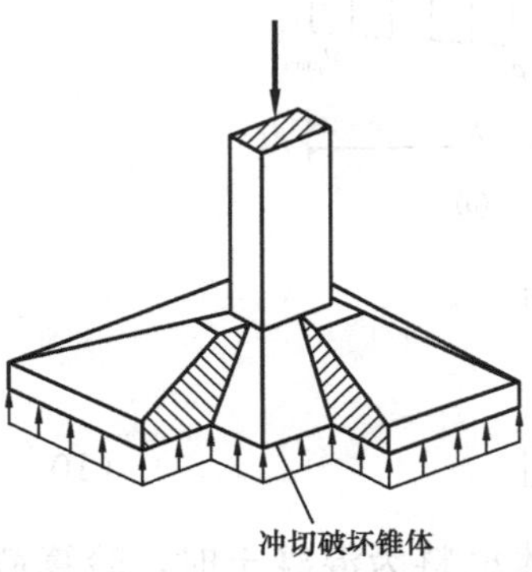

图 10-19　独立基础冲切破坏锥体

1. 抗冲切验算

柱与基础相连处局部受压，若基础高度不足则容易产生冲切破坏，沿柱边或基础台阶变截面处产生近似于 45°方向斜拉裂缝，形成冲切锥体，如图 10-19 所示。

为保证基础不发生冲切破坏，必须进行抗冲切验算。抗冲切验算的基本原则是，基础可能冲切面以外地基净反力产生的冲切力应小于基础可能冲切面（即冲切角锥体）上的混凝土抗冲切力。以矩形底面基础为例（图 10-20），受冲切承载力可按下列公式计算

$$F_l \leqslant 0.7 \beta_{hp} f_t a_m h_0 \tag{10-23}$$

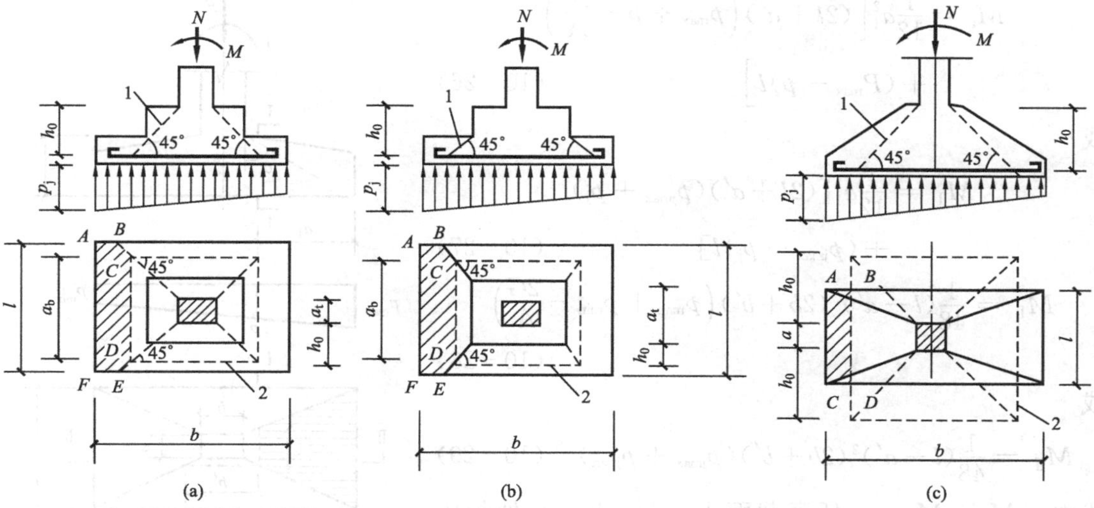

图 10-20 计算阶形基础的受冲切承载力截面位置

(a) 柱与基础交接处；(b) 基础变阶处

1—冲切破坏锥体最不利一侧的斜截面；2—冲切破坏锥体的底面线

$$a_{\mathrm{m}} = (a_{\mathrm{t}} + a_{\mathrm{b}})/2 \tag{10-24}$$

$$F_{\mathrm{l}} = p_{\mathrm{j}} A_{\mathrm{l}} \tag{10-25}$$

式中 β_{hp}——受冲切承载力截面高度影响系数，当 h 不大于 800mm 时，取 1.0；当 h 大于等于 2000mm 时，取 0.9，期间按线性内插法取用。

f_t——混凝土轴心抗拉强度设计值，kPa。

h_0——基础冲切破坏锥体的有效高度，m。

a_m——冲切破坏锥体最不利一侧计算长度。

a_t——冲切破坏锥体最不利一侧斜截面的上边长；当计算柱与基础交接处的受冲切承载力时，取柱宽；当计算基础变阶处的受冲切承载力时，取上阶宽。

a_b——冲切破坏锥体最不利一侧斜截面在基础底面积范围的下边长，当冲切破坏锥体的底面落在基础底面以内［图 10-21（a）、（b）］，计算柱与基础交接处的受冲切承载力时，取柱宽加两倍基础有效高度；当计算基础变阶处的受冲切承载力时，取上阶宽加两倍基础有效高度。

p_j——扣除基础自重及其上土重后相应于作用的基本组合时的地基土单位面积净反力，对偏心受压基础可取基础边缘处最大地基土单位面积净反力，kPa。

A_l——冲切验算时取用的部分基底面积［图 10-21（a）、（b）中的阴影面积 *ABCDEF*，或图 10-21（c）中的阴影面积 *ABDC*］，m^2。

F_l——相应于作用基本组合时作用在 A_l 上的地基土净反力设计值，kPa。

当不满足式（10-23）的要求时，可适当增加基础高度后重新验算，直到满足为止。

2. 基础配筋计算

在轴心荷载或单向偏心荷载作用下，对于矩形基础（图 10-21），当台阶的宽高比小于或等于 2.5 和偏心距小于或等于 $b/6$ 基础宽度时，任意截面的弯矩可按下式计算

$$M_1=\frac{1}{12}a_1^2\left[(2l+a')\left(p_{max}+p-\frac{2G}{A}\right)+(P_{max}-p)l\right] \tag{10-26}$$

或

$$M_{\mathrm{I}}=\frac{1}{12}a_1^2[(2l+a')(p_{jmax}+p_j)+(p_{jmax}-p_j)l] \tag{10-27}$$

$$M_{\mathrm{II}}=\frac{1}{48}(l-a')^2(2b+b')\left(p_{max}+p_{min}-\frac{2G}{A}\right) \tag{10-28}$$

或

$$M_{\mathrm{II}}=\frac{1}{48}(l-a')^2(2b+b')(p_{jmax}+p_{jmin}) \tag{10-29}$$

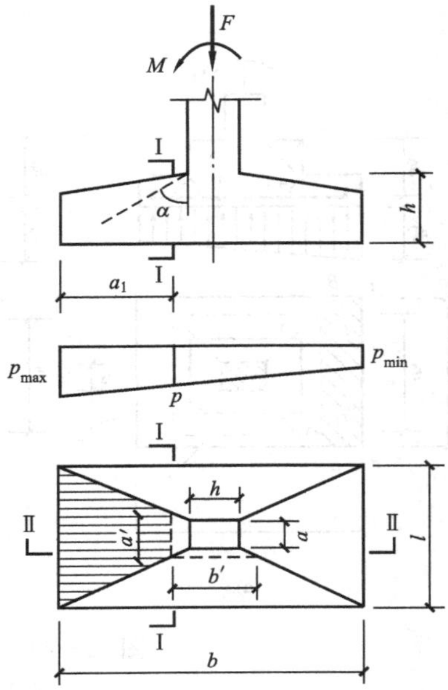

图 10-21　矩形基础底板计算示意图

式中　M_{I}，M_{II}——任意截面Ⅰ—Ⅰ、Ⅱ—Ⅱ处相应于荷载效应基本组合时的弯矩设计值；

a_1——任意截面Ⅰ—Ⅰ至基底边缘最大反力处的距离；

a'、b'——锥形基础顶面的边长；

l、b——基础底面的边长；

p_{max}、p_{min}——相应于荷载效应基本组合时的基础底面边缘最大和最小地基反力设计值；

p_{jmax}、p_{jmin}——相应于荷载效应基本组合时的基础底面边缘最大和最小地基净反力设计值；

p——相应于荷载效应基本组合时在任意截面Ⅰ—Ⅰ处基础底面地基反力设计值；

p_j——相应于荷载效应基本组合时在任意截面Ⅰ—Ⅰ处基础底面地基净反力设计值；

G——考虑荷载分项系数的基础自重及其上的土自重；当组合值由永久荷载控制时，$G=1.35G_k$，G_k 为基础及其上土的标准自重。

柱下单独基础的配筋设计控制截面是柱边或阶梯形基础的变阶处，由以上公式求出相应的控制截面弯矩值，依据《混凝土结构设计规范》（GB 50010—2010）的有关规定，可按式（10-22）计算底板长边方向和短边方向的受力钢筋面积 $A_{S\mathrm{I}}$ 和 $A_{S\mathrm{II}}$。

应该指出，一般柱的混凝土强度等级较基础的混凝土强度等级高，因此，基础设计除了按以上方法验算其高度，计算底板配筋外，尚应验算基础顶面的局部受压承载力。

【例题 10-3】　某柱下扩展基础，基础高 600mm，基础尺寸 $b\times l=2.7\text{m}\times 1.8\text{m}$，柱截面尺寸 $b_0\times l_0=0.6\text{m}\times 0.4\text{m}$，传至基础顶面竖向荷载基本组合值 $F=820\text{kN}$，力矩基本组合值 $M=150\text{kN}\cdot\text{m}$，试验算设计该扩展基础。

【解】（1）基底净反力计算。

$$\begin{matrix} p_{jmax} \\ p_{jmin} \end{matrix} = \frac{F}{lb} \pm \frac{6M}{bl^2} = \frac{820}{1.8 \times 2.7} \pm \frac{6 \times 150}{1.8 \times 2.7^2} = 168.7 \pm 68.6 = \begin{matrix} 237.3(\text{kPa}) \\ 100.1(\text{kPa}) \end{matrix}$$

(2) 抗冲切验算。

取保护层厚度 80mm，则

$$h_0 = 600 - 80 = 520 \ (\text{mm})$$

偏心荷载作用下，冲切破坏发生于最大基底反力一侧，由图 10-20（a），冲切验算基底面积 A_1 为

$$A_1 = \left(\frac{b-b_0}{2} - h_0\right)l - \left(\frac{l-l_0}{2} - h_0\right)^2$$

$$= [(2.7-0.6)/2-0.52] \times 1.8 - [(1.8-2.4)/2-0.52]^2 = 0.922(\text{m}^2)$$

作用在 A_1 上的地基土净反力设计值 F_1 为

$$F_1 = p_{jmax}A_1 = 237.3 \times 0.922(\text{kPa})$$

因基础高度小于 800mm，取 $\beta_{hp}=1.0$。采用 C20 混凝土，其抗拉强度设计值 f_t 为 1.1MPa。

柱于基础交接处抗冲切验算：

$$0.7\beta_{hp} f_t a_m h_0 = 0.7 \times 1.0 \times 10^3 \times (0.40 + 0.52) \times 0.52 = 368(\text{kPa}) > F_1$$

满足基础高度满足要求。选用锥形基础，基础剖面如图 10-22 所示。

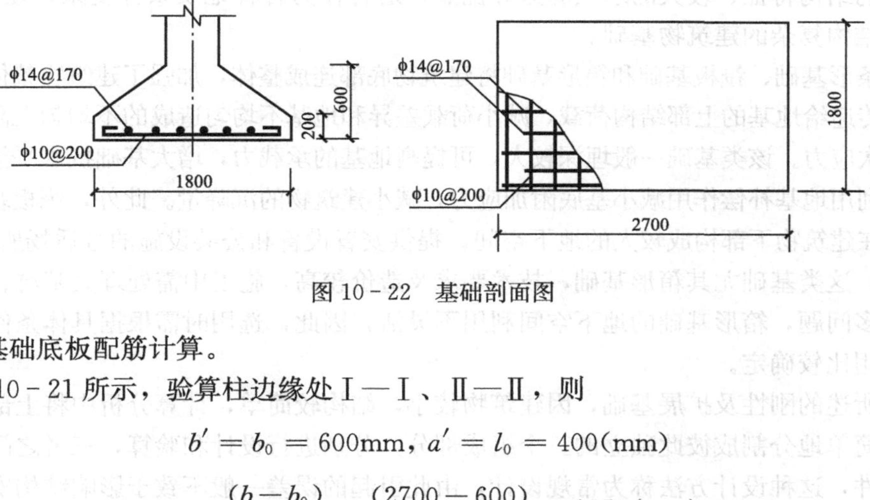

图 10-22 基础剖面图

(3) 基础底板配筋计算。

如图 10-21 所示，验算柱边缘处Ⅰ—Ⅰ、Ⅱ—Ⅱ，则

$$b' = b_0 = 600\text{mm}, a' = l_0 = 400(\text{mm})$$

$$a_1 = \frac{(b-b_0)}{2} = \frac{(2700-600)}{2} = 1050(\text{mm})$$

Ⅰ—Ⅰ截面处：

$$p_j = p_{jmax} - \frac{p_{jmax}-p_{jmin}}{l}a_1 = 237.3 - (237.3-100.1) \times 1.05/2.7 = 183.9(\text{kPa})$$

$$M_{\text{I}} = \frac{1}{12}a_1^2[(2l+a')(p_{jmax}+p_j) + (p_{jmax}-p_j)l]$$

$$= \frac{1}{12} \times 1.05^2[(2 \times 1.8 + 0.4) \times (237.3 + 183.9) + (237.3 - 183.9) \times 1.8]$$

$$= 163.6(\text{kN} \cdot \text{m})$$

Ⅱ—Ⅱ截面处：

$$M_{\mathrm{II}}=\frac{1}{48}(l-a')^2(2b+b')(p_{\mathrm{jmax}}+p_{\mathrm{jmin}})$$

$$=\frac{1}{48}\times(1.8-0.4)^2\times(2\times2.7+0.6)\times(237.3+100.1)=82.7(\mathrm{kN\cdot m})$$

选取钢筋等级为 HPB235 级，$f_y=210\mathrm{MPa}$，则

$$A_{s\mathrm{I}}=\frac{M_{\mathrm{I}}}{0.9f_yh_0}=\frac{163.6}{0.9\times210\times520}\times10^6=1664.6(\mathrm{mm}^2)$$

则基础长边方向选取 11Φ14@170（$A_{s\mathrm{I}}=1692\mathrm{mm}^2$），该层钢筋铺在基础底面，保护层厚度 80mm。

短边方向钢筋拟铺在长边方向钢筋之上，故计算短边方向钢筋面积 $A_{s\mathrm{II}}$ 时取有效高度为 h_0-d，d 为底层长边方向钢筋直径。

$$A_{s\mathrm{II}}=\frac{M_{\mathrm{II}}}{0.9f_y(h_0-d)}=\frac{82.7}{0.9\times210\times(520-14)}\times10^6=864.8(\mathrm{mm}^2)$$

则基础长边方向选取 14Φ10@200($A_{s\mathrm{I}}=1099\mathrm{mm}^2$)。

钢筋布置如图 10－22 所示。

三、柱下条形基础、筏板基础和箱形基础

柱下条形基础、筏板基础和箱形基础统称为连续基础，与柱下独立基础相比，连续基础具有优良的结构特征、较大的承载能力等优点，适合作为各种地质条件复杂、建设规模大、层数多、结构复杂的建筑物基础。

柱下条形基础、筏板基础和箱形基础将建筑物底部连成整体，加强了建筑物整体刚度，调整和均衡传递给地基的上部结构荷载，减小荷载差异和地基不均匀造成的不均匀沉降，减小上部结构的次应力。该类基础一般埋深较大，可提高地基的承载力，增大基础抗水平滑动的稳定性，并可利用地基补偿作用减小基底附加应力，减小建筑物的沉降量。此外，筏板基础和箱形基础还可在建筑物下部构成较大的地下空间，提供安置设备和公共设施的合适场所。

但是，这类基础尤其箱形基础，技术要求及造价较高，施工中需处理大基坑、深开挖所遇到的许多问题，箱形基础的地下空间利用不灵活，因此，选用时需根据具体条件通过技术经济及应用比较确定。

如前所述的刚性及扩展基础，因建筑物较小，结构较简单，计算分析中将上部结构、基础和地基简单地分割成彼此独立的三个组成部分，分别进行设计和验算，三者之间仅满足静力平衡条件，这种设计方法称为常规设计，由此引起的误差一般不致于影响结构安全或增加工程造价，但计算分析简单，工程界易于接受。然而对于条形、筏板和箱形等规模较大、承受荷载多和上部结构较复杂的基础，上述简化分析，仅满足静力平衡条件而不考虑三者之间的相互作用，则常常引起较大误差。由于基础在地基平面上一个或两个方向的尺度与其竖向截面相比较大，一般可看成是地基上的受弯构件——梁或板。其挠曲特征、基底反力和截面内力分布都与地基、基础以及上部结构的相对刚度特征有关，故应从三者相互作用的角度出发，采用适当的方法进行设计。

应该指出，上部结构、基础和地基共同作用是一个复杂的研究课题，尽管已取得较丰硕的成果，但是由于涉及的因素很多，尤其地基土是一种很复杂的材料，目前尚缺少一种理想

的地基模型去确切模拟，因此考虑共同工作的分析结果与实测资料对比，往往存在着不同程度的差异，有时误差还较大，说明理论分析方法尚有待进一步完善，许多设计人员提出，设计这些基础宜以“构造为主、计算为辅”的原则。

（一）柱下条形基础

柱下条形基础是由一个方向延伸的基础梁（图 10－4）或由两个方向的交叉基础梁（图 10－5）所组成，条形基础可以沿柱列单向平行配置，也可以双向相交于柱位处形成交叉条形基础，条形基础的设计包括基础底面宽度的确定、基础长度的确定、基础高度及配筋计算，并满足一定的构造要求。

1．柱下条形基础的构造

柱下条形基础的构造见图 10－23。其横截面一般做成倒 T 型，下部伸出部分称为翼板，中间部分称为肋梁。其构造要求如下：

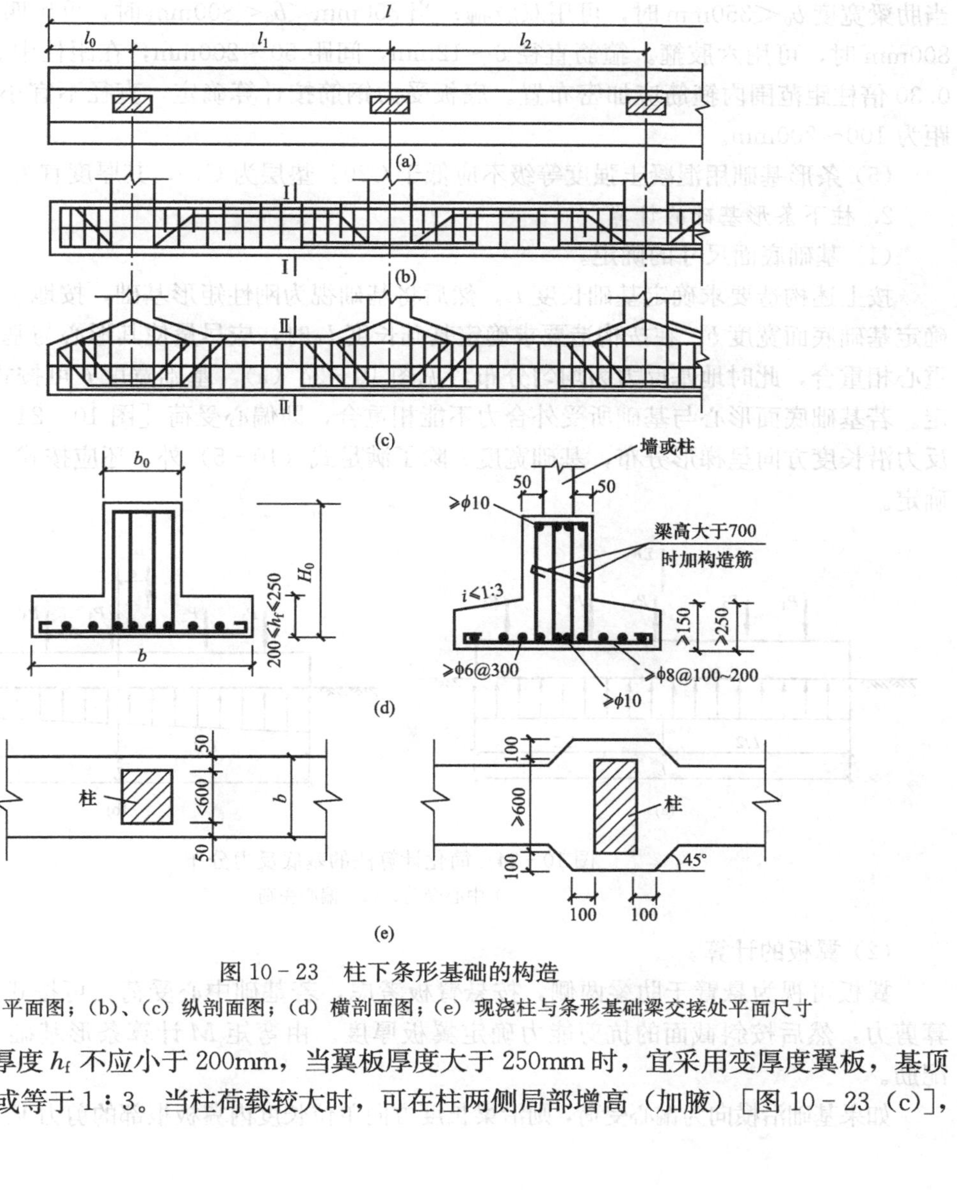

图 10－23 柱下条形基础的构造

(a) 平面图；(b)、(c) 纵剖面图；(d) 横剖面图；(e) 现浇柱与条形基础梁交接处平面尺寸

(1) 翼板厚度 h_f 不应小于 200mm，当翼板厚度大于 250mm 时，宜采用变厚度翼板，基顶面坡度宜小于或等于 1：3。当柱荷载较大时，可在柱两侧局部增高（加腋）[图 10－23（c）]，

以提高梁的抗剪切能力，翼板的具体厚度尚应经计算确定。翼板宽度 b 应按地基承载力计算确定。

(2) 肋梁高度 H 应由计算确定，初估截面时，宜取柱距的 1/8～1/4，肋宽 b_0 应由截面的抗剪条件确定，且应满足图 10-23 (e) 的要求。

(3) 为了调整基础底面形心的位置，以及使各柱下弯矩与跨中弯跨均衡以利配筋，条形基础两端宜伸出柱边，其外伸悬臂长度 l_0 宜为边跨柱距的 1/4～1/3。

(4) 条形基础肋梁的纵向受力钢筋应按计算确定，肋梁上部纵向钢筋应通长配置，下部的纵向钢筋至少应有 2～4 根通长配置，且其面积不得少于底部纵向受力钢筋截面总面积的 1/3。当肋梁的腹板高度≥450mm 时，应在梁的两侧沿高度配置直径大于 10mm 纵向构造腰筋，每侧纵向构造腰筋（不包括梁上、下部受力架立钢筋）的截面面积不应小于梁腹板截面面积的 0.1%，其间距不宜大于 200mm。肋梁中的箍筋应按计算确定，箍筋应做成封闭式。当肋梁宽度 b_0<350mm 时，可用双肢箍；当 350mm<b_0<800mm 时，可用四肢箍；当 b_0>800mm 时，可用六肢箍。箍筋直径 6～12mm，间距 50～200mm，在距柱中心线为 0.25～0.30 倍柱距范围内箍筋应加密布置。底板受力钢筋按计算确定，直径不宜小于 10mm，间距为 100～200mm。

(5) 条形基础用混凝土强度等级不应低于 C20，垫层为 C10，其厚度宜为 70～100mm。

2. 柱下条形基础的计算

(1) 基础底面尺寸的确定。

按上述构造要求确定基础长度 L，然后将基础视为刚性矩形基础，按地基承载力特征值确定基础底面宽度 b。在按构造要求确定基础长度 L 时，应尽量使其形心与基础所受外合力重心相重合，此时地基反力为均匀分布，见图 10-24 (a)，基础宽度 b 可按式 (10-5) 确定。若基础底面形心与基础所受外合力不能相重合，即偏心受荷 [图 10-24 (b)]，则基底反力沿长度方向呈梯形分布，基础宽度 b 除了满足式 (10-5) 外，还应按式 (10-9) 验算确定。

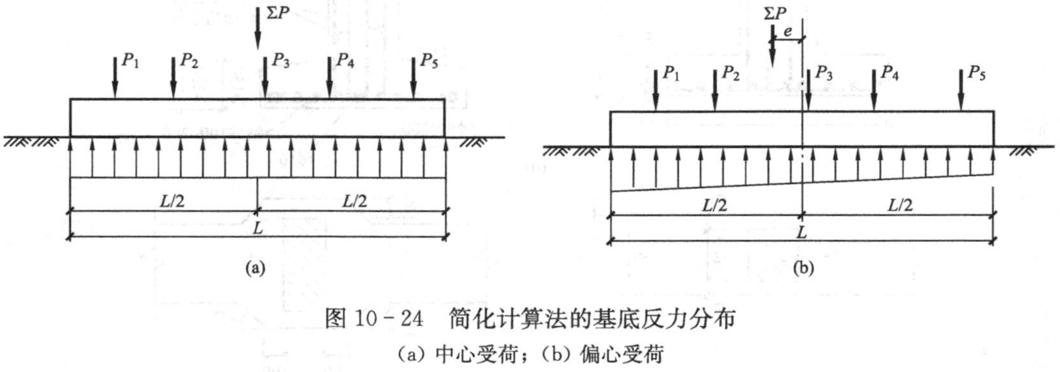

图 10-24 简化计算法的基底反力分布

(a) 中心受荷；(b) 偏心受荷

(2) 翼板的计算。

翼板可视为悬臂于肋梁两侧，按悬臂板考虑，若基础中心受荷，可按式 (10-18) 计算剪力，然后按斜截面的抗剪能力确定翼板厚度。由弯矩 M 计算条形基础翼板内的横向配筋。

如果基础沿横向为偏心受荷，则沿梁长度方向单位长度内翼板根部的剪力 V 由式 (10-17)

确定，弯矩 M 由式（10－21）确定。

（3）基础梁纵向内力分析。

1）静定分析法。

静定分析法是一种按线性分析基底净反力的简化计算方法，其适用前提是要求基础具有足够的相对抗弯刚度。

该法假定基底反力呈线性分布，以此求得基底净反力 p_j，基础上所有的作用力都已确定（图 10－25），并按静力平衡条件计算出任意截面上的剪力 V 及弯矩 M，由此绘制出沿基础长度方向的剪力图和弯矩图，依此进行肋梁的抗剪计算及配筋。

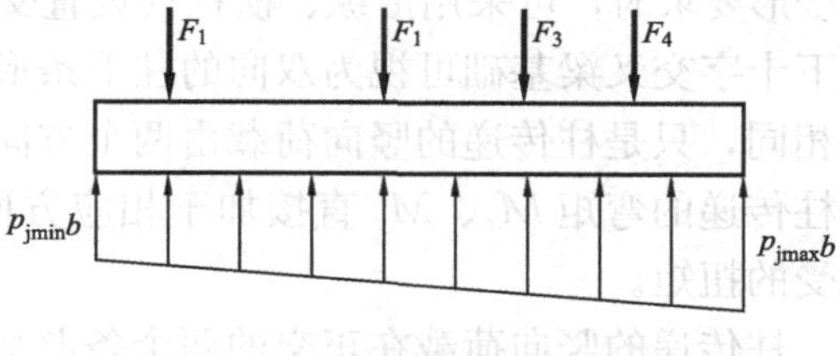

图 10－25 静定分析法计算简图

静定分析法没有考虑基础与上部结构的相互作用，因而在荷载和直线分布的基底反力作用下产生整体弯曲。与其他方法比较，计算所得基础不利截面上的弯矩绝对值一般偏大。此法只宜用于上部为柔性结构，且基础自身刚度较大的条形基础以及联合基础。

2）倒梁法。

倒梁法认为上部结构是刚性的，各柱之间没有差异沉降（图 10－26），因而可把柱脚视为条形基础的支座，支座间不存在相对竖向位移，基础的挠曲变形不致改变地基压力，并假定基底净反力（$p_j b$，kN/m）呈线性分布，且除柱的竖向集中力外各种荷载作用（包括柱传来的力矩）均为已知，按倒置的普通连续梁计算梁的纵向内力，例如力矩分配法、力法、位移法等。

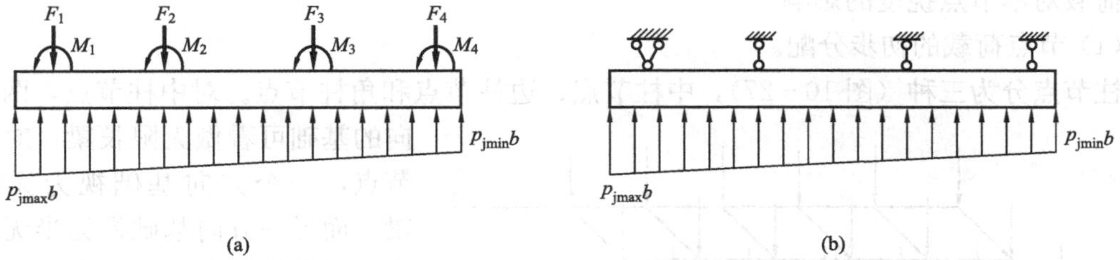

图 10－26 用倒梁法计算地基梁简图

（a）基底反力分布；（b）按连续梁求内力

应该指出，该计算模型仅考虑了柱间基础的局部弯曲，而忽略了基础全长发生的整体弯曲，因而所得的柱位处截面的正弯矩与柱间最大负弯矩绝对值比其他方法计算结果均衡，所以基础不利截面的弯矩较小。另外，用倒梁法求得的支座反力一般不等于原柱作用的竖向荷载，可理解为上部结构的整体刚度对基础整体弯曲的抑制作用，使柱荷载分布均匀化。实际上，如荷载和地基土层分布比较均匀，基础将发生正向弯曲，对于多层多跨框架结构下的条形基础，靠近基础中间的一些柱将发生较大的竖向位移，而边柱位移偏小，由于上部结构的协同工作，各柱的竖向位移趋于均匀，即中柱位移减小，边柱位移增大，从而导致边柱所受的实际荷载增大，中柱所受的实际荷载减小。

倒梁法求得的支座反力不等于原柱作用的竖向荷载，实践中常采用所谓“基底反力局部调整法”进行修正，即将支座处的不平衡力均匀分布在本支座两侧各 1/3 跨度范围内求解梁的内力，该内力与前面求得的内力进行叠加，如此反复多次，直到支座反力接近柱荷载为止。

3. 柱下十字交叉梁基础的计算

当上部荷载较大、地基土较软弱，只靠单向设置柱下条形基础已不能满足地基承载力和地基变形要求时，可采用沿纵、横柱列设置交叉条形基础，又称十字交叉梁基础（图 10－7）。柱下十字交叉梁基础可视为双向的柱下条形基础，其每个方向的条形基础构造与计算，与前述相同，只是柱传递的竖向荷载由两个方向的条形基础承担，故需在两个方向上进行分配，而柱传递的弯矩 M_x、M_y 直接加于相应方向的基础梁上，不必再做分配，即不考虑基础梁承受的扭矩。

柱传递的竖向荷载在正交的两个条形基础上的分配原则必须满足两个条件：

（1）静力平衡条件；

（2）变形协调条件。

第一个条件即指在节点处分配给两个方向条形基础的荷载之和等于柱荷载，表示为

$$P_i = P_{ix} + P_{iy} \tag{10-30}$$

第二个条件即指分离后两个方向的条形基础在交叉节点处的竖向位移应相等，表示为

$$\omega_{ix} = \omega_{iy} \tag{10-31}$$

按以上原则进行荷载分配显然很复杂，必须做适当简化，因为只有求得弹性地基上梁的挠度才能给出节点位移，而此时两组梁上的荷载是待定的，因此，必须把柱荷载的分配与两组弹性地基梁的内力与挠度联合求解。为简化计算，一般采用文克勒地基模型，略去其他节点的荷载对本节点挠度的影响。

（1）节点荷载的初步分配。

柱节点分为三种（图 10－27），中柱节点、边柱节点和角柱节点。对中柱节点，两个方向的基础可看做无限长梁；对边柱节点，一个方向基础视为无限长梁，而另一方向基础视为半无限长梁；对角柱节点两个方向基础均视为半无限长梁。

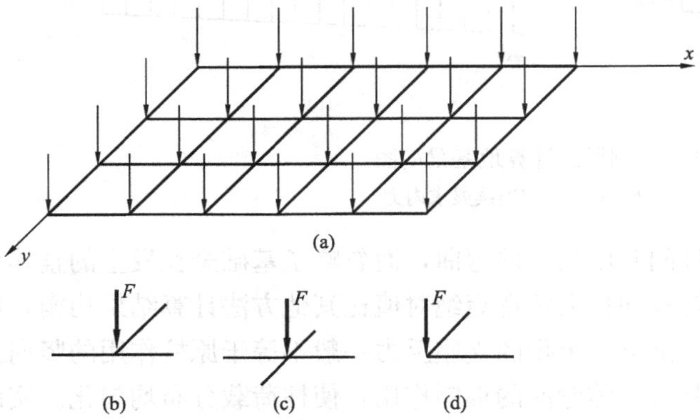

图 10－27 十字交叉基础

(a) 平面分布；(b) 边柱节点；(c) 内柱节点；(d) 角柱节点

（2）节点荷载分配的调整。

按照以上原则进行柱荷载分配后，可分别按两个方向的条形基础计算。但这种计算，在交叉点处基底重叠面积重复计算了一次，结果使地基反力减少，致使计算结果偏于不安全，故按上述节点荷载分配后还需进行调整。

（二）筏板基础

当上部结构荷载过大，采用柱下交叉梁基础不能满足地基承载力要求，或虽能满足要求，但基底间净距很小，或需加强基础刚度时，可考虑采用筏板基础，即将柱下交叉梁

式基础基底下所有的底板连在一起，形成筏板基础，亦称筏片基础、满堂或满堂红基础，见图10-6。它既可用于墙下，也可用于柱下。当建筑物开间尺寸不大，或柱网尺寸较小，以及对基础的刚度要求不很高时，为便于施工，可将其做成一块等厚度的钢筋混凝土平板，即平板式筏板基础，板上若带有梁，则称为梁板式或肋梁式筏板基础。筏板基础自身刚度较大，可有效地调整建筑物的不均匀沉降，特别是结合地下室，对提高地基承载力极为有利。

1. 筏板基础的结构和构造

筏板基础的选型应根据工程地质和水文地质条件、上部结构体系、柱距、荷载大小以及施工条件等因素综合确定。其平面尺寸，应根据地基土的承载能力、上部结构的布置及荷载分布等因素按计算确定。在上部结构荷载和基础自重的共同作用下，按正常使用极限状态下的荷载效应标准组合时，基底压力平均值 p_k 及基底边缘的最大压力值 p_{kmax} 和修正后的地基持力层承载力特征值 f_a 之间应满足：

轴心荷载作用时，

$$p_k \leqslant f_a \tag{10-32}$$

偏心荷载作用时，除符合式（10-31）外，尚应满足

$$p_{kmax} \leqslant 1.2f_a \tag{10-33}$$

式（10-32）、式（10-33）中的基底压力可按直线分布时的简化公式计算，同时还必须满足下卧层土体承载力及地基变形的要求。平面布置时，应尽量使筏板基础底面形心与结构竖向永久荷载合力作用点重合，若偏心距较大，可通过调整筏板基础外伸悬挑跨度的办法进行调整，不同的边缘部位，采用不同的悬挑跨度，尽量使其偏心效应最小；对单幢建筑物，当地基土比较均匀时，在作用准永久组合下，偏心距 e 宜符合下式要求

$$e \leqslant 0.1W/A \tag{10-34}$$

式中 W——与偏心距方向一致的基础底面边缘抵抗矩，m^3；

A——基础底面面积，m^2。

2. 筏板基础内力计算

工程中，经常采用简化方法近似进行筏基内力计算，即认为基础是绝对刚性，基底反力呈直线分布，并按静力学方法计算基底反力。如果上部结构和基础刚度足够大，这种假设可认为是合理的，因此可采用前述柱下板带、柱上板带及单向、双向多跨连续板的计算方法。若柱网布置比较均匀，相邻柱荷载相差不大，可沿轴向、柱列向分别将基础底板划分成若干个计算板带，以相邻柱间的中心线作为板带间的界线，各自按独立的条形基础计算内力，忽略板带间剪应力的影响，计算方法可大为简化。对柱下肋梁式筏板基础，如果框架柱网在两个方向的尺寸比小于2，且柱网内无小基础梁时，可将筏板基础视为一倒置的楼盖，以地基净反力作为外荷载，筏板按双向多跨连续板、肋梁按多跨连续梁计算内力。若柱网内有小基础梁，把底板分割成边比大于2的矩形格板时，底板可按单向板计算，主、次肋仍按连续梁计算，即所谓“倒楼盖”法。否则，应按弹性地基上的梁板进行内力分析。

(1) 倒楼盖法。

倒楼盖法是将筏板基础视为一放置在地基上的楼盖，柱或墙视为该楼盖的支座，地基净反力为作用在该楼盖上的外荷载，按混凝土结构中的单向或双向梁板的肋梁楼盖方法进行内力计

算。在基础工程中，对框架结构中的筏板基础，常将纵、横方向的梁设置成相等的截面高度和宽度，在节点处，由于纵、横方向的基础梁交叉，柱的竖向荷载需要在纵、横方向分配，求得柱荷载在纵、横两个方向的分配值，肋梁就可分别按两个方向上的条形基础计算了。

（2）弹性地基上板的简化计算。

如果柱网及荷载分布都比较均匀一致（变化不超过 20%），当筏板基础的柱距小于 1.75λ（λ 为基础梁的柔度指数）或筏板基础上支撑着刚性的上部结构（如上部结构为剪力墙）时，可认为此时的筏板基础是刚性的，其内力及基底反力可按倒楼盖法计算，否则，筏基的刚度较弱，属于柔性基础，应按弹性地基上的梁板进行分析。若此时柱网及荷载分布仍比较均匀，可将筏板基础划分成相互垂直的条状板带，板带宽度即为相邻柱中心线间的距离，按前述文克尔弹性地基梁的办法计算。若柱距相差过大，荷载分布不均匀，则应按弹性地基上的板理论进行内力分析。

3. 筏板基础结构承载力计算

按前述方法计算出筏板基础的内力后，还需按现行《混凝土结构设计规范》（GB 50010—2010）中的有关规定计算基础梁的弯、剪及冲切承载力；同时还应满足规范中有关的构造要求。

（三）箱形基础

随着建筑物高度的增加，荷载增大，为满足基础刚度要求，往往需要很大的筏板厚度，此时，仍采用筏板基础，尚欠经济合理，故可考虑采用如图 10－7 所示空心的空间受力体系——箱形基础。箱形基础是由顶板、底板、内墙、外墙等组成的一种空间整体结构，由钢筋混凝土整浇而成，空间部分可结合建筑物的使用功能设计成地下室、地下车库或地下设备层等。其具有很大的刚度和整体性，能有效地调整基础的不均匀沉降，由于它具有较大的埋深，土体对其具有良好的嵌固与补偿效应，因而具有较好的抗震性和补偿性，是目前高层建筑中经常采用的基础类型之一。

1. 箱形基础的构造

箱形基础的平面尺寸应根据地基承载力和上部结构的布局及荷载分布等条件综合确定。与筏基一样，平面上应尽量使箱基底面形心与结构竖向永久荷载合力作用点重合，当偏心距较大，可通过调整箱基底板外伸悬挑跨度的办法进行调整，不同的边缘部位，采用不同的悬挑跨度，尽量使其偏心效应最小为好。对单幢建筑物，当地基土比较均匀时，在荷载效应准永久组合下，其偏心距不宜大于基础底面抵抗矩和基础底面面积之比的 0.1 倍；箱形基础的高度应满足结构强度、刚度和使用要求，一般取建筑物高度的 1/12～1/8，在抗震设防地区，除岩石地基外，其埋深不宜小于建筑物高度的 1/15，且不宜小于箱形基础长度的 1/18（不包括悬挑部分长度），同时基础高度要适合做地下室的使用要求，净高不应小于 2.2m（箱基高度指箱基底板底面到顶板顶面的外包尺寸）。箱形基础的外墙应沿建筑物四周布置，内墙宜按上部结构柱网尺寸和剪力墙位置纵、横交叉布置。一般每平方米基础面积上墙体长度不小于 400mm 或墙体水平截面面积不小于基础面积的 1/10（不包括底板悬挑部分面积），同时纵墙配置量不少于墙体总配置量的 3/5。箱基的墙体厚度应根据实际受力情况确定，外墙不应小于 250mm，常用 250～400mm，内墙不宜小于 200mm，常用 200～300mm。墙体一般采用双向、双层配筋，无论竖向、横向，其配筋均不宜小于 ϕ10@200，除上部结构为剪力墙外，箱形基础墙顶部均宜配置两根以上不小于 ϕ20 的通长构造钢筋。箱形基础中尽量少开洞口，必须开设洞口时，门洞应设在柱间居中位置，洞边至柱中心的距离不宜小于1.2m，洞口上过梁的高度不宜小于层高的1/5，洞口密集程度不宜大于柱距与箱形基础全高乘积的1/6，墙体洞口周围按计算置加强钢筋。洞口四周附加钢筋面积应不小于洞口内被切断钢筋面积的一半，且不少于两根直径为16mm的钢筋，此钢筋应从洞口边缘外延长40倍钢筋直径。单层箱基洞口上、下过梁的受剪面积验算公式和过梁截面顶、底部纵向钢筋配置的弯矩设计值计算公式，详见《高层建筑筏形与箱形基础技术规范》(JGJ 6—2011)。

底层柱主筋应伸入箱形基础一定的深度，三面或四面与箱形基础墙相连的内柱，除四角钢筋直通基底外，其余钢筋伸入顶板底皮以下的长度，不小于其直径的35倍，外柱、与剪力墙相连的柱、其他内柱主筋应直通到板底。

2. 地基反力计算

(1) 地基承载力验算。

箱基的地基承载力验算与其他建筑物基础相同。但箱基常用于对倾斜控制较为严格的高层建筑，对于高层建筑下的箱基，在偏心荷载下尚应满足 $p_{kmin} \geqslant 0$ 的要求。在计算基底压力时，箱基在地下水位以下部分的自重，应扣除水的浮力。

(2) 沉降计算。

箱基一般有较大的埋深，深开挖引起的地基土回弹和随后的再压缩产生的沉降量往往在总沉降量中占重要地位，已不能忽略。即除了建筑物荷载产生的基底附加压力 p_0 引起的沉降外，土的自重 p_c 也会产生一定的沉降。但后者是一个再压缩过程，计算时应该采用土的再压缩参数。为此，在做室内压缩试验时，应进行回弹再压缩试验，其压力的施加应模拟实际加、卸荷的应力状态。

1) 用压缩模量计算箱基沉降量。

可按下式计算箱基的最终沉降量 s

$$s = \sum_{i=1}^{n} \left(\psi' \frac{p_c}{E'_{si}} + \psi_s \frac{p_0}{E_{si}} \right) (z_i \bar{\alpha}_i - z_{i-1} \bar{\alpha}_{i-1}) \tag{10-35}$$

式中 ψ'——考虑回弹影响的沉降计算经验系数，无经验时可取 $\psi'=1$；

ψ_s——沉降计算经验系数，按地区经验采用；当缺乏地区经验时，可按《建筑地基基础设计规范》(GB 50007—2011) 的规定采用；

p_0——相应于荷载效应准永久组合时基础底面处的附加压力值；

p_c——基础底面处地基土的自重压力标准值；

E'_{si}、E_{si}——基础底面下第 i 层土的回弹再压缩模量和压缩模量，应按该土层实际的应力变化范围取值；

z_i、z_{i-1}——基础底面至第 i 层、第 $i-1$ 层土底面的距离；

$\bar{\alpha}_i$、$\bar{\alpha}_{i-1}$——基础底面计算点至第 i 层、第 $i-1$ 层土底面范围内平均附加应力系数，可按《高层建筑筏形与箱形基础技术规范》(JGJ 6—2011) 附录A采用；

n——沉降计算深度范围内所划分的地基土层数；沉降计算深度可按《建筑地基基础设计规范》(GB 50007—2011) 的规定采用。

2) 用变形模量计算箱基沉降量。

用变形模量计算箱基沉降量是采用弹性理论公式，并考虑了地基中的三向应力作用、有效压缩层、基础刚度、形状及尺寸等因素对基础沉降变形的影响。变形模量用现场荷载试验确定。计算中采用基底压力代替基底附加压力，用以近似解决深埋基础计算中的基坑回弹再压缩问题。沉降计算深度则采用经验的计算公式确定，计算公式如下

$$s = p_k b\eta \sum_{i=1}^{n} \frac{\delta_i - \delta_{i-1}}{E_{0i}} \tag{10-36}$$

式中　p_k——相应于荷载效应准永久组合时基础底面处的平均压力值；

b——基础底面宽度；

δ_i、δ_{i-1}——与基础长宽比 L/b 及基础底面至第 i 层、第 $i-1$ 层土底面距离 z 有关的无因次系数；

E_{0i}——基础底面下第 i 层土的变形模量，通过试验或按地区经验确定；

η——修正系数。

3. 箱形基础内力分析

在上部结构荷载和基底反力共同作用下，箱形基础整体上是一个多次超静定体系，产生整体弯曲和局部弯曲。若上部结构为剪力墙体系，箱基的墙体与剪力墙直接相连，可认为箱基的抗弯刚度为无穷大，此时顶、底板犹如一支撑在不动支座上的受弯构件，仅产生局部弯曲，而不产生整体弯曲，故只需计算顶、底板的局部弯曲效应。顶板按实际荷载，底板按均布的基底净反力计算；底板的受力犹如一倒置的楼盖，一般均设计成双向肋梁板或双向平板，根据板边界实际支撑条件按弹性理论的双向板计算。考虑到整体弯曲的影响，配置钢筋时除符合计算要求外，纵、横向支座尚应分别有 0.15%和 0.10%的钢筋连通配置，跨中钢筋全部连通。当上部结构为框架体系时，上部结构刚度较弱，基础的整体弯曲效应增大，箱形基础内力分析应同时考虑整体弯曲与局部弯曲的共同作用。整体弯曲计算时，为简化起见，工程上常将箱形基础当作一空心截面梁，按照截面面积、截面惯性矩不变的原则，将其等效成工字形截面，以一个阶梯形变化的基底压力和上部结构传下来的集中力作为外荷载，用静力分析或其他有效的方法计算任一截面的弯矩和剪力，其基底反力值可按前述基底反力系数法确定。由于上部结构共同工作，上部结构刚度对基础的受力有一定的调整、分担，基础的实际弯矩值要比计算值小，因此，应将计算的弯矩值按上部结构刚度的大小进行调整。

箱形基础的顶、底板除了满足正截面的抗弯要求外，还需要满足抗剪及抗冲切要求。

第七节　减轻建筑物不均匀沉降危害的措施

在实际工程中，由于地基软弱，土层厚度变化大，或在水平方向软硬不一，或建筑物荷载相差悬殊等原因，使地基产生过量的不均匀沉降，造成建筑物倾斜，墙体、楼地面开裂的事故屡见不鲜。因此，如何采取有效措施，防止或减轻不均匀沉降的危害，是很重要的一个问题。

消除或减轻不均匀沉降危害的途径通常有：

(1) 采用桩基础或其他深基础。

(2) 进行地基处理。

(3) 根据地基、基础与上部结构共同作用的概念，采取建筑、结构与施工措施。

有时 (2)、(3) 可以同时采用。本节主要介绍第 (3) 方面的内容。

一、建筑措施

1. 建筑物体型应力求简单

建筑物体型包括其平面与立面形状及尺度。平面形状复杂的建筑物，如“L”“T”“—”

"F""工"字形等，在纵横单元交接处的基础密集，地基中附加应力相互重叠，导致该部分的沉降往往大于其他部位。尤其当一些支生的"翼缘"尺度大时，建筑物整体性差，很容易因不均匀沉降引起建筑物墙体的开裂。当建筑物的高低或荷载差异大时，也必然会加大地基的不均匀沉降。因此，在具备发生较大不均匀沉降条件时，建筑物的体型应力求简单。当需要将建筑物设计成体型较复杂时，宜根据其平面、立面形状、荷载差异等情况，在适当部位用沉降缝将其划分成若干刚度较好的独立单元，或者将两者隔开一定距离，两者之间采用能自由沉降的连接体或简支、悬挑结构相连接。

2. 控制建筑物的长高比及合理布置纵横墙

当建筑物的长度与高度之比越大，整体刚度越差，抵抗弯曲变形的能力越弱，容易导致建筑物的开裂。相反，长高比小的建筑物，刚度大，调整不均匀变形的能力就强。根据工程经验，对于砌体承重的房屋，当预估沉降量大于120mm时，对于三层和三层以上的房屋，其长高比宜小于等于2.5，当长高比控制在2.5～3.0范围内时，宜做到纵墙不转折或少转折，并应控制其内横墙间距或增强基础刚度和强度；当预估沉降量小于或等于120mm时，长高比可不受限制。

合理布置纵横墙，使内外墙贯通，减少墙体转折和中断的情况，是增强建筑物刚度的重要措施。另外，门窗洞口或管道洞口如开设过大，就会削弱墙体刚度，可在洞口周圈设置钢筋混凝土边框予以加强。

3. 设置沉降缝

用沉降缝将建筑物由基础到屋顶分割成若干个独立单元，使分割成的每单元体型简单，长高比减小，从而提高建筑物的抗裂能力。建筑物的下列部位宜设置沉降缝：

(1) 建筑物平面的转折处；

(2) 建筑物高度或荷载差异处；

(3) 长高比过大的砌体承重结构或钢筋混凝土框架结构适当部位；

(4) 地基土的压缩性有显著差异处；

(5) 建筑结构或基础类型不同处；

(6) 分期建造房屋的交界处。

沉降缝两侧的地基基础设计和处理是一个难点。如地基土的压缩性明显不同或土层变化处，单纯设缝难以达到预期效果，往往结合地基处理进行设缝。缝两侧基础常通过改变基础类型、交错布置或采取基础后退悬挑作法进行处理。另外，为避免沉降缝两侧单元相向倾斜挤压，要求沉降缝有足够的宽度，可按表10-9确定。

表10-9 建筑物沉降缝宽度

建筑物层数	沉降缝宽度（mm）	建筑物层数	沉降缝宽度（mm）
2～3	50～80	5层以上	≥120
4～5	80～120		

4. 控制相邻建筑物基础间的净距

由于地基中附加应力的扩散作用，使距离近的相邻建筑物间的沉降相互影响。一般既有建筑物容易受相邻新建筑物沉降的影响，对于同时建造的建筑物，轻（低）建筑物受影响程度比重（高）建筑物要严重一些。

为避免引起地基的不均匀沉降造成建筑物的倾斜或裂缝，应控制相邻建筑物基础间的距离，见表10-10。

表10-10　相邻建筑物基础间净距

影响建筑物的预估平均沉降量 s（mm） \ 被影响建筑物的长高比	$2.0\leqslant L/H_f<3.0$	$3.0\leqslant L/H_f<5.0$
70～150	2～3	3～6
160～250	3～6	6～9
260～400	6～9	9～12
>400	9～12	≥12

注　1. 表中 L 为建筑物长度或沉降缝分隔的单元长度（m）；H_f 为自基础底面起算的建筑物高度（m）；
2. 当被影响建筑的长高比为 $1.5<L/H_f<2.0$ 时，其间隔净距离可适当缩小。

对相邻高耸结构或对倾斜要求严格的构筑物外墙间隔距离，应根据倾斜允许值确定。

5. 调整建筑物的标高

建筑物的沉降过大时，将会引起管道破损、雨水倒灌、设备运行受阻等情况，将直接影响建筑物的正常使用。因此，可根据具体情况采取如下措施：

(1) 室内地坪和地下设施的标高，应根据预估沉降量予以提高；建筑物各部分或设备之间有联系时，可将沉降较大者的标高提高；

(2) 建筑物与设备之间，应留有足够的净空。当建筑物有管道穿过时，应预留足够尺寸的孔洞，或采用柔性的管道接头等。

二、结构措施

为减少建筑物沉降和不均匀沉降，可采用下列结构措施：选用轻型结构，减轻墙体自重，采用架空地板代替室内填土；设置地下室或半地下室，采用覆土少、自重轻的基础形式；调整各部分的荷载分布、基础宽度或埋置深度；对不均匀沉降要求严格的建筑物，可选用较小的基底压力。

对于建筑体型复杂、荷载差异较大的框架结构，可采用箱基、桩基、筏基等加强基础整体刚度，减少不均匀沉降。

对于砌体承重结构的房屋，宜采用下列措施增强整体刚度和承载力：

(1) 对于三层和三层以上的房屋，其长高比 L/H_f 宜小于或等于2.5；当房屋的长高比为 $2.5<L/H_f\leqslant3.0$ 时，宜做到纵墙不转折或少转折，并应控制其内横墙间距或增强基础刚度和承载力。当房屋的预估最大沉降量小于或等于120mm时，其长高比可不受限制。

(2) 墙体内宜设置钢筋混凝土圈梁或钢筋砖圈梁。

(3) 在墙体上开洞时，宜在开洞部位配筋或采用构造柱及圈梁加强。

圈梁应按下列要求设置：在多层房屋的基础和顶层处应各设置一道，其他各层可隔层设置，必要时也可逐层设置。单层工业厂房、仓库，可结合基础梁、连系梁、过梁等酌情设置。圈梁应设置在外墙、内纵墙和主要内横墙上，并宜在平面内连成封闭系统。

三、施工措施

在工程建设施工中，合理安排施工顺序，注意某些施工方法，可减小或调整部分不均匀沉降。

(1) 合理安排施工顺序。当建筑物各部分高度或荷载差异大时，应按先高后低，先重后轻的顺序进行施工，并注意高低部分相连接的合适时间，一般可根据沉降观测资料确定。例如，北京五星级长城饭店，塔楼客房为18层，中心阁楼22层，采用两层箱形基础；共享大厅为7层，采用独立柱基。其施工顺序为：先盖高重的客房主楼与阁楼，使地基沉降大部分已产生；后盖轻低的大厅，有效地缩小了两者沉降差。

(2) 注意施工方法。对于高灵敏度的软黏土，基槽开挖施工中，需注意保护持力层不被扰动，通常可在基底标高以上，保留20cm厚的原土层，待基础施工时再予以挖除，可避免基底超挖现象，扰动土的原状结构。如发现坑底软土被扰动，可仔细挖除扰动部分，用砂、碎石压实处理。另外需注意控制加荷速率。

关 键 概 念

建筑物安全等级；无筋扩展基础；扩展基础；基础埋置深度；地基承载力特征值；基础底面尺寸的确定；软弱下卧层；地基特征变形；墙下钢筋混凝土基础；柱下钢筋混凝土基础；筏板基础；箱形基础。

思 考 题

10-1 天然地基浅基础有哪些类型？各有什么特点？各适用于什么条件？

10-2 确定基础埋深时应考虑哪些因素？

10-3 确定地基承载力的方法有哪些？地基承载力的深、宽修正系数与哪些因素有关？

10-4 何谓刚性基础？它与钢筋混凝土基础有何区别？适用条件是什么？构造上有何要求？

10-5 钢筋混凝土柱下独立基础、墙下条形基础构造上有何要求？适用条件是什么？如何计算？

10-6 为什么要进行地基变形验算？地基特征变形有哪些？

10-7 柱下条形基础的适用范围是什么？

10-8 静定分析法与倒梁法分析柱下条形基础纵向内力有何差异，各适用什么条件？

10-9 柱下十字交叉梁基础节点荷载怎样分配，为什么要进行调整？

10-10 何谓筏板基础，适用于什么范围？计算上与前述的柱下独立基础、柱下条形基础有何不同？

10-11 什么是箱形基础，适用于什么条件？与前述的独立基础、条形基础相比有何特点？

10-12 筏板基础、箱形基础有哪些构造要求？如何进行内力及结构计算？

计 算 题

10-1 某砌体承重结构，底层墙厚490mm，在荷载效应的标准组合下，传至±0.000

标高（室内地面）的竖向荷载 $F_k=310kN/m$，室外地面标高为－0.30m，建设地点的标准冻深 1.5m，场地条件如下：天然地面下 4.5m 厚黏土层下为 30m 厚中密稍湿状态的中砂，黏土层的 $e=0.73$，$\gamma=19kN/m^3$，$\omega=28\%$，$\omega_L=39\%$，$w_P=18\%$，$C_k=22kPa$，$\varphi_k=18°$，中砂层的 $\gamma=18kN/m^3$，$\varphi_k=30°$，试设计该基础。

补充条件和要求如下：

(1) 设计成刚性条形基础；

(2) 材料用 C15 混凝土；

(3) 基础底面低于标准冻深线；

(4) 选择地基持力层，确定基础底面宽度并检算地基承载力；

(5) 确定基础各部分尺寸使之满足基础刚性角的要求并绘制剖面草图（砖墙不设置大放脚)。

计算涉及的系数见表 10－11。

表 10－11　计算涉及的系数

内摩擦角标准值 φ_k	M_b	M_d	M_c
18°	0.43	2.72	5.31
30°	1.90	5.59	7.95

10－2　某建筑物的箱形基础宽 8.5m，长 20m，埋深 4m，土层情况见表 10－12，由荷载试验确定的黏土持力层承载力特征值 $f_{ak}=189kPa$，已知地下水位线位于地表下 2m 处。求该黏土持力层深宽修正后的承载力特征值 f_a。

表 10－12　地基土土层分布情况

层次	土类	层底埋深（m）	土工试验结果
1	填土	1.80	$\gamma=17.8kN/m^3$
2	黏土	2.00	$\omega_0=32.0\%$　$\omega_L=37.5\%$　$\omega_P=17.3\%$　$d_s=2.72$　水位以上 $\gamma=18.9kN/m^3$
		7.80	水位以下 $\gamma=19.2kN/m^3$

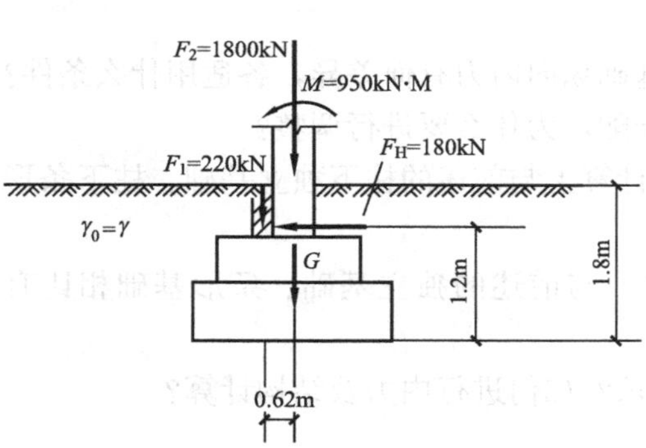

图 10－28　基础埋深及地基条件

10－3　某柱基础，作用在设计地面处的柱荷载设计值，埋深及地基条件如图 10－28 所示。地基土为粉质黏土，$\gamma=18kN/m^3$，$e=0.85$，$f_{ak}=205kPa$，试确定基础底面尺寸。

10－4　已知厂房基础上的荷载如图 10－29 所示，持力层及基底以上地基土为粉质黏土，$\gamma=19kN/m^3$，地基承载力 $f_{ak}=230kPa$，设计矩形基础底面尺寸。

10－5　某柱下锥形基础的底面尺寸为 2200mm×3000mm，上部结构荷载 $F=7500kN$，$M=110kN\cdot m$，柱截面尺寸为 400mm×400mm，如图 10－30 所示，基础采用 C20 混凝土和 Ⅰ

级钢筋。试确定基础高度。

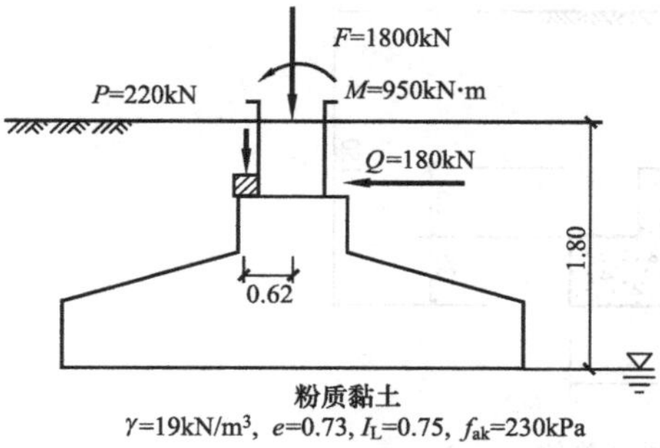

图 10-29 10-6 习题计算图

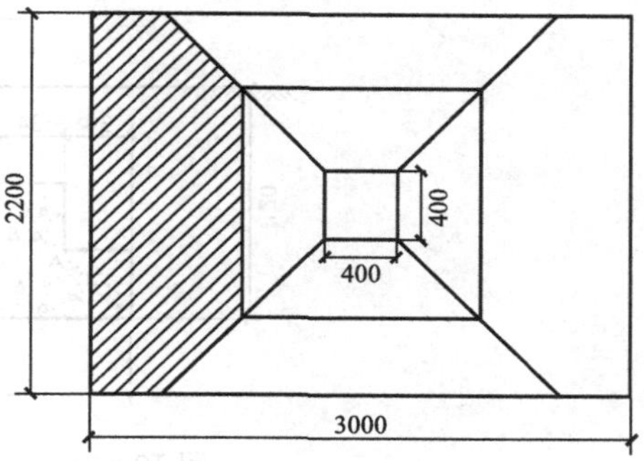

图 10-30 10-5 习题计算图

10-6 拟建场地的地基条件见表 10-13，其中地下水位距地表 0.8m。

表 10-13 拟建场地的地基条件

层序	土名	层底深度 z (m)	天然容重 γ (kN/m³)	黏聚力 c (kPa)	内摩擦角 φ (°)
(1)	填土	0.8	17.5		
(2)	粉土	5.0	18.8	6	24
(3)	淤泥质黏土	10.5	17.2	10	10

(1) 条形基础底宽 2.0m，埋深 2.0m。按《建筑地基基础设计规范》(GB 50007—2011) 确定的基础持力层地基承载力特征值 f_a 最接近下列哪个数值（　　）。

A. 147.8kPa　　B. 218kPa　　C. 323kPa　　D. 105kPa

(2) 经分析决定采用独立基础，埋深仍为 2.0m。载荷试验测得的粉土的地基承载力特征值为 $f_{ak}=226$kPa。上部荷重 $N=1600$kN，$M=400$kN·m，$Q=50$kN。则初步选定柱下独立基础尺寸最接近的数值是（　　）。

A. 3.8m×4.2m　　B. 2.4m×3.2m　　C. 3.6m×3.2m　　D. 2.8m×2.8m

(3) 已知按《建筑地基基础设计规范》(GB 50007—2011) 查得粉土层 $\eta_b=0.3$，$\eta_d=1.6$。试进行持力层承载力的验算。

(4) 若淤泥质黏土层 $f_{ak}=70$kPa，$\eta_b=0$，$\eta_d=1.1$，$\theta=23°$，试验算软弱下卧层的承载力。

计算题参考答案

10-1 基础的结构图如图 10-31 所示

10-2 273.4kPa

10-3 取 $l=2.7$m，$b=5.4$m 以上可满足要求

10-4 基础采用 5.2m×2.6m 底面尺寸以上比较合适

10-5 基础高度选为 $h=500$mm 满足要求

10-6 (1) A；(2) C；(3) $p=178.9$，$p_{max}=250.4$，$f_a=256$；(4) $\sigma_z+\sigma_{cz}=50.3+51=101.3$，$f_{az}=115.9$kPa

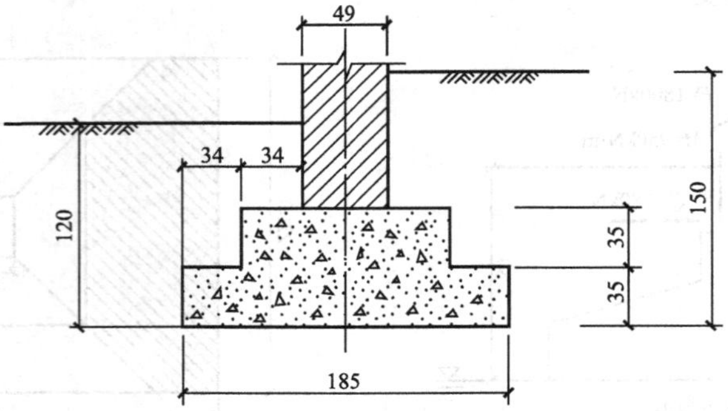

图 10 - 31 基础的结构图（单位：cm）

第十一章　桩基础设计及其他深基础

本章提要与学习目标

本章主要介绍在工程建设中应用极为广泛的桩基础，首先介绍了桩基础方案的选择、桩基础设计的主要内容、桩基的安全等级，按不同分类方法讲述桩的类型及工程特性，其次重点介绍单桩、群桩在荷载作用下的工作性状和承载力确定方法，然后介绍桩基础的设计内容及验算，最后简要介绍了墩基础和沉井基础的相关知识。

本章要求学生掌握单桩、群桩在竖向荷载作用下承载力的确定方法和计算公式，了解现行规范中规定的相关内容；熟悉单桩水平荷载作用下承载力的确定和桩基础设计方法；了解墩基础和沉井基础的基本概念与相关内容。

第一节　概　　述

桩基础是通过承台把若干根单桩连接成为整体，共同承受动静荷载的一种深基础。

桩基础是最古老的基础形式之一。有关文献资料表明，在人类有历史记载以前，就已经在地基土条件不良的河谷及洪积地区采用桩基础来建造房屋，在许多不同文化时期的初期，都可以找到桩基础的房屋。我国最早的木桩基础距今大约有7000多年。桩基础用于桥梁的历史也极为悠久。

一、桩基础方案的选择

桩基础通常作为荷载较大的结构（建筑）物的基础，具有承载力高、稳定性好、沉降量小而均匀、便于机械化施工、适应性强等特点。对下述情况，一般可考虑选用桩基础方案：

(1) 地基上层土的土质太差而下层土的土质较好；或地基土软硬不均；或荷载不均，不能满足上部结构对不均匀变形限制的要求。

(2) 地基软弱或地基土性特殊，例如存在较深厚的软土、可液化土层、自重湿陷性黄土、膨胀土及季节性冻土等，采用地基改良和加固措施不合适时。

(3) 除承受较大竖向荷载外，尚有较大的偏心荷载、水平荷载、动力或周期性荷载等的作用。

(4) 上部结构对基础的不均匀沉降相当敏感；或建筑物受到大面积地面超载的影响。

(5) 地下水位很高，采用其他基础型式施工困难；或位于水中的构筑物基础，例如桥梁、码头、采油平台等。

(6) 需要长期保存，具有重要历史意义的建筑物。

通常，当软弱土层很厚，桩端达不到良好地层时，桩基设计时应考虑基础沉降问题。目前，桩基设计思想正在由过去单纯的承载力控制向承载力和变形双控制过渡，按地基容许沉降量大小设计桩基的思想正在逐步得到推广。

二、桩基设计的主要内容

桩基设计的主要内容。

1. 桩基形式的合理选择

桩基形式选择合理与否，对高层建筑的安全、功能与造价影响很大。桩基形式的选择，应考虑以下几个方面：

(1) 地质条件；

(2) 建筑的体型与结构特点；

(3) 建筑功能对地下空间利用的方式。

2. 持力层与桩长的合理选择

持力层的选择应考虑下列因素：

(1) 能提供足够大的单桩承载力；

(2) 保证建筑物不产生过大的沉降与差异沉降；

(3) 考虑桩基造价；

(4) 考虑桩基施工技术的可能性。

3. 桩的合理布置

在桩数相同的情况下，在不同布桩方式下，桩基的承载力与所发挥的作用是不一样的。

4. 桩基的水平承载能力

高层建筑基底水平剪力和倾覆力矩，主要由地震和风所引起，一般地，地震作用为控制因素。地震引起的基底水平剪力一般不超过高层建筑总重的5%，但仍相当可观。因高层建筑上部结构的重心远高于基础底面，因此还会引起很大的倾覆力矩，在地震区这些作用都必须加以考虑。对高层建筑，地震作用往往成为设计中的控制因素。但在沿海地区，由于海洋风暴的侵扰，风的影响可能甚于地震。对超高层建筑，风引起的基底水平剪力和倾覆力矩可能接近甚至远超过地震引起的结果，成为设计中的控制因素。因此，高层建筑桩基础，必须有足够的抵御水平荷载和倾覆力矩的能力。

5. 桩基施工和使用对周围环境的影响

必须考虑技术与经济的合理性。

三、建筑桩基的安全等级

根据建筑物因桩基损坏造成后果（危及人的生命、造成经济损失、产生社会影响）的严重性，建筑桩基的安全等级采用三级划分，如表11-1所示。

表11-1 建筑桩基安全等级与重要性系数

安全等级	破坏后果	建筑物类型	重要性系数 γ_0
一级	很严重	重要的工业与民用建筑；对桩基变形有	1.1 (1.2)
二级	严重	特殊要求的工业建筑	1.0 (1.1)
三级	不严重	一般的工业与民用建筑次要的建筑	0.9 (1.0)

注 表中括号中数值为柱下单桩基础采用。

对于20层以上的高层建筑，其总高度（从地面起算）将超过60m，桩基允许倾斜值为2.5‰，建筑物顶端的倾斜位移值允许值不超过15cm，此时，尚不致对人们心理产生不良影响，电梯也能保持运转。若倾斜超过该项限值，则会造成人们心理上的恐惧，电梯不能正常运转。因此，对于20层以上的高层建筑应列入重要建筑物。对于有纪念意义的或供群众性集会的民用建筑、经济意义重大的工业建筑也应列入重要建筑物。

四、桩基计算的荷载效应组合

根据《建筑桩基技术规范》(JGJ 94—2008) 进行设计时：

(1) 桩基承载能力极限状态的计算采用作用效应的基本组合和地震作用效应组合。

(2) 当进行桩基的抗震承载能力计算时，荷载设计值和地震作用设计值应符合《建筑抗震设计规范》(GB 50011—2010) 的规定。

(3) 按正常使用极限状态验算桩基沉降时采用荷载的长期效应组合。

(4) 验算桩基的水平变位、抗裂、裂缝宽度时，根据使用要求和裂缝控制等级，分别采用作用效应的短期效应组合。

根据《建筑地基基础设计规范》(GB 50007—2011) 进行设计时：

(1) 按单桩承载力确定桩数时，传至承台底面上的荷载效应按正常使用极限状态下荷载效应的标准组合；相应的抗力采用单桩承载力特征值。

(2) 计算地基变形时，传至承台底面上的荷载效应按正常使用极限状态下荷载效应的准永久组合；相应的限值为地基变形允许值。

(3) 确定桩承台高度、配筋和验算桩身材料强度时，上部结构传来的荷载效应组合按承载能力极限状态下荷载效应的基本组合，采用相应的分项系数。

(4) 验算桩台或桩身的裂缝宽度时，按正常使用极限状态下荷载效应的标准组合。

第二节　桩　的　类　型

桩是设置于土中的柱状构件。桩与连接桩顶的承台组成深基础，简称桩基。桩的作用是将上部结构的荷载通过桩身传递到深部较坚硬的、压缩性较小的土层或岩层上。

桩的类型，根据不同目的可以有不同的分类方法。

一、根据成桩方法对土层影响划分桩的类型

不同成桩方法对桩周围土层的扰动程度不同，将影响到桩承载力的发挥和计算参数的选用。一般可分为挤土桩、部分挤土桩和非挤土桩三种类型。

1. 挤土桩

挤土桩也称为排土桩，在成桩过程中，桩周围的土被压密或挤开，因而使周围土层受到严重扰动，土的原始结构遭到破坏，土的工程性质有很大改变（与原始状态相比）。这类桩主要有打入或压入的预制木桩和混凝土桩，打入的封底钢管桩和混凝土管桩，以及沉管式就地灌注桩等。

2. 部分挤土桩

部分挤土桩也称为少量排土桩，在成桩过程中，桩周围的土受到相对较少的扰动，土的原状结构和工程性质的变化不明显。这类桩主要有打入小截面的 I 型和 H 型钢桩、钢板桩，开口式的钢管桩（管内土挖除）和螺旋桩等。

3. 非挤土桩

非挤土桩也称为非排土桩，在成桩过程中，将与桩体积相同的土挖出，因而桩周围的土受到较轻的扰动，但有应力松弛现象。这类桩主要有各种形式的挖孔或钻孔桩、井筒管桩和预钻孔埋桩等。

二、根据桩体材料划分桩的类型

根据桩体的材料，可分为天然材料桩、混凝土桩、钢桩、水泥土桩、砂浆桩、特种（改

良）型桩。

1. 天然材料桩

按桩的制作方式，天然材料桩可分为预制桩和现场灌注桩，包括石桩、砂桩、石灰桩、木桩、竹桩和碎石桩。这类桩大多用于地基处理，形成复合地基。

2. 混凝土桩

混凝土桩是当前使用最广泛的桩，可分为预制混凝土桩、现场灌注混凝土桩和预制—灌注组合混凝土桩三种类型。

预制混凝土桩多为钢筋混凝土桩，可以在预制工厂生产，也可以在场地附近预制。桩的截面形状有方形、圆形、管形、三角形和T形、H形、I形等异形截面。为减少钢筋混凝土桩的钢筋用量和桩身裂缝，又发展了预应力钢筋混凝土桩。

3. 钢桩

钢桩一般为预制桩，包括型钢和钢管两大类，主要有钢管桩、钢板桩和H形钢桩。

4. 水泥土桩

水泥土桩采用现场搅拌成桩，用于地基处理，形成复合地基，包括深层粉体喷射搅拌桩、深层水泥搅拌桩、旋喷桩和加筋水泥搅拌桩。

三、按桩的承载性状和使用功能划分桩的类型

按桩的使用功能，可分为竖向抗压桩、侧向受荷桩、竖向抗拔桩和复合受荷桩。

1. 竖向抗压的桩

一般的建筑工程桩基，在正常工作条件下，主要承受从上部结构传下来的竖向荷载。竖向抗压桩从桩的荷载传递机理来看，又可划分为摩擦型桩和端承型桩两大类。

摩擦型桩是指在竖向荷载作用下，桩顶荷载全部或主要由桩侧摩阻力承担的桩。根据桩侧摩阻力分担荷载的比例，摩擦型桩又可分为摩擦桩和端承摩擦桩两类。摩擦桩是指桩顶荷载绝大部分由桩侧阻力承担、桩端阻力可忽略不计的桩。端承摩擦桩是指桩顶荷载由桩侧摩阻力和桩端阻力共同承担，但桩侧摩阻力分担荷载比较大的桩。

端承型桩是指在竖向荷载作用下，桩顶荷载全部或主要由桩端阻力承担，桩侧摩阻力相对于桩端阻力可忽略不计的桩。根据桩端阻力分担荷载的比例，端承型桩又可分为端承桩和摩擦端承桩两类。端承桩指桩顶荷载绝大部分由桩端阻力承担，桩侧摩阻力可忽略不计的桩。摩擦端承桩是指桩顶荷载由桩端阻力和桩侧摩阻力共同承担，但桩端阻力分担荷载比较大的桩。

2. 侧向受荷桩

港口码头工程中的桩、基坑工程中的桩等，都是主要承受作用在桩上的侧向荷载。

3. 抗拔桩

抗拔桩是指主要抵抗拉拔荷载的桩，如抗浮桩、板桩墙后的锚桩等。拉拔荷载依靠桩侧摩阻力来承担。

4. 复合受荷桩

在桥梁工程中，桩除了要承担较大的竖向荷载外，往往由于波浪、风、地震、船舶的撞击以及车辆荷载的制动等使桩承受较大的侧向荷载，从而导致桩的受力条件更为复杂，尤其是大跨度桥梁更是如此。

四、按成桩方法划分桩的类型

随着科学技术和施工机械的发展，不断出现一些新的成桩方法和施工工艺。按成桩方法划分桩的类型如图 11－1 所示。

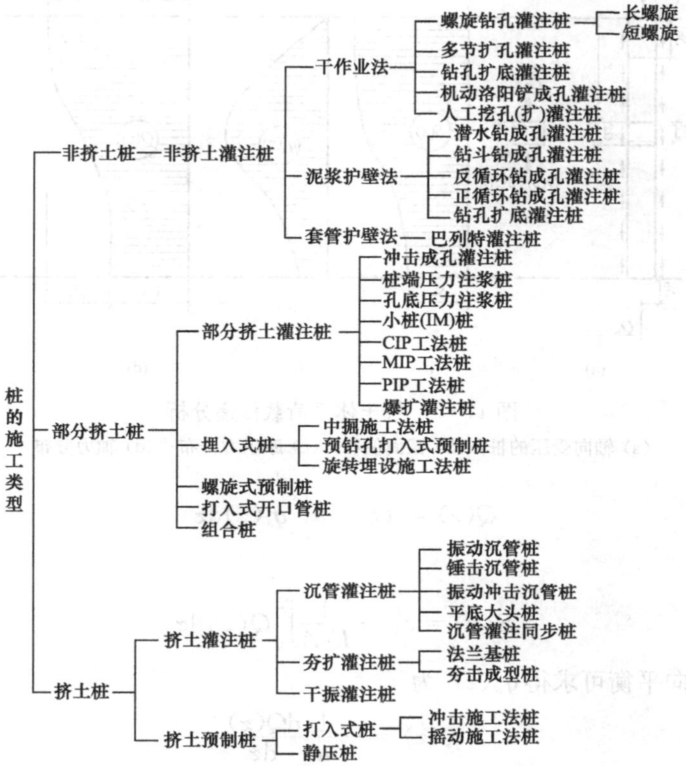

图 11－1　按成桩方法划分桩的类型

第三节　单桩竖向承载力的确定

孤立的一根桩称为单桩，群桩中的一根桩称为基桩，群桩中考虑群桩效应的一根桩称为复合基桩。单桩工作性能的研究是桩基承载力和沉降分析的理论基础。在确定单桩竖向承载力之前，有必要了解竖向荷载是如何通过桩—土相互作用传递给地基的。

一、竖向荷载下单桩的荷载传递

桩的荷载传递机理研究揭示的是桩—土之间力的传递与变形协调的规律，因而它是桩的承载力机理和桩—土共同作用分析的重要理论依据。

桩侧阻力与桩端阻力的发挥过程就是桩—土体系荷载的传递过程。如图 11－2（a）所示的单桩在桩顶承受竖向荷载 Q 后，桩身将压缩并产生向下的位移。由于桩身与桩周土的相互作用，桩身将带动桩侧土体产生向下的剪切变形，桩周土体将对桩身产生向上的摩阻力，同时将桩身荷载传递到桩周土层中去。桩身的轴力与压缩变形随深度而逐渐递减。随着桩顶荷载的增加，桩端将出现竖向位移和桩端反力。桩端的位移加大了桩身各截面的位移，并促使桩侧阻力进一步发挥。一般来说，靠近桩身上部土层的侧阻力先于下部土层发挥，而侧阻力先于端阻力发挥出来。

由图 11－2 看出，任一深度 z 桩身截面的荷载为

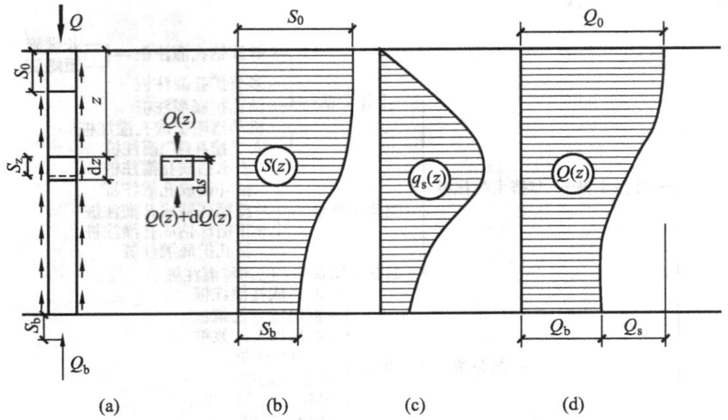

图 11-2　桩土体系荷载传递分析

(a) 轴向受压的桩；(b) 截面位移；(c) 摩阻力分布；(d) 轴力分布

$$Q(z) = Q_0 - u\int_0^z q_s(z)\mathrm{d}z \tag{11-1}$$

竖向位移为

$$S(z) = S_0 - \frac{1}{E_P A}\int_0^Z Q(z)\mathrm{d}z \tag{11-2}$$

由微分段 dz 的竖向平衡可求得 $q_s(z)$ 为

$$q_s(z) = -\frac{1}{u}\frac{\mathrm{d}Q(z)}{\mathrm{d}z} \tag{11-3}$$

微分段 dz 的压缩量为

$$\mathrm{d}S(z) = \frac{Q(z)}{E_P A}\mathrm{d}z \tag{11-4}$$

由式（11-3）和式（11-4）得

$$q_s(z) = -\frac{E_P A}{u}\frac{\mathrm{d}^2 S(z)}{\mathrm{d}z^2} \tag{11-5}$$

式中　A——桩身截面积；

E_P——桩身弹性模量；

u——桩身周长。

式（11-5）就是桩土体系荷载传递分析计算的基本微分方程。通过在桩身埋设应力或位移测试元件，即可求得轴力和侧阻力沿桩身的变化曲线。

根据力的竖向平衡，有

$$Q = Q_s + Q_p \tag{11-6}$$

式中　Q_s——桩侧总摩阻力；

Q_p——桩端总阻力。

根据 Q_s/Q 和 Q_p/Q 的大小，定性地将桩分为摩擦桩（Q_s/Q 大致在 0.8 以上）、端承摩擦桩（Q_s/Q 大致在 0.6～0.75）、端承桩（Q_p/Q 大致在 0.8 以上）和摩擦端承桩（Q_p/Q 大致在 0.6～0.75）。桩侧阻力与桩端阻力相对大小与桩径、桩长、桩身的压缩性、桩间距，以及桩侧土体性状、桩端土体性状、成桩方式、荷载水平等因素有关，其中任何一个因素的

变化都将影响 Q_s/Q 和 Q_p/Q 的大小，进而会影响桩类的判断。

试验研究与理论分析表明，桩的荷载传递的一般规律如下：

(1) 桩端土与桩侧土的模量比 E_b/E_s 愈小，桩身轴力沿深度衰减愈快，即传递到桩端的荷载愈小。

(2) 随桩土刚度比 E_b/E_s（桩身刚度与桩侧土刚度之比）的增大，传递到桩端的荷载增加；但当 $E_p/E_s \geqslant 1000$ 后，Q_p/Q 的变化不明显。

(3) 随桩的长径比 l/d（l 为桩长，d 为桩径）增大，传递到桩端的荷载减小，桩身下侧阻发挥值相应降低；当 $l/d \geqslant 40$ 时，在均匀土层中，Q_p/Q 趋于零；当 $l/d \geqslant 100$ 时，不论桩端土刚度多大，其 Q_p/Q 值小到可忽略不计。

(4) 既使对于长径比 $l/d > 15 \sim 20$ 的嵌岩桩，也属于摩擦型桩，其桩端总阻力也较小。

(5) 扩大桩端面积，桩端传递荷载的比率 Q_p/Q 增大。

二、桩侧负摩阻力问题

1. 产生桩侧负摩阻力的条件

当土体相对于桩身向下位移时，土体不仅不能起扩散桩身轴向力的作用，反而会产生下拉的摩阻力，使桩身的轴力增大，如图 11－3所示。该下拉的摩阻力称为负摩阻力。负摩阻力的存在，增大了桩身荷载和桩基的沉降。

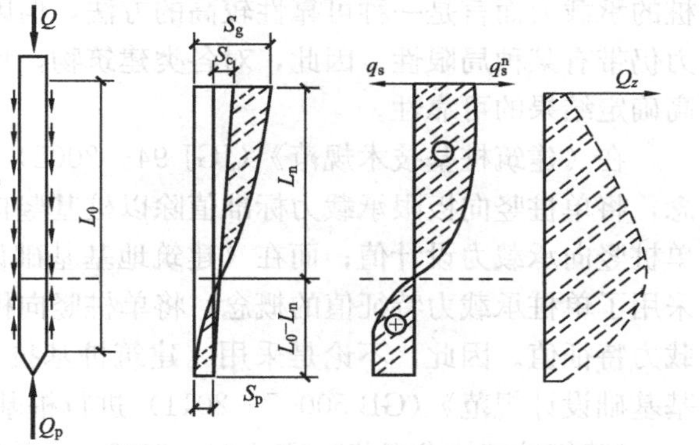

图 11－3　桩的负摩阻力中性点示意图

S_g—地表沉降量；S_p—桩端沉降量；

L_0—压缩土层厚度；L_n—中性点深度；

S_c—桩顶沉降量；$Q(z)$—桩身轴向力

产生负摩阻力的条件，可归纳为三类情况：第一类情况为桩周土在自重作用下固结沉降或浸水导致土体结构破坏、强度降低而下沉（湿陷），例如桩穿越较厚松散填土、自重湿陷性黄土、欠固结土层或进入相对较硬土层等；第二类情况为外界荷载作用导致桩周土固结沉降，如桩周存在软弱土层，邻近桩侧地面承受局部较大的长期荷载或大面积地面堆载（包括填土）等；第三类情况为因降水导致桩周土中有效应力增大而固结；第四类情况是软土地区由密集桩群施工造成的土隆起和随后的再固结，也会产生桩侧负摩阻力。

负摩阻力对于桩基承载力和沉降的影响随桩侧阻力与桩端阻力分担荷载比、建筑物各桩基周围土层沉降的均匀性、建筑物对不均匀沉降的敏感程度而定，因此，对于考虑负摩阻力验算承载力和沉降也应有所区别。

2. 桩侧负摩阻力的分布

中性点是指桩截面位移与土层竖向位移相等的点。

中性点位置：当桩周主要为产生固结的土层时，多为桩长的 70%～75%（靠下方）处；桩支承在基岩上，中性点接近基岩面。

桩侧负摩阻力的分布规律是：中性点之上出现负摩阻力；中性点之下出现正摩阻力。中性点处桩身轴力最大。

3. 考虑桩侧负摩阻力的桩基承载力和沉降问题

对于摩擦型桩基，当出现负摩阻力对桩体施加下拉荷载时，由于持力层压缩性较大，随之引起沉降。桩基沉降一出现，土对桩的相对位移便减小，负摩阻力便降低，直至转化为零。因此，一般情况下对摩擦型桩基，可近似视（理论）中性点以上侧阻力为零计算桩基承载力。对于端承型桩基，由于其桩端持力层较坚硬，受负摩阻力引起下拉荷载后不致产生沉降或沉降较小，此时负摩阻力将长期作用于桩身中性点以上侧表面。因此，应计算中性点以上负摩阻力形成的下拉荷载 Q_n，并以下拉荷载作为外荷载的一部分验算其承载力。

三、竖向荷载下单桩承载力的确定方法

（一）单桩竖向承载力的概念和确定原则

单桩竖向承载力是指单桩在竖向荷载作用下，地基土和桩自身强度和稳定性均能得到保证，变形也在容许范围内的情况下，并且能够保证结构物正常使用时单桩所能承受的最大竖向荷载。静载试验方法是确定单桩竖向承载力最可靠的方法，但由于单桩静载试验的费用、时间、人力消耗都较高，大量推广应用是不现实的。因此，应根据建筑物的重要性选择确定单桩承载力的方法，在可靠性与经济性之间选择合理的平衡。虽然单桩静载试验就评价试验桩的承载力而言是一种可靠性较高的方法，但因试桩数量很少，评价整栋建筑物桩基的承载力仍带有某种局限性。因此，对各类建筑物，均应采用多种方法综合分析确定承载力，以提高确定结果的可靠性。

在《建筑桩基技术规范》(JGJ 94—2008) 中，桩基设计采用了单桩承载力设计值的概念，将单桩竖向极限承载力标准值除以桩基竖向承载力抗力分项系数（1.6～1.75）定义为单桩竖向承载力设计值；而在《建筑地基基础设计规范》(GB 50007—2011) 中，桩基设计采用了单桩承载力特征值的概念，将单桩竖向极限承载力除以安全系数 2 定义为单桩竖向承载力特征值。因此，不论是采用《建筑桩基技术规范》(JGJ 94—2008) 还是采用《建筑地基基础设计规范》(GB 50007—2011) 进行桩基设计，均应确定单桩竖向极限承载力。

《建筑桩基技术规范》(JGJ 94—2008) 对单桩竖向极限承载力标准值 Q_{uk} 的确定规定如下：

(1) 一级建筑桩基应采用现场静荷载试验，并结合静力触探、标准贯入等原位测试方法综合确定；

(2) 二级建筑桩基应根据静力触探、标准贯入、经验参数等估算，并参照地质条件相同的试桩资料，综合确定。当缺乏可参照的试桩资料或地质条件复杂时，仍应由现场静载试验确定；

(3) 对三级建筑桩基，如无原位测试资料时，可利用承载力经验参数估算。

上述规定明确了静载试验是确定单桩竖向承载力的基本标准，其他方法是静载试验的补充。

《建筑地基基础设计规范》(GB 50007—2011) 对单桩竖向承载力特征值 R_a 的确定规定如下：

(1) 单桩竖向承载力特征值应通过单桩竖向静荷载试验确定。在同一条件下的试桩数量，不宜小于总桩数的 1%，且不应小于 3 根。

当桩端持力层为密实砂卵石或其他承载力类似的土层时，对单桩承载力很高的大直径端承型桩，可采用深层平板载荷试验确定桩端土的承载力特征值。

(2) 地基基础设计等级为丙级的建筑物，可采用静力触探及标贯试验参数结合工程经验确定单桩竖向承载力特征值 R_a。

(3) 初步设计时单桩竖向承载力特征值 R_a 可按下式估算

$$R = q_{pa}A_p + u_p \sum q_{sia} l_i \tag{11-7}$$

式中　q_{pa}、q_{sia}——桩端阻力、桩侧阻力特征值，由当地静载荷试验结果统计分析算得；

A_p——桩底端横截面面积；

u_p——桩身周边长度；

l_i——第 i 层岩土的厚度。

当桩端嵌入完整及较完整的硬质岩中时，可按下式估算单桩竖向承载力特征值 R_a：

$$R_a = q_{pa}A_p \tag{11-8}$$

式中　q_{pa}——桩端岩石承载力特征值。

同时，还规定桩身混凝土强度应满足桩的承载力设计要求。

（二）单桩竖向极限承载力的确定方法

下面根据《建筑桩基技术规范》（JGJ 94—2008）介绍单桩竖向极限承载力标准值的确定方法。

1. 按静载试验确定单桩极限承载力标准值

单桩竖向静载试验是评价单桩承载力方法中可靠性最高的一种。该试验除可用于测定各种情况下的单桩承载力以外，也可以对施工后的工程桩进行检测。尤其是重要建筑物或者地质条件复杂、桩的施工质量可靠性低及不易准确地用其他方法确定单桩承载力的情况。规范要求，采用现场静荷载试验确定单桩竖向极限承载力标准值时，在同一条件下的试桩数量不宜少于总桩数的 1%，且不应少于 3 根，工程桩总数在 5 根以内时不应少于 2 根。图 11－4 为工程中常用的两种单桩竖向静载荷试验的装置示意图。千斤顶向下加载必须有足够的反力，可以用图 11－4（b）的堆载或 11－4（a）的锚桩来提供。试验时在桩顶用千斤顶逐级加载，记录变形稳定时每级荷载下桩顶的沉降量 s，直至桩失稳为止。由试验结果绘制出的荷载 Q 与桩顶的沉降量 s 曲线如图 11－5 所示。

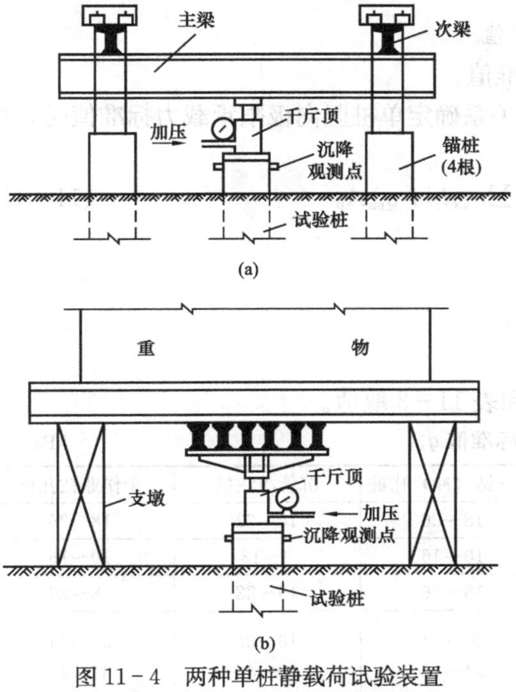

图 11－4　两种单桩静载荷试验装置

(a) 锚桩横梁反力装置；(b) 压重平台反力装置

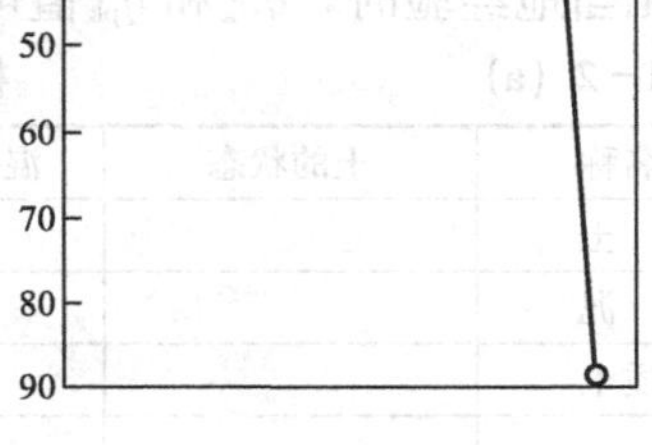

图 11－5　单桩试验的 Q—s 曲线

考虑到近年来大直径桩及长桩的普遍应用及受力特性，对单桩静载试验结果的极限承载力取值方法，作如下规定：

(1) 根据沉降随荷载的变化特征确定极限承载力：对于陡降型 Q—s 曲线取为发生明显陡降的起始点。

(2) 根据沉降量确定极限承载力：对于缓变形 Q—s 曲线一般可取 $s=40\sim60$mm 对应的荷载；对于大直径桩可取 $s=(0.03\sim0.06)D$(D 为桩端直径，大桩径取低值，小桩径取高值）所对应的荷载值；对于细长桩（$L/d>80$）可取 $s=60\sim80$mm 对应的荷载。

(3) 根据沉降随时间的变化特征确定极限承载力：取 s—lg$t$ 曲线尾部出现明显向下弯曲的前一级荷载值。

当确定了各根试桩的极限承载力后，可按《建筑桩基技术规范》(JGJ 94—2008) 附录C 的方法确定单桩极限承载力标准值。

2. 按静力触探方法确定单桩极限承载力标准值

根据双桥探头静力触探资料确定混凝土预制单桩竖向极限承载力标准值时，对于黏性土、粉土和砂土，如无当地经验时，可按下式计算

$$Q_{uk}=u\sum\beta_i f_{si}l_i+\alpha q_c A_p \tag{11-9}$$

黏性土、粉土
$$\beta_i=10.44(f_{si})^{-0.55} \tag{11-10}$$

砂土
$$\beta_i=5.05(f_{si})^{-0.45} \tag{11-11}$$

式中 f_{si}——第 i 层土的探头平均侧阻力；

q_c——桩端平面以上 $4d$、以下 $1d$ 范围内的探头阻力平均值；

α——桩端阻力修正系数，对黏性土、粉土取 2/3，对饱和砂土取 1/2；

β_i——第 i 层土桩侧阻力综合修正系数。

3. 按土的物理指标确定单桩极限承载力标准值

(1) 一般钢筋混凝土桩的单桩极限承载力标准值。

根据土的物理指标与承载力参数之间的经验关系确定单桩竖向极限承载力标准值时，可按下式计算

$$Q_{uk}=Q_{sk}+Q_{pk}=u\sum q_{sik}l_i+q_{pk}A_p \tag{11-12}$$

式中 Q_{sk}——单桩总极限侧阻力标准值；

Q_{pk}——单桩总极限端阻力标准值；

q_{sik}——桩侧第 i 层土的极限侧阻力标准值；

q_{pk}——极限端阻力标准值。

如无当地经验时，q_{sik} 和 q_{pk} 值可按表 11-2 和表 11-3 取值。

表 11-2 (a)　　桩的极限侧阻力标准值 q_{sik}　　kPa

土的名称	土的状态	混凝土预制桩	水下钻（冲）孔桩	沉管灌注桩	干作业钻孔桩
填　土		20～28	18～26	15～22	18～26
淤　泥		11～17	10～16	9～13	10～16
淤泥质土		20～28	18～26	15～22	18～26
黏　土	$I_L>1$	21～36	20～34	16～28	20～34
	$0.75<I_L\leqslant1.0$	36～50	34～48	28～40	34～48
	$0.50<I_L\leqslant0.75$	50～66	48～64	40～52	48～62
	$0.25<I_L\leqslant0.50$	66～82	64～78	52～63	62～76
	$0<I_L\leqslant0.25$	82～91	78～88	63～72	76～86
	$I_L\leqslant0$	91～101	88～98	72～80	86～96

续表

土的名称	土的状态	混凝土预制桩	水下钻（冲）孔桩	沉管灌注桩	干作业钻孔桩
红黏土	$0.7<\alpha_w\leqslant 1$ $0.5<\alpha_w\leqslant 0.7$	13～32 32～74	12～30 30～70	10～25 25～68	12～30 30～70
粉土	$e>0.9$ $0.75\leqslant e\leqslant 0.9$ $e<0.75$	22～24 42～64 64～85	22～40 40～60 60～80	16～32 32～50 50～67	20～40 40～60 60～80
粉细砂	稍密 中密 密实	22～42 42～63 63～85	22～40 40～60 60～80	16～32 32～50 50～67	20～40 40～60 60～80
中砂	中密 密实	54～74 74～95	50～72 72～90	42～58 58～75	50～70 70～90
粗砂	中密 密实	74～95 95～116	74～95 95～116	58～75 75～92	70～90 90～110
砾砂	中密、密实	116～138	116～135	92～110	110～130

注 1. 对于尚未完成自重固结的填土和以生活垃圾为主的杂填土，不计算其侧阻力；

2. 含水比 $\alpha_w=\omega/\omega_L$；

3. 对于预制桩，根据土层埋深 h，将 q_{sik} 乘以表 11－2（b）的修正系数。

表 11－2（b） 预制桩 q_{sik} 值的土层埋深修正系数

土层埋深（m）	≤5	10	20	≥30
修正系数	0.8	1.0	1.1	1.2

（2）大直径桩的单桩极限承载力标准值。

大直径桩（$d\geqslant$800mm）施工质量较易控制，尤其是人工挖孔桩更如此。由于通常大直径桩置于较好持力层，又常用扩底。单桩静载荷试验的 Q—S 曲线一般呈缓变形。《建筑桩基技术规范》依据 40 根大直径桩试桩资料，实测允许承载力取为按 $S=15$mm 和 $S=0.01D$（D 为桩端直径）的两种方法的试验允许承载力的平均值；由于侧阻力所占比重不大，故其极限端阻力取为实测允许端阻力的 2 倍，据此规定大直径桩单桩竖向极限承载力标准值按下式计算

$$Q_{uk}=Q_{sk}+Q_{pk}=U\sum\psi_{si}q_{sik}l_i+\psi_p q_{pk}A_p \tag{11-13}$$

式中 q_{sik}——桩侧第 i 层土的极限侧阻力标准值，如无当地经验，可按表 11－2 取值，对于扩底桩变截面以下不计侧阻力；

q_{pk}——桩径 800mm 的极限端阻力标准值，可采用深层载荷板试验确定；当不能进行深层载荷板试验时，可采用当地经验值或按表 11－3 取值；对于干作业（清底干净）桩可按表 11－4 取值；

ψ_{si} 和 ψ_p——大直径桩侧阻、端阻尺寸效应系数，按表 11－5 取值。

表 11－3 桩的极限端阻力标准值 q_{pk} kPa

土的名称	土的状态	预制桩入土深度（m）				水下钻（冲）孔桩入土深度（m）			
		$h\leqslant 9$	$9<h\leqslant 16$	$16<h\leqslant 30$	$h>30$	5	10	15	$h>30$
黏性土	$0.75<I_L\leqslant 1.0$	210～840	630～1300	1100～1700	1300～1900	100～150	150～250	250～300	300～450

续表

土的名称	土的状态	预制桩入土深度（m）				水下钻（冲）孔桩入土深度（m）			
		$h\leqslant9$	$9<h\leqslant16$	$16<h\leqslant30$	$h>30$	5	10	15	$h>30$
黏性土	$0.50<I_L\leqslant0.75$	840～1700	1500～2100	1900～2500	2300～3200	200～300	350～450	450～550	550～750
	$0.25<I_L\leqslant0.50$	1500～2300	2300～3000	2700～3600	3600～4400	400～500	700～800	800～900	900～1000
	$0<I_L\leqslant0.25$	2500～3800	3800～5100	5100～5900	5900～6800	750～850	1000～1200	1200～1400	1400～1600
粉土	$0.75<e\leqslant0.9$	840～1700	1300～2100	1900～2700	2500～3400	250～350	300～500	450～650	650～850
	$e\leqslant0.75$	1500～2300	2100～3000	2700～3600	3600～4400	550～800	650～900	750～1000	850～1000
粉砂	稍密	800～1600	1500～2100	1900～2500	2100～3000	200～400	350～500	450～600	600～700
	中密、密实	1400～2200	2100～3000	3000～3800	3800～4600	400～500	700～800	800～900	900～1100
细砂	中密、密实	2500～3800	3600～4800	4400～5700	5300～6500	550～650	900～1000	1000～1200	1200～1500
中砂		3600～5100	5100～6300	6300～7200	7000～8000	850～950	1300～1400	1600～1700	1700～1900
粗砂		5700～7400	7400～8400	8400～9500	9500～10300	1400～1500	2000～2200	2300～2400	2300～2500
砾砂	中密、密实	6300～10500				1500～2500			
角砾、圆砾		7400～11600				1800～2800			
碎石、卵石		8400～12700				2000～3000			

土的名称	土的状态	沉管灌注桩入土深度（m）				干作业钻孔桩入土深度（m）		
		5	10	15	>15	5	10	15
黏性土	$0.75<I_L\leqslant1.0$	400～600	600～750	750～1000	1000～1400	200～400	400～700	700～900
	$0.50<I_L\leqslant0.75$	670～1100	1200～1500	1500～1800	1800～2000	420～630	740～950	950～1200
	$0.25<I_L\leqslant0.50$	1300～2200	2300～2700	2700～3000	3000～3500	850～1100	1500～1700	1700～1900
	$0<I_L\leqslant0.25$	2500～2900	3500～3900	4000～4500	4200～5000	1600～1800	2200～2400	2600～2800
粉土	$0.75<e\leqslant0.9$	1200～1600	1600～1800	1800～2100	2100～2600	600～1000	1000～1400	1400～1600
	$e\leqslant0.75$	1800～2200	2200～2500	2500～3000	3000～3500	1200～1700	1400～1900	1600～2100
粉砂	稍密	800～1300	1300～1800	1800～2000	2000～2400	500～900	1000～1400	1500～1700
	中密、密实	1300～1700	1800～2400	2400～2800	2800～3600	850～1000	1500～1700	1700～1900
细砂	中密、密实	1800～2200	3000～3400	3500～3900	4000～4900	1200～1400	1900～2100	2200～2400
中砂		2800～3200	4400～5000	5200～5500	5500～7000	1800～2000	2800～3000	3300～3500
粗砂		4500～5000	6700～7200	7700～8200	8400～9000	2900～3200	4200～4600	4900～5200
砾砂	中密、密实	5000～8400				3200～5300		
角砾、圆砾		5900～9200						
碎石、卵石		6700～10000						

表 11-4　干作业（清底干净，$D=0.8m$）极限端阻力 q_{pk} 值　kPa

土名称		状态		
黏性土		$0.25<I_L\leqslant0.75$	$0<I_L\leqslant0.25$	$I_L\leqslant0$
		800～1800	1800～2400	2400～3000
粉　土		$0.75<e\leqslant0.9$	$e\leqslant0.75$	
		1000～1500	1500～2000	
密实度		稍　密	中　密	密　实
砂土、碎石类土	粉　砂	500～700	800～1100	1200～2000
	细　砂	700～1100	1200～1800	2000～2500
	中　砂	1000～2000	2200～3200	3500～5000
	粗　砂	1200～2200	2500～3500	4000～5500
	砾　砂	1400～2400	2600～4000	5000～7000
	圆砾、角砾	1600～3000	3200～5000	6000～9000
	卵石、碎石	2000～3000	3300～5000	7000～11000

表 11-5　大直径桩侧阻、端阻尺寸效应系数 ψ_{si} 和 ψ_p

ψ_{si}		ψ_p	
黏性土、粉土	砂土、碎石类土	黏性土、粉土	砂土、碎石类土
1.0	$(0.8/d)^{1/3}$	$(0.8/D)^{3/4}$	$(0.8/D)^{1/3}$

注　表中 d 为桩身直径，D 为桩端直径。

将单桩竖向极限承载力除以相应的安全系数，即得出单桩竖向承载力特征值。

【例题 11-1】　某预制桩截面尺寸为 450mm×450mm，桩长 16m，依次穿越：厚度 $h_1=4m$、液性指数 $I_L=0.75$ 的黏土层；厚度 $h_2=5m$、孔隙比 $e=0.805$ 的粉土层和厚度 $h_3=4m$、中密的粉细砂层，进入密实的中砂层 3m，假定承台埋深 1.5m。试确定该预制桩的极限承载力标准值。

【解】　由表 11-2（a）查得桩的极限侧阻力标准值 q_{sik} 为

黏土层：$q_{sik}=50kPa$

粉土层：$q_{sik}=42-64$（kPa），取 $q_{sik}=54kPa$

粉细砂层：$q_{sik}=42-63$（kPa），取 $q_{sik}=54kPa$

中砂层：$q_{sik}=74-95$（kPa），取 $q_{sik}=85kPa$

桩的入土深度为 $h=16-1.5=14.5$（m），查表 11-2（b）得，预制桩修正系数为 1.0。

由表 11-3 查得桩的极限端阻力标准值 q_{pk} 为

$q_{pk}=5100-6300$（kPa），取 $q_{pk}=6000kPa$

故单桩竖向极限承载力标准值为

$$
\begin{aligned}
Q_{uk} &= Q_{sk}+Q_{pk}=u\sum q_{sik}l_i+q_{pk}A_p \\
&= 4\times0.45\times(50\times2.5+54\times5.0+54\times4.0+85\times3)+0.45\times0.45\times6000 \\
&= 1558.8+1215 \\
&= 2773.8(kN)
\end{aligned}
$$

第四节　群桩承载力的计算

一、群桩的荷载传递特征

高层建筑桩基通常为低承台式，群桩基础受竖向荷载后，承台、桩群与土形成一个相互作用、共同工作体系，其变形和承载力均受相互作用的影响。

1. 端承型群桩

由端承桩组成的群桩基础，通过承台传递到各桩顶的竖向荷载，其大部分由桩身直接传递到桩端。因此，端承型群桩中基桩（桩群中的单桩）与（独立）单桩相近，桩与桩的相互作用、承台与土的相互作用，都小到可忽略不计，端承型群桩的承载力可近似取为各单桩承载力之和。由于端承型群桩的桩端持力层比较坚硬，因此其沉降也不致因桩端应力的重叠效应而显著增大，一般无需计算沉降。

2. 摩擦型群桩

由摩擦型桩组成的群桩，在竖向荷载作用下，其桩顶荷载的大部分通过桩侧阻力传递到桩侧和桩端土层中，其余部分由桩端承受。由于桩端的贯入变形和桩身弹性压缩，对于低承台群桩，承台底土也产生一定反力，使得承台底土、桩间土、桩端土都参与工作，形成承台、桩、土共同工作，群桩中基桩的工作性状明显不同于（独立）单桩，群桩承载力不等于各单桩承载力之和，群桩的沉降也明显地超过单桩。这称之为群桩效应。

影响群桩效应的主要因素有两组。一组是群桩自身的几何特征：包括承台的设置方式（高、低承台）、桩间距 S_a、桩长 l 及桩长与承台宽度比 l/B_c、桩的排列形式、桩数等；另一组是桩侧及桩端的土性及其分布、成桩工艺等。

二、群桩的沉降特性

由摩擦桩与承台组成的群桩，在竖向荷载作用下，其沉降的变形性状是桩、承台、地基土之间相互影响的综合结果，群桩沉降及其性状同孤立单桩有明显不同。

群桩沉降由桩间土压缩和桩端以下土压缩变形所组成。从现有试验研究结果看，这两种变形占群桩沉降的比例同土质条件、桩距大小、荷载水平、成桩工艺（挤土桩和非挤土桩）以及承台设置方式（高、低承台）等因素有密切关系。桩长、桩基础宽度与桩长的比值等其他因素是否对群桩沉降性状有影响，尚需进一步研究。

三、群桩的竖向承载力计算

群桩的工作性状取决于承台和群桩的几何尺寸与材料性质，以及一定范围内土介质（桩间土与桩底土）的分布与性质。因此，群桩的竖向承载力这一概念实际上有两种含意。首先，是指将群桩和一定范围内的土视为整体时所能承受的竖向总荷载，当桩下一定深度内存在软弱土层时应校核其强度，群桩中各桩应正常工作，即应对单桩承载力进行校核。其次，是指所产生沉降小于允许沉降量的竖向荷载，即沉降要求不仅是校核条件，而且也是确定承载力的依据。

1. 单桩承载力的简单累加法

假定群桩的极限承载力为 P_u，单桩的极限承载力为 Q_u，则

$$P_u = nQ_u \tag{11-14}$$

式中　n——桩数。

式（11－14）仅适用于端承群桩，以及按《建筑桩基技术规范》（JGJ 94—2008）规定，满足桩数 $n \leqslant 3$ 的摩擦桩。因此，对大多数建筑的摩擦桩基不能采用上述简单累加法。

2. 分项群桩效应系数法

考虑群桩效应计算群桩的极限承载力，将使计算结果的可靠性提高，使设计趋于更经济合理。《建筑桩基技术规范》（JGJ 94—2008）采用概率极限状态设计法，引用了群桩效应系数的基本概念，定义如下：

侧阻群桩效应系数 η_s 和端阻群桩效应系数 η_p 定义如下

$$\eta_s = \frac{\text{群桩中基桩平均极限侧阻力}}{\text{单桩平均极限侧阻力}} \tag{11-15}$$

$$\eta_p = \frac{\text{群桩中基桩平均极限端阻力}}{\text{单桩平均极限端阻力}} \tag{11-16}$$

侧阻端阻综合群桩效应系数定义如下

$$\eta_{sp} = \frac{\text{群桩中各基桩平均极限承载力}}{\text{单桩极限承载力}} \tag{11-17}$$

利用规范给出的经验公式求得单桩总极限侧阻力（Q_{sk}）和端阻力（Q_{pk}），或按静荷载试验测得的单桩极限承载力（Q_{uk}）后，桩基中复合基桩的承载力设计值按下列公式计算

$$R = \eta_s Q_{sk}/\gamma_s + \eta_p Q_{pk}/\gamma_p + \eta_c Q_{ck}/\gamma_c \tag{11-18}$$

或

$$R = \eta_{sp} Q_{uk}/\gamma_{sp} + \eta_c Q_{ck}/\gamma_c \tag{11-19}$$

$$Q_{ck} = A_c f_{ck}/n \tag{11-20}$$

式中　Q_{sk}、Q_{pk}、Q_{uk}——单桩总极限侧阻力、总极限端阻力和单桩极限承载力标准值［按式（11－12）计算］；

Q_{ck}——相应于复合基桩的承台极限土阻力平均标准值；

γ_s、γ_p、γ_{sp} 和 γ_c——抗力分项系数，按表 11－6 取值；

f_{ck}——承台底地基土极限承载力标准值，$f_{ck}=2f$；

A_c——承台底地基土的净面积；

f——承台底下等于承台半宽的深度（≤5m）范围内地基土的承载力特征值；

η_s、η_p、η_{sp} 和 η_c——群桩效应系数。

表 11－6　　桩基竖向承载力抗力分项系数

桩型与工艺	$\gamma_s=\gamma_p=\gamma_{sp}$		γ_c
	静载试验法	经验参数法	
预制桩、钢管桩	1.60	1.65	1.70
大直径灌注桩（清底干净）	1.60	1.65	1.65
泥浆护壁钻（冲）孔灌注桩	1.62	1.67	1.65
干作业钻孔灌注桩（d<0.8m）	1.65	1.70	1.65
沉管灌注桩	1.70	1.75	1.70

注　1. 根据静力触探法确定预制桩、钢管桩承载力时，取 $\gamma_s=\gamma_p=\gamma_{sp}=1.60$；
2. 抗拔桩的侧阻抗力分项系数 γ_s 可取表列数值；
3. γ_c 为承台底土阻抗力分项数。

四、单桩承载力的校核

根据《建筑桩基技术规范》(JGJ 94—2008)进行桩基设计时，群桩中复合基桩或基桩应按下列要求进行校核：

对于轴心竖向力作用

$$\gamma'_0 N \leqslant R \tag{11-21}$$

对于偏心竖向力作用，除满足式(11-21)外，尚应满足下式

$$\gamma'_0 N_{max} \leqslant 1.2R \tag{11-22}$$

$$\gamma'_0 = \frac{\text{建筑桩基重要性系数}}{\text{建筑结构构件重要性系数}} \tag{11-23}$$

式中 N——轴心竖向力作用下任一复合基桩或基桩的竖向力设计值；

N_{max}——偏心竖向力作用下复合基桩或基桩的竖向力设计值的最大值；

R——复合基桩或基桩的承载力设计值；

γ'_0——重要性系数。

因此，当建筑桩基安全等级与建筑结构的安全等级相同时，若上部结构内力分析时已考虑过结构构件的，则一般情况下应 $\gamma'_c=1$；对柱下单桩基础，一、二、三级建筑桩基分别应取 $\gamma'_c=1.09$、1.1 和 1.11，或简单地取 $\gamma'_c=1.1$；若上部结构内力分析时未考虑过结构构件的重要性系数，则 γ'_c 取建筑桩基重要性系数 γ_0，见表 11-1。

第五节 桩的水平承载力

建筑工程中的桩基础大多以承受竖向荷载为主，但在风荷载、地震荷载、机械制动荷载或土压力、水压力等作用下，也将承受一定的水平荷载。尤其是桥梁工程中的桩基，除需要满足桩基的竖向承载力要求之外，还必须对桩基的水平承载力进行验算。

一、水平荷载作用下单桩的工作特点

桩能够承担水平荷载的能力称单桩水平承载力。竖直桩的水平承载力主要依靠周围土体的水平抵抗。短桩由于入土浅，而表层土的性质一般较差，桩的刚度远大于土层的刚度，在水平荷载作用下整个桩身易被推倒或发生倾斜［图 11-6 (a)］，故桩的水平承载力很低。桩入土深度越大，土的水平抵抗能力也越大。长桩为一细长的杆件，在水平荷载作用下，桩将形成一端嵌固的地基梁，桩的变形呈波浪状［图 11-6 (b)］，沿桩长向深处逐渐消失。如果水平荷载过大，桩将会在土内某一深度处折断。因此，桩的水平承载力对于长桩来说，由桩的水平位移和桩身弯矩所控制，而短桩则为水平位移和倾斜控制。

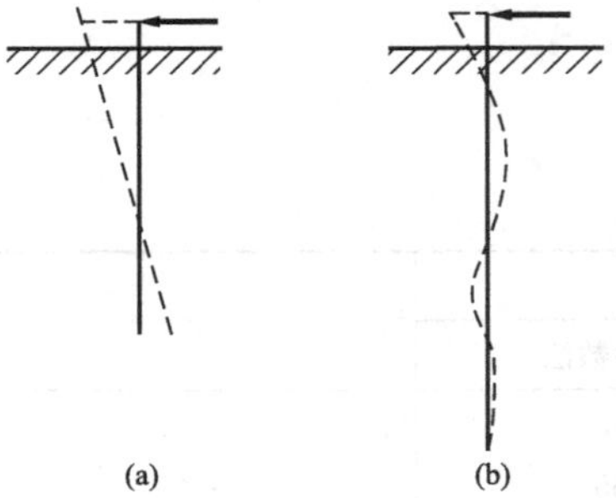

图 11-6 竖直桩承受水平荷载

二、桩的水平静载试验

对于受水平荷载较大的重要建筑物，单桩水平承载力的特征值应通过单桩静力水平载荷试验确定。图 11-7 为试验及试验装置示意图。首先，在现场制作两根相同的试桩，两桩间

水平放置加载用的千斤顶及安装水平位移测量装置。加载方式通常采用循环加卸载法，以便与桩基所承载的瞬时、反复的水平荷载情况一致；对于受长期水平荷载的桩基，也可以采用慢速加载法进行试验。

试验前首先取单桩预估水平承载力的$\frac{1}{15}$～$\frac{1}{10}$作为每级的加载增量。每级荷载施加后，保持恒载 4 分钟测读水平位移，然后卸载到零，停 2 分钟测读残余水平位移，至此完成一个加卸载循环，如此循环 5 次便完成了一级荷载的试验观测。然后再进行下一级荷载的试验，如此循环共约进行 10～15 级荷载的测试。试验不得中途停顿，直至桩身折断或水平位移超过 30～40mm 时，可终止试验。

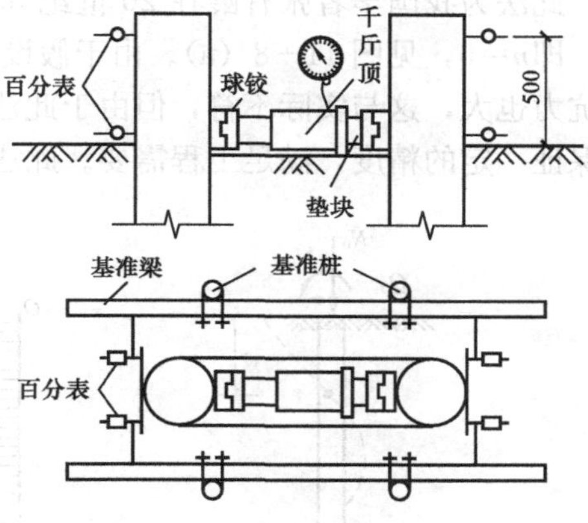

图 11－7　单桩静力水平载荷试验装置

根据水平载荷试验，绘制水平荷载—时间—位移（H_0—t—x_0）曲线，取该曲线明显陡降的前一级荷载为极限荷载 H_u（kN）。

极限水平承载力除以安全系数 2.0，可作为单桩水平承载力的特征值。对于钢筋混凝土预制柱、钢桩、桩身全截面配筋率不小于 0.65%的灌注桩，也可根据静载试验结果取地面处水平位移为 10mm（对水平位移敏感的建筑物取水平位移 6mm）所对应的荷载作为单桩水平承载力特征值。

三、水平受荷桩的理论分析

当桩入土较深，桩的刚度较小时，桩的工作状态如同一个埋在弹性介质中的弹性杆件，因此可以采用文克勒地基模型研究桩在水平荷载和两侧土抗力共同作用下的挠度曲线，通过挠曲线微分方程的解答，求出桩身各截面的弯矩与剪力方程，并以此验算桩的强度。

按文克勒假定，桩侧土作用在桩上的抗力 p(kN/m) 可以用下式表示

$$p = k_h x b_0 \tag{11-24}$$

式中　b_0——桩的计算宽度，取值按表 11－7；

x——水平位移，m；

k_h——土的水平抗力系数（或称水平基床系数或地基系数），kN/m³。

表 11－7　　桩身截面计算宽度 b_0

截面宽度 b 或直径 d（m）	圆　桩	方　桩
>1m	$0.9(d+1)$	$b+1$
≤1m	$0.9(1.5d+0.5)$	$(1.5b+0.5)$

桩侧水平抗力系数 $k_h = kz^n$ 沿桩身如何分布，是国内外学者长期以来研究的课题，目前仍在不断探讨中。因为对 k_h 的不同假设，将直接影响挠曲线微分方程的求解和截面内力计算。k_h 与土的种类和桩入土深度有关。由于对 k_h 的分布所做的假定不同，就区分为不同的计算分析方法，采用较多的有以下几种。

1．常数法

此法为我国学者张有龄在20世纪30年代提出，假定地基水平抗力系数沿深度均匀分布，即$n=0$，见图11－8（a）。由于假设k_h不变，而地面的变形一般又最大，因此，相应的土抗力也大，这与实际不符，但由于此法数学处理较为简单若适当选择k_h的大小，仍然可以保证一定的精度，满足工程需要。此法在日本和美国采用较多。

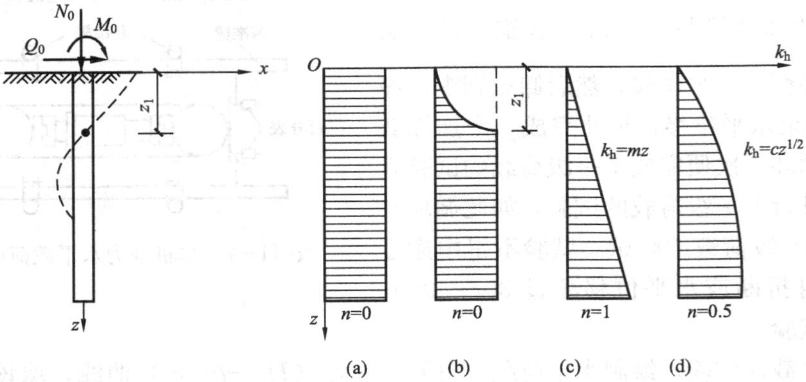

图11－8 地基水平抗力系数的分布图式

（a）常数法；（b）*k*法；（c）*m*法；（d）*c*值法

2．*k*法

此法假定k_h在弹性曲线第一位移零点Z_t以上按直线或抛物线变化，以下则为常数［图11－8（b）］。该法由苏联学者盖尔斯基于1934年提出，该法求解也比较容易，适合于计算一般预制桩或灌注桩的内力和水平位移，曾在我国广泛采用。

3．*m*法

假定地基水平抗力系数随深度呈线性增加，即$n=1$，$k_h=mz$，这里m为比例系数［图11－8（c）］，即

$$p = k_h x b_0 = mzxb_0 \tag{11-25}$$

该法苏联学者于1939年用于计算板桩墙，1962年用于管桩计算。该法适合于水平抗弯刚度EI很大的灌注桩，在我国铁道、公路和水利部门常用，近年来建筑工程部门也采用此法。

4．*c*法

假定地基水平抗力系数随深度呈抛物线增加，即$n=0.5$，$k_h=cz^{1/2}$，c为比例常数［图11－8（d）］。1964年由日本久保浩一提出。在我国多用于公路部门。此外还有k_h随深度按梯形分布的方法等。

四、*m*法计算水平荷载作用下单桩的内力与位移

实测资料表明，*m*法（当桩的水平位移较大时）和*c*值法（当桩的水平位移较小时）比较接近实际，下面仅简单介绍*m*法。

按*m*法计算时，地基水平抗力系数的比例常数m，如无试验资料时，可参考表11－8所列数值。

表 11-8　　地基水平抗力系数的比例系数 m 值

序号	地基土类别	预制桩、钢桩		灌注桩	
		m 值（MN/m^4）	相应单桩在地面处水平位移（mm）	m 值（MN/m^4）	相应单桩在地面处水平位移（mm）
1	淤泥，淤泥质土，饱和湿陷性黄土	2～4.5	10	2.5～6	6～12
2	流塑（$I_L>1$）、软塑（$0.75<I_L\leqslant1$）状黏性土，$e>0.9$ 粉土，松散粉细砂，松散、稍密填土	4.5～6.0	10	6～14	4～8
3	可塑（$0.25<I_L\leqslant0.75$）状黏性土，$e=0.75\sim0.9$ 粉土，湿陷性黄土，中密填土、稍密细砂	6.0～10	10	14～35	3～6
4	硬塑、坚硬状黏性土，湿陷性黄土，$e<0.75$ 粉土，中密的中粗砂，密实老填土	10～22	10	35～100	2～5
5	中密、密实的砾砂、碎石类土			100～300	1.5～3

注　1. 当桩顶水平位移大于表列数值或灌注桩配筋率较高（≥0.65%）时，m 值应适当降低；当预制桩的水平向位移小于 10mm 时，m 值可适当提高；

2. 当水平荷载为长期或经常出现的荷载时，应将表列数值乘以 0.4 降低采用；

3. 当地基为可液化土层时，应将表列数值乘以土层液化折减系数。

设单桩在桩顶竖向荷载 N_0、水平荷载 H_0、弯矩 M_0 和地基水平抗力 $P(z)$ 作用下产生挠曲，其弹性挠曲线微分方程为

$$EI\frac{d^4x}{dz^4}+N_0\frac{d^2x}{dz^2}=-p \tag{11-26}$$

由于 N_0 的影响很小，所以忽略 $N_0\dfrac{d^2x}{dz^2}$一项。注意到式（11-25），得桩的挠曲线微分方程式为

$$\frac{d^4x}{dz^4}+\frac{mb_0}{EI}zx=0 \tag{11-27}$$

令

$$\alpha=\sqrt[5]{\frac{mb_0}{EI}} \tag{11-28}$$

得

$$\frac{d^4x}{dz^4}+\alpha^5zx=0 \tag{11-29}$$

上式中的 α 称为桩的水平变形系数，单位是 1/m。

求解式（11-29）时，注意到材料力学中的挠度 x，转角 φ、弯矩 M 和剪力 V 之间的微分关系，利用幂级数积分后，可得桩身各截面的内力、变形以及沿桩身抗力的简捷算法表达式如下：

位移

$$x_z = \frac{H_0}{\alpha^3 EI}A_x + \frac{M_0}{\alpha^2 EI}B_x \tag{11-30}$$

转角

$$\varphi_z = \frac{H_0}{\alpha^2 EI}A_\varphi + \frac{M_0}{\alpha EI}B_\varphi \tag{11-31}$$

弯矩

$$x_z = \frac{H_0}{\alpha}A_M + M_0 B_M \tag{11-32}$$

剪力

$$V_z = H_0 A_Q + \alpha M_0 B_Q \tag{11-33}$$

式中，A_x、B_x、…、A_Q、B_Q 均为无量纲系数，决定于 al 和 az，可从有关设计规范或手册查用。按上式计算出的单桩水平抗力、内力、变形随深度的变化如图 11-9 所示。

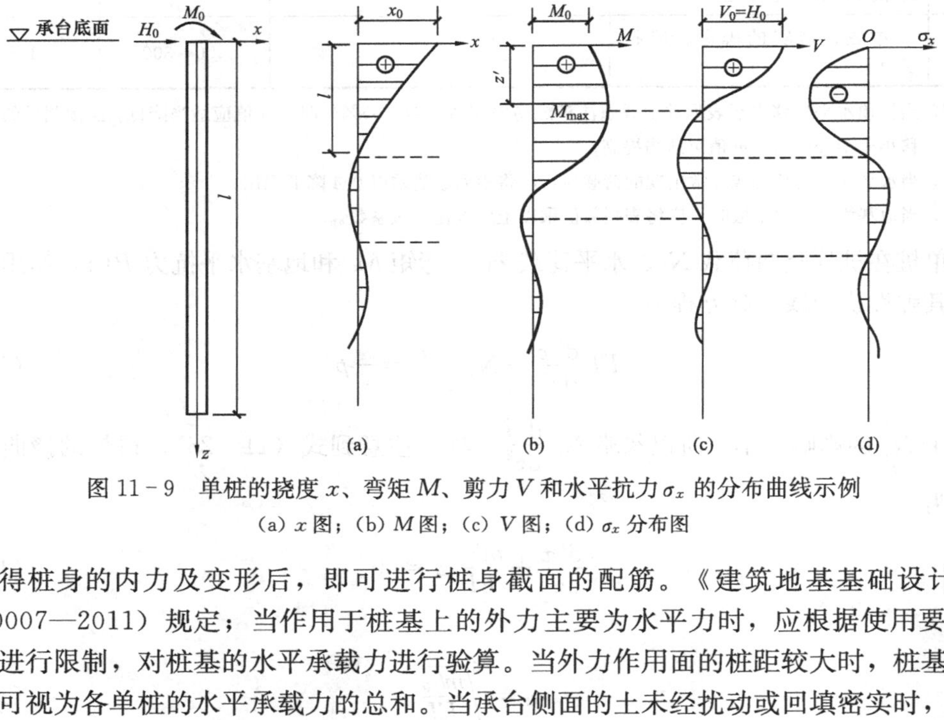

图 11-9 单桩的挠度 x、弯矩 M、剪力 V 和水平抗力 σ_x 的分布曲线示例

(a) x 图；(b) M 图；(c) V 图；(d) σ_x 分布图

求得桩身的内力及变形后，即可进行桩身截面的配筋。《建筑地基基础设计规范》(GB 50007—2011) 规定；当作用于桩基上的外力主要为水平力时，应根据使用要求对桩顶变位进行限制，对桩基的水平承载力进行验算。当外力作用面的桩距较大时，桩基的水平承载力可视为各单桩的水平承载力的总和。当承台侧面的土未经扰动或回填密实时，应计算土抗力的作用。

单桩的水平承载力特征值取决于桩的材料强度、截面刚度、入土深度、土质条件、桩顶水平位移允许值和桩顶嵌固情况等因素。

在水平荷载作用下，桩基应满足

$$H_{ik} \leqslant R_{Ha} \tag{11-34}$$

式中 H_{ik}——相应于荷载效应标准组合时，作用于任一单桩的水平力；

R_{Ha}——单桩水平承载力特征值。

第六节　桩基础设计

桩基础的设计应力求选型恰当、经济合理、安全适用，桩和承台应有足够的强度、刚度和耐久性，地基则应有足够的承载力和不产生过大的变形。在充分掌握必要的设计资料后，低承台桩基的设计和计算可按下列步骤进行：

(1) 选择桩的持力层、桩的类型和几何尺寸，初拟承台底面标高；

(2) 确定单桩或基桩承载力设计值；

(3) 确定桩的数量及其平面布置；

(4) 验算桩基承载力和沉降量；

(5) 必要时，验算桩基水平承载力和变形；

(6) 桩身结构设计；

(7) 承台设计与计算；

(8) 绘制桩基施工图。

一、桩型、桩长和截面尺寸选择

在设计桩基时，应根据结构物的类型、荷载情况、地层条件、施工能力、环境条件与限制及经济比较等因素，选择桩的类型、截面尺寸和长度，并确定桩基持力层。

桩的长度主要取决于桩端持力层的选择。桩端宜进入坚硬土层或岩层，采用端承型桩或嵌岩桩；当坚硬土层的埋深很深时，则宜采用摩擦型桩，桩端应尽量坐落在低压缩性、中等强度的土层上。桩端进入持力层的深度，对黏性土、粉土，不宜小于 $2d$（d 为桩的直径），对砂土，不宜小于 $1.5d$，对碎石类土，不宜小于 d。当存在软弱下卧层时，桩端以下硬持力层厚度不宜小于 $4d$，嵌岩灌注桩的桩周嵌入微风化或中等风化岩体的最小深度不宜小于 0.5m，以确保桩端与岩体接触。嵌岩灌注桩、端承桩在桩底下 $3d$ 范围内应无软弱夹层、断裂带、洞穴和孔隙分布，这对于荷载很大的大直径灌注桩是至关重要的。

当硬持力层较厚且施工条件许可时，桩端进入持力层的深度应尽可能达到桩端阻力的临界深度，以提高桩端阻力。该临界深度值，对于砂、砾土为 $3 \sim 6d$，对黏性土、粉土为 $5 \sim 10d$。

桩型及桩长初步确定以后，根据单桩或基桩承载力大小的要求，定出桩的截面尺寸，并初步确定承台底面标高。一般情况下，承台埋深的选择主要从结构要求和方便施工的角度来考虑，并且不得小于 600mm。季节性冻土上的承台埋深，应根据地基土的冻胀性确定，并应考虑是否需要采取相应的防冻害措施。膨胀土上的承台，其埋深选择也应考虑土的膨胀性影响。

二、桩数及桩位布置

1. 桩的数量

根据前述方法确定出单桩的承载力设计值后，在初步确定桩数时，可暂不考虑群桩效应和承台底面处地基土的承载力。当桩基为轴心受压时，桩数 n 可按下式估算

$$n > \frac{F}{R} \tag{11-35}$$

式中　R——复合基桩或基桩的承载力设计值；

F——作用在承台上的竖向力设计值。

偏心受压时，对于偏心距固定的桩基，如果桩的布置使得群桩横截面的形心与上部结构荷载合力作用点重合，桩数仍可按上式确定。否则，应将式（11－35）确定的桩数增加10%～20%。所选的桩数是否合适，尚待验算各桩受力后决定。

承受水平荷载的桩基，桩数的确定还应满足对桩水平承载力的要求。此时，可以简单地以各单桩水平承载力之和作为桩基的水平承载力。这样处理是偏于安全的。

应指出，在灵敏度高的软弱黏土中，宜采用桩距大、桩数少的桩基。

2. 桩的间距

桩的间距过大，会增加承台的体积，造价提高；桩的间距过小，将给桩基的施工造成困难，并使桩的承载力得不到充分的发挥。《建筑桩基技术规范》（JGJ 94—2008）规定，一般桩的最小中心距应满足表11－9的要求。对于大面积的群桩，尤其是挤土桩，还应根据表列数值适当加大。

表11－9　桩的最小中心距

土类与成桩工艺		桩排数≥3且桩根数≥9的摩擦桩	其他情况
非挤土和部分挤土灌注桩		$3.0d$	$2.5d$
挤土灌注桩	穿越非饱和土	$3.5d$	$3.0d$
	穿越饱和土	$4.0d$	$3.5d$
挤土预制桩		$3.5d$	$3.0d$
打入式敞口管桩和H型钢桩		$3.5d$	$3.0d$
钻、挖孔扩底灌注桩		$1.5d_b$ 或 d_b+1(m)（当 $d_b>2$m时）	
沉管夯扩灌注桩		$2.0d_b$	

注　d_b——桩扩大端的直径；
　　d——圆桩直径或方桩边长。

有些地区也积累了一些地方经验，可供参考。

3. 桩位的布置

桩在平面内可布置成方形或矩形、三角形和梅花形［图11－10（a）］，条形基础下的桩，可采用单排或双排布置［图11－10（b）］，也可采用不等距布置。

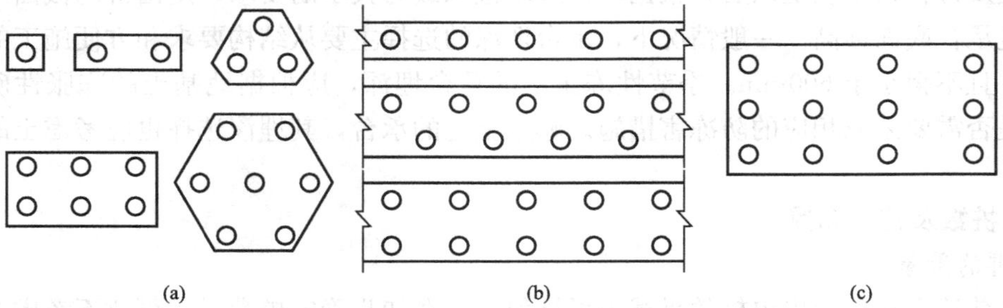

图11－10　桩的平面布置示例
（a）柱下桩基，等桩距排列；（b）墙下桩基，等桩距排列；（c）柱下柱基，不等桩距排列

为了使桩基中各桩受力比较均匀，布置时应尽可能使上部荷载的中心与桩群的形心重合或接近。当作用在承台底面的弯矩较大时，应增加桩基横截面的惯性矩。对墙下柱基，可在

外纵墙之外布设1～2根“探头”桩（图11-11）。

三、桩身截面强度计算

1. 钢筋混凝土预制桩

预制桩的混凝土强度等级不应低于C30，采用静压法沉桩时，可适当降低，但不宜低于C20；预应力混凝土桩的混凝土强度等级不应低于C40。预制桩的主筋（纵向）应按计算确定，并根据断面的大小及形状选用4～8根Φ14～Φ25的钢筋，最小配筋率不宜小于0.8%，一般可为1%左右，静压法沉桩时，其最小配筋率不宜小于0.4%。箍筋采用Φ6～Φ8、间距不大于200mm，在桩顶和桩尖处应适当加密。用打入法沉桩时，直接受到锤击的桩顶应放置三层钢筋网。桩尖处所有主筋应焊接在一根圆钢上，或在桩尖处用钢板加强。主筋的混凝土保护层不宜小于30mm。计算主筋配筋量时，除首先满足工作条件下桩的承载力或抗裂性要求外，还应验算桩在起吊、运输、吊立和锤击打入时的应力。桩的混凝土强度必须达到设计强度的70%时才可起吊，达到100%时才可搬运。

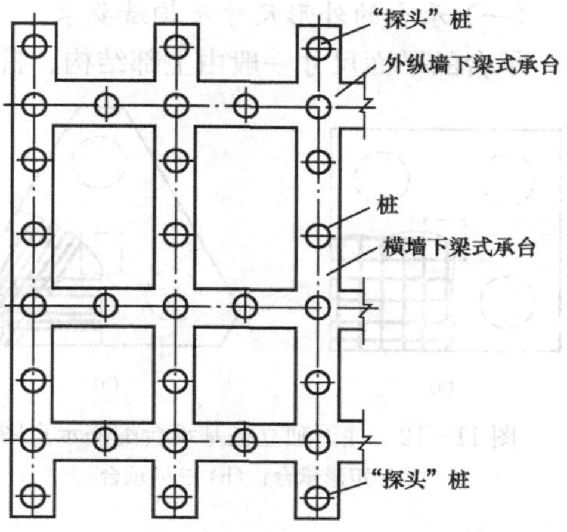

图11-11　横墙下“探头”桩的布置

2. 灌注桩

灌注桩的混凝土强度等级一般应不低于C15，水下灌注时应不低于C20，混凝土预制桩尖不应低于C30。当桩顶轴向压力和水平力经计算满足《建筑桩基技术规范》(JGJ 94—2008）第4.1.1条规定时，可按构造要求配制桩身的钢筋。对一级建筑桩基，应配制桩顶与承台的连接筋，连接筋的最小配筋率不小于0.2%，锚入承台长度为30倍主筋直径，伸入桩身长度不小于10倍桩身直径，且不小于承台下软弱土层层底深度；对二级建筑桩基，可配制4～8根ϕ10～ϕ12的主筋，锚入承台至少30倍主筋直径，且伸入桩身长度不小于5倍桩身直径；对于沉管灌注桩，配筋长度不应小于承台下软弱土层层底深度；三级建筑桩基可不配构造钢筋。

对不符合按构造要求配筋的桩，当桩身直径为ϕ300～ϕ2000时，截面配筋率可取0.20%～0.65%（小桩径取高值，大小桩径取低值）；对承受水平荷载特别大的桩、抗拔桩和嵌岩桩，应根据计算确定配筋率。受水平荷载的摩擦型桩，主筋的长度一般可取$4.0/\alpha$。对抗拔桩、端承桩、承受负摩阻力和位于坡地岸边的基桩应通长配筋。承受水平荷载的桩。主筋不宜少于8Φ10；对抗拔和抗压桩，主筋不宜少于6Φ10，纵向主筋沿桩周边均匀布置，其净距不应小于60mm，并尽量减少钢筋接头。箍筋采用Φ6～Φ8@200～300mm，宜采用螺旋式箍筋；受水平荷载较大的桩基和抗震桩基，桩顶3～5倍桩身直径范围内箍筋应适当加密；当钢筋笼长度超过4m时，应每隔2m左右设一道Φ12～Φ18的焊接加劲箍筋。主筋的混凝土保护层不应小于35mm，水下浇灌混凝土时不得小于50mm。

四、桩基承台设计

桩基承台可分为柱下独立承台、柱下或墙下条形承台（梁式承台），以及筏板承台和箱形承台等。承台的作用是将桩联结成一个整体，并把建筑物的荷载传到桩上，因而承台应有足够的强度和刚度。承台设计包括确定承台的材料、形状、高度、底面标高、平面尺寸，以及局部受压、受冲切、受剪及受弯承载力计算，并应符合构造要求。

（一）承台的外形尺寸及构造要求

承台的平面尺寸一般由上部结构、桩数及布桩形式决定。通常，墙下桩基做成条形承台即梁式承台；柱下桩基宜做成板式承台（矩形或三角形），如图11-12所示，其剖面形状可做成锥形、台阶形或平板形。

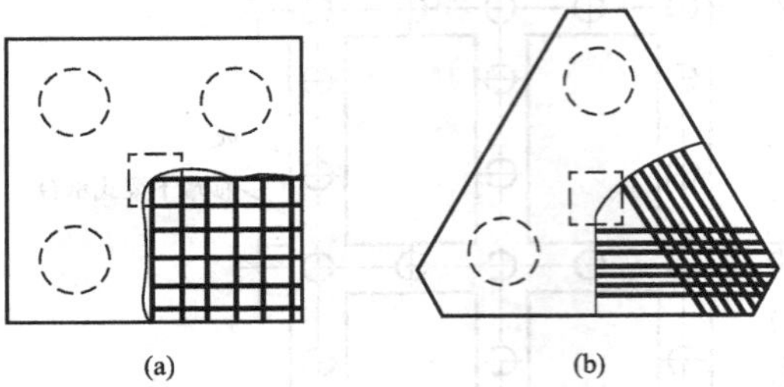

图11-12 柱下独立桩基承台配筋示意图

(a) 矩形承台；(b) 三桩承台

条形承台和柱下独立承台的厚度不应小于300mm，宽度不应小于500mm，承台边缘至边桩中心距离不宜小于桩的直径或边长，且边缘挑出部分不应小于150mm，对于条形承台梁边缘挑出部分不应小于75mm。承台的混凝土强度等级不宜小于C15，采用Ⅱ级钢筋时，混凝土强度等级不宜小于C20。承台的配筋按计算确定，对于矩形承台板配筋宜按双向均匀配置，钢筋直径不宜小于Φ10，间距应满足100～200mm；对于三桩承台，应按三向板带均匀配置，最里面的三根钢筋相交围成的三角形应位于柱截面范围以内。承台梁的纵向主筋不应小于Φ12。承台的钢筋混凝土保护层厚度不宜小于70mm。

为了保证群桩与承台之间联结的整体性，桩顶应嵌入承台一定长度，对大直径桩不宜小于100mm；对中等直径桩不宜小于50mm。混凝土桩的桩顶主筋应伸入承台内，其锚固长度不宜小于30倍主筋直径，对于抗拔桩基不应小于40倍主筋直径。

筏形、箱形承台板的厚度应满足整体刚度、施工条件及防水要求。对于桩布置于墙下或基础梁的情况，承台板厚度不宜小于250mm，且板厚与计算区段最小跨度之比不宜小于1/20。筏形承台板的分布构造筋可采用Φ10～Φ12@150～200mm，考虑到整体弯矩的影响，纵横两个方向的支座钢筋尚应有1/2～1/3且配筋率不小于0.15%贯通全跨配置；跨中钢筋应按计算配筋率全部连通。

承台埋深应不小于600mm。在季节性冻土、膨胀土地区，承台宜埋设在冰冻线、大气影响线以下，但当冰冻线、大气影响线深度不小于1m且承台高度较小时，则应视土的冻胀性、膨胀性等级，分别采取换填无粘性土垫层、预留空隙等隔胀措施。

（二）承台的内力计算

大量模型试验表明，柱下独立承台将产生弯曲破坏，其破坏特征呈梁式破坏。例如，四桩承台破坏时屈服线如图11-13所示，最大弯矩产生于屈服线处。根据极限平衡原理，承台正截面弯矩计算如下。

1. 柱下多桩矩形承台

计算截面应取在柱边和承台高度变化处（杯口外侧或台阶边缘），按下式计算

$$M_x = \sum N_i y_i \quad (11-36a)$$

$$M_y = \sum N_i x_i \quad (11-36b)$$

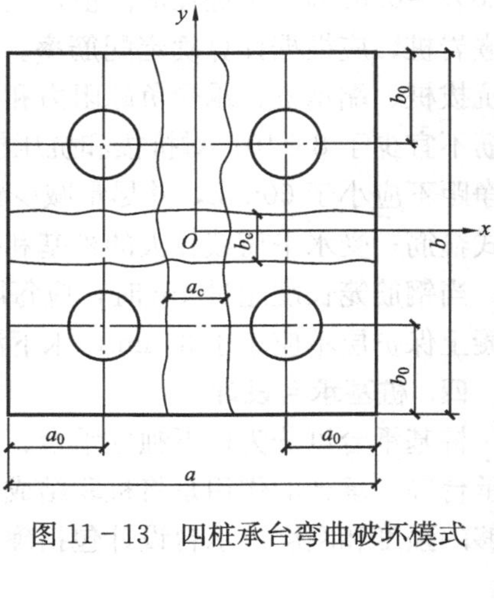

图11-13 四桩承台弯曲破坏模式

式中　M_x、M_y——垂直 y、x 轴方向计算截面处的弯矩设计值；

x_i、y_i——垂直 y 轴和 x 轴方向自桩轴线到相应计算截面的距离，如图 11－14 所示；

N_i——扣除承台和承台上土自重设计值后第 i 桩竖向净反力设计值；当不考虑承台效应时，则为 i 桩竖向总反力设计值。

2. 柱下三桩三角形承台

计算截面应取在柱边（图 11－15），并按下式计算

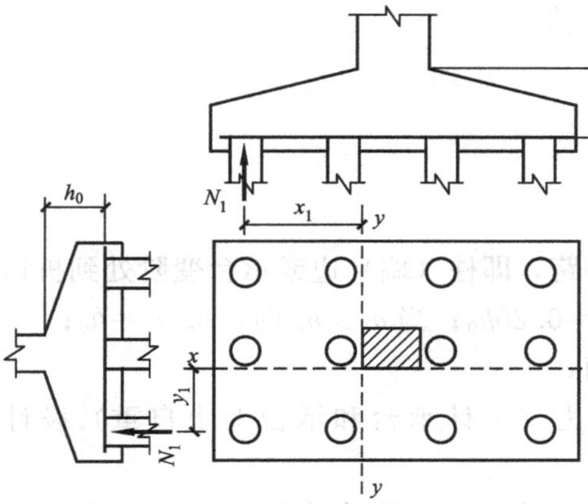

图 11－14　矩形承台

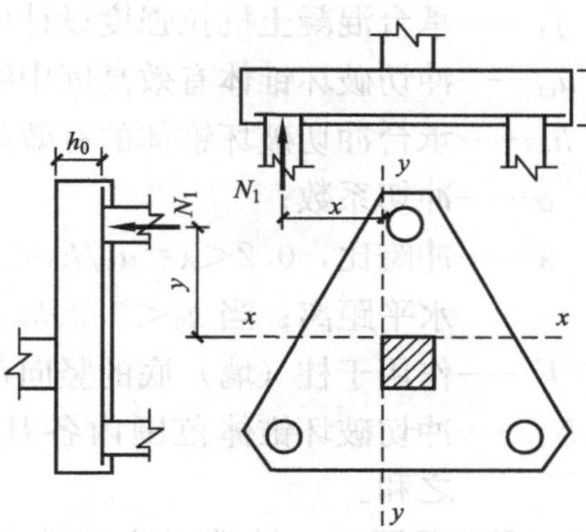

图 11－15　三桩三角形承台

$$M_x = \sum N_x x \tag{11-37a}$$

$$M_y = \sum N_y y \tag{11-37b}$$

当计算截面不与主筋方向正交时，须对主筋方向角进行换算。

3. 柱下或墙下条形承台梁

柱下条形承台的正截面弯矩设计值一般可按弹性地基梁进行分析，地基的计算模型应根据地基土层的特性选取。当桩端持力层较硬且桩轴线不重合时，可视柱为不动支座，按连续梁计算。

墙下条形承台梁可按倒置的弹性地基梁计算弯矩和剪力。

（三）承台厚度及强度计算

承台厚度可按冲切及剪切条件确定。一般可先经验估计承台厚度，然后再校核冲切和剪切强度，并进行调整。承台强度计算包括受冲切、受剪切、局部承压及受弯计算。

冲切计算如下：

如承台有效高度不足，将产生冲切破坏。其破坏方式可分为沿柱（墙）边的冲切和单一基桩对承台的冲切两类。柱边冲切破坏锥体斜面与承台底面的夹角大于等于 45°，该斜面的上周边位于柱与承台交接处或承台变阶处，下周边位于相应的桩顶内边缘处（图 11－16）。

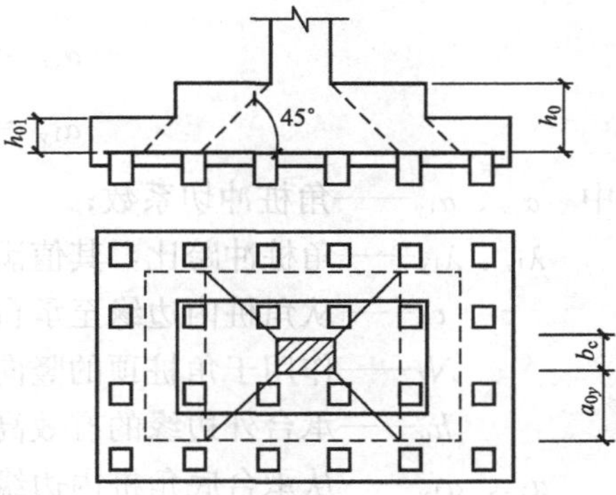

图 11－16　柱下承台的冲切

承台抗冲切承载力与冲切锥角有关，可以冲跨比λ表示。

承台验算时应满足：

$$\gamma_0 F_l \leqslant \alpha f_t u_m h_0 \tag{11-38}$$

$$F_l = F - \sum N_i \tag{11-39}$$

$$\alpha = \frac{0.72}{\lambda + 0.2} \tag{11-40}$$

式中 F_l——作用于冲切破坏锥体上的冲切力设计值；

f_t——承台混凝土抗拉强度设计值；

u_m——冲切破坏锥体有效高度中线周长；

h_0——承台冲切破坏锥体的有效高度；

α——冲切系数；

λ——冲跨比，$0.2<\lambda=a_0/h_0<1$，a_0为冲跨，即柱（墙）边或承台变阶处到桩边的水平距离；当$a_0<0.20h_0$时，取$a_0=0.20h_0$；当$a_0>h_0$时，取$a_0=h_0$；

F——作用于柱（墙）底的竖向荷载设计值；

$\sum N_i$——冲切破坏锥体范围内各基桩的净反力（不计承台和承台上土自重）设计值之和。

对于圆柱及圆桩，计算时应将截面换算成方柱或方桩，取换算柱或桩截面边宽$b_p=0.8d$。柱下矩形独立承台受柱冲切时可按下列公式计算（图 11 - 16）

$$\gamma_0 F_l = 2[\alpha_{0x}(b_c + a_{0y}) + \alpha_{0y}(h_c + a_{0x})] f_t h_0 \tag{11-41}$$

式中 α_{0x}、α_{0y}——冲切系数，由式（11 - 40）计算时，$\lambda_{0x}=a_{0x}/h_0$，$\lambda_{0y}=a_{0y}/h_0$；

h_c、b_c——柱截面长、短边尺寸；

a_{0x}、a_{0y}——自柱长边或短边到最近桩边的水平距离。

对位于柱（墙）冲切破坏锥体以外的基桩，尚应考虑单桩对承台的冲切作用，并按四桩承台、三桩承台等不同情况计算受冲切承载力。

四桩（含四桩）以上承台受角桩冲切的承载力按下列公式计算

$$\gamma_0 N_l \leqslant [\alpha_{1x}(c_2 + a_{1y}/2) + \alpha_{1y}(c_1 + a_{1x}/2)] f_t h_0 \tag{11-42}$$

$$\alpha_{1x} = 0.56/(\lambda_{1x} + 0.2) \tag{11-43}$$

$$\alpha_{1y} = 0.56/(\lambda_{1y} + 0.2) \tag{11-44}$$

式中 α_{1x}、α_{1y}——角桩冲切系数；

λ_{1x}、λ_{1y}——角桩冲跨比，其值满足 0.2～1.0，$\lambda_{1x}=a_{1x}/h_0$，$\lambda_{1y}=a_{1y}/h_0$；

c_1、c_2——从角桩内边缘至承台外边缘的距离；

N_l——作用于角桩顶的竖向压力设计值；

h_0——承台外边缘的有效高度；

a_{1x}、a_{1y}——从承台底角桩内边缘引 45°冲切线与承台顶面相交点至角桩内边缘的水平距离；当柱或承台变阶处位于该 45°线以内时，则取由柱边或变阶处与桩内边缘连线为冲切锥体的锥线（图 11 - 17）。

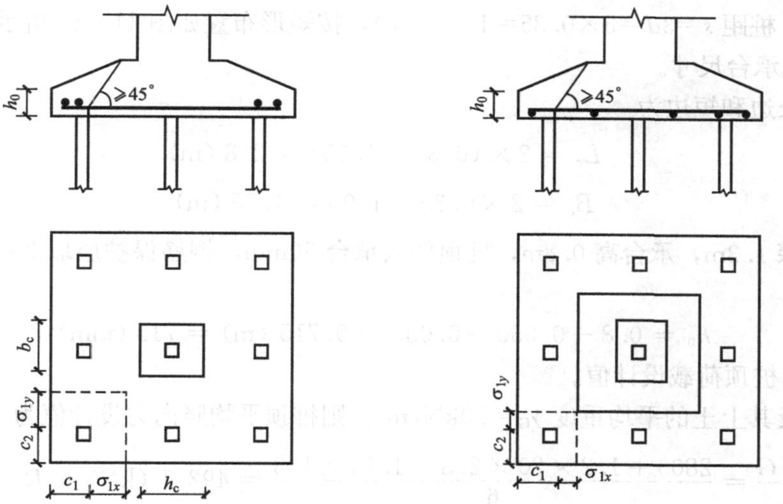

图 11－17　四桩以上角桩冲切验算

承台的受剪和局部承压计算可见《建筑桩基设计规范》(JGJ 94—2008)。

【例题 11－2】　某二级建筑桩基如图 11－18 所示，柱截面尺寸为 450mm×600mm，作用在基础顶面的荷载设计值为：$F=2800\text{kN}$，$M=210\text{kN}\cdot\text{m}$（作用于长边方向），$H=145\text{kN}$，拟采用截面为 350mm×350mm 的预制混凝土方桩，桩长 12m，已确定基桩竖向承载力设计值 $R=500.0\text{kN}$，水平承载力设计值 $R_h=45\text{kN}$，承台混凝土强度等级为 C20，配置Ⅱ级钢筋，试设计该桩基础（不考虑承台效应）。

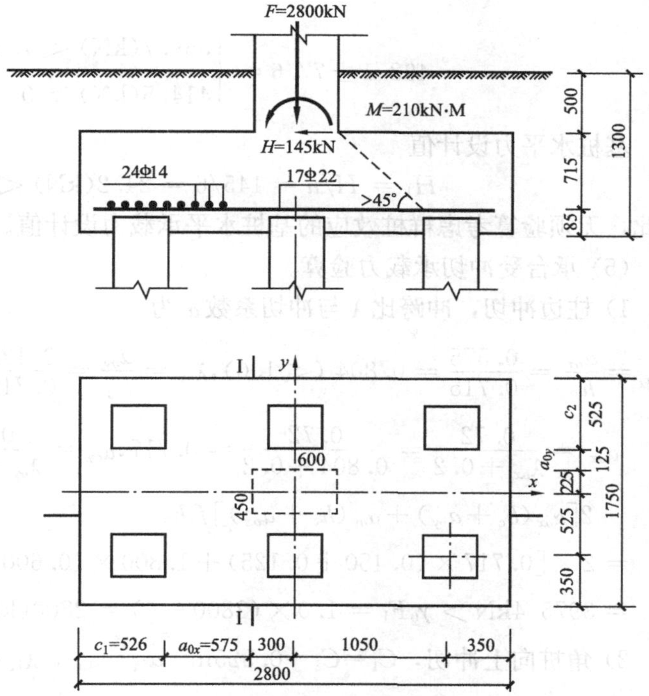

图 11－18　例题 11－2 桩基示意图

【解】　C20 混凝土，$f_t=1100\text{kPa}$，$f_c=9600\text{kPa}$；Ⅱ级钢筋，$f_y=300\text{N/mm}^2$。

(1) 基桩持力层、桩材、桩型、外形尺寸及单桩承载力设计值均已选定，桩身结构设计从略。

(2) 确定桩数及布桩。

初选桩数

$$n>\frac{F}{R}=\frac{2800}{500}=5.6$$

取 6 根，桩距 $s=3d=3\times0.35=1.05$（m），按矩形布置如图 11－18 所示。

(3) 初选承台尺寸。

取承台长边和短边为

$$L_c=2\times(0.35+1.05)=2.8\ (\text{m})$$

$$B_c=2\times0.35+1.05=1.75\ (\text{m})$$

承台埋深 1.3m，承台高 0.8m，桩顶伸入承台 50mm，钢筋保护层取 35mm，则承台有效高度为

$$h_0=0.8-0.050-0.035=0.715\ (\text{m})=715\ (\text{mm})$$

(4) 计算桩顶荷载设计值。

取承台及其上土的平均重度 $\gamma_G=20\text{kN/m}^3$，则桩顶平均竖向力设计值为

$$N=\frac{F+G}{n}=\frac{2800+1.2\times20\times2.8\times1.75\times1.3}{6}=492.1\ (\text{kN})<R=500\ (\text{kN})$$

$$N_{\min}^{\max}=M\pm\frac{(M+Hh)x_{\max}}{\sum x_i^2}=492.1\pm\frac{(210+145\times0.8)\times1.05}{4\times1.05^2}$$

$$=492.1\pm77.6=\begin{cases}569.7(\text{kN})<1.2R=600(\text{kN})\\414.5(\text{kN})>0\end{cases}\quad\text{符合要求。}$$

基桩水平力设计值

$$H_1=H/n=145/6=24.2(\text{kN})<R_h=45(\text{kN})$$

因此，无须验算考虑群桩效应的基桩水平承载力设计值。

(5) 承台受冲切承载力验算。

1) 柱边冲切，冲跨比 λ 与冲切系数 α 为

$$\lambda_{ox}=\frac{a_{ox}}{h_0}=\frac{0.575}{0.715}=0.804\ (<1.0),\lambda_{oy}=\frac{a_{oy}}{h_0}=\frac{0.125}{0.715}=0.175<0.20\text{，取 }\lambda_{oy}=0.20$$

$$\alpha_{ox}=\frac{0.72}{\lambda_{ox}+0.2}=\frac{0.72}{0.804+0.2}=0.717,\alpha_{oy}=\frac{0.72}{\lambda_{oy}+0.2}=\frac{0.72}{0.20+0.2}=1.800$$

$$2[\alpha_{ox}(b_c+a_{oy})+\alpha_{oy}(h_c+a_{ox})]f_th_0$$

$$=2\times[0.717\times(0.450+0.125)+1.800\times(0.600+0.575)]\times1100\times0.715$$

$$=3975.4\text{kN}>\gamma_0F_1=1.0\times(2800-0)=2800(\text{kN})\quad\text{（可以）}$$

2) 角桩向上冲切，$C_1=C_2=0.525\text{m}$，$a_{1x}=a_{ox}$，$\lambda_{1x}=\lambda_{ox}$，$a_{1y}=a_{oy}$，$\lambda_{1y}=\lambda_{oy}$。

$$\alpha_{1x}=\frac{0.56}{\lambda_{1x}+0.2}=\frac{0.56}{0.804+0.2}=0.558,\alpha_{1y}=\frac{0.56}{\lambda_{1y}+0.2}=\frac{0.56}{0.2+0.2}=1.400$$

$$[\alpha_{1x}(c_2+a_{1y}/2)+\alpha_{1y}(c_1+a_{1x}/2)]f_1h_0$$

$$=[0.558(0.525+0.125/2)+1.400(0.525+0.575/2)]\times1100\times0.715$$

$$=1152.5\text{kN}>\gamma_0N=1.0\times569.7(\text{kN})\quad\text{（满足）}$$

(6) 承台受剪切承载力计算（略）。

(7) 承台受弯承载力计算。

$$M_x = \sum N_i y_i = 3 \times 492.1 \times 0.3 = 442.9 (\text{kN} \cdot \text{m})$$

$$A_s = \frac{M_x}{0.9 f_y h_0} = \frac{442.9 \times 10^6}{0.9 \times 300 \times 715} = 2294.2 (\text{mm}^2)$$

选用 22 Φ12@130，$A_s = 2488\text{mm}^2$，沿平行 y 轴方向均匀布置。

$$M_y = \sum N_i x_i = 2 \times 569.7 \times 0.75 = 854.6 (\text{kN} \cdot \text{m})$$

$$A_s = \frac{M_y}{0.9 f_y h_0} = \frac{854.6 \times 10^6}{0.9 \times 300 \times (715 - 22)} = 4567.4 (\text{mm})$$

选用 15 Φ20@115，$A_s = 4713\text{mm}^2$，沿平行 x 轴方向均匀布置。

第七节　其他深基础简介

除桩基外，墩基、沉井和地下连续墙等都属于深基础。墩基础从外形和工作机理上与桩很难严格区分。与桩相比，墩的断面尺寸较大，墩身较短，体积巨大，一般不能预制、打入或压入地基，只能是现场灌注或砌筑而成。墩基础广泛应用于桥梁、海洋钻井平台以及港口码头等近海建筑物中。沉井是以现场浇筑、挖土下沉方式进入地基中的深基础，沉井由于断面尺寸大、承载能力高而作为高、大及重型结构物的基础，在桥梁、水闸及港口等工程中广泛应用。地下连续墙是一种在地下建造的连续的钢筋混凝土墙体，该类型基础主要用于建筑场地狭窄、上部荷载大、基础埋设深的重型厂房、高层建筑及各种大型地下设施等工程。下面仅对墩基和沉井作一简单介绍。

一、墩基础

墩基是在现场就地开挖出的坑孔内浇灌混凝土而成的深基础，与桩之间的主要区别在于：墩的断面尺寸较大，长细比较小，常常单独承担荷载，且承载力比单桩高。至于荷载传递的性质，桩与墩并无本质的差异。如同桩基础一样，实际工程中，依据上部结构和场地工程地质条件的不同可以采用不同类型的墩基础。墩基础的类型可按不同的标准、从不同的角度进行分类。例如依据墩的承载性状可以将墩分为抗压墩、抗滑墩和抗拔墩；依据施工方法的不同可以将墩分为人工挖孔墩和机械钻孔墩；依据墩的横断面形状可有圆形墩、矩形墩、方形墩，依据墩的竖向截面形状可有不扩底墩、扩底墩、齿形墩和锥形墩。此外，为了提高墩基的承载力，往往将墩底直接坐落在新鲜或微风化的岩层上，称为嵌岩墩，见图 11－19。

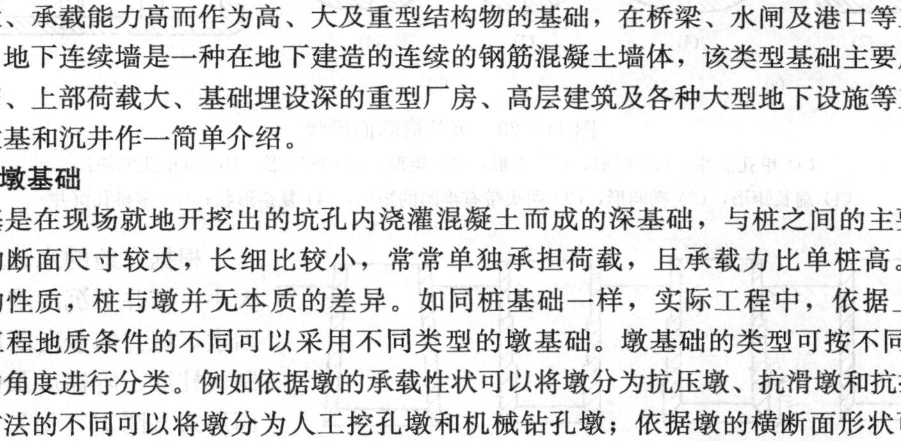

图 11－19　墩按竖向截面形式分类

(a) 柱形墩；(b) 锥形墩；(c) 齿形墩；(d) 嵌岩墩

二、沉井基础

沉井是以现场浇筑、挖土下沉方式进入地基中的深基础。一般是钢筋混凝土制成，很少情况也可用砖石、钢筒等。由于施工方便，对邻近建筑物影响小，其本身既可以挡土也可挡水，沉井成为水下、水边和软土地基中建筑物基础的重要形式。同时由于可以利用其内部空间，所以它也是地下建筑物的主要形式。

沉井基础有时与墩基础相似，两者最主要的区别在于沉井的特殊施工方法，另外，大多数沉井基础是封底而不全填筑成实心基础。沉井适用于地基覆盖层承载力较低，持力层相对较深，不能采用天然地基浅基础的情况，这时沉井基础形式可能更经济，技术上更优越。沉井基础作为一种深基础，对相邻建筑物的影响较小。

沉井是一种四周有壁，下部无底，上部无盖的筒形结构物。其横断面形状可有圆形、方形、矩形、椭圆形、马蹄形等，并有单孔、单排孔及多排孔之分（图 11－20）。

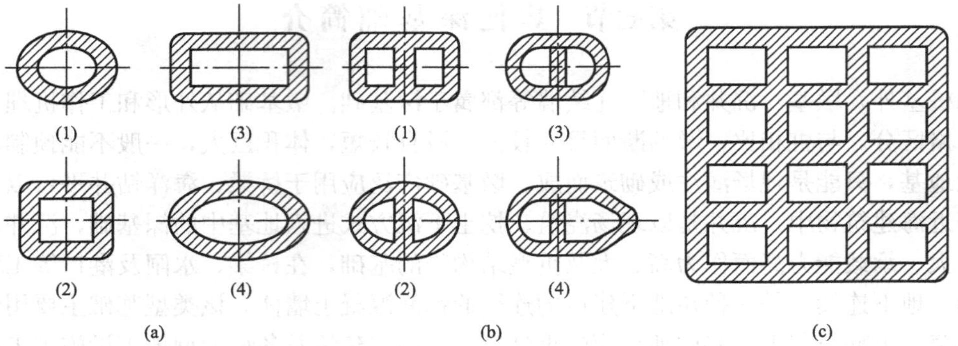

图 11－20 沉井横断面形状

(a) 单孔沉井：(1) 圆形，(2) 方形，(3) 矩形，(4) 椭圆形；(b) 单排孔沉井：(1) 扁长矩形，(2) 椭圆形，(3) 两头带有半圆的矩形，(4) 复杂形状；(c) 多排孔沉井

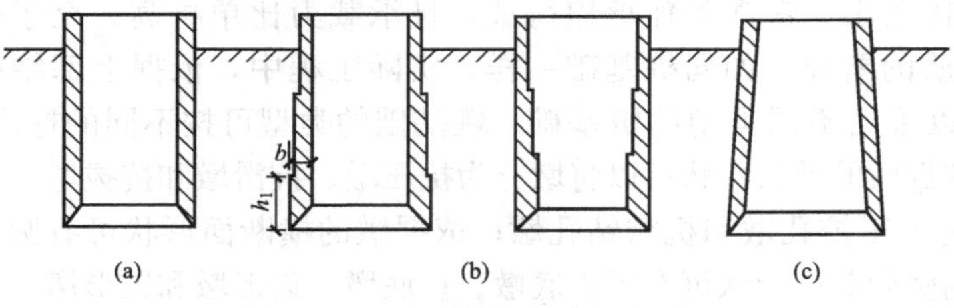

图 11－21 沉井的竖向剖面型式

(a) 柱形沉井；(b) 阶梯形沉井；(c) 锥形沉井

根据当地的水、土压力的大小，沉井下沉的难易程度等因素，沉井的竖向断面形状可制成柱形、阶梯形及锥形等截面形式（图 11－21）。

依据当地条件，沉井的施工方法可以有自天然地面或人工填筑的岛上下沉，或者采用将岸边预制好的分节沉井浮运到下沉地点预先搭好的定位支架平台处，定位下沉（当地水深及流速较大时）。

施工时首先制作第一节井筒，通过在井筒内部不断的挖土（排水干挖或者水下开挖），使沉井在自重作用下克服土的阻力而下沉。随着沉井的下沉，逐步加高井筒，沉到设计标高后，在其底部浇筑混凝土封底。根据需要填充井筒，制作井盖，修建上部结构（图 11－22）。

沉井下沉过程中，井筒就是施工期间的围护结构，在各个施工阶段和使用期间，沉井各部位可能受到上部结构传来的各种荷载压力、土压力、水压力和浮力、摩阻力、底面反力以及沉井自重等荷载的作用。沉井的构造和计算应满足各个阶段的要求。

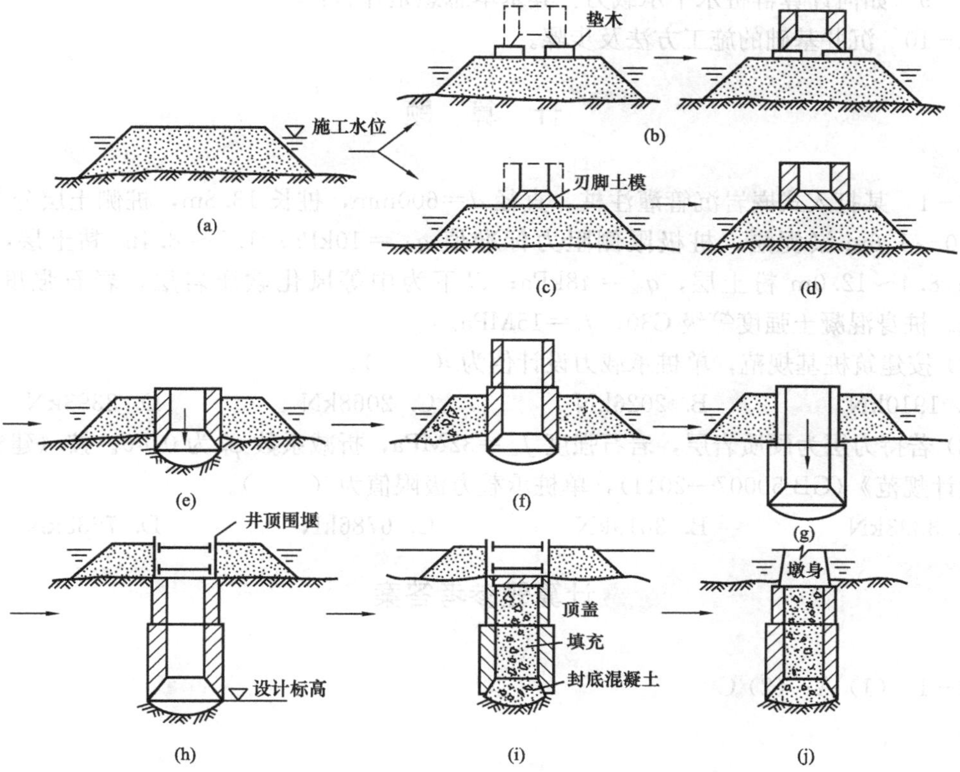

图 11-22　沉井施工步骤示意图

(a) 筑岛；(b) 铺垫木；(c) 筑土模；(d) 制造底节沉井；(e) 下沉；(f) 接筑第二节沉井；(g) 再次下沉；(h) 接井顶围堰并下沉至设计标高；(i) 封底填充制顶盖；(j) 修筑底节墩身

关 键 概 念

深基础；承台；摩擦型桩；端承型桩；桩侧摩阻力；桩端阻力；负摩阻力；单桩竖向极限承载力；群桩承载力；桩的水平承载力；墩基础；沉井基础；承载力特征值。

思 考 题

11-1　高层建筑基础的特点、基本形式及应用范围如何？

11-2　桩可以分为多少种类？各类桩的优缺点和适用条件是什么？

11-3　桩基础设计原则和设计的主要步骤是什么？

11-4　如何确定单桩极限承载力？

11-5　单桩和群桩的工作性状有何差异？

11-6　如何确定群桩承载力？

11-7　何为桩的负摩阻力？其产生的原因有哪些？

11-8　如何计算单桩水平承载力和变位？其基本思想是什么？

11－9　如何计算群桩水平承载力？其基本思想是什么？

11－10　沉井基础的施工方法及步骤。

计　算　题

11－1　某打入式嵌岩沉管灌注桩，直径 d=600mm，桩长 13.8m，桩侧土层分布情况如下：0～1.6m 淤泥层，桩极限侧阻力标准值 q_{sk}=10kPa；1.6～8.4m 黏土层，q_{sk}=55kPa；8.4～12.0m 粉土层，q_{sk}=48kPa；以下为中等风化软质岩层，岩石强度 f_{cr}=10MPa。桩身混凝土强度等级 C30，f_c=15MPa。

(1) 按建筑桩基规范，单桩承载力设计值为（　　）。

A. 1910kN　　B. 2026kN　　C. 2068kN　　D. 3393kN

(2) 若持力层为硬质岩层，岩石强度 f_{cr}=32MPa，折减系数 φ_r 为 0.40。按《建筑地基基础设计规范》(GB 50007—2011)，单桩承载力极限值为（　　）。

A. 3393kN　　B. 3619kN　　C. 6786kN　　D. 7635kN

计算题参考答案

11－1　(1) A；(2) C

第十二章　特殊土地基与地震区地基基础问题

本章提要与学习目标

特殊土是指某些具有特殊物质成分与结构，而且工程地质性质也比较特殊的土。我国幅员广阔，地质条件复杂，有些土类由于地质、地理环境、气候条件、物质成分及次生变化等原因而各具有与一般土类显著不同的特殊工程性质，当其作为建筑场地、地基及建筑环境时，如果不针对其特殊的特点而采取相应的治理措施，就会造成工程事故。本章主要阐述我国淤泥类土、黄土、红黏土、膨胀土、冻土、人工填土、盐渍土及污染土的分布、特征及其工程地质特征。

我国是一个多地震国家，约有2/3的省区发生过破坏性地震（主要分布在东北、华北、西南等地）。抗震、防震是地震区地基基础设计必须考虑的主要问题。通过本章学习，了解地震成因类型、相关知识以及抗震设计的基本原则。

第一节　软　土　地　基

一、淤泥类土的含义

淤泥类土又称软土类土或有机类土，是第四纪后期于沿海地区的滨海相、泻湖相、三角洲相和溺谷相；内陆平原或山区的湖相和冲积、洪积沼泽相静水或非常缓慢的流水环境中沉积，并经生物化学作用形成的饱和软黏性土。它富含有机质，天然含水量 ω 大于液限 ω_L，天然孔隙比 e 大于或等于1.0。其中：

当 $e\geqslant1.5$ 时，称淤泥（muck）；

当 $1.5>e\geqslant1.0$ 时，称淤泥质土（mucky soil），它是淤泥与一般黏性土的过渡类型。

当土中有机质含量≥5%，而≤10%时，称有机质土；当有机质含量>10%，≤60%以及>60%时，分别称为泥炭质土和泥炭。泥炭是未充分分解的植物遗体堆积而成的一种高有机土，呈深褐～黑色，其含水量极高，压缩性很大且不均匀，往往以夹层或透镜体构造存在于一般黏性土或淤泥质土层中，对工程极为不利。

二、淤泥类土的成因与分布

淤泥类土一般是在静水或缓慢流水环境中有微生物参与作用的条件下沉积形成的。在我国沿海地区、内陆平原、山区盆地及山前谷地，分布有各种淤泥类土。沿海沉积的淤泥类土分布广，厚度大，土质疏松软弱，大致可有四种成因类型：

(1) 泻湖相沉积，主要分布在浙江温州、宁波等地。地层较单一，厚度大，分布范围广，常形成海滨平原。

(2) 溺谷相沉积，主要分布在福州市闽江口地区。表层为耕土或人工填土，以及较薄的（2～5m）致密黏土，以下便为厚5～15m的高压缩性、低强度的淤泥类土。

(3) 滨海相沉积，主要分布在天津的塘沽新港和江苏连云港等地区。表层为3～5m厚的褐黄色亚黏土，以下便为厚达数十米的淤泥类土，常夹有由黏土和粉砂交错形成细微带状构造的粉砂薄层或透镜体。

(4) 三角洲相沉积，主要分布在长江三角洲、珠江三角洲等地区，属海陆相交替沉积，软土层分布宽阔，厚度均匀稳定，因海流与波浪作用，分选程度较差，多交错斜层理或不规则透镜体夹层。

内陆和山区湖盆地沉积的淤泥类土，分布零星，厚度较小，性质变化大。主要有三类：

(1) 湖相沉积，主要分布于滇池、洞庭湖、洪泽湖、太湖等地区。颗粒微细均匀，富含有机质，层较厚（一般10～20m，个别超过20m），不夹或很少夹砂层，常有厚度不等的泥炭夹层或透镜体。

(2) 河流漫滩相沉积，主要分布在长江、松花江中下游河谷附近。淤泥类土常夹于上层粉土、粉质黏土之中，呈袋状或透镜体，形状厚度变化大，一般厚度小于10m，下层常为砂层。这种淤泥类土为局部淤积，成分、厚度和性质变化较大。

(3) 牛轭湖相沉积，与湖相沉积相近，但分布较窄，且常有泥炭夹层，一般呈透镜体埋藏于一般冲积层之下。

山前谷地沉积有一类“山地型”淤泥类土，其分布、厚度及性质等变化均很大。它主要由当地泥灰岩、页岩、泥岩风化产物和地表有机物质，由水流搬运沉积于原始地形低洼处，经长期水泡软化及微生物作用而成。成因类型以坡洪积、湖积和冲积为主，主要分布于冲沟、谷地、河流阶地和各种洼地里，分布面积不大，厚度相差悬殊。通常冲积相土层很薄，土质较好；湖相土层中常有较厚的泥炭层，土质常比平原湖相还差；坡洪积最常见，性质介于前二者之间。

三、淤泥类土的组成与结构特征

淤泥类土的组成与结构特征是由其生成环境决定的。由于它形成于水流不畅通、饱和缺氧的静水盆地，这类土主要由黏粒和粉粒等细小颗粒组成。淤泥的黏粒含量较高，一般达30%～60%。黏粒的矿物成分以水云母和蒙脱石为主，有机质含量一般为5%～10%，最大达17%～25%。这些黏土矿物和有机质颗粒表面带有大量负电荷，与水分子作用非常强烈，因而在其颗粒外围形成很厚的结合水膜，且在沉积过程中由于粒间静电引力和分子引力作用，形成絮状和蜂窝状结构，所以淤泥类土含大量的结合水，并由于存在一定强度的粒间联结而具有显著的结构性。

四、淤泥类土的物理力学特性

淤泥类土是在特定的环境中形成的，以及具有上述特殊的粒度、矿物组成和结构特征，这便决定了它某些特殊的物理力学特性。

1. 高含水量和高孔隙比

淤泥类土的天然含水量总是大于液限。据统计，我国淤泥类土孔隙比常见值为1.0～2.0，最大达3.0～4.0。天然含水量一般为50%～70%，甚至更大，山区软土有时高达200%。其饱和度一般都超过95%。因而天然含水量与其天然孔隙比呈直线变化关系。其原状土常处于软塑状态，扰动土则成流动状态。淤泥类土的如此高含水量和高孔隙比特征是决定其压缩性和抗剪强度的重要因素。

2. 渗透性低

淤泥类土的透水性极弱，其渗透系数一般为 $1\times10^{-8}\sim1\times10^{-6}$ cm/s，而大部分滨海相和三角洲相软土地区，由于该土层中夹有数量不等的薄层或极薄层粉、细砂、粉土等，故在水平方向的渗透性较垂直方向要大得多。

3. 高压缩性

淤泥类土属高压缩性土，其压缩系数一般为 $0.7\sim1.5\text{MPa}^{-1}$，最大达 $4.5\ \text{MPa}^{-1}$（例如渤海海域），它随土的液限和天然含水量的增大而增高。

由于该类土具有上述高含水量、低渗透性及高压缩性等特性，因此，就其土质本身的因素（还有上部结构的荷重、基础面积和形状、加荷速度、施工条件等因素）而言，该类土在建筑荷载作用下的变形有如下特征：

(1) 变形大而不均匀。

在相同建筑荷载及其分布面积与形式条件下，软土地基的变形量比一般黏性土地基要大几倍至十几倍。因此上部荷重的差异和复杂的体型都会引起严重的差异沉降和倾斜，图 12-1 表明福州市某单位办公楼的差异沉降达 10 倍多，而即使在同一荷重及简单平面形式下，其差异沉降也有可能达到 50%以上（图 12-1）。

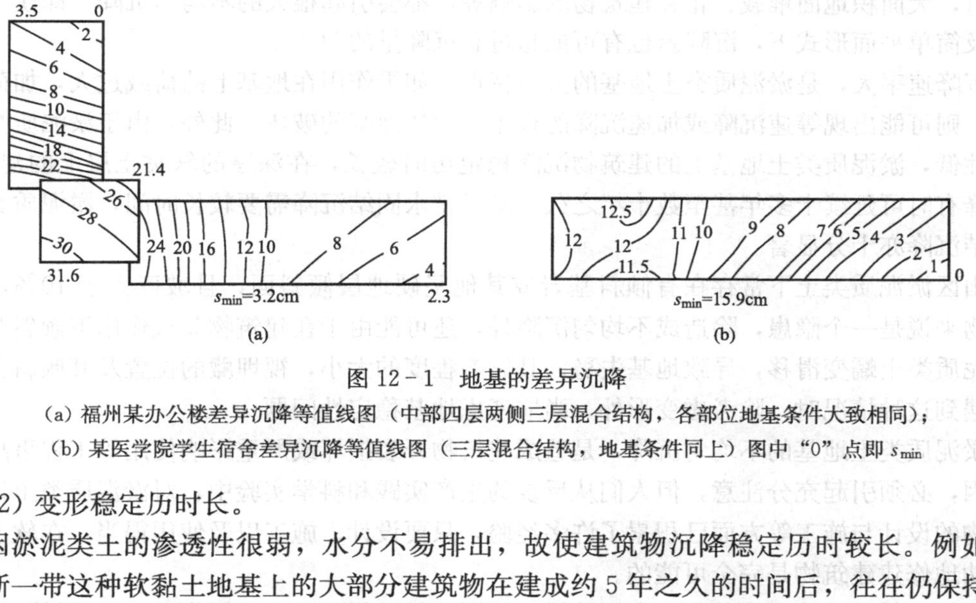

图 12-1　地基的差异沉降

(a) 福州某办公楼差异沉降等值线图（中部四层两侧三层混合结构，各部位地基条件大致相同）；

(b) 某医学院学生宿舍差异沉降等值线图（三层混合结构，地基条件同上）图中“0”点即 s_{min}

(2) 变形稳定历时长。

因淤泥类土的渗透性很弱，水分不易排出，故使建筑物沉降稳定历时较长。例如沿海闽、浙一带这种软黏土地基上的大部分建筑物在建成约 5 年之久的时间后，往往仍保持着每年 1cm 左右的沉降速率，其中有些建筑物则每年下沉 3～4cm。

4. 抗剪强度很低

与加荷速度和排水固结条件有关，通常在不排水条件下三轴快剪试验所得的抗剪强度值小，$\varphi\approx0$，$c<20$kPa，直剪试验摩擦角一般 2°～5°，c 值为 10～15kPa。排水条件下，抗剪强度随固结程度增大而增大。固结快剪所得值可达 10°～15°，c 值在 20kPa 左右。因此工程施工应注意加荷速度。

5. 较显著的触变性和蠕变性

由于淤泥类土的结构性在其强度的形成中占据相当重要的地位，则触变性也是它的一个突出的性质。我国东南沿海地区的三角洲相及滨海—泻湖相淤泥类土的灵敏度一般在4～10之间，个别达13～15。

淤泥类土的蠕变性是比较明显的。表现在长期恒定应力作用下，淤泥类土将产生缓慢的剪切变形，并导致抗剪强度的衰减。在固结沉降完成之后，软土还可能继续产生可观的次固结沉降。上海等地许多工程的现场实测结果表明，当土中孔隙水压力完全消散后，建筑物还继续沉降。

五、淤泥质类土作为地基的工程地质问题及防治措施

由于淤泥质类土具有压缩性高，强度低等特性，因此变形问题是淤泥质类土地基的一个主要问题，表现为建筑物的沉降量大而不均匀、沉降速率大以及沉降稳定历时较长等特点。

淤泥质类土地基上建筑物的沉降量通常是比较大的，特别是当地基上的压力超过比例界限值或施工时土被扰动。据统计，一般的三层房屋沉降量为15～20cm；四层以上变化很大，为20～50cm；其中五、六层的有的大于60cm。对于有吊车的一般工业厂房，其沉降量为20～40cm，而大型构筑物，如水池，料仓、储气柜、油罐等，其沉降量一般都大于50cm，甚至超过100cm。除了沉降量大外，如上部结构荷载差异大、建筑物体型复杂以及土层均匀性差时，大面积地面堆载、相邻建筑物的影响等，都会引起很大的不均匀沉降。即使在荷载均匀及简单平面形式下，沉降差也有可能超过总沉降量的50%。

沉降速率大，是淤泥质类土地基的又一特点。如果作用在地基上的荷载过大，加荷速率过快，则可能出现等速沉降或加速沉降的现象，导致地基的破坏。此外，由于淤泥质类土的渗透性低，淤泥质类土地基上的建筑物沉降稳定历时较长，在深厚的软黏土层上的建筑物，其沉降有时可延续十多年甚至数十年之久。除了排水固结沉降需要较长时间，淤泥质类土的次固结沉降亦十分显著。

山区淤泥质类土下常存在有倾斜基岩或其他坚硬地层倾斜面，且坡度大于10%，这对建筑物来说是一个隐患，除造成不均匀沉降外，还可能由于在建筑物荷载作用下倾斜基岩面上淤泥质类土蠕变滑移，导致地基失稳。其影响程度的大小，视埋藏的位置及其倾斜程度而定，遇到这种情况时，除考虑变形外，尚应考虑地基稳定性问题。

淤泥质类土地基的不均匀沉降，是造成建筑物开裂损坏或严重影响使用等工程事故的主要原因，必须引起充分注意，但人们从反复的生产实践和科学实验中，对淤泥质类土地基上建筑物的设计与施工等方面已积累了许多经验，只要设计、施工以及使用得当，在软土地基上成功地修建建筑物是完全可能的。

例如，某地冲填土地基上一大型油罐，如图12-2所示。表土层为4～5m厚的冲填土，下层为20余米厚的淤泥质类土。据载荷试验得冲填土的承载力为50kPa。油罐容积为20 000m^3，直径为40.6m，高度为15.89m，基底压力达17.3kN/m^2，远远超过了地基的容许承载力。油罐中心点的计算沉降量为2m，底板边缘的计算沉降约为中心点的一半。为解决地基承载力不足及减少使用阶段的沉降，利用油罐建成后试水阶段的水重作为荷载，对地基进行预压加固，并在底板下设砂垫层以利排水。为控制加荷速率，在底板四周设沉降观测点及量测土中孔隙压力变化的装置，按实测的孔隙压力变化及沉降稳定情况来控制油罐加载速率。待半数以上沉降观测点的沉降速率小于5mm/昼夜时，才进行下一级充水。前后进行了两次充水预压，预压期间的沉降为96cm（中心点），几乎达计算沉降的一半。投产使用后情况良好。这个成功的经验说明，掌握了软土的强度和变形特性，是可以成功地用来作为建筑物的天然地基的。

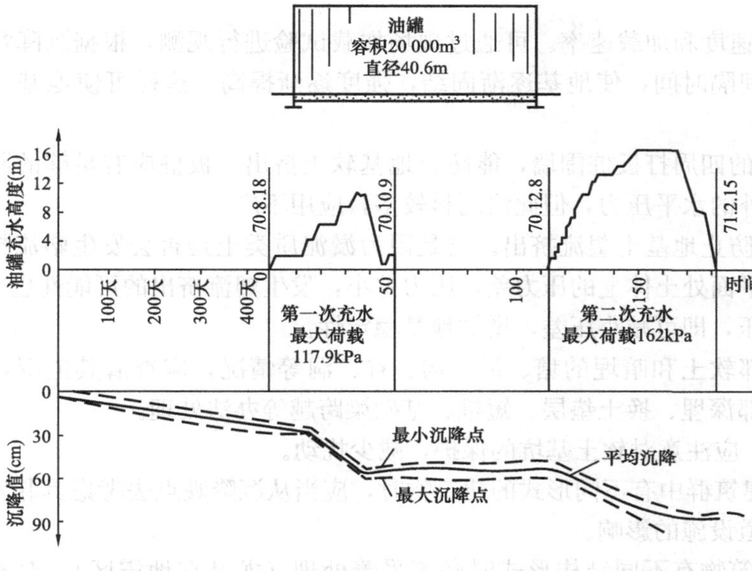

图 12-2　淤泥质类土地基上 20 000m³ 油罐充水预压试验

在淤泥质类土地基上修建建筑物时，应考虑上部结构与地基的共同工作。我国沿海一带软土地区，许多工程实践表明，考虑上部结构和地基的共同工作是一项十分成功的经验。如果仅从上部结构或地基单方面采取措施，往往不能获得既可靠又经济的效果，必须对建筑体型、荷载情况、结构类型和地质条件等进行综合分析，确定应采取的建筑措施、结构措施和地基处理方法，这样就可以减少软土地基上建筑物的不均匀沉降。现在对淤泥质类土地基设计中经常采取的一些措施介绍如下：

(1) 对于表层有密实土层（软土硬壳层）时，应充分利用作为天然地基的持力层，“轻基浅埋”是我国淤泥质类土地区总结出来的好经验。

(2) 减少建筑物作用于地基的压力，如采用轻型结构、轻质墙体，空心构件、设置地下室或半地下室等。具体措施有下列几种方法：

1) 对 3～6 层民用建筑采用薄筏基础，筏厚为 20～30cm。上部结构采用轻型结构，每层平均荷载为 10kN/m²，则基底压力为 40～70kN/m²。利用软土上部的“硬壳”层作为基础的持力层，可以减少施工期间对淤泥质类土的扰动。

2) 采用箱型基础。利用箱型基础排出的土重，减小地基的附加压力，同时还可利用箱型基础本身的刚度减小地基的不均匀变形。

(3) 当建筑物对变形要求较高时，采用较小的地基承载力。

(4) 铺设砂垫层。一方面可以减小作用在淤泥质类土上的附加压力，减少建筑物沉降，另一方面有利于淤泥质类土中水分的排除，缩短土层固结时间，使建筑物沉降较快地达到稳定。

(5) 采用砂井、砂井预压、电渗法等促使土层排水固结，以提高地基承载力。当黏土中夹有薄砂层或互层时，更有利于采用砂井预压加固的办法来减小土的压缩性，提高地基承载力。

(6) 当淤泥质类土地基加载过大过快时，容易发生地基土塑流挤出的现象，防止软土塑流挤出的措施有：

1) 控制施工速度和加载速率。可通过现场加载试验进行观测，根据沉降情况控制加载速率，掌握加载间隔时间，使地基逐渐固结，强度逐渐提高，这样可使地基土不发生塑流挤出。

2) 在建筑物的四周打板桩围墙，能防止地基软土挤出。板桩应有足够的刚度和锁口抗拉力，以抵抗向外的水平压力，但此法用料较多，应用不广。

3) 用反压法防止地基土塑流挤出。这是因为淤泥质类土是否会发生塑流挤出，主要取决于作用在基底平面处土体上的压力差，压力差小，发生塑流挤出的可能性也就减小。如在基础两侧堆土反压，即可减小压差，增加地基稳定性。

(7) 遇有局部软土和暗埋的塘、浜、沟、谷、洞等情况，应查清其范围，根据具体情况，采取基础局部深埋、换土垫层、短桩、基础梁跨越等办法处理。

(8) 施工时，应注意对软土基坑的保护，减少扰动。

(9) 当一个建筑群中有不同形式的建筑物时，应当从沉降观点去考虑其相互影响及其对地面下一系列管道设施的影响。

(10) 同一建筑物有不同结构形式时必需妥善处理（尤其在地震区），对不同的基础形式，上部结构必须断开。因为在地震中，软土上各类基础的附加下沉量是不同的。

(11) 在建筑物附近有大面积堆载或相邻建筑物过近，可采用桩基。

(12) 在建筑物附近或建筑物内开挖深基坑时，应考虑边坡稳定及降水所引起的问题。

(13) 在建筑物附近不宜采用深井取水，必要时应通过计算确定深井的位置及限制抽水并采取回灌的措施。

总之，淤泥质类土地基的变形和强度问题都是工程中必须十分注意的，尤其是变形问题。过大的沉降及不均匀沉降造成了淤泥质类土地区大量的工程事故，因此，在淤泥质类土地区进行设计与施工建筑物和构筑物时，必须从地基、建筑、结构、施工、使用等各方面全面地综合考虑，采取相应的措施，减小地基的不均匀沉降，保证建筑物的安全和正常使用。

第二节　湿陷性黄土地基

一、黄土和湿陷性黄土的基本概念

湿陷性黄土是我国一种主要的、分布较广的区域性土。研究湿陷性黄土的分布、特征和防治对于黄土地区的工程建设有重要意义。

黄土（loess），是第四纪干旱和半干旱气候条件下形成的一种特殊沉积物。黄土有如下基本特征：颜色多呈黄色、淡灰黄色或褐黄色；颗粒组成以粉土粒（其中尤以粗粉土粒，粒径为0.01～0.05mm）为主，占60%～70%，粒度大小较均匀，黏粒含量较少，一般仅占10%～20%；含碳酸盐、硫酸盐及少量易溶盐；含水量小，一般仅8%～20%；孔隙比大，一般在1.0左右，且具有肉眼可见的大孔隙；具有垂直节理，常呈现直立的天然边坡。

黄土按其成因可分为原生黄土和次生黄土。一般认为，具有上述特征，没有层理的风成黄土为原生黄土；原生黄土经过水流冲刷、搬运和重新沉积而形成的为次生黄土。次生黄土有坡积、洪积、冲积、坡积—洪积、冲积—洪积及冰水沉积等多种类型。次生黄土的结构强度一般较原生黄土为低，而湿陷性较高，一般不完全具备上述黄土特征，具有层理，并含有较多的砂粒以至细砾，故也称为黄土状土。

黄土和黄土状土在天然含水量时一般呈坚硬或硬塑状态，具有较高的强度和低的或中等压缩性，但遇水浸湿后，有的即使在其自重作用下也会产生剧烈而大量的沉陷（称为湿陷性），强度也随之迅速降低；而有些地区的黄土却不发生湿陷。可见，同是黄土，但遇水浸湿后的反应却有很大差别。

天然黄土在上覆土的自重压力作用下，或在上覆土的自重压力与附加压力共同作用下，受水浸湿后土的结构迅速破坏而显著附加下沉的，称为湿陷性黄土（collapsible loess）。否则，称为非湿陷性黄土。而非湿陷性黄土的工程性质接近一般黏性土，因此，分析、判断黄土是否属于湿陷性的、其湿陷性强弱程度、地基湿陷类型和湿陷等级，是黄土地区工程勘察与评价的核心问题。

二、湿陷性黄土的分布

黄土的分布很广，面积约 $63\times10^4\mathrm{km}^2$，其中湿陷性黄土约占3/4，遍及甘、陕、晋的大部分地区以及豫、宁、冀等部分地区。此外，新疆和鲁、辽等地也有局部分布。由于各地的地理、地质和气候条件的差别，湿陷性黄土的组成成分、分布地带、沉积厚度、湿陷特征和物理力学性质也因地而异，其湿陷性由西北向东南逐渐减弱，厚度变薄。

根据《湿陷性黄土地区建筑规范》（GB 50025—2004），按我国湿陷性黄土的工程地质特征，提出了“中国湿陷性黄土工程地质分布略图和参考表”，共划分出 7 个地区，分别为陇西地区、陇东—陕北—晋西地区、关中地区、山西—冀北地区、河南地区、冀鲁地区、边缘地区，目的是为了在工程建设中能考虑到各地区黄土性质的差异，便于因地制宜地搞好工程建设。

三、黄土湿陷性的形成与影响因素

1. 黄土湿陷性的形成原因

对黄土湿陷的原因和机理的各种不同论点，可以归纳为内因和外因两个方面。研究表明，黄土的结构特征及其物质组成是产生湿陷的内在因素；而水的浸润和压力作用是产生湿陷的外部条件。

黄土的结构是在形成黄土的整个历史过程中造成的，干旱和半干旱的气候是黄土形成的必要条件。季节性的短期降雨把松散的粉粒黏聚起来，而长期的干旱气候又使土中水分不断蒸发，于是，少量的水分连同溶于其中的盐类便集中在粗粉粒的接触点处。可溶盐类逐渐浓缩沉淀而成为胶结物。随着含水量的减少土粒彼此靠近，颗粒间的分子引力以及结合水和毛细水的连接力也逐渐加大，这些因素都增强了土粒之间抵抗滑移的能力，阻止了土体的自重压密，形成了以粗粉粒为主体骨架的多孔隙结构（图 12-3）。

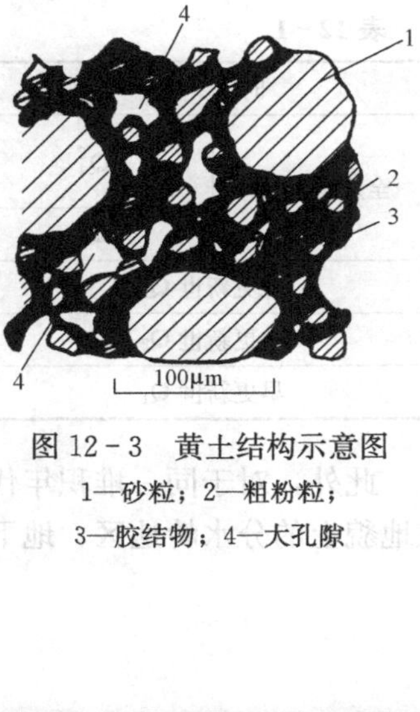

图 12-3　黄土结构示意图
1—砂粒；2—粗粉粒；3—胶结物；4—大孔隙

黄土结构中零星分布着较大砂粒，附于砂粒和粗粉粒表面的细粉粒和黏粒等胶体以及大量集合于大颗粒接触点处的各种可溶盐和水分子形成胶结性连接，从而构成了矿物颗粒的集合体。周边有几个颗粒包围着的孔隙就是肉眼可见的大孔隙。当黄土受水浸湿时，结合水膜增厚楔入颗粒之间，于是，结合水连接消失，盐类溶于水中，骨架强度随着降低，土体在上覆土层的自重压力或在自重压力与附加压力共同作用下，其结构迅速破坏，土粒向大孔滑移，粒间孔隙减少，从而导致大量的附加沉陷。这就是黄土湿陷现象的内在过程。

2. 黄土湿陷性的影响因素

黄土湿陷性强弱与其微结构特征、颗粒组成、化学成分等因素有关，在同一地区，土的湿陷性又与其天然孔隙比和天然含水量有关，并取决于浸水程度和压力大小。

根据对黄土和微结构的研究，黄土中骨架颗粒的大小、含量和胶结物的聚集形式，对于黄土湿陷性的强弱有重要影响。骨架颗粒愈多，彼此接触，则粒间孔隙大，胶结物含量较少，成薄膜状包围颗粒，粒间连接脆弱，因而湿陷性愈强；相反，骨架颗粒较细，胶结物丰富，颗粒被完全胶结，则粒间连接牢固，结构致密，湿陷性弱或无湿陷性。

黄土中黏土粒的含量愈多，并均匀分布在骨架颗粒之间，则具有较大的胶结作用，土的湿陷性愈弱。

黄土中的盐类，如以较难溶解的碳酸钙为主而具有胶结作用时，湿陷性减弱，而石膏及易溶盐含量愈大，土的湿陷性愈强。

影响黄土湿陷性的主要物理性质指标为天然孔隙比和天然含水量。当其他条件相同时，黄土的天然孔隙比愈大，则湿陷性愈强。实际资料表明：西安地区的黄土，如 $e<0.9$，则一般不具湿陷性或湿陷性很小；兰州地区的黄土，如 $e<0.86$，则湿陷性一般不明显。黄土的湿陷性随其天然含水量的增加而减弱。

在一定的天然孔隙比和天然含水量情况下，黄土的湿陷变形量将随浸湿程度和压力的增加而增大，但当压力增加到某一个定值以后，湿陷量却又随着压力的增加而减少。

黄土的湿陷性从根本上与其堆积年代和成因有密切关系。我国黄土按形成年代的早晚，有老黄土和新黄土之分。黄土形成年代愈久，由于盐分溶滤较充分，固结成岩程度大，大孔结构退化，土质愈趋密实，强度高而压缩性小，湿陷性减弱甚至不具湿陷性。反之，形成年代愈短，其特性正好相反（表 12－1）。这充分反映了我国黄土的地层年代划分及其湿陷性特征。按成因而言，风成的原生黄土及暂时性流水作用形成的洪积、坡积黄土均具有大的孔隙性，且可溶盐未及充分溶滤，故均具有较大的湿陷性，而冲积黄土一般湿陷性较小或无湿陷性。

表 12－1　　黄土的地层划分

<table>
<tr><th colspan="2">时　代</th><th colspan="3">地 层 名 称</th><th>说　明</th></tr>
<tr><td rowspan="2">全新世 Q_4</td><td>Q_4^2</td><td>—</td><td>新近堆积黄土</td><td rowspan="3">新黄土</td><td>一般有湿陷性，常具有高压缩性</td></tr>
<tr><td>Q_4^1</td><td>—</td><td rowspan="2">一般湿陷性黄土</td><td rowspan="2">有湿陷性</td></tr>
<tr><td colspan="2">晚更新世 Q_3</td><td>马兰黄土</td></tr>
<tr><td colspan="2">中更新世 Q_2</td><td>离石黄土</td><td>—</td><td rowspan="2">老黄土</td><td rowspan="2">一般无湿陷性</td></tr>
<tr><td colspan="2">早更新世 Q_1</td><td>午城黄土</td><td>—</td></tr>
</table>

此外，对于同一堆积年代和成因的黄土的湿陷性强烈程度还与其所处环境条件有关。如在地貌上的分水岭地区、地下水位深度愈大的地区的黄土，湿陷性愈大；埋藏深度愈小而土

层厚度愈大的，湿陷影响愈强烈。

四、湿陷性黄土的地基评价

在湿陷性黄土地区进行工程建设，正确评价地基的湿陷性，具有重大实际意义。黄土地基的湿陷性评价一般包括下述三方面内容：判定地基土是湿陷性的还是非湿陷性的，据此确定湿陷性黄土层的总厚度及其在平面上的分布范围；如果是湿陷性黄土，还要判定场地是自重湿陷性的还是非自重湿陷性的，在其他条件都相同的情况下，自重湿陷性黄土地基受水浸湿后的浸湿事故较非自重湿陷性黄土地基更为严重；判定湿陷性黄土地基的湿陷等级，也就是在规定的压力作用下，建筑物地基充分浸水时的湿陷变形，它近似地反映了地基的湿陷程度。

（一）黄土湿陷性的判定

1. 按湿陷系数 δ_s 划分

判别黄土是否具有湿陷性，可根据室内压缩试验，在一定压力下测定的湿陷系数 δ_s 来判定。湿陷系数 δ_s 是指天然土样单位厚度的湿陷量，应按下式计算

$$\delta_s = \frac{h_p - h_p'}{h_0} \tag{12-1}$$

式中 h_p——保持天然湿度和结构的土样，加至一定压力时，下沉稳定后的高度，mm；

h_p'——上述加压稳定后的土样，在浸水（饱和）作用下，附加下沉稳定后的高度，mm；

h_0——试样的原始高度，mm。

当 $\delta_s < 0.015$ 时，定为非湿陷性黄土；

当 $\delta_s \geqslant 0.015$ 时，定为湿陷性黄土。

《湿陷性黄土地区建筑规范》（GB 50025—2004）采用 0.015 作为划分湿陷性与非湿陷性黄土的界限值，是根据大量室内试验、野外测试和建筑物实际调查综合考虑确定的。关于测定湿陷系数的压力，规范规定，自基础底面算起（如基底标高不确定时，自地面下 1.5m 算起），10m 内的土层应用 200kPa，10m 以下至非湿陷性土层顶面，应用其上覆土的饱和自重压力（当大于 300kPa 时，仍用 300kPa）。但当基底压力大于 300kPa 时，宜按实际压力测定的湿陷系数值判定黄土的湿陷性。

2. 按自重湿陷系数 δ_{zs} 划分

湿陷性黄土可分为自重湿陷性和非自重湿陷性黄土两种类型。湿陷性黄土受水浸湿后，在其自重压力下发生湿陷性的，称为自重湿陷性黄土；而在其自重压力和附加压力共同作用下才发生湿陷的，称为非自重湿陷性黄土。

划分自重湿陷性黄土和非自重湿陷性黄土，应按室内浸水压缩试验在上覆土的饱和自重压力下测定的自重湿陷系数 δ_{zs} 进行判定。

自重湿陷系数应按下式计算

$$\delta_{zs} = \frac{h_z - h_z'}{h_0} \tag{12-2}$$

式中 h_z——保持天然湿度和结构的土样，加压至该试样上覆土的饱和自重压力时，下沉稳定后的高度，mm；

h_z'——上述加压稳定后的试样，在浸水（饱和）作用下，附加下沉稳定后的高

度，mm；

h_0——试样的原始高度，mm。

当 $\delta_{zs}<0.015$ 时，定为非自重湿陷性黄土；

当 $\delta_{zs}\geqslant 0.015$ 时，定为自重湿陷性黄土。

将湿陷性黄土划分为自重湿陷性黄土和非自重湿陷性黄土对工程建筑的影响具有明显的现实意义。例如，在自重湿陷性黄土地区修筑渠道初次放水时就产生地面下沉，两岸出现与渠道平行的裂缝；管道漏水后由于自重湿陷可导致管道折断；路基受水后由于自重湿陷而发生局部严重坍塌；地基土的自重湿陷往往使建筑物发生很大裂缝或使砖墙倾斜，甚至使一些很轻的建筑物也受到破坏。而在非自重湿陷性黄土地区这种现象极少见。所以，在这两种不同湿陷性黄土地区建筑房屋，采取的地基设计、地基处理、防护措施及施工要求等方面均有很大差别。

（二）湿陷类型的划分

工程实践表明，自重湿陷性黄土场地的湿陷事故较多，而且对建筑物的危害较大，因此，正确划分建筑场地的湿陷类型是非常重要的。划分建筑场地的湿陷类型，目前有两种方法：

（1）按计算自重湿陷量 Δ_{zs} 划分，有时还需要结合场地地貌、地质条件和当地建筑经验综合判定。

（2）按实测自重湿陷量 Δ'_{zs} 划分。

1．按浸水试验实测自重湿陷量划分

在工程现场挖掘深 0.5m，边长或直径不小于 10m 的试坑，进行浸水，可直接测出自重湿陷性黄土地基的实际自重湿陷量 Δ'_{zs}。

当实测或计算自重湿限量小于或等于 70mm 时，定为非自重湿陷性黄土场地；

当实测或计算自重湿限量大于 70mm 时，定为自重湿陷性黄土场地；

当自重湿陷量的实测值和计算值出现矛盾时，应按自重湿陷量的实测值判定。

以 7cm 作为判断建筑场地湿陷类型的界限值是根据自重湿陷性黄土地区的建筑物调查资料确定的。现场试坑浸水判别建筑场地湿陷类型的方法虽然比较直接反映现场情况，但由于耗水量较多，浸水时间较长（一个月以上），有时不具备浸水试验条件，有的受工期限制，故只有对新建地区的甲、乙类重要的建筑工程才宜进行，而对一般工程只用计算自重湿陷量判定。

2．按计算自重湿陷量划分

计算自重湿陷量 Δ_{zs} 应根据不同深度土样的自重湿陷系数 δ_{zs}，按下式计算

$$\Delta_{zs}=\beta_0\sum_{i=1}^{n}\delta_{zsi}h_i \tag{12-3}$$

式中 δ_{zsi}——第 i 层土的自重湿陷系数；

h_i——第 i 层土的厚度，mm；

β_0——因地区土质而异的修正系数，在缺乏实测资料时，可按下列规定取值：

1）陇西地区取 1.50；

2）陇东—陕北—晋西地区取 1.20；

3）关中地区取 0.7；

4）对其他地区可取 0.5。

计算自重湿陷量 Δ_{zs} 的累计，应自天然地面（当挖、填方的厚度和面积较大时，自设计地面）算起，至其下全部湿陷性黄土层的顶面为止，其中自重湿陷系数 δ_{zs} 小于 0.015 的土层不累计。

用计算自重湿陷量确定建筑场地的湿陷类型比较简便，不受现场条件限制，缺点是土样易受扰动，尤其地层不均匀时，试验误差较大。

（三）湿陷等级的划分

湿陷性黄土地基湿陷的强烈程度，以按分级湿陷量划分的湿陷等级表示。湿陷等级高，地基受水浸湿时可能发生的湿陷变形大，对建筑物的危害性也较严重；湿陷性等级低，地基受水浸湿时可能发生的湿陷变形小，对建筑物的危害也较轻。分级湿陷量的大小取决于基础底面下各黄土层的湿陷性质（即湿陷系数），并与累计湿陷量的计算深度有关。因此，对不同的湿陷等级，则首先要解决可能被水浸湿和产生湿陷的湿陷性黄土层的厚度以及湿陷等级界限值的合理确定。

按《湿陷性黄土地区建筑规范》（GB 50025—2004），湿陷性黄土地基受水浸湿饱和至下沉稳定为止的总湿陷量 Δ_s 的计算式为

$$\Delta_s = \sum_{i=1}^{n} \beta \delta_{si} h_i \qquad (12-4)$$

式中　δ_{si}——第 i 层土的湿陷系数；

h_i——第 i 层土的厚度，mm；

β——考虑基底下地基土的受水浸湿可能性和侧向挤出等因素的修正系数，在缺乏实测资料时，可按下列规定取值：

1）基底下 0～5m 深度内，取 1.50。

2）基底下 5～10m 以下，取 1。

3）基底下 10m 以下至非湿陷性黄土顶面，在自重湿陷黄土场地，可取工程所在地区的 β_0。

总湿陷量应自基础底面（初步勘察时，自地面下 1.5m）算起；在非自重湿陷性黄土场地，累计至基底下 10m（或地基压缩层）深度止；在自重湿陷性黄土场地，累计至非湿陷黄土层的顶面止。其中湿陷系数 δ_s（10m 以下为 δ_{zs}）小于 0.015 的土层不累计。

湿陷性黄土地基的湿陷等级，应根据湿陷量的计算值和自重湿陷量的计算值等因素，按表 12-2 判定。

表 12-2　湿陷性黄土地基的湿陷等级

湿陷类型 / 总湿陷量 Δ_s（mm）	非自重湿陷性场地	自重湿陷性场地	
		计算自重湿陷量（mm）	
	$\Delta_{zs} \leqslant 70$	$70 < \Delta_{zs} < 350$	$\Delta_{zs} > 350$
$\Delta_s \leqslant 300$	Ⅰ（轻微）	Ⅱ（中等）	—
$300 < \Delta_s \leqslant 700$	Ⅱ（中等）	Ⅱ（中等）或Ⅲ（严重）	Ⅲ（严重）
$\Delta_s > 700$	Ⅱ（中等）	Ⅲ（严重）	Ⅳ（很严重）

注　当湿陷量 $\Delta_s > 600$mm，自重湿陷量的计算值 $\Delta_{zs} > 300$mm 时，可判为Ⅲ级，其他情况可判为Ⅱ级。

五、湿陷性黄土的改良与处理

湿陷性黄土地基的变形包括压缩变形和湿陷变形两种。压缩变形是在土的天然含水量下由于建筑物的荷载所引起，随时间增长而逐渐衰减，并很快趋于稳定（一般在建筑物竣工后半年到一年时间）。当基底压力不超过地基土的容许承载力时，地基的压缩变形很小，大都在其上部结构的容许变形值范围以内，不会影响建筑物的安全和正常使用。湿陷变形是由于地基被水浸湿所引起的一种附加变形，往往是局部和突然发生的，而且很不均匀，对建筑物的破坏性较大，危害性较严重。因此，在湿陷性黄土地区，为了确保建筑物的安全和正常使用，必须对湿陷性黄土进行改良和处理。

在湿陷性黄土地区，国内外采用的地基处理方法有重锤表层夯实、强夯、垫层、挤密桩、热处理、预浸水、水下爆破、化学加固和桩基础等。我国又以重锤夯实、土（或灰土）垫层、土（或灰土）桩挤密和桩基础用得较多，经验也较丰富。强夯法近年来也得到了推广，其他方法用得很少，或者还未用过。化学加固法多用于湿陷事故的处理。下面介绍几种常用的处理湿陷性黄土地基的方法。

1. 灰土垫层

灰土垫层是处理湿陷性黄土地基的传统方法，它具有一定的胶凝强度和水稳定性，在基础压力作用下以一定的刚性角（$\varphi\approx34°$）向外扩散应力，因而常做刚性基础的底脚。如能保证施工质量，承载力可达 300～400kPa（较天然地基提高 2～3 倍）。灰土垫层的厚度一般为 1～3m，有时其下改用素土垫层（1/3～2/3 垫层厚度），以节约造价。若湿陷性黄土层或其他软弱土层不厚，且有较好的下卧层时，采用灰土垫层可获得良好的经济效益和技术效益。

2. 重锤表层夯实

重锤表层夯实是在基坑（槽）内的基础底面标高以上待夯实的天然土层上进行。它与土垫层相比，可少挖土方工程量，而且不需回填，其夯实土层和土垫层作用基本相同。

重锤表层夯实适用于处理饱和度不大于 60%的湿陷性黄土地基。一般采用 2.5～3t 的重锤，落距 4～4.5m，可以消除基底下 1.2～1.75m 的黄土湿陷性。在夯实层范围内，土的物理力学性质获得显著改善：平均干重度明显增大，压缩性降低，湿陷性消除，透水性减弱，承载力提高。非自重湿陷性黄土地基，其湿陷起始压力值较大，当用重锤处理部分湿陷性黄土层后，即可减少甚至消除地基的湿陷变形。因此，在非自重湿陷性黄土场地采用重锤表层夯实的优越性更为明显。河南三门峡某印刷厂的漂染车间，湿陷性黄土层的厚度为 14m，属Ⅱ级非自重湿陷性黄土地基，有大量的生产用水，地面直接受水浸湿。为此，采用了重锤表层夯实处理地基，有效夯实深度为 1.75m。建成投产已 20 余年，基本没有因地基受水浸湿而发生湿陷事故，保证了建筑物的安全和正常使用。

3. 强夯法

强夯法是将 8～40t 的重锤（最重的达 200t）起吊到 10～20m 高处（最大的达 40m）而后自由下落，对土进行强力夯实，以提高其强度，降低其压缩性和消除其湿陷性。它是在重锤夯实的基础上发展起来的一种新的地基处理方法。从 1979 年以来，在我国应用越来越广泛，其施工简单，效率高，工期短，但施工时振动和噪声较大。

强夯法处理土层厚度一般用梅纳提出的估算公式

$$Z = a\sqrt{QH} \tag{12-5}$$

式中　Z——消除湿陷土层的厚度，m；

　　Q——夯锤重力，kN；

　　H——夯锤落距，m；

　　a——因土质而异的修正系数，一般取 0.3～0.5，土的含水量适中时取大值，其他情况可取小值。

4. 灰土挤密桩

灰土挤密桩是处理大厚度湿陷性黄土地基的方法之一，灰土挤密桩的作用是挤密桩周围的土体，降低或消除成桩深度内地基土的湿陷性，提高承载力。实践证明，经灰土挤密桩处理后的地基，具有较高的承载力和较小的变形量，适用于处理新近堆积黄土和湿陷性黄土地基，处理深度可达 5～15m，处理后复合地基的标准承载力可达 150～250kPa，压缩模量 E_0＝25～36kPa。

灰土挤密桩一般适用于加固地下水位以上湿陷性黄土地基。地基土的含水量是灰土挤密桩加固效果的关键，以控制到最优含水量为佳。桩间距应控制在 2.0～3.0d（桩径）范围。

5. 灌注桩和预制桩

湿陷性黄土地区采用桩基础的目的，是将桩穿过湿陷性黄土层，落在其下坚实的非湿陷性土层中，以便安全支承从上部结构传来的荷载。按施工方法可分为打入式钢筋混凝土预制桩和就地浇灌的钢筋混凝土灌注桩。在选择桩的类型时，除考虑场地的湿陷类型、湿陷性黄土层厚度、持力层土的物理力学性质和容许承载力外，还要考虑地下水位、施工现场与已有建筑物的距离、地下管网的分布情况以及施工条件等。

根据我国湿陷性黄土地区采用桩基础十几年来的工程实践证明，桩基础虽增加了钢材和水泥用量，造价较高，但安全可靠，能确保地基受水浸湿时不发生湿陷事故。因此，对于荷载大或地基受水浸湿可能性大的主要建筑物，采用桩基础是合理的。

6. 化学加固法

化学加固法是将一种或多种化学溶液，通过注液管，以外加压力或自流方式轮番注入土中，溶液本身或溶液与土中化学成分产生化学反应，生成凝胶，将松散的土粒或土粒集合体胶结成为整体，从而提高土的强度，消除湿陷性，降低透水性。在建筑物地基处理、地下构筑物（如隧道、矿井）和水坝地基的防渗、堵漏工程中应用较多。

注入浆液的材料主要有硅酸钠（又称水玻璃）、氯化钙、氢氧化钠、铝酸钠、丙烯酰铵、铬木素纸浆废液以及水泥浆等。由于有些化学溶液成本太高，只在矿井、水坝或铁路隧道工程中采用，在建筑工程部门采用的主要是水玻璃、氢氧化钠等溶液。

除上述几种方法外，预浸水、热加固、水下爆破、电火花加固等，也曾用于湿陷性黄土地基的处理。

第三节　膨 胀 土 地 基

一、膨胀土的分布与研究意义

膨胀土（expansive soil），是指土中黏粒成分主要由亲水性矿物组成，同时具有显著的吸水膨胀和失水收缩两种变形特性，及胀缩变形往复可逆的高塑性黏土。

膨胀土在我国的分布较广，我国是世界上膨胀土分布广、面积大的国家之一，据现有资料，在广西、云南、湖北、河南、安徽、四川、河北、山东、陕西、浙江、江苏、贵州和广东等地均有不同范围的分布。按其成因大体有残积—坡积、湖积、冲积—洪积和冰水沉积等四个类型，其中以残、坡积型和湖积型胀缩性最强。从形成年代看，一般为上晚更新世（Q_3）及其以前形成的土层。从分布的气候条件看，在亚热带气候区的云南、广西等地的膨胀土与全国其他温带地区者比较，胀缩性明显强烈。

膨胀土一般强度较高，压缩性低，易被误认为较好的天然地基，可是当土体受水浸湿和失水干燥后，土体具有膨胀和收缩特性。在膨胀土地区进行工程建筑，如果不采取必要的设计和施工措施，会导致大批建筑物的开裂和损坏，并往往形成坡地建筑场地崩塌、滑坡、地裂等严重的不稳定因素。

二、膨胀土的工程地质特征

（一）膨胀土现场工程地质特征

1. 地形、地貌特征

膨胀土多分布于Ⅱ级以上的河谷阶地或山前丘陵地区，个别处于Ⅰ级阶地。在微地貌方面有如下共同特征：呈垄岗式低丘，浅而宽的沟谷，地形坡度平缓，无明显的自然陡坎；人工地貌，如沟渠、坟墓、土坑等很快被夷平，或出现剥落、“鸡爪冲沟”；在池塘、库岸、河溪边坡地段常有大量坍塌或小滑坡发生；旱季地表出现地裂，长数米至数百米、宽数厘米至数十厘米，深数米，特点是多沿地形等高线延伸，雨季闭合。

2. 土质特征

颜色呈黄、黄褐、灰白、花斑（杂色）和棕红等色。

多为高分散的黏土颗粒组成，常有铁锰质及钙质结核等零星包含物，结构致密细腻。一般呈坚硬或硬塑状态，但雨天浸水剧烈变软。

近地表部位常有不规则的网状裂隙。裂隙面光滑，呈蜡状或油脂光泽，时有擦痕或水迹，并有灰白色黏土（主要为蒙脱石或伊利石矿物）充填，在地表部位常因失水而张开，雨季又会因浸水而重新闭合。

（二）膨胀土的物理、力学及胀缩性指标

(1) 黏粒含量多达35%～85%。其中粒径<0.002mm的胶粒含量一般也在30%～40%范围。液限一般为40%～50%。塑性指数多在22～35之间。

(2) 天然含水量接近或略小于塑限，常年不同季节变化幅度为3%～6%，故一般呈坚硬或硬塑状态。

(3) 天然孔隙比小，变化范围常为0.50～0.80，云南的较大，为0.7～1.20。同时，其天然孔隙比随土体湿度的增减而变化，即土体增湿膨胀，孔隙比变大；土体失水收缩，孔隙比变小。

(4) 自由膨胀量一般超过40%，也有超过100%的。

各地膨胀土的膨胀率、膨胀力和收缩率等指标的试验结果的差异很大。例如就膨胀力而言，同一地点同一层土的膨胀力在河南平顶山为6～550kPa，一般值也在30～250kPa；云南蒙自为10～220kPa，一般值在10～80kPa。同样，收缩率值：平顶山2.7%～8%；蒙自4%～15%。这是因为这些试验是在天然含水量的条件下进行的，而同一地区土的天然含水量随季节及其环境条件而变化。实验证明，当膨胀土的天然含水量小于其最佳含水量（或塑限）之后，每减少3%～5%，其膨胀力可增大数倍，收缩率则大为减小。

(5) 关于膨胀土的强度和压缩性。

膨胀土在天然条件下一般处于硬塑或坚硬状态，强度较高，压缩性较低，但这种土往往由于干缩，裂隙发育呈现不规则网状与条带状结构，破坏了土体的整体性，降低承载力，并可使土体丧失稳定性。这一点，特别对浅基础、重荷载的情况，不能单纯从“平衡膨胀力”的角度，或小块试样的强度考虑膨胀土地基的整体强度问题。

同时，当膨胀土的含水量剧烈增大（例如，由于地表浸水或地下水位上升）或土的原状结构被扰动时，土体强度会骤然降低，压缩性增高。这显然是由于土的内摩擦角和内聚力都相应减小及结构强度破坏的缘故。已有的国内外技术资料表明，膨胀土被浸湿后，其抗剪强度将降低 1/3～2/3。而由于结构破坏，将使其抗剪强度减小 2/3～3/4，压缩系数增高 1/4～2/3。

三、膨胀土的判别与膨胀潜势分析

1. 膨胀土的判别

膨胀土的判别，是解决膨胀土问题的前提。因为只有确认了膨胀土及其胀缩性等级，才可能有针对性地研究、确定需要采取的防治措施问题。

膨胀土的判别方法，应采用现场调查与室内物理性质和胀缩特性试验指标鉴定相结合的原则。即首先必须根据土体及其埋藏、分布条件的工程地质特征和建于同一地貌单元的已有建筑物的变形、开裂情况作初步判断；然后再根据试验指标进一步验证，综合判别。

凡具有前述土体的工程地质特征以及已有建筑物变形、开裂特征的场地，且土的自由膨胀率大于或等于 40%的土，应判定为膨胀土。

如何判别膨胀土，国内外有许多不同的标准，主要都是围绕着土的胀缩因素去综合考虑。膨胀土的综合判别标准如表 12-3 所示。

表 12-3　膨胀土的某些判定标准

指标名称	自由膨胀率（%）	液限（%）	活动性指标	压密指数（K_d）	缩限（%）	体缩率（%）	膨胀率（无荷载）（%）
界限值	＞40	＞40	＞0.5	＞0.5	＜12	＞10	＞4

注　$K_d=(e_L-e)/(e_L-e_p)$，式中 e_L，e_p，e 分别为液限、塑限和天然状态的孔隙比。

2. 膨胀土的膨胀潜势

我国《膨胀土地区建筑技术规范》（GB 50112—2013）对膨胀土的膨胀潜势按其自由膨胀率分为三类（表 12-4）。

表 12-4　膨胀土的膨胀潜势类别

自由膨胀率 δ_{ef}（%）	膨胀潜势	自由膨胀率 δ_{ef}（%）	膨胀潜势
$40\leqslant\delta_{ef}<65$	弱	$\delta_{ef}\geqslant90$	强
$65\leqslant\delta_{ef}<90$	中		

四、影响膨胀土胀缩变形的主要因素

（一）影响土体胀缩变形的主要内在因素

1. 矿物成分

膨胀土主要由蒙脱石、伊利石等强亲水性矿物组成。蒙脱石矿物亲水性更强，具有既易吸水又易失水的强烈活动性。伊利石亲水性比蒙脱石低，但也有较高的活动性。蒙脱石矿物吸附外来的阳离子的类型对土的胀缩性也有影响，如吸附钠离子（钠蒙脱石）就具有特别强烈的胀缩性。

2. 黏粒的含量

由于黏土颗粒细小，比面积大，因而具有很大的表面能，对水分子和水中阳离子的吸附能力强。因此，土中黏粒含量愈多，则土的胀缩性愈强。

3. 土的初始密度和含水量

土的胀缩表现于土的体积变化。对于含有一定数量的蒙脱石和伊利石的黏土来说，当其在同样的天然含水量条件下浸水，天然孔隙比愈小，土的膨胀愈大，而收缩愈小。反之，孔隙比愈大，收缩愈大。因此，在一定条件下，土的天然孔隙比（密实状态）是影响胀缩变形的一个重要因素。此外，土中原有的含水量与土体膨胀所需的含水量相差愈大时，则遇水后土的膨胀愈大，而失水后土的收缩愈小。

4. 土的结构强度

结构强度愈大，土体抵制胀缩变形的能力也愈大。当土的结构受到破坏以后，土的胀缩性随之增强。

（二）影响土体胀缩变形的主要外部因素

1. 气候条件

从现有的资料分析，膨胀土分布地区年降雨量的大部分一般集中在雨季，继之是延续较长的旱季。如建筑场地潜水位较低，则表层膨胀土受大气影响，土中水分处于剧烈的变动之中。在雨季，土中水分增加，在干旱季节则减少。房屋建造后，室外土层受季节性气候影响较大。因此，基础的室内外两侧土的胀缩变形有明显差别，有时甚至外缩内胀，致使建筑物受到反复的不均匀变形的影响，从而导致建筑物的开裂。

据野外实测资料表明，季节性气候变化对地基土中水分的影响随深度的增加而递减。因此，确定建筑物所在地区的大气影响深度对防治膨胀土的危害具有实际意义。

2. 地形地貌条件

如在丘陵区和山前区，不同地形和高程地段地基土的初始状态及其受水蒸发条件不同，因此，地基土产生胀缩变形的程度也各不相同。建在高旷地段膨胀土层上的单层浅基建筑物裂缝最多，而建在低洼处、附近有水田水塘的单层房屋裂缝就少。这是由于高旷地带蒸发条件好，地基土容易干缩，而低洼地带土中水分不易散失，且补给有源，湿度较能保持相对稳定。

3. 日照、通风的影响

膨胀土地区地基上建筑物的开裂情况的许多调查资料表明，房屋向阳面，即南、西、东，尤其是南、西两面开裂较多，背阳面即北面开裂很少，甚至没有。

4. 建筑物周围树木的影响

在炎热和干旱地区，建筑物周围的阔叶树（特别是不落叶的桉树）对建筑物的胀缩变形造成不利影响。尤其在旱季，当无地下水或地表水补给时，由于树根的吸水作用，会使土中的含水量减少，更加剧了地基土的干缩变形，使近旁有成排树木的房屋产生裂缝。

5. 局部渗水的影响

对于天然湿度较低的膨胀土，当建筑物内、外有局部水源补给（如水管漏水、雨水和施工用水未及时排除）时，必然会增大地基胀缩变形的差异。

另外，在膨胀土地基上建造冷库或高温构筑物，如无隔热措施，也会因不均匀胀缩变形而开裂。

五、膨胀土地基的稳定性问题

位于坡地场地上的建筑物地基，在下列情况下，其地基设计除按变形控制外，尚应验算地基的稳定性：有较大的挖填方地段；边坡坡度大于14°；房屋基础离坡间距离较小；坡肩土体裂隙发育或有产生地裂的可能性；有时坡度虽然较小，但遇顺坡向层状构造土层，仍有顺层滑动的可能。

在坡地上建造建筑时，除一般验算坡体的稳定性外，尤需考虑坡体的水平移动和坡体内土的含水量变化对建筑物的影响。这种影响主要来自下列方面：挖填方过大时，土体原来的含水量会发生变化；由于平整场地破坏了原有地貌、自然排水系统和原来植被，土中含水量将因蒸发而大量减少，土体强烈干缩，如遇降雨，局部土体又会发生大量膨胀；沿坡面及坡肩附近的土层受多向蒸发作用，大气影响深度将远大于离坡肩较远的土层；坡比较陡时，旱季会出现裂缝、崩塌，降雨后，雨水顺裂缝渗入坡体，则可能出现浅层滑动，久旱之后的降雨，往往造成坡体滑动。

所以，治理山区地基边坡的经验是在修建建筑物前，必须采取先治坡的措施。治坡包括排除地面水和地下水、设置支挡和设置护坡三个方面。护坡对膨胀土边坡的作用不仅是防止冲刷，更重要的是保持坡体内含水量的稳定。

六、膨胀土地基的改良方法

选择膨胀土地基的改良方法，必须研究膨胀土膨胀性的影响因素。根据上述研究，影响膨胀土膨胀性的主要因素是：膨胀性黏土矿物的含量、类型及其吸附的交换阳离子类型，膨胀性黏土矿物含量越高，它吸附交换阳离子价数越低，膨胀性越强；土中孔隙溶液中阳离子的浓度，孔隙溶液中阳离子的浓度越高，膨胀性越低；土的结构，主要与颗粒间的连接方式有关，若颗粒间的连结为水稳定性的同相连接和胶结连接，则结合水膜的楔入力无法破坏这种连接，因此土体便不产生膨胀，这种稳定性的连接，在土中占的比例越高，土体膨胀性越低。改变上述影响因素的任一项，都可以起到降低膨胀性的改良作用。

依据加入的改良材料与膨胀土反应与否，可将改良方法分为两大类：

(1) 物理改良方法，即掺入的改良材料不与膨胀土反应，仅是靠掺入量的多少来降低膨胀土中膨胀性物质所占比例的改良方法，如掺入砂、卵石、粉煤灰等。

(2) 化学改良方法，即掺入的改良材料与膨胀土产生一些化学反应，通过这些反应来消除膨胀性，提高土的强度，如在土中掺入石灰、水泥等。

石灰是最常用的改良膨胀土的材料，其改良机理是借助于石灰与膨胀土产生如下反应：石灰提供了大量的Ca^{2+}离子与膨胀土黏土矿物吸附的交换阳离子K^+、Na^+等进行交换，使其吸附的阳离子价数增高，因而膨胀性降低；$Ca(OH)_2$与土中游离氧化物（SiO_2、Al_2O_3、Fe_2O_3）反应生成不溶于水的胶结物（$CaSiO_3$、$Ca_2Al_2O_4$等）对颗粒起胶结作用，但这种反应必须在pH值大于12.078的强碱环境下才能发生，这是石灰掺入量的一个控制条件；剩余未反应的石灰与空气中的CO_2反应生成$CaCO_3$，起胶结作用。此外，$Ca(OH)_2$还使孔隙溶液中离子Ca^{2+}浓度增大，进一步抑制膨胀土的膨胀性。石灰最佳掺量范围应进行试验确定。南昆铁路膨胀土经试验证明，其最佳掺量是13%。

粉煤灰是煤燃烧后产生的一种由 CaO、SiO_2、Al_2O_3 等氧化物组成的非晶态集合体。它与土不发生反应，它对膨胀土的改良只是物理改良。

氨基改性树脂等高分子材料也可以对膨胀土进行改良，其原理是：利用非水化阳离子置换黏土矿物颗粒表面吸附的水化阳离子，使黏土颗粒亲水能力降低，起到改良膨胀土的作用。利用大分子离子化合物将黏土矿物颗粒包裹连接起来，形成一个防水的包膜层，使土与水隔离进而使土丧失膨胀性，强度和水稳定性增高。

南昆铁路膨胀土改良经试验证明，用石灰、二灰（石灰加粉煤灰）和氨基改性树脂改良弱膨胀性红土是可行的。石灰的最佳掺量是 13%，二灰的最佳掺量是 10%的石灰、20%的粉煤灰，氨基改性树脂是 5%。这三种改良方案中以石灰改良最经济，以二灰改良效果最好。

第四节 红黏土地基

一、红黏土的特征、分布与研究意义

红黏土（adamic earth），是石灰岩、白云岩等碳酸盐类岩石，在亚热带高温潮湿气候条件下，经过风化作用形成的高塑性黏土。

红黏土一般呈褐红、棕红等颜色，液限大于 50%。经流水再搬运后仍保留其基本特征，液限大于 45%的坡、洪积黏土，称为次生红黏土，在相同物理指标情况下，其力学性能低于红黏土。红黏土及次生红黏土广泛分布于我国的云贵高原、四川东部、广西、粤北及鄂西、湘西等地区的低山、丘陵地带顶部和山间盆地、洼地、缓坡及坡脚地段。黔、桂、滇等地古溶蚀地面上堆积的红黏土层，由于基岩起伏变化及风化深度的不同，造成其厚度变化极不均匀，常见为 5～8m，最薄为 0.5m，最厚为 20m。在水平方向常见咫尺之隔，厚度相差达 10m 之巨。土层中常有石芽、溶洞或土洞分布其间，给地基勘察、设计工作造成困难。

红黏土的一般特点是天然含水量和孔隙比很大，但其强度高，压缩性低，工程性能良好，它的物理力学性质具有独特的变化规律，不能用其他地区的、其他黏性土的物理、力学性质相关关系来评价红黏土的工程性能。

二、红黏土的成分、物理力学特征及其变化规律

1. 红黏土的组成成分

由于红黏土系碳酸盐类及其他类岩石的风化后期产物，母岩中的较活动性的成分 SO_4^{2-}、Ca^{2+}、Na^+、K^+ 等经长期风化淋滤作用相继流失，SiO_2 部分流失，此时地表多集聚含水铁铝氧化物及硅酸盐矿物，并继而脱水变为氧化铁铝 Fe_2O_3 和 Al_2O_3 或 $Al(OH)_3$。使土染成褐红至砖红色。因此，红黏土的矿物成分除含有一定数量的石英颗粒外，大量的黏土颗粒则主要为多水高岭石、水云母类、胶体 SiO_2 及赤铁矿、三水铝土矿等组成，不含或极少含有机质。

其中多水高岭石的性质与高岭石基本相同，它具有不活动的结晶格架，当被浸湿时，晶格间距极少改变，故与水结合能力很弱。而三水铝土矿、赤铁矿、石胶体二氧化硅等铝、铁、硅氧化物，也都是不溶于水的矿物，它们的性质比多水高岭石更稳定。

红黏土颗粒周围的吸附阳离子成分也以水化程度很弱的 Fe^{3+}、Al^{3+} 为主。

红黏土的粒度较均匀，呈高分散性。黏粒含量一般为 60%～70%，最大达 80%。

2. 红黏土的一般物理力学特性

(1) 天然的含水量高，一般为40%～60%，高达90%。

(2) 密度小，天然孔隙比一般为1.4～1.7，最高2.0，具有大孔性。

(3) 高塑性。液限一般为60%～80%，高达110%；塑限一般为40%～60%，高达90%；塑性指数一般为20～50。

(4) 由于塑限很高，所以尽管天然含水量高，一般仍处于坚硬或硬可塑状态，液性指数一般小于0.25，但是其饱和度一般在90%以上，因此，甚至坚硬黏土也处于饱水状态。

(5) 一般呈现较高的强度和较低的压缩性，固结快剪内摩擦角 $\varphi=8°\sim18°$，内聚力 $c=40\sim90$kPa。压缩系数 $a_{0.2\sim0.3}=0.1\sim0.4\text{MPa}^{-1}$；变形模量 $E_0=10\sim30$MPa，最高可达50MPa；载荷试验比例界限 $p_0=200\sim300$kPa。

(6) 不具有湿陷性；原状土浸水后膨胀量很小（<2%），但失水后收缩剧烈。原状土体积收缩率为25%，而扰动土可达40%～50%。

红黏土的天然含水量高，孔隙比很大，但却具有较高的力学强度和较低的压缩性以及不具有湿陷性的原因，主要在于其生成环境及其相应的组成物质和坚固的粒间连接特性。

红黏土呈现高孔隙性首先在于其颗粒组成的高分散性，是黏粒含量特别多和组成这些细小黏粒的含水铁铝硅氧化物在地表高温条件下很快失水而相互凝聚胶结，从而较好地保存了它的絮状结构的结果。而红黏土之所以有较高的强度，主要是因为这些铁、铝、硅氧化物颗粒本身性质稳定及互相胶结所造成的。特别是在风化后期，有些氧化物的胶体颗粒会变成结晶的铁、铝、硅氧化物，而且它们是抗水的、不可逆的，故其粒间连结强度更大。另外，由于红黏土颗粒周围吸附阳离子成分主要为 Fe^{3+}、Al^{3+}，这些铁、铝化的颗粒外围的结合水膜很薄，也加强了其粒间的连接强度。

红黏土的天然含水量很高，也是其高分散性，表面能很大，因而吸附大量水分子的结果。故这种土中孔隙是被结合水，并且主要是被强结合水（吸着水）所充填。强结合水，由于受土颗粒的吸附力很大，分子排列很密，具有很大的黏滞性和抗剪强度。土的塑限 ω_P 值很高。因此，红黏土的天然含水量虽然很高，且处于饱和状态，但它的天然含水量一般只接近其塑限值，故使之具有较高的强度和较低的压缩性。

同时，另一个重要因素是由于分布地区环境地表温度高，又处于明显的地壳上升阶段，对于一般分布在山坡、山岭或坡脚地势较高地段的红黏土，其地表水和地下水的排泄条件好，使土的天然含水量也只接近于塑限，而与其液限的差值很大（达30%～50%），必然使土体处于坚硬或硬可塑状态，而呈现较好的力学性能。

3. 红黏土的物理力学性质变化范围及其规律性

从各地区已有资料可知，红黏土本身的物理力学性质指标又有相当大的变化范围，以贵州省的红黏土为例，其天然含水量的变化范围达25%～88%，天然孔隙比0.7～2.4，液限36～125，塑性指数18～75，液性指数0.45～1.4。内摩擦角2°～31°，内聚力10～140kPa，变形模量4～36MPa。其物理力学性质变化如此之大，承载力自然会有显著的差别。貌似均一的红黏土，其工程性能的变化却十分复杂，这也是红黏土的一个重要特点。因此，为了作出正确的工程地质评价，仅仅掌握红黏土的一般特点是不够的，还必须弄清决定其物理力学性质的因素，掌握其变化规律。

(1) 在沿深度方向，随着深度的加大，其天然含水量、孔隙比和压缩性都有较大的增高，状态由坚硬、硬塑可变为可塑、软塑以至流塑状态，而强度则大幅度降低。如图 12-4 所示。1m 处的内聚力为 190kPa，到 11m 则降为 9kPa，只及 1m 处的 1/20。

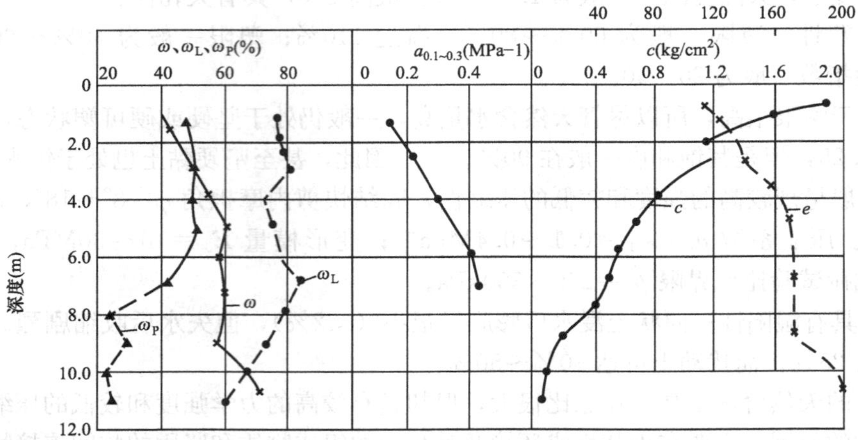

图 12-4　红黏土的物理力学指标随深度变化
（据建研院）西南所 1966，图中内聚力 c 值据三轴快剪所得，$\phi=0$

红黏土的天然含水量及孔隙比从上往下得以增大的原因，一方面系地表水往下渗滤过程中，靠近地表部分易受蒸发，愈往深部则愈易集聚保存下来，另一方面可能直接受下部基岩裂缝水的补给及毛细作用所致。

(2) 在水平方向，随着地形地貌及下伏基岩的起伏变化，红黏土的物理力学指标，也有明显的差别。在地势较高的部位，由于排水条件好，其天然含水量、孔隙比和压缩性均较低，强度较高，而地势较低处则相反。在地势低洼地带，由于经常积水，即使上部土层，其强度也大为降低。

在古岩溶面或风化面上堆积的红黏土，由于其下伏基岩顶面起伏很大，造成红黏土厚度急剧变化（如前所述）。同时，处于溶沟、溶槽洼部的红黏土因易于积水，一般呈软塑至流塑状态。因此，在地形或基岩面起伏较大的地段，红黏土的物理力学性质在水平方向也是很不均匀的。

(3) 平面分布上次生坡积红黏土和红黏土的差别也较显著，如黔西某地不同成因类型红黏土的物理力学性质统计资料表明：

原生残积红黏土土质致密，含水比$\frac{\omega}{\omega_L}$一般小于 0.7，自然边坡角一般大于 40°，直剪快剪 c、ϕ 平均值分别可达 35kPa 及 16°30′，相应算得 $p_{1/4}$ 达到 240kPa。

次生坡积红黏土颜色较浅，其物理性质与残积土有时相近，但较松散，结构强度较差，故雨、旱季土质变化较大。其含水比一般为 0.7～0.8，自然边坡角远小于 30°，强度指标较残积土有明显降低：直剪快剪 c、ϕ 平均值各为 30kPa 和 9°10′，$p_{1/4}=170$kPa。

(4) 裂缝对红黏土强度和稳定性的影响。

红黏土具有较小的吸水膨胀性，但具有强烈的失水收缩性。故裂隙发育也是红黏土的一大特征。

坚硬、硬可塑状态的红黏土，在近地表部位或边坡地带，往往裂隙发育，土体内保存许多光滑的裂隙面。这种土体的单独土块强度很高，但是裂隙破坏了土体的整体性和连续性，使土体强度显著降低，试样沿裂隙面成脆性破坏。当地基承受较大水平荷载、基础埋置过浅、外侧地面倾斜或有临空面等情况时，对地基的稳定性有很大影响。并且裂隙发育对边坡和基槽稳定与土洞形成等有直接或间接的关系。

三、确定红黏土地基承载力的几个原则问题

(1) 在确定红黏土地基承载力时，应按地区的不同，随埋深变化的湿度和上部结构情况，分别确定之。因为各地区的地质地理条件有一定的差异，使得即使同一省内各地（如贵阳与遵义等）同一成因和埋藏条件下的红黏土的地基承载力也有所不同。

(2) 为了有效地利用红黏土作为天然地基，针对其强度具有随深度递减的特征，在无冻胀影响地区、无特殊地质地貌条件和无特殊使用要求的情况下，基础宜尽量浅埋，把上层坚硬或硬可塑状态的土层作为地基的持力层，既可充分利用表层红黏土的承载能力，又可节约基础材料，便于施工。

同时，根据红黏土大气影响带的野外实测结果，雨季同旱季相比，土的含水量变化深度最大为60cm。在40cm以下，含水量的变化不超过3%。而实际基础下大气影响带深度要比野外暴露地区为小。因此，基础浅埋也不致由于地基土受大气变化影响而产生附加变形和强度问题。

(3) 红黏土一般强度高，压缩性低，对于一般建筑物，地基的承载力往往由地基强度控制，而不考虑地基变形。但从贵州地区的情况来看，由于地形和基岩面起伏，往往造成在同一建筑地基上各部分红黏土厚度和性质很不均匀，从而形成过大的差异沉降，往往是天然地基上建筑物产生裂缝的主要原因。在这种情况下，按变形计算地基，对于合理利用地基强度，正确反映上部结构及使用要求，具有特别重要的意义，特别对五层以上建筑物及重要建筑物应按变形计算地基。同时，还须根据地基、基础与上部结构共同作用原理，适当配合以加强上部结构刚度的措施，提高建筑物对不均匀沉降的适应能力。

(4) 不论按强度还是按变形考虑地基承载力，必须考虑红黏土物理力学性质指标的垂直方向变化，划分土质单元，分层统计、确定设计参数，按多层地基进行计算。

第五节 地震区的地基基础问题

一、地震的概述

(一) 地震的成因类型

地震是由内、外地质作用引起的地壳震动现象的总称。地震按其成因可以分为构造地震、火山地震、陷落地震和激发地震等。

构造地震：由地壳的构造运动，使岩层移动和断裂，积累大量的能量释放出来，引起的地壳振动。构造地震的特点是震动强烈，时间长，具有突发性与灾害性，影响范围广，全世界90%的地震都属于此类。例如，我国1966年河北的邢台地震、1970年云南通海地震、1975年辽宁海城地震，1999年台湾的大地震，以及1994年美国北里奇地震和1995年日本阪神地震等都属于此类地震。

火山地震：由火山活动引起的地震称为火山地震。当岩浆连同炽热的气体从火山口喷出时，也能引起地震。这类地震多发生在日本、意大利和印尼等国，能量不大，次数也不多，占世界地震7%左右。

陷落地震：主要是由于地下溶洞塌陷、崩塌或大滑坡等冲击力引起的地面震动，亦称冲击地震。这类地震次数少，影响范围很少超过几平方公里，数量仅占3%左右。

激发地震：由于人为因素破坏了地层的相对稳定性所引起的构造运动，例如水库渗漏或在深井中注水对“发震构造”所诱发的地震。这是大型水库选址时应加注意的问题。

（二）地震带的分布

地震比较频繁的地区称为地震区。地震区的分布与现代“地壳褶皱带”（即最新构造运动引起的褶皱和断裂地带）的分布基本一致。全球有两大地震带：

1. 环太平洋地震带

位于太平洋沿岸，包括日本、琉球、我国的台湾省，绝大多数地震发生在这一环形区域内。释放的能量占地震总能量的75%～80%。

2. 地中海南亚地震带

从印尼经缅甸、中国的西南部、帕米尔高原一直延伸到地中海。这一带地震能量占15%～20%。

我国处于上述两大地震带之间，是一个多地震的国家。地震的历史记载以我国为最早，可追溯到公元前1767年。公元132年东汉的张衡就创造了“候风地动仪”，可测定地震的方向。地震在我国的主要活动区为：东北地区（辽宁南部和部分山区）、华北地区（汾渭河谷、山西东北、河北平原、山东中部到渤海地区）、西北地区（甘肃河西走廊、宁夏、天山南北麓）、西南地区（云南中部和西部、四川西部、西藏东南部）、东南地区（台湾及其附近海域，福建、广东的沿海地区）。我国约有2/3的省区发生过破坏性地震，因此，与地震做斗争具有重要的现实意义。

（三）地震波及其特征

在地壳内部，震动发生的发源地称为震源；震源在地表的投影称为震中；震中与震源的距离称震源深度，一般为数公里至数百公里。

震源的震动以弹波的形式沿各个方向传至地表。理论实测表明：纵波波速最快，衰减也快，横波次之，面波最慢。地震时，在震中区往往首先感觉到上下跳动，而远离震中区，则纵波影响很小，地面振动主要有横波及面波所引起，振动的方向决定于震波的运动形式及其与地面的投射角。地震站根据纵波及横波到达的时间差可以计算出其与震中的距离（震中距）。已知两个以上地震站与震中的距离就可用图案法求得震中的位置。

地震波可分为体波和面波。体波是在地球体内传播的震波，包括纵波及横波，纵波又称为压力波或P波，传播速度快（5～6km/s），破坏力小，横波又称为剪切波或S波，传播速度较小（3～4km/s），但是破坏力较大；面波只限在地面附近传播，传播速度最慢，约为3km/s，但是振幅很大，破坏力也最大。

（四）地震的震级和烈度

震级和烈度是两个不同的概念。震级表示地震本身强度的大小的等级，是作为衡量震源释放出能量大小的一种量度，而烈度则指某一地点在该次地震时所受到的影响程度。

每一次地震具有一个震级，震级决定于这次地震过程中释放出来的总能量。地震震级与能量的关系和地震大小分布见表12-5。

表 12－5　**地震震级、能量与分类**

地震震级 M	1	2	3	4	5	6	7	8	8.5
能量/J	2.0×10^{6}	6.3×10^{7}	2.0×10^{9}	6.3×10^{10}	2.0×10^{12}	6.3×10^{13}	2.0×10^{15}	6.3×10^{16}	3.6×10^{17}
分　类	微小地震		小地震		中地震		大地震		

由表 12－5 可知：震级每增加一级，能量约增加 32 倍。世界上已知的最大震级为 8.9 级。最早的原子弹爆炸所释放的能量与 6 级地震相当；氢弹爆炸则相当于 7～8 级地震。7 及以上的浅源大地震，造成的灾害很大。

一个地区的地震烈度与震级、震源深度及震中距等有关。根据地震时人们的感觉、家具的动态、建筑物的损失及地貌的变化特征等宏观标志，各国均制定有“地震烈度表”作为划分各地区的烈度标准。除日本按 0～7 度分成 8 等外，绝大多数国家（包括中国、美国、前苏联）的地震烈度表均按 12 度划分，各表内容大同小异。

各地区的实际烈度受到各种复杂因素的影响，故我国《建筑抗震设计规范》（GB 50011—2010）在上述烈度表基础上，结合时间、地点和建筑物的重要性等条件进一步提出了基本烈度和设防烈度两个概念。基本烈度——一个地区的基本烈度是指该地区在今后一定时间内在一般场地条件下可能遇到的最大地震烈度。是根据当地的地质、地形条件和历史地震情况，由专业部门确定的。所谓“一定时期”系以 100 年为期限，亦即一般工业与民用建筑物的使用期限。在 100 年内可能的最大烈度以中长期地震预报为依据。由于考虑了时间因素，并进行过数理统计分析，故较过去规定的基本烈度为合理。1957 年和 1958 年国家建委和国家纪委曾颁布过 297 个城镇的基本烈度，后由国家地震局作了修订，补充编制成《全国地震烈度区划图》。设防烈度——按国家规定的权限审批的文件确定的、可作为一个地区抗震设防依据的烈度，一般情况下可采用基本烈度。

（五）影响震害程度的场地因素

基本烈度是一个较大范围内普遍遭遇到的平均地震烈度。在此范围内各建筑场地所受到的地震影响尚有差别。建筑场地的地质条件（岩性及产状等）、水文地质条件（地下水埋藏深度等）及地形（起伏变化和陡峭程度等）对地震灾害的程度均有显著的影响。在地震区常可发现在同一小区（例如一个村）内的房屋结构类型和建筑质量基本相同，而各建筑物受到的地震灾害确有很大的差别，宏观地震烈度可能相差 1～2 度，出现“重灾区里有轻灾、轻灾区里有重灾”的烈度异常区。主要原因在于场地条件不同。因此，建筑场地的选择至关重要。

场地选定后，在考虑建筑物的地震作用进行结构抗震验算时，就要根据场地土类型和场地覆盖层厚度将场地划分为四类，见表 12－6。

表 12－6　**建筑物场地类别划分**

等效剪切波速（m/s）	场地覆盖层厚度						
	$d_{ov}=0$	$0<d_{ov}<3$	$3\leqslant d_{ov}<5$	$5\leqslant d_{ov}\leqslant15$	$15<d_{ov}\leqslant50$	$50<d_{ov}\leqslant80$	$d_{ov}>80$
$v_s>500$	Ⅰ						
$500\geqslant v_{se}>250$		Ⅰ		Ⅱ			
$250\geqslant v_{se}>140$		Ⅰ	Ⅱ			Ⅲ	
$v_{se}\leqslant140$		Ⅰ	Ⅱ		Ⅲ		Ⅳ

建筑场地覆盖层厚度的确定，应符合下列要求：

(1) 一般情况下，应按地面至剪切波速大于 500m/s 的土层顶面的距离确定。

(2) 当地面 5m 以下存在剪切波速大于相邻上层土剪切波速 2.5 倍的土层，且其下卧岩土的剪切波速均不小于 400m/s 时，可取地面至该土层顶面的距离作为覆盖层厚度。

(3) 剪切波速大于 500m/s 孤石、透镜体，应视同周围土层。

(4) 土层中的火山岩硬夹层，应视为刚体，其厚度应从覆盖土层中扣除。

表 12-6 中 v_s 为岩石或坚硬土的剪切波速；v_{se} 为土层等效剪切波速，可根据实测或按下式确定

$$v_{se}=\frac{d_0}{\sum_{i=1}^{n}\frac{d_i}{v_{si}}} \tag{12-6}$$

式中　d_0——计算深度，m，取覆盖层厚度和 20m 两者较小值；

d_i——计算深度范围第 i 土层的厚度，m；

n——计算深度范围内土层的分层数；

v_{si}——计算深度范围内第 i 土层的剪切波速宜用现场实测数据，m/s。

等效剪切波速 v_{se} 是根据地震波通过计算深度范围内多层土层的时间等于该波通过计算深度范围内单一土层所需时间的条件求得的。

设场地土计算深度范围内有 n 种性质不同的土层组成，地震波通过它们的波速分别为 v_{s1}、v_{s2}、…、v_{sn}，它们的厚度分别为 d_1、d_2、…、d_n，并设计算深度为 $d_0=\sum_{i=1}^{n}d_i$，于是经整理后得出

$$\sum_{i=1}^{n}\frac{d_i}{v_{se}}=\frac{d_0}{v_{se}} \tag{12-7}$$

【例题 12-1】 见表 12-7，为某工程场地地质钻孔资料，试确定该场地类别。

表 12-7　某工程场地地质钻孔资料

土层底部深度 (m)	土层厚度 d_i (m)	岩土名称	剪切波速 v_s (m/s)
2.50	2.50	杂填土	200
4.00	1.50	粉　土	280
4.90	0.90	中　砂	310
6.10	1.20	砾　石	500

【解】 因为地面下 4.90m 以下土层剪切波速 $v_s=500$m/s，所以场地计算深度 $d_0=4.90$m，按式 (12-6) 计算

$$v_{se}=\frac{d_0}{\sum_{i=1}^{n}\frac{d_i}{v_{si}}}=\frac{4.90}{\frac{2.50}{200}+\frac{1.50}{280}+\frac{0.90}{310}}=236\ (\text{m/s})$$

由表 12-6 差得，当 $250\text{m/s}>v_{se}=236\text{m/s}>140\text{m/s}$ 且 $3\text{m}<d_{ov}=4.90\text{m}<5\text{m}$ 时，该场地属于Ⅱ类场地。

(六) 场地土质与建筑物的地震反应

场地土质与建筑物的地震反应之间的关系是一个非常复杂的问题。过去的地震规范简

单地假定建筑物为一刚体，各部分在地震时的加速度与地表加速度相同，按此加速度算出的惯性力称为地震作用，作静力荷载考虑进行计算（拟静力法）。从这个概念出发，则地表震动加速度愈大，建筑物的破坏程度也愈严重，因而趋向于将建筑物置于薄而硬的土层上以避免过大的地表加速度。实际上，当地震波在土层中传播时，经过不同土层的界面多次反射，将出现不同周期的地震波。若某一周期的地震波与地表土层的固有周期相近时，由于共振作用，该震波的振幅将显著增大，其周期称为卓越周期。若建筑物的基本自振周期与场地土层的卓越周期相近时，也将达到很大的数值，可能导致建筑物的破坏。实地调查表明：建在卓越周期较短的薄而硬的土层上，刚度较大的五、六层房屋（基本自振周期一般为 0.4～0.5s）将因地震而激起很大的振幅，而二、三十层的高楼（基本自振周期一般为 1.5～2.5s）只受到少许影响；相反地，建在厚而软的土层上的高层建筑物可能遭到地震的严重破坏，而刚度较大的相邻建筑几乎没有受到任何影响。因此，尽管地表加速度是震害的一个重要因素，但是不是确定建筑物振动效应的唯一因素。当建筑物类型相同时，地表加速度愈大，破坏也愈严重，但对不同类型的建筑物而言，这种相关性并不存在。因此，必须综合考虑地表加速度的幅值及与共振作用有关的各种因素（包括建筑物的动力特征、建筑物的基本周期与场地卓越周期的比值，以及地表震动的持续时间等）。《建筑抗震设计规范》（GB 50011—2010）在计算地震作用 F_{Ek}时，所用到地震影响系数 a，应根据近、远震、场地类别和结构自振周期按图 12-5 采用，其下限不应小于最大值的 20%；截面抗震验算时，水平地震影响系数最大值应按表 12-8 采用。

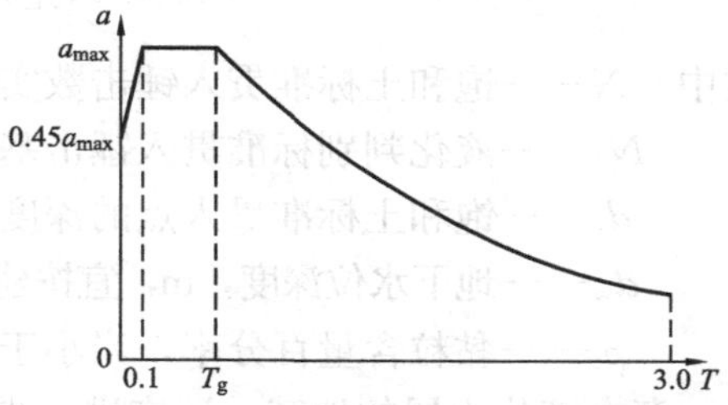

图 12-5 地震影响系数曲线

a—地震影响系数；T—结构自振周期；a_{max}—a 的最大值；T_g—特征周期

表 12-8 截面抗震验算的水平地震影响系数最大值

烈度	6	7	8	9
a_{max}	0.04	0.08	0.16	0.32

二、地震的震害现象

地基的震害包括振动液化、滑坡、地裂及震陷等方面。这些现象的宏观特征各不相同，但产生的条件是相互依存的。某些防治措施亦可通用。

（一）饱和砂土和粉土的振动液化

饱和砂土受到振动后趋于密实，导致孔隙水压力骤然上升，相应地减小了土粒间的有效应力，从而降低了土体的抗剪强度。在周期性的地震荷载作用下，孔隙水压力逐渐累积，甚至可以完全抵消有效应力，使土粒处于悬浮状态，而接近液体的特征，这种现象称为液化。表现的形式近于流砂，产生的原因在于振动。当某一深度处砂层产生液化，则液化区的超静水压力将迫使水流涌向地表，使上层土体受到自下而上的水动力。若水头梯度达到了临界值，则上层土体的颗粒间的有效应力也将等于零，构成间接液化。土体液化与土粒比重及天然孔隙比 e 有关，故任何土体在一定的水头梯度作用下均可能液化，然而，实际液化现象多发生在饱和粉、细砂及塑性指数小于 7 的粉土中，原因在于此类土既缺乏黏聚力又排水不畅，所以较易液化。

砂土液化的宏观标志是：在地表裂缝中喷水冒砂，地面下陷，建筑物产生巨大沉降和严重倾斜，甚至失稳。例如唐山地震时，液化区喷水高度达 8m，厂房沉降达 1m。

《建筑抗震设计规范》(GB 50011—2010) 规定饱和砂土或粉土，当符合下列条件之一时，可初步判别为不液化或不考虑液化影响：

(1) 对第四季晚期更新世 (Q_3) 及其以前的土可判为不液化土；

(2) 粉土的黏粒（粒径小于 0.005mm）含量百分率，7 度、8 度和 9 度分别不小于 10、13 和 16 时，可判为不液化土；

(3) 采用天然地基的建筑，当上覆非液化土层厚度和地下水位深度符合规范规定的条件时可不考虑液化影响。

当初步判别认为需进一步进行液化判别时，应采用标准贯入试验或其他已有成熟经验的判别法。采用标准贯入试验时，在地面 15m 深度范围内的土如符合下列条件，是可液化土：

$$N < N_0[0.9 + 0.1(d_s - d_w)]\sqrt{\frac{3}{\rho_c}} \tag{12-8}$$

式中 N——饱和土标准贯入锤击数实测值（未经杆长修正）；

N_0——液化判别标准贯入锤击基准值；

d_s——饱和土标准贯入点的深度，m；

d_w——地下水位深度，m，宜按建筑物使用期内年平均最高水位或近期内最高水位采用；

ρ_c——黏粒含量百分率，当小于 3 或为砂类土时，均应采用 3。

存在液化土层的地基，还应进一步探明各液化土层的深度和厚度，并应按规范公式计算液化指数，以便将地基划分为轻微、中等、严重三个液化等级，结合建筑物类别选择抗液化措施。

（二）地震滑坡和地裂

地震滑坡和地裂的原因：一面临空的河岸、海滨与土坡，在地震加速度的作用下产生了附加惯性力，使边坡土体的下滑力增加，同时抗滑的内摩擦力降低。这两个不利因素叠加，可能破坏原来处于平衡状态的土坡的稳定性，发生失稳滑坡。滑坡体的坡顶由于土层错动，往往产生地裂。

历史上的几次最大的滑坡都是地震引起的。公元前 373 年，古希腊的一次流滑将赫利斯城挟入大海；1920 年的甘肃地震时，在黄土地带出现了连续流滑，摧毁了成百个城镇。而地震后，地表往往会出现大量的裂缝，称为地裂。地裂可使铁轨移位，管道扭曲，甚至可拉裂房屋。地裂与地震滑坡引起的地层相对错动有密切关系。例如路堤的边坡滑动后，坡顶下陷将引起沿路线方向的纵向地裂。因此，河流两岸、深坑边缘或其他有临空自由面的地带往往地裂较为发育。也有由于砂土液化等原因使地表沉降不均引起地裂的。

（三）软土地基震沉

地震时，地面的巨大沉陷称为震陷或震沉。此现象往往发生在砂性土或淤泥质土中。震沉是一种宏观的现象，原因有多种：

(1) 松砂经震后趋于密实而沉缩。

(2) 饱和砂土经过振动液化后涌向四周洞穴中或从地表裂缝中逸出而引起地面变形。

(3) 淤泥质黏土经过震动后，结构受到扰动而强度明显降低，产生附加沉降。振动三轴试验表明，振动加速度愈大则震陷量也愈大。为减轻震陷，只能针对不同的土质采取相应的密实或加固措施。

三、地基基础抗震设计

（一）地震基础抗震设计原则

1. 方针

抗震设计应贯彻执行“以预防为主”的方针，使建筑经抗震设防后，减轻建筑的地震破坏，避免人员伤亡，减少经济损失。

2. 选择有利的建筑场地

尽量选择对抗震有利的地段，避开不利的地段，禁止在危险地段建设。

(1) 对建筑抗震有利的地段：坚硬土或开阔平坦密实均匀的中硬土等。

(2) 对建筑抗震不利的地段：软弱土、液化土，条状突出的山嘴，高耸孤立的山丘，非岩质的陡坡，河岸和边坡边缘，平面分布上成因、岩性、状态明显不均匀的土层（如故河道、断层破碎带、暗埋的塘滨沟谷及半填半挖地基）等。

(3) 对建筑抗震危险的地段：地震时可能发生滑坡、崩塌、地陷、地裂、泥石流等以及地震断裂带上可能发生地表错位的部位。

从建筑物的地震反应考虑，建筑物的自振周期应远离地层的卓越周期，以避免共振。为此，除须查明地震烈度外，尚要了解地震波的频率特性。各种建筑物的自振周期可根据理论计算或经验公式确定。地层的卓越周期可根据当地的地震记录加以判断。如经核查有发生共振的可能时，可以改变建筑物与基础的连接方式，选择合适的建筑材料、结构类型和尺寸，调节建筑物的基本周期。

3. 做好基础设计

在建筑物设计中，将基础埋在土中一定的深度，周围土体会对基础起约束的作用，因此，地震时基础的振幅小、灾害轻。若地基良好，在7度与8度地震烈度区，基础本身的强度可不进行核算。做好基础设计，不仅为基础本身的抗震所需要，而且可以减轻上部结构的震害。

(1) 适当加大基础埋深。

基础埋深d加大，可以增加地基上对建筑物的约束作用，从而减小建筑物的振幅，减轻震害。加大d，还可以提高地基的强度和稳定性，以利减少建筑物的整体倾斜，防止滑移及倾覆。高层建筑箱形基础，在地震区埋深不宜小于建筑物高度的$\frac{1}{15}$，即$d \geqslant \frac{1}{15}H_g$（$H_g$为室外地面至主要屋面的设计高度）。

(2) 选择较好的基础类型。

基础类型不同，产生的震害可能不同。地震区的软土地基上应选择刚度大、整体性好的箱形基础或筏板基础。箱基与筏基能有效地调整并减轻震沉引起的不均匀沉降，从而减轻对上部结构的破坏。除箱基与筏基外，桩基础的震沉小，动力反应也不敏感，是一种良好的抗震基础形式。设计时注意桩基应穿过液化土层并插入非液化的坚实土层一定深度，以保持稳定。

4. 加强基础与上部结构的整体性

在设计中加强基础与上部结构的整体性，对建筑物的抗震十分有利，可采用的措施有：

(1) 上部结构采用组合柱时，柱的下端应与地梁牢固连接。

(2) 在内外墙下室内地坪标高处加一道连续的闭合地梁。

(3) 当地基土质较差时，还宜在基底配置构造钢筋。

(二) 天然地基抗震验算

1. 地基土抗震承载力

天然地基的抗震承载力应按下式计算

$$f_{aE}=\zeta_s f_a \tag{12-9}$$

式中 f_{aE}——调整后的地基土抗震承载力，kPa；

ζ_s——地基土抗震承载力调整系数，应按表 12-9 采用。

表 12-9 地基土抗震承载力调整系数 ζ_s

岩土名称和性状	ζ_s
岩石，密实的碎石土，密实的砾、粗、中砂、$f_{aK}\geqslant 300$ 的黏性土和粉土	1.5
中密、稍密的碎石土，中密和稍密的砾、粗、中砂，密实和中密的细、粉砂，$150\leqslant f_{aK}\leqslant 300$ 的黏性土的和粉土，坚硬的黄土	1.3
稍密的细、粉砂、$100\leqslant f_{aK}\leqslant 150$ 的黏性土和粉土，新近沉积的黏性土和粉土，可塑性黄土	1.1
淤泥，淤泥质土，松散的砂，杂填土、新近堆积的黄土及流塑的黄土	1.0

2. 基础底面压力

验算天然地基地震作用下的竖向承载力时，应符合下列各项要求：

(1) 基础底面平均压力

$$p\leqslant f_{aE} \tag{12-10}$$

(2) 基础底面边缘最大压力

$$p_{max}\leqslant f_{aE} \tag{12-11}$$

式中 p——地基底面地震组合的平均压力设计值，kPa；

p_{max}——基础边缘地震组合的最大压力设计值，kPa。

(3) 高宽比大于 4 的建筑，在地震作用下不宜出现零应力区域，其他建筑基础底面与地基土之间零应力区面积，不应超过基础底面积的 15%；烟囱基础零应力区，应符合现行国家标准《烟囱设计规范》(GB 50051—2013) 的要求。

3. 不需进行抗震承载力验算的建筑

根据我国历年来的震害宏观调查总结，下列建筑可不进行天然地基及基础的抗震承载力验算：

(1) 砌体房屋、多层内框架砖房、底层框架砖房、水塔；

(2) 地基主要受力层范围内，不存在软弱黏性土层（指烈度为 7 度、8 度和 9 度时，地基土静承载力特征值分别小于 80kPa、100kPa 和 120kPa 的土层）的一般单层厂房、单层空旷房屋和不超过 8 层且高度在 25m 以内的一般民用框架房屋及与其基础荷载相当的多层框架厂房；

(3) 7 度和 8 度时，高度不超过 100m 的烟囱；

(4)《建筑抗震设计规范》(GB 50011—2010) 规定可不进行上部结构抗震验算的建筑。

（三）地基基础抗震措施

1. 软弱黏性土

软弱黏性土的承载力较低，地震引起的附加荷载与其经常承受的静荷载相比占有很大的比例，往往超过了承载力的安全储备。此外，软黏土的特点是：在反复荷载作用下，沉降量持续增加；当基底压力达到临塑荷载后，急速增加荷载将引起严重下沉和倾斜。地震对土的作用，正是加速而频繁的加荷过程，因而非常不利。因此，对软黏土地基要合理选择地基的承载力值，基底压力不宜过大，以保证留有足够的安全储备。地基的主要受力层范围内如有软弱黏性土层，应结合具体情况综合考虑；采用桩基或各种地基处理方法、扩大基础底面积和加设地基梁、加深基础、减轻荷载、增加结构整体性和均衡对称性等。桩基是抗震的良好基础形式，但应补充说明的是，一般竖直桩抵抗地震水平荷载的能力较差，如承载力不够，可加斜桩或加深埋承台并紧密回填；当地基为成层土时，松、密土层交界面上易于出现错动，为防止钻孔灌注桩开裂，在该处应配置构造钢筋。

2. 不均匀地基

不均匀地基包括土质明显不均、有故河道或暗沟通过及半挖半填地带。不均匀地基抗震设计基本原则是避开不均匀地段，若无法避开时，应采取如下措施：详细勘察，查明不均匀地基的范围和性质；建筑物周围的沟坑应认真填平、压实，邻近的沟渠应作坚实的支挡或改为暗渠；软硬相差悬殊的地基应认真处理，尽可能使软硬差别缩小，如采用局部换土、重锤夯实，必要时可设置沉降缝。若不处理，即使采用钢筋混凝土筏板基础，也将发生基础断裂事故。

关 键 概 念

淤泥；淤泥质土；黄土；湿陷性黄土；膨胀土；红黏土；地震；地震震级；地震烈度。

思 考 题

12-1　淤泥类土的物理力学特性表现在哪些方面？

12-2　分析黄土湿陷性的原因。

12-3　黄土的湿陷性如何判别？

12-4　黄土湿陷性的影响因素是什么？

12-5　处理湿陷性黄土地基的方法有哪些？

12-6　分析膨胀土的工程地质特征。

12-7　膨胀土如何判别？

12-8　影响土体胀缩变形的主要因素有哪些？

12-9　如何对膨胀土地基进行改良？

12-10　红黏土物理力学性质变化有何规律性？

12-11　何谓地震？地震按其成因可分为哪几类？其中哪类地震危害最大？

12-12　地震波分为哪几种？其中哪种地震波的破坏力最大？为什么？

12-13　地震震级与地震烈度意义有何不同？有何联系？地震震级多大为大地震？

12-14 地震的灾害现象有哪些?

12-15 何谓地基震沉?震沉的原因是什么?

12-16 抗震设计的基本原则是什么?基础工程中抗震,采用哪几种基础形式对抗震有利?为什么?

计 算 题

12-1 某工厂厂房建筑场地,经岩土工程勘察结果:表层为杂填土,$\gamma_1=17.0\text{kN/m}^3$,层厚$h_1=1.0\text{m}$;第2层为素填土,松—中密,轻型触探$N_{10}=20$,$\gamma_2=18.0\text{kN/m}^3$,层厚$h_2=1.30\text{m}$;第3层为有机土,松软,$N_{10}=15$,$\omega=35\%$,$\gamma_3=16.2\text{kN/m}^3$,层厚$h_3=0.5\text{m}$;第4层粉砂,中密,$N=16$,层厚$h_4=1.60\text{m}$;第5层为卵石,密实,$N_{63.5}=34$,层厚$h_5=3.00\text{m}$;第6层为细砂,密实,$N=31$,层厚$h_6=2.50\text{m}$;第7层卵石,密实,$N_{63.5}=35$,层厚$h_7=1.00\text{m}$;第8层粉质黏土,硬塑,层厚$h_8>4.2\text{m}$。地下水位埋深深度5.00m。试判断该场地属于几类建筑场地。

12-2 某一教师住宅地基土经过勘察分5层:表层粉土,中密,$N_{10}=16$,层厚$h_1=1.60\text{m}$;第2层为细砂,$\gamma_2=15.8\text{kN/m}^3$,$N=4.5$,层厚$h_2=1.60\text{m}$;第3层为淤泥质粉细砂,$N=1.6$,层厚$h_3=2.60\text{m}$;第4层卵石,密实,层厚$h_4=2.10\text{m}$;第5层为基岩。地下水深度2.00m。判断建筑物场地类别。

12-3 某电厂地岩土工程勘察,地基土分4层:表层中粗砂,$N=22$,层厚$h_1=5.5\text{m}$;第2层粉土,$N=4.5$,层厚$h_2=3.0\text{m}$;第3层为中粗砂,$N=22$,层厚$h_3=2.5\text{m}$;第4层粉质黏土与黏土,$N=13$,层厚大于30m。试判断建筑场地类别。

计算题参考答案

12-1 Ⅱ类

12-2 Ⅱ类

12-3 Ⅱ类

第十三章 地 基 处 理

本章提要与学习目标

我国地域辽阔、幅员广大、自然地理环境不同、土质各异、地基条件区域性较强，随着当前经济建设的蓬勃发展，不仅事先要选择在地质条件良好的场地从事建设，而且有时也不得不在地质条件不好的地方进行修建，因此就需要对天然的软弱地基进行处理。

地基处理的主要目的是提高软弱地基的强度、保证地基的稳定；降低软弱地基的压缩性、减少基础的沉降和不均匀沉降；防止地震时地基土的振动液化；消除特殊土的湿陷性、胀缩性和冻胀性。

本章对国内外常用的地基处理方法进行介绍，并着重于各种地基处理方法的适用范围、加固机理和设计计算。

第一节 概 述

一、地基处理的目的和意义

地基是指承托建筑物基础的这一部分范围很小的场地。也就是说承受由基础传来荷载的土层（或岩层）称为地基。基础是指建筑物向地基传递荷载的下部结构。它具有承上启下的作用。

建筑物的地基所面临的问题有以下四方面。

(一) 地基承载力及稳定性

地基承载力及稳定性是指地基在建（构）筑物荷载（包括静、动荷载的各种组合）作用下能否保持稳定，若地基承载力不能满足要求，在建（构）筑物荷载作用下地基将会产生局部或整体剪切破坏，影响建（构）筑物的安全与正常使用，严重的会引起建（构）筑物的破坏。天然地基承载力主要与土的抗剪强度有关，也与基础形式和埋深有关。天然地基承载力不能满足要求时，需要进行地基处理，形成人工地基，以满足建（构）筑物对地基承载力的要求。

(二) 沉降、水平位移及不均匀沉降

在建（构）筑物的荷载（包括静、动荷载的各种组合）作用下，地基沉降、水平位移，或不均匀沉降会超过相应的允许值。若地基变形超过允许值，将会影响建（构）筑物的安全与正常使用，严重的会引起建（构）筑物的破坏。天然地基变形主要与荷载大小和土的变形特性有关，也与基础型式有关。若天然地基变形不能满足要求，则需要进行地基处理，形成人工地基，以满足建（构）筑物对地基变形的要求。

（三）渗漏

渗漏主要分两类：一类是堤坝蓄水构筑物地基渗流量超过其允许值时，其后果是造成较大水量损失；另一类是地基中水力比降超过其允许值时，地基土会潜蚀和管涌产生破坏而导致建（构）筑物破坏，造成工程事故。天然地基渗漏问题主要与土的渗透性有关。若天然地基不能满足要求，则需对地基进行改良，减小土的渗透性，或在地基中设置止水帷幕，阻截渗流。

（四）液化

在动荷载（地震、机器以及车辆振动、波浪和爆破等）作用下，会引起饱和松散粉细砂（包括部分粉土）产生液化，它是使土失去抗剪强度的一种现象，并会造成地基失稳和震陷。

我国土地辽阔、幅员广大、自然地理环境不同，土质各异、地质条件区域性较强，因而使地基基础这门学科特别复杂。随着当前经济建设的蓬勃发展，不仅事先要选择在地质条件良好的场地从事建设，而且有时也不得不在地质条件不好的场地进行建设，为此必须对地基进行地基处理。地基处理是指天然地基很软弱，不能满足地基承载力和变形的设计要求，而地基需经过人工处理后再建造基础者，欧美国家称为地基处理（Ground Treatment），亦有称地基加固（Ground Improvement）。

二、地基处理的对象及其特性

地基处理的对象是软弱地基和特殊土地基。在土木工程建设中经常遇到的软弱土和不良地基主要包括：软黏土、人工填土（包括素填土、杂填土和冲填土）、饱和粉细砂（包括部分轻亚黏土）、湿陷性黄土、有机质土和泥炭土、膨胀土、多年冻土、岩溶、土洞和山区地基等。而我国的新建设工程越来越多地遇到不良地基。因此地基处理的要求也就越来越迫切和广泛。下面分别简单介绍。

（一）软黏土

软黏土是软弱黏性土的简称，有时还简称为软土。它是第四纪后期形成的海相、泻湖相、三角洲相、溺谷相和湖泊相的黏性土沉积物或河流冲积物，有的属于新近淤积物。大部分是饱和的，其天然含水量大于液限，孔隙比大于1.0。当天然孔隙比大于1.5时，称为淤泥，当天然孔隙比大于1.0而小于1.5时，称为淤泥质土。软黏土的特点是天然含水量高，一般为35%～80%，天然孔隙比大，一般为1.0～2.0，抗剪强度低，不排水抗剪强度约在5～25kPa，压缩系数高，一般为$a_{1-2}=0.5\sim1.5\text{MPa}^{-1}$，最大可达到$4.5\text{MPa}^{-1}$，渗透系数小，一般约$1\times10^{-6}\sim1\times10^{-8}$cm/s。在荷载作用下，软黏土地基承载力低，地基沉降变形大，不均匀沉降也大，而且沉降稳定历时比较长，在比较深厚的软黏土层上，结构物基础的沉降往往需要几年，甚至几十年。软黏土地基是在工程建设中遇到的最需要处理的软弱地基，它们广泛地分布在我国沿海以及内地河流两岸和湖泊地区。例如，天津、连云港、上海、杭州、宁波、温州、福州、厦门、湛江、广州、深圳、珠海等沿海地区，以及武汉、南京、马鞍山和昆明等内陆地区。

（二）人工填土地基

人工填土按照物质组成和堆填方式可以分为素填土、杂填土和冲填土三类。按堆填时间分为老填土和新填土两类。堆填时间超过10年的黏性土、堆填时间超过5年的粉土，称为老填土。

素填土：由砂或粉土、黏性土等一种或几种材料组成的填土，其中不含杂质或含杂质较少。若分层压实则称为压实填土。其性质取决于填土性质，压实程度以及堆填时间。

杂填土：人类活动形成的无规则堆积物，由大量建筑垃圾、工业废料或生活垃圾组成，其成分复杂，成层有厚有薄，性质也不相同，且无规律性。在大多数情况下，杂填土是比较疏松和不均匀的。在同一场地的不同位置，地基承载力和压缩性也有较大的差异。

冲填土：由水力冲填泥砂形成的。冲填土的性质与所冲填泥砂的来源及冲填时的水力条件有密切关系。含黏土颗粒较多的冲填土往往是欠固结的，其强度和压缩性指标都比同类天然沉积土差，粉细砂为主的冲填土，其性质基本上和粉细砂相同。

（三）饱和粉细砂

指饱和的粉砂土、饱和的细砂土和砂质粉土。粒径大于 0.25mm 的颗粒不超过全重的 50%，粒径大于 0.075mm 的颗粒超过全重的 85%称为细砂土。粒径大于 0.075mm 的颗粒不超过全重的 85%，但超过 50%称为粉砂土。粒径大于 0.075mm 的颗粒不超过全重的 50%，而粒径小于 0.005mm 的颗粒含量不超过全重的 10%，塑性指数 I_P 小于或等于 10 的称为砂质粉土，处于饱和状态的细砂土、粉砂土和砂质粉土在静载作用下虽然具有较高的强度，但在机器振动、车辆荷载、波浪或地震力的反复作用下有可能产生液化或大量震陷变形。地基会因液化而丧失承载能力。如需要承担动力荷载，这类地基也需要进行处理。

（四）湿陷性土

湿陷性土包括湿陷性黄土、粉砂土和干旱、半干旱地区具有崩解性的碎石土等。是否属湿陷性土可根据野外浸水荷载试验确定。在 200kPa 压力作用下附加变形量与荷载板宽之比大于 0.015 的土称为湿陷性土。在工程建设中遇到较多的是湿陷性黄土。

湿陷性黄土是指在覆盖土层的自重应力或自重应力和建筑物附加应力综合作用下，受水浸湿后，土的结构迅速破坏，并发生显著的附加下沉，其强度迅速降低的黄土。由于黄土湿陷而引起建筑物不均匀沉降是造成黄土地区事故的主要原因。由于大面积地下水位上升等原因，部分湿陷性黄土饱和度达到 80%以上，黄土湿陷性消退，转变为低承载力（100kPa）和高压缩性土。饱和黄土既不同于软土，也不属湿陷性黄土。它兼具两者特性，这类地基的处理问题逐渐增多。黄土在我国特别发育、地层多、厚度大，广泛分布在甘肃、陕西、山西大部分地区，以及河南、河北、山东、宁夏、辽宁、新疆等部分地区。当黄土作为建筑物地基时，首先判断它是否具有湿陷性，然后才考虑是否需要地基处理以及如何处理。

（五）有机质土和泥炭土

土中有机质含量大于 5%时称为有机质土，大于 60%时称为泥炭土。

土中有机质含量高，强度往往降低，压缩性增大，特别是泥炭土，其含水量极高，压缩性很大，且不均匀，一般不宜作为天然地基，需要进行地基处理。

（六）膨胀土

膨胀土是一种吸水膨胀、失水收缩，具有较大胀缩变形性能，且变形往复的高塑性黏土。利用膨胀土作为建（构）筑物地基时，如果不采取必要措施进行地基处理，常会给建（构）筑物造成危害。膨胀土在我国分布范围很广，根据现有资料，广西、云南、湖北、河南、安徽、四川、河北、山东、陕西、江苏、贵州和广东等地均有不同范围的分布。

（七）多年冻土

多年冻土是指温度连续三年或三年以上保持在摄氏零度或零度以下，并含有冰的土层。多年冻土的强度和变形有许多特殊性。例如，冻土中因有冰的存在，故在长期荷载作用下有强烈的流变性。多年冻土作为建（构）筑物地基需慎重考虑，需要采取处理措施。

（八）岩溶、土洞和山区地基

岩溶或称喀斯特，它是石灰岩、白云岩、泥灰岩、大理石、岩盐、石膏等可溶性岩层受水的化学和机械作用而形成的溶洞、溶沟、裂隙，以及由于溶洞的顶板塌落使地表产生陷穴、洼地等现象和作用的总称。土洞是岩溶地区上覆土层被地下冲蚀或被地下水潜蚀所形成的洞穴。岩溶和土洞对建（构）筑物的影响很大，可能造成地面变形，地基陷落，发生水的渗漏和涌水现象。在岩溶地区修建建筑物时要特别重视岩溶和土洞的影响。

三、地基处理的方法和分类

当天然地基不能满足建（构）筑物对地基稳定、变形以及渗透方面的要求时，需要对天然地基进行处理，以满足建（构）筑物对地基的要求。地基处理方法，可以按地基处理原理、地基处理的目的、地基处理的性质、地基处理的时效、动机等不同角度进行分类。已经发展的地基处理方法很多，新的地基处理方法还在不断发展。要对各种地基处理方法进行精确的分类是困难的。根据地基处理的原理进行分类。下面据此作简要介绍，具体各种地基处理方法，详见以后各节。

（一）置换

置换是用物理力学性质较好的岩土材料置换天然地基中部分或全部软弱土或不良土，形成双层地基或复合地基，以达到提高地基承载力、减少沉降的目的。它主要包括换土垫层法、挤淤置换法、褥垫法、振冲置换法（或称振冲碎石法）、沉管碎石桩法、强夯置换法、砂桩（置换）法，以及EPS超轻质料填土法等。

（二）排水固结

排水固结的原理是软黏土地基在荷载作用下，土中孔隙水慢慢排出，孔隙比减小，地基发生固结变形，同时，随着超静水压力逐渐消散，土的有效应力增大，地基土的强度逐步增长。以达到提高地基承载力，减少工后沉降的目的。它主要包括加载预压法、超载预压法、砂井法（包括普通砂井、袋装砂井和塑料排水带法）、真空预压法、真空预压与堆载预压联合作用，以及降低地下水位法等。

（三）振密、挤密

振密、挤密是采用振动或挤密的方法使未饱和土密实，从而使地基土体孔隙比减小，强度提高，达到提高地基承载力和减小沉降的目的。它主要包括表层原位压实法、强夯法、振冲密实法、挤密砂桩法、爆破挤密法、石灰桩法、土桩和灰土桩法。

（四）灌入固化物

灌入固化物是向土体中灌入或拌入水泥、石灰，或其他化学浆材在地基中形成增强体，以达到地基处理目的。它主要包括深层搅拌法、高压喷射注浆法、渗入性灌浆法、劈裂灌浆法、挤密灌浆法和电动化学灌浆法等。

（五）加筋法

加筋法是在地基中设置强度高的土工聚合物、拉筋、受力杆件等模量大的筋材，以达到提高地基承载力、减少沉降的目的。强度高、模量大的筋材可以是钢筋混凝土，也可以是土工格栅、土工织物等。它主要包括加筋土法、土钉墙法、锚固法、树根桩法、低强度混凝土桩复合地基和钢筋混凝土桩复合地基法等。

（六）冷热处理法

冷热处理是通过人工冷却，使地基温度低到孔隙水的冰点以下，使之冻结，从而具有理想的截水性能和较高的承载能力，或焙烧、加热地基主体改变土体物理力学性质以达到地基处理目的。它主要包括冻结法和烧结法两种。

（七）托换

托换是指对原有建筑物地基和基础进行处理、加固或改建，在原有建筑物基础下需要修建地下工程以及邻近建造新工程而影响到原有建筑物的安全等问题的技术总称。它主要包括基础加宽法、墩式托换法、桩式托换法、地基加固法以及综合加固法等。

（八）纠偏

纠偏是指对由于沉降不均匀造成倾斜的建筑物进行矫正的手段。它主要包括加载纠偏法、掏土纠偏法、顶升纠偏法和综合纠偏法等。

各类地基处理方法的简要原理和适用范围如表 13－1 所列。

表 13－1　　地基处理方法分类及其适用范围

类别	方　法	简要原理	适用范围
置换	换土垫层法	将软弱土或不良土开挖一定深度，回填抗剪强度较大、压缩性较小的土，如砂砾、石渣等，并分层夯压密实，形成双层地基。垫层能有效扩散基底压力，可提高地基承载力，减少沉降	各种软弱土地基
	挤淤置换法	通过抛石或夯击回填碎石置换淤泥达到加固地基目的	厚度较小的淤泥地基
	褥垫法	当建（构）筑物的地基一部分压缩性很小，而另一部分压缩性较大时，为了避免不均匀沉降，在压缩性很小的区域，通过换填法铺设一定厚度可压缩性的土料形成褥垫，以减少沉降差	建（构）筑物部分坐落在基岩上，部分坐落在土上，以及类似情况
	振冲置换法	利用振冲器在高压水流作用下边振边冲在地基中成孔，在孔内填入碎石、卵石等粗粒料且振密成碎石桩。碎石桩与桩间土形成复合地基，以提高承载力，减小沉降	不排水抗剪强度不小于 20kPa 的黏性土、粉土、饱和黄土和人工填土等地基
	沉管碎石桩法	采用沉管法在地基中成孔，在孔内填入碎石、卵石等粗粒料形成碎石桩，碎石桩与桩间土形成复合地基，以提高承载力，减小沉降	同上
	强夯置换法	边填碎石边强夯地基中形成碎石墩体，由碎石墩、墩间土以及碎石垫层形成复合地基，以提高承载力，减小沉降	人工填土、砂土、黏性土和黄土、淤泥和淤泥质土地基
	砂桩（置换）法	在软黏土地基中设置密实的砂桩，以置换同体积的黏性土形成砂桩复合地基，以提高地基承载力。同时砂桩还可以同砂井一样起排水作用，以加速地基土固结	软黏土地基
	EPS 超轻质料填土法	发泡聚苯乙烯（EPS）重度只有土的 1/100～1/50，并具有较好的强度和压缩性能，用于填土料，可有效减少作用在地基上的荷载，需要时也可置换部分地基土，以达到更好效果	软弱地基上的填方工程

续表

类别	方法	简要原理	适用范围
排水固结	加载预压法	在建造构筑物以前，天然地基在预压荷载作用下，压密、固结，地基产生变形，地基土强度提高，卸去预压荷载后再建造建（构）筑物，工后沉降小，地基承载力也得到提高，堆载预压有时也利用建筑物自重进行	软黏土、粉土、杂填土、泥炭土地基等
	超载预压法	原理基本上与堆载预压法相同，不同之处是其预压荷载大于建（构）筑物的实际荷载。超载预压不仅可减少建（构）筑物工后固结沉降，还可消除部分工后次固结沉降	同上
	砂井法（含普通砂井、袋装砂井、塑排水带法）	在软黏土地基中设置竖向排水通道——砂井，以缩短土体固结排水距离，加速地基固结。在预荷载作用下，地基土排水固结，抗剪强度提高，可提高地基承载力，减少后沉降	淤泥、淤泥质土、黏性土、冲填黏性土地基等
	真空预压法	在饱和软土地基中设置砂井和砂垫层，在其上覆盖不透气密封膜。通过埋设于砂垫层的抽气管进行长时间不断抽气，使垫层和砂井中造成负气压，而使软黏土层排水固结，负气压形成的当量预压荷载可达到85kPa	同上
	真空预压与堆载联合作用	当真空预压达不到要求的预压荷载时，可与堆载预压联合使用，其预压荷载可叠加计算	同上
	降低地下水位法	通过降低地下水位，改变地基土受力状态其效果如堆载预压，使地基土固结。在基坑开挖支护建（构）筑物设计中可减少建（构）筑物上作用力	砂性土或透水性较好的软黏土层
灌入固化物	深层搅拌法	利用深层搅拌机将水泥或石灰和地基土原位搅拌形成圆柱状、格栅状或连续墙水泥土增强体，形成复合地基。以提高地基承载力，减小沉降。深层搅拌法分喷浆搅拌法和喷粉搅拌法两种	淤泥、淤泥质土和含水量较高地基承载力标准值不大于120kPa的黏性土、粉土或地下水具有侵蚀性时宜通过试验确定其适用性
	高压喷射注浆法	利用钻机将带有喷嘴的注浆管钻进预定位置，然后用20MPa左右的浆液或水的高压流冲砌土体，用浆液置换部分土体，形成水泥土增强体。高压喷射注浆法有单管法、二重管法、三重管法。在喷射浆液同时通过旋转、提升可形成定喷、摆喷和旋喷。高压喷射注浆法可形成复合地基提高承载力，减少沉降。防渗帷幕也常用它形成	淤泥、淤泥质土、黏性土、粉土、黄土、砂土、人工填土和碎石土等地基，当土中含有较多的大块石或有机质含量较高时，应通过试验确定其适用性
	渗入性灌浆法	在灌浆压力作用下，将浆液灌入土中填充天然孔隙改善土体的物理力学性质	中砂、粗砂、砾石地基
	劈裂灌浆法	在灌浆压力作用下，浆液克服地基土中初始应力和抗拉强度，使地基中原有的孔隙或裂隙扩张，或形成新的裂缝和孔隙，用浆液填充，改善土体的物理力学性质。与渗入性灌浆相比，其所需灌浆压力较高	岩基、砂、砂砾石、黏性土地基
	挤密灌浆法	通过钻孔向土层中压入浓浆液，随着土体压密将在压浆点周围形成浆泡。通过压密和置换改善地基性能。在灌浆过程中因浆液的挤压作用可产生辐射状上抬力，可引起地面局部隆起。利用这一原理可以纠正建筑物不均匀沉降	常用于中砂地基，排水条件较好的黏性土地基
	电动化学灌浆法	当在黏性土中插入金属电极并通以直流电后，在土中引起电渗，电流和离子交换等作用，在通电区含水量降低，从而在土中形成浆液“通道”。若在通电同时向土中灌注化学浆液，就能达到改善土体物理力学性质的目的	黏性土地质

续表

类别	方 法	简 要 原 理	适 用 范 围
振密、挤密	表层原位压实法	采用人工或机械夯实、碾压或振动，使土密实。密实范围较浅	杂填土、疏松无黏性土、非饱和黏性土、湿陷性黄土等地基的浅层处理
	强夯法	采用重量为10～40t的夯锤从高处自由落下，地基土在强夯的冲击力和振动力作用下密实，可提高地基承载力，减少沉降	碎石土、砂土、低饱和度的粉土与黏性土，湿陷性黄土、杂填土和素填土等地基
	振冲密实法	一方面依靠振冲器的张力振动使饱和砂层发生液化，砂颗粒重新排列孔隙减小，另一方面依靠振冲器的水平振动力，加回填料使砂层挤密，从而达到提高地基承载力，减少沉降，并提高抗液化能力	黏粒含量小于10%的疏松砂性土地基
	挤密砂桩法	在采用锤击法或振动法制桩过程中，对周围砂层产生挤密作用，被挤密桩间土和密实的砂桩形成砂桩复合地基	疏松砂性土、杂填土、非饱和黏性土地基
	爆破挤密法	在地基爆破产生挤压力和振动力使地基土密实以提高土体的抗剪强度，提高地基承载力和减少沉降	饱和净砂、非饱和但经灌水饱和的砂、粉土、湿陷性黄土地基
	土桩、灰土桩法	采用沉管法、爆扩法和冲击法在地基中设置土桩或灰土桩，在成桩过程中挤密桩间土，由挤密的桩间土和密实的土桩或灰土桩形成复合地基	地下水位以上的湿陷性黄土、杂填土、素填土等地基
加筋法	加筋土法	在土体中埋置土工合成材料（土工织物、土工格栅等），金属板条等形成加筋土垫层，增大压力扩散角，提高地基承载力，减少沉降	各种软弱地基
	锚固法	锚杆一端固于地基土中，或岩石、或其他构筑物，另一端与构筑物联结，以减少或承受构筑物受到的水平向作用力	有可以锚固的土层、岩石或构筑物的地基
	树根桩法	在地基中设置如树根状的微型灌注桩（直径约70～250mm），提高地基或土坡的稳定性	各类地基
	低强度混凝土桩复合地基法	在地基中设置低强度混凝土桩，与桩间土形成复合地基	各类深厚软弱地基
	钢筋混凝土桩复合地基法	在地基中设置钢筋混凝土桩（摩擦桩）与桩间土形成复合地基	各类深厚软弱地基
冷热处理	冻结法	冻结土体，改善地基土截水性能，提高土体抗剪强度	饱和砂土或软黏土，作施工临时措施
	烧结法	钻孔加热或焙烧，减少土体含水量，减少压缩性，提高土体强度	软黏土、湿陷性黄土，适用于有富余热源的地区
托换	基础加宽法	通过加宽原建筑物基础减少基底接触压力，使原地基满足要求，达到加固目的	原地基承载力较高的情况
	墩式托换法	通过置换，在原基础下设置混凝土墩，使荷载传至较好土层，达到加固目的	地基不深处有较好的持力层情况
	桩式托换法	在原建筑物基础下设置钢筋混凝土桩，以提高承载力，减少沉降达到加固目的，按设置桩的方法分静压桩法、树根桩法和其他桩式托换法。静压桩法又可分为锚杆静压桩法和其他静压桩法	原地基承载力较低的情况

续表

类别	方 法	简 要 原 理	适 用 范 围
托换	地基加固法	通过土质改良对原有建筑物地基进行处理，达到提高地基承载力	同上
	综合托换法	将两种或两种以上托换方法综合应用，达到加固目的	同上
纠偏	加载纠偏法	通过调整地面荷载来调整地面不均匀沉降，达到纠偏目的	
	掏土纠偏法	在建筑物沉降较少的部位以下的地基中或在其附近的外侧地基中掏取部分土体，迫使沉降较少的部位进一步产生沉降，以达到纠偏的目的	
	顶升纠偏法	通过在墙体中设置顶梁，通过千斤顶顶升整幢建筑物，不仅可以调整不均匀沉降，并可整体顶升至要求标高	
	综合纠偏法	将加固地基与纠偏结合，或将几种方法综合应用，如综合应用静压锚杆法和顶升法，静压锚杆法和掏土法	

地基处理方法除按地基处理加固原理进行分析外，还可以按下述方法分类：

地基处理方法可分为物理的地基处理方法、化学的地基处理方法以及生物的地基处理方法。

也可根据地基处理加固区的部位分为浅层地基处理方法、深层地基处理方法和斜坡面土层处理方法三大类。

还可视用途将地基处理方法分为临时性地基处理方法和永久性地基处理方法两种。

地基处理方法的严格分类是困难的，不少地基处理方法具有几种不同的作用，例如振冲法具有置换作用还有挤密作用，又如土桩和灰土既有挤密作用又有置换作用。另外，还有一些地基处理方法的加固机理以及计算方法目前还不是十分明确，尚需进行探讨。地基处理方法不断发展，功能不断壮大，也使之变得更加困难。因此上述分类仅供读者参考。

地基处理是利用物理的方法、化学的方法，有时还采用生物的方法，对地基中的软弱土，或不良土进行置换、改良（或部分改良）、加筋、形成人工地基。经过地基处理形成的人工地基大致上可以分为三类：均匀地基、多层地基和复合地基。广义地讲，桩基础也可以说是一类经过地基处理形成的人工地基。

将桩基础也包括在内，通过地基处理形成的人工地基可分为以下三类：

（1）通过土质改良或置换，全面改善地基土的物理力学性质，提高地基土抗剪强度，增大土体压缩模量，或减少土的渗透性。该类人工地基属于均匀质地基，或多层地基。

（2）通过在地基中设置增强体，增强体与原地基土体形成复合地基，以提高地基承载力，减少地基沉降。复合地基是指由两种刚度不同的材料（桩体或桩间土）组成，在刚性基础下两者共同分担上部荷载并协同变形的地基。

（3）通过在地基中设置桩，荷载由桩体承担。特别是端承桩，通过桩将荷载直接传递给地基中承载力大，模量高的土层。

各种天然地基和人工地基均可归属于三种地基，即均质地基（包括多层地基），复合地基和桩基础。其中复合地基是由两种刚度的不同材料（桩体和桩间土）所组成，在刚体基础下两者共同分担上部荷载并协调变形的地基。

考虑到桩基础已有较完善的理论体系，在介绍地基处理技术的书中一般不包括桩基础。因此，认为地基处理形成的人工地基一般为均质地基和复合地基两类。

四、地基处理方法选用原则和规划程序

各种地基处理方法都有它的适用范围、局限性和优缺点，没有一种方法是万能的。在具体的地基处理工程中，情况是非常复杂的，工程地质条件千变万化，具体的处理要求也不相同，而且各施工单位的设备、技术、材料也不同。所以，对每一项具体地基处理工程要进行具体细致分析，应从地基条件、处理要求（包括经处理后地基应达到的各项指标、处理的范围、工程进度等）、工程费用以及材料、设备等各方面进行综合考虑，以确定合理的地基处理方法。合理的地基处理方法总的原则是技术先进可靠、经济合理、安全适用、确保质量，又能满足施工进度要求。对于一个具体工程可以采用一种地基处理方法，也可采用两种或两种以上的地基处理方法。在确定地基处理方法时，还要注意节约能源，并注意环境保护，避免因为地基处理时对地面水或地下水产生污染，以及设备噪声对周围环境产生的不良影响等。要因地制宜确定合适的地基处理方法，在引用外地或外单位某一方法时应该克服盲目性，注意地区特点。因地制宜是一项重要的选用原则。当天然地基不能满足建（构）筑物对地基要求时，不能只考虑加固地基，同时应考虑上部结构体型是否合理，整体刚度是否足够等。在考虑地基处理方案时，应同时参考上部结构、基础和地基的共同工作，决定选用地基处理方案或选用加强上部结构刚度和地基处理相结合的方案。

初步确定地基处理方案后，可视需要进行小型现场试验或进行补充调查，根据试验成果进行施工设计，然后进行施工。施工过程中通过监测、检验以及反分析，如需要还可对设计进行修改、补充。实践证明，这是比较好的地基处理程序。

这里要强调的是要重视对天然地基工程地质条件的详细了解，许多由地基问题造成的工程事故，或地基处理达不到预期目的，往往是由于对工程地质条件了解不够全面造成的。详细的工程地质勘察是判断天然地基能否满足建（构）筑物对地基要求的重要依据之一。如果需要进行地基处理，详细的工程地质勘察资料也是确定合理的地基处理方法的主要基本资料之一。通过工程地质勘察，调查建筑物场地的地形地貌，查明地质条件，包括岩土的性质、成因类型、地质年代、厚度和分布范围。对地基中是否存在明滨、暗滨、古河道、古井、古墓要了解清楚。对于岩层，还应查明风化程度及地层的接触关系，调查天然地层的地质构造，查明水文及工程地质条件，确定有无不良地质现象，如滑坡、崩塌、岩溶、土洞、冲沟、泥石流、岸边冲刷及地震等。测定地基土的物理力学性质指标，包括天然重度、相对密度、颗粒分析、塑性指数、渗透系数、压缩系数、压缩模量、抗剪强度等。最后，按照要求，

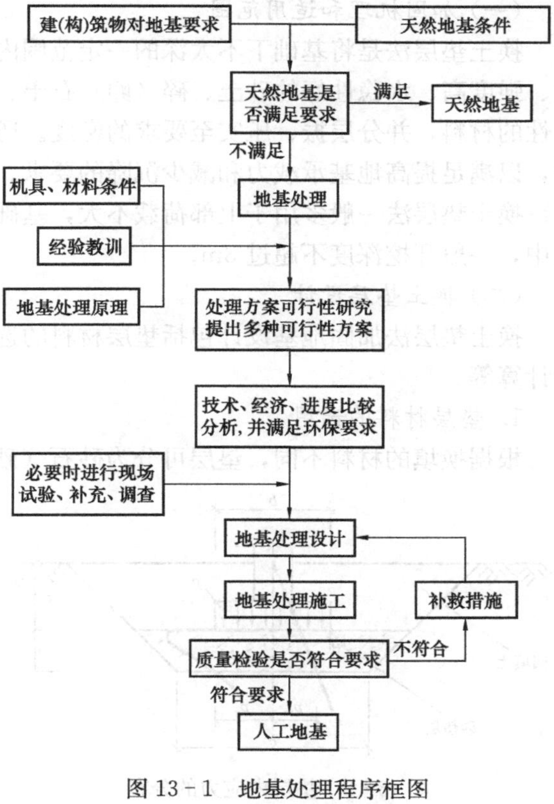

图 13-1　地基处理程序框图

对场地的稳定性和适宜性，地基的均匀性、承载力和变形特征等进行评价。

地基处理技术的设计顺序建议按图13-1所示的程序进行。首先根据建（构）筑物对地基的各种要求和天然地基条件确定地基是否需要加固。若天然地基能够满足要求，尽量采用天然地基。在确定是否需要进行地基处理时，应将上部结构、基础和地基统一考虑。若天然地基不能满足建（构）筑物对地基要求，首先需要确定进行地基处理的天然地层的范围以及地基处理要求，然后根据天然地层条件、地基处理方法的原理、过去应用的经验和机具设备、材料条件，进行地基处理方案的可行性研究，提出多种可行方案，最后，对提出的多种方案进行技术、经济、进度等方面的比较分析，考虑环境保护要求，确定采用一种或几种地基处理方法。

第二节　置　换　法

一、概述

置换法是指应用物理力学性质较好的岩土材料置换天然地基中的部分或全部软弱土体或不良土体，形成双层地基或复合地基，以达到提高地基承载力、减少沉降目的的一类地基处理方法。不少地基处理方法在加固地基时都有置换作用，属于置换法的地基处理方法指的是以置换为主的一类地基处理方法。以置换为主的地基处理方法主要有换土垫层法、挤淤置换法、褥垫法、强夯置换法以及碎石桩置换法和砂桩置换法等。本节对碎石桩置换法和砂桩置换法不作介绍，下面主要介绍换土垫层法和强夯置换法。

二、换土垫层法

（一）加固机理和适用范围

换土垫层法是将基础下不太深的一定范围内软弱土层一部分或全部挖去，然后换填密度大、强度高、水稳性好的砂土、碎（卵）石土、灰土、素土、矿渣以及其他性能稳定、无侵蚀性的材料，并分层振、压实至要求的密度。通过垫层将上部荷载扩散传到垫层下卧层地基中，以满足提高地基承载力和减少沉降的要求。

换土垫层法一般多用于上部荷载不大，基础埋深较浅的中、低层民用建筑的地基处理工程中，一般开挖深度不超过3m。

（二）换土垫层设计

换土垫层法加固地基设计包括垫层材料的选用，垫层厚度、铺设范围的确定以及地基沉降计算等。

1. 垫层材料的选用

根据换填的材料不同，垫层可分为砂石（砂砾、碎卵石）垫层、土垫层（素土、灰土、二灰土垫层）、粉煤灰垫层、矿渣垫层、加筋砂石垫层等。

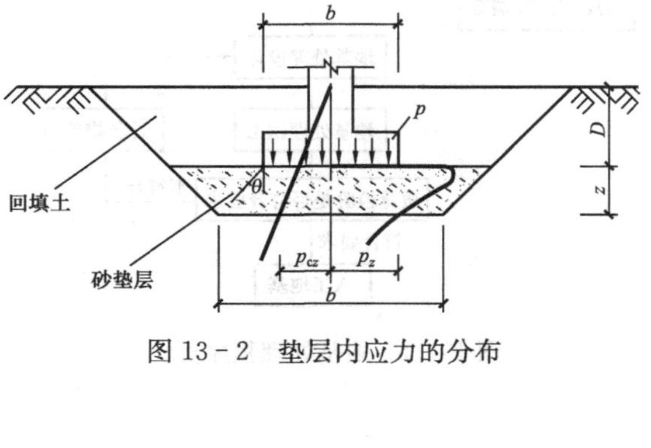

图13-2　垫层内应力的分布

2. 垫层厚度的确定

垫层厚度一般是根据垫层底面处软弱土层的承载力而确定的。垫层厚度 z 的确定依据是垫层底部软弱土层的承载力。作用于垫层底面处土的自重应力与附加应力之和应不大于下卧层的允许承载力，如图13-2

所示。其表达式为

$$p_z + p_{cz} \leqslant f_{az} \tag{13-1}$$

式中 p_z——垫层底面处的附加应力值，kPa；

p_{cz}——垫层底面处土的自重应力，kPa；

f_{az}——经深度修正后垫层底面处软弱下卧层土的地基承载力特征值，kPa。

条形基础

$$p_z = \frac{b(p_k - p_{cz})}{b + 2z\tan\theta} \tag{13-2}$$

矩形基础

$$p_z = \frac{bl(p_k - p_{cz})}{(b + 2z\tan\theta)(l + 2z\tan\theta)} \tag{13-3}$$

式中 b——矩形基础或条形基础底面的宽度，m；

l——矩形基础底面的长度，m；

p_k——基础底面压力的设计值，kPa；

p_{cz}——基础底面处土的自重应力标准值，kPa；

z——基础底面下垫层的厚度，m；

θ——垫层的压力扩散角，可按表 13-2 取值。

垫层底面处的附加应力，对条形基础和矩形基础分别按式（13-2）和式（13-3）计算。

表 13-2　垫层压力扩散角 θ

换填材料 / 垫层压力扩散角 θ / z/b	中砂、粗砂、砾砂、圆砾、角砾、卵石、碎石	黏性和粉土	灰　土
0.25	20°	6°	28°
≥0.50	30°	23°	

注　1. 当 $z/b<0.25$ 时，除灰土仍取 $\theta=30°$ 外，其余材料均 $\theta=0$；

2. 当 $0.25<z/b<0.50$ 时，θ 值可由内求得。

3. 垫层铺设范围

垫层的宽度确定主要依据是基础底面应力扩散的要求，其次也要考虑垫层侧面土的允许承载力，以防止垫层向两侧挤入软弱土层中，导致沉降增大，甚至失稳。

对条形基础，垫层铺设宽度 B 可根据当地经验确定，也可按下式计算

$$B \geqslant b + 2z\tan\theta \tag{13-4}$$

式中 B——垫层宽度，m；

b——基础底面宽度，m；

z——垫层厚度，m。

4. 承载力确定

垫层的承载力宜通过现场试验确定。如直接用静荷载试验确定或用取图分析法、标准贯入、动力触探等多种测试方法综合确定。对于一般不太重要的、小型的、轻型的或对沉降要求不高的工程，可根据表 13-3 确定。

表 13-3 各种垫层的承载特征值力

施工方法	换填材料类别	压实系数 λ_c	承载力特征值（kPa）
碾压或振密	碎石、卵石	0.94～0.97	200～300
	砂夹石（其中碎石、卵石占全重的30%～50%）		200～250
	土夹石（其中碎石、卵石占全重的30%～50%）		150～200
	中砂、粗砂、砾砂		150～200
	黏性土和粉土（$8<I_p<14$）		130～180
	灰土	0.93～0.95	200～250
重锤夯实	土或灰土	0.93～0.95	150～200

注 1. 压实系数小的垫层，承载力标准值取低值，反之取高值；
2. 重锤夯实土的承载力标准值取低值，灰土取高值；
3. 压实系数 λ_c 为土的控制干密度 γ_d 与最大干密度 γ_{dmx} 的比值，土的最大干密度宜采用击实试验确定，碎石或卵石的最大干密度可取 20～22kN/m³。

5. 沉降计算

一般垫层地基的沉降中仅考虑下卧层的变形，但对沉降要求较严或垫层较厚的情况，还应计算垫层自身的变形，垫层的模量可参见表 13-4。

表 13-4 垫 层 模 量 MPa

垫层材料 \ 模量	压缩模量 E_s	变形模量 E_0	垫层材料 \ 模量	压缩模量 E_s	变形模量 E_0
粉煤灰	8～20		碎石、卵石	30～50	
砂	20～30		矿渣		35～70

采用垫层法加固地基可采用分层总和法计算沉降量。

（三）施工

换土垫层法施工包括开挖换土和铺填垫层两部分。

开挖换土应注意避免坑底土层扰动，应采用干挖土法。

铺填垫层应根据不同的换填材料选用不同的施工机械。垫层需分层铺填，分层密实。砂石垫层宜采用振动碾碾压；粉煤灰垫层宜采用平碾、振动碾、平板碾动器、蛙式夯等碾压方法密实；灰土垫层宜采用平碾、振动碾等方法密实。

（四）质量检验

垫层法施工质量检验应分层进行。每层施工后经检验复合设计要求后才能进行下一层施工。对灰土、粉煤灰和砂石垫层的施工质量可采用环刀法、贯入仪、静力触探、轻型动力触探或标注贯入试验等方法进行质量检验；对砂石、矿渣垫层可用重型动力触探检验垫层质量。

三、强夯置换法

（一）加固机理和适用范围

强夯置换可分为整式置换和桩式置换，如图 13-3 所示。整式置换是采用强夯将碎石整体挤入淤泥中，其作用机理类似于换土垫层。桩式置换是通过强夯将碎石填筑土体中，部分碎石桩（或墩）间隔地夯入软土中，形成桩式（或墩式）的碎石墩（或桩）。其作用机理类似于振冲法等形成的碎石桩，它主要是靠碎石内摩擦角和墩间土的侧限来维持桩体的平衡，并与墩间土起复合地基的作用。

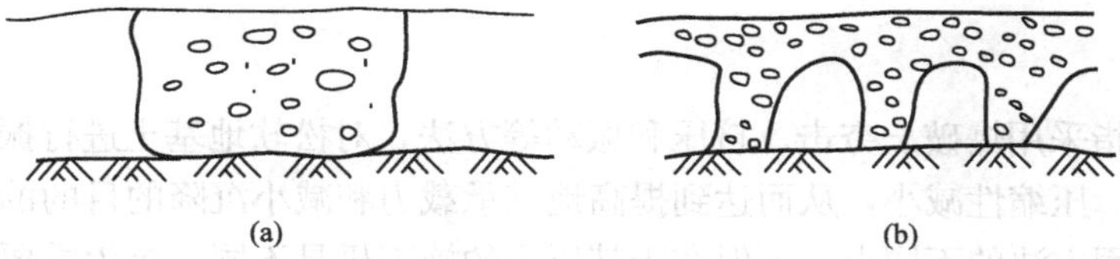

图 13-3　动力置换类型
(a) 整式置换；(b) 桩式置换

强夯置换法适用于加固粉土地基、黏性土地基等。常应用于堆场、高等级公路地基处理，有时也应用于多层住宅地基处理。

（二）强夯置换法设计

强夯置换法设计包括置换材料选用、强夯置换碎石墩设置深度和单击夯击能的确定、夯锤和落距的选用、夯击范围和置换点布置、垫层及检测方法的确定。

1. 置换材料选用

置换材料可选用级配良好的块石、碎石、矿渣、建筑垃圾等坚硬粗颗粒材料，粒径大于300mm 的颗粒含量不宜超过 30%。置换材料应充分利用地方材料。

2. 墩体设置深度、夯锤和落距的选用

强夯置换墩体的设置深度可根据设计承载力要求确定。墩体可能设置的深度主要取决于地基土质条件和单击夯击能量。当软弱土层不厚时应穿透软弱土层到达较硬土层。对深厚软黏土地基墩体设置深度一般不宜超过 7m。墩体深度国内虽有达到 10m 的工程报道，但达到一定深度后，增加墩体深度需要增加的夯击能是很大的。

设置置换墩体需要的单击夯击能，即锤重和落距需要通过试验确定。强夯置换法使用的夯锤与强夯法使用的夯锤有所区别，可采用具有较小的底面积的高夯锤。每夯点夯击击数通过试验确定，应保证墩体达到设计深度。

3. 置换点范围和置换点布置

置换点可采用等边三角形或正方形布置。对独立基础可根据基础形状相应布置。置换点距离可根据荷载大小和天然地基承载力情况确定，一般可取夯锤直径的 2～3 倍。

强夯置换范围应大于建筑物基础范围，每边超出基础外边缘的宽度宜为设计处理深度的 1/3～1/2，并不宜小于 3.0m。

4. 垫层

在墩间土和墩顶应铺设一厚度不小于 300mm 的砂石垫层，以协调墩体和墩间土的承载效能，在碎石垫层中加铺 1～2 层土工格栅更好。

5. 检测方法

可通过现场荷载试验测定墩体和复合地基承载力。

在采用强夯置换加固软黏土地基时，为了加速墩间土中超孔隙水压力的消散，可在强夯置换前，在置换点中间，即墩间土中预先设置排水通道，如预插塑料排水带、设置普通砂井等。

第三节 深层密实法

一、概述

深层密实是指采用爆破、夯击、挤压和振动等方法，对松软地基土进行振密和挤密，使土体抗剪强度提高，压缩性减小，从而达到提高地基承载力和减小沉降的目的的一类地基处理方法。它与浅层加固方法的不同点，不但在于其所用的施工机具不同，更为重要的是它可使地基土在较大深度范围内得以密实。这类地基处理方法主要有爆破挤密法、碎（砂）石桩法、强夯法、石灰桩法、土桩、灰土桩法等。本节主要介绍强夯法、碎石桩法及石灰桩法。

深层地基土的加固效果主要取决于以下几个因素：

（1）土的类别，特别是土的级配和细颗粒的含量。

（2）土的饱和度和地下水位。

（3）初始相对密度。

（4）现场原始应力。

（5）天然土的结构。

（6）所选用的地基处理方法及其设计和施工参数。

二、强夯法

（一）加固机理和适用范围

目前，强夯法加固地基有两种不同的加固机理：动力密实和动力固结，它取决于地基土的类别和强夯施工工艺。

1. 动力密实

采用强夯法加固多孔隙、粗颗粒、非饱和土是基于动力密实的机理，即用冲击型动力荷载，在土中形成很大的冲击波（主要是纵波和横波），土体因受到很大的冲击力，此力远远超过了土体的强度。在此冲击力的作用下，土体被破坏，土颗粒相互靠拢，排出孔隙中的气体、颗粒重新排列，土在动荷载作用下被挤密压实，强度提高，压缩性降低。非饱和土的夯实过程，就是土中的空气被挤出的过程，其夯实变形主要是由于土颗粒的相对位移引起。在冲击动能作用下，地面会立即产生沉陷，一般夯击一遍后，其夯坑深度可达0.6～1.0m，夯坑底部形成一层超压密硬壳层，承载力可比夯前提高2～3倍。非饱和土在中等夯击能量为1000～2000kN·m的作用下，主要是产生冲切变形，在加固深度范围内气相体积大大减小，最大可减小60%。

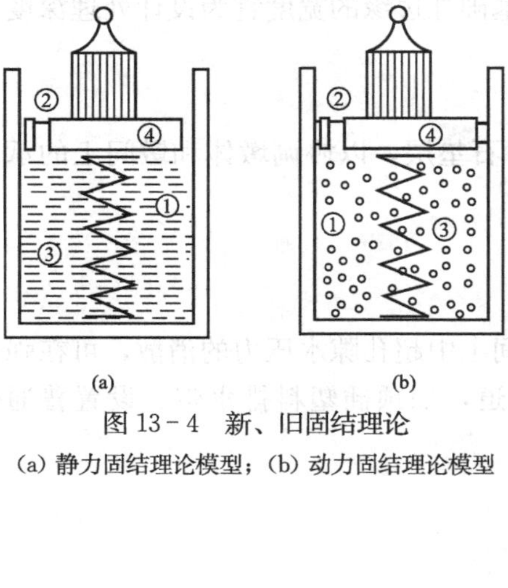

图13-4 新、旧固结理论

(a) 静力固结理论模型；(b) 动力固结理论模型

2. 动力固结

用强夯法处理细颗粒饱和土时，则是借助于动力固结的理论，即巨大的冲击能量在土中产生很大的应力波，破坏了土体原有的结构，使土体局部发生液化并产生许多裂隙，增加了排水通道，使孔隙水顺利逸出，待超孔隙水压力消散后，土体固结。由于软土的触变性，强度得到提高。梅纳根据强夯法的实践，首次对传统的固结理论提出了不同看法，认为饱和土是可以压缩的，如图13-4（b）所示。主要表现有四个方面的特性，见表13-5。

表 13-5 **静力固结和动力固结理论对比表**

静力固结理论	动力固结理论
1. 可压缩的液体	1. 含有少量气体的可压缩的液体
2. 固结时液体排出，所通过的小孔，其孔径是不变的	2. 固结时液体排出，所通过的小孔，其孔径是变化的
3. 弹簧刚度是常数	3. 弹簧刚度为变数
4. 活塞无摩阻力	4. 活塞有摩阻力

强夯法常用来加固碎石土、砂土、低饱和度的黏性土、素填土、杂填土、湿陷性黄土等地基。对于饱和度较高的黏性土地基等，如有工程经验或试验证明采用强夯法有加固效果的也可采用。通常认为强夯挤密法只适用于塑性指数小于等于10的土。对淤泥与淤泥质土地基不宜采用强夯法加固。

（二）设计

强夯法加固地基设计包括以下内容：确定强夯法加固地基的有效加固深度和单击夯击能，选用夯锤的重量、形状以及夯击落距，确定强夯施工夯击范围、夯击点的平面布置、每点夯击击数、强夯施工夯击遍数以及间歇时间，还有确定垫层厚度。

1. 有效加固深度和单击夯击能的确定

有效加固深度既是选择地基处理方法的重要依据，又是反映处理效果的重要参数，有效加固深度按下式进行计算

$$H = \alpha\sqrt{\frac{Mh}{10}} \tag{13-5}$$

式中 H——有效加固深度，m；

M——锤重，kN；

h——落距，m；

α——为小于1的修正系数，其变动范围为0.35～0.7。一般对黏土取0.5，对砂性土取0.7，对黄土取0.35～0.5。

实际上影响有效加固深度的因素很多，除了锤重和落距外，还有地基土的性质，不同土层的厚度和埋藏顺序，地下水位以及其他强夯的设计参数等都与有效加固深度有着密切的关系。因此，强夯的有效加固深度应根据现场试夯或当地经验确定。在缺少经验和试验资料时，可按表13-6预估。

表 13-6 **强夯有效加固深度** m

单击夯击能（kN·m）	碎石土、砂土等	粉土、黏性土、湿陷性黄土
1000	5.0～6.0	4.0～5.0
2000	6.0～7.0	5.0～6.0
3000	7.0～8.0	6.0～7.0
4000	8.0～9.0	7.0～8.0
5000	9.0～9.5	8.0～8.5
6000	9.5～10.0	8.5～9.5

注 强夯的有效加固深度应从起夯面算起。

强夯的单位夯击能应根据地基土类别，结构类型、荷载大小和要求处理的深度等综合考虑，并可通过试验确定。在一般情况下，对粗颗粒土可取 1000～3000kN·m/s^2，对细颗粒土可取 1500～4000kN·m/s^2。

2. 夯锤和落距的选用

国内夯锤一般为 10～25t，最大为 40t，夯锤的平面形状一般有圆形和方形等，其中有气孔式和封闭式两种。实践证明，圆形和带有气孔的锤较好，它可克服方形由于上下两次夯击着地并不完全重合，造成夯击能量损失和着地时倾斜的缺点。

夯锤确定后，根据要求的单击夯击能量，就能确定夯锤的落距。国内通常采用的落距为 8～25m。对相同的夯击能量，常选用大落距的施工方案。这是因为增大落距可获得较大的接地速度，能将大部分能量有效地传到地下深度，增加深层夯实效果，减小消耗在地表土层塑性变形的能量。

3. 夯击范围和夯击点布置

由于基础应力扩散作用或为了消除液化，强夯加固范围应大于建筑物基础范围，每边超出基础外边缘的宽度宜为设计处理深度的 1/3～1/2，并不宜小于 3.0m。

夯击点平面布置应根据建筑物的结构类型进行布置。夯点平面布置的合理与否与夯实效果和施工费用有直接关系。对某些基础面积较大的建筑物或构筑物，可按等边三角形或正方形布置夯击点；对办公楼和住宅建筑等，可根据承重墙位置布置夯点。对砂性土或填石地基和土夹石填石地基，可用连夯法布点，对加固深度较大的工程，可按土层厚度不同，分两遍以上进行夯击，最后普夯一遍（即锤印互相搭接地夯一遍）。我国目前工程上常用的夯间距是 3～9m，实践证明，间隔夯击比连夯好。为了使地基表层受到加固，必须满夯一遍。

4. 夯击击数和夯击遍数

夯击次数的确定是强夯法设计中的一个重要参数。夯击数与地基加固要求有关，而夯击能量的大小是根据地基加固后应达到的规定指标来确定的。国内外目前一般每夯击点夯 5～20 击，根据土的性质和土层的厚薄不同，夯击击数也不同。对于非饱和土或填土，常以最后两击的下沉量平均值不大于 40mm，来控制每点的夯击击数。而对于饱和黏性土，应以孔隙水压力上升到最大值等于土体自重（即 $u_t=\gamma h$，u_t为孔隙水压力，γ 为土的容积，h 为土层厚度）或出现液化现象来控制夯击击数。

当需要逐遍加密饱和土和高含水量土以加大土的密实度，或夯坑要求较深起锤困难需加填料时，对每一夯击点需分遍夯击，以使孔隙水压力消散，各批夯点的遍数累计加上满夯组成总的夯击遍数。一般情况下，对碎石、砾砂、砂质土或垃圾土，夯击遍数为 3 遍左右。黏性土为 3～8 遍，泥炭为 3～5 遍。在我国大多数工程中为 2～5 遍。

一般认为，在夯击期间的沉降量达到计算最终沉降量的 80%～90%时夯击完毕，或根据设计要求以夯到预定标高来控制夯击遍数。

最后以低能量满夯一遍。满夯的作用是加固表层土，点夯深层加固时的坑侧松动土及整平夯坑填土。满夯就是锤印互相搭接。

5. 间歇时间

两遍夯击之间应有一定的间歇时间，以利于强夯时土中超静孔隙水压力消散。所以间歇时间取决于超静孔隙水压力消散时间。土中超静孔隙水压力的消散速率与土的类别、夯点间距等因素有关。对砂性土其渗透系数大，一般在数分钟和 2～3h 即可消散完。但对渗透性差的黏性土地基，一般需要数周才能消散完。夯点间距对孔压消散速率也有很大的影响，夯点间距小，孔压消散得慢，反之，夯点间距大，孔压消散很快。所以间隔时间应以孔隙水压力消散时间的长短而定。另外，孔隙水压的消散还与周围排水条件有关。可根据地基水的渗透性确定间歇时间，对于渗透性较差的黏性土地基的间隔时间，一般不少于3～4周，一般渗透性较好的黏性土1～2周，对渗透性好的地基可连续夯击。

6. 垫层设计

强夯加固场地必须具有一层稍硬的表层，使其能支承起重设备，并便于对所施工的夯击能得到扩散，同时也可加大地下水位与地表面的距离，因此有必要铺设垫层。垫层厚度随场地的土质条件、夯锤重量及形状等条件而定，一般为50～150cm。垫层材料宜采用粗颗粒的碎石、矿渣、砂砾石，粗颗粒粒径宜小于10cm。对处理土层为饱和砂、软土时，坑底易涌土涌砂，故垫层材料不宜用砂。

三、挤密碎（砂）石桩法

（一）概述

碎石桩和砂桩合称为粗颗粒土桩，是指用振动、冲击或水冲等方式在软弱地基中成孔后，再将碎石或砂挤压入土孔中，形成大直径的碎石或砂所构成的密实桩体。

随着时间的推移，各种不同的施工工艺相应产生，如沉管、锤击、振挤、干振、振动气冲、袋装碎石、强夯置换法等。它们虽施工方法不同于振冲法，但同样可形成密实的碎石桩或砂桩。目前在国内外广泛应用碎石桩、砂桩、渣土桩等复合地基都是散体桩复合地基。碎石桩按制桩工艺可为振冲（湿）碎石和干法碎石桩。采用振动加水冲的制桩工艺制成的碎石桩称为振冲碎石桩或湿法碎石桩。采用无水冲工艺（如干振、振挤、锤击等）制成的桩为砂石桩。

碎石桩和砂桩适用处理松散地基、粉土、素填土、杂填土、黏性土地基、湿陷性黄土地基等，可用于散料堆场、路堤、码头、油罐、厂房和住宅等工业与民用建筑地基加固工程中。

（二）加固机理

1. 对松散砂土加固机理

碎石桩和砂桩挤密法加固砂性土地基的主要目的是提高地基土承载力，减少变形和增强抗液化能力。

碎石桩和砂桩加固砂土地基抗液化机理主要有三方面作用：

(1) 挤密作用。

对挤密砂桩和碎石桩的沉管法或干振法，由于在成桩过程中桩管对周围砂层产生很大的横向挤压力，桩管体积的砂挤向桩管周围的砂层，使桩管周围的砂层孔隙比减小，密实度增大。其有效挤密范围约为3～4倍桩体直径。振动法成桩时，桩管周围土体同时受到挤密和振密作用，其有效振密范围比挤密作用更明显，可达6倍桩体直径。

(2) 排水减压作用。

对砂土液化机理的研究证明，当饱和松散砂土受到剪切循环荷载作用时，将发生体积的收缩和趋于密实，在砂土无排水条件时体积的快速收缩将导致超静孔隙水压力来不及消散而急剧上升，当向上的超静孔隙水压力等于或大于土中上覆土的自重应力，砂土的有效应力降为零时，便形成了砂土的完全液化。而碎石桩（包括砂桩、砂石桩）加固砂土地基时，桩孔中充填的粗粒砂（碎石、卵石、砾石）等反滤性好的粗颗粒料，在地基中形成渗透性能良好的人工竖向排水减压通道，可有效地消散和防止超孔隙水压力的增高和砂土产生液化，并可加快地基的排水固结。

（3）砂土地基预振作用。

碎石（砂）桩在成孔或成桩时，强烈的振动作用，使填入料和地基土在挤密和振密的同时，获得了强烈的预震，对增加砂土抗液化能力极为有利的。美国 H B Seed 等人（1975）的经验表明 $D_r=54\%$，受到预震作用的砂样，其抗液化能力相当于相对密度 $D_r=80\%$的未受到预震的砂样。也就是说，在一定循环次数的作用下，当两个试样的相对密度相同时，要造成经过预震的试样的液化，所需施加的应力要比施加于未经预震的试样的应力高 46%。从而得出了砂土液化的特性，除了与土的相对密实度有关外，还与其振动应力历史有关。

碎石桩和砂桩挤密法适用于粉细砂到砾粗砂，据国外资料报道，只要小于 0.074mm 的细颗粒含量不超过 10%～20%，均可得到显著的挤密效果，超过这个界限，振动挤密不再适用。

2. 在软弱黏土中的加固机理

碎石（砂）桩在软弱黏性土地基中，主要通过桩体的置换和排水作用加速桩间土体的排水固结，并形成复合地基，提高地基的承载力和稳定性，改善地基土的力学性能。

（1）置换作用。

碎石（砂）桩对黏性土地基的作用之一是利用桩体本身的强度形成复合地基。荷载试验表明，碎石桩和砂桩复合地基承受外荷载时，发生压力向刚度大的桩体集中的现象，使桩间土层承受的压力减小，沉降比相应减小。碎石桩和砂桩复合地基与天然的软弱黏性土地基相比，地基承载力增大率和沉降减小率与置换率成正比。据日本的经验，地基的沉降减小率为 0.7～0.9。砂石置换法是一种换土置换，即以性能良好的砂石来替换不良的软弱黏性土。排土法是一种强制置换法，它是通过桩机械将不良地基强制排开并置换，但是，它们对桩间土的挤密作用并不明显，有时，在施工时会使饱和软黏土地基地面产生较大的隆起，有时还会造成表层硬壳土松动。

（2）排水作用。

在软黏土中，所制的碎石桩或砂桩是黏性土地基中一个良好的排水通道，碎石桩或砂桩可以和砂井一样起排水作用，大大缩短了孔隙水的水平渗透途径，加速了软土排水固结，加快了地基土的沉降稳定。加固结果使有效应力增加，强度恢复并提高，甚至超过原土强度。

由于碎石桩和砂桩是一种散粒材料桩，当它承受荷载作用后会产生较大的径向位移，并引起桩周黏性土产生被动抗力，如果桩间土的强度过低，不能达到碎石或砂桩所需的径向约束力，桩体的强度就得不到充分发挥，甚至会产生鼓胀破坏，这样就难以达到理想的处理效果。为此，近年来，国外开发了一些增强桩身强度的处理方法，如袋装砂桩、水泥碎石桩等，我国还开发了水泥粉煤灰碎石桩（CFG）。

（3）加筋作用。

如果软弱土层厚度不大，则桩可穿透整个软弱土层达到其下的相对硬层上面，此时，桩体在荷载作用下就会产生应力集中，从而使软土地基承担的应力相应减小，其结果与天然地基相比，复合地基承载会提高，压缩会减小，稳定性会增加，沉降速率会加快，还可用来改善土体抗剪强度，加固后的复合桩土层还能大大改善土坡的稳定，这种加固作用就是通常所说的“加筋法”。

(4) 垫层作用。

如果软弱土层较厚，则桩体不可能穿透整个土层，此时，加固过的复合桩土层能起到垫层作用，垫层将荷载扩散，使扩散到下卧层顶面的应力减弱并使分布趋于均匀，从而提高地基的整体抵抗力，减小其沉降量。

碎石桩和砂桩无论对砂类土地基还是对黏性土地基，均有挤（振）密作用、排水减压作用、砂基预震作用、置换、排水固结、复合桩土垫层作用及加筋土作用。通过以上加固作用，可以达到提高地基承载力，减小地基沉降量，加速固结沉降，改善地基稳定性，提高砂土地基的相对密度，增加抗液化能力等目的。

（三）设计计算

碎石桩和砂桩的设计计算包括桩体材料的选择，桩体直径的大小，布桩形式、桩距、桩长的选择，碎石桩和砂桩复合地基稳定性验算及地基沉降的计算。

1. 一般设计原则

(1) 加固范围。

加固范围应根据建筑物的重要性和场地条件确定，通常都大于基底面积。对一般地基，在基础外边缘宜扩大 1～2 排，对可液化地基，在基础外边缘应扩大 2～4 排。

(2) 桩位布置。

对大面积满堂基础，桩位宜用等边三角形布置；对独立或条形基础，桩位宜用正方形、矩形或等腰三角形布置；对于圆形或环形基础（如油罐基础）宜用放射形布置，如图13－5所示。

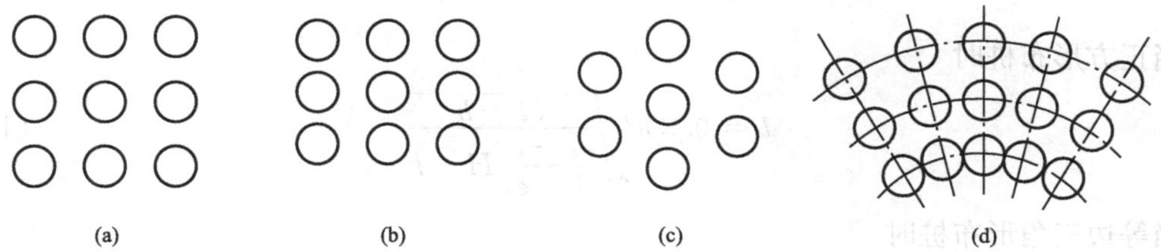

图 13－5 桩位布置

(a) 正方形；(b) 矩形；(c) 等腰三角形；(d) 放射形

(3) 加固深度。

加固深度应根据软弱土层的性能、厚度或工程要求按下列原则确定：

1) 当相对硬层的埋藏深度不大时，应按相对硬层埋藏深度确定。

2) 当相对硬层的埋藏深度较大时，对按变形控制的工程，加固深度应满足碎石桩或砂桩复合地基变形不超过建筑物地基容许变形值的要求。

3) 对按稳定性控制的工程，加固深度应不小于最危险滑动面的深度。

4) 在可液化地基中，加固深度应按要求的抗震处理深度确定。

5) 桩长不宜短于 4m。

(4) 桩径。

碎石桩和砂桩的直径应根据地基土质情况和成桩设备等因素确定。采用 30kW 振冲器成桩时，碎石桩的桩径一般为 0.7～1.0m，采用沉管法成桩时，碎石和砂桩的桩径一般为 0.3～0.7m，对饱和黏性土地基宜选用较大的直径。

（5）材料。

一般使用中、粗混合砂、碎石、卵石、砂砾石等，含泥量不大于 5%。材料最大粒径一般不大于 8cm，对碎石，一般为 2～5cm。

（6）垫层。

施工完毕后，基础底面应铺设 30～50cm 厚度的碎（砂）石垫层，分层铺设，用平板振动器振实。在不能保证施工机械正常行驶和操作的软弱土层上，应铺设施工用临时性垫层。

2. 用于砂性土设计计算方法

对于砂性土地基，主要是从挤密的观点出发考虑地基加固中的设计问题，首先根据工程对地基加固的要求（如提高地基承载力、减小变形或抗地震液化等）确定达到的密度和孔隙比，并考虑桩位布置型式和桩径大小，计算桩的间距。

考虑振密和挤密两种作用，平面布置为正三角形和正方形时，如图 13-6 所示。

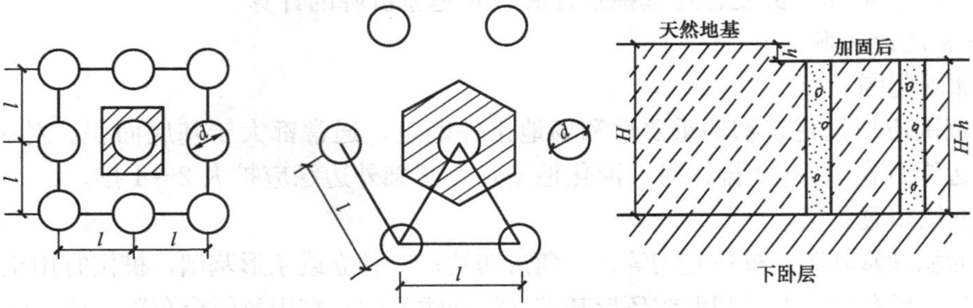

图 13-6　加密效果计算

当正方形布桩时

$$l = 0.89d\sqrt{\frac{H-h}{\frac{e_0-e_1}{1+e_0}H-h}} \tag{13-6}$$

当等边三角形布桩时

$$l = 0.95d\sqrt{\frac{H-h}{\frac{e_0-e_1}{1+e_0}H-h}} \tag{13-7}$$

公式中加固后地基的孔隙比 e_1 可按工程对地基承载力的要求或按下式求得

$$e_1 = e_{max} - D_r(e_{max} - e_{min}) \tag{13-8}$$

式中　e_{max}、e_{min}——分别为砂土最松散和最密实状态时的孔隙比；

D_r——地基挤密后要求砂土达到的相对密实度，可取 0.70～0.85。

3. 注意事项

（1）地基含水量的影响。

地基含水量对处理效果影响很大，实践证明，只有完全干燥或饱和状态的砂土才可能获得最大的振动密实度。砂土中含水但未达到饱和、土颗粒间存在自由水，对土粒产生毛细压力，由于毛细压力的作用，振动或冲击荷载都难以使砂土密实。由于饱和砂土和非饱和砂土的挤密特性是不同的，因此，施工时，应根据现场的特性规定贯入标准。

（2）黏土颗粒含量的影响。

黏土颗粒含量的多少对处理效果有一定的影响。黏土颗粒含量过高，振动和冲击荷载难以破坏桩周黏土颗粒间的物理、化学力，因而会影响挤密效果。一般情况下，当黏土颗粒含量大于20%时，加密效果显著降低。因此，对包括碎石桩或砂桩在内的地基的平均强度，一定要另外确定。

(3) 靠近地表的挤密情况。

地表层约1～2m内桩间土所受的约束力较小，在这深度范围内，很难做到充分挤密，往往满足不了设计要求，常需要结合其他的表层压实方法进行处理。

四、石灰桩法

（一）概述

用石灰加固软弱地基在我国至少已有2000年历史，主要用于石灰掺填处理法。直到本世纪中叶，不论在我国或在国外，大多属于表层或浅层处理。例如用3∶7或2∶8的灰土夯实用作道路的路基或建筑物的墙基和垫层，或直接将生灰投入软土中或土中浅孔中，然后夯实而成，在孔中投入生石灰块，经吸水膨胀形成桩体，其深度一般在300～500mm，形状上大下小，桩周往往形成一道坚硬的外壳，近似陶土。

石灰桩是指用人工或机械在土中成孔，然后灌入生石灰块（还可掺入其他活性与非活性材料），经夯压后形成一根一根的桩体。在生石灰块中掺入粉煤灰所形成的桩被称为二灰桩，掺入砂子的桩被称为石灰砂桩。

（二）加固机理

石灰桩既有别于砂桩、碎石桩等散体材料桩，又与混凝土桩等刚性桩不同。其主要特点是在形成桩身强度的同时也加固了桩间土。当用于建筑物地基时，石灰桩与桩间土组成了石灰桩复合地基共同承担上部结构的荷载。在加固机理上，石灰桩与古老的石灰掺填法及现代石灰桩法有共同之处，它们都是利用石灰、水和土的基本作用，但是，在作用的贡献上却有所不同。石灰桩加固地基的机理可以从以下几个方面探讨。

1. 石灰桩的挤密作用

(1) 成孔挤密作用。

石灰桩施工时是由振动钢管下沉而成孔，在钢管打入土中时，向四周挤开等于自身体积的土，将桩间土挤密，作用大小与石灰桩置换率有关。同为不排土工艺，静压、振动、击入成孔和成桩夯实材料的方法不同，所形成的桩径与桩距就不同，对桩间土的挤密效果也不同。挤密效果还与土质上覆压力及地下水状况有密切关系。一般情况下，地基土的渗水性越大，打桩挤密效果越好，地下水位以上的土比地下水位以下的土挤密效果好。但是，对于高灵敏度的饱和黏性土，尤其是淤泥，成桩时不仅不能挤密桩间土，而且还会破坏土的原有结构，强度会下降。

(2) 吸水膨胀挤密作用。

石灰桩在成孔后灌入生石灰，生石灰便吸收桩间土中的水分而发生体积膨胀，使桩间土产生强大的挤压力，这对地下水位以下软黏土的挤密起主导作用。测试结果表明，根据生石灰的质量高低，在自然状态下熟化后，其体积增至原来体积的1.5～3.5倍，即体胀系数为1.5～3.5。

(3) 脱水挤密。

石灰桩的吸水量包括两部分：一部分是CaO消解水化所需的吸水量；另一部分是石灰桩身，主要是水化产物$Ca(OH)_2$的孔隙吸水量。软黏土的含水量可高达40%～80%，1kg

生石灰消解反应要吸收0.32kg的水。同时，由于反应中放出大量热量提高了地基土的温度，实测桩间土的温度在50℃以上，使土产生一定的汽化脱水，从而使土中含水量下降，孔隙比减小，土颗粒靠拢挤密，在所加固区的地下水位也有所下降。

2. 吸水、升温使桩间土强度提高

生石灰水化过程中能释放出大量的反应热，1kg的CaO水化生产$Ca(OH)_2$时，理论上可释放了278千卡的热量。石灰桩体内温度可达200～400℃，这种热量可提高地基土的温度（实测桩间土的温度在50℃左右），使土中水分大量蒸发，有利于土体固结。生石灰吸水也使地基土中含水量降低，孔隙比减小，桩间土抗剪强度提高。通常生石灰CaO含量越高，桩内生石灰用量越大时，温度越高，地基土温度的升高能促进土中水分的移动，在浅表层还使土中水分产生汽化、蒸发，对减少土的含水量，促进桩间土的脱水起了积极的作用。

3. 石灰桩的排水固结作用

石灰桩桩体具有较好的渗透性，其渗透系数约6×10^{-5}cm/s～4×10^{-3}cm/s之间，是很好的排水通道。相当于粉细砂，比一般黏性土的渗透系数大10～100倍。经测定，石灰桩体具有1.3～1.7的大孔隙比且组成颗粒大，这就证明了石灰桩体必具有大孔隙结构。在一般石灰桩处理的工程项目中，桩距小[(2～3)d]，桩径300～400mm，桩数多，水平向的排水路径由于石灰桩的作用而大大缩短。若当桩身配料加入像钢渣、矿渣、煤渣等掺合料时，排水固结作用将会更明显。

4. 胶凝、离子交换和碳化作用使桩周土强度提高

活性掺合料与生石灰桩在特定条件下的反应是很复杂的，生石灰水化过程中，$Ca(OH)_2$与活性掺合料中SiO_2、Al_2O_3反应生成水化硅酸钙和水化铝酸钙等水化物。水化物对土颗粒产生胶结作用，使土粒集体增大。在石灰水化过程中，钙离子与黏土矿物中的钠离子、钾离子、氢离子等交换，在桩周形成一硬壳层。同时，桩周围的$Ca(OH)_2$与空气接触化合生成$CaCO_3$，$CaCO_3$结晶又与$Ca(OH)_2$结晶相结合，构成$CaCO_3\cdot Ca(OH)_2$合成结晶，这种碳化作用，也使桩周土形成强度较高的硬壳层，胶凝、离子交换和碳化作用使在桩周形成2～10cm厚的硬壳层。

5. 生石灰的置换作用

以生石灰作原料的石灰桩，当生石灰水化后，石灰桩的直径可胀到原来直径的1.1～1.15倍，如充填密实度和纯CaO的含量高，则生石灰密度可达11～12kN/m³。石灰桩吸水膨胀后的挤密作用使桩间土的孔隙比减小，土的含水量降低，结合石灰桩和桩间土的化学作用，在桩周形成一圈类似空心桩的硬土壳，可使土的强度提高。所以，在上述扰动作用下，桩的主要作用是使土挤密脱水加固，而不是使桩起承载作用。这种情况下，桩的置换作用较弱。

（三）设计计算

采用石灰桩法加固地基主要是形成复合地基以提高地基承载力，改善地基变形特性，以满足建筑物对地基要求。石灰桩复合地基设计计算主要包括下述几个方面：桩孔直径的选用；填料的选用；桩长的设计；桩距及桩的布置；承载力验算；沉降计算。

1. 桩孔直径的选用

根据采用的施工方法和机具选用石灰桩桩孔直径，一般选用直径为300～500mm的桩孔。不少地区采用沉管灌注桩设备，这样桩径就与沉管灌注桩的规格相同，如ϕ325mm、

ϕ377mm 等。当施工排土成孔时，实际桩径 $d_1=(1.1\sim1.2d)+30(mm)$（d 为设计桩径）。管内填料时，桩管直径视为桩径，管外填料时，应根据试桩情况实际测定桩径。

桩径的大小还与桩长有关。为避免过大的长细比，一般较长的桩其桩径较大。日本采用 400mm 的桩径，最大桩长可达 35m。国内桩长一般不超过 15m，桩径通常在 300～350mm 左右。

2. 填料的选用

应选用新鲜的生石灰，其中 CaO 含量不低于 70%，粒径在 50mm 以下，含粉量不得超过 20%，未烧透的石灰块或其化物含量不得超过 5%。也可在生石灰中掺加粉煤灰、矿渣、水泥等掺合料，其掺合比例应通过试验确定。

3. 桩长的设计

桩的长度取决于石灰桩的加固目的和上部结构的条件。

(1) 当软弱土层较薄时，下面是好土层，石灰桩应打穿软弱土层进入好土层。当软弱土层深而厚时，视不同情况进行处理。对变形要求较高的建（构）筑地基，桩长宜达到压缩层底部。

(2) 对用于加强地基稳定性为目的石灰桩，桩长应穿过所有可能的滑动面。

(3) 对于其他情况，常按复合垫层法确定桩长，即把石灰桩加固过的复合土层作为硬层，未加固过的下卧层作为软层组成的双层地基，桩长应满足双层地基的承载力和变形的要求。对于多层民用建筑，用 5～8m 的经验桩长即可以满足要求。

4. 桩距及桩的布置

桩距的确定既要满足地基的承载力和变形的要求，又要经济上合理，另外，桩距还依赖于所需的置换率。当土质较差、建筑物对复合地基承载力要求较高时，桩距应小些。但过分小的桩距或过分大的置换率不一定是好的处理办法，可能会造成地面较大隆起并破坏土的结构，尤其是对结构破坏后不易恢复的土类，如黄土、硬塑黏土表壳更应注意。桩距应该通过试桩确定，无试桩资料时，可参考表 13-7 选用。大多数工程中，通常桩距可取（2.5～3.5）d（d 为桩孔直径）相应的置换率为 0.09～0.2，膨胀后实际置换率为 0.13～0.28。

表 13-7　　石灰桩的参考桩距

土　类	桩距/桩径	土　类	桩距/桩径
淤泥和淤泥质土	2～3	较好的填土和一般黏性土	≤5
较差的填土和一般黏性土	3～4		

桩的布置一般可分为正方形、正三角形两种形式。

膨胀前、后的石灰置换率 m 和 m' 也可按式（13-9）～式（13-11）计算或按表 13-8 和表 13-9 选用。

表 13-8　　不同布置形式的石灰桩置换率 m

a=桩距/桩距		2.0	2.5	3.0	3.5	4.0	4.5	5.0
m	正方形布桩	0.196	0.126	0.088	0.064	0.049	0.039	0.031
	正三角形布桩	0.227	0.145	0.101	0.074	0.057	0.045	0.036

表 13-9 不同掺合料的石灰桩膨胀率 ε 参考值

纯石灰桩	2∶8粉煤灰	3∶7粉煤灰	2∶8火山灰	3∶7火山灰	备 注
1.2～1.5	1.15～1.40	1.10～1.35	1.10～1.35	1.05～1.25	桩身约束力大时取小值

正方形布桩

$$m = 0.7854/a^2 \tag{13-9}$$

正三角形布桩

$$m = 0.907/a^2 \tag{13-10}$$

膨胀后置换率

$$m' = \varepsilon m \tag{13-11}$$

式中 a——石灰桩桩距与桩径之比；

ε——石灰桩的膨胀率。

石灰桩的有效加固范围，宜大于基础宽度，当大面积满堂布置时，一般在基础外缘设2～3排护桩。

5. 承载力验算

石灰桩复合地基承载力来源于以下三个方面：膨胀后的桩身强度；加固后的桩间土；桩周形成的1cm至数厘米的硬土壳。这部分硬土壳作为桩身的一部分考虑，也可将硬壳强度与加固土的强度加权平均后，视为加固区土的强度。设计时可考虑桩身四周的早期强度，后期强度作为安全储备。

石灰桩复合地基承载力宜按现场荷载试验确定或按复合地基承载力计算公式确定

$$f_{spk} = mf_{pk} + (1-m)f_{sk} \tag{13-12}$$

式中 f_{spk}——复合地基承载力标准值，kPa；

f_{pk}——石灰桩体单桩承载力标准值，kPa；

f_{sk}——处理后桩间土承载力标准值，kPa；

m——石灰桩吸水膨胀后的面积置换率。

6. 沉降计算

经石灰桩加固后，基底由上层石灰桩复合地基和下卧天然地基组成。建筑物的沉降量可按复合地基沉降计算方法进行计算。实测资料表明，加固后地基的沉降量仅为未加固天然地基的1/5～1/4，差异沉降仅为3～5mm。沉降大部分在施工期完成。

第四节 排 水 固 结 法

一、概述

排水固结法是对天然地基，或先在地基设置砂井（袋装砂井或塑料排水带）等竖向排水体，然后利用建筑物本身重量分级逐渐加载，或在建筑物建造前在场地先行加载预压，使土体中的孔隙水排出，逐渐固结，地基发生沉降时，同时强度逐渐提高的方法。该法常用于解决软黏土地基的沉降和稳定问题，可使地基在加载预压期间不致产生过大的沉降和沉降差。同时，可增加地基土的抗剪强度，提高地基的承载力和稳定性。

排水固结法主要是由加压系统和排水系统两个部分组成。

加压系统，是为地基提供必要的固结压力而设置的，它是地基土层因产生附加压力而发生排水固结。设置排水系统则是为了改善地基原有的天然排水系统的边界条件，增加孔隙水排出路径，缩短排水距离，从而加速地基土的排水固结进程。如果没有加压系统，排水固结就没有动力，既不能形成超静水压力，即使有良好的排水系统，孔隙水仍然难以排出，也就谈不上土层的固结。反之，若没有排水系统，土层排水途径少，排水距离长，即使有加压系统，孔隙水排出速度仍然慢，预压期间难以完成设计要求的固结沉降量，地基强度也就难以及时提高，进一步的加载也就无法顺利进行。因此，加压和排水系统是相互配合、相互影响的。当软土层较薄，或土的渗透性较好而施工期允许较长时，可仅在地面铺设一定厚度的砂垫层，然后加载，土层中水沿竖向流入砂垫层而排出。当工程遇到透水性很差的深厚软土层时，可在地基中设置砂井等竖向排水体，地面连以排水砂垫层，构成排水系统。

根据加压和排水两个系统的不同，派生出多种固结加固地基的方法，如图 13-7 所示。

二、加固机理和计算理论

在饱和软土地基中施加荷载后，孔隙水被缓慢排出，孔隙体积随之逐渐减小，地基发生固结变形。同时，随着超静水压力逐渐消散，有效应力逐渐提高，地基土强度就逐渐增长，现以图 13-8 为例说明。当土样的天然固结压力为 σ'_0时，其孔隙比为 e_0，在 $e\sim\sigma'_c$坐标上其相应的点为 a 点，当压力增加 $\Delta\sigma'$，固结终了时为 c 点，孔隙比减小 Δe，曲线 abc 称为压缩曲线。与此同时，抗剪强度与固结压力成比例的由 a 点提高到 c 点。所以，土体在受压固结时，一方面孔隙比减小产生压缩，另一方面抗剪强度也得到提高。如从 c 点卸除压力 $\Delta\sigma'$，则土样发生膨胀，图中 cef 为卸荷膨胀曲线。如从 f 点再加压 $\Delta\sigma'$，土样发生在压缩，沿虚线变化到 c'，其相应的强度线如图 13-8 所示。从再压缩曲线 fgc'可清楚地看出，固结压力同样从 σ'_0 增加 $\Delta\sigma'$，而孔隙减小值为$\Delta e'$，$\Delta e'$比 Δe 小得多。这说明，如在建筑物场地先加一个和上部建筑物相同的压力进行预压，使土层固结（相当于压缩曲线上从 a 点变化到 c 点），

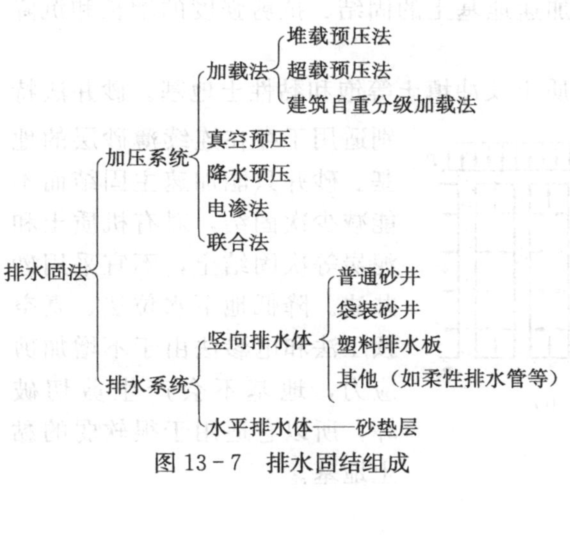

图 13-7 排水固结组成

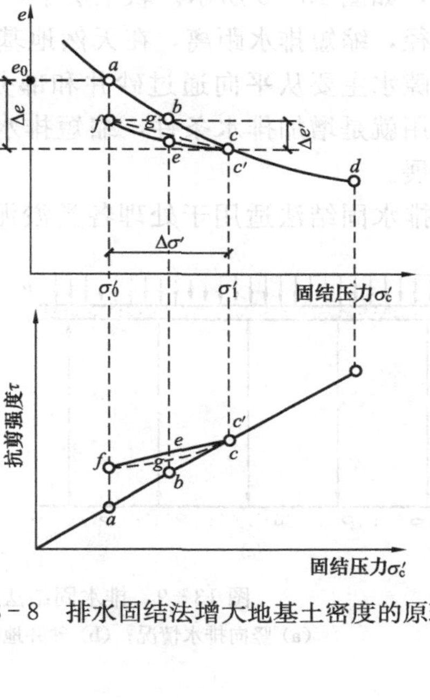

图13-8 排水固结法增大地基土密度的原理

然后卸除荷载（相当于膨胀曲线上从 c 点变化到 f 点）再建造建筑物（相当于在压缩曲线上从 f 点变化到 c' 点），这样，建筑物新引起的沉降即可大大减小。如果预压荷载大于建筑物荷载，即所谓超载预压，则效果更好。因为经过超载预压，当土层的固结压力大于使用荷载下的固结压力时，原来的正常固结黏土层将处于超固结状态，而使土层在使用荷载下的变形大为减小。

将土在某一压力作用下，自由水逐渐排出，土体随之压缩，土体的密度和强度随时间增长的过程称为土的固结过程。所以，固结过程就是超静孔隙水压力消散、有效应力增长和土体逐步压密的过程。

如果地基内某点的总应力为 σ，有效应力为 σ'，孔隙水压力为 u，则三者的关系为

$$\sigma' = \sigma - u \tag{13-13}$$

此时的固结度 U 表示为

$$U = \frac{\sigma'}{\sigma' + u} \tag{13-14}$$

则加荷后土的固结过程表示为

$t=0$ 时，$u=\sigma$，$\sigma'=0$，$U=0$；

$0<t<\infty$时，$u+\sigma'=0$，$0<U<1$；

$t=\infty$时，$u=0$，$\sigma'=0$，$U=1$（固结完成）。

用填土等外加荷载对地基进行预压，是通过增加总应力 σ，并使孔隙水压力 u 消散来增加有效应力 σ' 的方法。真空预压是将覆盖于地面的密封膜下抽成真空，膜内外形成气压差，使黏土层产生固结压力。降低地下水位和电渗排水则是在总应力不变的情况下，通过减小孔隙水压力来增加有效应的方法。

地基土层的排水固结效果与其排水边界有关。根据太沙基一维固结理论，黏性土达到一定固结度所需时间与其最大排水距离的平方成正比。随土层厚度增大，固结所需时间迅速增加。设置竖向排水体来增加排水路径、缩短排水距离是加速地基排水固结行之有效的方法，如图 13-9 所示。软土层中，为了加速固结，最有效的方法是在天然土层中增加排水途径，缩短排水距离，在天然地基中设置排水体，如图 13-9（b）所示。这时土层中的孔隙水主要从平向通过砂井和部分从竖向排出。所以砂井（袋装砂井或塑料排水带）的作用就是增加排水条件，缩短排水距离，加速地基土的固结、抗剪强度的增长和沉降的发展。

排水固结法适用于处理各类淤泥、淤泥质土及冲填土等饱和黏性土地基。砂井法特别适用于存在连续薄砂层的地基。砂井只能加速主固结而不能减少次固结，对有机质土和泥炭等次固结土，不宜采用砂井法。降低地下水位法、真空预压法和电渗法由于不增加剪应力，地基不会产生剪切破坏，所以它适用于很软弱的黏土地基。

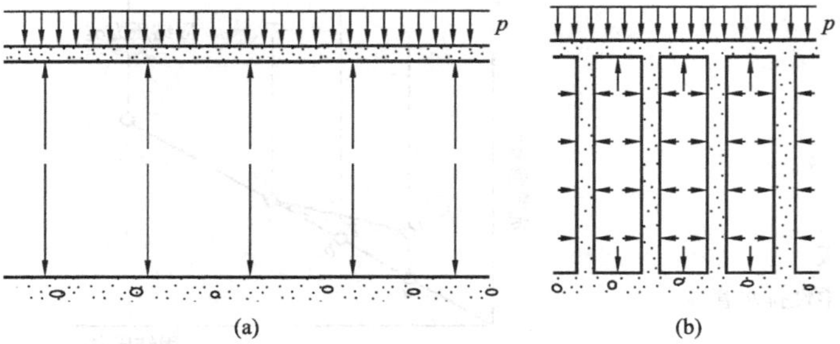

图 13-9 排水固结法原理
（a）竖向排水情况；（b）砂井地基排水情况

三、设计与计算

（一）瞬间加荷条件下固结度计算

瞬时加荷条件下地基固结度计算如图 13 - 10～图 13 - 12 所示，不同条件下平均固结度计算公式见表 13 - 10。

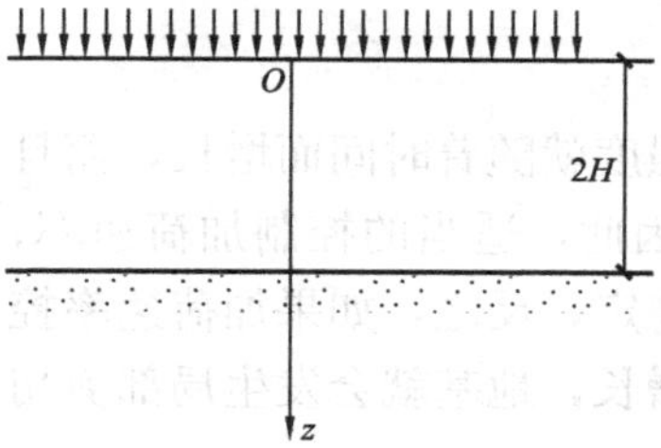

图 13 - 10 竖向排水固结

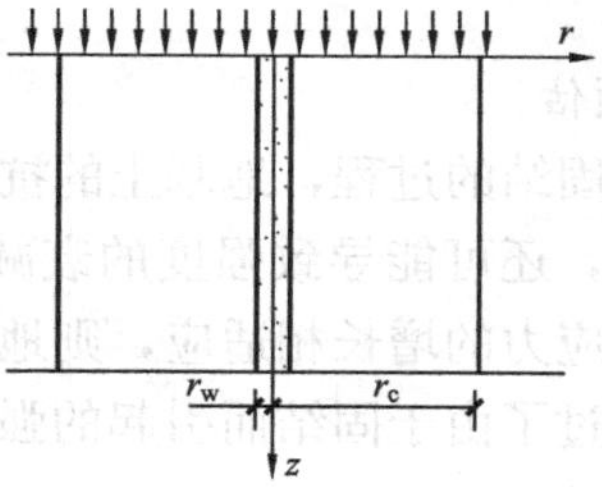

图 13 - 11 砂井排水固结

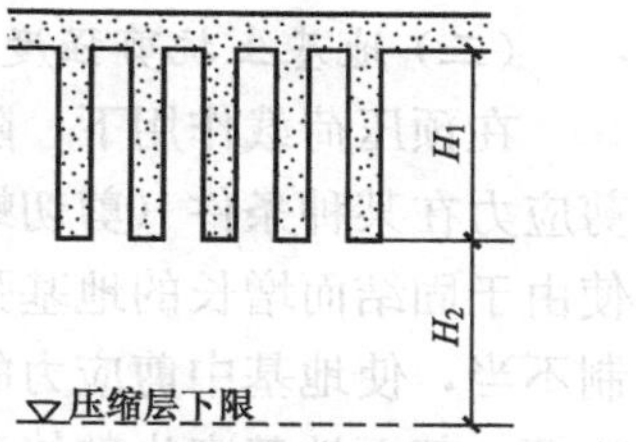

图 13 - 12 砂井未打穿受压土层

表 13 - 10　　不同条件下平均固结度计算公式

序号	条 件	平均固结度计算公式	α	β	备 注
1	竖向排水固结（$\overline{U}_z>30\%$）	$\overline{U}_z=1-\frac{8}{\pi^2}e^{-\frac{\pi^2 C_v}{4H^2}t}$	$\frac{8}{\pi^2}$	$\frac{\pi^2 C_v}{4H^2}$	Tezaghi 解
2	内径向排水固结	$\overline{U}_r=1-e^{-\frac{8C_h}{F_n d_e^2}t}$	1	$\frac{8C_h}{F_n d_e^2}$	Barron 解 $F_n=\frac{n^2}{n^2-1}\ln(n)-\frac{3n^2-1}{4n^2}$ $n=\frac{d_e}{d_w}$
3	竖向和内径向排水固结（砂井地基平均固结度）	$\overline{U}_{rz}=1-\frac{8}{\pi^2}e^{-\left(\frac{8C_h}{F_n d_e^2}+\frac{\pi^2 C_v}{4H^2}\right)t}$ $=1-(1-\overline{U}_r)(1-\overline{U}_z)$	$\frac{8}{\pi^2}$	$\frac{8C_h}{F_n d_e^2}+\frac{\pi^2 C_v}{4H^2}$	
4	砂井未贯穿受压土层的平均固结度	$\overline{U}=Q\overline{U}_{rz}+(1-Q)\overline{U}_z$ $\approx 1-\frac{8Q}{\pi^2}e^{-\frac{8C_h}{F_n d_e^2}t}$	$\frac{8}{\pi^2}Q$	$\frac{8C_h}{F_n d_e^2}$	$Q=\frac{H_1}{H_1+H_2}$
5	外径向排水固结（$\overline{U}_r>60\%$）	$\overline{U}_r=1-0.692e^{-\frac{5.78C_h}{R^2}t}$	0.692	$\frac{5.78C_h}{R^2}$	R——土柱体半径
6	普通表达式	$\overline{U}=1-\alpha e^{-\beta t}$			

注 C_v——竖向固结系数，$C_v=\frac{k_v(1+e)}{\alpha\gamma_w}$；

C_h——径向固结系数（或称水平向固结系数），$C_h=\frac{k_h(1+e)}{\alpha\gamma_w}$；

d_e——每一个砂井有效影响范围的直径；

d_w——砂井直径。

（二）逐渐加荷条件下地基固结度的计算

以上计算固结度的理论公式都是假设荷载是一次瞬间施加的。实际工程中，荷载总是分级逐渐施加的。一级或多级等速加载条件下，当固结时间为 t 时，对应总荷载的地基平均固结度可按下式计算

$$\overline{U}_t=\sum_{i=1}^{n}\frac{\dot{q}_i}{\sum\Delta p}\left[(T_i-T_{i-1})-\frac{\alpha}{\beta}e^{-\beta t}(e^{\beta T_i}-e^{\beta T_{i-1}})\right] \quad (13-15)$$

式中 $\overline{U}_t$——t 时多级荷载等速加荷修正后的平均固结度，%；

$\sum\Delta p$——各级荷载的累计值；

$\dot{q}_i$——第 i 级荷载的平均加速度率，kPa/d；

T_{i-1}、T_i——分别为第 i 级荷载加载的起点和终点时间（从零点起算），当计算第 i 级等速加荷过程中时间 t 的固结度时，则 T_i 改为 t；

α、β——见表 13-10。

（三）地基土抗剪强度增长的预估

在预压荷载作用下，随着排水固结的过程，地基土的抗剪强度就随着时间而增长，而且剪应力在某种条件（剪切蠕动）下，还可能导致强度的衰减。因此，适当的控制加荷速率，使由于固结而增长的地基强度与剪应力的增长相适应，则地基稳定，反之，如果加荷速率控制不当，使地基中剪应力的增长超过了由于固结而引起的强度增长，地基就会发生局部剪切破坏，甚至地基产生整体破坏而滑动。

地基中某一点在某一时刻的抗剪强度 τ_f 可用下式表示

$$\tau_f = \tau_{f0} + \Delta\tau_{fc} - \Delta\tau_{fz}$$

式中　τ_{f0}——地基中某点在加荷的天然地基抗剪强度。用十字板或无侧限抗压强度试验、三轴不排水剪切试验测定；

$\Delta\tau_{fc}$——由于固结而增长的抗剪强度增量；

$\Delta\tau_{fz}$——由于剪切蠕动而引起的抗剪强度衰减量。

如果加荷速率控制得当，有充分时间让孔隙水压力消散，一方面可使 $\Delta\tau_{fc}$ 一项增长，另一方面也减少了 $\Delta\tau_{fz}$，即使（$\Delta\tau_{fc}-\Delta\tau_{fz}$）成为正值，反之，加荷过快，则有可能使（$\Delta\tau_{fc}-\Delta\tau_{fz}$）成为负值。

（四）沉降量计算

地基土的总沉降量一般包括瞬时沉降、固结沉降和次固结沉降三部分。瞬时沉降时在荷载作用下由于土的弹性压缩（这时土的体积不变，即 $u=0.5$）所引起，并在荷载作用下立即发生的。这部分变形是不可忽略的。固结沉降是由孔隙水的排出而引起土体积减小造成的，占总沉降量的主要部分。而次固结沉降则是由于超静水压力消散后，在恒值有效应力作用下土骨架的徐变所至。次固结的大小与土的性质有关。泥炭土、有机质土或高塑性黏性土土层，次固结沉降占很可观的部分，而其他土则所占比例不大。次固结沉降目前还不容易计算，若忽略次固结沉降则最终沉降 S_f 可按下式计算

$$S_f = \psi_s \sum_{i=1}^{n} \left(\frac{e_{oi} - e_{1i}}{1 + e_{oi}}\right) \Delta h_i \tag{13-16}$$

式中　e_{oi}——第 i 层的中点之土自重应力所对应的孔隙比，由室内固结试验所得的 e—p 曲线上查得；

e_{1i}——第 i 层中点之土自重应力和附加应力值相对应的孔隙比，由室内固结试验所得的 e—p 曲线上查得；

Δh_i——第 i 层的厚度；

ψ_s——经验系数，对于堆载预压施工，正常固结饱和黏性土地基可取 1.1～1.4；对于真空预压施工，可取 0.8～0.9；真空—堆载联合预压法以真空预压法为主时，可取 0.9。

在预压期间应及时整理竖向变形与时间、孔隙水压力与时间等关系曲线，并推算地基

的最终竖向变形、不同时间的固结度以分析地基处理效果，并为确定卸载时间提供依据。工程上往往利用实测变形与时间关系曲线按以下公式推算最终竖向变形量 S_f 和参数 β 值：

$$S_f=\frac{S_3(S_2-S_1)-S_2(S_3-S_2)}{(S_2-S_1)-(S_3-S_2)} \tag{13-17}$$

$$\beta=\frac{1}{t_2-t_1}\ln\frac{S_2-S_1}{S_3-S_2} \tag{13-18}$$

式中，S_1、S_2、S_3 为加荷停止后时间 t_1、t_2、t_3 相应的竖向变形量，并取 $t_2-t_1=t_3-t_2$。停荷后预压时间延续越长，推算的结果越可靠。有了值即可计算出受压土层的平均固结系数，可计算出任意时间的固结度。

四、堆载预压法

堆载预压是在建筑施工前通过临时堆填土、砂、石、砖等散料对地基加载预压，使地基土的沉降大部分基本完成，并因固结而提高地基承载力，然后除去堆载，再行建筑施工的一种处理方法。该法适用于各种软黏土地基。

堆载预压法设计包括加压系统和排水系统的设计。加压系统主要指堆载预压计划以及堆载材料的选用；排水系统包括竖向排水体的材料选用、排水体长度、断面、平面布置的确定。

1. 加压系统设计

堆载一般用填土、砂石等散粒材料；油罐通常利用罐体充水对地基进行预压。对堤、坝等以稳定为控制的工程，则以其自身的重量有控制的分级逐渐加载，直至设计标高。

由于软黏土地基抗剪强度较低，无论直接建造建筑物还是进行堆载预压往往都不可能快速加载，而必须分级逐渐加荷，待前期荷载下地基强度增加到足以加下一级荷载时方可加下一级荷载。其计算步骤是，首先用简便的方法确定一个初步的加荷计划，然后校核这一加荷计划下地基的稳定性和沉降，具体步骤如下：

(1) 利用地基的天然地基土抗剪强度计算第一级容许施加的荷载 p_1。一般可根据斯开普顿极限荷载的半径经验公式作为初步估算，即

$$p_1=\frac{1}{K}5C_u\left(1+0.2\frac{B}{A}\right)\left(1+0.2\frac{D}{B}\right)+\gamma D \tag{13-19}$$

式中 K——安全系数，建议采用 1.1～1.5；

C_u——天然地基土的不排水抗剪强度，kPa，由无侧限、三轴不排水剪切试验或原位十字板剪切试验测定；

D——基础埋置深度，m；

A、B——分别为基础的长边和短边，m；

γ——基底标高以上土的重度，kN/m³。

对饱和软黏土也可采用下列公式计算

$$p_1=\frac{5.14C_u}{K}+\gamma D \tag{13-20}$$

对条形填土，可根据 Fellennius 公式估算

$$p_1 = \frac{5.52C_u}{K} \tag{13-21}$$

(2) 计算第一级荷载下地基强度增长值，在 p_1 荷载作用下，经过一段时间预压地基强度会提高，提高以后的地基强度为

$$C_{u1} = \eta(C_u + \Delta C'_u) \tag{13-22}$$

式中，$\Delta C'_u$ 为 p_1 作用下地基因固结而增长的强度。它与土层的固结度有关，一般可先假定一固结度，通常可假设为 70%，然后求出强度增量 $\Delta C'_u$，η 为考虑剪切蠕动的强度折减系数。

(3) 计算 p_1 作用下达到所确定固结度所需要的时间。达到某一固结度所需要的时间可根据固结度与时间的关系求得。这一步计算的目的在于确定第一级荷载停歇时间，亦即第二级荷载开始施加的时间。

(4) 根据第二步所得到的地基强度 C_{u1} 计算第二级所能施加的荷载 p_2。p_2 可近似的按下式估算

$$p_2 = \frac{5.52C_{u1}}{K} \tag{13-23}$$

同样，求出在 p_2 作用下地基固结度达 70%时的强度以及所需要的时间，然后计算第三级所能施加的荷载，依次可计算出以后各级荷载和停歇时间。这样，初步的加荷计划也就确定下来了。

(5) 按以上步骤确定的加荷计划进行每一级荷载下地基的稳定性验算。如稳定性不满足要求，则调整加荷计划。

(6) 计算预压荷载下地基的最终沉降量和预压期间的沉降量。这一项计算的目的在于确定预压荷载卸除的时间，这时地基在预压荷载下所完成的沉降量已达设计要求，所留的沉降是建筑物所允许的。

2. 排水系统设计

(1) 竖向排水体材料选择。

竖向排水体可采用普通砂井、袋装砂井和塑料排水带。若需要设置竖向排水体长度超过 20m，建议采用普通砂井或塑料排水带。

(2) 竖向排水体深度设计。

竖向排水体深度主要根据土层的分布、地基中附加应力大小、施工期限和施工条件以及地基稳定性等因素确定。竖向排水体长度一般为 10～25m。

(3) 竖向排水体平面设计。

工程应用中，普通砂井直径一般为 300～500mm，多采用 400mm，井径比常采用 n=6～8，当加固土层很厚时，砂井直径也有大于 1000mm 的。袋装砂井直径一般为 70～100mm，多采用 70mm，井径比常采用 n=15～30。

塑料排水带常用当量直径表示。当塑料排水带宽度为 b，厚度为 δ 时，其当量直径 D_p 计算式为

$$D_p = \frac{2(b+\delta)}{\pi} \tag{13-24}$$

塑料排水带井径比一般采用 n=15～30。

图 13-13 表示砂井平面布置及影响范围。图 13-13 (a) 表示等边三角形布置，

图 13-13（b）表示正方形布置。图中等面积圆表示一个砂井的影响范围。记竖向排水体砂井的影响圆直径为 d_e，它与排水体中心间距 l 关系如下

等边三角形排列

$$d_e=\sqrt{\frac{2\sqrt{3}}{\pi}}l=1.05l \tag{13-25}$$

正方形排列

$$d_e=\sqrt{\frac{4}{\pi}}l=1.13l \tag{13-26}$$

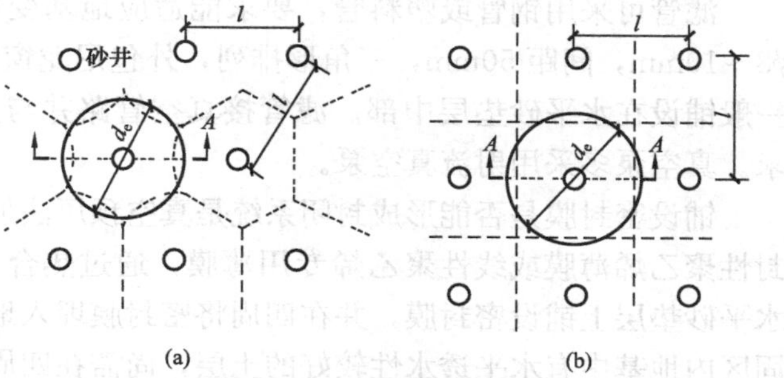

图 13-13　竖向排水体平面布置及影响范围

在预压法处理地基中，竖向排水体布置范围一般要比建筑物基础范围稍微大些，以利于提高地基稳定性，减小在荷载作用下由于地基土体的侧向变形引起建筑物的沉降。

（4）水平排水砂垫层设计。

地表排水砂垫层是预压法处理地基排水系统的一部分。地表排水砂垫层采用中粗砂铺设，含泥量应小于 5%，砂垫层的厚度一般应大于 400mm。水平排水系统也可采用土工合成材料与砂垫层形成的混合垫层。水平排水系统应能保证在预压加固过程中由地基中排出的水能引出预压区。

五、真空预压法

真空预压法与堆载预压法不同的是加压系统，两者排水系统基本上是相同的。真空预压法是通过在砂垫层和竖向排水体中形成负压区，在土体内部与排水体间形成压差，迫使地基土中水排出，地基土体产生固结。

真空预压法示意图如图 13-14 所示。工艺过程为：首先在地基中设置塑料排水带等竖向排水通道，在地表面铺设砂垫层，形成排水系统。再在砂垫层中埋设排水管道，并与抽真空装置连接，形成抽气、抽水系统。在砂垫层上铺设不透气封闭膜，在加固区四周将薄膜埋入土中一定深度以满足不漏水不漏气的密封要求。最后通过抽气、抽水在砂垫层和竖向排水体中形成负压区。薄膜下真空度一般可达 80kPa，最大可达 93kPa。通过持续不断抽气、抽水，土体在压差作用下，孔隙水排出土体，土体发生固结。

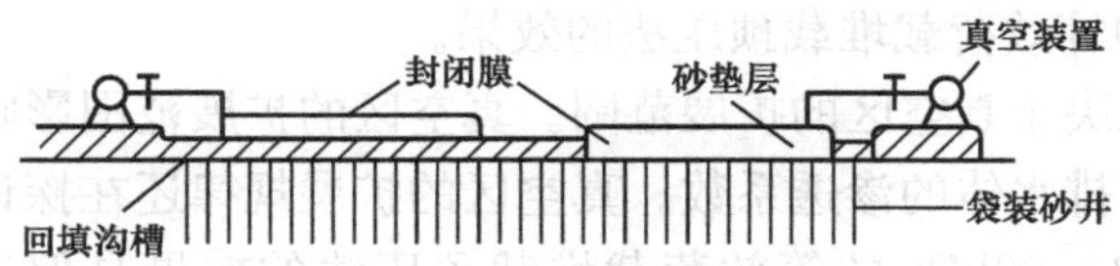

图 13-14　真空预压法示意图

真空预压法加固地基原理是土体在压差作用下固结。真空预压下地基土体固结计算可采用 Rendulic—Terzaghii 固结理论或 Biot 固结理论计算。地基土体除了在压差作用下固结外，抽气、抽水形成地下水位下降也促进地基土体固结。

真空预压法设计和施工包括下述几方面。

1. 排水系统设计和施工

通常采用塑料排水带、普通砂井、袋装砂井作为竖向排水体，设计计算和施工同堆载预压法。

2. 抽气、抽水系统和密封膜设计和施工

抽气、抽水系统由水平向分布滤管、真空管路和真空泵组成。

滤管可采用钢管或塑料管，要求能适应地基变形和承受径向压力。滤管滤水孔一般为 ϕ8～10mm，间距 50mm，三角形排列，外包尼龙窗纱布一层，再包土工织物滤水层。滤管一般铺设在水平砂垫层中部。滤管接真空管路并与真空泵连接。真空管应满足排水量的要求。真空泵多采用射流真空泵。

铺设密封膜是否能形成封闭系统是真空预压法加固地基成败关键之一。材料一般采用密封性聚乙烯薄膜或线性聚乙烯专用薄膜，通过热合与黏结，形成 500～5000m^2 密封膜。在水平砂垫层上铺设密封膜，并在四周将密封膜埋入地基中一定深度，形成封闭系统。若在加固区内地基中有水平透水性较好的土层，尚需在四周设置止水帷幕，否则难以在加固区内地基中形成负压区。地基加固区内有水平透水性好的土层，若不能进行有效隔离形成封闭系统，则采用真空预压法不能取得加固地基效果。

3. 真空预压计划设计

真空预压法加固地基过程中，地基土体中有效应力不断增加，地基不存在失稳问题。地基土体固结过程中，地基产生沉降，同时产生水平位移。与堆载预压法不同，真空预压过程中地基土体水平位移一开始就向加固区中心方向移动。由于不存在地基稳定问题，真空预压抽真空度可一步到位，以缩短真空预压工期。

真空预压是否满足设计要求，何时停止抽气、抽水可通过地基沉降量的完成量来评定。

4. 现场测试设计

由于不存在地基稳定问题，现场监测重要性减小。为了了解地基固结情况，可在地基中设置孔隙水压力测点、地面沉降和深层沉降测点。为了了解地基变形情况，也可在加固区外侧埋设测斜管进行深层土体水平位移测量。在真空预压过程中，要重视土体水平位移对周围环境的影响。

现场测试设计同堆载预压法。

真空预压法能取得相当于 78～92kPa 的等效荷载堆载预压法的效果。

真空预压法加固地基的有效加固深度取决于真空区的扩展范围。真空区的扩展范围影响因素很多，如抽真空的功率，地基土和竖向排水体的渗透系数。真空区的扩展规律还在探讨之中。可以认为真空预压能取得相当于 78～92kPa 的等效荷载堆载预压法的效果是偏安全的。

若单纯采用真空预压法不能满足地基加固设计要求，可采用真空预压和堆载预压相结合的处理方法，通常成为真空与堆载联合预压法。在真空与堆载联合预压法中，真空预压和堆载预压加固效果可得到联合预压法的加固效果。

第五节 化 学 加 固 法

一、概述

化学加固法是指在软弱地基中灌入水泥浆液、黏土浆液或其他化学浆液，通过灌注压入、高压喷射或机械搅拌，使浆液与土颗粒胶结起来，以改善地基土的物理和力学性质的地基处理方法。

属于化学加固法的地基处理方法主要有以下三类：水泥土搅拌法、高压喷射注浆法和灌浆法。水泥土搅拌法可分为水泥喷浆搅拌法和水泥喷粉搅拌法两种，喷粉深层搅拌法又称粉喷法。在深层搅拌法中，通常采用水泥为固化物，也有采用石灰为固化物。高压喷射注浆法按施工工艺可分为旋喷法、定喷法和摆喷法；按喷射形式又可分为单管法、双管法和三重管法；按高压喷射施工方向又可分为垂直高压喷射注浆和水平高压喷射注浆。灌浆法按施工工艺又可分为渗入性灌浆法、劈裂灌浆法和压密注浆法等。采用不同的灌浆施工工艺进行灌浆，加固地基的原理不同，灌浆法适用范围也不同。

二、水泥土搅拌法

（一）概述

水泥土搅拌桩是一种用于加固饱和黏土地基的常用软基处理技术，它将水泥作为固化剂与软土在地基深处强制搅拌，由固化剂和软土产生一系列物理化学反应，使软土硬结成一定强度的水泥加固体，从而提高地基土承载力和增大变形模量。水泥土搅拌桩从施工工艺上可分为湿法和干法两种。

1. 湿法

湿法常称为浆喷搅拌法，将一定配比的水泥浆注入土中搅拌成桩。该工艺利用水泥浆作固化剂，通过特制的深层搅拌机械，在加固深度内就地将软土和水泥浆充分拌和，使软土硬结成具有整体性、水稳定性和足够强度的水泥土的一种地基处理方法。

2. 干法

干法常称为粉喷搅拌法。该工艺利用压缩空气通过固化材料供给机的特殊装置，携带着粉体固化材料，经过高压软管和搅拌轴输送到搅拌叶片的喷嘴喷出，借助搅拌叶片旋转，在叶片的背面产生空隙，安装在叶片背面的喷嘴将压缩空气连同粉体固化材料一起喷出，喷出的混合气体在空隙中压力急剧降低，促使固化材料就地黏附在旋转产生空隙的土中，旋转到半周，另一搅拌叶片把土与粉体固化材料搅拌混合在一起，与此同时，这只叶片背后的喷嘴将混合气体喷出，这样周而复始地搅拌、喷射、提升，与固化材料分离后的空气传递到搅拌轴的周围，上升到地面释放。

（二）加固机理

水泥土的强度机理主要有两个方面的作用：首先是水泥的骨架作用，水泥与饱和软黏土搅拌后，发生水泥的水解和水化反应，生成水泥水化物，形成凝胶体——氢氧化钙，将土颗粒或小土团凝结在一起，形成一种稳定的结构整体；其次是离子交换作用，水泥在水化过程中，生成的钙离子与土颗粒表面的钠离子（或钾离子）进行离子交换，生成稳定的钙离子，从而提高土体的强度。国内外大量的试验及研究表明，水泥与软土拌和后，将发生如下的物理化学反应。

1. 水泥的水解水化反应

减少了软土中的含水量，增加土粒间的黏结，水泥与土拌和后，水泥中的硅酸二钙、硅酸三钙、铝酸三钙以及铁铝四钙等矿物与土中水发生水解反应，在水中形成各种硅、铁、铝质的水溶胶，土中的 $CaSO_4$ 大量吸水，水解后形成针状结晶体。

2. 离子交换与团粒作用

水泥水解后，溶液中的 Ca^{2+} 含量增加，与土粒发生阳离子交换作用，等当量置换出 K^+、Na^+，形成大的软土团粒和水泥土的团粒结构，使水泥土的强度大为提高。

3. 硬凝反应

阳离子交换后，过剩的 Ca^{2+} 在碱性环境中与 SiO^{2-}、Al_2O_3 发生化学反应，形成水稳性的结晶水化物，增大了水泥土的强度。

4. 碳化反应

水泥土中的 $Ca(OH)_2$ 与土中或水中 CO_2 化合生成不溶于水的 $CaCO_3$，增加了水泥土的强度。

水泥与地基土拌合后经上述的化学反应形成坚硬桩体，同时桩间土也有少量的改善，从而构成桩与土复合地基，提高地基承载力，减少了地基的沉降。

水泥土搅拌桩适用于处理正常固结的淤泥与淤泥质土、粉土、饱和黄土、素填土、黏性土以及无流动地下水的饱和松散砂土等地基。当地基土的天然含水量小于 30%（黄土含水量小于 25%）、大于 70%或地下水的 pH 值小于 4 时不宜采用干法。冬季施工，应注意负温对处理效果的影响。

（三）设计计算

1. 水泥土桩复合地基的承载力计算

(1) 单桩竖向承载力计算。

单桩竖向承载力标准值可按下式计算，取其中较小值。

$$R_k^d = \eta f_{cuk} A_p \tag{13-27}$$

$$R_k^d = q_s U_p L + \alpha A_p q_p \tag{13-28}$$

式中 f_{cuk}——与搅拌桩桩身加固土配比相同的室内加固土试块（边长为 70.7mm 或 50mm 的立方体）的 90 天龄期无侧限抗压强度平均值；

η——强度折减系数，可取 0.3～0.5；

U_p——桩周边长；

L——桩长；

q_p——桩端天然地基土的承载力标准值，可按《建筑地基基础设计规范》（GB 50007—2002）第三章第二节的有关规定确定；

q_s——桩周土平均容许摩阻力见表 13-11；

α——桩端天然地基土的承载力折减系数，可取 0.4～0.6。

表 13-11 搅拌桩桩周土的容许摩阻力

土的名称	土的状态	q_s（kPa）	土的名称	土的状态	q_s（kPa）
淤泥、泥炭	流塑	5～8	黏性土	软塑	12～15
淤泥质土	流塑～软塑	8～12	黏性土	可塑	15～18

为使单柱承载力的设计合理，设计时应使桩体强度与承载力相协调，即

$$\eta f_{cuk} A_p \geqslant q_s U_p L + \alpha A_p q_p \tag{13-29}$$

单桩承载力应通过现场荷载试验加以验证，或先施工试桩，据以确定单桩承载力，当桩体强度小于 500kPa 时，单桩承载力应通过现场荷载试验确定。式（13-29）表明当桩长超过一定长度，控制单桩承载力的主要指标为桩体强度，所以可采取有效方法提高桩体强度来提高搅拌桩竖向承载力，如加大上部喷灰量、桩体加芯技术等。

(2) 复合地基承载力计算。

水泥土复合地基承载力的计算，采用桩土分担荷载比的原理，按下式计算

$$f_{sp}=mR_k^d/A_p+\beta(1-m)f_k \tag{13-30}$$

式中　f_{sp}——复合地基的承载力标准值；

f_k——桩间土天然地基承载力标准值；

m——面积置换率；

β——桩间土承载力折减系数，当桩端土为软土时，可取 0.5～1.0，当桩端土为硬土时，可取 0.1～0.4，当不考虑桩间软土作用时，可取 0。

上述式中的天然地基承载力标准值的取值概念较模糊，从经济和安全角度综合考虑，建议如下取值：一般而言，任何复合地基的桩间土的承载力不低于天然地基土的承载力，从安全储备上考虑，水泥土桩的土的承载力用天然地基土的承载力替代是适宜的，如主要加固区在基底，则取该层土的承载力标准值；如在基底一定深度以下，则取加固段内该层土以上承载力的加权平均值。

2. 水泥土复合地基的变形计算

水泥土复合地基的变形由复合土层的变形和桩端以下土层变形两部分组成。由于缺少系统的变形场测试资料，大多采用材料力学的推论或土力学的经验方法计算。

(1) 复合土层的变形计算。

群桩体的压缩变形 S_1 可按下式计算

$$S_1=\frac{(p_o+p_{oz})L}{2E_{ps}} \tag{13-31}$$

$$E_{ps}=mE_p+(1-m)E_s \tag{13-32}$$

式中　p_o——群桩体顶面处的平均压力；

p_{oz}——群桩体底面处的附加压力；

L——实际桩长；

E_{ps}——复合土层压缩模量；

E_p——搅拌桩的压缩模量，可取 $100\sim200f_{cuk}$；

E_s——桩间土的压缩模量。

大量的搅拌桩设计计算及实测结果表明，桩体的压缩变形量仅在 10～30mm 之间变化。因此，当荷载大、桩较长或桩体强度小时，取大值；反之，当荷载小、桩较短或桩身强度高时，可取小值。

(2) 桩端以下土层的变形计算。

将复合土层看作一层土，下部为若干层土，用分层总和法计算复合土层下影响深度内各层土的变形。具体按国家标准《建筑地基基础设计规范》（GB 50007—2002）的有关规定进行计算。在深厚的超软土中，当置换率较大时，如前述，复合土体呈现深基效应，此时，按刚性群桩桩底沉降计算方法较为稳妥。

三、高压喷射注浆法

(一) 概述

高压喷射注浆法是 20 世纪 60 年代后期创始于日本，它是利用钻机把带有喷嘴的注浆管钻进至土层的预定位置后，以高压设备使浆液或水成为 20MPa 左右的高压流从喷嘴中喷射出来，冲击破坏土体，同时钻杆以一定速度渐渐向上提升，将浆液与土粒强制搅拌混合，浆液凝

固后，在土中形成一个固结体。固结体的形状和喷射流移动方向有关。一般分为旋转喷射（简称旋喷）、定向喷射（简称定喷）和摆动喷射（简称摆喷）三种形式，如图 13－15 所示。

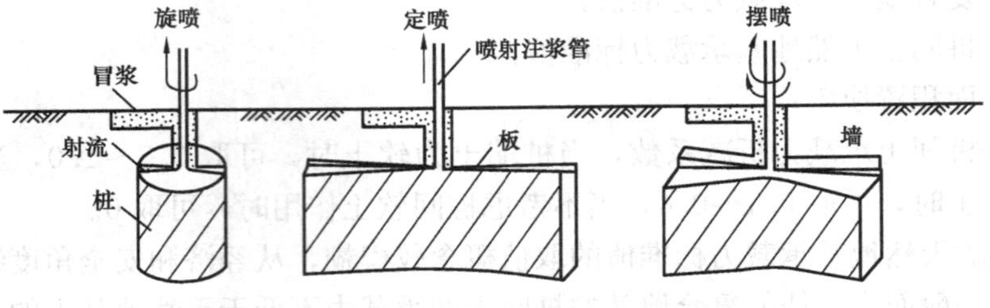

图 13－15　高压喷射注浆的三种形式

1. 高压喷射注浆法的工艺类型

当前高压喷射注浆法的基本工艺类型有单管法、二重管法、三重管法和多重管法等四种方法。

(1) 单管法。

单管旋喷注浆法是利用钻机把安装在注浆管（单管）底部侧面的特殊喷嘴，置入土层预定深度后，用高压泥浆泵等装置，以 20MPa 左右的压力，把浆液从喷嘴中喷射出去冲击破坏土体，同时借助注浆管的旋转和提升运动，使浆液与从土体上崩落下来的土搅拌混合，经一定时间凝固，便在土中形成圆柱状的固结体，如图 13－16 所示。这种工法日本称为 CCP 工法。

(2) 二重管法。

使用双通道的二重注浆管，当二重注浆管钻进到土层的预定深度后，通过在管底部侧面的一个同轴双重喷嘴，同时喷射出高压浆液和空气两种介质的喷射流冲击破坏土体。即以高压泥浆泵等高压发生装置喷射出 20MPa 左右压力时浆液，从内喷嘴中高速喷出，并用 0.7MPa 左右压力把压缩空气从内喷嘴中高速喷出。在高压浆液和它外圈环绕气流的共同作用下，破坏土体的能量显著增大，喷嘴一面喷射一面旋转和提升，最后在土中形成圆柱状固结体。固结体的直径明显增加，如图 13－17 所示。这种方法日本称为 JSG 工法。

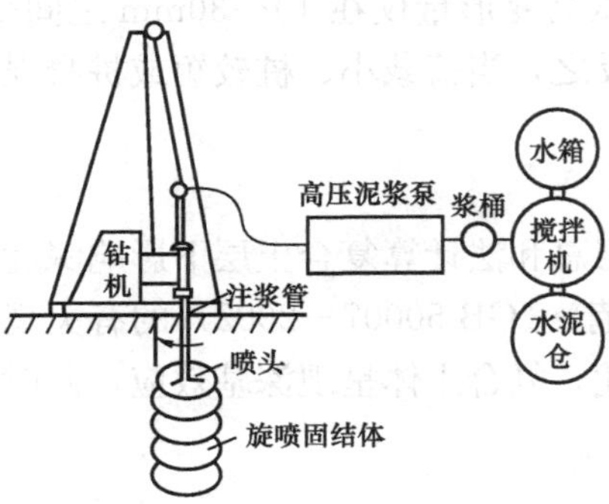

图 13－16　单管旋喷注浆示意图

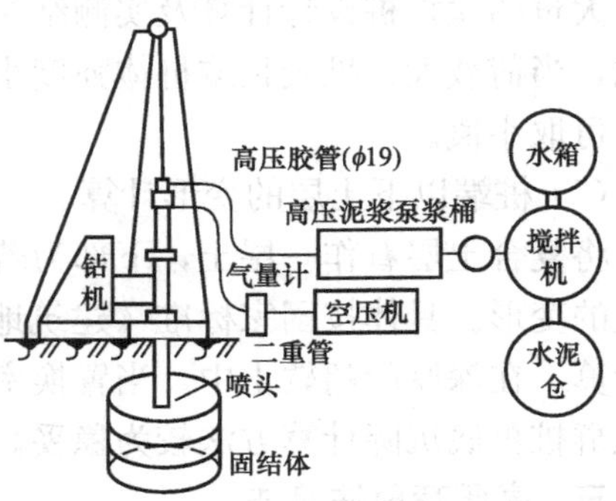

图 13－17　二重单管旋喷注浆示意图

(3) 三重管法。

使用分别输送水、气、浆三种介质的三重注浆管。在以高压泵等高压发生装置产生 20MPa 左右的高压水喷射流的周围，环绕一股 0.7MPa 左右的圆筒状气流，进行高压水喷射流和气流同轴喷射冲切土体，形成较大的空隙，再另由泥浆泵注入压力为 2～5MPa 的浆液填充，喷嘴作旋转和提升运动，最后便在土中凝固为直径较大的圆柱状固结体，如图 13－18 所示。这种方法日本称 CJP 工法。

(4) 多重管法。

这种方法首先需要在地面钻一个导孔，然后置入多重管，用逐渐向下运动的旋转超高压力水射流（压力约 40MPa），切削破坏四周的土体，经高压水冲击下来的土和石成为泥浆后，立即用真空泵从多重管中抽出。如此反复地冲和抽，便在地层中形成一个较大的空间。装在喷嘴附近的超声波传感器及时测出空间的直径和形状，最后根据工程要求选用浆液、砂浆、砾石等材料进行填充，于是在地层中形成一个大直径的柱状固结体，在砂性土中最大可达 4m，如图 13－19 所示，这种方法日本称为 SSS—MAN 工法。

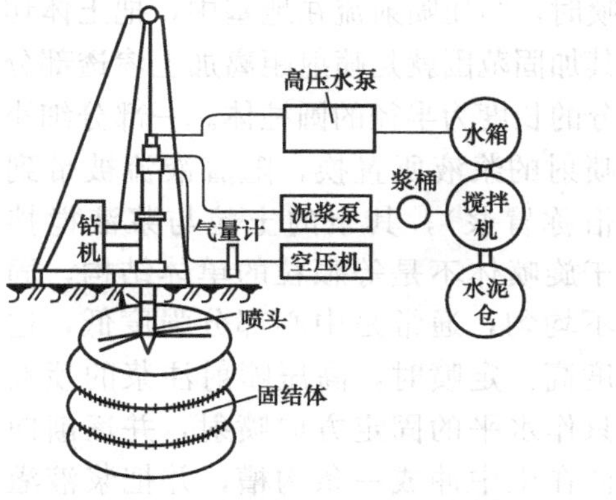

图 13－18　三重管旋喷注浆示意图

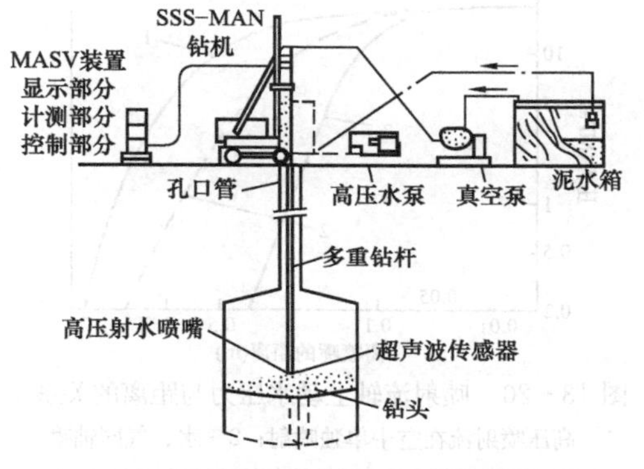

图 13－19　多重管旋喷示意图

2. 高压喷射注浆法的特征及适用范围

(1) 高压喷射注浆法的特征：适用范围较广；施工简便；可控制固结体形状；可垂直、倾斜和水平喷射；耐久性较好；料源广阔；设备简单。

(2) 高压喷射注浆法的工程应用范围：增加地基强度；挡土围堰及地下工程建设；增大土的摩擦力和黏聚力；减少振动，防止液化；降低土的含水量；防渗帷幕。

(二) 加固机理

1. 高压喷射流对土体的破坏作用

破坏土体的结构强度的最主要因素是喷射动压，根据动量定律，在空气中喷射时的破坏力为

$$p = \rho Q V_m \qquad (13-33)$$

式中　p——破坏力，kg·m/s²；

ρ——密度，kg/m³；

Q——流量，m³/s，$Q=V_m A$；

V_m——喷射流的平均速度，m/s。

$$p = \rho A V_m^2 \qquad (13-34)$$

式中　A——喷嘴断面积，m²。

亦即破坏力对于某一种密度的液体而言，是与该射流的流量 Q、流速 V_m 和乘积成正比。而流量 Q 又为喷嘴断面积 A 与流速 V_m 的乘积。所以在一定喷嘴面积 A 的条件下，为

了取得更大的破坏力，需要增加平均流速，也就是需要增加旋喷压力，一般要求高压脉冲泵的工作压力在20MPa以上，这样就使射流像刚体一样，冲击破坏土体，使土与浆液搅拌混合，凝固成圆柱状的固结体。

2. 水（浆）、气同轴喷射流对土的破坏作用

单射流虽然具有巨大的能量，但由于压力在土中急剧衰减，因此破坏土的有效射程较短，致使旋喷固结体的直径较小。当在喷嘴出口的高压水喷流的周围加上圆筒状空气射流，进行水、气同轴喷射时，空气流使水或浆的高压喷射流从破坏的土体上将土粒迅速吹散，使高压喷射流的喷射破坏条件得到改善，阻力大大减少，能量消耗降低，因而增大了高压喷射流的破坏能力，形成的旋喷固结体的直径较大，如图13-20所示，为不同类喷射流中动水压力与距离的关系，表明高速空气具有防止高速水射流动压急剧衰减的作用。

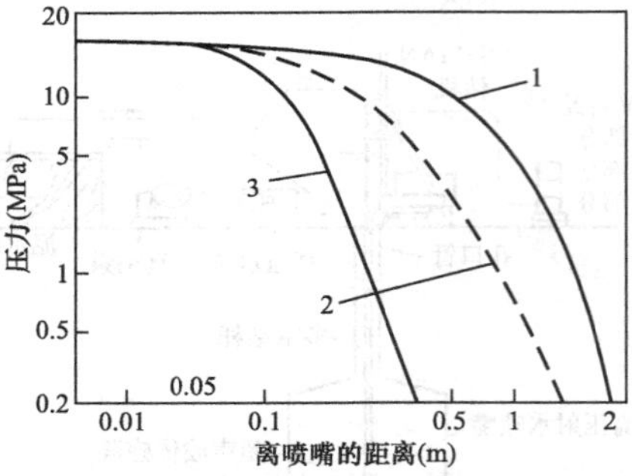

图13-20　喷射流轴上动水压力与距离的关系
1—高压喷射流在空中单独喷射；2—水、气同轴喷射流在水中喷射；3—高压喷射流在水中单独喷射

旋喷时，高压喷射流在地基中，把土体切割破坏。其加固范围就是喷射距离加上渗透部分或压缩部分的长度为半径的圆柱体。一部分细小的土粒被喷射的浆液所置换，随着液流被带到地面上（俗称冒浆），其余的土粒与浆液搅拌混合。由于旋喷体不是等颗粒的单体结构，固结质量也不均匀，通常是中心部分强度低，边缘部分强度高。定喷时，高压喷射注浆的喷嘴不旋转，只作水平的固定方向喷射，并逐渐向上提升，便在土中冲成一条沟槽，并把浆液灌进槽中，最后形成一个板状固结体。

3. 水泥与土的固结机理

水泥与水拌和后，首先产生铝酸三钙水化物和氢氧化钙，它们可溶于水中，但溶解度不高，很快就达到饱和，这种化学反应连续不断地进行，就析出一种胶质物体。这种胶质物体有一部分混在水中悬浮，后来就包围在水泥微粒的表面，形成一层胶凝薄膜。所产生的硅酸二钙水化物几乎不溶于水，只能以无定形体的胶质包围在水泥微粒的表层，另一部分渗入水中。由水泥各种成分所生成的胶凝膜，逐渐发展起来成为胶凝体，此时表现为水泥的初凝状态，开始有胶黏的性质。此后，水泥各成分在不缺水、不干涸的情况下，继续不断地按上述水化程序发展、增强和扩大，从而产生下列现象：

(1) 胶凝体增大并吸收水分，使凝固加速、结合更密。

(2) 由于微晶（结晶核）的产生进而生出结晶体，结晶体与胶凝体相互包围渗透并达到一种稳定状态，这就是硬化的开始。

(3) 水化作用继续深入到水泥微粒内部，使未水化部分再参加以上的化学反应，直到完全没有水分以及胶质凝固和结晶充盈为止。但无论水化时间持续多久，很难将水泥微粒内核全部水化完了，所以水化过程是一个长的过程。

四、灌浆法

（一）概述

灌浆法是指利用液压、气压或电化学原理，通过注浆管把浆液均匀地注入地层中，浆液以填充、渗透和挤密等方式，使土颗粒间或岩石裂隙中的水分和空气排出，经人工控制一定

时间后，浆液将原来松散的土粒或裂隙胶结成一个整体，形成一个结构新、强度大、防水性能高和化学性良好的结石体。

灌浆的主要目的有下列几方面：

(1) 防渗：增加地基土的不透水性，防止流砂、钢板桩渗水、坝基漏水和隧道开挖时涌水，以及改善地下工程的开挖条件；

(2) 防止桥墩和边坡护岸的冲刷；

(3) 整治塌方滑坡、处理路基病害；

(4) 加固、提高地基土的承载力，减少地基的沉降和不均匀沉降；

(5) 进行托换技术，既有建筑物的地基加固与纠偏。

灌浆法的应用范围很广，适用于土木工程中的各个领域，如坝基、房基、道路和桥梁基础、地下建筑等。

(二) 加固原理

地基处理中，灌浆工艺所依据的理论主要可归纳为以下四类。

1. 渗透性灌浆理论

渗透灌浆是指在压力作用下使浆液克服各种阻力，渗入地层中的孔隙或裂缝中，排挤出孔隙中存在的自由水和气体，而地基土层结构基本不受扰动和破坏。所用灌浆压力相对较小，这类灌浆一般只适用于中砂以上的砂性土和有裂隙的岩石，代表性的渗透灌浆里有球形扩散理论、柱形扩散理论和袖套管法理论。

2. 劈裂灌浆理论

劈裂灌浆是指在压力作用下，向钻孔泵送不同类型的流体，以克服地层的初始应力和抗拉强度，引起岩石和土体结构的破坏和扰动，使其沿垂直于小主应力的平面上发生劈裂，使地层中原有的裂隙或孔隙张开，形成新的裂隙或孔隙，浆液的可灌性和扩散距离增大，而所用的灌浆压力相对较高。

3. 压密灌浆理论

压密灌浆是指通过钻孔在土中灌入极浓的浆压，在注浆点使土体压密，在注浆管端部附近形成“浆泡”，如图 13-21 所示。

当浆泡的直径较小时，灌浆压力基本上沿钻孔的径向扩展。随着浆泡尺寸的逐渐增大，便产生较大的上抬力而使地面抬动。浆泡的形状一般为球形或圆柱形。在均匀土中的浆泡形状相当规则，而在非均质土中则很不规则。浆泡的最后尺寸取决于很多因素，如土的密度、湿度、力学性质、地表约束条件、灌浆压力和注浆速率等。

压密灌浆常用于中砂地基，黏土地基中若有适宜的排水条件也可采用。如遇排水困难而可能在土体中引起高孔隙水压力时，这就必须采用很低的注浆速率。压密灌浆可用于非饱和的土体，以调整不均匀沉降进行托换技术，以及在大开挖或隧道开挖时对邻近土进行加固。

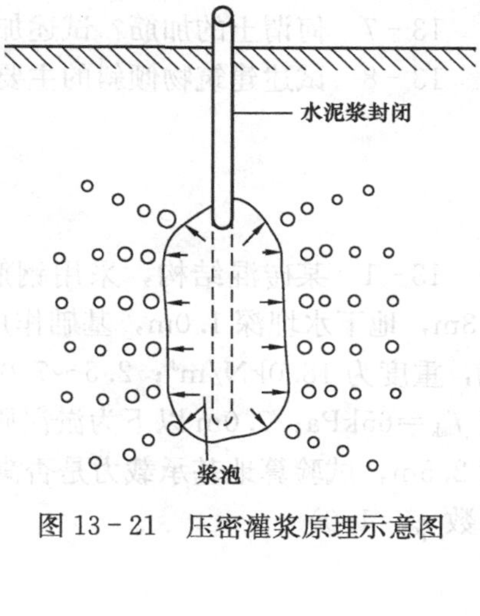

图 13-21 压密灌浆原理示意图

4. 电动化学灌浆原理

电动化学灌浆是指在施工时将带孔的注浆管作为

阳极，用滤水管作为阴极，将溶液由阳极压入土中，并通以直流电（两电极间电压梯度一般采用0.3～1.0V/cm），在电渗作用下，孔隙水由阳极流向阴极，促使通电区域中土的含水量降低，并形成渗浆通路，化学浆液也随之流入土的孔隙中，并在土中硬结。因而电动化学灌浆是在电渗排水和灌浆法的基础上发展起来的一种加固方法。但由于电渗排水作用，可能会引起邻近既有建筑物基础的附加下沉，这一情况应予慎重。

灌浆一般采用定量灌浆方法，而不是灌至不吃浆为止。灌浆结束后，地层中的浆液往往仍具有一定的流动性，因而在重力作用下，浆液可能向前沿继续流失，使本来已被填满的孔隙重新出现空洞，使灌浆体的整体强度削弱。不饱和充填的另一个原因是采用不稳定的粒态浆液，如这类浆液太稀，且在灌浆结束后浆中的多余水不能排除，则浆液沉淀析水而在孔隙中形成空洞。可采用以下措施防止上述现象：

（1）当浆液充满孔隙后，继续通过钻孔施加最大灌浆压力。

（2）采用稳定性较好的浓浆。

（3）待已灌浆液达到初凝后，设法在原孔段内进行复灌。

关键概念

软弱地基；地基处理；置换法；排水固结法；深层密实法；化学加固法。

思考题

13-1　何谓软土、软弱土和软弱地基？

13-2　试述地基处理的目的和其方法的分类。

13-3　试用图阐明砂垫层的设计方法。

13-4　试将强夯、砂桩、灰土桩对不同土质的适用范围、加固激励、设计方法列表进行比较。

13-5　试述排水固结的加固机理。

13-6　试述灌浆法、高压喷射注浆法及水泥土搅拌法的适用范围、分类方法、加固机理、设计方法。

13-7　何谓土的加筋？试述加筋土、土工合成材料的适用范围、加固机理和设计方法。

13-8　试述建筑物倾斜的主要原因。

计算题

13-1　某砖混结构，采用钢筋混凝土条形基础，基础埋深$d=1.4$m，基础宽度$b=1.3$m，地下水埋深1.0m，基础作用竖向荷载$F_k=125$kN/m，土层分布为：0～2.5m为淤泥，重度为18.0kN/m^3；2.5～7.0m为淤泥质黏土，重度为18.5kN/m^3，地基承载力特征值$f_{ak}=65$kPa；7.0m以下为淤泥质黏土，重度18.7kN/m^3。拟采用换填法处理，砂垫层厚度2.5m，试验算地基承载力是否满足要求。（垫层压力扩散角$\theta=30°$，淤泥质黏土深度修正系数$\eta_d=1.0$）

13－2 地基土为淤泥质黏土层，固结系数 $C_v = C_h = 1.8 \times 10^{-3} cm^2/s$，受压土层厚度 20m，袋装砂井直径 $d_w = 70mm$，为等边三角形布置，间距 1.4m，深度为 20m，砂井底部为渗透性很低的黏土层，砂井打穿受压土层。预压荷载总压力为 100kPa，分两级等速加载。其加载过程为：

第一级堆载 60kPa，10d 内匀速加载完成，之后预压时间 20d。

第二级堆载 40kPa，10d 内匀速加载完成，之后预压时间 80d。

试计算堆载开始后第 30 天受压土层对总荷载而言的平均固结度。计算不考虑袋装砂井的井阻和涂抹影响。

计算题参考答案

13－1 $p_{cz} + p_z = 63.1kPa < f_{ak}$，满足承载力要求

13－2 34.1％

附 录

附录 1-1 《建筑地基基础设计规范》(GB 50007—2011) 土的分类法

4.1 岩土的分类法

4.1.1 作为建筑地基的岩土，可分为岩石、碎石土、砂土、粉土、黏性土和人工填土。

4.1.2 岩石为颗粒间牢固联结，呈整体或具有节理裂隙的岩体。作为建筑物地基，除应确定岩石的地质名称外，尚应按 4.1.3～4.1.4 条划分其坚硬程度和完整程度。

4.1.3 岩石的坚硬程度应根据岩块的饱和单轴抗压强度 f_{rk} 按表 4.1.3 分为坚硬岩、较硬岩、较软岩、软岩和极软岩。当缺乏饱和单轴抗压强度资料或不能进行该项实验时，可在现场通过观察定性分，划分标准可按规范附录 A.0.1 执行。岩石的风化程度可分为未风化、微风化、中风化、强风化和全风化。

表 4.1.3 岩石坚硬程度的划分

坚硬程度类别	坚硬岩	较硬岩	较软岩	软 岩	极软岩
饱和单轴抗压强度标准值 f_{rk} (MPa)	$f_{rk}>60$	$60\geqslant f_{rk}>30$	$30\geqslant f_{rk}>15$	$15\geqslant f_{rk}>5$	$f_{rk}\leqslant 5$

4.1.4 岩体完整程度应按表 4.1.4 划分为完整、较完整、较破碎、破碎和极破碎。当缺乏试验数据时可按规范附录 A.0.2 执行。

表 4.1.4 岩体完整程度划分

完整程度等级	完 整	较完整	较破碎	破 碎	极破碎
完整性指数	>0.75	0.75～0.55	0.55～0.35	0.35～0.15	<0.15

注 完整性指数为岩体纵波波速与岩块纵波波速之比的平方。选定岩体、岩块测定波速时应有代表性。

4.1.5 碎石土为粒径大于 2mm 的颗粒含量超过全重 50%的土。碎石土可按表 4.1.5 分为漂石、块石、卵石、碎石、圆砾和角砾。

表 4.1.5 碎石土的分类

土的名称	颗粒形状	粒组含量
漂 石	圆形及亚圆形为主	粒径大于 200mm 的颗粒
块 石	棱角形为主	含量超过全重 50%
卵 石	圆形及亚圆形为主	粒径大于 20mm 的颗粒
碎 石	棱角形为主	含量超过全重 50%
圆 砾	圆形及亚圆形为主	粒径大于 2mm 的颗粒
角 砾	棱角形为主	含量超过全重 50%

注 分类时应根据粒组含量栏从上到下以最先符合者确定。

4.1.6 碎石土的密实度，可按表 4.1.6 分为松散、稍密、中密、密实。

表 4.1.6　　**碎石土的密实度**

重型圆锥动力触探锤击数 $N_{63.5}$	密实度	重型圆锥动力触探锤击数 $N_{63.5}$	密实度
$N_{63.5}\leqslant 5$	松散	$10<N_{63.5}\leqslant 20$	中密
$5<N_{63.5}\leqslant 10$	稍密	$N_{63.5}>20$	密实

注　1. 本表适用于平均粒径小于等于 50mm 且最大粒径不超过 100mm 的卵石、碎石、圆砾、角砾。对于平均粒径大于 50mm 或最大粒径大于 100mm 的碎石土，可按本规范附录 B 鉴定其密实度；

2. 表内 $N_{63.5}$ 为经综合修正后的平均值。

4.1.7　砂土为粒径大于 2mm 的颗粒含量不超过全重 50%、粒径大于 0.075mm 的颗粒超过全重 50%的土。砂土可按表 4.1.7 分为砾砂、粗砂、中砂、细砂和粉砂。

表 4.1.7　　**砂土的分类**

土的名称	粒组含量
砾　砂	粒径大于 2mm 的颗粒含量占全重 25%～50%
粗　砂	粒径大于 0.5mm 的颗粒含量超过全重 50%
中　砂	粒径大于 0.25mm 的颗粒含量超过全重 50%
细　砂	粒径大于 0.075mm 的颗粒含量超过全重 85%
粉　砂	粒径大于 0.075mm 的颗粒含量超过全重 50%

注　分类时应根据粒组含量栏从上到下以最先符合者确定。

4.1.8　砂土的密实度，可按表 4.1.8 分为松散、稍密、中密、密实。

表 4.1.8　　**砂土的密实度**

标准贯入试验锤击数 N	密实度	标准贯入试验锤击数 N	密实度
$N\leqslant 10$	松散	$15<N\leqslant 30$	中密
$10<N\leqslant 15$	稍密	$N>30$	密实

注　当用静力触探探头阻力判定砂土的密实度时，可根据当地经验确定。

4.1.9　黏性土为塑性指数 I_P 大于 10 的土，可按表 4.1.9 分为黏土，粉质黏土。

表 4.1.9　　**黏性土的分类**

塑性指数 I_P	土的名称	塑性指数 I_P	土的名称
$I_P>17$	黏　土	$10<I_P\leqslant 17$	粉质黏土

注　塑性指数由相应于 76g 圆锥体沉入土样中深度为 10mm 时测定的液限计算而得。

4.1.10　黏性土的状态，可按表 4.1.10 分为坚硬、硬塑、可塑、软塑、流塑。

表 4.1.10　　**黏性土的状态**

液性指数 I_L	状　态	液性指数 I_L	状　态
$I_L\leqslant 0$	坚　硬	$0.75<I_L\leqslant 1$	软　塑
$0<I_L\leqslant 0.25$	硬　塑	$I_L>1$	流　塑
$0.25<I_L\leqslant 0.75$	可　塑		

注　当用静力触探探头阻力或标准贯入试验锤击数判定黏性土的状态时，可根据当地经验确定。

4.1.11　粉土为介于砂土与黏性之间，塑性指数 $I_P\leqslant 10$ 且粒径大于 0.075mm 的颗粒含量不超过全重50%的土。

4.1.12 淤泥为在静水或缓慢的流水环境中沉积，并经生物化学作用形成，其天然含水量大于液限、天然孔隙比大于或等于1.5的黏性土。当天然含水量大于液限而天然孔隙比小于1.5但大于或等于1.0的黏性土或粉土为淤泥质土。

4.1.13 红黏土为碳酸盐岩系的岩石经红土化作用形成的高塑性黏土。其液限一般大于50%。红黏土经再搬运后仍保留其基本特征，其液限大于45%的土为次生红黏土。

4.1.14 人工填土根据其组成和成因，可分为素填土、压实填土、杂填土、冲填土。

素填土为由碎石土、砂土、粉土、黏性土等组成的填土。经过压实或夯实的素填土为压实填土。杂填土为含有建筑垃圾、工业废料、生活垃圾等杂物的填土。冲填土为水力冲填泥沙形成的填土。

4.1.15 膨胀土为土中黏粒成分主要由亲水性矿物组成，同时具有显著的吸水膨胀和失水收缩特性，其自由膨胀率大于或等于40%的黏性土。

4.1.16 湿陷性土为浸水后产生附加沉降，其湿陷数大于或等于0.015的土。

附录1-2 水利部《土工试验规程》(SL 237—1999)土的分类法

土的工程分类（SL 237-001—1999)。

1. 目的和适用范围

1.0.1 本规程用于工程用土的鉴别、定名和描述，以便对土的性状作定性评价。

1.0.2 本规程适用于各类工程用土；不适用于有机土、混凝土所用砂和石料。

注：工程用土指工程勘察、建筑地基、堤坝填料等涉及的土类；有机土指土中部分成分为有机物质的土。

2. 引用标准

GBJ 145—1990《土的分类标准》；SL 237—1999《土工试验规程》。

3. 一般规定

3.0.1 土的工程分类（简称“分类”)，应以下列土的特征指标作为依据。

1 土颗粒组成及其特性。

2 土的塑性指标：液限（ω_L)、塑限（ω_P）和塑性指数（I_P)。

3 土中有机质含量。

3.0.2 土的分类试验应按下列标准进行。

1 土颗粒粒组含量应按《颗粒分析试验》(SL 237-006—1999）中的筛析法规定进行试验。

2 土的塑性指标应按《界限含水率试验》(SL 237-007—1999）规定进行试验。

3 有机质含量应按《有机质试验》(SL 237-066—1999）规定进行测定。

3.0.3 本规程将工程用土分为一般土和特殊土两大类。

1 一般土按不同粒组的相对含量可分为巨粒土、粗粒土和细粒土。

2 特殊土包括黄土、膨胀土、红黏土。

3.0.4　土的粒组应按表3.0.4中规定的土颗粒粒径范围划分。

表3.0.4　　**粒　组　划　分**

粒组统称	粒组划分		粒径（d）的范围（mm）
巨粒组	漂石（块石）组		$d>200$
	卵石（碎石）组		$200\geqslant d>60$
粗粒组	砾粒（角砾）	粗砾	$60\geqslant d>20$
		中砾	$20\geqslant d>5$
		细砾	$5\geqslant d>2$
	砂粒	粗砂	$2\geqslant d>0.5$
		中砂	$0.5\geqslant d>0.25$
		细砂	$0.25\geqslant d>0.075$
细粒组	粉粒		$0.075\geqslant d>0.005$
	黏粒		$d\leqslant 0.005$

3.0.5　土颗粒组成特性应以土的级配指标（不均匀系数C_u和曲率系数C_c）表示。

1　不均匀系数C_u：反映土中颗粒级配均匀程度的一个系数，应按式（3.0.5-1）计算

$$C_u=d_{60}/d_{10} \tag{3.0.5-1}$$

式中　d_{10}、d_{60}——在粒径分布曲线上粒径累积质量分别占总质量10%和60%的粒径。

2　曲率系数C_c：反映粒径分布曲线的形状，是颗粒级配优劣程度的一个系数，应按式（3.0.5-2）计算

$$C_c=\frac{(d_{30})^2}{d_{10}d_{60}} \tag{3.0.5-2}$$

式中　d_{30}——在粒径分布曲线上，粒径累积质量占总质量30%的粒径。

其余符号见式（3.0.5-1）。

3.0.6　土类基本代号应符合下列规定：

漂石（块石）	B	黄土	Y
卵石（碎石）	C_b	膨胀土	E
砾（角砾）	G	红黏土	R
砂	S	盐渍土	S_t
粉土	M	级配良好	W
黏土	C	级配不良	P
细粒土（C和M合称）	F	高液限	H
混合土（粗、细粒土合称）	SI	低液限	L
有机质土	Q		

3.0.7　表示土类的代号按下列规定构成。

1 1个代号即表示土的名称。

示例：C_b——卵石、碎石；

M——粉土。

2 由2个基本代号构成时，第一个基本代号表示土的主成分，第二个基本代号表示土的特性指标（土的液限或土的级配）。

示例：GP——不良级配砾；

CL——低液限黏土。

3 由3个基本代号构成时，第一个基本代号表示土的主成分，第二个基本代号表示液限的高低（或级配的好坏），第三个基本代号表示土中所含次要成分。

示例：CHG——含砾高液限黏土；

MLS——含砂低液限粉土。

4. 土的分类

4.1 一般程序

4.1.1 根据土中未完全分解的动植物残骸和无定形物质判定是有机土还是无机土。有机质呈黑色、青黑色或暗色，有臭味，手触有弹性和海绵感。

注：当不能判定时，可将试样在105～110℃的烘箱中烘焙一昼夜，烘焙后试样的液限降低到未烘焙试样液限的3/4时，则试样为有机质土。

4.1.2 对于无机土，则按巨粒土、粗粒土和细粒土进行细分类。

4.2 巨粒土和含巨粒土的分类和定名

4.2.1 试样中巨粒组质量大于总质量50%的土称巨粒类土。

4.2.2 试样中巨粒组质量为总质量的15%～50%的土为巨粒混合土。

4.2.3 试样中巨粒组质量小于总质量15%的土，可扣除巨粒，按粗粒土和细粒土的相应规定分类、定名。

4.2.4 巨粒土和含巨粒土的分类、定名，应符合表4.2.4的规定。

表4.2.4 巨粒土和含巨粒土的分类

土类	粒组含量		土代号	土名称
巨粒土	巨粒含量 100%～75%	漂石粒含量>50%	B	漂石
		漂石粒含量≤50%	C_b	卵石
混合巨粒土	巨粒含量 75%～50%	漂石粒含量>50%	BSI	混合土漂石
		漂石粒含量≤50%	C_bSI	混合土卵石
巨粒混合土	巨粒含量 50%～15%	漂石含量>卵石含量	SIB	漂石混合土
		漂石含量≤卵石含量	SIC_b	卵石混合土

4.3 粗粒土的分类和定名

4.3.1 试样中粗粒组质量大于总质量50%的土称粗粒类土。

4.3.2 粗粒类土中砾粒组质量大于总质量50%的土称砾类土；砾粒组质量小于或等于总质量50%的土称砂类土。

4.3.3 砾类土应根据其中细粒含量及类别、粗粒组的级配，按表4.3.3分类和定名。

表 4.3.3　　砾类土分类

土类	粒组含量		土代号	土名称
砾	细粒含量小于 5%	级配：$C_u \geqslant 5$，$C_c = 1 \sim 3$	GW	级配良好砾
		级配：不同时满足上述要求	GP	级配不良砾
含细粒土砾	细粒含量 5%～15%		GF	含细粒土砾
细砾土质砾	15%<细粒含量≤50%	细粒为黏土	GC	黏土质砾
		细粒为粉土	GM	粉土质砾

注　表中细粒土质砾土类，应按细粒土在塑性图中的位置定名。

4.3.4　砂类土应根据其中细粒含量及类别、粗粒组的级配，按表 4.3.4 分类和定名。

表 4.3.4　　砂类土的分类

土类	粒组含量		土代号	土名称
砂	细粒含量小于 5%	级配：$C_u \geqslant 5$，$C_c = 1 \sim 3$	SW	级配良好砂
		级配：不同时满足上述要求	SP	级配不良砂
含细粒土砂	细粒含量 5%～15%		SF	含细粒土砂
细粒土质砂	15%<细粒含量≤50%	细粒为黏土	SC	黏土质砂
		细粒为粉土	SM	粉土质砂

注　表中细粒土质砂土类，应按细粒土在塑性图中的位置定名。

4.4　细粒土分类和定名

4.4.1　试样中细粒组质量大于或等于总质量 50%的土称细粒类土。

4.4.2　细粒类土应按下列规定划分。

1　试样中粗粒组小于总质量 25%的土称细粒土。

2　试验中粗粒组质量为总质量的 25%～50%的土称含粗粒的细粒土。

3　试样中含有部分有机质（5%≤有机质含量≤10%）的土称有机质土。

4.4.3　细粒土应根据塑性图分类。塑性图的横坐标为土的液限（ω_L），纵坐标为塑性指数（I_P），塑性图中有 A、B 两条界限线。

1　A 线方程式：$I_P = 0.73(\omega_L - 20)$。$A$ 线上侧为黏土，下侧为粉土。

2　B 线方程式为：$\omega_L = 50$。$\omega_L \geqslant 50$ 为高液限，$\omega_L < 50$ 为低液限。

3　本标准的塑性图为图 4.4.3。

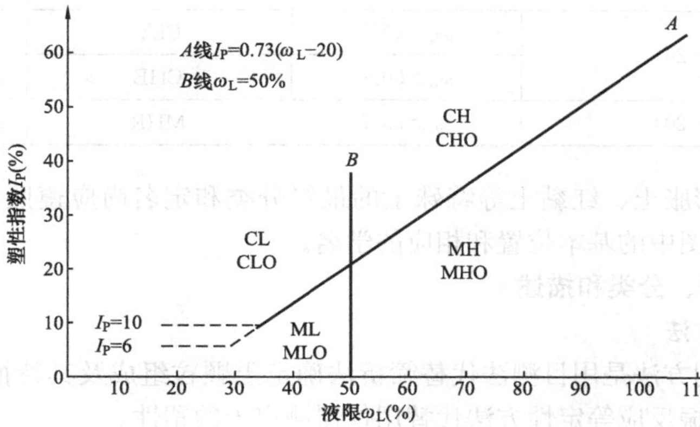

图 4.4.3　塑性图

4.4.4 细粒土应按塑性图中的位置确定土的类别，并按表4.4.4分类和定名。

表4.4.4 细粒土的分类

土的塑性指标在塑性图中的位置		土代号	土名称
塑性指数 I_P	液限 ω_L		
$I_P \geqslant 0.73(\omega_L-20)$ 和 $I_P \geqslant 10$	$\omega_L \geqslant 50\%$	CH	高液限黏土
	$\omega_L < 50\%$	CL	低液限黏土
$I_P < 0.73(\omega_L-20)$ 和 $I_P < 0$	$\omega_L \geqslant 50\%$	MH	高液限粉土
	$\omega_L < 50\%$	ML	低液限粉土

4.4.5 含粗粒土的细粒土先按表4.4.4规定确定细粒土名称，再按下列规定最终定名。

1 粗粒中砾粒占优势，称含砾细粒土，应在细粒土名代号后缀以代号G。

示例：CHG——含砾高液限黏土；

MLG——含砾低液限粉土。

2 粗粒中砂砾占优势，称含砂细粒土，应在细粒土名代号后缀以代号S。

示例：CHS——含砂高液限黏土；

MLS——含砂低液限粉土。

4.4.6 有机质土可按表4.4.4规定划分定名，在各相应土类代号之后缀以代号O。

示例：CHO——有机质高液限黏土；

MLO——有机质低液限粉土。

4.5 特殊土分类

4.5.1 黄土、膨胀土和红黏土等特殊土类在塑性图中的基本位置见图4.5.1。其相应的初步判别见表4.5.1。

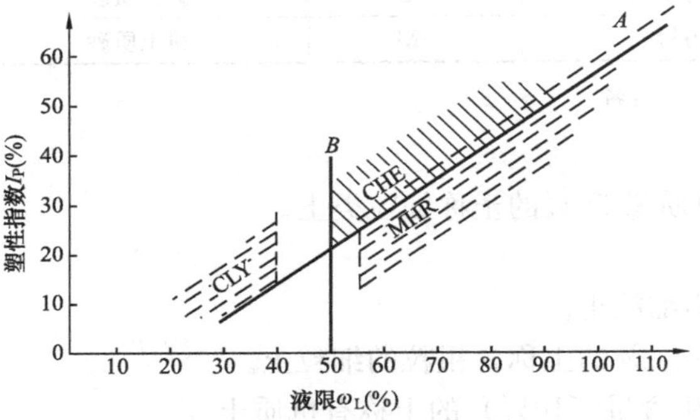

图4.5.1 特殊土塑性图

表4.5.1 黄土、膨胀土和红黏土的判别

土的塑性指标在塑性图中的位置		土代号	土名称
塑性指数 I_P	液限 ω_L		
$I_P \geqslant 0.73(\omega_L-20)$	$\omega_L < 40\%$	CLY	低液限黏土（黄土）
	$\omega_L > 50\%$	CHE	高液限黏土（膨胀土）
$I_P < 0.73(\omega_L-20)$	$\omega_L > 55\%$	MHR	高液限粉土（红黏土）

4.5.2 黄土、膨胀土、红黏土等特殊土的最终分类和定名尚应遵照相应的专门规范。本规程仅规定在塑性图中的基本位置和相应的学名。

5. 土的简易鉴别、分类和描述

5.1 简易鉴别方法

5.1.1 简易鉴别方法是用目测法代替筛析法确定土颗粒组成及其特征；用于强度、手捻、搓条、韧性和摇振反应等定性方法代替用仪器测定土的塑性。

5.1.2 土的有机质可按本规程4.1.1的规定鉴定。

5.1.3　土粒粒组含量的确定：可将研碎的风干试样摊成一薄层，凭目测估计土中巨、粗、细粒组所占的比例。再按本规程4.2～4.4的有关规定确定其为巨粒土、粗力图（砾类土或砂类土）和细粒土。

5.1.4　干强度试验。将一小块土捏成团风干后用手指掰断、捻碎。根据用力大小可区分为：

1　干强度高——很难或用力才能捏碎或掰断；

2　干强度中等——稍用力即可捏碎或掰断；

3　干强度低——易于捏碎或捻成粉末。

5.1.5　手捻试验。将稍湿或硬塑的小土块在手中揉捏，然后用拇指和食指将土捻成片状，根据手感和土片光滑度可分为：

1　塑性高——手感滑腻，无砂，捻面光滑；

2　塑性中等——稍有滑腻感，有砂粒，捻面稍有光泽；

3　塑性低——稍有黏性，砂感强，捻面粗糙。

5.1.6　搓条试验。将含水率大于塑限的湿土块在手中揉捏均匀，再在手掌上搓成土条。根据土条断裂而能达到的最小直径可区分为：

1　塑性高——能搓成直径小于1mm土条；

2　塑性中等——能搓成直径为1～3mm土条；

3　塑性低——搓成直径大于3mm的土条即断裂。

5.1.7　韧性试验。将含水率略大于塑限的土块在手中揉捏均匀，然后在手掌中搓成直径为3mm的土条，再揉成土团。根据再次搓条的可能性可区分为：

1　韧性大——能揉成土团，再搓成条，捏而不碎；

2　韧性中等——可再揉成团，捏而不易碎；

3　韧性小——勉强或不能揉成团，稍捏或不捏即碎。

5.1.8　摇振反应试验。将软塑至流动的小土块捏成土球，放在手掌上反复摇晃，并用另一手振击该手掌，土中自由水渗出，球面呈现光泽；用两手指捏土球，放松手水又被吸入，光泽消失。根据上述渗水和吸水反应快慢。可区分为：

1　反应快——立即渗水和吸水；

2　反应中等——渗水和吸水中等；

3　反应慢（或无反应）——渗水和吸水慢或不渗不吸。

5.2　鉴别分类

5.2.1　巨粒土和粗粒土根据5.1.3的目估结果，按本规程表4.2.4、表4.3.3和表4.3.4的规定进行分类和定名。

5.2.2　细粒土可根据本规程5.1.2和5.1.4～5.1.8的试验结果，按表5.2.2进行分类和定名。

表5.2.2　　细粒土简易分类

半固态时的干强度	硬塑～可塑状态时的手捻感和光滑度	土在可塑状态时		软塑～流动状态时的摇振反应	土类代号
		可搓成最小直径（mm）	韧性		
低～中	灰黑色，粉粒为主，稍黏，捻面粗糙	3	低	快～中	MOL

续表

半固态时的干强度	硬塑～可塑状态时的手捻感和光滑度	土在可塑状态时		软塑～流动状态时的摇振反应	土类代号
		可搓成最小直径（mm）	韧性		
中	砂粒稍多，有黏性，捻面较粗糙，无光泽	2～3	低	快～中	ML
中～高	有砂粒，稍有滑腻感，捻面稍有光滑，灰黑色者为 CLO	1～2	中	无～很慢	CL CLO
中	粉粒较多，有滑腻感，捻面较光滑	1～2	中	无～慢	MH
中～高	灰黑色，无砂，滑腻感强，捻面光滑	<1	中～高	无～慢	MHO
高～很高	无砂感，滑腻感强，捻面有光泽，灰黑色者为 CHO	<1	高	无	CH CHO

5.3　土状态描述

5.3.1　在现场采样和试验开启土样时，应按下述描述土的状态。

1　巨粒土和粗粒土：通俗名称及当地名称；土颗粒的最大粒径；漂石粒、卵石粒、砾粒、砂粒组的含量百分数；土颗粒形状（圆、次圆、棱角或次棱角）；土颗粒矿物成分；土的颜色和有机物含量；细粒土成分（黏土或粉土）；土的代号和名称。

示例：粉质砂土，含砾约 20%，最大粒径约 10mm，砾坚，带棱角；砂粒由粗到细，粒圆，含约 15%的无塑性粉质土，干强度低，密实，天然状态潮湿，系冲积砂（SM）。

2　细粒土：通俗名称及当地名称；土粒的最大粒径；巨粒、砾粒、砂粒组的含量百分数；潮湿时颜色及有机质含量；土的湿度（干、湿、很湿或饱和）；土的状态（流动、软塑、可塑或硬塑）；土的塑性（高、中或低）；土的代号和名称。

示例：黏质粉土，棕色，微有塑性，含少量细砂，有无数垂直根孔，天然状态坚实，系黄土（CLY）。

5.3.2　土的状态应根据不同用途按下列各项分别描述。

1　当用作填土时：不同土类的分布层次和范围。

2　当用作地基时：土类的分布层次及范围；土层机构、层理特征；密实度和稠度。

附录 1－3　《岩土工程勘察规范》（GB 50021—2001）土的分类法

3.3　土的分类和鉴定

3.3.1　晚更新世 Q_3 及其以前沉积的土，应定为老沉积土；第四纪全新世中近期沉积的土，应定为新近沉积土。根据地质成因，可划分为残积土、坡积土、洪积土、冲积土、淤积土、冰积土和风积土等。土根据有机质含量分类，应按本规范附录 A 表 A.0.5 执行。

3.3.2 粒径大于 2mm 的颗粒质量超过总质量 50%的土，应定名为碎石土，并按表 3.3.2 进一步分类。

表 3.3.2 碎石土分类

土的名称	颗粒形状	颗粒级配
漂石	圆形及亚圆形为主	粒径大于 200mm 的颗粒质量超过总质量 50%
块石	棱角形为主	
卵石	圆形及亚圆形为主	粒径大于 20mm 的颗粒质量超过总质量 50%
碎石	棱角形为主	
圆砾	圆形及亚圆形为主	粒径大于 2mm 的颗粒质量超过总质量 50%
角砾	棱角形为主	

注 定名时，应根据颗粒级配由大到小以最先符合者确定。

3.3.3 粒径大于 2mm 的颗粒质量不超过总质量的 50%，粒径大于 0.075mm 的颗粒质量超过总质量 50%的土，应定名为砂土，并按表 3.3.3 进一步分类。

表 3.3.3 砂土分类

土的名称	颗粒级配
砾砂	粒径大于 2mm 的颗粒质量占总质量 20%～50%
粗砂	粒径大于 0.5mm 的颗粒质量超过总质量 50%
中砂	粒径大于 0.25mm 的颗粒质量超过总质量 50%
细砂	粒径大于 0.075mm 的颗粒质量超过总质量 85%
粉砂	粒径大于 0.075mm 的颗粒质量超过总质量 50%

注 定名时应根据颗粒级配由大到小以最先符合者确定。

3.3.4 粒径大于 0.075mm 的颗粒质量不超过中质量的 50%，且塑性指数等于或小于 10 的土，应定名为粉土。

3.3.5 塑性指数大于 10 的土应定名为黏性土。

黏性土应根据塑性指数分为粉质黏土和黏土。塑性指数大于 10，且小于或等于 17 的土，应定名为粉质黏土；塑性指数大于 17 的土应定名为黏土。

注：塑性指数应由相应于 76g 圆锥仪沉入土中深度为 10mm 时测定的液限计算而得。

3.3.6 除按颗粒级配或塑性指数定名外，土的综合定名应符合下列规定：

1 对特殊成因和年代的土类应结合其成因和年代特征定名。

2 对特殊性土，应结合颗粒级配或塑性指数定名。

3 对混合土，应冠以主要含有的土类定名。

4 对同一土层中相间呈韵律沉积，当薄层与厚层的厚度比大于 1/3 时，宜定为互层；厚度比为 1/10～1/3 时，宜定位夹层；厚度比小于 1/10 的土层，且多次出现时，宜定位夹薄层。

5 当土层厚度大于 0.5m 时，宜单独分层。

3.3.7 土的鉴定应在现场描述的基础上，结合室内试验的开土记录和试验结果综合确定。土的描述应符合下列规定：

1 碎石土应描述颗粒级配、颗粒形状、颗粒排列、母岩成分、风化程度、充填物的性质和充填程度、密实度等；

2 砂土应描述颜色、矿物组成、颗粒级配、颗粒形状、黏粒含量、湿度、密实度等；

3 粉土应描述颜色、包含物、湿度、密实度、摇震反应、光泽反应、干强度、韧性、土层结构等；

4 黏性土应描述颜色、状态、包含物、光泽反应、摇震反应、干强度、韧性、土层结构等；

5 特殊性土除应描述上述相应土类规定的内容外，尚应描述其特殊成分和特殊性质；如对淤泥尚需描述嗅味，对填土尚需描述物质成分、堆积年代、密实度和厚度的均匀程度等；

6 对具有互层、夹层、夹薄层特征的土，尚应描述隔层的厚度和层理特征。

3.3.8 碎石土的密实度可根据圆锥动力触探锤击数按表 3.3.8-1 或表 3.3.8-2 确定，表中的 $N_{63.5}$ 和 N_{120} 应按本规范附录 B 修正，定性描述可按本规范附录 A 表 A.0.6 的规定。

表 3.3.8-1　碎石土密实度按 $N_{63.5}$ 分类

重型动力触探锤击数 $N_{63.5}$	密实度	重型动力触探锤击数 $N_{63.5}$	密实度
$N_{63.5} \leqslant 5$	松散	$10 < N_{63.5} \leqslant 20$	中密
$5 < N_{63.5} \leqslant 10$	稍密	$N_{63.5} > 20$	密实

注 本表适用于平均粒径等于或小于 50mm，且最大粒径不超过 100mm 的碎石土。对于平均粒径大于 50mm 或最大粒径大于 100mm 的碎石土，可用超重型动力触探或用野外观察鉴别。

表 3.3.8-2　碎石土密实度按 N_{120} 分类

超重型动力触探锤击数 N_{120}	密实度	超重型动力触探锤击数 N_{120}	密实度
$N_{120} \leqslant 3$	松散	$11 < N_{120} \leqslant 14$	密实
$3 < N_{120} \leqslant 6$	稍密	$N_{120} > 14$	很密
$6 < N_{120} \leqslant 11$	中密		

3.3.9 砂土的密实度应根据标准贯入试验锤击数实测值 N 划分为密实、中密、稍密和松散，并符合表 3.3.9 的规定。当用静力弹出探头阻力划分砂土密实度时，可根据当地经验确定。

表 3.3.9　砂土密实度分类

标准贯入锤击数 N	密实度	标准贯入锤击数 N	密实度
$N \leqslant 10$	松散	$15 < N \leqslant 30$	中密
$10 < N \leqslant 15$	稍密	$N > 30$	密实

3.3.10 粉土的密实度应根据空隙比 e 划分为密实、中密和稍密；其湿度应根据含水量 ω（%）划分为稍湿、湿、很湿。密实度和温度的划分应分别符合表 3.3.10-1 和表 3.3.10-2 的规定。

表 3.3.10-1　粉土密实度分类

空隙比 e	密实度	空隙比 e	密实度
$e < 0.75$	松散	$e > 0.9$	稍密
$0.75 < e \leqslant 0.90$	中密		

注 当有经验时，也可用原位测试或其他方法划分粉土的密实度。

表 3.3.10－2　　**粉土湿度分类**

含水量 ω	湿　度	含水量 ω	湿　度
$\omega<20$	稍　湿	$\omega>30$	很　湿
$20<\omega\leqslant30$	湿		

3.3.11　黏性土的状态应根据液性指数 I_L 划分为坚硬、硬塑、可塑、软塑和流塑，并应符合表 3.3.11 的规定。

表 3.3.11　　**黏性土状态分类**

液性指数 I_L	状　态	液性指数 I_L	状　态
$I_L\leqslant0$	坚　硬	$0.75<I_L\leqslant1$	软　塑
$0<I_L\leqslant0.25$	硬　塑	$I_L>1$	流　塑
$0.25<I_L\leqslant0.75$	可　塑		

参 考 文 献

[1] 王杰. 土力学与基础工程. 北京：中国建筑工业出版社，2003.

[2] 杨小平. 建筑地基基础. 广州：华南理工大学出版社，2007.

[3] 周景星. 基础工程. 北京：清华大学出版社，2007.

[4] 席永慧. 土力学与基础工程. 上海：同济大学出版社，2005.

[5] 赵明华. 基础工程. 北京：高等教育出版社，2003.

[6] 李相然. 土力学应试指导. 北京：中国建材工业出版社，2001.

[7] 孔军. 土力学与地基基础. 北京：中国电力出版社，2005.

[8] 陈书申，陈晓平. 土力学与地基基础. 武汉：武汉理工大学出版社，2006.

[9] 陈希哲. 土力学地基基础. 北京：清华大学出版社，2004.

[10] 赵明华. 土力学与基础工程. 2版. 武汉：武汉理工大学出版社，2003.

[11] 中华人民共和国建设部. GB 50007—2002 建筑地基基础设计规范. 北京：中国建筑工业出版社，2002.

[12] 华南理工大学，东南大学，浙江大学，湖南大学. 地基及基础. 3版. 北京：中国建筑工业出版社，1998.

[13] 许惠德，马金荣，姜振泉. 土质学与土力学. 徐州：中国矿业大学出版社，1995.

[14] 高大钊，袁聚云. 土质学与土力学. 北京：人民交通出版社，2001.

[15] 陈国兴，樊良本. 土质学与土力学. 北京：中国水利水电出版社，2002.

[16] 陈仲颐，周景星，王洪瑾. 土力学. 北京：清华大学出版社，1997.

[17] 冯国栋. 土力学. 北京：水利电力出版社，1995.

[18] 高大钊. 土力学与基础工程. 北京：中国建筑工业出版社，1998.

[19] 胡忠雄. 土力学与环境土工学. 上海：同济大学出版社，1997.

[20] 华东水利学院土力学教研室. 土工原理与计算. 北京：水利电力出版社，1984.

[21] 黄求顺. 土力学及基础工程. 北京：中国建筑工业出版社，1997.

[22] 黄文熙. 土的工程性质. 北京：水利电力出版社，1983.

[23] 洪毓康. 土质学与土力学. 北京：人民交通出版社，1995.

[24] 李镜培，赵春风. 土力学. 北京：高等教育出版社，2004.

[25] 陆培毅. 土力学. 北京：中国建材工业出版社，2000.

[26] 钱家欢. 土力学. 南京：河海大学出版社，1994.

[27] 钱家欢，殷宗泽. 土工原理与计算. 北京：中国水利水电出版社，1996.

[28] 邵全，韦敏才. 土力学与基础工程. 重庆：重庆大学出版社，1998.

[29] 史如平，韩选江. 土力学与地基工程. 上海：上海交通大学出版社，1990.

[30] 松岗元. 土力学. 罗汀，姚仰平，译. 北京：中国水利水电出版社，2001.

[31] 孙更生，郑大同. 软土地基与地下工程. 北京：中国建筑工业出版社，1984.

[32] 唐业清. 土力学基础工程. 北京：中国铁道出版社，1989.

[33] 肖荣久. 工程岩土学. 西安：陕西师范大学出版社，1992.

[34] 雍景荣，朱凡，胡岱文. 土力学与基础工程. 成都：成都科技大学出版社，1995.

[35] 杨小平. 土力学及地基基础. 武汉：武汉大学出版社，2000.

[36] 赵明华，李刚，曹喜仁，等. 土力学地基与基础疑难释义. 北京：中国建筑工业出版社，1999.

[37] 中华人民共和国建设部. GB 50021—2001 岩土工程勘察规范. 北京：中国建筑工业出版社，2001.

[38] 陈祖煜. 土质边坡稳定分析——原理·方法·程序. 北京：中国水利水电出版社，2003.
[39] 方云，林彤，谭松林. 土力学. 北京：中国地质大学出版社，2003.
[40] 务新超. 土力学. 郑州：黄河水利出版社，2003.
[41] 张克恭，刘松玉. 土力学. 北京：中国建筑工业出版社，2001.
[42] 赵明阶，何光春，王多垠. 边坡工程处治技术. 北京：人民交通出版社，2003.
[43] 何思为. 土力学. 广州：中山大学出版社，2003.
[44] 张振营. 土力学题库及典型题解. 北京：中国水利水电出版社，2001.
[45] 郭继武. 建筑地基基础. 北京：高等教育出版社，1991.
[46] 杨英华. 土力学. 北京：地质出版社，1990.
[47] 肖仁成，俞晓. 土力学. 北京：北京大学出版社，2006.
[48] 中国建筑科学研究院. GBJ 112—1987 膨胀土地区建筑技术规范. 北京：中国计划出版社，1991.
[49] 陕西省计划委员会. GB 50025—2004 湿陷性黄土地区建筑规范. 北京：中国建筑工业出版社，2004.
[50] 叶书麟，叶观宝. 地基处理. 2 版. 北京：中国建筑工业出版社，2004.
[51] 龚晓南. 地基处理. 北京：中国建筑工业出版社，2005.
[52] 龚晓南. 地基处理手册. 3 版. 北京：中国建筑工业出版社，2008.
[53] 李飞，高向阳. 土力学. 北京：中国水利水电出版社，2006.
[54] 郭莹，郭承侃，陆尚谟. 土力学. 2 版. 大连：大连理工大学出版社，2003.
[55] 卢廷浩. 土力学. 南京：河海大学出版社，2002.

